Entscheidungen des Reichsgerichts in Zivilsachen

Sammlung der noch wichtigen Entscheidungen nach Fachgebieten geordnet

Herausgegeben

von

Professor Dr. **L. Auerbach**, Berlin,
Präsident des Patentamtes Berlin Dr. **Johannes Eylau**, Rechtsanwältin **Charlotte Graf**, Berlin, Ministerialdirektor z. D. Dr. **Ernst Knoll**, Berlin, Rechtsanwalt **Erich Kummerow**, Berlin, Rechtsanwalt **Hermann Reuss**, Berlin, Rechtsanwalt Dr. **Walter Schmidt**, Düsseldorf, Landgerichtsdirektor **Alexander Swarzenski**, Berlin, Rechtsanwalt Dr. **Werner Vahldiek**, Berlin

Gruppe I Bürgerliches Recht

Erbrecht

Teil 2

Berlin 1950

Walter de Gruyter & Co.

vormals G. J. Göschen'sche Verlagshandlung / J. Guttentag, Verlagsbuchhandlung / Georg Reimer / Karl J. Trübner / Veit & Comp.

Erbrecht

Herausgegeben

von

E. Kummerow

Rechtsanwalt und Notar in Berlin

Teil 2

Berlin 1950

Walter de Gruyter & Co.

vormals G. J. Göschen'sche Verlagshandlung / J. Guttentag, Verlagsbuchhandlung / Georg Reimer / Karl J. Trübner / Veit & Comp.

Inhaltsverzeichnis

Erbrecht

Teil 2

Verzeichnis

der aufgnommenen Entscheidungen aus der alten Sammlung

Die Entscheidungen sind grundsätzlich — von unwesentlichen Streichungen abgesehen — ungekürzt gebracht worden.

Soweit eine Entscheidung mehrere Fachgebiete betrifft, ist sie nur in einem Fachgebiet aufgenommen worden. Die anderen Gebiete enthalten nur den Leitsatz der betreffenden Entscheidung mit einem Hinweis, wo der vollständige Abdruck erfolgt ist.

Um das Auffinden der Entscheidungen zu erleichtern, wird am Schluß der Sammlung ein Gesamt-Fundstellenregister erscheinen, in dem alle Entscheidungen der amtlichen Sammlung verzeichnet sind. Die in der Sammlung abgedruckten Entscheidungen sind nach der Fundstelle der alten und der neuen Sammlung zitiert; bei den nicht aufgenommenen findet sich ein Hinweis über den Grund des Ausscheidens.

Erbrecht

Teil 2

Druck: A. W. Hayn's Erben, Berlin SO 36. Nr. VIII 99

Erbrecht

Mehrheit von Erben

(Fortsetzung)

RGZ. 84, 395

Verpfändung des Anteils eines Miterben am ungeteilten Nachlasse. Erwirbt der Pfandgläubiger, wenn die Erben sich auseinandersetzen, kraft Gesetzes ein Pfandrecht an den dem Miterben zugeteilten Nachlaßgegenständen?

BGB. §§ 2033, 1258, 1273, 1276.

V. Zivilsenat. Urt. v. 25. April 1914.

I. Landgericht Potsdam. II. Kammergericht Berlin.

Auf das Grundstück der Beklagten in P. wurde 1897 eine Hypothek von 135 000 M. für Ernst P. eingetragen. Der Gläubiger starb vor August 1905. Zu seinen Erben gehörte Johannes P., der im August 1905 seinen Anteil an dem damals noch ungeteilten Nachlasse des Ernst P., seines Vaters, in notarieller Urkunde dem B. für eine Schuld von 15 000 M. verpfändete. Im Jahre 1906 trat er den Erbanteil an die Gewerbebank Gera zur Sicherheit für gewährten Geschäftskredit notariell ab. Am 19. März 1908 schlossen die Erben des Ernst P. einen notariellen Erbauseinandersetzungsvertrag. Dabei wurde von dem Reste der vorgenannten Hypothek, der dem Ernst P. nach mehreren Abtretungen verblieben war, ein Teilbetrag von 8250 M. dem Johannes P. überwiesen und unter Bildung eines Teilhypothekenbriefs für ihn im Grundbuch umgeschrieben. Demnächst trat er am 10. Juni 1908 seine Teilhypothek an die klagende Kommanditgesellschaft ab, die inzwischen die Gewerbebank Gera mit Aktiven und Passiven in sich aufgenommen hatte. Der Teilhypothekenbrief wurde der Klägerin übergeben und die Teilhypothek am 22. August 1908 für sie im Grundbuch umgeschrieben. Am 5. März 1910 kündigte die Klägerin der Beklagten die Teilhypothek zum 6. Juni 1910. Sodann erhob sie gegen die Beklagte die dingliche und die persönliche Klage aus der Hypothek. Die Beklagte wandte ein, die Klägerin habe beim Erwerbe der Hypothek von der Verpfändung des Erbteils des Johannes P. an B. Kenntnis gehabt, daher sei sie nicht zur Klage befugt.

Das Landgericht wies die Klage ab. Der Berufungsrichter verurteilte die Beklagte nach dem Antrage der Klägerin. Die Revision der Beklagten wurde zurückgewiesen aus folgenden

Gründen:

. . . „Mit Recht hat der Berufungsrichter den Einwand der Beklagten verworfen, daß die Klägerin nicht zur Klage befugt sei, weil Johannes P. seinen Erbanteil vor der Erbauseinandersetzung über den Nachlaß seines Vaters seinem Gläubiger B. notariell verpfändet und die Klägerin beim Erwerbe der ihr am 10. Juni 1908 von P. abgetretenen, diesem bei der Erbauseinandersetzung von den Miterben aus dem Nachlasse zugewiesenen Teilhypothek von 8250 M. Kenntnis von der Verpfändung des Erbanteils gehabt habe. Nach § 2033 Abs. 1 BGB. kann ein Miterbe zwar über seinen Anteil an dem ungeteilten Nachlasse verfügen und daher auch den Anteil verpfänden. Aber dadurch erlangt der Pfandgläubiger nicht ein Pfandrecht an den einzelnen zum Nachlasse gehörigen Gegenständen, auch nicht am Anteile des Miterben an diesen, über den er nach § 2033 Abs. 2 BGB. nicht verfügen kann. Vielmehr unterliegt dem Pfandrechte nur das Recht des Miterben an dem Nachlaß als einem Inbegriffe von Rechten und Pflichten. Auch wenn die Miterben sich auseinandersetzen, erlangt der Pfandgläubiger nicht ohne weiteres ein Pfandrecht an allen dem Pfandschuldner aus dem Nachlasse zugewiesenen Gegenständen. Nach § 1273 Abs. 2 BGB. finden auf das Pfandrecht an Rechten die Vorschriften über das Pfandrecht an beweglichen Sachen entsprechende Anwendung, soweit sich nicht aus den §§ 1274 bis 1296 ein anderes ergibt. Daher ist auf das Pfandrecht an einem Erbanteile § 1258 Abs. 3 BGB. entsprechend anzuwenden. Danach gebührt, wenn die Gemeinschaft aufgehoben wird, dem Pfandgläubiger das Pfandrecht an den Gegenständen, welche an die Stelle des Anteils treten. Aus dem Worte „gebührt" aber folgt, daß der Pfandgläubiger nicht kraft Gesetzes ein Pfandrecht an diesen Gegenständen erwirbt, sondern er nur einen Anspruch auf Bestellung eines Pfandrechts daran erlangt.

In den Motiven zu § 1184 Entw. I (§ 1258 BGB.) ist allerdings unter dem Randvermerke „Surrogierung des Zugeteilten" bemerkt (Bd. 3 S. 835): „Die Vorschrift des § 1184 Abs. 4, daß bei Aufhebung der Gemeinschaft der Pfandgläubiger das Pfandrecht an denjenigen Gegenständen erwirbt, welche an die Stelle des mit dem Pfandrechte belasteten Eigentumsanteils treten, entspricht der ähnlichen Bestimmung für den Fall des Quotennießbrauchs in § 985 Abs. 1 Satz 3". Im § 1184 Abs. 4 stand aber das Wort „gebührt", nicht „erwirbt". Der Gebrauch des letzteren Wortes in der Begründung ist ungenau. Dies ergibt sich aus der Begründung zu dem angezogenen § 985 Abs. 1 Satz 3 (§ 1066 Abs. 3 BGB.), in der es heißt (Bd. 3 S. 499): „In § 985 Abs. 1 Satz 3 wird die allgemeine Bestimmung gegeben, daß dem Quotennießbraucher im Falle der Aufhebung der Gemeinschaft der Nießbrauch an dem Surrogate gebührt. Die Bestimmung ist erläuternder Natur und soll den möglichen Zweifel an dem Fortbestande des

Nießbrauchs bei Wegfall seines ursprünglichen Gegenstandes beseitigen. Da der Entwurf kein konstitutives Teilungsurteil kennt, so ist das im Falle der Teilung eintretende Surrogat zunächst ein gegen die Miteigentümer sich richtendes Forderungsrecht." Das Surrogat, das an die Stelle des Pfandrechts an dem Anteile tritt, ist also ein Forderungsrecht gegen die Miteigentümer auf Bestellung des Pfandrechts an den dem Pfandschuldner zugewiesenen Gegenständen. Daher besteht im Falle des Pfandrechts an einem Erbanteile nach der Erbauseinandersetzung für den Pfandgläubiger nicht ein Pfandrecht an den dem Pfandschuldner zugewiesenen Nachlaßgegenständen, sofern ihm nicht, worauf er einen Anspruch hat, ein Pfandrecht daran bestellt worden ist.

Die §§ 1279 flg. BGB. über das Pfandrecht an einer Forderung, insbesondere die Bestimmungen in § 1287 BGB., wonach, wenn der Schuldner auf die Forderung in Gemäßheit der §§ 1281, 1282 BGB. leistet, mit der Leistung der Gläubiger den geleisteten Gegenstand und der Pfandgläubiger ein Pfandrecht an dem Gegenstande „erwirbt" und, wenn die Leistung in der Uebertragung des Eigentums an einem Grundstücke besteht, der Pfandgläubiger eine Sicherungshypothek *„erwirbt", sind auf das Pfandrecht an einem Erbanteil unanwendbar.* Denn zum Begriff einer Forderung gehört, daß einem Gläubiger ein durch Obligation verpflichteter Schuldner gegenübersteht (Entsch. des RG.'s in Zivils. Bd. 49 S. 406). Miterben aber stehen nicht zueinander in einem solchen Verhältnis von Gläubiger und Schuldner, sondern in dem von Mitberechtigten an der Gemeinschaft am Nachlaß, und das Anteilsrecht des Miterben ist nicht ein auf eine Obligation gegründeter Anspruch auf eine Leistung gegen die anderen Miterben (vgl. Entsch. des RG.'s in Zivils. Bd. 57 S. 415). Uebrigens wären, selbst wenn die §§ 1279 flg. auf das Pfandrecht an einem Erbteil anwendbar wären, hier doch die Voraussetzungen des § 1287 nicht gegeben, weil durch die Ueberweisung der Teilhypothek an den Pfandschuldner P. die anderen Miterben nicht in Gemäßheit des § 1281 oder des § 1282, insbesondere nicht an den Pfandgläubiger und den Pfandschuldner gemeinschaftlich oder an den Pfandgläubiger, geleistet hätten.

Sonach hatte im gegebenen Falle der Pfandgläubiger B. nach der Erbauseinandersetzung zwischen den Miterben vom 19. März 1908 nicht ein Pfandrecht an der dem Miterben P. zugewiesenen Teilhypothek erworben; daher ist die Klägerin nicht durch ein ihr vorgehendes Pfandrecht des B. rechtlich behindert, die ihr von P. übertragene Teilhypothek gegen die Beklagte geltend zu machen, gleichviel, ob sie bei deren Erwerbe von der Verpfändung Kenntnis gehabt hat oder nicht.

In dem in Entsch. des RG.'s in Zivils. Bd. 60 S. 126 veröffentlichten Urteile des IV. Zivilsenats vom 9. Februar 1905 ist allerdings ausgeführt: Die gemäß § 859 Abs. 2 ZPO. erfolgende Pfändung eines

Erbteils laufe hinaus auf eine Pfändung des Anspruchs oder der Ansprüche, die aus dem Anteile hervorwüchsen, sie gebe dem Gläubiger das Recht, die Auseinandersetzung zu beantragen (§ 86 FrGG.), und gewähre ihm ein Pfandrecht an den bei der Teilung auf den gepfändeten Erbteil fallenden Gegenständen, aus denen er sich, wenn ihm der Erbteil überwiesen sei, auch befriedigen könne (S. 133/34). Diese Ausführungen beziehen sich jedoch auf die mit der Pfändung und der Ueberweisung des Erbteils eines Miterben verbundenen Wirkungen im Hinblick auf einen bei der Erbauseinandersetzung auf den Erbteil entfallenen, vom Testamentsvollstrecker hinterlegten Geldbetrag, und Gegenstand der Entscheidung in dem Urteil ist, daß der Geldbetrag dem Pfändungsgläubiger zustehe, nicht einem Zessionar des Miterben, dem vor der Pfändung der Anspruch auf das dem Miterben bei der Auseinandersetzung Zukommende übertragen worden war. Das Urteil trifft mithin auf den vorliegenden Fall nicht zu.

Es ist aber noch zu erörtern, ob etwa die nach § 1273 Abs. 2 BGB. auch auf das Pfandrecht an dem Erbteil eines Miterben anzuwendenden Bestimmungen des § 1276 BGB., wonach ein verpfändetes Recht nur mit Zustimmung des Pfandgläubigers durch Rechtsgeschäft aufgehoben oder in einer das Pfandrecht beeinträchtigenden Weise geändert werden kann, der Berechtigung der Klägerin zur Geltendmachung der ihr von P. übertragenen Teilhypothek entgegenstehen. Es könnte sich nämlich fragen, ob danach die Erbauseinandersetzung, wenn der Pfandgläubiger B. seine Zustimmung dazu nicht erteilt hätte, weil sie die Aufhebung des dem B. verpfändeten Erbteilsrechts enthalten habe, unwirksam gewesen wäre (vgl. Motive Bd. 3 S. 541, 856) und P. daher die bei der Erbauseinandersetzung zugewiesene Teilhypothek nicht rechtswirksam erworben hätte. Dies kann jedoch dahingestellt bleiben. Denn es ist von der Beklagten, die sich überhaupt nicht auf die Bestimmungen des § 1276 BGB. berufen hat, nicht geltend gemacht worden, daß B. nicht seine Zustimmung zu der Auseinandersetzung erteilt habe. Auch stände der Klägerin jedenfalls die Wirkung des guten Glaubens an die Richtigkeit des Grundbuchs (§ 892 BGB.) bei dem Erwerbe der im Grundbuch auf P. umgeschriebenen Teilhypothek zur Seite (vgl. Motive Bd. 3 S. 857). Die Beklagte hat nicht behauptet, daß die Klägerin beim Erwerbe der Hypothek Kenntnis davon gehabt habe, daß von P. die Hypothek nicht rechtswirksam erworben worden und er daher nicht wahrer Gläubiger der auf ihn umgeschriebenen Hypothek gewesen sei. Eine solche Kenntnis folgt auch nicht etwa ohne weiteres aus der behaupteten Kenntnis der Verpfändung des Erbteils des P., da die Klägerin geglaubt haben kann, B. habe seine Zustimmung zur Erbauseinandersetzung erteilt, oder doch, daß von dieser Zustimmung die Wirksamkeit der Ueberweisung der Teilhypothek an P. nicht abhänge. Daher sind auch aus § 1276 BGB. in keinem Falle rechtliche Bedenken gegen die Berechtigung der Klägerin zur Geltendmachung der Hypothek zu entnehmen." . . .

RGZ. 88, 21

1. Kann der Anteil eines Miterben an einem zum ungeteilten Nachlasse gehörigen Grundstücke mit einer Hypothek oder Grundschuld belastet werden?

2. . . . .

3. . . . .

BGB. §§ 2033, 1040.

V. Zivilsenat. Urt. v. 12. Januar 1916.

Die Entscheidung ist abgedruckt unter „Bürgerliches Recht, Sachenrecht".

RGZ. 88, 116

Ist der Miterbe, der zu seinem Erbteile die sämtlichen übrigen Erbteile hinzuerworben hat, in der Lage, über die Erbschaft als Ganzes oder über Anteile an der Erbschaft mit dinglicher Wirksamkeit zu verfügen, oder kann er sich insoweit nur schuldrechtlich binden?

IV. Zivilsenat. Urt. v. 21. Februar 1916.

I. Landgericht Hamburg. II. Oberlandesgericht daselbst.

Am 29. Mai 1906 verstarb zu M. die Witwe L. St. Sie hinterließ ein am 20. Juni 1900 errichtetes Testament, in dem sie ihre drei Enkelkinder R. St., H. St. und E. St. zu gleichen Teilen zu Erben ernannt hatte E. St. starb am 8. Oktober 1907 und wurde von ihren beiden Brüdern beerbt. Durch notariellen Vertrag vom 2. März 1908 übertrug R. St. seinen Anteil am Nachlasse der Großmutter sowie auch denjenigen Anteil am Nachlasse seiner Schwester E. St., der auf ihn übergegangen war, soweit dieser Nachlaß aus dem der Schwester zugefallenen Anteil am Nachlasse der Großmutter bestand, an H. St. Dieser übertrug dann seine sämtlichen Rechte am Nachlasse der Großmutter hintereinander an Has., an den Kläger und an den Beklagten. In dem zwischen den beiden letzteren entstandenen Rechtsstreite kam in Frage, ob H. St. nach dem 2. März 1908 noch in der Lage war, über seine Rechte am Nachlasse der Großmutter mit dinglicher Wirksamkeit zu verfügen. Das Reichsgericht hat die Frage verneint.

Aus den Gründen:

. . . „Als H. St. am 30. März 1909 den Vertrag mit Has. und am 2. Februar 1910 den mit dem Kläger schloß, war er infolge der am 8. Oktober 1907 eingetretenen Beerbung seiner Schwester E. St. und der von seinem Bruder R. St. am 2. März 1908 auf ihn bewirkten Uebertragung allein derjenige, dem sachlich am Nachlasse der Großmutter Rechte zustanden (vgl. RGZ. Bd. 64 S. 177). Die Revision sagt, er sei dadurch Alleinerbe der Großmutter geworden, und weist darauf hin, daß zwar (§ 2033 Abs. 1 BGB.) der Miterbe über seinen Anteil am Nachlasse, nicht aber auch der Alleinerbe über sein Recht am Nachlaß als einem Inbegriffe dingliche Verfügungsmacht habe. Der Hinweis ist zutreffend, die Revisionsbeantwortung bestreitet aber, daß H. St. durch die erwähnten Ereignisse im Rechtssinn Alleinerbe der Großmutter geworden sei. Die Frage, welche Wirkung die von einem Miterben vorgenommene dingliche Verfügung über seinen „Anteil an dem Nachlasse" (§ 2033 Abs. 1) hat, ob insbesondere das Erbrecht selbst — im Gegensatze zu der auf dem Erbrechte beruhenden Machtfülle — auf den Erwerber übergeht, ist in Lehre und Rechtsprechung streitig. Das Reichsgericht hat sie in seinem Urteile vom 30. Juni 1913 (RGZ. Bd. 83 S. 30) dahingestellt gelassen. Auch jetzt bedarf sie keiner Entscheidung. Denn die Beantwortung der hier allein bedeutsamen Frage, ob H. St. nach dem 2. März 1908 über seine Rechte am Nachlasse der Großmutter noch mit dinglicher Wirkung verfügen konnte, hängt nicht davon ab, ob er im Rechtssinn Alleinerbe geworden war oder nicht. Ausschlaggebend ist vielmehr folgende Erwägung, bei der sich der erkennende Senat durchweg in Uebereinstimmung mit dem befindet, was das Kammergericht in zwei auf weitere Beschwerde ergangenen Beschlüssen aus neuerer Zeit (KGJahrb. Bd. 46 S. 181 und 187) ausgeführt hat. Erwirbt ein Miterbe sämtliche Anteile am Nachlasse, so wird dadurch die Erbengemeinschaft aufgehoben. Gemäß § 2032 Abs. 2 BGB. ist deshalb für die Anwendbarkeit der §§ 2033 bis 2041 BGB. und damit auch für die Anwendbarkeit des § 2033 Abs. 1 kein Raum mehr. Daraus folgt ohne weiteres, daß der Miterbe, der alle Anteile am Nachlaß erworben hat, zur dinglichen Verfügung über die Erbschaft oder über Anteile an der Erbschaft nicht mehr in der Lage ist, dinglich vielmehr nur über die einzelnen Nachlaßgegenstände verfügen kann, und daß er sich in Ansehung der Erbschaft als eines Ganzen oder einzelner Bruchteile an ihr lediglich schuldrechtlich zu binden vermag. Eben weil aber ein solcher Miterbe nunmehr ebenso wie der Alleinerbe über alle einzelnen Erbschaftsgegenstände zu verfügen befugt ist, trifft bei ihm auch der Grund nicht mehr zu, aus dem nach der Entstehungsgeschichte der Vorschrift in § 2033 Abs. 1 (vgl. Protokolle V S. 838) eine dingliche Verfügung des Miterben über seinen

Anteil am Nachlasse zugelassen ist, während dem Alleinerben jede dingliche Verfügung über die Erbschaft versagt ist." . . .

RGZ. 89, 403

Befugnis des einzelnen Miterben, bis zur Teilung des Nachlasses die Berichtigung der Nachlaßverbindlichkeiten aus dem Vermögen, das er außer seinem Anteil an dem Nachlasse hat, zu verweigern.

BGB. § 2059.

II. Zivilsenat. Urt. v. 13. Februar 1917.

I. Landgericht I Berlin, Kammer für Handelssachen.
II. Kammergericht daselbst.

Die am 18. März 1908 verstorbene Witwe G. wurde gesetzlich beerbt von ihren fünf Kindern, Katharina (verehelichte Gr.), Fritz (Beklagter zu 2), Paul, Charlotte (Ehefrau des Klägers) und Erich. Diese schlossen am 29. September 1908 einen Vertrag, inhaltlich dessen sie

(§ 1) vom 1. Oktober 1908 ab zwecks Fortführung und gemeinsamen Betriebes der ihrer verstorbenen Mutter gehörig gewesenen Werkzeugmaschinenfabrik und Eisenbahnsignalbauanstalt in Firma J. G. in Berlin zu einer Kommanditgesellschaft unter der Firma „J. G., Kommanditgesellschaft" zusammentraten. Das Geschäft sollte als vom 1. Juli 1908 ab auf Rechnung der Gesellschaft geführt angesehen werden. Fritz G. wurde persönlich haftender Gesellschafter, die vier anderen Kommanditisten.

(§ 2) Die Gesellschafter brachten das ihnen in ungeteilter Erbengemeinschaft gehörige Geschäft nebst allen Aktiven und Passiven unter Zugrundelegung des Standes am 18. März 1908 zum Gesamtwerte von 300 000 M. ein, so daß jeder von ihnen an dieser Einlage mit 60 000 M. beteiligt war; außerdem sollte jeder 12 000 M. bar einlegen.

(§ 3) Die Dauer der Gesellschaft wurde auf 5 Jahre (bis 1. Oktober 1913), das Geschäftsjahr auf die Zeit vom 1. Juli bis 30. Juni, die Kündigungsfrist auf sechs Monate vor Ablauf des Geschäftsjahres festgesetzt.

(§ 9 Abs. 2) Die Auszahlung des einem ausscheidenden Gesellschafter zustehenden Kapitalanteils sollte binnen sechs Monaten nach dem Wirksamwerden der Kündigung erfolgen.

Nachdem eine von der Ehefrau des Klägers zum 30. September 1913 ausgesprochene Kündigung als unzulässig zurückgewiesen worden war, einigten sich die fünf Gesellschafter unter dem 22. Februar 1913 dahin, daß diese Kündigung als zum 30. Juni 1915 erfolgt gelten solle. Zugleich vereinbarten sie, daß, wenn bei Kündigung einzelner die Gesellschaft von den übrigen fortgesetzt werden würde, die in § 9 Abs. 2 des Gesellschaftsvertrags vom 29. September 1908 festgesetzte sechsmonatige Frist zur Auszahlung in Fortfall komme. Mit dem 30. Juni 1915 trat die Ehefrau des Klägers aus der Gesellschaft aus, und diese wurde unter den anderen Gesellschaftern in der bisherigen Weise fortgesetzt. Demnächst ließ sich der Kläger von seiner Ehefrau deren Anspruch auf Auszahlung ihres Kommanditanteils bzw. ihres Anteils am Liquidationserlöse sowie ihres Gewinnanteils abtreten. Er erhob Klage und beantragte, die Kommanditgesellschaft und Fritz G. als Gesamtschuldner zu verurteilen, ihm 10 000 M. nebst Zinsen zu zahlen. Dabei berief er sich auf die von Fritz G. zum 30. Juni 1915 aufgestellte Bilanz, worin das Geschäftsguthaben seiner Ehefrau mit 72 000 M. und der Reingewinn des Geschäfts mit 7459,25 M. aufgeführt waren, und behielt sich die Nachforderung des Mehrbetrags vor. Die Kommanditgesellschaft und Fritz G. beantragten die Abweisung der Klage, indem sie namentlich geltend machten, daß die Klageforderung durch Aufrechnung mit drei der Kommanditgesellschaft am 27., 29. und 19. Mai 1915 von den Geschwistern Paul, Erich und Katharina abgetretenen Forderungen gegen den Nachlaß der Witwe G. zum Betrage von 90 000, 18 000 und 42 421 M. getilgt sei, was der Kläger bestritt.

Das Landgericht erkannte durch ein gegen Sicherheitsleistung für vorläufig vollstreckbar erklärtes Urteil nach dem Klagantrag, und der Kläger erhielt im Wege der Zwangsvollstreckung 10 425,30 M. ausbezahlt. Die beiden Verurteilten legten Berufung ein und beantragten, unter Abänderung der landgerichtlichen Entscheidung die Klage abzuweisen und den Kläger zur Rückzahlung der 10 425,30 M. nebst 4 % Zinsen seit dem 16. April 1916 zu verurteilen. Sie wiederholten die Einrede der Aufrechnung und wandten weiter ein, daß die Bilanz hinsichtlich mehrerer Aktivposten von Paul und Erich G. beanstandet worden sei, und daß sich bei Berücksichtigung dieser Beanstandungen nicht ein Gewinn von 7459,25 M., sondern ein Verlust von über 90 000 M. ergebe. Die Berufung wurde zurückgewiesen; ebenso die Revision.

Gründe:

. . . „Das von der Revision an erster Stelle erhobene Bedenken, ob der Kläger, als Rechtsnachfolger seiner Ehefrau, schon einen Zahlungsanspruch habe, solange nicht eine allseitig und vollständig anerkannte Bilanz vorliege, ist unbegründet. Nach der Regel des Gesetzes hat allerdings die Kündigung des Gesellschaftsverhältnisses, auch wenn sie von einem Kommanditisten ausgeht, die Auflösung der Kommanditgesellschaft zur Folge (vgl. §§ 131 Nr. 6, 161 Abs. 2,

177 HGB.). Hier ist jedoch zulässigerweise schon im Gesellschaftsvertrage vom 29. September 1908 (§ 9 Abs. 2), jedenfalls aber in dem Nachtragsabkommen vom 22. Februar 1913 für den Fall der Kündigung eines einzelnen Gesellschafters die Fortsetzung der Gesellschaft unter den übrigen und die Auszahlung des dem Kündigenden zustehenden Kapitalanteils vorgesehen, und es steht unangefochten fest, daß bei dem mit dem 30. Juni 1915 erfolgten Ausscheiden der Ehefrau des Klägers die Kommanditgesellschaft zwischen dem Beklagten zu 2, als persönlich haftendem Gesellschafter, und den Geschwistern Katharina, Paul und Erich, als Kommanditisten, fortgesetzt worden ist. Die Ehefrau des Klägers hat also mit ihrem Ausscheiden einen Anspruch auf Auszahlung ihres Abfindungsguthabens, und zwar gegen die Kommanditgesellschaft und deren persönlich haftenden Gesellschafter (§§ 128, 161 HGB.) erlangt (keinen Auseinandersetzungsanspruch gegen die bisherigen Mitgesellschafter). Zum Nachweise der Höhe des durch Abtretung auf den Kläger übergegangenen Zahlungsanspruchs genügt aber die zum 30. Juni 1915 aufgestellte Bilanz mindestens insoweit, als deren Richtigkeit von den Beklagten nicht bestritten wird, und die Bilanz ergibt selbst bei Vornahme der nach der Behauptung der Beklagten erforderlichen Abstriche auf der Aktivseite noch ein Geschäftsguthaben der Ehefrau des Klägers von mehr als 50 000 M. Das Berufungsgericht nimmt daher ohne Rechtsirrtum an, daß die mit der Klage geltend gemachte Teilforderung von 10 000 M. nebst Zinsen an sich begründet sei.

Dem Berufungsgericht ist aber auch darin beizupflichten, daß die Abfindungsforderung der Ehefrau des Klägers durch die von der Beklagten zu 1 am 30. Juni 1915 abgegebene Aufrechnungserklärung nicht zum Erlöschen gebracht worden ist.

Was zunächst die der Beklagten zu 1 von Paul G. abgetretene und in erster Linie zur Aufrechnung gestellte Darlehnsforderung von 90 000 M. anlangt, so unterstellt das Berufungsgericht zugunsten der Beklagten als richtig, daß die Erblasserin das Darlehen für das Geschäft aufgenommen hatte, daß also die Darlehnsschuld nicht eine bloße Nachlaßschuld, sondern zugleich eine Geschäftsschuld war, und daß die fünf Erben, weil sie vom Todestage der Erblasserin bis zur Gründung der Kommanditgesellschaft das Geschäft unter der bisherigen Firma fortgeführt hatten, für diese Schuld nach den §§ 27, 25 HGB. persönlich haftbar geworden waren. Es sieht jedoch als erwiesen an, daß die fünf Erben ihre nach den §§ 27, 25 a. a. O. etwa eingetretene persönliche Haftung durch eine nachträgliche Vereinbarung ausgeschlossen haben. Was die Revision gegen diese Beweiswürdigung vorbringt, ist unbeachtlich. . . . (Wird ausgeführt.)

Hiernach steht bedenkenfrei fest, daß die Ehefrau des Klägers für die der Beklagten zu 1 abgetretene Darlehnsforderung des Paul G.

ebenso wie für die beiden anderen zur Aufrechnung gestellten Darlehnsforderungen nur als Miterbin der Darlehnsempfängerin, also ausschließlich nach erbrechtlichen Grundsätzen haftet.

Auch die Feststellung der Ungeteiltheit des Nachlasses wird von der Revision ohne Grund bemängelt. Das Berufungsgericht verkennt keineswegs, daß die Teilung eines Nachlasses im Sinne des Gesetzes erfolgt sein kann, auch wenn die Erbengemeinschaft in Ansehung einiger Nachlaßgegenstände noch fortbesteht, es nimmt aber nicht minder zutreffend an, daß die Verteilung einiger, selbst wertvoller, Nachlaßgegenstände unter den Miterben noch nicht die Teilung des Nachlasses als solchen bedeutet. Von diesem Gesichtspunkt aus würdigt es das Vorbringen beider Parteien. Es unterstellt die Richtigkeit der tatsächlichen Angaben der Beklagten, und es gelangt auf dieser Grundlage zu der Ueberzeugung, daß die fünf Erben zwar erhebliche, immerhin jedoch nur einzelne Bestandteile des Nachlasses unter sich verteilt, die Teilung des Nachlasses selbst dagegen noch nicht vorgenommen haben. Dabei berücksichtigt es ganz mit Recht, daß der Standpunkt der Ungeteiltheit des Nachlasses mit offenbarem Bedacht gerade in den Briefen vom 19., 27. und 29. Mai 1915 vertreten werde, wodurch Katharina, Paul und Erich je im Verein mit der Beklagten zu 1 der Ehefrau des Klägers die Abtretung der Darlehnsforderung angezeigt haben.

Endlich ist der Revision nicht zuzugeben, daß trotz der Ungeteiltheit des Nachlasses der Schutz des § 2059 Abs. 1 Satz 1 BGB. dem Kläger gegen die Aufrechnung der drei Dahrlehnsforderungen nicht zur Seite stehe, weil seine Ehefrau und Rechtsvorgängerin die eingeklagte Abfindungsforderung mit Mitteln des Nachlasses erlangt habe. Die angeführte Gesetzesbestimmung, wonach bis zur Teilung des Nachlasses jeder Miterbe die Berichtigung der Nachlaßverbindlichkeiten aus dem Vermögen, das er außer seinem Anteil am Nachlasse hat, verweigern kann, darf nicht, wie vor einigen Schriftstellern anscheinend angenommen wird (vgl. H a g e n in Iherings Jahrbüchern, Bd. 42 S. 135 Anm. 95, K r e t z s c h m a r im Zentralblatt für freiw. Gerichtsbarkeit, Jahrg. 15 S. 337 bei Anm. 8), dahin verstanden werden, daß dem Nachlaßgläubiger ein Vorgehen gegen den einzelnen Miterben zwecks unmittelbarer Befriedigung aus solchen Vermögensstücken nicht zu verwehren sei, die der Miterbe schon vor der Teilung in Anrechnung auf seinen Erbteil für sich aus dem Nachlaß erhalten habe. Solange der Nachlaß als solcher trotz Verteilung einzelner, wenngleich wertvoller Nachlaßgegenstände noch ungeteilt ist, behält jeder Miterbe die Befugnis, den Nachlaßgläubiger auf den ungeteilten Nachlaß zu verweisen. Die in § 2059 Abs. 1 Satz 2 gemachte Ausnahme, daß der bereits völlig unbeschränkt haftende Miterbe hinsichtlich eines seinem Erbteil entsprechenden Teiles der Verbindlichkeit diese Befugnis nicht hat, kommt im vorliegenden Falle schon mit Rücksicht auf die Bestimmung des § 2063 Abs. 2 BGB., die nach § 404 auch der Beklagten zu 1 entgegensteht, nicht in Betracht.

Aus der erwähnten Befugnis des Miterben folgt allerdings nicht, daß der Nachlaßgläubiger wegen seiner Befriedigung auf die noch unverteilten Nachlaßgegenstände beschränkt sei. Vielmehr ergibt sich aus den §§ 1978 Abs. 2 und 1991 Abs. 1 BGB. die Verpflichtung des Miterben, das aus dem ungeteilten Nachlasse vorläufig Empfangene, soweit dies zur Berichtigung der Nachlaßverbindlichkeiten erforderlich ist, zum Nachlasse zurückzugewähren. Der Nachlaßgläubiger kann also seine Befriedigung nicht bloß aus den noch unverteilten Nachlaßstücken, sondern auch aus dem zum Nachlasse gehörigen Anspruche gegen den Miterben auf Rückgewähr des aus dem Nachlaß Empfangenen oder seines Wertes suchen. Die Bedeutung des § 2059 Abs. 1 Satz 1 liegt demgemäß darin, daß bis zur Teilung des Nachlasses der noch nicht ganz unbeschränkt haftende Miterbe nicht genötigt sein soll, die Nachlaßverbindlichkeiten unmittelbar zu berichtigen, und zwar auch nicht mit Mitteln, die er schon aus dem Nachlaß erhalten und möglicherweise dem Nachlasse zurückzuerstatten hat. Solange die Zurückerstattung noch nicht erfolgt ist, gehören diese Mittel weder zum Nachlasse noch zum Anteile des Miterben an dem Nachlasse, sondern zu dem Vermögen, das der Miterbe außer seinem Anteil am Nachlasse hat.

Danach steht den drei von den Miterben Katharina, Paul und Erich an die Beklagte zu 1 abgetretenen Darlehnsforderungen eine Einrede entgegen, die sie zur Aufrechnung ungeeignet macht (§ 390 BGB.), und hierauf kann der Kläger sich ebenso berufen, wie früher seine Ehefrau und Rechtsvorgängerin." . . .

RGZ. 90, 419

1. Wird die Ausgleichungspflicht des zweiten Falles des § 2052 BGB. durch Zuwendung eines Vorausvermächtnisses ausgeschlossen?

2. Kann die Ausgleichungspflicht durch nachträgliche mündliche Erklärung des Erblassers erlassen werden?

IV. Zivilsenat. Urt. v. 1. Oktober 1917.

I. Landgericht Erfurt. II. Oberlandesgericht Naumburg a. S.

Der im Februar 1913 verstorbene E. P. hat in seinem Testamente vom 21. Januar 1907 seine Frau, die Beklagte zu 1, und seine vier Kinder, den Kläger, sowie die Beklagten zu 2, 3 und 4 zu je 1/5 als Erben eingesetzt, dem Kläger aber 20000 M. und 3000 M., ferner unter gewissen Beschränkungen zugunsten der Kinder und Geschwister des Klägers einen Ackerplan im voraus vermacht. Da die Beklagten in den Abrechnungen über Verteilung der Nachlaßeinkünfte behaupteten, daß der Kläger sich 10 000 M. auf seinen Erbteil anrechnen zu lassen habe, die er im Jahre 1908 zur Gründung eines eigenen Hausstandes und unter jedesmaliger Anordnung der Ausgleichung vom Erblasser empfangen habe, so erhob der Kläger Klage auf Feststellung, daß eine solche Ausgleichungspflicht ihm nicht obliege.

Das Landgericht gab der Klage gegen die beklagten Miterben statt. Das Oberlandesgericht wies die Klage ab. Die Revision des Klägers wurde zurückgewiesen.

Aus den Gründen:

„1. Für die Entscheidung kommt es darauf an, ob nach dem Testamente des E. P. die Auslegungsregel des § 2052 BGB., was die Revision entgegen dem Berufungsgerichte verneint, Platz greift. Der § 2052 schreibt vor, daß die für die gesetzliche Erbfolge unter den Abkömmlingen des Erblassers bestehende Ausgleichungspflicht nach dem Willen des Erblassers im Zweifel auch für die testamentarische Erbfolge gelten soll, wenn dieser die Abkömmlinge auf dasjenige als Erben eingesetzt hat, was sie als gesetzliche Erben erhalten würden oder ihre Erbteile so bestimmt hat, daß sie zueinander in demselben Verhältnis stehen, wie die gesetzlichen Erbteile. Dieser zweite Fall des § 2052 liegt hier insofern vor, als der Erblasser im Testamente seine Frau und seine vier Kinder zu je $^1/_5$ als Erben eingesetzt hat, so daß die Erbteile der Kinder, die bei gesetzlicher Erbfolge neben der zu $^1/_4$ miterbenden Frau je $^3/_{16}$ erhalten würden, in demselben Verhältnis zueinander wie bei der gesetzlichen Erbfolge festgesetzt sind. Unzweifelhaft wird an der Anwendbarkeit des § 2052 dadurch nichts geändert, daß der Erblasser den Abkömmlingen einen größeren oder kleineren Erbteil zugewendet hat, als ihnen bei der gesetzlichen Erbfolge zustehen würde, wenn nur das Verhältnis, in dem diese Erbteile zueinander stehen, dasselbe geblieben ist wie bei der gesetzlichen Erbfolge. Es fragt sich aber, ob nicht die Auslegungsregel des § 2052 dadurch ausgeschlossen wird, daß einem Abkömmlinge, wie hier dem Kläger, ein Vorausvermächtnis zugewendet wird. Diese Frage ist mit dem Berufungsgerichte zu verneinen.

Die Anwendbarkeit des § 2052 setzt, was den zweiten Fall dieser Vorschrift betrifft, nicht voraus, daß die Abkömmlinge wirtschaftlich gleich viel erhalten, wie ihnen bei gesetzlicher Erbfolge gebührt. Der Erbteil kann, wie ausgeführt, ein größerer oder ein kleinerer sein und es macht keinen Unterschied, ob die Verminderung des gesetzlichen Erbteils durch Einsetzung anderer Miterben oder durch Auferlegung von Vermächtnissen herbeigeführt ist. Die Auslegungsregel des § 2052 behält auch Geltung, wenn die Abkömmlinge nicht als Erben, sondern nur als Ersatzerben eingesetzt sind (P l a n c k , § 2052

Anm. 2) oder wenn die Erbteile nur für einen Teil der Abkömmlinge nach dem gesetzlichen Verhältnis, für die übrigen Abkömmlinge in anderer Weise bestimmt sind. In diesem letzteren Falle bleibt die gesetzliche Ausgleichungspflicht im Verhältnis der ersteren Abkömmlinge untereinander bestehen (Mugdan, Materialien Bd. 5 S. 510*); Jacubezky, Bemerkungen zu dem Entwurfe des BGB. S. 339; Staudinger, Erläuterungen zu §§ 2050 bis 2054 unter III Anm. 3). Von diesem Standpunkt aus muß nach dem zu vermutenden Willen des Erblassers die gesetzliche Ausgleichungspflicht auch dann Anwendung finden, wenn durch die Anordnung eines Vorausvermächtnisses ein Teil des Vermögens, der dem Abkömmlinge nicht als Erben, sondern als Vermächtnisnehmer zufällt (§ 2150), aus dem Nachlaß ausgeschieden wird, für den Rest des Nachlasses aber es dabei verbleibt, daß die Erbteile der Abkömmlinge in dem der gesetzlichen Erbfolge entsprechenden Verhältnis festgesetzt sind. Der Fall liegt nicht anders als wenn der Erblasser sich damit begnügt hätte, im Testamente nur die Anordnung wegen des Vorausvermächtnisses zu treffen. Es würde dann in Ansehung des Restes des Nachlasses die gesetzliche Erbfolge eintreten und damit für diesen Teil des Nachlasses, wie ohne weiteres einleuchtet, die Regeln über die gesetzliche Ausgleichungspflicht anzuwenden sein. Eine andere Beurteilung ist aber nicht wohl angängig, wenn der Erblasser sich veranlaßt sieht, im Interesse der Vollständigkeit des letzten Willens das besonders im Testament auszusprechen, was hinsichtlich der Beerbung sich aus den Regeln der gesetzlichen Erbfolge ergibt (vgl. Jacubezky S. 339). Die Ausgleichungspflicht wird durch Hinterlassung eines Vorausvermächtnisses, was den mit diesem Vermächtnis bedachten Abkömmling betrifft, nur insofern geändert, als für die Ausgleichung nur der Erbteil, nicht das Vermächtnis in Betracht kommt, das Vermächtnis also ohne Rücksicht auf die Ausgleichungspflicht zum vollen Betrag entrichtet werden muß. Von der gleichen Anschauung ist der Senat bereits in dem Urteile vom 13. Januar 1910 IV 150/1909 ausgegangen.

Die auf einer Vermutung für den Willen des Erblassers beruhende Auslegungsregel des § 2052 kommt natürlich in Wegfall, sobald aus dem Testament oder aus anderen Umständen außerhalb des Testaments entnommen werden kann, daß der Erblasser bei der letztwilligen Bedenkung eine Ausgleichung nicht gewollt hat. Hierfür kann das Maß der den Abkömmlingen im Testamente zugewandten wirtschaftlichen Vorteile von Bedeutung sein. In der Anordnung eines Vorausvermächtnisses kann nach Lage der Sache der Ausdruck des Willens zu finden sein, daß den mit einem solchen Vermächtnis nicht bedachten Abkömmlingen die Ausgleichungspflicht erlassen werden soll,

*) Prot. Bd. 5 S. 892.

sofern die Zuwendung des Vorausvermächtnisses bezweckt, einen Ausgleich für die ihnen gewährten Vorempfänge zu schaffen (vgl. RGRKomm. § 2052 Anm. 1 a. E.; Staudinger Anm. VI. 7 Abs. 2 zu §§ 2050 flg.). Keineswegs ist aber durch die Zuwendung des Vorausvermächtnisses schon für sich allein zum Ausdrucke gebracht, es solle der durch das Vermächtnis begünstigte Abkömmling noch die weitere Begünstigung erfahren, daß er von der gesetzlichen Ausgleichungspflicht befreit ist. Irgendwelche besonderen Umstände, die darauf schließen lassen, daß der Erblasser bei Errichtung des Testaments eine Ausgleichung durch den Kläger nicht gewollt habe, sind von dem Kläger nicht angeführt worden. Im Gegenteil ist aus dem Testamente bei den Zuwendungen von 20 000 M. und 3000 M. ersichtlich, daß diese Beträge dem Kläger und ebenso der Beklagten zu 2 als den Kindern der ersten Frau des Erblassers im voraus vermacht sind, um ihnen damit das für ihre Mutter bestimmt gewesene Vermögen zukommen zu lassen. . . .

2. Zur Erhebung des Beweises, daß der Erblasser später die Ausgleichung erlassen habe, war das Berufungsgericht nicht genötigt, da die Ausgleichungspflicht nicht durch mündliche Erklärung des Erblassers gültig beseitigt werden kann. Bei dem Erlasse der Ausgleichungspflicht handelt es sich um eine die künftige Regelung des Nachlasses bezweckende Verfügung, die, soweit das Gesetz nicht Ausnahmen zuläßt, nur durch erbrechtliches Geschäft getroffen werden kann. Eine die Ausgleichungspflicht (soweit sie nicht schon gesetzlich besteht) auferlegende oder die Ausgleichungspflicht erlassende Anordnung des Erblassers unter Lebenden wird aber im § 2050 nur zugelassen, wenn sie bei der Zuwendung vorgenommen wird. Dementsprechend ist bereits in dem Urteile des Reichsgerichts vom 6. Mai 1909 (RGZ. Bd. 71 S. 133) von der Auffassung aus, daß nach der Zuwendung die Ausgleichungspflicht von dem Erblasser nur auferlegt oder erlassen werden kann durch Verfügung von Todes wegen, anerkannt, daß, wenn durch Vertrag mit erbrechtlicher, insbesondere mit pflichtteilsrechtlicher Wirkung die Ausgleichungspflicht einem Abkömmling auferlegt werden soll, es hierzu eines Erbverzichtvertrags (§ 2346) bedarf. In gleicher Weise muß auch für den Fall, daß der gesetzliche Erbteil des Abkömmlinges durch Erlaß der Ausgleichungspflicht vermehrt werden soll, angenommen werden, daß der den Abkömmling von der Ausgleichungspflicht befreiende Vertrag (unbeschadet der Befugnis des Erblassers, das Kind durch eine größere Zuwendung durch Verfügung von Todes wegen zu entschädigen) nur in der Form des Erbvertrags geschlossen werden kann. Diese Auffassung wird auch von Staudinger (Anm. 7 Abs. 2 zu §§ 2050 bis 2054) und in dem die Verfügungen von Todes wegen behandelnden Aufsatz im Recht 1916 S. 339 vertreten. Wesentlich der gleichen Auffassung

ist Kipp-Windscheid, der hinter § 610 unter 2 S. 528 bemerkt, der Erblasser, der nachträglich die Ausgleichungspflicht beseitigen wolle, müsse den Ausgleichungspflichtigen zum Erben einsetzen und dabei die nur präsumtiv eintretende Ausgleichungspflicht ausschließen. Auf einem abweichenden Standpunkte steht nur Dernburg (Das bürgerliche Recht Bd. 5 § 184 Anm. 13), welcher der Meinung ist, durch einen von dem Erblasser mit dem Abkömmlinge geschlossenen Erblaßvertrag könnten die Erben schuldrechtlich verpflichtet werden, von der Ausgleichung abzustehen." . . .

RGZ. 95, 325

1. Kann ein Miterbe die Auseinandersetzung ablehnen, weil nach dem Teilungsplan einzelne Nachlaßbestandteile vorläufig ungeteilt bleiben sollen?

2. Inwieweit kann ein Miterbe die Berichtigung der Nachlaßverbindlichkeiten vor der Teilung verlangen?

3. Macht es insoweit einen Unterschied, ob die Auseinandersetzung von einem Miterben oder einem Testamentsvollstrecker betrieben wird?

BGB. §§ 2042 flg., 2046, 2204.

IV. Zivilsenat. Urt. v. 16. April 1919.

I. Landgericht I Berlin. II. Kammergericht daselbst.

Der am 9. Mai 1914 in Berlin verstorbene Medizinalrat Dr. Ubbo R. hat in seinem am 15. März gl. Js. errichteten Testamente seine zwei Söhne und seine Tochter, die Klägerin, als Erben eingesetzt und die Tochter zur Testamentsvollstreckerin ernannt. Der Sohn Friedrich R. ist nach dem Vater gestorben und von seiner Witwe und seinen Kindern, den Beklagten, beerbt worden. Zum Nachlasse des Medizinalrats R. gehören unter anderen zwei in Berlin gelegene Hausgrundstücke, Neue Friedrichstr. 48 und Straußberger Str. 4, bezüglich deren im Testamente bestimmt ist, daß das erstere den beiden Söhnen gemeinschaftlich, das letztere der Tochter erblich zufallen solle. Die Wohnungseinrichtung ist der Tochter zugewiesen, das vorhandene Kapitalvermögen soll gleichheitlich unter die Erben geteilt werden. Zum Nachlasse gehört auch noch Grundbesitz in Ostfriesland, bezüglich dessen im Testamente keine Bestimmung getroffen ist. Die erwähnten Hausgrundstücke sind mit Hypotheken belastet, und zwar Neue Friedrichstr. 48 mit 825 000 M., Straußberger Str. 4 in nicht angegebener Höhe.

Die Klägerin trägt vor, die ihr als Testamentsvollstreckerin obliegende Auseinandersetzung des Nachlasses erfordere die Auflassung der bezeichneten Grundstücke an diejenigen Erben, denen sie nach dem Testamente zufallen sollten; das Grundstück Straußberger Str. 4 habe sie an sich selbst aufgelassen, bezüglich des Grundstücks Neue Friedrichstr. 48 aber weigerten sich die nach dem Testamente damit Bedachten, die Auflassung entgegenzunehmen; auch die Verwaltung des letztgenannten Grundstücks wolle sie nicht weiterhin behalten; das Kapitalvermögen sei geteilt. Sie hat gegen ihren Bruder Richard und gegen die Erben ihres Bruders Friedrich Klage erhoben mit dem Antrage, sie zu verurteilen, die Auflassung des Grundstücks Neue Friedrichstr. 48 entgegenzunehmen und die Verwaltung des Grundstücks zu übernehmen; die Klage gegen Richard R. hat sie noch in erster Instanz für erledigt erklärt, weil er sich zur Entgegennahme der Auflassung bereit erklärt habe.

Das Landgericht hat die Beklagten zur Entgegennahme der Auflassung verurteilt, das Kammergericht hat ihre Berufung zurückgewiesen. Auf die Revision der Beklagten ist das Berufungsurteil aufgehoben worden.

Gründe:

„Die Beklagten verweigern die Entgegennahme der ihnen angesonnenen Auflassung des Grundstücks Neue Friedrichstr. 48 mit doppelter Begründung. In erster Reihe machen sie geltend, es handle sich um eine bloße Teilauseinandersetzung, auf die sie sich von vornherein nicht einzulassen brauchten, denn zum Nachlasse gehörten doch auch die Ländereien in Ostfriesland, bezüglich deren eine Teilung überhaupt noch in keiner Weise auch nur vorgeschlagen sei. Das Berufungsurteil sagt hierzu, es handle sich nicht um eine unzulässige Teilauseinandersetzung, denn eine Auseinandersetzung hinsichtlich jener Ländereien komme deswegen noch nicht in Frage, weil an ihnen der lebenslängliche Nießbrauch einer Verwandten des Erblassers zustehe. Hiergegen besteht kein rechtliches Bedenken. Die Beklagten machen selbst nicht geltend, daß das vorläufige Unterbleiben der Teilung jener Ländereien irgendwie mit ihren Interessen im Widerspruch stehe; im übrigen ist es Sache der tatsächlichen Würdigung im einzelnen Falle, ob trotz der aus besonderen Gründen erfolgenden Zurückstellung der Teilung hinsichtlich einzelner Nachlaßbestandteile eine ordnungsmäßige Auseinandersetzung im Sinne des § 2042 angenommen werden kann oder nicht.

In zweiter Reihe vertreten die Beklagten den Standpunkt, daß dann, wenn mit der Auflassung des in Rede stehenden Grundstücks eine endgültige Auseinandersetzung des Nachlasses beabsichtigt sei, dieser der § 2046 Abs. 1 BGB. entgegenstehe, indem die Nachlaßverbindlichkeiten, nämlich die auf den Grundstücken lastenden Hypothekenschulden, noch nicht berichtigt seien. Das Berufungsgericht meint, dieser Einwand greife hier nicht durch. Es folgert aus dem

Testamente des Erblassers und aus der Natur der Sache, daß nach dem Willen des Erblassers die Grundstückslasten, auch soweit der Erblasser persönlicher Schuldner dieser Lasten gewesen sei, nur diejenigen der Erben treffen sollten, denen das belastete Grundstück zufalle; infolgedessen sei die auf dem Grundstücke Neue Friedrichstr. 48 lastende Hypothekenschuld nach § 2046 Abs. 2 als eine solche Nachlaßverbindlichkeit anzusehen, die nur einigen Miterben zur Last falle, und die Beklagten könnten nach der bezeichneten Vorschrift deren Berichtigung nur aus dem verlangen, was ihnen aus der Auseinandersetzung zukomme. Sie seien aber in der Lage, die Berichtigung der auf dem fraglichen Grundstücke ruhenden Verbindlichkeiten selbst vorzunehmen, nachdem ihnen das Grundstück aufgelassen sei; die Auseinandersetzung könne durch die im übrigen auch schwierige und zeitraubende Berichtigung der Hypothekenschulden nicht abgehalten werden.

Diese Erwägungen können nicht als zutreffend anerkannt werden. Zwar begegnet die Annahme des Berufungsgerichts, daß nach dem Willen des Erblassers die Grundstückslasten nur diejenigen der Erben treffen sollten, denen er die einzelnen Grundstücke zuwies, keinem Bedenken, wohl aber sind die daraus gezogenen rechtlichen Folgerungen zu beanstanden. Die Vorschrift in § 2046 Abs. 2 bietet keine Grundlage für die Anschauung des Berufungsgerichts, daß für die Berichtigung der darin erwähnten Verbindlichkeiten der Abs. 1 außer Wirksamkeit trete; denn Abs. 2 spricht nur von den zur Berichtigung derartiger Verbindlichkeiten zu verwendenden Mitteln, aber nicht davon, wann die Berichtigung zu erfolgen habe, und aus dem Zusammenhalte der drei Absätze des § 2046 ergibt sich deutlich, daß auch in Abs. 2 von einer vor der Teilung des Nachlasses vorzunehmenden Berichtigung der Verbindlichkeiten die Rede ist. Die Erwägung des Berufungsgerichts, daß ja die Beklagten selbst aus dem ihnen aufzulassenden Grundstücke die Verbindlichkeiten berichtigen könnten, läßt außer acht, daß es für die Beklagten einen wesentlichen Unterschied macht, ob in solcher Weise verfahren wird oder ob die Berichtigung durch die dazu berufene Testamentsvollstreckerin vor der Nachlaßteilung geschieht. Ersteren Falles träfe die Beklagten die uneingeschränkte Haftung für die Nachlaßverbindlichkeiten gemäß §§ §§ 2058 flg. BGB., und zwar nach doppelter Richtung: sie müßten einerseits nicht nur für die Schulden haften, die auf dem ihnen zufallenden Grundstücke lasten, sondern für alle Nachlaßschulden, also namentlich auch für die Hypothek auf dem Grundstücke Straußberger Str. 4, und sie würden anderseits nicht nur mit dem ererbten, sondern auch mit ihrem sonstigen Vermögen haften. Gegen diese weitgehende Haftung will das Gesetz die Erben durch die Vorschrift in § 2046 Abs. 1 schützen, und sie kann ihnen nicht gegen ihren Willen von den Miterben durch die Art der Teilung aufgezwungen werden. Das Berufungsurteil ist auf den Gesichtspunkt, daß durch das von der Klägerin eingeschlagene Verfahren die Beklagten mit einer Haftung über ihren Erbteil hinaus belastet würden, überhaupt nicht eingegangen; bezüglich der den Beklagten drohenden Haftung für die Hypothekenschuld auf Straußberger Str. 4 sagt es, aus den Erklärungen der Klägerin gehe hervor, daß sie die anteilmäßige Mithaftung der Beklagten an den Schulden ihres Grundstücks nicht fordere. Dabei wird jedoch außer acht gelassen, daß es nicht auf den Willen der Klägerin ankommt, daß vielmehr die Mithaftung gegenüber den Gläubigern kraft Gesetzes eintritt (§ 2058). Die Klägerin scheint allerdings den Standpunkt einzunehmen, als ob die Hypotheken so sicher seien, daß eine persönliche Haftung gar nicht in Frage kommen könne; aber die Beklagten hatten sich ausdrücklich gegen eine ihnen aus dieser Richtung drohenden Gefahr verwahrt, und eine Feststellung, daß dies grundlos wäre, ist nicht getroffen.

Das Berufungsgericht hat, wie erwähnt, für seine Entscheidung auch den aus dem Testamente zu entnehmenden Willen des Erblassers in Betracht gezogen, und zwar in dem Sinne, daß durch ihn die Anwendung des Abs. 2 von § 2046 gerechtfertigt werde; es hätte nahe gelegen, auf die Frage einzugehen, ob nicht der Erblasser eine Teilungsanordnung nach § 2048 BGB. sowohl hinsichtlich der Grundstücke als auch hinsichtlich der darauf ruhenden Lasten zu treffen beabsichtigte, an welche auch die Beklagten gebunden wären. In dieser Instanz kann jedoch die Frage nicht erledigt werden, denn dazu bedürfte es noch einer weiteren Feststellung über den Willen des Erblassers, die von hier aus nicht erfolgen kann. Wenn auch wohl dem Willen des Erblassers nicht die alsbaldige Heimzahlung der Hypotheken, sondern ihr Weiterbestand und ihre Uebernahme durch die Erben entsprechen mag, so ist es doch fraglich, ob er den einzelnen Erben hat zumuten wollen, die persönliche Haftung auch für die auf dem Grundstücke der anderen Erben lastenden Hypotheken — wenigstens zeitweilig, vgl. § 416 BGB. — zu übernehmen. Solange aber darüber keine Klarheit besteht, läßt sich nicht sagen, daß das Vorgehen der Klägerin im Einklange, das Verhalten der Beklagten im Widerspruche mit dem Willen des Erblassers stehe. Deshalb mußte die Aufhebung des Berufungsurteils und die Zurückverweisung der Sache in die Vorinstanz erfolgen. . . .

Die Klägerin hatte auch geltend gemacht, daß sie, wenn nicht schon als Miterbin, so doch jedenfalls in ihrer Eigenschaft als Testamentsvollstreckerin das Recht habe, von den Beklagten die Entgegennahme der Auflassung zu verlangen, und das Landgericht hatte dem zugestimmt und seine der Klage stattgebende Entscheidung in dieser Weise begründet. Das Berufungsgericht ist dagegen der Anschauung, daß auch der Testamentsvollstrecker nach § 2204 an die Vorschriften des § 2046 gebunden ist. Hierin ist dem Berufungsgerichte beizutreten. Bedenken nach dieser Richtung sind auch von der Klägerin in der Revisionsinstanz nicht erhoben worden."

RGZ. 108, 422

Können die mehreren Erben eines Miteigentümers den Antrag auf Zwangsversteigerung des ganzen im Miteigentum stehenden Grundstücks zum Zwecke der Auseinandersetzung nur gemeinschaftlich stellen oder ist dazu auch ein einzelner Miterbe befugt?

IV. Zivilsenat. Urt. v. 2. Oktober 1924.

I. Landgericht Guben. II. Kammergericht Berlin.

Die Beklagte und ihr Ehemann waren Miteigentümer mehrerer Grundstücke. Der Ehemann ist am 14. Juni 1919 verstorben, und da ein von ihm mit seiner Ehefrau errichtetes gemeinschaftliches Testament formungültig war, ist gesetzliche Erbfolge eingetreten, wonach neben der Ehefrau eine Anzahl Seitenverwandter, darunter der Kläger, Erben geworden sind. Zur Herbeiführung der Auseinandersetzung hat zunächst die Witwe die Zwangsversteigerung der Grundstücksanteile ihres verstorbenen Ehemanns beantragt. Einer der Seitenverwandten hat beim Vollstreckungsgericht den Antrag gestellt, es sollten nicht nur die Grundstücksanteile des Ehemanns, sondern die ganzen Grundstücke zur Versteigerung gestellt werden, da nur auf diese Weise dem Interesse der Miterben an der Erzielung eines wertangemessenen Erlöses entsprochen werde. Das Vollstreckungsgericht hat diesem Antrag nicht stattgegeben. Auch ein dann vom Kläger gestellter Antrag auf Zwangsversteigerung der ganzen Grundstücke ist vom Vollstreckungsgericht zurückgewiesen worden. Das Zwangsversteigerungsverfahren ist aber nunmehr auf Grund einer vom Kläger erwirkten einstweiligen Verfügung eingestellt.

Im Prozeß hat der Kläger den Antrag gestellt, die Beklagte zu verurteilen, darin zu willigen, daß die Grundstücke zum Zwecke der Aufhebung der Gemeinschaft öffentlich meistbietend versteigert werden und daß dieser Antrag vom Kläger beim Nachlaß- und Vollstreckungsgericht gestellt wird; die Beklagte hat Abweisung der Klage beantragt. Das Landgericht gab der Klage statt, das Kammergericht wies die Berufung der Beklagten zurück. Die Revision der Beklagten hatte keinen Erfolg.

Gründe:

Das Berufungsurteil beschäftigt sich zunächst mit der Frage, ob der Kläger die Zwangsversteigerung der zum Nachlaß des Ehemanns gehörigen Grundstücksanteile betreiben dürfe. Daß er zu einem nur hierauf gerichteten Antrag auch ohne Einwilligung der Beklagten befugt wäre, ergibt sich ohne weiteres aus §§ 2042 mit 749, 753 BGB. Dafür, daß etwa noch weiteres ungeteiltes Nachlaßvermögen vorhanden wäre und deshalb die angestrebte Auseinandersetzung über die bezeichneten Grundstücksanteile als eine unzulässige Teilauseinandersetzung angesehen werden könnte (JW. 1919 S. 42 Nr. 9), liegt nichts vor. Das Recht zum Betreiben der Versteigerung dieser Grundstückshälften ist dem Kläger von der Beklagten auch gar nicht bestritten worden; sie will diese ja selbst zur Versteigerung bringen.

Streitig ist nur, ob der Kläger die Versteigerung der ganzen Grundstücke, also auch der nicht zum Nachlaß gehörigen Grundstückshälften, zu betreiben befugt ist. In der Rechtslehre wird die Meinung vertreten, daß ein dahin gehendes Recht des einzelnen Miterben eines Miteigentümers nicht anzuerkennen sei, weil in einem solchen Vorgehen eine Verfügung über einen Nachlaßgegenstand oder eine nicht zur ordentlichen Verwaltung erforderliche Verwaltungsmaßnahme zu finden sei, die nach §§ 2038, 2040 BBG. nur von den Erben gemeinschaftlich vorgenommen werden könnte (vgl. z. B. Jäckel-Güthe, Zwangsversteigerungsgesetz A. 6 Abs. 1 a. E. zu § 181). Entscheidungen in diesem Sinne liegen vor vom Kammergericht (OLG. Bd. 25 S. 267) und vom Oberlandesgericht Naumburg (Zeitschrift der Naumburger Anwaltskammer 1921 S. 22).

Das Berufungsgericht sieht dagegen das Vorgehen des Klägers als berechtigt an, indem es ausführt: Dem Erblasser habe gegen die Beklagte ein Anspruch aus § 749 BGB. auf Aufhebung der Gemeinschaft zugestanden; dieser Anspruch sei durch die Erbfolge auf die Erbengemeinschaft übergegangen und damit ein zum Nachlaß gehörender Anspruch geworden. Der Anspruch gehe auf Erklärung der Zustimmung zur Aufhebung der Gemeinschaft; die Erklärung bedeute bei sinngemäßer Auslegung des § 2039 auch eine Leistung. Denn Leistung sei nach ständiger Rechtsprechung jedes positive Tun oder Unterlassen, das ein Rechtsverhältnis zur Grundlage habe. Gefordert werde Leistung an alle Erben, da die verlangte Zustimmung rechtswirksam nur zugunsten der Gesamtheit der Miterben abgegeben werden könne. Die Erklärung dürfe mit Rücksicht auf das ablehnende Verhalten eines andern Miterben nicht verweigert werden; es komme daher auf die Frage, ob alle übrigen Miterben die Zustimmung zur Klagerhebung gegeben hätten, nicht an.

Im gleichen Sinne hatte auch schon der 11. Zivilsenat des Kammergerichts in einem Beschluß vom 24. Februar 1922 erkannt, unter ausdrücklichem Fallenlassen seines in der oben erwähnten Entscheidung OLG. Bd. 25 S. 267 vertretenen Standpunktes. Das Reichsgericht tritt der Anschauung des Berufungsgerichts bei, daß das vom Kläger in Anspruch genommene Recht sich aus § 2039 (mit §§ 749, 753) BGB. ergibt, welcher kein gemeinschaftliches Handeln aller Erben verlangt, sondern das Vorgehen eines einzelnen Erben zuläßt.

Die Revision bestreitet, daß das in § 749 BGB. erwähnte Recht des Teilhabers auf Aufhebung der Gemeinschaft als ein Anspruch im Sinne von § 2039 anzusehen sei; sie meint, ein Anspruch auf Aufhebung der Gemeinschaft bestehe erst, wenn das Verlangen gestellt sei; vorher bestehe das Recht, die Teilung zu verlangen, nur als Inhalt des Anteilsrechts überhaupt. Damit soll wohl gesagt werden, daß zunächst das Verlangen auf Aufhebung der Miteigentumsgemeinschaft von den Miterben gemeinschaftlich gestellt werden müsse und erst auf diese Weise ein von den einzelnen Miterben verfolgbarer Anspruch entstehe. Das kann nicht als richtig anerkannt werden. Das Recht des Gemeinschaftsteilhabers auf Aufhebung der Gemeinschaft stellt von vornherein einen Anspruch, wie in § 194 BBG. bezeichnet, dar; es sind nicht etwa vorherige Verwaltungsmaßnahmen, wie Kündigungserklärungen und ähnliches (vgl. Komm. v. RGR. A. 1 zu § 2039 BGB., RGZ. Bd. 107 S. 238) erforderlich, um den Anspruch zur Entstehung gelangen zu lassen. Das Gesetz selbst (§ 758 BGB.) bezeichnet das Recht des Teilhabers auf Aufhebung der Gemeinschaft, wie es von vornherein besteht, als einen Anspruch. Das ist auch der Standpunkt der Rechtslehre (Staudinger Anm. Ib zu § 749 BGB. mit Anführungen; Hellwig, Anspruch und Klagrecht S. 443/44 und Fußnote 4).

Das Vorbringen der Revision, daß die Klage an dem vom Berufungsgericht unterstellten Mangel der Zustimmung anderer Erbbeteiligter scheitern müsse, erweist sich nach dem oben Gesagten als unbegründet. Der aus § 2039 vorgehende einzelne Erbe ist nicht an die Zustimmung der anderen gebunden; es ist ihm überlassen, in welcher Weise er ein ihm hinderliches Verhalten der einzelnen Miterben beseitigen will.

Auch die Fassung des Klagantrags und des ihm entsprechenden Urteilssatzes ist nicht zu beanstanden; es kommt darin zum Ausdruck, daß die Beklagte nicht berechtigt ist, sich dem Betreiben der Zwangsversteigerung durch den Kläger zu widersetzen.

RGZ. 110, 270

1. Ist eine letzwillige Verfügung des Inhalts gültig, daß nicht der einzelne Erbe, sondern nur die Mehrheit der Erben die Auseinandersetzung hinsichtlich des zum Nachlaß gehörigen Grundbesitzes verlangen kann?

2. Unter welchen Voraussetzungen ist die Minderheit der Erben nicht an den Mehrheitsbeschluß gebunden?

IV. Zivilsenat. Urt. v. 16. März 1925.

I. Landgericht Kassel. II. Oberlandesgericht daselbst.

Die Kläger und die Beklagten zu 1—3 sind die Kinder des Kaufmanns Friedrich L. in Kassel. Er starb am 9. Dezember 1902 unter Hinterlassung eines am 14. Juli 1896 errichteten Testaments. In diesem hatte er seine 11 Kinder zu Erben eingesetzt und seiner Ehefrau den Nießbrauch vermacht. Der § 4 des Testaments bestimmt:

„Nach dem demnächstigen Tode oder der etwaigen Wiederverheiratung meiner Ehefrau soll das Grundvermögen nur dann verkauft werden können, wenn zwei Drittel meiner direkten, also unmittelbaren Kinder und Erben dafür stimmen."

Zum Nachlaß des L. gehörten gewisse im Grundbuch von Kassel eingetragene Parzellen und die ideelle Hälfte an einer weiter eingetragenen Parzelle; die andere Hälfte der letzteren war Eigentum der Frau des Erblassers. Im Jahre 1905 wurden die 11 Kinder des Erblassers auf Antrag als Miteigentümer des Grundbesitzes ihres Vaters zu ideellen Anteilen von je $^1/_{11}$ eingetragen. Zwei Brüder sind unverheiratet und ohne Hinterlassung einer letztwilligen Verfügung im Kriege gefallen. Die Mutter der Parteien starb am 11. Januar 1922.

In einer notariellen Verhandlung vom 29. November 1922 erklärten die Kläger gegenüber dem miterschienenen Kaufmann R. folgendes: Sie hätten durch notarielle Verträge vom 18. Mai bzw. 14. Juli 1922 dem R. das einem jeden von ihnen nach dem Grundbuch zustehende ideelle $^1/_{11}$ der eingetragenen Grundstücke, sowie das einem jeden von ihnen nach dem Grundbuch zustehende ideelle $^1/_{22}$ des daselbst weiter eingetragenen Grundstücks verkauft. Es habe sich aber herausgestellt, daß die Eintragung im Grundbuch unrichtig sei und daß, weil eine Erbauseinandersetzung und Auflassung noch gar nicht zwischen den Erben stattgefunden habe, diese Grundstücke noch den gesamten Erben in ungeteilter Erbengemeinschaft zuständen. Sie verpflichteten sich daher dem R. gegenüber auf sein Verlangen, insoweit diese ideellen Anteile in Betracht kämen, die bezeichneten Verträge wieder aufzuheben und ihm an Stelle der ideellen Anteile das einem jeden von ihnen zustehende Erbteil ($^1/_{11}$) für denselben Preis von 258 957,23 M. zu verkaufen, außerdem sofort auf Kosten des R., aber auf ihren Namen, gegen die drei übrigen Erben ihres Vaters (die Beklagten zu 1—3) Klage darauf zu erheben, daß sie gemäß § 4 des Testaments ihre Zustimmung dazu gäben, daß das ganze väterliche Grundeigentum an R. für im ganzen 475 000 M. verkauft und aufgelassen werde. Der in diesem Vertrag übernommenen

Verpflichtung sind die Kläger durch Erhebung der Klage dieses Prozesses vom 19. Dezember 1922 nachgekommen.

Das Landgericht hat die Beklagten zu 1—3 nur verurteilt, in die Berichtigung des Grundbuchs dahin einzuwilligen, daß die Grundstücke den Klägern und den Beklagten zu 1—3 in ungeteilter Erbengemeinschaft nach ihren Eltern und ihren verstorbenen Brüdern zustehen; im übrigen ist die Klage abgewiesen. Auf die Berufung der Kläger hat das Oberlandesgericht das erste Urteil, soweit es hier noch in Betracht kommt, dahin geändert:

A. Die Beklagten zu 1, 2 und 3 werden verurteilt:

a) Es folgt dieselbe Verurteilung, wie in erster Instanz;

b) ihre Zustimmung dazu zu geben, daß

α) die Grundstücke dem Kaufmann R. zum Preise von 475 000 M. . . . verkauft werden;

β) dem Amtsgericht in Kassel als Grundbuchamt gegenüber zu erklären, daß sie mit den Klägern und dem genannten R. darüber einig sind, daß das Eigentum an den zu α genannten Parzellen an R. übergeht und zu bewilligen, daß er als Eigentümer . . . eingetragen werde.

B. Es wird festgestellt, daß die Beklagten zu 1, 2, 3 nicht berechtigt sind, die Zwangsversteigerung der Nachlaßgrundstücke zum Zweck der Aufhebung der Gemeinschaft zu beantragen, daß sie vielmehr gehalten sind, ihren Zwangsversteigerungsantrag zurückzunehmen.

Auf die Revision der Beklagten ist das Urteil zu A, b, α und β aufgehoben; im übrigen ist die Revision zurückgewiesen.

Gründe:

1. Das Berufungsgericht führt aus, der Zweck der vom Erblasser im § 4 des Testaments getroffenen Anordnung sei klar. Der Erblasser wollte sein Grundvermögen, den Hauptbestandteil seines Nachlasses, seinen Kindern möglichst erhalten und deshalb eine Veräußerung nur zulassen, wenn zwei Drittel seiner unmittelbaren Erben dies wollten. Diesem Willen des Testators würde man aber nicht gerecht werden, wenn man die Anordnung nur auf den freihändigen Verkauf der Grundstücke beschränken wollte. Vielmehr lasse sich die Bestimmung nur dahin auffassen, daß nicht bloß der freihändige Verkauf der Grundstücke, sondern auch der Antrag auf Zwangsversteigerung (§ 180 ZwVG.) an die Zweidrittelmehrheit gebunden sei, da andernfalls der mit der Anordnung verfolgte Zweck jederzeit vereitelt werden könnte. Demgemäß hätten sich die Beklagten zu 1—3 dem Willen der Kläger als der Zweidrittelmehrheit hinsichtlich des

von den Klägern beschlossenen Verkaufs zu fügen und Auflassung an R. zu erteilen.

Diese Ausführungen sind, soweit sie die Auslegung des Testaments betreffen, rechtlich unbedenklich. . . .

2. Das Berufungsgericht nimmt weiter an, daß der Erblasser die Bestimmung im § 4 des Testaments wirksam treffen konnte und folgert dies aus § 2044 BGB. Auch diese von der Revision bekämpfte Ansicht ist zu billigen. Wenn der Erblasser nach § 2044 Abs. 1 die Auseinandersetzung in Ansehung des Nachlasses oder einzelner Nachlaßgegenstände ausschließen kann, so muß es auch zulässig sein, daß er sie erschwert. Eine Erschwerung liegt insofern vor, als nicht mehr der einzelne Erbe die Auseinandersetzung hinsichtlich des Grundbesitzes verlangen kann, wie dies nach dem Gesetz der Fall sein würde (§§ 2042 Abs. 1 und 2, 753 Abs. 1 Satz 1 BGB., § 180 ZwVG.), sondern nur die Mehrheit der Erben. Anderseits ist nach der Auslegung des Berufungsgerichts auch insofern eine Abweichung von den gesetzlichen Bestimmungen angeordnet, als nicht Zwangsversteigerung beantragt zu werden braucht, die Mehrheit der Erben vielmehr den freihändigen Verkauf mit Wirkung für die Minderheit beschließen kann. Auch diese Anordnung ist rechtlich zulässig. Das folgt aus § 2048 Abs. 1 Satz 2 BGB. Allerdings ist dort nur gesagt, der Erblasser könne anordnen, daß die Auseinandersetzung nach dem billigen Ermessen eines Dritten erfolgen solle. Aber damit ist nicht ausgesprochen, daß dies notwendig ein außerhalb der Erbengemeinschaft stehender Dritter sein muß. Denn der Satz 2 enthält nur einen Anwendungsfall des Satzes 1, und es ist kein Grund ersichtlich, weshalb der Erblasser die Bestimmung nicht einem oder mehreren Miterben, denen er besonderes Vertrauen schenkt, sollte übertragen können. Auch der Testamentsvollstrecker kann ein Miterbe sein, und nach § 315 kann die Bestimmung der Leistung einer der Vertragsparteien übertragen werden. Der § 137 BGB. steht nicht im Wege. Die Befugnis zur Teilnahme an der Verfügung über den Nachlaßgegenstand (§ 2040) wird den in der Minderheit gebliebenen Miterben nicht entzogen. Sie sind nur kraft der Teilungsanordnung schuldrechtlich verpflichtet, sich der Bestimmung der Mehrheit zu fügen (§ 137 Satz 2). Die Verfügung kann nur von allen Erben vorgenommen werden und darauf ist gerade hier die Klage gerichtet.

3. Die Revision macht geltend, der am 29. November 1922 bedungene Kaufpreis stelle jetzt ein Nichts dar. Es könne den Beklagten deshalb nicht zugemutet werden, in den Verkauf und die Auflassung zu diesem Preis zu willigen. Die Beklagten haben sich schon in den Vorinstanzen auf diesen Standpunkt gestellt. Sie haben behauptet, der von R. zugesagte Kaufpreis habe schon im Mai 1922 — der erste Vertrag mit R. war vom 18. Mai 1922 — nicht

dem Werte der Grundstücke entsprochen. Der Einwand ist gerechtfertigt. Seine gesetzliche Grundlage findet er im § 2048 Satz 3 BGB. Danach ist die von dem Dritten auf Grund der Anordnung des Erblassers getroffene Bestimmung für die Erben nicht verbindlich, wenn sie offenbar unbillig ist; die Bestimmung erfolgt in diesem Fall durch Urteil. Es wäre schon eine offenbare Unbilligkeit gegenüber den Beklagten gewesen, wenn die die Zweidrittelmehrheit der Erben ausmachenden Kläger im Jahre 1922 den Grundbesitz zu einem seinem Wert nicht entsprechenden Kaufpreis an R. verkauft hätten, und es wäre eine noch größere Unbilligkeit, wenn die Beklagten jetzt gezwungen würden, den Vermögenswert, den sie in ihrer Beteiligung an den Nachlaßgrundstücken besitzen, für 475 000 Papiermark, also für ein Nichts, an R. herauszugeben. Demgegenüber können die Kläger nicht geltend machen, sie wollten ihr Wort dem R. gegenüber nicht brechen, sondern bei dem Vertrage stehen bleiben, selbst wenn sie gesetzlich dazu nicht verpflichtet wären. Einen solchen Standpunkt können sie für ihre Person einnehmen, sie können aber von den Beklagten nicht verlangen, daß sie ein Gleiches tun.

Aus dem Gesagten ergibt sich schon jetzt, daß die bisherige Bestimmung der Mehrheit der Erben gegenüber den Beklagten hinfällig ist. Die Klage müßte deshalb, soweit sie auf Zustimmung der Beklagten zum Verkauf des Grundbesitzes für 475 000 Papiermark und auf Auflassung gerichtet ist, abgewiesen werden. Dem können die Kläger nur dadurch zuvorkommen, daß sie eine angemessene Aufwertung der den Beklagten von R. zu gewährenden Gegenleistung anbieten und ihre Anträge entsprechend ändern. Eine solche Entscheidung würde allerdings nur zwischen den Parteien Recht schaffen. Ob und inwieweit R. gegenüber der Erbengemeinschaft zu einer Aufwertung verpflichtet ist, ist hier nicht zu entscheiden. Sollte sich herausstellen, daß die Kläger bei Abschluß des Vertrags mit R. planmäßig zum Schaden der Beklagten gehandelt haben, so würde zu prüfen sein, ob nicht der Vertrag nach § 138 BGB. nichtig und aus diesem Grunde der Anspruch zu A b unbegründet ist.

Unbegründet ist die Revision, soweit die Beklagten verurteilt sind, ihren Zwangsversteigerungsantrag zurückzunehmen. Wie sich aus dem zu 2 Ausgeführten ergibt, kann dieser Antrag wirksam nur von einer Zweidrittelmehrheit der Erben beschlossen werden.

RGZ. 118, 244

1. Ist ein zwischen Miterben geschlossener notarieller Kaufvertrag über ein Nachlaßgundstück nichtig, wenn der Erwerber durch mündliche Nebenabrede mit nur einem Miterben, ohne Kenntnis der übrigen, einen höheren Kaufpreis vereinbart hat, der dem Nachlaß zugute kommen sollte?

2. Wie ist zu entscheiden, wenn ein Miterbe für sich persönlich eine Sondervergütung mit dem Erwerber mündlich vereinbart hat?

BGB. § 2033 Abs. 2, § 313.

IV. Zivilsenat. Urt. v. 22. Oktober 1927.

I. Landgericht Leipzig. II. Oberlandesgericht Dresden.

Als Eigentümer eines Grundstücks in G. ist der Hausbesitzer M. eingetragen. Durch notariellen Vertrag vom 18. März 1923 verkauften seine Erben und Erbeserben, zu denen unter anderen die Klägerin und die Beklagten zu 1, 2 und 4 gehören, zum Zwecke der Erbauseinandersetzung das Grundstück an die Klägerin. Im Vertrag ist der Kaufpreis auf 800 000 M. angegeben. Sofort nach seinem Abschluß hat die Klägerin zu Händen des Beklagten zu 4 den Betrag von 1 200 000 M. gezahlt, von denen er 800 000 M. alsbald an die Erben entrichtet, den Rest aber zurückbehalten hat.

Während sich die übrigen Verkäufer zur Abgabe der Auflassungserklärung bereit erklärt haben, verweigern die Beklagten zu 1, 2 und 4 die Auflassung, außer anderen Gründen auch deswegen, weil unmittelbar vor Abschluß des Vertrags vom 18. März 1923 zwischen ihnen und der Klägerin mündlich vereinbart worden sei, der Kaufpreis solle 1 200 000 M. betragen, wovon 400 000 M. zur Deckung von Nachlaßverbindlichkeiten zu verwenden seien; auf Verlangen der Klägerin sei man jedoch dahin übereingekommen, daß zur Ersparung von Steuern und Kosten im notariellen Vertrag nur ein Kaufpreis von 800 000 M. angegeben werden solle.

Die Klägerin, welche bestreitet, daß das zwischen ihr und dem Beklagten zu 4 getroffene Sonderabkommen diesen Inhalt gehabt habe, hat gegen die Beklagten zu 1, 2 und 4 mit dem Antrag auf Verurteilung zur Abgabe der Auflassungserklärung und gegen den Beklagten zu 3 auf Verurteilung zur Genehmigung der Auflassungserklärung seiner Frau Klage erhoben. Das Landgericht hat die Entscheidung von einem der Klägerin zugeschobenen Eid abhängig gemacht, der darauf hinausläuft, daß die 400 000 M., die über den in der notariellen Urkunde vereinbarten Kaufpreis von 800 000 M. hinaus gezahlt wurden, keinen Teil des Kaufpreises gebildet hätten. Das Oberlandesgericht hat dagegen die Klage abgewiesen. Die Revision der Klägerin war erfolglos.

Gründe:

Zur Begründung der Revision ist folgendes vorgetragen worden. Neben dem in notarieller Form geschlossenen Vertrage habe unstreitig die Klägerin mit einem der Miterben, dem Beklagten zu 4, ohne Wissen und Willen zum mindesten eines Teils der übrigen Miterben eine auf Erhöhung des Kaufpreises hinauslaufende Abrede getroffen, die in der Urkunde unerwähnt geblieben sei. Durch die Annahme, die Nebenabrede bilde einen Bestandteil des Kaufvertrags und deshalb sei der Kaufvertrag mangels richtiger Beurkundung nach § 313 BGB. nichtig, habe das Berufungsgericht diese Vorschrift verletzt, weil eine derartige heimliche Nebenabrede mit einem Teil der nur gemeinschaftlich zur Verfügung berechtigten Miterben niemals als Bestandteil eines von Miterben geschlossenen Kaufvertrags angesehen werden könne. Der Umstand, daß das von der Klägerin dem Beklagten zu 4 zugesagte Mehrentgelt nicht diesem allein, sondern allen Verkäufern habe zugute kommen sollen und später auch tatsächlich zugute gekommen sei, ändere hieran nichts. Vertreter der übrigen Verkäufer habe der Beklagte zu 4 bei der Nebenabrede nicht sein sollen und können, und was später geschehen sei, berühre den inzwischen rechtsgültig zustande gekommenen Kaufvertrag nicht. Diese Rüge kann jedoch gegenüber dem vom Berufungsgericht festgestellten und rechtlich im wesentlichen zutreffend gewürdigten Sachverhalt keinen Erfolg haben.

Die Gründe des Oberlandesgerichts gehen dahin: bei der Beurkundung des Vertrags hätten allerdings einzelne Erben angenommen, *der Kaufpreis betrage 800 000 M*; denn damals hätten sie von einer besonderen Vereinbarung, daß 400 000 M. über den beurkundeten Kaufpreis hinaus zu zahlen seien, noch nichts gewußt. Aber nach dem Beweisergebnis sei anzunehmen, daß diese nur mündlich verabredete Verpflichtung, auch wenn die Vereinbarung, wie die Klägerin behaupte, nur zwischen ihr und dem Beklagten zu 4 getroffen sei, zum mindesten im Verhältnis zwischen der Klägerin und dem Beklagten zu 4 Bestandteil des Veräußerungsvertrags habe sein sollen, daß sie also mit zu der Gegenleistung gehöre, welche die Klägerin für den Erwerb des Nachlaßgrundstücks zu gewähren gehabt habe. Denn nach dem übereinstimmenden Willen dieser beiden Beteiligten habe ihr das Grundstück nur dann verkauft werden sollen, wenn sie jene besondere Zusage geben würde. Dann wäre aber auch bezüglich dieser Zusage die Formvorschrift des § 313 BGB. zu beachten gewesen, da hier der Regelfall des § 139 das. zutreffe. Daß die Nebenabrede über die Zahlung weiterer 400 000 M. nicht mit allen Verkäufern getroffen worden sei, ändere an der rechtlichen Beurteilung deshalb nichts, weil die einzelnen Miterben gemäß § 2033 Abs. 2 BGB. über ihren Anteil an den Nachlaßgegenständen nicht verfügen könnten und es sich hier nicht um eine Sondervergütung handle, die lediglich dem einen Beteiligten, dem sie versprochen worden sei, hätte zugute kommen sollen. Im gegenteiligen Falle wäre die Vereinbarung über die Sondervergütung vielleicht nicht als Bestandteil des Grundstücks-Veräußerungsvertrags anzusehen. Hier aber habe die Zusage der Klägerin, weitere 400 000 M. zu zahlen, die zur Bezahlung von Nachlaßschulden hätten verwendet werden sollen, allen Verkäufern einen Vorteil gebracht. Es sei daher von vornherein das Einverständnis aller Erben mit dieser Nebenabrede anzunehmen gewesen, wie denn auch keiner der bisher vernommenen, als Verkäufer beteiligten Zeugen gegen die Auszahlung von 1 200 000 M. statt 800 000 M. und gegen jene Nebenabrede Widerspruch erhoben habe. Aber auch hiervon abgesehen könne die Vereinbarung über die Zahlung der weiteren 400 000 M. nicht als eine solche bezeichnet werden, die nach dem Willen der beiden an ihr beteiligten Personen außerhalb des notariellen Vertrags habe stehen sollen. Sie habe vielmehr schon bei ihrem Abschluß erst zusammen mit dem notariellen Vertrag den von der Klägerin und zum mindesten dem Beklagten zu 4 wirklich gewollten gesamten Veräußerungsvertrag darstellen sollen. Daraus ergebe sich gemäß § 125 S. 1 BGB. die Nichtigkeit des Vertrags vom 18. März 1923.

Nach § 2033 Abs. 2 BGB. — vgl. auch § 2040 Abs. 1 das. — kann ein Miterbe über seinen Anteil an den einzelnen Nachlaßgegenständen nicht dinglich verfügen. Es ist nun zwar anzuerkennen, daß er sich gleichwohl nach § 308 BGB. oder schuldrechtlich — ohne Wirkung für die übrigen Miterben — zur Beschaffung des Gegenstandes verpflichten kann (RGZ. Bd. 60 S. 126, Bd. 61 S. 76; Seuff. Arch. Bd. 62 Nr. 165; JW. 1909 S. 20 Nr. 14 und 1910 S. 180 Nr. 4; Planck Bem. 2 e zu § 2033). Aber ein derartiger Verpflichtungsvertrag kommt hier nicht in Frage; die sämtlichen am Vertrag vom 18. März 1923 Beteiligten wollten vielmehr einen endgültigen Kaufvertrag über das Nachlaßgrundstück schließen und damit unmittelbar die Grundlage für das dingliche Rechtsgeschäft, die Uebereignung des Grundstücks, schaffen. Ob § 2033 Abs. 2 BGB. auf einen schuldrechtlichen Vertrag mit solchem Inhalt Anwendung finden muß (RG. in JW. 1903 Beil. S. 26 Nr. 54; a. M. RGRKomm. Anm. 2 zu § 1442 BGB.), kann dahingestellt bleiben. Denn nach § 313 Satz 1 BGB., dessen Nichtbeachtung Formnichtigkeit des Kaufvertrags zur Folge hat, bedurfte der Vertrag vom 18. März 1923 der gerichtlichen oder notariellen Beurkundung; es mußten also alle Vertragsbedingungen, insbesondere die wesentliche Bestimmung über die Höhe der Gegenleistung des Käufers, der Kaufpreis, so beurkundet werden, wie es der wirklichen Abrede aller Beteiligten entsprach. Dies war hier nicht der Fall. Denn während im notariellen Vertrag der Kaufpreis auf 800 000 M. angegeben ist, waren sich nach der Feststellung des Berufungsurteils die Klägerin und zum mindestens der Beklagte zu 4 bereits vor der Aufnahme der Urkunde darüber einig geworden, daß zwar im Vertrag ein Kaufpreis von 800 000 M. genannt werden, in Wirklichkeit aber der Ueberlassungspreis 1 200 000 M. betragen solle. Der Ueberpreis von 400 000 M. sollte auch nicht etwa als eine Sondervergütung in die

Tasche des Beklagten zu 4 fließen, sondern der Bezahlung von Nachlaßverbindlichkeiten dienen und mithin allen Erben zugute kommen. Schon dieses im Einvernehmen mit der Klägerin erklärte Nichteinverständnis mindestens des einen zur Verfügung über das Nachlaßgrundstück berechtigten Verkäufers mit dem insoweit unrichtig beurkundeten Kaufpreise von 800 000 M. führte die Nichtigkeit des Kaufvertrags herbei, ohne daß es darauf ankommt, ob auch noch andere von den Verkäufern von vornherein die gleiche mündliche Abrede wie der Beklagte zu 4 mit der Klägerin getroffen hatten oder ob dieser Beklagte, wofür der Sachverhalt spricht, für alle anderen Miterben zunächst als Geschäftsführer ohne Auftrag gehandelt hat und jene die Nebenabrede nachträglich, ausdrücklich oder stillschweigend, genehmigt haben. Denn da zwischen der Käuferin und jedenfalls einem der Verkäufer, dem Beklagten zu 4, zur Zeit der Beurkundung des Vertrags Willensübereinstimmung darüber herrschte, daß an alle Verkäufer ein Kaufpreis von 1 200 000 M. zu zahlen sei, so ist der Kaufpreis nicht nur im Verhältnis zum Beklagten zu 4, sondern gegenüber allen Verkäufern in der Urkunde unrichtig angegeben.

Nach Lage der Sache bedarf es keiner Stellungnahme zu der Frage, ob der Fall nicht dann anders zu beurteilen wäre, wenn sich der Beklagte zu 4 nicht als Miterbe zugunsten der Nachlaßmasse, sondern für sich persönlich eine Sondervergütung für die Erteilung seiner Zustimmung zum Kaufvertrag von der Klägerin hätte versprechen lassen. In solchem Falle könnte man vielleicht sagen, daß zwischen ihm und der Klägerin ein besonderer, nur äußerlich mit dem Kaufvertrag zusammenhängender Dienstvertrag oder dienstähnlicher Vertrag vorläge, der die Ernstlichkeit der beurkundeten Kaufpreisvereinbarung nicht in Frage stellen würde. Dabei kann unerörtert bleiben, unter welchen Umständen ein solcher Nebenvertrag als gegen die guten Sitten verstoßend nichtig und ob seine etwaige Nichtigkeit auf die Gültigkeit des Kaufvertrags von Einfluß wäre. Ein besonderer, die Gewährung einer Sondervergütung für den Beklagten zu 4 bezweckender Nebenvertrag liegt aber hier nach der Feststellung des Berufungsgerichts nicht vor. Denn der zwischen der Klägerin und dem Beklagten zu 4 vereinbarte Ueberpreis sollte in voller Höhe an alle Verkäufer gezahlt werden; den Gegenstand dieser Abrede bildete also unmittelbar die Höhe des Kaufpreises.

Mit ähnlichen Fragen wie den hier erörterten hat sich das Reichsgericht, soweit ermittelt, bisher in zwei Fällen beschäftigt: der V. Zivilsenat in einem Urteil vom 14. Mai 1924 V 480/23 (Seuff. Arch. Bd. 78 Nr. 176) und der IV. Zivilsenat in einem Urteil vom 14. Mai 1925 I 33/25 (JW. 1925 S. 1751 Nr. 7).

Im ersteren Urteil, das einen Vertrag über die Auseinandersetzung einer fortgesetzten allgemeinen Gütergemeinschaft behandelt, wird folgendes ausgeführt. Bei einem der Auseinandersetzung zugrunde liegenden schuldrechtlichen Vertrag könne nur das als Vertragsbestandteil angesehen werden, was allen Beteiligten gegenüber als Vertragsinhalt erkennbar hervorgetreten und als solcher gebilligt worden sei. Die gegenteilige Annahme würde zu dem unannehmbaren Ergebnis führen, daß die Gültigkeit eines solchen Vertrags wegen Formmangels beanstandet werden könnte, wenn einzelne Beteiligte hinter dem Rücken der anderen formlose Nebenabreden getroffen hätten. Es sei aber nicht festgestellt, daß die für erwiesen erachtete Nebenabrede auch den übrigen Beteiligten bekannt gewesen sei. Noch viel weniger stehe fest, daß die übrigen Beteiligten diese Abrede als einen Teil des mit ihnen abgeschlossenen Vertrags betrachtet hätten. Die Annahme des Berufungsgerichts, daß die Nebenabrede Bestandteil des Auseinandersetzungs-Vertrags und dieser daher mangels Beurkundung der Abrede nichtig sei, könne daher nicht gebilligt werden. — Diesen Ausführungen vermag der erkennende Senat in solcher Allgemeinheit nicht zuzustimmen. Das zwingt aber nicht zur Anrufung der Vereinigten Zivilsenate, weil im Falle V 480/23 Sondervergütungen in Rede standen, die sich einzelne Beteiligte zu ihren eigenen Gunsten, also nicht für die Gesamtheit der Veräußerer, außerhalb des Auseinandersetzungs-Vertrags ausbedungen hatten.

RGZ. 132, 81

Kann der Nachlaßschuldner dem Grundbuchberichtigungs-Anspruch sämtlicher Miterben ein Zurückbehaltungsrecht entgegensetzen wegen schuldrechtlicher Ansprüche gegen alle oder einzelne Miterben?

BGB. §§ 273, 894, 2039, 2040.

V. Zivilsenat. Urt. v. 7. März 1931.

I. Landgericht Bonn. II. Oberlandesgericht Köln.

Die ursprüngliche Klägerin, Witwe H., war seit 1917 Eigentümerin eines Grundstücks. In notariell beglaubigter Urkunde vom 17. Dezember 1923 bewilligte und beantragte sie die Eintragung einer Vormerkung für die Beklagte zur Erhaltung des Anspruchs auf Eintragung einer Sicherungshypothek zum Höchstbetrag des Preises von 11 160 g Feingold für alle jetzigen und zukünftigen Forderungen der Beklagten gegen die Firma Ww. H. Die Vormerkung wurde am 19. Dezember 1923 eingetragen. In einer weiteren notariell beglaubigten Urkunde vom 7. November 1924 bestellte die Eigentümerin an dem Grundstück für die Beklagte eine Sicherungshypothek zum Höchstbetrag von 8000 GM. für alle aus Diskontierung von Wechseln entstehenden jetzigen und zukünftigen Ansprüche der

Beklagten gegen die Firma H., Gesellschaft mbH. Die Hypothek wurde am 10. November 1924 eingetragen.

Am 11. August 1925 wurde vom Vormundschaftsgericht für die „geistesschwache" Eigentümerin ein Pfleger bestellt, um sie in allen ihren Vermögensangelegenheiten zu vertreten. Dieser erhob in ihrem Namen mit der Begründung, sie sei bei Bewilligung der beiden Eintragungen geisteskrank gewesen, Klage auf Einwilligung in die Löschung. Während der Rechtsstreit beim Landgericht schwebte, starb die Witwe H. Ihre vier Kinder als ihre Erben traten für sie als Kläger in den Rechtsstreit ein und drangen mit der Klage in beiden Vorinstanzen durch. Die Revision der Beklagten führte zur Aufhebung und Zurückverweisung.

Gründe:

Das Berufungsgericht stellt fest, daß die Witwe H. bei Erklärung der Eintragungsbewilligungen im Dezember 1923 und November 1924 nach den § 104 Nr. 2, § 105 Abs. 1 BGB. geschäftsunfähig war. Diese Feststellung ist rechtlich einwandfrei getroffen und wird nicht angegriffen. Die Revision wendet sich aber gegen die Rechtsansicht des Berufungsgerichts, daß aus der Nichtigkeit der den Eintragungen zugrunde liegenden Willenserklärungen ohne weiteres die Berechtigung des Klaganspruchs auf Löschung der Eintragungen folge. Sie führt hierzu zunächst aus: Die jetzige Erstklägerin, Frau R., hafte zusammen mit ihrem Ehemann für die Geschäftsschulden, welche die Firma Ww. H. und die Firma H. Gesellschaft mbH. bei der Beklagten hätten. Diese Ansprüche der Beklagten gegen die Erstklägerin stünden dem Grundbuchberichtigungsanspruch aller Kläger entgegen, ohne daß es im Rechtsstreit der ausdrücklichen Erhebung eines Einwands nach dieser Richtung bedurft hätte. Nötigenfalls hätte der Berufungsrichter durch Ausübung des Fragerechts auf nähere Angaben und genauere Antragstellung der Beklagten hinwirken müssen.

Dieser Angriff dringt nicht durch. Die Nichtigkeit der Willenserklärungen der Witwe H., auf denen die beiden Eintragungen beruhen, hat nach den §§ 873, 885 BGB. die Unwirksamkeit der Eintragungen zur Folge und rechtfertigt somit an sich nach § 894 das. den Berichtigungsanspruch der Kläger auf Löschung, gleichviel ob die persönlichen Ansprüche der Beklagten, deren dingliche Sicherung erstrebt war, aber nicht gelungen ist, zu Recht bestehen und gegen wen sie sich richten. Wenn die Revision aber rügen will, daß das Berufungsgericht der Beklagten wegen ihrer persönlichen Ansprüche aus der Geschäftsverbindung mit den beiden Firmen kein Zurückbehaltungsrecht gegenüber dem Berichtigungsanspruch der Klage zugebilligt und nötigenfalls nicht auf einen entsprechenden Sachvortrag und Antrag der Beklagten hingewirkt habe, so übersieht sie, daß sich für die Beklagte ein solches Zurückbehaltungsrecht aus § 273 BGB. nicht herleiten läßt. Die ursprüngliche Klägerin war nach dem eigenen Vortrag der Beklagten nicht persönliche Schuldnerin der Kredite, welche die beiden Firmen erhielten. Bei ihren Lebzeiten stand also dem Berichtigungsanspruch der Klage schon deshalb kein Zurückbehaltungsrecht der Beklagten wegen der Forderungen aus dem Kreditverhältnis mit den Firmen entgegen, weil Gläubiger und Schuldner bei den beiderseitigen Ansprüchen nicht übereinstimmten. Mit dem Tode der Witwe H. hat sich aber die Lage der Beklagten in Ansehung des Zurückbehaltungsrechts nicht verbessert. Der Berichtigungsanspruch steht nunmehr nach § 2039 BGB. allen Klägern als Miterben gemeinschaftlich zu (RGRKomm. Anm. 1 zu § 2039; RGUrt. vom 16. April 1930 IV 252 29). Die Ansprüche der Beklagten aus der Geschäftsverbindung mit den Firmen richten sich aber nur gegen eine Miterbin, die Erstklägerin. Bei dieser Rechtslage kann der Beklagten kein Zurückbehaltungsrecht wegen der genannten Ansprüche zugebilligt werden. Das Reichsgericht hat in der Regel dem Nachlaßschuldner ein Zurückbehaltungsrecht gegenüber einem nach § 2039 BGB. verfolgten Miterbenanspruch selbst dann versagt, wenn sich die Forderung, mit welcher der Nachlaßschuldner zurückhalten wollte, gegen alle Miterben richtete (WarnRspr. 1910 Nr. 141, 1913 Nr. 233; RGUrt. vom 26. März 1923 IV 309 22). So ist insbesondere auch schon in einem Falle entschieden worden, wo der Miterbenanspruch auf § 894 BGB. gestützt war und der Nachlaßschuldner wegen einer Forderung gegen den Nachlaß ein Zurückbehaltungsrecht für sich in Anspruch nahm (Gruch. Bd. 68 S. 66). Wenn aber schon in solchen Fällen aus der Natur des Rechtsverhältnisses als Regel die Verneinung eines Leistungsverweigerungsrechts des Nachlaßschuldners abgeleitet worden ist, so muß dies um so mehr dann gelten, wenn der Nachlaßschuldner nicht einmal einen Anspruch gegen alle Miterben, sondern nur gegen einen einzelnen von ihnen hat. Auf einem ähnlichen Rechtsgedanken beruht die Vorschrift im § 2040 Abs. 2 BGB., die nicht auf das Gebiet der Aufrechnung beschränkt, sondern auch für das Gebiet des Zurückbehaltungsrechts verwertet wird (RGRKomm. Anm. 2 zu § 2040; RGUrt. vom 18. Dezember 1930 VI 176 30). Die Beklagte kann somit wegen ihrer Ansprüche gegen die Erstklägerin aus der Geschäftsverbindung mit den beiden Firmen kein Zurückbehaltungsrecht gegenüber dem Klaganspruch ausüben.

Die Beklagte hat aber weiterhin dem Berichtigungsanspruch den Einwand der Arglist entgegengehalten und diesen Einwand unter Beweisantritt dahin begründet: Alle vier Kläger hätten in Kenntnis der geistigen Unzurechnungsfähigkeit ihrer Mutter und der Kreditwürdigkeit der bei der Beklagten Kredit suchenden Firmen die Eintragungsbewilligungen vom 17. Dezember 1923 und 7. November

1924 beglaubigen und dem Grundbuchamt einreichen lassen in der vorgefaßten Absicht, zunächst die Beklagte den Kredit an die Firmen geben zu lassen und hinterher sich auf die Nichtigkeit der bestellten Sicherheiten zu berufen. Ihrem geschickten Vorgehen sei es gelungen, die Bedenken des beglaubigenden Notars gegen die Geschäftsfähigkeit ihrer Mutter und damit gegen die Vornahme der Beglaubigungsakte und gegen die Einreichung der beglaubigten Urkunden an das Grundbuchamt zu zerstreuen, indem sie ihm wider besseres Wissen teils vor, teils nach Vornahme der Beglaubigungen die völlige geistige Gesundheit der Witwe H. versichert hätten. Nur im Vertrauen auf die Wahrheit dieser Versicherungen habe der Notar die Eintragungen im Grundbuch veranlaßt, und nur im Vertrauen auf die Gültigkeit der bestellten Sicherheiten habe die Beklagte den Firmen, die zahlungsunfähig seien, die gewünschten Kredite gegeben und von Vollstreckungsmaßnahmen abgesehen. Deshalb müßten die Kläger wegen ihres sittenwidrigen Verhaltens bei Bestellung der Sicherheiten die Beklagte dafür schadlos halten, daß sie ohne die Sicherheiten Ausfälle an den Krediten erleide. Im Hinblick auf diese Schadensersatzpflicht handelten die Kläger arglistig, wenn sie die bestellten Sicherheiten nicht gegen sich gelten lassen wollten.

Die Kläger haben diese Darlegung in vollem Umfang bestritten und ihr insbesondere entgegengehalten: sie hätten bis 1925 nichts von einer Geisteskrankheit ihrer Mutter gewußt; die Beklagte habe die Sicherheiten im wesentlichen für bereits vorher gewährte, nicht für erst künftig zu gewährende Kredite erhalten, so daß die Unwirksamkeit der Grundbucheintragungen nicht ursächlich für den Ausfall an den Krediten und den daraus erwachsenden Schaden sei.

Das Berufungsgericht hat den Einwand der Beklagten mit folgender Begründung zurückgewiesen: Ein auf arglistiges Verhalten der Kläger gegründeter Schadensersatzanspruch der Beklagten könne nur auf den Geldausfall an den gewährten Krediten gehen, nicht aber zur Aufrechterhaltung der nichtigen Grundbucheintragungen führen. Deshalb könne auch die Einrede der Arglist den Klaganspruch auf Grundbuchberichtigung nicht beseitigen. Im übrigen sei aber diese Einrede auch nicht schlüssig erhoben. Denn nach der Darstellung der Beklagten falle den Klägern zu 2 bis 4 kein arglistiges Verhalten zur Last.

Soweit die Revision diesen Ausführungen entgegenhält, daß der auf eine unerlaubte Handlung der Kläger gestützte Schadensersatzanspruch und demzufolge auch die Arglisteinrede nicht nur auf den Geldausfall an den gewährten Krediten abziele, sondern auch auf die Herstellung des Zustandes, der bestehen würde, wenn die Kläger nicht arglistig gehandelt hätten, kann sie nicht den Erfolg haben, daß daran der Klaganspruch als solcher scheitert. Der im § 249 BGB. anerkannte Rechtsgrundsatz der Naturalrestitution könnte nur dann zur Abweisung der Klage führen, wenn die Beklagte dargetan hätte, daß sie ohne das den Klägern zur Last gelegte arglistige Verhalten rechtsgültige Grundbuchsicherungen erlangt haben würde. Dahingehende Behauptungen hat sie aber bisher nicht aufgestellt. Ihrem Vortrag in den Vorinstanzen ist vielmehr nur zu entnehmen, daß bei sittengemäßem Handeln der Kläger die Eintragungen im Grundbuch unterblieben, die Kredite infolgedessen an die Firmen nicht gewährt und deshalb Ausfälle ausgeblieben wären. Diese Sachdarstellung rechtfertigt aber noch nicht die Schlußfolgerung, daß die Kläger wegen ihres arglistigen Verhaltens das Bestehenbleiben der nichtigen Eintragungen dulden müßten. Auch darauf läßt sich dieser Schluß nicht stützen, daß das Grundstück der Kläger, wie die Beklagte in der Revisionsverhandlung vorgetragen hat, das einzige Vermögensstück sein mag, aus dem sie sich wegen ihres Schadens decken könnte. Solange Anhaltspunkte dafür fehlen, daß ohne arglistiges Verhalten der Kläger gültige Grundbuchsicherungen für die Beklagte bestellt worden wären, hat das Berufungsgericht rechtlich nicht geirrt, wenn es dem in das Gewand der Arglisteinrede gekleideten Schadensersatzanspruch die Wirkung versagt hat, die Klage auf Löschung der nichtigen Eintragungen zur Abweisung zu bringen.

Begründet ist dagegen die weitere Rüge, daß der Beklagten, wenn sie einen Schadensersatzanspruch gegen alle vier Kläger auf Geldzahlung für den Ausfall aus der Kreditgewährung an die beiden Firmen haben sollte, wegen dieser Forderung ein Zurückbehaltungsrecht nach § 273 BGB. gegenüber dem Klaganspruch zuzubilligen sei. Der Berichtigungsanspruch der Kläger und der Schadensersatzanspruch der Beklagten sind, wenn man die Richtigkeit des Sachvortrags der Beklagten unterstellt, aus einem innerlich zusammengehörigen, einheitlichen Lebensverhältnis entsprungen und haben wechselseitig dieselben Gläubiger und Schuldner. Die Gründe, die sonst in der Regel dazu geführt haben, dem Nachlaßschuldner auch wegen eines Anspruchs gegen alle Miterben kein Zurückbehaltungsrecht gegenüber dem nach § 2039 BGB. verfolgten Nachlaßanspruch zuzugestehen, müssen hier zurücktreten hinter andere Erwägungen, die bei der besonderen Sachlage eine von der Regel abweichende Beurteilung des Rechtsverhältnisses zwischen den Klägern als Miterben und der Beklagten als Nachlaßschuldnerin verlangen. Haben alle vier Kläger die Beklagte durch sittenwidriges Verhalten bei Bestellung der Grundbuchsicherheiten geschädigt, so darf der auf dieses Verhalten gestützte Schadensersatzanspruch der Beklagten aus § 826 BGB. nicht losgelöst werden von dem Berichtigungsanspruch der Kläger, der seine Entstehung denselben Vorgängen verdankt, auf welche der Schadensersatzanspruch der Beklagten zurückgeführt wird. Es würde Recht und Billigkeit widerstreben, wollte man in einem solchen Falle das natürliche Band zwischen den beiden demselben Lebensverhältnis entsprungenen Ansprüchen rechtlich zerschneiden. Der Beklagten als Nachlaßschuldnerin ist somit wegen eines gegen alle Kläger gerichteten Schadensersatzanspruchs ein Leistungsverweigerungsrecht gegenüber dem Berichtigungsanspruch der Klage zuzugestehen. Sie hat, wie ihrem Vorbringen in den Vorinstanzen zu entnehmen ist, ein solches Leistungsverweigerungsrecht nach § 273 Abs. 1, § 274 BGB. geltend gemacht. Sie könnte also bei Zubilligung ihres Schadensersatzanspruchs auf die Klage hin nur zur Leistung Zug um Zug verurteilt werden. Das Berufungsgericht sieht allerdings den Schadensersatzanspruch der Beklagten als nicht schlüssig erhoben an. Insoweit ist seine Begründung aber nicht frei von Rechtsirrtum. Zwar ist ihm — entgegen der Ansicht der Revision — noch darin beizutreten, daß ein auf arglistigem Verhalten allein der Erstklägerin beruhender Anspruch der Beklagten nicht genügen würde, um dieser ein Zurückbehaltungsrecht gegenüber dem gemeinschaftlichen Berichtigungsanspruch aller Kläger zuzubilligen. Denn eine Schicksalsgemeinschaft der Kläger auf Gedeih und Verderb dergestalt, daß sie als Miterben für jede vor dem Eintritt des Erbfalls begangene unerlaubte Handlung eines von ihnen einstehen müßten, läßt sich rechtlich nicht begründen. Es wäre vielmehr nach den erörterten Rechtsgrundsätzen mit dem Wesen des Miterbenverhältnisses nicht zu vereinigen, wenn der Nachlaßschuldner die Befriedigung des nach § 2039 BGB. geltend gemachten Nachlaßanspruchs verweigern dürfte wegen eines Schadensersatzanspruchs, der ihm nur gegen einen einzelnen Miterben aus dessen unerlaubter Handlung zusteht. Die Beklagte kann also nur dann mit einem Zurückbehaltungsrecht durchdringen, wenn sich alle vier Kläger ihr gegenüber einer zu Schadensersatz verpflichtenden unerlaubten Handlung schuldig gemacht haben. Ein derartiges Verhalten aller Kläger hat die Beklagte schlüssig behauptet. Das Berufungsgericht hat ihren Sachvortrag in diesem Punkte rechtlich nicht einwandfrei behandelt, indem es — anscheinend — zwar eine sittenwidrige Schadenszufügung durch die Erstklägerin als hinreichend dargelegt ansieht, ein entsprechendes Verhalten der Kläger zu 2 bis 4 aber auch bei Unterstellung des Vorbringens der Beklagten glaubt ablehnen zu müssen. Darin liegt eine Ueberspannung der in den §§ 826, 840 BGB. gestellten Anforderungen an die Mithaftung der soeben genannten drei Kläger. Haben auch sie, wie die Beklagte behauptet, zur Zeit der Bestellung der Sicherheiten gewußt, daß ihre Mutter geisteskrank und geschäftsunfähig war, und haben sie sich dennoch in der von der Beklagten geschilderten Weise an der Herbeiführung der Grundbucheintragungen durch Irreführung des Notars beteiligt, um den beiden Firmen Kredit bei der Beklagten zu verschaffen, so sind auch sie nach § 826 schadensersatzpflichtig, wenn die Beklagte im Vertrauen auf die Sicherheiten Kredit gewährt hat und nunmehr wegen Hinfälligkeit der Grundbucheintragungen Ausfälle erleidet. Das Berufungsgericht wird daher den Streitstoff unter diesem Gesichtspunkt erneut prüfen und die zu einer abschließenden rechtlichen Beurteilung zur Zeit noch fehlenden tatsächlichen Feststellungen treffen müssen.

RGZ. 134, 296

Kann der Miterbe bei schon geteiltem Nachlaß noch einen Erbschaftskauf abschließen?

BGB. §§ 2033, 2371 flg. Preuß. Stempelsteuergesetz vom 16. März 1924 (GS. S. 139) Tarifstelle 32 Abs. 1 zu c.

VII. Zivilsenat. Urt. v. 15. Dezember 1931.

I. Landgericht I Berlin. II. Kammergericht daselbst.

Am 7. Juni 1924 hat der Kläger mit seiner Schwester, der Frau K. geb. A. in Rom, unter Zustimmung ihres Ehemannes zu notariellem Protokoll einen Vertrag geschlossen, in dem es heißt:

§ 1.

Der Vater der Frau K. und des Herrn Fr. A. (Kläger), der am 28. Januar 1911 verstorbene Rentier A. A., hat in seinem . . . Testament u. a. bestimmt, daß seine beiden Kinder seine Erben je zur Hälfte sein sollen, daß jedoch die von ihm ernannten Testamentsvollstrecker ein Drittel des Erbteils der beiden Kinder auch über den für die Teilung des Nachlasses bestimmten Zeitpunkt hinaus bis zum Tode des jüngsten seiner Erben verwalten sollen.

Als Testamentsvollstrecker . . . sind zur Zeit im Amt . . . Diese verwalten für Frau K. auf Grund der ihnen erteilten testamentarischen Bestimmungen

a) . . . Aktien der A. Aktiengesellschaft,

b) . . . Aktien der D. Bank in Berlin,

c) . . . Kommanditanteile der . . . Di.-Gesellschaft in Berlin.

Frau K. hat gegen die Testamentsvollstrecker beim Tode des Herrn Fr. A. einen Anspruch aus Ausantwortung der Aktien bzw., falls die Testamentsvollstrecker in der Zwischenzeit über die Aktien in irgendwelcher Weise verfügt haben, auf dasjenige, was für die Aktien von den Testamentsvollstreckern erhalten worden ist. Diesen Anspruch auf Ausantwortung des letzten Drittels ihres Erbteils und überhaupt alle und jede Rechte, die der Frau K. an dem Nachlasse ihres verstorbenen Vaters zustehen, d. h. den Erbanteil selbst, tritt sie hiermit für sich und ihre Erben gleichzeitig mit dem Anspruch auf Ausantwortung der für die Zeit vom 1. Januar 1924 auf dieses Drittel der Erbschaft entfallenden Jahresgewinnanteile oder Zinsen an Herrn Fr. A. mit allen testamentarischen Lasten und Beschränkungen ab.

Die Uebertragung der vorbezeichneten Rechte erfolgt ohne jede Gewähr . . .

§ 2.

Als Entgelt für die Abtretung gewährt Herr Fr. A. der Frau K. . . . die Summe von . . . Mark . . .

§ 3.

Als weiteres Entgelt gewährt Herr Fr. A. der Frau K. eine jährliche Rente . . .

§ 9.

Für alle Streitigkeiten aus diesem Vertrage wird unter Ausschluß des Rechtswegs die Zuständigkeit eines Schiedsgericht bestimmt . . .

*Zu diesem Vertrage sind nach dem preußischen Stempelsteuer*gesetz vom 16. März 1924 10 934 RM. Stempel verwendet worden, und zwar

nach Tarifst. 32 Abs. 1c (für einen Erbschaftskauf) ..	9506,50 RM.,
nach Tarifst. 2 Abs. 1 (für eine Abtretung)	1426,00 RM.,
nach Tarifst. 71 Abs. 1 (für die Schiedsgerichtsklausel)	1,50 RM.

Mit der Klage fordert der Kläger die 9506,50 RM. nebst Zinsen zurück. Das Landgericht wies die Klage ab, das Kammergericht gab ihr statt. Die Revision des Beklagten führte zur Aufhebung und Zurückverweisung.

Aus den Gründen:

Das Finanzamt hat den Kaufstempel nach Tarifst. 32 Abs. 1 zu c StStG. erfordert, weil der Vertrag vom 7. Juni 1924 einen Erbschaftskauf im Sinne der §§ 2371 flg. BGB. enthalte; Kaufgegenstand sei der bestimmte Teil des Erbanteils der Frau K., der von den Testamentsvollstreckern verwaltet werde. Das Berufungsgericht ist anderer Meinung, weil der Nachlaß des A. A. zur Zeit des Vertragschlusses unter die beiden Erben bereits vollständig aufgeteilt gewesen sei und deshalb ein Erbschaftskauf überhaupt nicht mehr habe stattfinden können. Die Revision meint zunächst, der Vertrag ergebe nichts dafür, daß der Nachlaß schon im März 1921 geteilt worden sei. Ueber den Zeitpunkt dieser angeblichen Nachlaßteilung hat sich der Berufungsrichter nicht geäußert. Er nimmt jedoch an, daß der gesamte Nachlaß schon unter die beiden Erben aufgeteilt war und jedem von ihnen zwei Dritteile ihres bei der Teilung vorhandenen Erbteils ausgehändigt waren, als der Vertrag geschlossen wurde. Daß auch das unter der Verwaltung der Testamentsvollstrecker verbleibende Drittel des Nachlasses schon unter die beiden Erben verteilt war, folgert der Berufungsrichter namentlich daraus, daß die in der Urkunde aufgeführten Aktien und Kommanditanteile nach der weiter darin enthaltenen Angabe für Frau K. verwaltet wurden, nicht für die beiden Erben. Diese Schlußfolgerung liegt auf tatrichterlichem Gebiete; sie ist möglich, daher muß sich die Revision bei ihr bescheiden.

Weiter wendet sich die Revision gegen den vom Berufungsgericht aufgestellten Rechtssatz, daß ein Miterbe keinen Erbschaftskauf mehr vornehmen könne, wenn der Nachlaß schon geteilt sei. Dieser Satz ist in der Tat nicht richtig. Der Erbschaftskauf ist ein schuldrechtliches Rechtsgeschäft, wodurch der Alleinerbe die ihm angefallene Erbschaft oder der Miterbe seinen Anteil am Nachlaß verkauft. Beide können auch einen Bruchteil der Erbschaft oder ihres Nachlaßanteils veräußern. Der Alleinerbe kann das schuldrechtliche Geschäft stets nur dadurch erfüllen, daß er die einzelnen zur Erbschaft gehörigen Sachen und Rechte oder, bei Verkauf eines Bruchteils der Erbschaft, Nachlaßgegenstände im Werte des verkauften Bruchteils nach den für diese Gegenstände geltenden besonderen Vorschriften auf den Käufer überträgt. Der Miterbe kann einen von ihm abgeschlossenen Erbschaftskauf ebenfalls in dieser Weise erfüllen, er kann aber nach § 2033 Abs. 1 BGB. auch mit dinglicher Wirkung über seinen Anteil am Nachlaß als solchen verfügen und demgemäß den verkauften ganzen Nachlaßteil oder den davon verkauften Bruchteil durch ein einheitliches Rechtsgeschäft auf den Käufer übertragen. Diese Art der Erfüllung ist unmöglich, wenn der Nachlaß bereits geteilt ist und der Miterbe keinen Anteil am — ungeteilten — Nachlaß mehr hat. In diesem Falle muß er das schuldrechtliche Geschäft des Erbschaftskaufs ebenso erfüllen, wie der Alleinerbe es immer nur tun kann. Die Teilung des Nachlasses nimmt also dem Miterben nur die Möglichkeit, einen Erbschaftskauf im Wege des § 2033 Abs. 1 BGB. zu erfüllen; sie hindert ihn aber nicht, einen Erbschaftskauf überhaupt abzuschließen.

Auf dem hiernach festzustellenden Rechtsirrtum beruht das angefochtene Urteil, wie sich schon aus den Ausführungen im Eingang ergibt. Das Berufungsgericht hält den Vertrag an sich für unklar und widerspruchsvoll, weil darin einerseits von bestimmten Nachlaßgegenständen, den Aktien und Kommanditanteilen, die Rede sei, anderseits aber auch von „allen und jeden Rechten, welche der Frau K. an dem Nachlaß ihres Vaters zustehen, d. h. von dem Erbanteil selbst". Die an sich von ihm für gegeben erachtete Möglichkeit, daß der Vertrag im Sinne eines Erbschaftskaufs gedeutet werden könne, lehnt der Vorderrichter deshalb ab, weil ein solcher nach Lage der Verhältnisse, wie sie sich durch die Nachlaßteilung gestaltet hätten, nicht mehr habe abgeschlossen werden können. Da dieser Satz, wie dargelegt, unrichtig ist, muß das angefochtene Urteil aufgehoben und die Sache an das Berufungsgericht zurückverwiesen werden. Dieses wird erneut an die Auslegung des Vertrags heranzutreten haben....

RGZ. 149, 129

1. Inwieweit unterliegt ein Erbauseinandersetzungsvertrag der Anfechtung außerhalb des Konkurses?

2. Sind Enkel einander ausgleichungspflichtig, wenn sie von den Großeltern unter Enterbung des Kindes, von dem die Enkel abstammen, zu gleichen Teilen als Erben eingesetzt sind?

AnfGes. § 3. BGB. §§ 2042, 2052, 2053.

VII. Zivilsenat. Urt. v. 29. Oktober 1935.

I. Landgericht Königsberg. II. Oberlandesgericht daselbst.

Die Beklagten zu 1 und 2 und ihr Bruder, der frühere Gutsbesitzer G. van S., schlossen als Erben ihres am 27. Januar 1915 verstorbenen Großvaters, des Fleischermeisters R., am 30. Januar 1930 einen notariellen Erbauseinandersetzungsvertrag, durch den der Erbschaftsanteil des G. van S. auf 9833,33 RM. festgesetzt wurde. Van S. trat in diesem Vertrag den „auf ihn entfallenden Betrag von 9833,33 RM." an die Beklagte zu 2 zur Abgeltung eines ihm im Frühjahr 1919 gegebenen Darlehns von 17 000 RM. ab. Weiter wurde bestimmt, daß die Beklagten zu 1 und 2 die drei zum Nachlaß gehörigen Grundstücke je zur Hälfte erhalten sollten.

Die Klägerin hat gegen van S. aus verschiedenen vollstreckbaren Urteilen und Kostenfestsetzungsbeschlüssen des Landgerichts Königsberg Forderungen in Höhe von 2000 RM., 1775 RM., 343,34 RM. und 7800,95 RM. Die Zwangsvollstreckung gegen van S. ist fruchtlos ausgefallen.

Mit der im Juni 1930 erhobenen Klage ficht die Klägerin die Erbauseinandersetzung vom 30. Januar 1930 gemäß § 3 Nr. 2 AnfGes. wegen Gläubigerbenachteiligung an. Ihr Antrag gegen die Beklagten zu 1 und 2 ging zunächst auf Verurteilung zur Zahlung von 2000, 1775 und 343,34 RM. nebst Zinsen, hilfsweise auf Verurteilung zur Duldung der Zwangsvollstreckung wegen dieser Forderungen in die früher zum Nachlaß gehörigen Grundstücke, gegen die Beklagten zu 3 und 4 auf Duldung der Zwangsvollstreckung in das eingebrachte Gut ihrer Ehefrauen. Das Landgericht hat nach dem Klagantrage erkannt. Die Beklagten haben Berufung eingelegt, worauf die Klägerin im

Oktober 1934 im Wege der Anschlußberufung ihre Anträge um ihre weitere Urteilsforderung gegen van S. im Betrage von 7800,95 RM. erweitert hat; sie ficht auch wegen dieser Forderung die Erbauseinandersetzung an und stützt hier die Anfechtung wegen Ablaufs der Jahresfrist auf § 3 Nr. 1 AnfGes. Sie hat den weiteren Hilfsantrag gestellt, die Beklagten zu verurteilen, den Anteil des van S. an den Nachlaß zurückzugeben und die Zwangsvollstreckung in diesen Anteil zu dulden. Das Oberlandesgericht hat die Anschlußberufung der Klägerin zurückgewiesen, auf die Berufung der Beklagten aber das angefochtene Urteil aufgehoben und die Klage abgewiesen.

Die Revision der Klägerin führte zur Aufhebung und zur Zurückverweisung.

Gründe:

Wie bereits der IV. Zivilsenat des Reichsgerichts im Urteil vom 9. März 1933 in Sachen W. gegen die jetzigen Beklagten — IV 16/33 — dargelegt hat, enthält der Vertrag vom 30. Januar 1930 mehrere selbständige Abmachungen. Zunächst werden der Wert der Teilungsmasse und die Höhe des Anteils der einzelnen Erben nach Abzug ihrer Vorempfänge berechnet; hierbei ergab sich für van S. ein Anteil von 9833,33 RM. Dann wird gesagt, daß dieser den auf ihn entfallenden Betrag der Beklagten R. zur Abgeltung ihrer Darlehnsforderung überweist. Unter dem auf van S. entfallenden Betrag kann nur sein auf 9833,33 RM. berechneter Anteil an der Erbschaft verstanden werden. Dessen Ueberweisung an die Beklagte R. war seine Abtretung. Die damit bewirkte Abgeltung der Darlehnsforderung bedeutete eine Hingabe an Zahlungs Statt. Entsprechend dieser Abtretung des Erbschaftsanteils des van S. wird dann festgestellt, daß sich der Erbschaftsanteil der Beklagten R. um den Betrag des abgetretenen Anteils erhöht hatte und nunmehr nur die Beklagten B. und R. nach Maßgabe ihrer Anteile an dem Nachlaß beteiligt sind. Auf dieser Grundlage wird dann als letztes die eigentliche Auseinandersetzung zwischen den Beklagten B. und R. vollzogen. Diese erhielten die Nachlaßwerte in Gestalt der drei Nachlaßgrundstücke je zur Hälfte. Für den Betrag, um den der um den Anteil des van S. erhöhte Erbschaftsanteil der Beklagten R. den Anteil der Beklagten B. überstieg, wurde für jene eine Gesamtgrundschuld an den Grundstücken bestellt.

Zwischen diesen verschiedenen Abmachungen unterscheidet der Berufungsrichter nicht hinreichend. Die Klägerin ficht den Erbauseinandersetzungsvertrag nach § 3 Nr. 1 und 2 AnfGes. an. Diese Anfechtung ist nur insoweit möglich, als durch die angefochtene Rechtshandlung etwas aus dem Vermögen des van S. herausgelangt ist. Dies kann dadurch geschehen sein, daß die Miterben die dem einzelnen Erben anzurechnenden Vorempfänge aus der Zeit vor und nach dem Erbfall zum Nachteil des van S., abweichend von den gesetzlichen

Vorschriften, bei ihm zu hoch oder bei den Beklagten B. und R. zu niedrig festgesetzt und dadurch den Wert seines Erbschaftsanteils verringert haben. Gegenstand der Anfechtung kann weiter sein die Abtretung des Erbschaftsanteils des van S. an die Beklagte R., nicht aber die schließlich vorgenommene Auseinandersetzung zwischen den Beklagten R. und B., an der van S. nicht mehr beteiligt war.

Den ausgleichungspflichtigen Miterben steht es frei, im gegenseitigen Uebereinkommen die gesetzlichen Bestimmungen über die Anrechnung von Vorempfängen außer acht zu lassen und selbst zu bestimmen, was dem einzelnen Miterben zu deren Ausgleichung anzurechnen ist (Urt. vom 30. Mai 1907 IV 524/06; RGRKomm. z. BGB. § 2050 Anm. 1). Das gleiche gilt für die Bewertung der Vorempfänge, die jeder nach dem Erbfall aus der Erbmasse erhalten hat. Bei der hier vorliegenden Auseinandersetzung sind die Miterben von bestimmten Beträgen ausgegangen, die von ihnen zu verrechnen seien, und haben auf dieser Grundlage die Höhe ihrer Erbanteile festgestellt. Ob sie aber in dem Vertrage die Höhe der anzurechnenden Beträge von sich aus bindend festsetzen wollten oder ob sie die angegebenen Summen nur deshalb ihrer Berechnung zugrunde legten, weil sie *annahmen, ihre Anrechnung entspreche den gesetzlichen* Bestimmungen, hat der Berufungsrichter nicht geprüft. In dieser Hinsicht hätte er die Willensrichtung der Parteien erforschen müssen.

Denn wollten die Parteien die anzurechnenden Beträge von sich aus festsetzen, so kann diese Festsetzung anfechtbar sein, soweit sie zu Ungunsten des van S. von den gesetzlichen Bestimmungen abweicht. Für diese Anfechtung sind die weiter unten behandelten Rügen der Revision hinsichtlich der Nichtanrechnung und Bewertung von Vorempfängen der einzelnen Miterben von Bedeutung. Diese Anfechtung würde sich gegen die Beklagten B. und R. wenden und, falls sie begründet ist, dahin führen, daß beide Beklagten bei einer Zwangsvollstreckung in den Erbschaftsanteil des van S. sich die Vorempfänge nach den gesetzlichen Bestimmungen anrechnen lassen müßten. Da aber van S. seinen Erbschaftsanteil bereits an die Beklagte R. abgetreten und diese sich danach mit der Beklagten B. auseinandergesetzt hat, würde sich der etwaige Anfechtungsanspruch gegen beide Beklagte in einen Anspruch auf Wertersatz in der Höhe umgewandelt haben, in der sie durch die unrichtige Anrechnung zuviel erhalten haben (Jäger AnfGes. § 7 Anm. 16). Dann würde auch kein Raum mehr für die Erwägung des Berufungsrichters sein, der Erbschaftsanteil des van S. sei bei Berücksichtigung der nach den gesetzlichen Bestimmungen anzurechnenden Vorempfänge wertlos gewesen. Vielmehr würde davon auszugehen sein, daß der Erbschaftsanteil einen Wert von mindestens 9833,33 RM. hatte; dieser Wert müßte sich durch die Anfechtung der Berechnung der Vorempfänge nur e r h ö h e n können. Der Berufungsrichter würde also zu prüfen haben, ob in der Abtretung dieses Erbschaftsanteils an Frau R. zur Begleichung von deren angeblicher Forderung eine anfechtbare Rechtshandlung liegt. Wegen der zwischen den Beklagten B. und R. erfolgten Erbauseinandersetzung würde auch diese Anfechtung gegen die Beklagte R. nur zum Wertersatz führen.

Haben aber die Miterben die angegebene Summe nur deshalb ihrer Berechnung zugrunde gelegt, weil sie annahmen, ihre Anrechrechnung entspreche den gesetzlichen Vorschriften, so würde nur eine Anfechtung der Abtretung des Erbschaftsanteils des van S. an die Beklagte R. in Frage kommen, und mit dem Berufungsrichter wäre zu prüfen, ob der Erbschaftsanteil des van S. bei Berücksichtigung der nach dem Gesetz im Wege der Ausgleichung unter Abkömmlingen und sonst anzurechnenden Vorempfänge wertlos war. Träfe dies zu, so würde in seiner Abtretung an die Beklagte R. keine Gläubigerbenachteiligung enthalten sein. In dieser Hinsicht rügt die Revision, der Berufungsrichter habe übersehen, daß die Klägerin in der Lage gewesen wäre, nach Pfändung des Erbschaftsanteils des van S. bei der Erbauseinandersetzung die Grundstücke an Stelle der Miterben zu erstehen; jedoch mit Unrecht. Denn auch in diesem Falle würde auf den Erbschaftsanteil des van S. nur dann etwas entfallen, wenn die Klägerin die Grundstücke über ihrem Wert erstanden hätte; dann würde aber der Vorteil für die Klägerin auf der einen Seite durch den Nachteil auf der anderen Seite aufgewogen sein. Die Revision wendet sich denn auch hauptsächlich gegen die Annahme des Berufungsrichters von der Wertlosigkeit des Erbschaftsanteils des van S. Hier sind ihre Rügen zum Teil begründet.

Zwar schlägt die Rüge hinsichtlich der Bewertung der zum Nachlaß gehörigen Grundstücke nicht durch ... (Wird näher ausgeführt.)

Begründet ist dagegen die Rüge der Revision wegen der Nichtanrechnung von Zuwendungen, welche die Miterben vor dem Tode ihres Großvaters und Erblassers von diesem erhalten haben. Nach § 2052 BGB. sind die Abkömmlinge auch bei testamentarischer Erbfolge im Zweifel einander ausgleichungspflichtig, wenn der Erblasser sie auf dasjenige eingesetzt hat, was sie als gesetzliche Erben haben würden, oder wenn er ihre Erbteile so bestimmt hat, daß sie zueinander in demselben Verhältnis stehen wie die gesetzlichen Erbteile. Der Erblasser hat seine Enkel zu gleichen Teilen als Erben eingesetzt. Sie wurden zwar erst durch den Wegfall ihrer Mutter, der Tochter des Erblassers, zu seinen gesetzlichen Erben. Diesen Wegfall hat aber der Erblasser durch dasselbe Testament herbeigeführt, in welchem er die Enkel zu Erben einsetzte. Sie waren also zur Zeit des Erbfalls infolge der Enterbung ihrer Mutter die gesetzlichen Erben des Erblassers. Die Vorschriften des § 2052 BGB. sind deshalb auch auf derartige

Fälle anzuwenden. Die Annahme des Berufungsrichters, aus der Einsetzung der Enkel als Erben zu gleichen Teilen könne nichts für eine Ausgleichungspflicht für die vor dem Tode des Erblassers erfolgten Zuwendungen entnommen werden, ist rechtsirrig. Das Urteil des IV. Zivilsenats vom 20. September 1920 IV 143/20 (abgedr. in LZ. 1921 Sp. 19) steht zu dem hier vertretenen Standpunkt nicht im Widerspruch. Damals waren einzelnen Erben Vorausvermächtnisse zugewandt; im Anschluß daran hieß es im Testament, die Erben hätten dasjenige, was nach Entrichtung der Vermächtnisse übrig bleibe, unter sich zu gleichen Teilen zu teilen. Das Berufungsgericht hatte darin den Willen des Erblassers gefunden, die Ausgleichungspflicht zu erlassen, und das Reichsgericht hatte diese Auslegung nicht beanstandet. Von einem Willen des Erblassers, die Ausgleichungspflicht zu erlassen, kann aber im vorliegenden Falle nicht die Rede sein.

Auch aus § 2053 Abs. 1 BGB. kann nicht gefolgert werden, daß die Enkel Zuwendungen nicht zur Ausgleichung zu bringen hätten. Nach dieser Vorschrift ist eine Zuwendung, die ein entfernterer Abkömmling vor dem Wegfalle des ihn von der Erbfolge ausschließenden näheren Abkömmlings von dem Erblasser erhalten hat, im Zweifel nicht zur Ausgleichung zu bringen. Dieser Bestimmung liegt der Gedanke zugrunde, daß der Erblasser zur Zeit der Zuwendung mit der Möglichkeit, der Empfänger werde künftig sein Erbe sein, nicht gerechnet, sondern lediglich die Verhältnisse, wie sie damals lagen, im Auge gehabt hat. Die Zuwendungen sind aber im vorliegenden Falle den Enkeln zu einer Zeit gemacht worden, als der Erblasser ihre Mutter bereits durch das am 16. Oktober 1902 errichtete Testament von der Erbfolge ausgeschlossen hatte, die Enkel also für ihn die nächsten Erben waren; der Erblasser hat ihnen demnach als solchen die Zuwendungen gemacht (vgl. Denkschrift zum BGB. S. 280; Staudinger BGB. 9. Aufl. §§ 2050 flg. Anm. IIIB b).

Entgegen der Annahme des Berufungsrichters ist daher die Aussteuer von 9500 M., die der Erblasser seiner Enkelin, der Beklagten B., im Jahre 1903 gewährt hat, ausgleichungspflichtig (§ 2050 Abs. 1 BGB.); möglicherweise sind es aber auch die Zuwendungen an van S. — Beihilfen während des Militärdienstjahres und der militärischen Uebungen im Betrage von 6000 M., Beihilfe von 2000 M. für die Studienjahre und von 1000 M. für die Elevenjahre —, nämlich insoweit, als sie etwa das den Vermögensverhältnissen des Erblassers entsprechende Maß überstiegen (§ 2050 Abs. 2 BGB.).

Unrichtig ist weiter die Absetzung der Aussteuer der Beklagten R. im Betrage von 13 430 M. . . .

Sollte sich unter Berücksichtigung aller dieser Gesichtspunkte ergeben, daß der Erbschaftsanteil des van S. nicht wertlos war, so wird wiederum zu prüfen sein, ob in der Abtretung dieses Erbschaftsanteils an Frau R. zur Begleichung von deren angeblicher Forderung gegen ihn eine anfechtbare Handlung liegt.

RGZ. 150, 189

1. Kann ein gesetzlicher Miterbe gegen den Nachlaßverwalter auf Feststellung der Nichtigkeit eines Testaments und auf Herausgabe des Nachlasses an alle Erben klagen?

2. Zum Begriff der Uebergabe einer Schrift nach § 2238 BGB.

BGB. §§ 2039, 2238, 2239*). ZPO. § 280.

IV. Zivilsenat. Urt. v. 3. Februar 1936.

I. Landgericht Rostock. II. Oberlandesgericht daselbst.

Die am 28. Mai 1933 verstorbene verwitwete Frau E. v. L. hat als gesetzliche Erben sechs Geschwister (darunter die Klägerin) sowie Kinder und Enkel von zwei weiteren Geschwistern hinterlassen. Sie hat vor dem Notar Dr. v. Oe., der in dem gegenwärtigen Rechtsstreit dem Beklagten als Nebenintervenient beigetreten ist, gemäß § 2238 BGB. durch Uebergabe einer Schrift ein Testament errichtet, worin sie ohne Berücksichtigung der Klägerin über den Nachlaß verfügte. Auf Antrag einer Gläubigerin wurde die Nachlaßverwaltung angeordnet und der Beklagte zum Nachlaßverwalter bestellt. Mit der Klage beantragte die Klägerin, festzustellen, daß das Testament nichtig sei, und den Beklagten zu verurteilen, den Nachlaß an die gesetzlichen Erben auszukehren.

Während das Landgericht die Klage abwies, erkannte das Berufungsgericht nach den Anträgen der Klägerin. Es folgerte die Nichtigkeit des Testaments daraus, daß eine Uebergabe der den letzten Willen enthaltenden Schrift nicht stattgefunden habe. Die von dem Nebenintervenienten eingelegte Revision führte zur Aufhebung und Zurückverweisung.

Gründe:

Daß gegen den Nachlaßverwalter der Anspruch auf Herausgabe des Nachlasses erhoben worden ist, begegnet keinen rechtlichen Bedenken. Richtig ist, daß er nicht Vertreter der Erben ist, sondern amtliches Organ für die Durchführung der Zwecke der Verwaltung mit eigener Parteistellung. Den Umfang seiner Tätigkeit bestimmt das Gesetz dahin, daß er den Nachlaß zu verwalten und die Nachlaßverbindlichkeiten aus dem Nachlaß zu berichtigen hat (§ 1985 Abs. 1 BGB.). Nach Beendigung dieser Aufgaben hat er den Nachlaß an die Erben auszuantworten (vgl. § 1986 das.). Der hierauf gerichtete Anspruch der Erben ist Gegenstand des Rechtsstreits. Im vorliegenden

*) Jetzt TestGes. v. 31. 7. 1938 §§ 11, 12.

Falle fordert einer der gesetzlichen Erben die Leistung an alle Erben. Auch daraus sind Bedenken nicht herzuleiten. Allerdings kann § 2039 BGB. nicht unmittelbare Anwendung finden, da der geltend gemachte Anspruch nicht zum Nachlasse gehört. Die Zweckmäßigkeitserwägungen, die zur Aufnahme des § 2039 in das Gesetz geführt haben und die den Sinn der Bestimmung erkennen lassen, müssen aber zu einer entsprechenden Anwendung führen.

Bei dem weiteren Antrag, die Nichtigkeit des Testaments der Erblasserin vom 27. Mai 1933 festzustellen, handelt es sich um eine Zwischenfeststellungsklage im Sinne des § 280 ZPO. Durch die Ernennung des Nachlaßverwalters ist ein Rechtsverhältnis zwischen diesem und den Erben begründet worden. Die Parteien streiten darüber, ob es angesichts des von der Erblasserin errichteten Testaments, das die Klägerin als ungültig, der Beklagte dagegen als gültig ansieht, zwischen dem Beklagten und den gesetzlichen Erben entstanden ist. Die Entscheidung darüber bildet eine Voraussetzung des eingeklagten Leistungsanspruchs. Ihre Bedeutung erschöpft sich nicht mit dem erhobenen Leistungsanspruch, sondern ist auch für weitere Ansprüche gegen den Nachlaßverwalter zu bejahen (vgl. RGZ. Bd. 126 S. 234). Daß das Rechtsverhältnis schon vor Erhebung der Klage streitig war und daß der Feststellungsantrag schon in die Klage aufgenommen ist, steht der Annahme einer Zwischenfeststellungsklage nicht entgegen (RGZ. Bd. 113 S. 410). Ein besonderes Feststellungsinteresse wie im Falle des § 256 ZPO. ist daneben nicht erforderlich.

Die weitere Frage, ob das Testament nichtig und deshalb die gesetzliche Erbfolge eingetreten ist, hat das Berufungsgericht bejaht. Es hat die Nichtigkeit des gemäß § 2238 BGB. vor dem Notar v. Oe. errichteten Testaments um deswillen angenommen, weil es an der Uebergabe der Schrift fehle. Hierbei ist erwogen, der Notar habe zwar unmittelbar neben dem Bett der Erblasserin gesessen und die den letzten Willen enthaltende Schrift vor sich auf den Knien in einer Weise liegen gehabt, daß der Verfügenden die Möglichkeit gegeben gewesen sei, die Schrift an sich zu nehmen. Diese sei dabei aber stets im Besitze des Notars geblieben, der die Schrift selbst angefertigt und sich des Besitzes in keinem Augenblick entäußert habe. Wenn das Gesetz die Uebergabe fordere, so setze es voraus, daß, sofern die Uebergabe nicht von Hand zu Hand erfolge, wenigstens die Schrift sich nicht im Besitz eines der Beteiligten befinde, sondern dem unmittelbaren Zugriff des Verfügenden ohne den Besitz eines Dritten unterliege. Das Berufungsgericht verweist auf die Urteile des erkennenden Senats in RGZ. Bd. 81 S. 36 und WarnRspr. 1914 Nr. 88.

Diese Ausführungen sind nicht frei von durchgreifenden Bedenken. Es fragt sich, ob die Erblasserin dem Notar eine Schrift mit der mündlichen Erklärung übergeben hat, daß die Schrift ihren letzten Willen enthalte. Das Wesentliche dieser in § 2239 BGB. geregelten Errichtungsform ist die sichere Uebermittlung des letzten Willens durch den Verfügenden an die Urkundsperson. Es muß Sicherheit bestehen, daß die Schrift mit dem Willen des Verfügenden in die Hand des Notars gelangt und daß dies den zugezogenen Zeugen erkennbar geworden ist. Unter diesen Gesichtspunkten ist zu prüfen, ob davon gesprochen werden kann, daß die Schrift dem Notar übergeben worden sei. Es handelt sich dabei nicht um Fragen des Besitzrechts, sondern um solche des Rechts der Testamentserrichtung. Es ist in der Rechtsprechung denn auch bereits anerkannt, daß es keiner Uebergabe von Hand zu Hand bedarf. Ob der zur Erörterung stehenden Vorschrift genügt ist, kann sich stets nur nach der besonderen Lage des Falles entscheiden. Seine Gestaltung ergibt sich hier aus der Aussage des Notars, die das Berufungsgericht nach Inhalt der Urteilsgründe als maßgebend angesehen hat. Dieser hatte nach Rücksprache mit der Erblasserin einen Testamentsentwurf angefertigt und zunächst beabsichtigt, als Testamentsform die mündliche Erklärung des letzten Willens zu wählen. Mit Rücksicht darauf, daß die Erblasserin wegen eines ärztlichen Eingriffs (am rechten Arm) nicht imstande war zu schreiben, ging er zur Errichtung durch Uebergabe einer Schrift über. Er las ihr den Entwurf vor und ließ ihn nach Einfügung der Aenderungen, die sich aus der mündlichen Rücksprache ergaben, durch die Erblasserin bestätigen. Dabei saß er neben dem Bett, in dem die Verfügende lag, und legte die fertige Schrift auf einen auf seinen Knien liegenden Aktendeckel, und zwar so, daß die Erblasserin in der Lage war, die Schrift (mit der linken Hand) an sich zu nehmen. Er beurkundete und verlas die Erklärung der Erblasserin, daß in dem Umschlage, in den die Schrift gelegt war, sich ihr Testament befinde, sowie auch die Tatsache, daß der die Schrift enthaltende Umschlag ihm von der Erblasserin übergeben sei. Die Verhandlung ging so vor sich, daß die Erblasserin die vom Notar an sie gestellten Fragen mit ja oder nein beanwortete. Daraus, daß sie die Frage, ob sie die ihr Testament enthaltende Schrift dem Notar übergebe, bejahte, folgt ohne weiteres, daß sie sich wenigstens jetzt als Besitzerin der Schrift betrachtete und sich gleichzeitig dieses Besitzes wieder entäußerte. An der Verhandlung nahmen die beiden zugezogenen Zeugen teil. Auch ihnen wurde die fertiggestellte Schrift mit dem Bemerken vorgezeigt, daß sie dem Notar von der Erblasserin übergeben worden sei. Auch für sie konnte daher kein Zweifel bestehen, daß die vorgezeigte Schrift den letzten Willen der Erblasserin enthalte und daß sie mit deren Willen in den Besitz des Notars gelangt sei.

Aus alledem ergibt sich, daß die Nichtigkeit des Testaments nicht damit begründet werden kann, daß es an einer Uebergabe der Schrift fehle.

RGZ. 150, 344

Kann ein Nachlaßgläubiger, der selbst Miterbe ist, die gesamtschuldnerische Haftung jedes seiner Miterben auf den vollen Betrag seiner Forderung in Anspruch nehmen?

BGB. §§ 426, 2058, 2060.

IV. Zivilsenat. Urt. v. 5. März 1936.

I. Landgericht Beuthen O./S. II. Oberlandesgericht Breslau.

Der am 28. Februar 1927 verstorbene Malermeister Johann G. sen. hat durch Testament vom 1. Oktober 1925 seine vier Söhne Paul, Johann (den Beklagten), Franz und Georg zu Erben eingesetzt. Der Erblasser hat jedem dieser vier Söhne durch Teilungsanordnung eines seiner vier in B. gelegenen Hausgrundstücke zugeteilt und jeden von ihnen mit einem Vermächtnis beschwert, und zwar seinen Sohn Johann mit einem Vermächtnis von 10 000 RM. zugunsten des Max G., des fünften Sohnes des Erblassers. Ferner hat der Erblasser seine Söhne Johann und Max als Nacherben seines Sohnes Paul nach dessen Tod eingesetzt. Paul G. ist bereits im Jahre 1928 ebenfalls verstorben.

Max G. hat durch Vertrag vom 24. Februar 1930 seine Vermächtnisforderung von 10 000 RM. gegen seinen Bruder Johann G. jun., den Beklagten, an den Kläger verkauft. Mit der Klage verlangt der Kläger Zahlung eines Teilbetrags von 7000 RM. der ihm abgetretenen Vermächtnisforderung. Der Beklagte erhebt neben anderen Einwendungen die Aufrechnungseinrede, indem er geltend macht, es stehe ihm gegen den Nachlaß seines Vaters Johann G. sen. eine Gegenforderung von 10 000 RM. für gelieferte Arbeiten und gegebene Darlehnsbeträge aus den Jahren 1920 bis 1926 zu, worüber ihm sein Vater am 1. August 1926 einen Schuldschein über 10 000 RM. ausgestellt habe. Die Vorinstanzen haben den Beklagten zur Zahlung verurteilt. Auf die Revision des Beklagten wurde das Urteil des Berufungsgerichts aufgehoben und die Sache an das Berufungsgericht zurückverwiesen.

Aus den Gründen:

Das Berufungsgericht befaßt sich mit der Gegenforderung, die der Beklagte erhebt für Arbeiten und Darlehen, die er nach seiner Angabe seinem Vater Johann G. sen. bei dessen Lebzeiten geleistet und gewährt hat und worüber ihm dieser am 1. August 1926 einen Schuldschein über 10 000 RM. ausgestellt hat. Es sieht diese gegen den Nachlaß des Johann G. sen. gerichtete Forderung des Beklagten als bewiesen an. Es stellt ferner fest, daß die Teilung des Nachlasses beendet war, so daß grundsätzlich der Beklagte zum vollen Betrag seiner Forderung die gesamtschuldnerische Haftung jedes einzelnen der Erben des Johann G. sen., also auch diejenige des Miterben Max G., des Rechtsvorgängers des Klägers, in Anspruch nehmen könne. Die Vergünstigung des § 2060 Nr. 2 BGB., wonach der Miterbe nach der Teilung des Nachlasses nur für den seinem Erbteil entsprechenden Teil einer Nachlaßverbindlichkeit haftet, wenn der Gläubiger seine Forderung erst später als 5 Jahre nach dem Erbfall geltend gemacht hat, könne, so führt das Berufungsgericht aus, der Miterbe Max G. nicht für sich in Anspruch nehmen, da die Forderung des Beklagten gegen den Nachlaß des Johann G. sen. dem Max G., wie das Berufungsgericht feststellt, schon bald nach dem Tode des Erblassers bekannt gewesen sei. Dem Berufungsgericht ist beizupflichten, daß infolge dieser Kenntnis die Vergünstigung der nur anteilmäßigen Haftung des Max G. wegfällt. Das ergibt sich aus der der Nr. 2 des § 2060 hinzugefügten Einschränkung.

Trotzdem gelangt das Berufungsgericht zu dem Ergebnis, daß der Beklagte wegen seiner Nachlaßforderung den Max G. — und dessen Zessionar, den Kläger — nur zu dem der Erbquote des Miterben Max G. entsprechenden Teil, d. h. nur für ein Achtel, in Anspruch nehmen könne. Und zwar geht es dabei von der Erwägung aus, daß der Beklagte, der diese Nachlaßforderung geltend macht, nicht nur Nachlaßgläubiger sei, sondern daß der Beklagte selbst gleichzeitig Miterbe des Nachlasses von Johann G. sen. sei, nämlich als Testamentserbe zu einem Viertel und als Nacherbe nach dem verstorbenen Testamentserben Paul G. zu einem weiteren Achtel, im ganzen also zu drei Achteln. Das Berufungsgericht verweist auf die Entscheidung des erkennenden Senats vom 13. Juni 1918 (RGZ. Bd. 93 S. 197), wo ausgesprochen ist, daß im Innenverhältnis die Miterben überhaupt nicht als Gesamtschuldner haften, sondern jeder nur zu dem seiner Erbquote entsprechenden Anteil, und daß ein Gläubiger-Miterbe also nicht verlangen kann, daß einer der anderen Miterben die Last, wenn auch nur vorläufig, allein trägt. Die Revision greift diese Begründung des Berufungsurteils an. Sie führt aus, die in der genannten Entscheidung niedergelegte Rechtsauffassung sei nicht überzeugend und habe besonders in dem Kommentar von Reichsgerichtsräten (Anm. 2 zum § 2058 BGB.) Widerspruch gefunden; die Entscheidung des Reichsgerichts berücksichtige nicht, daß die §§ 2058 flg. BGB. die Haftung der Miterben gegenüber einem Nachlaßgläubiger erschöpfend regeln und daß demgegenüber § 426

BGB. nicht in Betracht kommen könne, weil sonst der Miterbe, der zugleich Nachlaßgläubiger ist, schlechter gestellt sein würde als jeder andere Nachlaßgläubiger; wenn nach dem Willen des Gesetzes die Miterben jedem Nachlaßgläubiger als Gesamtschuldner hafteten, so sei nicht einzusehen, weshalb dies nicht gelten solle, wenn der betreffende Nachlaßgläubiger zugleich Miterbe ist.

Die von der Revision angeführte Entscheidung des erkennenden Senats vom 13. Juni 1918 ebenso wie eine spätere Entscheidung vom 3. Dezember 1928 (JW. 1929 S. 584 Nr. 14), in welcher der Senat an seiner früheren Entscheidung festgehalten hat, betrafen Fälle, in denen der Nachlaß noch nicht geteilt war. Der Wegfall der gesamtschuldnerischen Haftung des Miterben gegenüber einem Gläubiger, der selbst Miterbe ist, wird in diesen Entscheidungen mit den besonderen Rechtsbeziehungen begründet, die sich in solchem Falle zwischen Gläubiger und Schuldner aus ihrem Gemeinschaftsverhältnis als Miterben ergeben. In dem jetzt zur Entscheidung stehenden Fall ist die Teilung des Nachlasses längst beendet; bereits im Jahre 1929 hat die Auseinandersetzung unter den Miterben des Johann G. sen. stattgefunden. Nach der Teilung des Nachlasses hat sich das Band gelöst, durch das während der Erbengemeinschaft die Miterben miteinander verknüpft waren. Es besteht jetzt kein Grund mehr, der den Gläubiger-Miterben daran hindern könnte, die gesamtschuldnerische Haftung eines seiner Miterben in Anspruch zu nehmen. Allerdings hat, wie sich aus § 426 BGB. ergibt, im inneren Verhältnis der in Anspruch genommene Gesamtschuldner ein Rückgriffsrecht gegen die anderen Gesamtschuldner und also auch gegen den Gläubiger-Miterben, der für die seiner Forderung entsprechende Schuld als Gesamtschuldner selbst mithaftet. Dieses sich aus § 426 BGB. ergebende Rückgriffsrecht beschränkt sich aber nur auf einen Bruchteil der Forderung, und zwar hier auf denjenigen Bruchteil der Forderung, welcher dem Erbanteil des dem Rückgriff unterworfenen Gläubiger-Miterben entspricht. Nur gegen den dem Erbanteil des Gläubiger-Miterben entsprechenden Teil von dessen Forderung kann deshalb der gesamtschuldnerisch in Anspruch genommene andere Miterbe aus seinem Rückgriffsrecht eine Einrede herleiten. Es ergibt sich also, daß sich der Beklagte, dessen Anteil an dem Nachlaß des Johann G. sen. aus den vom Berufungsgericht angegebenen Gründen drei Achtel beträgt, drei Achtel des Betrags seiner Forderung abziehen lassen muß, weil er für die Schuld selbst mithaftet und weil ihm die Einrede aus dem Rückgriffsrecht des Max G. entgegensteht, wenn er ohne Rücksicht auf diese Mithaftung seinen Anspruch im vollen Umfang erhebt. Die übrigen fünf Achtel seiner Forderung kann dagegen der Beklagte gegen jeden einzelnen der Gesamtschuldner, also auch gegen den Gesamtschuldner Max G., voll geltend machen, sei es durch Erhebung der Leistungsklage, sei es dadurch, daß er diesen Betrag zur Aufrechnung gegen den von Max G. oder von dessen Zessionar, dem Kläger, gegen ihn erhobenen Anspruch verwendet.

RGZ. 152, 380

Wann liegt Gemeinschaftlichkeit der Verfügung von Miterben über einen Nachlaßgegenstand (§ 2040 Abs. 1 BGB.) vor?

V. Zivilsenat. Beschl. v. 25. November 1936
in einer Grundbuchsache.

I. Amtsgericht (Grundbuchamt) Steinau/Oder. II. Landgericht Glogau.

Den Sachverhalt ergeben die nachfolgenden

Gründe:

Im Grundbuch von Dorf K. Bd. II Bl. 42 war als Eigentümerin die Witwe Hermine H. eingetragen, während in Abt. II daselbst als deren Nacherben 1. die Witwe Hildegard M. geb. H.; 2. der Oberpostsekretär Arthur H.; 3. der Architekt Alfred H.; 4. Elisabeth H.; 5. der Studienassessor Willibald H.; 6. Martha H. und 7. der geisteskranke Gerhard H. vermerkt waren. Laut notarieller Verhandlung vom 20. Dezember 1934 erklärten die Nacherben zu 1, 2 und 6, daß sie Erben der Nacherben zu 3, 4, 5 und 7 geworden seien, wie sie auch die Witwe Hermine H. beerbt hätten. Dies vorausgeschickt, verkauften sie sodann an den miterschienenen Bauer Hermann N. aus K. von dem Grundstück Dorf K. 42 eine Parzelle in Größe von 1,08 a für den Preis von 50 RM. Sie beantragten gleichzeitig die Löschung des Nacherbenrechts auf dem verkauften Teilstück und erklärten dessen Auflassung, die der Käufer entgegennahm.

Nachträglich stellte sich heraus, daß der Nacherbe zu 5, Studienassessor Willibald H., nicht von den Verkäufern, sondern von seiner Witwe beerbt worden war. In notariell beglaubigter Urkunde vom 26. Juni 1936 genehmigte hierauf diese Witwe Willibald H. die in der Verhandlung vom 20. Dezember 1934 abgegebenen Erklärungen, indem sie sie zu den ihrigen machte und zugleich ihrer Schwägerin Martha H. und dem Schwager Arthur H. Vollmacht erteilte, für sie alle Erklärungen in dieser Angelegenheit abzugeben, insbesondere auch Auflassung zu erklären. Unter Ueberreichung dieser Genehmigung beantragte der Notar, der die Verhandlung vom 20. Dezember 1934 beurkundet hatte, den gestellten Anträgen nunmehr stattzugeben. Das Grundbuchamt lehnte jedoch die Umschreibung des verkauften Trennstücks auf den Käufer ab, weil es noch der Auflassung an diesen durch die Witwe Willibald H. bedürfe. Die hiergegen gerichtete Beschwerde des Notars wurde vom Landgericht zurückgewiesen mit der Begründung, daß in der Urkunde vom 20. Dezember 1934 die Verkäufer nur Erklärungen im eigenen Namen (als vermeintliche Alleinerben der eingetragenen Eigentümerin), nicht aber auch für die ihnen damals nicht als Miterbin erkenntliche Witwe Willibald H. abgegeben hätten; eine Genehmigung ihrer Erklärungen durch die Witwe Willibald H. sei ohne jede rechtliche Wirkung, da diese durch eine Genehmigung fremder Erklärungen, die nicht in ihrem Namen abgegeben waren, nicht ihre eigenen habe ersetzen können. Der vom Notar hiergegen eingelegten weiteren Beschwerde möchte das Kammergericht stattgeben, sieht sich aber hieran gehindert durch die in RGZ. Bd. 93 S. 292 veröffentlichte Entscheidung des Reichsgerichts vom 18. September 1918 V 80/18 und hat die Sache deshalb gemäß § 79 Abs. 2 GBO. dem Reichsgericht vorgelegt.

Die Vorlegung ist zu Recht erfolgt. In der bezeichneten Entscheidung hat der auch jetzt wieder beschließende V. Zivilsenat des Reichsgerichts ausgesprochen, daß Verfügungen, die der Vorschrift des § 2040 Abs. 1 BGB. entgegen nur von einem Teile der Miterben vorgenommen werden, nach der Rechtsnatur der Erbengemeinschaft, wie *sie vom Gesetz begrifflich* verstanden werde, völlig wirkungslos blieben und deshalb auch nicht durch die nachfolgende Genehmigung der weiteren Erben gemäß § 185 Abs. 2 BGB. Rechtswirksamkeit erlangen könnten. Abweichend hiervon will das Kammergericht in der vorliegenden Sache die bloße Genehmigung der bei der notariellen Verhandlung vom 20. Dezember 1934 infolge Irrtums über ihre Miterbeneigenschaft nicht beteiligten Erbeserbin im Hinblick auf die Vorschrift des § 185 Abs. 2 Satz 1 BGB. als die dortige Auflassung zur vollen Wirksamkeit ergänzend genügen lassen und im Gegensatz zu den unteren Gerichten eine weitere Auflassung durch die zunächst übergangene Erbeserbin nicht noch fordern. Auch die Voraussetzung, daß bei der beabsichtigten Abweichung die Auslegung einer das Grundbuchrecht betreffenden reichsgesetzlichen Vorschrift in Frage stehen müsse, hat das Kammergericht zutreffend für gegeben erachtet, weil, wie die Lage des Falles unmittelbar ergibt, von der Auslegung des § 2040 Abs. 1 BGB. in dem einen oder dem anderen Sinne die Zulässigkeit einer Eintragung im Grundbuch, nämlich der Umschreibung des verkauften Trennstücks auf den Käufer ohne weitere Auflassung durch die genehmigende Miterbin, abhängt.

In der Sache selbst kann die rechtliche Beurteilung, die der Entscheidung RGZ. Bd. 93 S. 292 zugrunde liegt, nicht aufrechterhalten, muß vielmehr der Ansicht des Kammergerichts beigetreten werden, die sich, wie im Vorlegungsbeschlusse belegt ist, auf die ständige Rechtsprechung des I. Zivilsenats des Kammergerichts (vgl. besonders KGJ. Bd. 53 S. A 133 = ROLG. Bd. 41 S. 156 = JW. 1921

S. 249 Nr. 2, ferner HRR. 1933 Nr. 1201; JFG. Bd. 13 S. 97) und auf die ihr folgende, nahezu einhellige Meinung des Schrifttums (vgl. namentlich Planck-Strecker 5. Aufl. zu § 925 BGB. Anm. 4 a S. 416 mit § 873 Anm. III 1 c Abs. 2 S. 134; Güthe-Triebel GBO. 5. Aufl. § 20 Anm. 31, 45; RGRKomm. zum BGB. 8. Aufl. § 925 Anm. 7 S. 239; § 2040 Anm. 1 S. 145) berufen kann. Von jener Entscheidung war der Sache nach schon der VI. Zivilsenat des Reichsgerichts abgewichen, indem er bei vorliegender Einwilligung eines Miterben die nachfolgende Verfügung des anderen Miterben nach § 185 Abs. 1 BGB. als für die Erbengemeinschaft wirksam anerkannte (RGZ. Bd. 129 S. 284; vgl. auch das Urteil des VII. Zivilsenats in RGZ. Bd. 149 S. 23/24 für einen Fall der Gesamthandberechtigung bei einem Gesellschaftsverhältnis). Als im Schrifttum mit beachtlichen Gründen bekämpft hatte sie auch bereits der jetzt zur Entscheidung berufene V. Zivilsenat in RGZ. Bd. 139 S. 118 [122] bezeichnet, ohne damals durch die Lage des Falles zur Stellungnahme genötigt zu sein. Er gibt nunmehr die früher vertretene Ansich ausdrücklich auf, indem er sich auch in der Begründung den Ausführungen des Vorlegungsbeschlusses im wesentlichen wie folgt anschließt.

In der notariellen Verhandlung vom 20. Dezember 1934 haben die damals erschienenen Miterben Witwe M., Arthur H. und Martha H. ihre Auflassungserklärung allerdings nicht zugleich in Vertretung eines nicht miterschienenen lebenden Miterben, sondern nur im eigenen Namen, immerhin aber als vermeintliche Erben von Willibald H. abgegeben, dessen wahre Erbin seine Witwe war. Indem sie als vermeintlich allein übrig gebliebene Teilhaber der Nacherbengemeinschaft die Auflassung des Teilgrundstücks auch insoweit erklären zu können glaubten, als früher Willibald H. berechtigt und beteiligt gewesen war, haben sie über das Nachlaßgrundstück als Nichtberechtigte verfügt; denn sie waren nicht die Erben und Rechtsnachfolger von Willibald H. Es lag einstweilen keine gemeinschaftliche Verfügung aller beteiligten Erben über den Nachlaßgegenstand vor, wie die Vorschrift des § 2040 Abs. 1 BGB. sie erfordert. Es wird aber nicht, wie die frühere Meinung des beschließenden Senats in RGZ. Bd. 93 S. 292 [294] war, durch die Rechtsnatur der Erbengemeinschaft zur gesamten Hand gefordert, daß Verfügungen über Nachlaßgegenstände, die nur von einem Teile der Miterben getroffen wurden, völlig ohne Wirkung und von der Heilungsmöglichkeit nach § 185 Abs. 2 BGB. ausgeschlossen blieben. Schon jene Entscheidung war nicht so weit gegangen, für die Gemeinschaftlichkeit der Verfügung zu verlangen, daß die mehreren Erben ihre Erklärungen sämtlich gleichzeitig und bei derselben Gelegenheit abzugeben hätten. Als des Zweifels Kern bleibt daher nur die Frage übrig, ob die Gemeinschaftlichkeit der Verfügung von Miterben die rechtliche Gleichartigkeit der Mitwirkung aller Beteiligten erfordert. Dies kann aber zunächst aus der Rechtsnatur der Erbengemeinschaft, wie sie vom Gesetz begrifflich verstanden wird, nicht hergeleitet werden. Denn Wesen und Zweck des der Erbengemeinschaft übertragenen Verfügungsrechts werden durch die Art und Weise, in der die einzelnen Glieder der Gemeinschaft ihren inhaltlich gleich gerichteten Willen äußern, nicht beeinflußt. Unbestrittenermaßen sind Einwilligung und Genehmigung zu der von einem Nichtberechtigten getroffenen Verfügung im Sinne der §§ 182 flg. BGB. ihrerseits selbst Verfügungen. Wenn nun das Gesetz Einwilligung und Genehmigung als wirksame Ergänzung der von einem Nichtberechtigten getroffenen Verfügung allgemein anerkennt (§ 185 BGB.), so ist kein überzeugender Grund für die Forderung ersichtlich, daß zur Herstellung der Gemeinschaftlichkeit einer Verfügung von Miterben die voraufgehende oder nachfolgende Zustimmung einzelner Erben zu der von anderen Erben im irrtümlichen Glauben der Alleinberechtigung über den ganzen Nachlaßgegenstand getroffenen Verfügung nicht genügen dürfe, daß vielmehr z. B. im Sonderfalle der *Verfügung durch Auflassung notwendig die Auflassung der vermeintlichen* Alleinerben durch eine solche weitere des übergangenen Miterben ergänzt werden müsse. **Es beruhte auf zu enger Begrenzung** des Begriffs der Gemeinschaftlichkeit einer Verfügung im Sinne des § 2040 Abs. 1 BGB., wenn die frühere Ansicht des Senats Verfügungen über den Nachlaßgegenstand, die nicht von allen Mitgliedern der Erbengemeinschaft vorgenommen worden waren, von der Heilungsmöglichkeit nach § 185 Abs. 2 BGB. ausschließen wollte. In Ermangelung einer die Anwendung des § 185 auf Verfügungen der Erbengemeinschaft ausschließenden ausdrücklichen Gesetzesvorschrift **kann es vielmehr nicht entscheidend darauf ankommen, daß** sich die Mitwirkung aller Beteiligten gleichartig vollziehe. Daß die Zulassung verschiedenartiger Mitwirkung der einzelnen Miterben auch dem Verkehrsbedürfnis entspricht, hat schon das Kammergericht mit Recht hervorgehoben. Die Worte „können nur" in § 2040 Abs. 1 BGB. stehen nicht entgegen, wie anerkanntermaßen auch die Fassung „kann nicht" in den §§ 181, 719 BGB. einer Heilung der nur relativen Unwirksamkeit durch Genehmigung nicht hinderlich ist (vgl. RGZ. Bd. 68 S. 37, Bd. 92 S. 398, auch Bd. 148 S. 109 flg.). Wollte man bei der Erbengemeinschaft unheilbare Nichtigkeit der Verfügung einzelner Miterben annehmen, so würde dies, wie das Kammergericht zutreffend bemerkt, die unleidliche Folgerung begründen, daß die Verfügung eines völlig Nichtberechtigten, weil der Heilung durch Genehmigung zugänglich, stärkere Wirkungen hätte als diejenige eines in gesamter Hand Mitberechtigten, dessen Verfügungsmacht nur durch die Notwendigkeit der Mitwirkung seiner Teilhaber beschränkt ist.

Das Grundbuchamt hat hiernach für die Mitwirkung der Witwe Willibald H. zu Unrecht die Form der Auflassung gefordert. Das Landgericht hat verkannt, daß nicht ein Fall der §§ 177 flg. BGB., sondern des § 185 Abs. 2 das. in Frage steht. Daß eine ausreichende Erteilung der Genehmigungserklärung (§ 182 Abs. 1. 2 BGB.) angenommen werden dürfe, hat das Kammergericht bedenkenfrei dargelegt. In Uebereinstimmung mit der Beurteilung des Vorlegungsbeschlusses mußte daher die Sache unter Aufhebung der Vorentscheidungen an das Grundbuchamt zurückgegeben werden mit der Auflage, unter Abstandnahme von dem bisherigen Bedenken anderweit zu befinden.

RGZ. 158, 57

Kommt der Vorkauf über einen verkauften Erbanteil zustande, wenn die Miterben erklären, daß sie das Vorkaufsrecht aus § 2034 BGB. ausüben, einer von ihnen jedoch die Uebertragung des verkauften Erbteils auf sich allein verlangt? Ist es so anzusehen, als ob der Miterbe, der die Uebertragung des Anteils auf sich allein verlangt, sein Recht nicht ausgeübt habe?

BGB. §§ 2034, 513 Satz 2.

IV. Zivilsenat. Urt. v. 14. Juli 1938.

I. Landgericht Leipzig. II. Oberlandesgericht Dresden.

Die Klägerin ist Miterbin nach dem mit ihr in zweiter Ehe verheiratet gewesenen und am 11. Juli 1929 verstorbenen Edwin K. Die weiteren Miterben sind die Tochter der Klägerin, Frau St., und die beiden Kinder des Erblassers aus seiner ersten Ehe, Martha und Walter K. Zu dem ungeteilten Nachlaß gehört vor allem das Gastwirtschaftsgrundstück Schloß D. in L., in dem der Beklagte ein Lichtspieltheater betreibt. Durch privatschriftlichen Kaufvertrag vom 17. August 1935 verkaufte der Miterbe Walter K. seinen angeblichen Viertelanteil an dem Grundstück an den Beklagten; dabei gingen die Vertragsparteien davon aus, daß hinsichtlich des Grundstücks bereits eine Auseinandersetzung zwischen den Miterben stattgefunden habe und Walter K. Bruchteilsmiteigentümer des Grundstücks, nämlich Miteigentümer zu einem Viertel sei. Am 10. Juni 1936 schlossen die Vertragsparteien dann unter Aufgabe des früheren Kaufvertrags einen als „Vergleich" bezeichneten notariellen Vertrag, durch den Walter K. seinen Miterbenanteil am ungeteilten Nachlaß seines

Vaters auf den Beklagten übertrug. Die Uebertragung erfolgte an Zahlungs Statt für Darlehnsforderungen, in welche die Parteien Ansprüche des Beklagten gegen Walter K. aus früheren Verträgen umgewandelt hatten. Unter diesen Ansprüchen befand sich insbesondere der Anspruch des Beklagten auf Rückzahlung des von ihm auf Grund des Vertrages vom 17. August 1935 gezahlten Kaufpreises für den Grundstücksanteil.

Am 9. Juli 1936 richtete die Miterbin Martha K. folgendes Schreiben an den Beklagten:

Mit Rücksicht auf die Erbteilsübertragung von meinem Bruder Walter K. an Herrn Dr. B. mache ich hiermit das mir als Miterbin zustehende Vorkaufsrecht geltend. Ich bitte Sie ergebenst, sich zu erklären, ob Sie bereit sind, den erworbenen Erbteil an mich zu übertragen.

Auch die übrigen Miterben, nämlich die Klägerin und ihre Tochter, Frau St., machten durch Schreiben des Rechtsanwalts Dr. K. vom 16. Juli und 18. August 1936 das Vorkaufsrecht aus § 2034 BGB. geltend, und zwar verlangte die Klägerin im Schreiben vom 16. Juli 1936 Uebertragung des Erbteils auf sich, Frau St. dann im Schreiben vom 18. August 1936 Uebertragung auf sich und ihre Mutter, die Klägerin. Die Klägerin steht auf dem Standpunkt, daß das Vorkaufsrecht wirksam ausgeübt sei, und hat daher mit der Klage vom Beklagten Uebertragung des von Walter K. erworbenen Erbanteils Zug um Zug gegen Zahlung von 7841,83 RM. verlangt. Im ersten Rechtsgang hat sie mit dem Hauptantrag Uebertragung auf sich und Frau St. zu gleichen Teilen, hilfsweise Uebertragung auf sich, Frau St. und Martha K. zu gleichen Teilen gefordert.

Das Landgericht hat den Beklagten antragsgemäß zur Uebertragung des Erbanteils, und zwar an die drei Miterbinnen gemeinschaftlich, verurteilt. Nachdem der Beklagte Berufung eingelegt hatte, hat die Klägerin im zweiten Rechtsgang zunächst Zurückweisung der Berufung beantragt und hilfsweise die Uebertragung des Anteils nur auf sich und Frau St. begehrt. In der letzten mündlichen Verhandlung hat sie dann den Hilfsantrag (Uebertragung des Erbteils auf sich und Frau St.) als Hauptantrag und den bisherigen Hauptantrag (Uebertragung des Anteils auf alle drei Miterbinnen) als Hilfsantrag gestellt.

Das Berufungsgericht hat die Klage in vollem Umfang abgewiesen. Die Revision der Klägerin hatte keinen Erfolg.

Gründe:

I. Das Berufungsurteil tritt zunächst dem Standpunkt des Landgerichts darin bei, daß der Vergleich vom 10. Juni 1936 in Wahrheit einen Verkauf des Walter K.schen Erbanteils an den Beklagten bedeute, so daß damit für die Miterben das gesetzliche Vorkaufsrecht des § 2034 BGB. entstanden sei. Gegen diese — der Klägerin günstige und von der Revision nicht bekämpfte — Annahme bestehen keine rechtlichen Bedenken. Das gleiche gilt von der Annahme des Berufungsgerichts, daß die gesetzliche Frist zur Ausübung des Vorkaufsrechts (§ 2034 Abs. 2 BGB.) in jedem Fall gewahrt sei.

II. Nach der Ansicht des Berufungsgerichts scheitert aber der Anspruch der Klägerin daran, daß das Vorkaufsrecht nicht wirksam ausgeübt worden ist. Das Vorkaufsrecht könne wirksam nur durch alle Miterben zusammen und nur in bezug auf den ganzen Gegenstand geltend gemacht werden. Zwar sei die Ausübung auch durch gesonderte Erklärungen der einzelnen Miterben möglich, die Erklärungen müßten dann aber zusammengenommen eine gemeinsame Ausübung des Vorkaufsrechts ergeben. Das sei hier aber nur für die Erklärungen der Klägerin und der Frau St. der Fall, während diejenige der Martha K. gerade im Gegensatz dazu stehe, weil diese ausschließlich den Vorkauf zwischen s i c h und dem Beklagten, nicht einen solchen zwischen allen Miterben und dem Beklagten habe abschließen wollen. Sie habe ein gemeinschaftliches Vorgehen abgelehnt und lehne es noch ab, wie sich aus ihren Eingaben, dem Nichtunterschreiben der ihr von der Klägerin zur Unterschrift übersandten Erklärung und ihrer Zeugenaussage ergäbe. Die erst im Laufe des zweiten Rechtsganges aufgestellte Behauptung der Klägerin, Martha K. habe schon vor der Schlußverhandlung erster Instanz ihr Einverständnis damit erklärt, daß die Klägerin die Uebertragung des Erbteils auf alle drei Miterben verlange, sei durch das Zeugnis der Martha K. widerlegt. Was die Klägerin an Vorgängen angeführt habe, aus denen die Zustimmung der Martha K. zu ersehen sein solle, sei — wie das Urteil an Hand der einzelnen Vorgänge erörtert — nicht einmal schlüssig. Unter diesen Umständen sei die mit ihren sonstigen Erklärungen übereinstimmende Zeugenaussage der Martha K. innerlich derart wahrscheinlich, daß durch so eng mit einer Partei verbundene Zeugen, wie es die Ehemänner der Klägerin und ihrer Tochter seien, niemals das Gegenteil bewiesen werden könne. Die Vernehmung der Zeugen sei auch deshalb abzulehnen, weil das Vorbringen der Klägerin im Schriftsatz vom 14. Januar 1938 fahrlässigerweise verspätet erfolgt sei und die Beweisaufnahme den Prozeß verzögern würde, so daß die Voraussetzungen des § 529 ZPO. gegeben seien. Nach alledem sei davon auszugehen, daß eine g e m e i n s a m e Erklärung seitens der drei Miterbinnen nicht vorliege.

Die Klägerin könne aber auch nicht aus § 513 Satz 2 BGB. die Berechtigung herleiten, die Uebertragung des Erbteils nur auf sich und Frau St. zu fordern. Weder sei das Vorkaufsrecht der Martha K. erloschen, noch könne davon die Rede sein, daß sie das Vorkaufsrecht nicht ausgeübt habe, vielmehr habe sie es fristgemäß geltend gemacht, gerade so, wie es auch die Klägerin und ihre Tochter getan hätten. Die Erklärungen beider Teile seien nicht schlechthin bedeutungslos, sondern hätten zu dem Ziel, den Vorkauf zwischen sich — unter Ausschließung des anderen Miterbenteils — und dem Beklagten zustande zu bringen, dann, aber auch nur dann führen können, wenn nachträglich, sei es bei Martha K., sei es bei den anderen Miterbinnen, einer der Fälle des § 513 Satz 2 BGB. eingetreten wäre. Das sei aber beiderseits nicht der Fall. Die Verhältnisse für die gesonderten Vorkaufserklärungen lägen für beide Teile ganz gleich, so daß, wenn man hier § 513 Satz 2 BGB. anwenden wolle, Martha K. mit demselben Recht, mit dem die Klägerin die Uebertragung des Erbteils auf sich und Frau St. verlange, die Uebertragung auf sich fordern könnte. In Wahrheit müsse aber dem Vorgehen beider Teile der Erfolg versagt bleiben, da sie sich nicht zu einem gemeinsamen Vorgehen zusammengefunden hätten.

Die auf Verletzung sachlich-rechtlicher Bestimmungen und der verfahrensrechtlichen Vorschrift des § 286 ZPO. gestützte Revision ist nicht begründet. Mit Recht geht das Berufungsgericht davon aus, daß grundsätzlich die Miterben das Vorkaufsrecht nur gemeinschaftlich ausüben können. Dieser Grundsatz ist allgemein anerkannt und wird als solcher auch von der Revision nicht angezweifelt. Aus diesem Grundsatz folgt, daß die Ausübungserklärung von den Ausübenden in bewußtem und gewolltem Zusammenhang, wenn auch nicht gleichzeitig abgegeben werden muß. Daß das hier nicht geschehen ist, stellt das Berufungsurteil rechtlich einwandfrei fest. Die Revision erhebt allerdings verfahrensrechtliche Rügen gegen die Begründung, mit der das Berufungsgericht der Behauptung der Klägerin entgegengetreten ist, daß Martha K. ihr gegenüber ihr Einverständnis zur Uebernahme des Erbteils durch alle drei Miterbinnen erklärt habe, und bekämpft insbesondere die Ablehnung der Vernehmung der von der Klägerin dafür benannten Zeugen. Es kommt aber auf die dafür vom Berufungsgericht gegebene Begründung gar nicht an. Denn da die Erklärung über die Ausübung des Vorkaufsrechts nach der dinglichen Uebertragung des Erbteils auf den Erwerber, die hier bereits in dem Vergleich vom 10. Juni 1936 selbst erfolgt ist, dem Erwerber gegenüber zu erfolgen hat (§ 2035 BGB.; vgl. auch RGRKomm. z. BGB. § 2035 Anm. 1), so ist allein auf die Erklärungen abzustellen, die Martha K. dem Beklagten gegenüber abgegeben hat. Was sie der Klägerin erklärt hat, kann nur für die Frage von Bedeutung sein, ob sie den anderen Miterbinnen gegenüber verpflichtet ist, bei einer gemeinschaftlichen Ausübung des Vorkaufsrechts für die Gemeinschaft mitzuwirken. Auf diese Frage aber kommt es, wie das Berufungsurteil mit Recht ausführt, im Verhältnis zwischen den

Prozeßparteien nicht an. Dem Berufungsgericht ist daher im Ergebnis darin beizupflichten, daß eine gemeinsame Ausübung des Vorkaufsrechts seitens aller Miterben nicht vorliegt.

Nun erleidet freilich, wie auch das Berufungsgericht nicht verkennt, der oben erwähnte Grundsatz, daß das Vorkaufsrecht von allen Miterben — natürlich mit Ausnahme dessen, der seinen Anteil veräußert hat — gemeinschaftlich auszuüben sei, eine Einschränkung durch die auch für das gesetzliche Vorkaufsrecht des § 2034 BGB. anwendbare (vgl. RGRKomm. § 2034 Anm. 3) Bestimmung des § 513 Satz 2 BGB., nach der für den Fall, daß das Vorkaufsrecht für einen der Berechtigten erloschen ist oder einer von ihnen es nicht ausübt, die übrigen berechtigt sind, das Vorkaufsrecht im ganzen auszuüben. Die Bestimmung behandelt zwar an sich nicht die Frage der Ausübung des Vorkaufsrechts, sondern die der materiellen Vorkaufsberechtigung (vgl. RGRKomm. Anm. 3 zu dem das Wiederkaufsrecht behandelnden, aber mit § 513 BGB. übereinstimmenden § 502 BGB.), mit anderen Worten die Frage, in welchem Umfang die restlichen Miterben den Gegenstand, auf den sich das gemeinschaftliche Vorkaufsrecht bezieht, erwerben, setzt aber die Möglichkeit der wirksamen Ausübung des Vorkaufsrechts auch für den Fall voraus, daß nicht alle Berechtigten es ausüben.

Die Revision vertritt nun entgegen der Auffassung des Berufungsgerichts die Ansicht, der Fall des § 513 Satz 2 BGB. sei hier gegeben. Die Erklärung der Martha K. habe die Rechtswirkung verloren, nachdem die Klägerin und Frau St. ihrerseits das Vorkaufsrecht wirksam ausgeübt hätten. Martha K. habe die Verwirklichung des Erfolges ihrer Erklärung vom 9. Juli 1936 ausdrücklich abgelehnt, und zwar auch dann noch, als sie erkannt habe, daß ihre Erklärung mit der der anderen Miterbinnen unvereinbar sei. Ihre Erklärung vom 9. Juli 1936 sei auch deshalb unwirksam, weil sie nur zum Schein abgegeben sei. Martha K. handle in Uebereinstimmung mit dem Beklagten, wie insbesondere daraus hervorgehe, daß sie die von dem Bevollmächtigten der Klägerin an sie gerichteten Schreiben an den Beklagten weitergegeben habe. Die Nichtigkeit der Erklärung vom 9. Juli 1936 mache die Ausübung des Vorkaufsrechts durch die übrigen Miterbinnen wirksam. Zu Unrecht sei der Berufungsrichter an dieser Frage vorbeigegangen. Da die Erklärung der Martha K. nach Lage der Sache den gewünschten Erfolg nicht habe erzielen können, sei darin eine Nichtausübung des Vorkaufsrechts zu erblicken, auf jeden Fall sei dies Verhalten einem Unterlassen rechtmäßiger Ausübung des Vorkaufsrechts gleichzuachten. Da Martha K. der Uebertragung des Erbteils an alle drei Miterbinnen widersprochen habe, obwohl ihr bekannt sei, daß sie nur durch eine derartige gemeinsame Vollziehung des Rechts Anteil an dem verkauften Anteil erlangen könne, nötige die Unterlassung zu dem Rückschluß, daß sie gar keinen eigenen Erwerb wolle. Dann aber verstoße ihr Verhalten gegen Treu und Glauben. Es gehe auch nicht an, daß ein böswilliger Miterbe entgegen dem Zweck der Bestimmung des § 2034 BGB. die Erhaltung des Nachlasses als Familienbesitz vereitele. Der auch im Erbrecht maßgebende Gemeinschaftsgedanke fordere gerade hier die Unterwerfung des einzelnen Miterben unter den Willen der Gemeinschaft. Es sei zu prüfen, ob nicht § 2038 BGB. hier entsprechend anzuwenden sei.

Auch diese Revisionsrügen können keinen Erfolg haben. Die Annahme der Revision, daß Martha K. ihre Erklärung vom 9. Juli 1936 nur zum Schein abgegeben habe, findet in den tatsächlichen Feststellungen des Berufungsurteils keine Grundlage. Eine Verfahrensrüge des Inhalts, daß die Klägerin in den Vorinstanzen tatsächliche Behauptungen in dieser Hinsicht aufgestellt habe, die vom Berufungsgericht übergangen seien, enthält die Revisionsbegründung nicht. Schon damit erledigt sich dieser Revisionsangriff. Von vornherein abzulehnen ist auch die Erwägung der Revision hinsichtlich einer entsprechenden Anwendung des § 2038 BGB. Abgesehen davon, daß die Ausübung des Vorkaufsrechts über den Rahmen einer Verwaltungsmaßnahme zur Erhaltung des Nachlasses, zu der nach § 2038 jeder einzelne Miterbe berechtigt ist, hinausgeht, ist, wie oben erörtert, unter der Vorkaufsberechtigung „der übrigen Miterben" nach § 2034 nur eine gemeinschaftliche, nicht die jedes einzelnen Miterben zu verstehen. Es kann sich daher nur fragen, ob, wie die Revision meint, die Ausübung des Vorkaufsrechts durch Martha K. deshalb unwirksam ist, weil Martha K. sich damit der — allein zulässigen — Gesamtausübung des Vorkaufsrechts widersetzt und diese Unwirksamkeit der Nichtausübung des Vorkaufsrechts durch sie gleichsteht. Das ist mit dem Berufungsurteil zu verneinen. Mit Recht sieht das Berufungsgericht die Erklärung der Martha K. vom 9. Juli 1936 nicht als schlechthin unwirksam an; das war sie sicher solange nicht, als nicht feststand, ob die übrigen Miterbinnen auch ihrerseits von dem Vorkaufsrecht Gebrauch machen würden. Aber auch nachdem dieses feststeht, könnte die Vorkaufserklärung unter Umständen noch in positivem Sinne Bedeutung gewinnen, z. B. dann, wenn die beiden anderen Miterbinnen ihre Erklärungen wegen Irrtums wirksam anfechten würden. Allerdings kann dem Berufungsgericht darin nicht zugestimmt werden, daß die Verhältnisse in bezug auf die Ausübung des Vorkaufsrechts für Martha K. einerseits und die Klägerin und Frau St. andrerseits ganz gleich lägen. Das ist deshalb nicht der Fall, weil die Klägerin und Frau St., wenn sie auch in erster Linie Uebertragung des Erbteils auf sich beide allein erstreben, doch der Mitberechtigung der Martha K. dadurch Rechnung getragen haben, daß sie hilfsweise auch mit deren Mitbeteiligung an dem vom Beklagten herausverlangten Erbteil einverstanden sind, während Martha K. sich dem Miterwerb der beiden anderen Miterbinnen widersetzt Aber dieser Umstand ist nicht entscheidend. Die Einstellung der Martha K. verhindert zwar nach der jetzt gegebenen Sachlage praktisch einen positiven Erfolg ihrer Vorkaufsausübung, es läßt sich aber daraus nicht der Schluß ziehen, daß ihr Vorkaufsrecht erloschen oder von ihr nicht ausgeübt sei, und zwar um so weniger, als, wie oben erwähnt, ihre Erklärung über die Ausübung des Vorkaufsrechts unter gewissen Voraussetzungen doch noch voll wirksam werden könnte. Es geht endlich auch nicht an, die Bestimmung des § 513 Satz 2 BGB. hier entsprechend anzuwenden, denn es ist auch ein Wesensunterschied zwischen den dort vorausgesetzten Fällen und dem hier vorliegenden. Da grundsätzlich das Vorkaufsrecht von allen Miterben gemeinschaftlich ausgeübt werden muß, ist grundsätzlich Willensübereinstimmung und Mitwirkung aller Beteiligten erforderlich; daraus ergibt sich grundsätzlich dann auch, daß die Ausübung gegen den Willen auch nur eines Mitberechtigten nicht erfolgen kann, so wenig, wie etwa bei Widerspruch eines Miterben die übrigen über einen Nachlaßgegenstand verfügen können. Daß das, wie die Revision hervorhebt, im Ergebnis unerwünscht sein kann, mag richtig sein, muß aber als zwangsläufige Folge einer Gemeinschaftsberechtigung in Kauf genommen werden. Das Interesse daran, das Eindringen eines Fremden in die Erbengemeinschaft zu verhindern, wird übrigens im allgemeinen dann nicht mehr erheblich sein, wenn sich die beteiligten Miterben schon so uneinig sind, daß sie sich nicht über eine gemeinsame Ausübung des Vorkaufsrechts einigen können. Wenn nun § 513 Satz 2 BGB. die Ausübung des Vorkaufsrechts unter Ausschluß derjenigen, in deren Person das Recht erloschen ist oder die es nicht ausüben, zuläßt, so ändert das nichts an dem Erfordernis gemeinschaftlicher Ausübung durch die übrigen Berechtigten. Daran aber fehlt es nach den Feststellungen des Berufungsgerichts in diesem Falle. Man kann auch nicht, wie es das Landgericht in seinem Urteil getan hat, eine gemeinschaftliche Ausübung mit dem Ziel der Erwerbung des Anteils durch alle drei Miterbinnen unterstellen, da eben Martha K., wie das Berufungsurteil feststellt, in diesem Sinne das Vorkaufsrecht nicht ausgeübt hat. Dafür, daß es insoweit auf den Willen des einen oder anderen der das Vorkaufsrecht Ausübenden nicht ankäme, sondern der Vorkauf kraft Gesetzes dann für die Gemeinschaft aller Ausübenden abgeschlossen würde, gibt das Gesetz keinen Anhalt. Das ist vor allem deshalb nicht anzunehmen, weil ja gerade im Hinblick auf die Bestimmung des § 513 Satz 2 BGB. die Möglichkeit des Erwerbs des ganzen Anteils durch nur einen der mehreren Berechtigten nicht ausgeschlossen ist, so daß nicht einzusehen ist, weshalb dem Berechtigten nicht gestattet sein sollte, das Vorkaufsrecht nur mit diesem möglicherweise erreichbaren Ziel auszuüben. Das Berufungsgericht ist sonach mit Recht zu dem Ergebnis gelangt, daß bisher mangels der erforderlichen Uebereinstimmung der abgegebenen Vorkaufserklärungen der Vorkauf nicht zustande gekommen und der Klaganspruch daher jedenfalls zur Zeit unbegründet ist.

RGZ. 162, 397.

Können über den Erbteil eines Miterben dessen Erben nur gemeinsam verfügen oder ist jeder einzelne dieser Erbeserben für seinen Anteil an dem Erbteile verfügungsberechtigt?

BGB. § 2033.

IV. Zivilsenat. Urt. v. 8. Februar 1940.

I. Landgericht Halle a. S. II. Oberlandesgericht Naumburg a. S.

Die Klägerin, ihre Mutter und 3 Geschwister der Mutter sind zu je $^{1}/_{5}$ Testamentserben der am 19. November 1919 verstorbenen Ernestine B., einer Großtante der Klägerin, geworden. Die Mutter der Klägerin verstarb am 25. Februar 1932 und hinterließ die Klägerin zusammen mit ihren 4 Brüdern als Miterben zu je $^{1}/_{5}$. In ihrem eigenhändigen Testamente hatte die Mutter der Klägerin, Elise Sch., letztwillig verfügt: „Mein Vermögen erben meine 5 Kinder oder deren gesetzliche Erben . . .". In einem Nachtrage dazu vom 3. Juni 1926 ist noch für das zum Nachlaß der Ernestine B. gehörige Rittergut Z. bestimmt: „Mein Anspruch als Miterbe des Ritterguts Z. soll ebenfalls gleichanteilig an meine fünf Kinder bzw. deren gesetzliche Erben fallen." Eine förmliche Auseinandersetzung hat für keinen der beiden Nachlässe stattgefunden.

Durch notarischen Vertrag vom 29./30. Dezember 1937 verkaufte und übertrug die Klägerin mit Einwilligung ihres Ehemannes außer einem hier weiter nicht in Betracht kommenden Nacherbanteil ihren ganzen Erbteil von $^{1}/_{5}$ an dem Nachlaß der Großtante und weiter einen Erbanteil von $^{1}/_{25}$ dieses Nachlasses, der ihr nach ihrer Ansicht als Miterbin ihrer Mutter zustand, auf den Beklagten. Beide Anteile wurden in dem Vertrage zusammengefaßt und als $^{6}/_{25}$-Erbanteil an dem Ernestine B.schen Nachlaß bezeichnet. Der Kaufpreis betrug 95 169,80 RM. Er sollte gezahlt werden, sobald feststand, daß der Vertrag einer staatlichen Genehmigung nach der Bekanntmachung über den Grundstücksverkehr vom 26. Januar 1937 nicht bedürfe oder eine etwa erforderliche Genehmigung erteilt sei. Spätestens am 27. Januar 1938 stand fest, daß eine solche Genehmigung nicht erforderlich war. Der Beklagte leistete trotzdem keine Zahlungen auf der vereinbarten Kaufpreis. Der Testamentsvollstrecker des B.schen

Nachlasses vertrat nämlich gegenüber dem Rechtsbeistande der Klägerin die Ansicht, daß die Klägerin nur über ihren eigenen Erbanteil von 1/5 am B.schen Nachlaß habe verfügen dürfen, dagegen zur Verfügung über ihren weiteren Anteil als Miterbin mit ihren 4 Brüdern nach ihrer Mutter wegen der Vorschrift des § 2033 Abs. 2 BGB. nur nach vorheriger Auseinandersetzung oder Teilauseinandersetzung der Miterben über den mütterlichen Nachlaß berechtigt und der Kaufvertrag deshalb für den Anteil von 1/25 rechtsunwirksam sei. Auf diesen Standpunkt hat sich späterhin auch der Grundbuchrichter gestellt, der zunächst im Grundbuche des zum B.schen Nachlaß gehörigen, den eigentlichen Gegenstand des Kaufvertrags bildenden Ritterguts Z. auf Grund des Kaufvertrags die Umschreibung aller Erbanteile der Klägerin vorgenommen hatte; er hat deshalb am 25. April 1938 von Amts wegen zugunsten der Klägerin einen Widerspruch gegen die Umschreibung des Anteils von 1/25 eingetragen.

Der Rechtsbeistand der Klägerin hielt dagegen die Abtretung aller Erbanteile der Klägerin für zulässig und forderte den Beklagten im Auftrage der Klägerin mit Schreiben vom 17. Februar 1938 zur Zahlung des ganzen Kaufpreises sowie von 4 v. H. Verzugszinsen davon seit dem 27. Januar 1938 und 324,39 RM. Mahnkosten auf. Der Beklagte hat daraufhin im Laufe der zweiten Hälfte des Februar und der ersten Hälfte des März 1938 insgesamt 75 135,96 RM. auf den eigenen Erbanteil der Klägerin von 1/5 gezahlt. Die Zahlung des weiteren Kaufpreises für den restlichen Anteil hat er abgelehnt.

Mit der Klage hat die Klägerin von dem restlichen Kaufpreis einen Teilbetrag von 6500 RM. nebst Zinsen seit dem 27. Januar 1938, ferner 243,91 RM. Verzugszinsen auf die gezahlten Beträge und 307,01 RM. Mahnkosten verlangt. Das Landgericht hat der Klägerin 340,60 RM. an Verzugszinsen und Mahnkosten zugesprochen, im übrigen aber die Klage abgewiesen. Die Berufung der Klägerin hatte keinen Erfolg. Auf die Anschlußberufung des Beklagten hat das Berufungsgericht den Beklagten nur zur Zahlung von insgesamt 262,07 RM. verurteilt, im übrigen aber die Klage abgewiesen.

Die Revision der Klägerin blieb — abgesehen von einer geringfügigen Erhöhung der ihr zugesprochenen Verzugszinsen — erfolglos.

Aus den Gründen:

Den Anspruch der Klägerin auf Zahlung von 6500 RM. des Restkaufpreises hält das Berufungsgericht für unbegründet, weil es in Uebereinstimmung mit dem Landgerichte die Rechtsgültigkeit des Kaufvertrages vom 29./30. Dezember 1937 insoweit verneint, als die Klägerin darin über das von ihrer verstorbenen Mutter her überkommene Fünfundzwanzigstel an dem B.schen Nachlaß verfügt hat. Die Auffassung der Klägerin, daß dieses sechste Fünfundzwanzigstel nicht ein einzelner Gegenstand in der Erbschaft nach der Mutter, sondern ein Sondernachlaß nach ihr gewesen sei, der für sich nach § 1922 Abs. 2 BGB. beurteilt werden müsse und über den sie daher auch nach § 2033 Abs. 1 BGB. von sich aus habe dinglich verfügen können, treffe nicht zu. Dieser Erbteil habe — und darin liege der entscheidende Unterschied gegenüber den den B.schen Miterben selbst mit dem Tode der Tante an deren Gesamtnachlaß zugefallenen Erbteilen — neben und außer den sonstigen auf die Kinder übergegangenen Vermögenswerten der Mutter einen einzelnen der verschiedenen Nachlaßgegenstände nach ihr und darum nur zusammen mit dem übrigen mütterlichen Nachlaß, aber nicht für sich allein den „Erbteil" gebildet, auf den sich § 1922 Abs. 2 BGB. beziehe. Denn Erbteil im Sinne dieser Vorschrift sei der Erbanteil des Miterben am Gesamtnachlasse des Erblassers, aber nicht an dessen verschiedenen Einzelbestandteilen, auch wenn es sich bei ihnen wie hier u. a. um den Erbteil des Erblassers an einer früheren Erbschaft handele.

Ueber den mütterlichen Nachlaß hätten sich die Beteiligten noch nicht auseinandergesetzt. Eine Zustimmung oder Genehmigung der Miterben zur Verfügung der Klägerin liege nicht vor. Sonach sei *der Kaufvertrag insoweit rechtsunwirksam, als er die dingliche* Uebereignung des weiteren Anteils der Klägerin über ihren eigenen unmittelbar nach der Großtante geerbten Erbteil hinaus enthalte. Das schlösse eine schuldrechtliche Wirksamkeit der Vereinbarung zwar nicht aus; doch hätten hier die Vertragschließenden offenbar eine bloß schuldrechtliche Verpflichtung überhaupt nicht gewollt. Mit der teilweisen Unwirksamkeit des Kaufvertrages entfalle der Anspruch der Klägerin auf den restlichen Kaufpreis und damit auch auf den von ihr verlangten Teilbetrag von 6500 RM.

Die Revision greift in erster Reihe die Ansicht des Berufungsgerichts an, daß die Verfügung der Klägerin über den ihr erst als Erbin ihrer Mutter zugefallenen Anteil am B.schen Nachlaß unwirksam sei. Sie meint, daß auch insoweit § 1922 Abs. 2 und § 2033 Abs. 1 BGB. anzuwenden seien, daß also einer von mehreren Erbeserben, die einen Miterben beerbt haben, über den ihm durch den Tod des Miterben zugefallenen Anteil am Nachlaß dinglich verfügen könne. Diese Ansicht ist aber, wie schon im Berufungsurteil überzeugend ausgeführt ist, unrichtig. Alles, was die Revision dagegen vorbringt, schlägt nicht durch. Sie verkennt offenbar, daß beim Tode des von mehreren beerbten Miterben sein Anteil an dem ursprünglichen Nachlaß (hier also dem B.schen Nachlaß) zwar nunmehr einen einzelnen Gegenstand des neuen Nachlasses bildet, dadurch aber keineswegs seine Eigenschaft als Erbteil des ursprünglichen Nachlasses verliert. Infolgedessen bleibt entgegen der Ansicht der Revision für die Gläubiger des ursprünglichen Nachlasses die Möglichkeit unberührt, diesen Erbteil auch weiterhin ohne Rücksicht auf seine Zugehörigkeit zum neuen Nachlaß in Anspruch zu nehmen. Wie schon das Berufungsgericht ausgeführt hat, ist die Entwicklung beim Tode eines von mehreren Erben beerbten Miterben die, daß die mehreren Erben dann eine besondere gesamthänderische Untergruppe innerhalb der Erbengemeinschaft bilden und daß diese Untergruppe als solche in die Stellung des Miterben eintritt. Miterben im Sinne des § 1922 Abs. 2 und des § 2033 BGB. sind dann nicht die einzelnen Mitglieder der Untergruppe, sondern die Untergruppe als Einheit. Wäre es anders, so wäre die Bestimmung des § 1952 Abs. 3 BGB., nach der von mehreren Erben des Erben jeder den seinem Erbteil entsprechenden Teil der Erbschaft ausschlagen kann, überflüssig, da dieses Recht der Erbeserben sich dann schon aus § 1922 Abs. 2 in Verbindung mit § 1942 BGB. ergeben müßte. Auf dem hier vertretenen Standpunkte steht auch das Erläuterungsbuch von Reichsgerichtsräten, wenn es dort in Bem. 3 zu § 1952 BGB. heißt: „Durch Absatz 3 dieses Paragraphen wird eine Abweichung von § 2033 Abs. 2 begründet, da die Ausschlagung eines von mehreren Erbeserben, was von einigen mit Unrecht bestritten wird, eine Verfügung über seinen Anteil an einem einzelnen Nachlaßgegenstand bedeutet, nämlich an der einen Bestandteil der den mehreren Erbeserben unmittelbar angefallenen Erbschaft bildenden, mittelbar angefallenen (transmittierten) Erbschaft." Daß, wie die Revision meint, ein Widerspruch darin liege, daß der Alleinerbe des Miterben über den Anteil dinglich solle verfügen können, während allgemein dem Alleinerben die Verfügung über die Erbschaft als Ganzes versagt sei, ist nicht zuzugeben. Der Alleinerbe des Miterben tritt für sich in die Stellung des Miterben ein, unbeschadet seiner Rechte am sonstigen Nachlaß des Miterben, und es ist nur natürlich, daß er dann, zum Miterben des ursprünglichen Nachlasses geworden, über seinen Anteil am ursprünglichen Nachlaß, der zugleich einen Nachlaßgegenstand im Nachlaß des verstorbenen Miterben bildet, dinglich verfügen kann, so wie es, falls der Miterbe von mehreren beerbt wird, diese mehreren Erben als Gemeinschaft zusammen ebenfalls tun können. Die Revision ist der Ansicht, die hier vertretene Auffassung führe dazu, daß die Klägerin tatsächlich das ihr zustehende Ausschlagungsrecht verliere; sie könne, obgleich sie erst durch die Erbauseinandersetzung Erbin des B.schen Nachlasses werden würde, dieses Ausschlagungsrecht doch nur während der Dauer von 6 Wochen seit dem Erbfall ausüben, weil sie schon alsbald gewußt habe, daß sie Erbin des Miterbenanteils ihrer Mutter geworden sei. Diese Ueberlegung geht jedoch von falschen Voraussetzungen aus. Wie sich aus § 1952 BGB. ohne weiteres ergibt, besteht für die Erben des Miterben ein Ausschlagungsrecht für den Anteil des verstorbenen Miterben überhaupt nur, wenn dieser bei seinem Tode das Ausschlagungsrecht noch hatte, und dann kann nach der ausdrücklichen Vorschrift des Absatz 3 jeder der Erbeserben ohne weiteres — also auch ohne daß eine Auseinandersetzung stattgefunden hat — den seinem Erbteil entsprechenden Teil der Erbschaft ausschlagen. Hatte der Erbe oder Miterbe aber sein Ausschlagungsrecht bereits verwirkt, so haben es auch seine Erben nicht mehr, sondern nur ein Ausschlagungsrecht in bezug auf den Gesamtnachlaß des Erben oder Miterben, in dem die ihm angefallene Erbschaft einen Nachlaßgegenstand bildet. Die Annahme des Berufungsgerichts, daß die Sch.schen Erben mit dem Erbfalle Miterben des B.schen Nachlasses geworden seien, ohne daß eine Auseinandersetzung über den Sch.schen Nachlaß stattgefunden habe, bekämpft die Revision mit dem Hinweise, daß es keine Erbfolge in einzelne Nachlaßgegenstände gebe, sondern nur eine Erbfolge in einen Gesamtnachlaß. Doch geht dieser Angriff schon deshalb fehl, weil es sich tatsächlich um eine Erbfolge in den Gesamtnachlaß der Witwe Sch. handelt, der den Anteil dieser Erblasserin am B.schen Nachlaß als Nachlaßgegenstand enthält; damit macht diese Erbfolge die Gemeinschaft der Sch.schen Erben zur Inhaberin des der Witwe Sch. zugefallenen Anteils am B.schen Nachlaß und in diesem Sinne zum Miterben des B.schen Nachlasses.

Auch die sonstigen von der Revision erhobenen Bedenken erledigen sich ohne weiteres durch die vorher aufgezeigte Doppelstellung des Erbteils, der im Sch.schen Nachlaß einen Nachlaßgegenstand bildet, ohne daß damit seine Zugehörigkeit zum B.schen Nachlaß berührt wird. . . .

RGZ. 167, 298

Ist, wenn ein Miterbe seinen Erbanteil verpfändet, das gesetzliche Vorkaufsrecht eines anderen Miterben (§ 2034 BGB.) als ein Recht im Sinne der §§ 1249, 1273 BGB. anzusehen?

VII. Zivilsenat. Urt. v. 3. Oktober 1941.

I. Landgericht Stuttgart. II. Oberlandesgericht daselbst.

Die Entscheidung ist abgedruckt unter „BGB. Sachenrecht".

RGZ. 171, 185

Kann eine Vereinbarung, worin sich ein Miterbe wegen eines den alleinigen Gegenstand des ungeteilten Nachlasses bildenden Grundstücks gegen Entgelt schuldrechtlichen Verpflichtungen unterwirft, die dem Vertragsgegner die restlose, zeitlich unbeschränkte Wahrneh-

mung der Miterbenrechte für eigene Rechnung gewährleisten sollen, als ein das Vorkaufsrecht der anderen Miterben auslösender Verkauf des Erbanteils angesehen werden?

BGB. § 2034.

VI Zivilsenat. Urt. v. 13. August 1943.

I. Landgericht Leipzig. II. Oberlandesgericht Dresden.

Als Erben ihrer Eltern, der Eheleute E., waren der Kläger und die Zweitbeklagte seit 1916 als Eigentümer „zur ungeteilten Hand" des zum Nachlaß gehörigen Grundstücks F.-Rh.-Straße 24 in L. im Grundbuch eingetragen. In einem notarisch beurkundeten Vertrage mit dem Kaufmann K. S. in L. vom 21. Januar 1927 bekannte die Zweitbeklagte, von S. 12 000 RM. erhalten zu haben, und sie verpflichtete sich unter Mitwirkung ihres Ehemannes ihm gegenüber, über ihre Rechte an dem genannten Grundstück nicht anderweit zu verfügen, vielmehr in „nachersichtlicher Weise" mitzuwirken, daß S. oder auch mit ihm zusammen eine andere Person Eigentümer des Grundstücks werde. Es stehe S. frei, die Zwangsversteigerung des *Grundstücks zu betreiben oder es im Wege freihändigen Verkaufs zu* erwerben. Die Zweitbeklagte und ihr Ehemann versicherten ihre jederzeitige Bereitschaft, S. den Grundstücksanteil auf diesem oder jenem Wege zu überlassen und alle erforderlichen Rechtshandlungen soweit es an ihnen liege, vorzunehmen; S. solle im Falle des Erwerbs des Grundstücks gegenüber der Zweitbeklagten und ihrem Ehemanne nur verpflichtet sein, die auf dem Grundstück zur Zeit lastenden Hypotheken zu übernehmen; dagegen fließe der Kaufpreis oder Versteigerungserlös, soweit er der Zweitbeklagten zufallen würde, in voller Höhe S. zu, wofür das Entgelt in den bezahlten 12 000 RM. und darin liege, daß dieser die Gefahr des Mindererlöses übernehme; alle Nutzungen und Lasten am Grundstücksanteil oder Grundstück, soweit sie der Zweitbeklagten zuständen, sollten vom 1. Januar 1927 ab auf S. übergehen. In einer gleichzeitigen notarischen Verhandlung erteilte die Zweitbeklagte mit Zustimmung ihres Ehemannes dem Kaufmann S. die unwiderrufliche, „auf irgendeinen deutschen Rechtsanwalt" übertragbare Vollmacht, sie — unter Befreiung von den Beschränkungen des § 181 BGB. — in allen das Grundstück und ihren Anteil daran betreffenden Angelegenheiten zu vertreten, insbesondere Rechtshandlungen aller Art vorzunehmen, vor Gericht und allen sonstigen Behörden zu erscheinen, die Zwangsverwaltung und die Zwangsversteigerung zwecks Aufhebung der Erbengemeinschaft zu beantragen, weiterzubetreiben und den Versteigerungserlös im Empfang zu nehmen, Eintragungen und Löschungen im Grundbuch zu bewilligen und zu beantragen, Geld, Geldeswert und Urkunden zu erheben und darüber zu quittieren, Rechtsstreite durch Schiedsspruch oder durch Vergleich zu beseitigen, sowie Rechte und Forderungen, die das Grundstück betreffen, abzutreten oder aufzuheben.

Durch Vertrag vom 19. Januar 1929 übertrug S. die Rechte aus dem Vertrage vom 21. Januar 1927 entgeltlich auf die Erstbeklagte und die Vollmacht mit dem Rechte der Unterbevollmächtigung auf den Rechtsanwalt Dr. K. in L. Dieser Vertrag wurde am 25. März 1931 in notarischer Form wiederholt und in derselben Verhandlung die Vollmacht — nunmehr unwiderruflich — von S. auf die Rechtsanwälte Dr. Z., G., W. und W. Z. in L. übertragen. Bereits am 5. Januar 1931 hatte die Erstbeklagte eine einstweilige Verfügung erwirkt, durch die der Zweitbeklagten die Verfügung über ihren Anteil am Nachlaß ihrer Eltern anders als zugunsten der Erstbeklagten untersagt wurde. Diese Beschränkung war im Grundbuch eingetragen worden.

In einem Vorprozeß nahm die Erstbeklagte die Zweitbeklagte auf Zahlung vorenthaltener Grundstückserträgnisse und auf Schadensersatz mit dem Erfolg in Anspruch, daß diese in drei Teilurteilen des Oberlandesgerichts in Dresden zur Zahlung von insgesamt 10 312,17 RM. nebst Zinsen verurteilt wurde. Auf Grund des ersten Teilurteils vom 27. Mai 1940 über 6100 RM. nebst Zinsen ließ die Erstbeklagte den Anteil der Zweitbeklagten am Nachlaß ihrer Eltern und deren Anspruch auf Auseinandersetzung und Rechnungslegung pfänden und sich zur Einziehung überweisen. Darauf leitete sie die Zwangsversteigerung des Nachlaßgrundstücks zur Aufhebung der Gemeinschaft ein.

Der Kläger hat nunmehr die vorliegende Klage erhoben und beantragt, 1. die auf Antrag der Erstbeklagten angeordnete Zwangsversteigerung für unzulässig zu erklären, 2. die Beklagten zu verurteilen, den Erbanteil der Zweitbeklagten am Nachlaß ihrer Eltern Zug um Zug gegen Zahlung von 12 000 RM. auf ihn zu übertragen und darein zu willigen, daß er als Alleineigentümer des Grundstücks eingetragen werde, 3. die Erstbeklagte zur Einwilligung in die Löschung der Verfügungsbeschränkung zu verurteilen. Zur Begründung dieses Antrags hat der Kläger im wesentlichen geltend gemacht, er habe sich in einer bereits 1911 getroffenen und später wiederholt bestätigten Vereinbarung mit der Zweitbeklagten dahin geeinigt, daß eine gerichtliche Versteigerung des Nachlaßgrundstücks zum Zwecke der Auseinandersetzung ausgeschlossen sein solle. Einer trotzdem von der Zweitbeklagten im Jahre 1923 beantragten Versteigerung sei er mit der Vollstreckungsgegenklage erfolgreich entgegengetreten. Die Vereinbarung und das Urteil müsse die Erstbeklagte als Rechtsnachfolgerin der Zweitbeklagten gegen sich gelten lassen. Der Vertrag der Zweitbeklagten mit S. vom 21. Januar 1927 in Verbindung mit der diesem erteilten Vollmacht sei rechtlich dem Verkaufe des Erbanteils mit gleichzeitiger Verfügung über ihn zugunsten des S. gleichzuachten. Ihm, dem Kläger, sei daher als Miterben das gesetzliche Vorkaufsrecht nach § 2034 BGB. erwachsen. Dieses habe er sowohl S. als auch den beiden Beklagten gegenüber ausgeübt.

Die Beklagten sind den Behauptungen und Ausführungen des Klägers entgegengetreten und haben Abweisung der Klage beantragt.

Das Landgericht hat die Klage abgewiesen. Der Kläger hat gegen dieses Urteil Berufung eingelegt. Nach Einlegung des Rechtsmittels ist das Zwangsversteigerungsverfahren durchgeführt und das Nachlaßgrundstück am 29. Juni 1942 dem Kläger für den durch Zahlung zu berichtigenden Betrag von 72 452,90 RM. zugeschlagen worden. Der Uebererlös von 72 025,96 RM. wurde ungeteilt zugunsten der Parteien als Berechtigten hinterlegt. Unter gleichzeitiger Löschung der Verfügungsbeschränkung der Zweitbeklagten ist darauf der Kläger als Alleineigentümer des Grundstücks im Grundbuch eingetragen worden. Er hat seine Ansprüche auf Auszahlung der hinterlegten Beträge gegen die Hinterlegungsstelle sowie die Ansprüche auf Auseinandersetzung gegenüber den Beklagten an W. F. in G. zur Sicherung einer Darlehnsschuld verpfändet. Der Pfändungsgläubiger ist mit der weiteren Geltendmachung der Ansprüche durch den Kläger in der Weise einverstanden, daß an sie gemeinschaftlich geleistet werde.

Diesen Veränderungen Rechnung tragend hat der Kläger im Berufungsverfahren seine früheren Anträge zu 1 und 3 für erledigt erklärt und an Stelle der zweiten Klagebitte den Antrag gestellt, die Erstbeklagte — hilfsweise die Zweitbeklagte — zu verurteilen, in die Auszahlung der beim Amtsgericht in L. hinterlegten Beträge mit insgesamt 72 025,96 RM. nebst aufgelaufenen Zinsen an ihn und W. F. Zug um Zug gegen Zahlung von 5683,81 RM. zu willigen. Von seinem Standpunkt aus, daß der Erbanteil der Zweitbeklagten infolge der Ausübung des Vorkaufsrechts ihm zustehe, beansprucht er den ganzen Versteigerungserlös, ist aber bereit, gegen die Einwilligung in dessen Auszahlung die von S. auf Grund des Vertrags vom 21. Januar 1927 an die Zweitbeklagte gezahlten 12 000 RM. unter Kürzung um den Betrag einer ihm gegen sie zustehenden Forderung von insgesamt 6316.09 RM. zu erstatten.

Die Beklagten haben Zurückweisung der Berufung und Abweisung des neuen Antrags des Klägers beantragt. Sie haben die Einwilligung in die Auszahlung des hinterlegten Uebererlöses in Höhe des hälftigen Anteils der Zweitbeklagten und darüber hinaus wegen der dieser nach ihrer Behauptung für die Zeit vom 1. Januar 1927 bis zum 19. Mai 1942 zustehenden und vorenthaltenen Grundstückserträge nebst Zinsen verweigert. Insgesamt haben sie vom Versteigerungserlös 50 927,62 RM. beansprucht und im übrigen wegen ihrer Ansprüche das Zurückhaltungsrecht geltend gemacht.

Das Oberlandesgericht hat durch Teilurteil die Beklagten zur Einwilligung in die Auszahlung von 21 098,34 RM. nebst entsprechenden Hinterlegungszinsen an den Kläger und an W. F. verurteilt und die Klage abgewiesen, soweit mit ihr die Einwilligung in die Auszahlung von mehr als 36 012,98 RM. nebst aufgelaufenen Zinsen gefordert werde.

Auf die Revision des Klägers wurde das Berufungsurteil, soweit es zu dessen Nachteil ergangen ist, aufgehoben und der Rechtsstreit in diesem Umfang an das Berufungsgericht zurückverwiesen.

Gründe:

Im Rahmen der Revision steht nur zur Nachprüfung, ob die Vereinbarungen der Zweitbeklagten mit dem Kaufmann S. vom 21 Januar 1927 im Zusammenhalt mit der gleichzeitig erteilten unwiderruflichen Vollmacht das dem Miterben in § 2034 BGB. verliehene Vorkaufsrecht zugunsten des Klägers ausgelöst haben, ob mithin in jenen Vereinbarungen die Zweitbeklagte ihren Erbanteil an S. verkauft hat. Gegen die Verneinung dieser Frage durch das Berufungsgericht erheben sich durchgreifende rechtliche Bedenken.

Das Vorkaufsrecht des § 2034 Abs. 1 BGB. setzt voraus, daß ein Miterbe seinen Anteil an einen Dritten verkauft, sich also dem Dritten gegenüber schuldrechtlich verpflichtet hat, ihm für das vereinbarte Entgelt den Anteil zu übertragen. Die Uebertragung des Anteils, die vermöge des den Miterben durch die Vorschrift des § 2033 Abs. 1 BGB. verliehenen Verfügungsrechts durch dingliche Einigung vollzogen wird, ist die Erfüllung der schuldrechtlichen Verpflichtung. Sie ist nicht für die Entstehung des Vorkaufsrechts des Miterben, sondern nach § 2035 BGB. nur insofern von Bedeutung, als dieses Recht dem Verkäufer gegenüber erlischt und nunmehr dem Käufer gegenüber auzuüben ist. Da nach der noch nicht nachgeprüften Behauptung des Klägers das von ihm beanspruchte Vorkaufsrecht sowohl gegenüber der Zweitbeklagten als auch gegenüber dem Kaufmann S. ausgeübt worden ist, bedarf die Frage, ob eine — dingliche — Uebertragung des Erbanteils auf S. stattgefunden hat, in diesem Rechtszuge keiner Erörterung. Für den Fall, daß sie noch erheblich werden sollte, sei jedoch bemerkt, daß sie entgegen der Meinung der Revision verneint werden muß. Die Zweitbeklagte hat sicht ihres Erbanteils nicht dinglich entäußert, sondern sich S. gegenüber nur zu gewissen Handlungen und Unterlassungen schuldrechtlich verpflichtet und ihn durch die unwiderrufliche Vollmacht zu ihrem rechtsgeschäftlichen Vertreter bestellt. Sie blieb daher in der Lage, über ihren Erbanteil weiterhin rechtswirksam zu verfügen.

Besteht, wie im vorliegenden Falle der Berufungsrichter unterstellt, der ungeteilte Nachlaß nur noch aus einem Grundstück, so erschöpft sich der Erbanteil jedes Miterben in dem durch das Gesamthandverhältnis gebundenen Anteil an dem Grundstück. Ueber diesen Anteil als solchen kann der Miterbe nach § 2033 Abs. 2 BGB. nicht verfügen und sich in Ansehung des Grundstücks nur nach Maßgabe der §§ 306, 308 BGB. schuldrechtlich verpflichten (RGZ. B. 118 S. 244 [247]). Diese Rechtslage ist nach der Feststellung des Berufungsgerichts den Vertragschließenden, insbesondere S., bekannt gewesen. S. hat deshalb von dem — zunächst beabsichtigten — Abschluß eines Kaufvertrags über den Grundstücksanteil Abstand genommen und, wie das Berufungsgericht es ausdrückt, den Weg der Begründung einer schuldrechtlichen, besonders gearteten Verpflichtung der Zweitbeklagten gewählt, „um sich hinsichtlich des Grundstücksanteils deren volle Rechtsstellung als Miterbin zu verschaffen". Diese Umschreibung des Vertragsziels schließt bei der vom Vorderrichter unterstellten Uebereinstimmung des Grundstücks mit dem ungeteilten Nachlaß die Begründung einer Verpflichtung der Zweitbeklagten zur Uebertragung ihres Erbanteils keineswegs aus. Nach Meinung des Vorderrichters kommt diese Möglichkeit deshalb nicht in Betracht, weil das Ziel des S. nur der Erwerb des Grundstücksanteils gewesen sei, der Vertrag überdies mangels nachgewiesener Kenntnis des S. vom Bestande des Nachlasses und dem Stande der Auseinandersetzung unter den Erben nicht als eine den gesamten Erbanteil erfassende Verfügung angesehen werden könne.

Wie bereits bemerkt, kommt es unter dem hier maßgeblichen Gesichtspunkt nicht darauf an, ob über den Erbanteil eine — dingliche — Verfügung getroffen worden ist; entscheidend ist vielmehr, ob in dem streitigen Abkommen die Begründung der schuldrechtlichen Verpflichtung zur — entgeltlichen — Uebertragung des Anteils gefunden werden kann. Hierfür ist es ohne Bedeutung, daß das wirtschaftliche Ziel des S. nur auf den Eintritt in die rechtliche Stellung der Zweitbeklagten zum Nachlaßgrundstück gerichtet war. Bildeten diese Rechtsbeziehungen den ausschließlichen Inhalt des Miterbenrechts, so kann eine sie schuldrechtlich erfassende Vereinbarung den Tatbestand des Erbschaftskaufs verwirklichen, ohne daß ein entsprechender Geschäftswille zum Ausdruck zu kommen braucht. Diese Möglichkeit setzt allerdings — darin ist dem Berufungsrichter beizutreten — voraus, daß S. beim Vertragsschluß wußte, der ungeteilte Nachlaß bestehe nur aus dem Grundstück. Nach § 2382 BGB. haftet der Erbschaftskäufer vom Abschluß des Kaufes an den Nachlaßgläubigern, und diese Haftung kann gegenüber den Gläubigern durch Vereinbarung zwischen dem Käufer und dem Verkäufer weder ausgeschlossen noch beschränkt werden. Angesichts dieser Folgen muß deshalb der von der Rechtsprechung im Bereiche des § 419 BGB. (RGZ. Bd. 134 S. 121 [125], Bd. 145 S. 370 [375]) ausgebildete Grundsatz, daß der Erwerber eines einzelnen Gegenstandes nur dann als Vermögensübernehmer behandelt werden kann, wenn ihm die Verhältnisse des Veräußerers bekannt gewesen sind, hier entsprechend gelten. Die Annahme des Berufungsrichters, daß S. vom Bestande des Nachlasses und dem Stande der Auseinandersetzung nichts gewußt habe, würde daher die angefochtene Entscheidung tragen, wenn sie selbst rechtlich unangreifbar wäre. Sie wird indessen von der Revision mit Grund beanstandet. (Wird ausgeführt und dann fortgefahren:) Die Nichtberücksichtigung dieses Vorbringens ist ein Verfahrensmangel, auf dem das Urteil auch beruht. Würde sich nämlich ergeben, daß — was der Berufungsrichter unterstellt — der ungeteilte Nachlaß nur noch aus dem Grundstück bestand und daß S. diesen Umstand kannte, so kann die weitere Frage, ob die von der Zweitbeklagten eingegangene Bindung die Verpflichtung zur Uebertragung ihres Erbanteils enthält, nur im bejahenden Sinne beantwortet werden. Die Vereinbarung vom 21. Januar 1927 läßt keinen Zweifel darüber, daß die Zweitbeklagte aus ihren Rechtsbeziehungen zum Grundstück — bei der Unterstellung des Berufungsrichters also zum Nachlaß — in ihrem Verhältnis zu S. und zu dessen Gunsten völlig ausscheiden sollte. Sie durfte über ihre Rechte nicht mehr anderweitig verfügen; sie mußte es dulden, daß S. auf Grund der unwiderruflichen Vollmacht die Zwangsversteigerung betrieb, und hatte sich für den Erlös aus dieser oder aus einem etwaigen freihändigen Verkauf durch die gezahlten 12 000 RM. für völlig abgefunden erklärt. Die Nutzungen des Grundstücks mußte sie S. vom 1. Januar 1927 ab überlassen. Schließlich übernahm sie allgemein die Verpflichtung, S. den Grundstücksanteil „auf diesem oder jenem Wege" zu überlassen und hierzu alle erforderlichen Rechtshandlungen vorzunehmen. Mußte hiernach die Zweitbeklagte alles tun, um S. die restlose und zeitlich unbeschränkte Wahrnehmung ihrer Rechtsstellung zu dem Grundstück für eigene Rechnung in jeder Weise zu gewährleisten, so war sie damit eine Bindung eingegangen, die sich in ihrem Ziel und ihrer Wirkung mit der Verpflichtung zur Uebertragung ihres Erbanteils völlig deckte und die darüber hinaus S. auch berechtigte, jederzeit, wenn er es für erforderlich hielt, die förmliche Abtretung des Erbanteils zu verlangen. Da die von S. gezahlten 12 000 RM. die Gegenleistung für die von der Zweitbeklagten übernommene Verpflichtung bilden, steht, sofern die oben gekennzeichneten Voraussetzungen vorliegen, der Beurteilung des Abkommens als Verkauf des Erbanteils rechtlich nichts im Wege.

Testament und Erbvertrag

RGZ. 50, 238

1. Kann ein Pflichtteilsberechtiger, der erst, nachdem der Erblasser die letztwillige Verfügung errichtet hatte, pflichtteilsberechtigt geworden ist, die letztwillige Verfügung anfechten, wenn ihm in dieser ohne Rücksicht auf die seinem Pflichtteilsrechte zugrunde liegende Stellung zum Erblasser eine Zuwendung gemacht worden ist?

2. . . .*)

BGB. § 2079.

IV. Zivilsenat. Urt. v. 3. März 1902.

I. Landgericht Rostock. II. Oberlandesgericht daselbst.

Der am 11. Januar 1901 in seinem Wohnorte Rostock kinderlos verstorbene Erblasser der Parteien, der in zweiter Ehe mit der Beklagten verheiratet war, hatte mit seiner im Jahre 1889 kinderlos verstorbenen ersten Ehefrau am 13. Februar 1883 in Rostock ein gemeinschaftliches Testament errichtet, das am 23. August 1889 publiziert worden ist. In diesem Testamente haben die Eheleute einzeln gegenseitig sich selbst und unter anderen die beiden Kläger als Erben eingesetzt und gemeinschaftlich unter anderem der Beklagten, die als „Wirtschafterin Fräulein Karoline N." bezeichnet ist, 3000 M. und einzelne Mobiliargegenstände vermacht. Die Beklagte hat in ihrer an das Waisengericht zu Rostock gerichteten Eingabe vom 15. März 1901 die Erklärung abgegeben, daß sie jenes Testament, da sie in ihm nicht als Erbin eingesetzt sei, auf Grund des § 2079 BGB. anfechte und nach §§ 1931 und 1932 BGB. die Hälfte des Nachlasses und den ehelichen Haushalt beanspruche. Die Kläger haben deshalb gegen sie Klage erhoben mit dem Antrage, festzustellen, daß der Beklagten nicht das Recht zustehe, das von ihrem verstorbenen Ehemanne mit seiner erstverstorbenen Ehefrau am 13. Februar 1883 errichtete Testament auf Grund des § 2079 BGB. anzufechten. Nach diesem Antrage hat das Landgericht erkannt, und das Berufungsgericht hat die Berufung zurückgewiesen.

Die gegen das Berufungsurteil von der Beklagten eingelegte Revision hat das Reichsgericht zurückgewiesen aus folgenden

*) Geringere Bedeutung.

Gründen:

„Auszugehen ist bei der Beurteilung des vorliegenden Rechtsstreites von der Grundlage, daß die von der Beklagten beabsichtigte Testamentsanfechtung, deren Nichtberechtigung die Klage feststellen soll, nicht auf Erlangung des Pflichtteiles, sondern auf Erlangung des gesetzlichen Erbteiles gerichtet ist (§§ 1931, 1932, 2303 BGB.). Maßgebend für die Prüfung der Anfechtungsberechtigung der Beklagten ist zunächst der § 2079 BGB., der folgenden Wortlaut hat:

Eine letztwillige Verfügung kann angefochten werden, wenn der Erblasser einen zur Zeit des Erbfalls vorhandenen Pflichtteilsberechtigten übergangen hat, dessen Vorhandensein ihm bei der Errichtung der Verfügung nicht bekannt war, oder der erst nach der Errichtung geboren oder pflichtteilsberechtigt geworden ist. Die Anfechtung ist ausgeschlossen, soweit anzunehmen ist, daß der Erblasser auch bei Kenntnis der *Sachlage die Verfügung getroffen haben würde.*

Für die Anfechtung seitens der Beklagten kann es sich nur darum handeln, ob die Voraussetzung des § 2079 zutrifft, daß der Erblasser einen zur Zeit des Erbfalls vorhandenen Pflichtteilsberechtigten übergangen hat, der erst nach der Errichtung der Verfügung des Erblassers pflichtteilsberechtigt geworden ist. Da nun die Beklagte als Ehefrau des Erblassers gesetzlich nach § 2303 BGB. den Anspruch auf den Pflichtteil zur Zeit des Erbfalles hatte, pflichtteilsberechtigt aber erst nach der Errichtung der letztwilligen Verfügung des Erblassers wurde, so hängt das Anfechtungsrecht der Beklagten allein von der Beantwortung der Frage ab, ob sie der Erblasser in seiner letztwilligen Verfügung übergangen hat. Ohne Rechtsirrtum hat das Berufungsgericht diese Frage verneint, indem es ausführt, daß begrifflich von einem Uebergehen nur die Rede sein könne, wenn dem Betreffenden in der letztwilligen Verfügung des Erblassers keinerlei Zuwendung gemacht worden sei, diese Voraussetzung aber hier fehle, da der Beklagten 3000 M. und Mobiliargegenstände vermacht worden seien, und bei dem gesetzlichen Erfordernis, daß der Betreffende erst nach der Errichtung der letztwilligen Verfügung des Erblassers pflichtteilsberechtigt geworden sei, diese Zuwendung nicht deshalb bedeutungslos sein könne, weil sie ihm nicht in Beziehung auf sein Pflichtteilsverhältnis gemacht worden sei. . . .

RGZ. 59, 60

Anfechtung einer letztwilligen Verfügung auf Grund des § 2079 BGB.

IV. Zivilsenat. Urt. v. 6. Oktober 1904.

I. Landgericht Naumburg a. S. II. Oberlandesgericht daselbst.

Am 2. August 1872 errichteten die Eheleute L. ein wechselseitiges Testament. In demselben beriefen sie sich gegenseitig zu Alleinerben ihres Nachlasses. Nach dem Tode des Letztlebenden von ihnen sollten sich in ihren Nachlaß je zur Hälfte die im § 3 unter I und II bezeichneten Personen teilen. Die unter I genannten Personen waren Verwandte des Ehemannes, die unter II aufgeführten Personen Verwandte der Ehefrau. Im § 4 war zunächst angeordnet, daß nach dem Tode des zuerst Versterbenden der Ueberlebende verpflichtet sein solle, ein versiegeltes Privatverzeichnis dem Gerichte zu überreichen. Dann hieß es „Dies Privatverzeichnis soll der Ueberlebende aber nur in dem Falle eidlich zu erhärten verpflichtet sein, wenn er sich wieder verheiratet. In diesem Falle soll auch der Ueberlebende verpflichtet sein, ein Dritteil unseres durch das Privatverzeichnis nachgewiesenen Vermögens zugunsten der in diesem Testamente zu Erben eingesetzten Verwandten des Verstorbenen sicherzustellen." Im Jahre 1887 starb die Ehefrau. Ihr Ehemann trat die Erbschaft nach ihr aus dem Testamente vom 2. August 1872 an und schloß demnächst im Jahre 1891 eine zweite Ehe mit der Beklagten. Am 26. September 1902 starb er mit Hinterlassung der Beklagten. Letztere focht das Testament vom 2. August 1872 gemäß §§ 2079, 2080 BGB. vor dem Amtsgericht zu L. als Nachlaßgericht an, weil sie im Testamente nicht bedacht und erst nach der Testamentserrichtung durch die Eheschließung pflichtteilsberechtigt geworden sei. Die Kläger, welche die im § 3 II des Testaments als Erben zur Hälfte eingesetzten Verwandten der ersten Ehefrau des Erblassers L. waren, hielten die Anfechtung für unberechtigt, weil insbesondere nach § 4 des Testaments anzunehmen sei, daß der Erblasser auch bei Kenntnis der Sachlage dieselbe Verfügung getroffen haben würde. Die Kläger beantragten, die Beklagte zur Anerkennung zu verurteilen, daß die Erbschaft ihres am 26. September 1902 verstorbenen Ehemannes zur Hälfte auf die Kläger als Miterben in Gemäßheit des Testaments der L.'schen Eheleute vom 2. August 1872 übergegangen sei. Die Beklagte beantragte Klagabweisung; widerklagend verlangte sie in erster Linie Anerkennung ihres gesetzlichen Erbrechts, eventuell ihren Pflichtteil.

Das Berufungsgericht wies die Kläger mit ihren Anträgen ab. Zur Begründung seiner Entscheidung führte es aus: Für die erbrechtlichen Verhältnisse, insbesondere für die Frage der Voraussetzungen der Anfechtbarkeit kämen die Bestimmungen des Bürgerlichen Gesetzbuchs zur Anwendung. Der § 2079 desselben bestimme, daß eine letztwillige Verfügung angefochten werden könne, wenn der Erblasser einen zur Zeit des Erbfalles vorhandenen Pflichtteilsberechtigten übergangen habe, der erst nach der Errichtung pflichtteilsberechtigt geworden sei. Zu diesen Personen gehöre die Beklagte. Sie würde daher zur Anfechtung des Testaments berechtigt sein, falls nicht, wie die Kläger behaupten, der Satz 2 des § 2079 BGB. zutreffe, welcher die Anfechtung ausschließe, soweit anzunehmen sei, daß der Erblasser auch bei Kenntnis der Sachlage die Verfügung getroffen haben würde. Die Kläger seien für das Vorliegen der in Satz 2 bezeichneten Voraussetzung beweispflichtig. Dieser Beweis sei jedoch nicht geführt. Denn im § 4 des Testaments, auf welchen die Kläger sich berufen, hätten die Eheleute L. nur die M ö g l i c h k e i t einer Wiederverheiratung des überlebenden Ehegatten in Betracht gezogen und daran einzelne Bestimmungen geknüpft, welche die Sicherung der eingesetzten Verwandten der Ehefrau im Falle der Wiederverheiratung des Ehemannes bezweckten. Die Annahme einer bloßen M ö g l i c h k e i t dieser Art könne aber nicht genügen, um das Erfordernis einer „K e n n t n i s der Sachlage" zu erfüllen; denn darunter könne nicht eine Kenntnis im allgemeinen verstanden werden, sondern es müsse eine Kenntnis der bestimmten konkreten später eingetretenen Umstände vorliegen. Zu diesem Ergebnis führe die rechtliche Erwägung, daß das Bürgerliche Gesetzbuch das Anfechtungsrecht des übergangenen Pflichtteilsberechtigten nicht einfach aus dem Gesichtspunkte einer Verletzung des gesetzlichen Erbrechts, sondern aus dem eines Irrtums im Beweggrunde geregelt habe. Sei solches aber der Fall, so müsse vor allem Gewicht darauf gelegt werden, zu erforschen, w a s den Erblasser bewogen haben würde, mit Umgehung des Pflichtteilsberechtigten zu testieren; dann erst könne beurteilt werden, ob er sich in diesem Beweggrunde geirrt habe. Das sei aber nur möglich, wenn dem Erblasser die Person der späteren Pflichtteilsberechtigten, ihre Eigenschaften, ihre persönlichen Verhältnisse bekannt gewesen seien, da man sich nicht in etwas irren könne, was man gar nicht gekannt habe. Nur wenn der Ehemann L. die Ehe mit der Beklagten zur Zeit der Errichtung des Testaments schon ins Auge gefaßt und dann trotzdem so wie geschehen testiert hätte, könnte angenommen werden, daß die Voraussetzungen des Satzes 2 § 2079 BGB. vorlägen. Die Kläger seien hierfür beweisfällig. Sonach bleibe die Regel des Satzes 1 in Kraft, und sei die Beklagte zur Anfechtung mit der Wirkung der Nichtigkeit der letztwilligen Verfügung und des Eintrittes ihres gesetzlichen Erbrechts am Nachlasse ihres Ehemannes berechtigt.

Die Revision wurde für begründet erachtet aus folgenden

Gründen:

„Der § 2079 BGB. bestimmt:

„Eine letztwillige Verfügung kann angefochten werden, wenn der Erblasser einen zur Zeit des Erbfalls vorhandenen Pflichtteilsberechtigten übergangen hat, dessen Vorhandensein ihm bei der Errichtung der Verfügung nicht bekannt war, oder der erst nach der Errichtung geboren oder pflichtteilsberechtigt geworden ist. Die Anfechtung ist ausgeschlossen, soweit anzunehmen ist, daß der Erblasser auch bei Kenntnis der Sachlage die Verfügung getroffen haben würde."

Das Anfechtungsrecht ist für den Fall der Uebergehung eines Pflichtteilsberechtigten gegeben. Eine Uebergehung liegt vor, wenn der Erblasser den Pflichtteilsberechtigten in der letztwilligen Verfügung nicht bedacht hat, aber auch nicht von der Erbschaft ausschließen wollte. Geht die erkennbare Willensmeinung des Erblassers auf Ausschließung, so greift, sofern die sonstigen Voraussetzungen zutreffen, ein *Pflichtteilsanspruch*, nicht das *Anfechtungsrecht* Platz. Als Grund der Anfechtung im Falle der Uebergehung ergibt sich aus dem Wortinhalte der Bestimmung, auch abgesehen von ihrer Stellung im System und ihrer Anlehnung an § 2078, die Auffassung des Gesetzgebers, daß das Uebergehen eines Pflichtteilsberechtigten bei Vorliegen des in Satz 1 des § 2079 vorausgesetzten Tatbestandes regelmäßig auf einem in der Person des Erblassers gegebenen Willensmangel beruht. Ist, wie hier, der Pflichtteilsberechtigte erst nach der Errichtung der letztwilligen Verfügung pflichtteilsberechtigt geworden, so besteht der mutmaßliche Willensmangel darin, daß der Erblasser diesen später eingetretenen, für seine Entschließung wesentlich in Betracht kommenden Tatbestand bei seiner letztwilligen Verfügung außer acht gelassen hat. Entkräftet wird in diesem Falle die gesetzliche Vermutung durch den Nachweis, daß der Erblasser auch bei Kenntnis der Sachlage, das heißt: auch wenn er die künftige Gestaltung bei Errichtung der letztwilligen Verfügung gekannt hätte, doch ebendieselbe Verfügung getroffen haben würde. In der Beurteilung dieses subjektiven Moments geht das Berufungsgericht fehl, indem dasselbe von den Klägern den Beweis verlangt, daß der Erblasser bei der Errichtung des Testaments die konkreten Umstände des demnächst eingetretenen Ereignisses, die Person des künftigen Ehegatten, seine Eigenschaften, seine persönlichen Verhältnisse, tatsächlich gekannt und trotzdem wie geschehen testiert habe. Damit würde über den Inhalt des § 2079 hinaus in Wahrheit ein Gegenbeweis in dem Sinne verlangt, daß der Erblasser den Pflichtteilsberechtigten von der Erbschaft positiv hat ausschließen wollen. Die Beweispflicht geht jedoch nur dahin, daß der Erblasser, auch w e n n er bei Errichtung der letztwilligen Verfügung gewußt hätte, es werde später noch eine Person pflichtteilsberechtigt werden, dennoch, wie geschehen, den Pflichtteilsberechtigten nicht hätte bedenken wollen. Für die Feststellung dieser allein maßgebenden persönlichen Willensmeinung des Erblassers kommen alle erheblichen Umstände, seien es begleitende oder nachfolgende, in Betracht. Im übrigen lassen der Natur der Sache nach sich unbedingt geltende Regeln nicht aufstellen. Auf dieser Grundlage bleibt daher unter Heranziehung aller beigebrachten Tatumstände für das Berufungsgericht von neuem zu untersuchen, inwieweit der Erblasser auch bei Kenntnis der Sachlage seine Verfügungen getroffen hätte. Gelangt das Berufungsgericht bei der erneuten Verhandlung zu der Annahme, daß der Erblasser nicht dem Erbrecht e i n e r s p ä t e r e n E h e f r a u vorzugreifen beabsichtigte, und wäre somit der Anfechtungsfall gegeben, so folgt daraus noch keineswegs, daß er für diesen Fall d i e K l ä g e r überhaupt nicht habe bedenken wollen. Vielmehr wird dann die Prüfung der Frage erforderlich werden, ob die Anfechtung aus § 2079 notwendig die völlige Nichtigkeit der letztwilligen Verfügung nach sich zieht, oder ob von dieser Wirkung der Anfechtung nicht die übrigen Anordnungen unberührt bleiben, soweit in Ansehung ihrer dargetan wird, daß der Erblasser sie bei Kenntnis der Sachlage gleichwohl getroffen haben würde." . . .

RGZ. 65, 270

1. Ist ein von einem Ehegatten formgerecht erklärter Widerruf eines von den Eheleuten gemeinschaftlich errichteten korrespektiven Testaments wirksam, wenn der Widerruf erst nach dem Tode des Widerrufenden dem anderen Ehegatten zugeht?

2. . . .*)

BGB. §§ 2270, 2271, 2296, 130.

V. Z i v i l s e n a t. Urt. v. 9. März 1907.

I. Landgericht Hagen i. W. II. Oberlandesgericht Hamm.

Der Stellmacher Sp. übertrug durch Vertrag vom 2. Dezember 1896 sein Vermögen, darunter sein Haus Nr. 62, unter Vorbehalt der Verwaltung und des Nießbrauchs an seine Tochter. Am 28. April 1897 wurde die Tochter auf Grund erfolgter Auflassung als Eigentümerin, und zugleich das Nießbrauchs- und Verwaltungsrecht des Vaters auf das Grundstück eingetragen. Die Tochter heiratete nach dem 1. Januar 1900 den Beklagten, der in das Haus, wo auch der

*) Geringere Bedeutung.

Vater wohnen geblieben war, einzog. Am 4. März 1904 errichteten die Eheleute ein gemeinschaftliches Testament, in dem sie sich gegenseitig zu Erben einsetzten. Zu notariellem Protokoll vom 14. Juni 1904 widerrief die Ehefrau des Beklagten das Testament und beantragte, die Widerrufserklärung zweimal auszufertigen und beide Ausfertigungen einem Gerichtsvollzieher zu übersenden, den sie gleichzeitig beauftragte, die Schrift dem Beklagten zuzustellen. An demselben Tage errichtete sie vor dem Notar ein neues Testament, in dem sie ihren Vater zum alleinigen Erben einsetzte, dagegen ihren Ehemann, den Beklagten, auf den Pflichtteil setzte. Am 15. Juni 1904 starb sie. Die Ausfertigung des Widerrufs wurde am 16. Juni dem Beklagten durch den Gerichtsvollzieher zugestellt. Sp., der die Erbschaft seiner Tochter antrat, übertrug dann durch Vertrag vom 20. Juni 1904 sein gesamtes Vermögen unter Vorbehalt des Nießbrauchs und der Verwaltung an seinen Sohn, den Kläger, und ließ ihm am 12. Juli 1904 das Haus auf. Der Beklagte blieb auch nach dem Tode seiner Ehefrau im Hause wohnen und leistete der Aufforderung des Klägers, auszuziehen, keine Folge.

Der Kläger verlangte daher mit der Klage Verurteilung des Beklagten zur Räumung des Hauses. Der Beklagte beantragte Abweisung der Klage und widerklagend, den Kläger zu verurteilen, die Auflassungserklärung bezüglich des Hauses abzugeben. Er machte geltend, er sei auf Grund des gemeinschaftlichen Testaments vom 4. März 1904 Alleinerbe seiner Ehefrau und daher Eigentümer des Hauses geworden; das Testament und der Widerruf vom 14. Juni 1904 seien ungültig, weil ihm der Widerruf erst nach dem Tode der Ehefrau, als er bereits ihr Erbe geworden, zugestellt worden sei. Eventuell nahm er wegen notwendiger Auslagen und seines Pflichtteilsanspruchs ein Zurückbehaltungsrecht an dem Hause in Anspruch. Der erste Richter wies die Klage ab und verurteilte den Kläger nach dem Widerklagantrage. Der zweite Richter verurteilte den Beklagten nach dem Klagantrag und wies die Widerklage ab.

Auf die Revision des Beklagten wurde das Berufungsurteil wegen Nichtbeachtung der Zurückbehaltungseinrede aufgehoben und insoweit die Sache an die Vorinstanz zurückverwiesen; im übrigen wurde die Revision zurückgewiesen. Die Entscheidung ist ergangen aus folgenden

Gründen:

„Der Berufungsrichter nimmt an, es sei der von der Ehefrau des Beklagten zu notariellem Protokoll am 14. Juni 1904 erklärte und dem Beklagten am 16. Juni zugestellte Widerruf des gemeinschaftlichen Testamentes der Eheleute vom 4. März 1904 trotz des inzwischen am 15. Juni eingetretenen Todes der Ehefrau rechtswirksam. Die Revision sucht dem gegenüber auszuführen, daß ein Widerruf des einen Ehegatten nur dann gültig sei, wenn in dem Augenblicke des Zugehens an den anderen Ehegatten noch beide Eheleute am Leben seien. Es ist jedoch dem Berufungsrichter beizutreten. Gemäß § 2271 Abs. 2 BGB. erlischt, abgesehen von gewissen Ausnahmefällen, mit dem Tode eines der Ehegatten das Recht zum einseitigen Widerruf eines gemeinschaftlichen korrespektiven Testamentes im Sinne des § 2270 BGB. Dagegen ist nach § 2271 Abs. 1 BGB. bei Lebzeiten der Ehegatten ein einseitiger Widerruf zulässig, jedoch nicht durch Errichtung einer neuen Verfügung von Todes wegen, sondern nur nach Maßgabe der Vorschriften, die für den Rücktritt von einem Erbvertrage, soweit er nach den §§ 2293 bis 2295 BGB. statthaft ist, gemäß § 2296 BGB. gelten, also durch eine gerichtlich oder notariell beurkundete Erklärung gegenüber dem anderen Ehegatten. Diese, wie die gesamten Vorschriften über die gemeinschaftlichen Testamente, auf Beschlüsse der zweiten Kommission sich gründende Bestimmung beruht auf der Erwägung, daß es loyaler sei, die Aufhebung einer korrespektiven Verfügung mit Wissen des anderen Teils als hinter dessen Rücken zu bewirken, daß auch zwischen einem unter Vorbehalt des Rücktrittes abgeschlossenen Erbvertrage und einem gemeinschaftlichen korrespektiven Testament nicht ein solcher Unterschied bestehe, um für den Widerruf des letzteren eine abweichende Form vorzuschreiben (Prot. Bd. 5 S. 454), und daß für den Rücktritt von einem Erbvertrage jedenfalls, ebenso wie nach § 349 BGB. für den Rücktritt von einem obligatorischen Vertrage, eine Erklärung gegenüber dem anderen Teile zu erfordern sei.

Vgl. Motive zu § 1958 Entw. I Bd. 5 S. 342, 343; Küntzel in Gruchot's Beitr. Bd. 41 S. 605.

Danach unterliegt es keinem Bedenken, die in den §§ 130 flg. BGB. gegebenen Vorschriften hinsichtlich des Wirksamwerdens von Willenserklärungen, die gegenüber einem anderen abzugeben sind, ebensowohl auf den Rücktritt von einem Erbvertrage, wie auf den Widerruf eines gemeinschaftlichen korrespektiven Testaments zur Anwendung zu bringen.

Vgl. Strohal, Erbrecht Bd. 1 S. 332 Anm. 10; Frommhold, Erbrecht Anm. 2b zu § 2271 BGB.; Planck, Anm. II 2a; Staudinger, Anm. III A 1 zu § 2271 BGB.; Küntzel, a. a. O. S. 604.

Diese im allgemeinen Teile Abschn. III („Rechtsgeschäfte") enthaltenen Vorschriften betreffen rechtsgeschäftliche Willenserklärungen jeder Art und ohne Unterschied; sie gelten daher auch für Willenserklärungen auf dem Gebiete des Erbrechtes. Nach § 130 Abs. 2 aber ist es auf die Wirksamkeit der Willenserklärung ohne Einfluß, wenn der Erklärende nach der Abgabe stirbt. Daß die Anwendung dieser Bestimmung auf den genannten Widerruf ausgeschlossen wäre, dafür bietet sich im Gesetze kein Anhalt, noch folgt es aus der rechtlichen Natur des Widerrufs. Zwischen Abs. 1 Satz 1 des § 2271 GBG., der einen bestimmt formalisierten Widerruf zuläßt, und Abs. 2, der das Widerrufsrecht für erloschen erklärt, besteht der wesentliche Unterschied im Tatbestande darin, daß dort der andere Ehegatte, dem gegenüber widerrufen werden soll, noch am Leben, hier dagegen verstorben ist. Daß derjenige, der widerrufen will, noch lebt, ist in beiden Fällen selbstverständlich. Die Zulassung des Widerrufs in Abs. 1 Satz 1 „bei Lebzeiten der Ehegatten" hat also keine andere Bedeutung, als daß dem einen Ehegatten der Widerruf bis zum Tode des anderen Ehegatten, aber auch nur so lange gestattet sein soll. Beide Ehegatten sollen zu ihren Lebzeiten bei der Vollendung des Widerrufs mitwirken: der eine Ehegatte soll den Widerruf erklären, dem anderen soll er bei seinen Lebzeiten zugehen. Ist der letztere zwar nach Abgabe der Widerrufserklärung, aber bevor ihm diese zugegangen ist, verstorben, so kann der Widerruf nicht mehr wirksam werden. Insofern hat also der Tod dieses einen der beim Widerrufe Beteiligten auf das Wirksamwerden des Widerrufs Einfluß. Hinsichtlich der Wirkung von Ereignissen aber, die in der Person des Widerrufenden in der Zwischenzeit zwischen Abgabe der Widerrufserklärung und deren Zugehen an den anderen Teil eintreten, greift die Vorschrift des § 130 Abs. 2 BGB. ein: der Tod des Erklärenden in der Zwischenzeit soll, wenn die sonstigen Erfordernisse für die Wirksamkeit gegeben sind, wenn insbesondere die Erklärung dem anderen Teile zugegangen ist, der Wirksamkeit der Erklärung nicht entgegenstehen. Diese Vorschrift hat ihren gesetzgeberischen Grund darin, daß die Handlung, die der Erklärende von seiner Seite vorzunehmen hat, völlig beendigt ist, und daß die Erklärung an sich rechtlich besteht, wenn auch ihre Wirksamkeit noch vor dem Hinzutreten eines anderen Umstandes, nämlich des Zugehens an den anderen Teil, abhängt.

Vgl. Motive zu § 74 Entw. I Bd. 1 S. 159; Planck, Anm. 7 zu § 130 BGB.

Es ist hier also der allgemeine Grundsatz ausgesprochen, daß Willenserklärungen, die einem anderen gegenüber abzugeben und wegen bisher nicht erfolgter Zustellung an den anderen Teil noch nicht wirksam geworden sind, trotz des inzwischen eingetretenen Todes des Erklärenden noch wirksam werden können.

Der Anwendung dieses Grundsatzes auf den Widerruf eines gemeinschaftlichen korrespektiven Testamentes steht nicht entgegen daß im Augenblicke des Todes des Widerrufenden das Testament noch nicht wirksam widerrufen ist, mithin bis zu dem Zeitpunkte, wo der Widerruf dem anderen Teile demnächst zugeht, sich die Erbfolge nach jenem Testamente bestimmt. Solange noch die Möglichkeit gegeben ist, daß die über den Tod des Erklärenden an sich hinaus wirkende Widerrufserklärung durch Zugehen an den anderen Teil wirksam wird, besteht tatsächlich ein Schwebezustand. Wird der Widerruf wirksam, so ist das widerrufene Testament hinfällig geworden, und der Schwebezustand hat sich dahin gelöst, daß der im Testament eingesetzte Erbe in Wirklichkeit nicht Erbe ist, sofern ihm nicht ein anderer Berufungsgrund als das Testament zur Seite steht.

Zu erfordern ist allerdings, daß der demnächst verstorbene Erklärende alles getan hat, was von seiner Seite geschehen muß, damit die Erklärung dem anderen Teile zugeht. Im Entw. I § 74 war dies dadurch zum Ausdrucke gebracht, daß die Erklärung „behufs der Absendung" abgegeben sein sollte. Hieran ist durch die von der zweiten Kommission gewählte Fassung des Gesetzes sachlich nichts geändert (Prot. Bd. 1 S. 70); „nach der Abgabe" bedeutet, daß die Abgabe der Erklärung gegenüber dem anderen Teil von seiten des Erklärenden derart vollendet sein muß, daß durch ihn selbst behufs Zugehens der Erklärung an den anderen Teil nichts weiter zu geschehen braucht (Planck Anm. 7 zu § 130 BGB.). Würde im Falle des Widerrufs eines gemeinschaftlichen korrespektiven Testamentes der widerrufende Ehegatte den Widerruf zwar formgerecht erklärt, aber die Ausfertigung der Widerrufsverhandlung beispielsweise bei sich behalten und bis zu seinem Tode wegen Zusendung der Ausfertigung an den anderen Ehegatten nichts veranlaßt haben, so könnte der Widerruf nicht mehr wirksam werden, sei es auch, daß er auf diese oder jene Weise dem anderen Ehegatten noch zuginge. Im gegebenen Falle jedoch hat die Ehefrau des Beklagten in der notariellen Widerrufsverhandlung vom 14. Juni 1904 beantragt, die zu erteilenden beiden Ausfertigungen einem Gerichtsvollzieher zu übersenden, dem sie den Auftrag erteilt hat, die Schrift ihrem Ehemanne zuzustellen. Sie hat also alles getan, was von ihrer Seite zu geschehen hatte, damit der Widerruf ihrem Ehemanne zuging, und es ist auch durch den Gerichtsvollzieher am 16. Juni der Widerruf dem Beklagten zugestellt worden.

Danach ist trotz des inzwischen am 15. Juni eingetretenen Todes der Ehefrau der Widerruf wirksam, und damit das gemeinschaftliche Testament vom 4. März 1904 hinfällig geworden. Zugleich ist das von der Ehefrau am 14. Juni errichtete neue Testament, dessen Bestand davon abhing, daß der Widerruf des früheren Testamentes wirksam wurde, in Kraft getreten. Daß dieses Testament errichtet worden ist, bevor das durch eine neue letztwillige Verfügung einseitig nicht aufzuhebende gemeinschaftliche Testament beseitigt war, ist hinsichtlich seiner Wirksamkeit ohne Einfluß; denn das gemeinschaftliche Testament stand seiner Gültigkeit nur als ein äußeres Hindernis entgegen, und dies ist durch den später wirksam gewordenen Widerruf nachträglich behoben worden.

Vgl. Planck, Anm. II 2b Abs. 3 zu § 2271 BGB.; Jastrow, Formularbuch II S. 298 Anm. 7.

Demnach ist der Revisionsangriff unbegründet, der sich gegen die Annahme des Berufungsrichters richtet, daß das gemeinschaftliche Testament vom 4. März 1904 rechtswirksam widerrufen, und das zweite Testament der Ehefrau des Beklagten vom 14. Juni 1904 gültig sei. . . .

Begründet dagegen ist zum Teil der fernere Angriff der Revision gegen die Ausführungen, mit denen der Berufungsrichter die rechtlichen Voraussetzungen für das vom Beklagten geltend gemachte Zurückbehaltungsrecht verneint. . . .

RGZ. 66, 103

Kann der Erblasser den Testamentsvollstrecker ermächtigen, die letztwillige Verfügung maßgebend auszulegen?

BGB. § 2065.

IV. Zivilsenat. Urt. v. 29. April 1907.

I. Landgericht Hamburg. II. Oberlandesgericht daselbst.

Das Reichsgericht hat die Frage verneint.

Aus den Gründen:

. . . „Die Revisionskläger bestreiten sowohl die Richtigkeit als auch die Maßgeblichkeit dieser richterlichen Testamentsauslegung . . .

Für unmaßgeblich aber halten die Revisionskläger die richterliche Testamentsauslegung aus dem Grunde, weil sie selbst als Testamentsvollstrecker die Vermächtnisanordnung entgegengesetzt auszulegen sich veranlaßt fänden. Sie verweisen in dieser Beziehung, wie in den Vorinstanzen, darauf, daß im § 3 Abs. 3 des Testaments ihnen die Befugnis beigelegt worden ist: „in allen Fällen, in denen der Wortlaut oder der Sinn der letztwilligen Bestimmungen etwa unklar oder zweifelhaft sein möchte", das Testament „authentisch zu interpretieren". Beide Vorinstanzen haben es für zweifelhaft erklärt, ob nach dem im Streitfall maßgebenden Recht des Bürgerlichen Gesetzbuchs eine derartige letztwillige Anordnung überhaupt für rechtswirksam gehalten werden kann. Sie haben indessen den Einwand der Beklagten verworfen, weil einmal das Testament in dem streitigen Punkte überhaupt nicht unklar sei, weil ferner der eine der drei Testamentsvollstrecker, nämlich A. L., wegen Befangenheit als Schiedsrichter abgelehnt werden könnte, und weil endlich die in einem Schreiben der Testamentsvollstrecker vom 19. April 1905 enthaltene Auslegung dem Klaganspruch nicht entgegenstehe. In diesem Schreiben haben die Testamentsvollstrecker unter Berufung auf die ihnen beigelegte Interpretationsbefugnis die Erklärung abgegeben, sie stellten fest, daß Frau H. (die Erblasserin) im § 1 des Testaments keine Verfügung getroffen habe, wonach ein Teil der aus dem S.'schen Nachlasse gezahlten Summen als ein Legat an Frau W. (Klägerin) zur Auszahlung zu gelangen hätte.

Nun wird allerdings der Einwand des Beklagten durch keinen dieser drei Gründe beseitigt. Unterstellt man nämlich die rechtliche Wirksamkeit einer Anordnung, durch die, wenn der Sinn einer letztwilligen Verfügung zweifelhaft ist, der Richter an die von einem oder von mehreren Testamentsvollstreckern für richtig erklärte Auslegung gebunden sein soll, so haben derartige Zweifel auch hier bestanden. Der Berufungsrichter hat sie durch formell und sachlich unanfechtbare Erwägungen beseitigt. Mit der Annahme dagegen, daß sie von vornherein nicht vorhanden gewesen seien, sind seine Darlegungen unvereinbar.

Auch die Gesetzesvorschriften über Ablehnung von Schiedsrichtern greifen nicht durch. Es ist nicht der ordentliche Richter, an dessen Stelle die Testamentsvollstrecker eintreten sollten, um über Rechtsstreitigkeiten der Erbbeteiligten untereinander zu entscheiden, sondern vermöge der Aufgabe, das Testament mit Verbindlichkeit für die Beteiligten auszulegen und damit zugleich dem Richter die Testamentsauslegung vorzuschreiben, hat die Erblasserin sie an ihre eigene Stelle setzen wollen. Wäre das grundsätzlich zulässig, so würde hinterher aus Gründen, die in der Person der Testamentsvollstrecker entstehen, eine letztwillige Verordnung solchen Inhalts nur dann hinfällig werden, wenn sich feststellen ließe, daß sie unter den Voraussetzungen des eingetretenen Falles nach dem Willen der Erblasserin nicht mehr als fortbestehend zu gelten hätte. Ueberdies haben die Testamentsvollstrecker einen Schiedsspruch weder dem Inhalt noch auch der Form nach erlassen. Auf die Frage, inwieweit ein Testamentsvollstrecker überhaupt letztwillig zum Schiedsrichter bestellt werden kann, kommt es gegenwärtig nicht an.

Endlich versagt auch der aus der schriftlichen Kundgebung vom 19. April 1905 hergenommene Entscheidungsgrund, weil bei unterstellter Rechtswirksamkeit der Ermächtigung die Testamentsvollstrecker nicht behindert waren, der früheren Auslegung eine Ergänzung hinzuzufügen, und weil nicht abzusehen ist, weshalb sie die für die richterliche Entscheidung maßgebende Erklärung dem Richter gegenüber nicht unmittelbar sollten abgeben dürfen, zumal wenn sie sich dabei, wie geschehen, auf ihre Auslegungsbefugnis beriefen.

Allein im Ergebnisse mußte dem Berufungsrichter gleichwohl beigetreten werden, und zwar aus dem Grunde, weil eine Vertretung des Erblassers im Willen rechtsgrundsätzlich ausgeschlossen ist. Um eine solche Vertretung im Willen handelt es sich, wenn der Erblasser einen anderen ermächtigt, sein Testament authentisch zu interpretieren, also an seiner Stelle und mit der Wirkung, wie wenn er hinterher in eigener Person deswegen verfügt hätte, Bestimmung darüber zu treffen, in welcher Bedeutung der erklärte letzte Wille Geltung haben soll. Zwar versagt § 2065 Abs. 1 BGB. dem Erblasser wörtlich genommen nur die Fähigkeit, eine letztwillige Verfügung in der Weise zu treffen, daß ein anderer zu bestimmen hat, ob sie gelten soll oder nicht gelten soll. Allein die Ermächtigung, der Verfügung ihre maßgebende Bedeutung beizulegen, unterscheidet sich in der hier wesentlichen Beziehung um nichts von der einem anderen übertragenen Bestimmung über ihre völlige Aufrechterhaltung oder Beseitigung. Sie entfernt sich sogar, wenn man die Möglichkeit berücksichtigt, daß auf solche Weise an die Stelle des vom Erblasser wirklich Gewollten etwas anderes gesetzt werden könnte, nach der positiven Seite hin von dem Grundsatze der Selbständigkeit des letzten Willens noch weiter, als dies im § 2065 Abs. 1 zum Ausdruck kommt. Mag immerhin mit der Aufgabe, das Testament maßgeblich „auszulegen", das Verlangen ausgedrückt sein, den wahren Willen des Erblassers festzustellen, so wird doch selbst durch das redliche Vornehmen des anderen, den Absichten des Erblassers gerecht zu werden, die Gefahr der Abweichung von dem wahren Willen nicht ausgeschlossen. Sie besteht überdies in um so größerem Maße, je weniger deutlich der Erblasser sich selbst erklärt hat. Die Unterscheidung zwischen Fällen der Unklarheit des letzten Willens, in denen die Berufung eines anderen zur authentischen Auslegung wirksam, und Fällen der Klarheit, in denen sie unwirksam sein soll, leidet noch dazu an einer Unzulänglichkeit des Unterscheidungsmerkmals.

Der erkennende Richter kann somit eine letztwillige Verfügung immer nur in der Bedeutung gelten lassen, von der er unter eigener freier Sachprüfung festzustellen vermag, daß sie dem wahren Willen des Erblassers tatsächlich entspricht. Das hindert ihn jedoch in keiner Weise, der Meinung eines von dem Erblasser selbst für die Zwecke der Auslegung bezeichneten Vertrauensmannes, sofern er in dessen Vertrautheit mit den Absichten des Erblassers und in seine persönliche Zuverlässigkeit keinen Zweifel setzt, einen erheblichen Wert beizumessen. So insbesondere, wenn es der ernannte Testamentsvollstrecker ist, auf den in dieser Weise hingewiesen wird. Zwingend ist jedoch die ihm unterbreitete Testamentsauslegung für den Richter in keinem Falle, auch nicht bis zu dem früher durch § 561 ALR. I. 12 vorgesehenen Maße, daß er im Zweifel der Meinung des Testamentsvollstreckers vor anderen Meinungen den Vorzug zu geben hätte. Gegen die Wirksamkeit einer Ermächtigung des Testamentsvollstreckers zur authentischen Auslegung spricht überdies der Umstand, daß bei den Vorarbeiten für das Bürgerliche Gesetzbuch in beiden Lesungen des Entwurfs es abgelehnt wurde, eine Erweiterung der Befugnisse des Testamentsvollstreckers über den im Gesetze bestimmten Machtkreis hinaus zuzulassen (vgl. Motive zu § 1905 des I. Entwurfs Bd. 5 S. 241, Protokolle der II. Lesung Bd. 5 S. 308 flg. unter III). Zugunsten ihrer Wirksamkeit läßt sich andererseits weder, wie das von einzelnen Schriftstellern geschieht, auf die Möglichkeit hinweisen, den Testamentsvollstrecker letztwillig zum Schiedsrichter zu bestellen, noch auch sprechen dafür die besonderen Gesetzesvorschriften der §§ 2048, 2151, 2153 bis 2156, 2192, 2193 BGB. Der Wesensunterschied zwischen einem Schiedsspruche und einer authentischen Auslegung wurde vorhin bereits gekennzeichnet. In jenen besonderen Fällen aber handelt es sich nicht um die Feststellung der Bedeutung einer vom Erblasser beabsichtigten, aber nicht mit voller Deutlichkeit erklärten letztwilligen Verordnung, sondern um eine Regelung offen gebliebener Fragen, über die der Erblasser eine eigene Bestimmung mit Absicht n i c h t getroffen hat. Soweit man darin eine Abweichung von dem Grundsatze der Selbständigkeit des letzten Willens zu erblicken hat, läßt sich diese weder verallgemeinern noch prinzipwidrig auf andere Fälle ausdehnen." . . .

RGZ. 67, 65

Unterliegt die Errichtung gemeinschaftlicher Erbverträge der für gemeinschaftliche Testamente geltenden Beschränkung? Ist insbesondere ein Erbvertrag ungültig, in dem mehrere Erblasser zusammen einen Dritten als Erben eingesetzt haben?

BGB. §§ 2265*), 2278, 2279.

V. Z i v i l s e n a t. Urt. v. 9. November 1907.

I. Landgericht Halberstadt. II. Oberlandesgericht Naumburg a. S.

Zwischen der Mutter des Beklagten, Witwe W., und ihrem bei ihr wohnenden Schwiegersohne Z. einerseits und der Klägerin andererseits wurde am 14. April 1904 ein notarieller Vertrag geschlossen, inhalts dessen die Klägerin die lebenslängliche Verpflegung der

*) Jetzt § 28 d. TestGes. v. 31. 7. 38.

Witwe W. und des Z. übernahm und als Entgelt hierfür von diesen beiden Personen als Alleinerbin eingesetzt wurde unter der gleichzeitigen Auflage, an den Beklagten verschiedene Gegenstände herauszugeben und unter bestimmten Voraussetzungen 1000 M. zu zahlen. Auf Grund dieses Vertrages klagte die Klägerin nach dem Tode der Witwe W., nachdem Beklagter gemäß eines ihn als gesetzlichen Alleinerben legitimierenden Erbscheins sich als Eigentümer der zum W.'schen Nachlaß gehörenden Grundstücke hatte eintragen lassen, und gegen die Richtigkeit dieser Eintragung ein Widerspruch im Grundbuch vermerkt worden war, gegen den Beklagten auf Einwilligung, daß sie, die Klägerin, als Eigentümerin der bezeichneten Grundstücke eingetragen werde. Beklagter erhob Widerklage und verlangte, abgesehen von anderen Anträgen, Verurteilung der Klägerin zur Einwilligung in die Löschung des Widerspruchs. Beide Vorinstanzen erkannten in den hier in Betracht kommenden Beziehungen zugunsten der Klägerin. Auch die Revision des Beklagten wurde insoweit zurückgewiesen.

Aus den Gründen:

. . . „Einen Einwand gegen die Gültigkeit des Vertrages vom 14. April 1904 sucht die Revision auch daraus herzuleiten, daß der Vertrag zwei Erbverträge verschiedener Erblasser mit einem Dritten enthalte, die nicht bloß äußerlich in einer Urkunde miteinander verbunden sind, sondern auch nach ihrem Inhalte derart zusammenhängen, daß sie ein einheitliches Ganzes bilden. Nach der Meinung der Revision soll eine solche innere Verbindung mehrerer Erbverträge, von dem Ausnahmefalle des gegenseitigen Erbvertrages zwischen Ehegatten abgesehen, sowohl wegen der dadurch geschaffenen Möglichkeit von Komplikationen als auch deshalb unstatthaft sein, weil sie gegen das Prinzip des § 2265 BGB. verstoße. Dem kann nicht beigetreten werden. Das Bürgerliche Gesetzbuch hat zwar die Rechtsmaterie des Erbvertrages sachlich im durchgängigen Anschluß an die für das Testament gegebenen Vorschriften geregelt, auch in einzelnen Beziehungen formell die letzteren Vorschriften für entsprechend anwendbar auf Erbverträge erklärt (§§ 2276 Abs. 1, 2279 Abs. 1, 2300); aber eine die grundsätzliche Gleichstellung beider Verfügungsformen aussprechende allgemeine Vorschrift, etwa dahin, daß die Erbverträge den Vorschriften über Testamente insoweit unterliegen sollen, als nicht ein anderes bestimmt ist, findet sich nirgends. In Frage könnte also nur kommen, ob aus § 2279 Abs. 1, wonach auf vertragsmäßige Zuwendungen und Auflagen die für letztwillige Zuwendungen und Auflagen geltenden Vorschriften entsprechende Anwendung finden sollen, eine Uebertragung der ein gemeinschaftliches Testament nur zwischen

Ehegatten zulassenden Vorschrift des § 2265 auf das Gebiet der Erbverträge hergeleitet werden darf. Auch dies ist indessen zu verneinen. Der angeführte § 2279 bezieht sich auf diejenigen testamentsrechtlichen Vorschriften, die den zulässigen Inhalt einer letztwilligen Verfügung sowie ihre notwendige Bestimmtheit und ihre Auslegung regeln (§§ 2064—2076, 2087—2093, 2096 bis 2098, 2100—2107, 2147—2156, 2189—2193), desgleichen auf die Vorschriften, nach denen sich der Anfall und Erwerb des Zugewendeten und die Verpflichtung der beschwerten Person zur Erfüllung der ihr gemachten Auflage bestimmen (§§ 1937—1959, 2094, 2095, 2176 bis 2180. Daß es aber nicht in der Absicht des Gesetzgebers gelegen hat, durch jene Verweisung auch die Zulässigkeit gegenseitiger Zuwendungen in einer dem § 2265 entsprechenden Weise zu beschränken, ergibt sich klar aus § 2298, wo ohne jede Andeutung einer solchen Beschränkung ganz allgemein für gegenseitige Erbverträge der Fall geregelt wird, daß die vertragsmäßige Verfügung des einen Erblassers wegfällt. Danach hat der Gesetzgeber die von der Revision betonte Gefahr der Entstehung komplizierter Rechtsverhältnisse keineswegs unberücksichtigt gelassen; er hat sie jedoch nicht für schwerwiegend genug erachtet, um daraus einen Anlaß zum Verbot der Errichtung gegenseitiger Erbverträge zwischen Nicht-Ehegatten zu entnehmen. Sind aber gemeinschaftliche Erbverträge, in denen gegenseitige Erbeseinsetzungen vorkommen, unbeschränkt statthaft, so ist nicht erfindlich, weshalb eine abweichende Beurteilung gegenüber solchen gemeinschaftlichen Erbverträgen eintreten soll, in denen die beiden Erblasser sich nicht gegenseitig, sondern zusammen einen Dritten als Erben eingesetzt haben." . . .

RGZ. 70, 391

Kann die Erbeseinsetzung der gesetzlichen Erben wegen Irrtums über den Kreis der zur gesetzlichen Erbfolge berufenen Personen teilweise angefochten werden? Unterschied der Anfechtung wegen Irrtums von der Ermittelung des Willens durch Auslegung und von unrichtiger Bezeichnung.

BGB. §§ 2078, 2066, 119, 133.

IV. Zivilsenat. Urt. v. 11. März 1909.

I. Landgericht Naumburg a. S. II. Oberlandesgericht daselbst.

Die am 7. Januar 1907 zu B. verstorbene Ehefrau Z. hatte in ihrem am 5. Januar 1907 zu Protokoll des Gemeindevorstehers errichteten Testamente bestimmt, daß nach dem Tode ihres Mannes, dem der lebenslängliche Nießbrauch am Nachlasse vermacht wurde, die gesetzliche Erbfolge in Kraft treten solle. Bei Aufnahme der letztwilligen Verfügung erklärte nach der Behauptung der Kläger die Erblasserin dem Gemeindevorsteher, daß ausschließlich die Nachkommen ihrer vollbürtigen Geschwister — das sind die Kläger —, nicht die Nachkommen ihrer halbbürtigen Geschwister, zu denen die Beklagten gehören, ihre Erben sein sollten, und der Gemeindevorsteher brachte dies von der der Erblasserin kundgegebenen Auffassung aus, daß bei der gesetzlichen Erbfolge die vollbürtigen Geschwister vor den halbbürtigen als Erben berufen seien, dahin zum Ausdruck, daß die gesetzliche Erbfolge eintreten solle. Die Kläger klagten deshalb, indem sie zugleich das Testament, soweit Beklagte als miteingesetzte Erben anzusehen seien, aus § 2078 BGB. anfochten, auf Feststellung dahin, daß den Beklagten an dem Nachlasse der Ehefrau Z. ein Erbrecht nicht zustehe, vielmehr die Kläger allein die Testamentserben seien.

In erster Instanz wurde die Klage abgewiesen. Der zweite Richter wies die Berufung zurück. Auf die Revision wurde das Urteil aufgehoben aus folgenden

Gründen:

. . . „Was die Sache selbst betrifft, so gründet sich das Verlangen der Kläger, daß ihr alleiniges Erbrecht festgestellt werde, darauf, daß die Erblasserin dem das Testament aufnehmenden Gemeindevorsteher ausdrücklich ihren Willen dahin erklärt habe, es sollten die Nachkommen ihrer vollbürtigen Geschwister, nicht die Nachkommen der halbbürtigen Geschwister ihre Erben sein. Ist diese Behauptung der Kläger richtig, so liegt zweifellos eine Nichtübereinstimmung zwischen dem wirklichen Willen und dem im Testament beurkundeten Willen der Erblasserin vor. Denn in das Testament ist die Bestimmung aufgenommen, daß die gesetzliche Erbfolge eintreten soll, und nach den Regeln der gesetzlichen Erbfolge (§ 1925) sind neben den vollbürtigen Geschwistern und deren Abkömmlingen auch die halbbürtigen Geschwister und deren Abkömmlinge — die allerdings, weil nur durch einen Elternteil mit dem Erblasser verwandt, nur die Hälfte des den vollbürtigen Geschwistern gebührenden Erbteils erhalten können — als gesetzliche Erben berufen. Ist es richtig, was die Kläger ebenfalls unter Antritt von Beweis behaupten, daß die Erblasserin dieser Testamentsbestimmung nur deshalb zugestimmt hat, weil der Gemeindevorsteher ihr versicherte, daß die vollbürtigen Geschwister vor den halbbürtigen zur gesetzlichen Erbfolge gelangten, so kann nicht mit dem Berufungsgericht angenommen werden, es fehle an einer genügenden Darlegung, daß die Erblasserin nicht schließlich die Personen, welche es auch seien, habe bedenken wollen, die nach den Regeln der gesetzlichen Erbfolge als Erben berufen seien. Die Entscheidung des Rechtsstreites hängt vielmehr lediglich davon ab, ob und in welcher Weise der bei Aufnahme des Testamentes von der Erblasserin dem Gemeindevorsteher erklärte Wille trotz der anders lautenden Testamentsbestimmung zur Geltung gebracht werden kann.

Die Revision versucht dies auf dem Wege der Auslegung. Sie verweist auf die Vorschrift des § 133 BGB., wonach der wirkliche Wille zu erforschen und nicht an dem buchstäblichen Sinne des Ausdrucks zu haften ist, und meint, daß dieser Grundsatz, uneingeschränkt durch die für Verträge gegebene Vorschrift des § 157 BGB., für letztwillige Verfügungen in vollem Umfange zur Anwendung zu kommen habe. Allein der Grundsatz des § 133 kann nicht dazu führen, daß derjenige Wille als maßgebend auzusehen ist, welchen der die letztwillige Verfügung Errichtende erklärt haben würde, wenn sein Wille nicht von Irrtum beeinflußt gewesen wäre. Wenn dies gälte, so würde es der Bestimmungen über Anfechtung letztwilliger Verfügungen wegen Irrtums (§§ 2078 flg. BGB.) überhaupt nicht bedürfen. Sieht man im vorliegenden Falle davon ab, daß die Erblasserin nach Darstellung der Kläger sich in einem Irrtume über die Bedeutung des von dem Gemeindevorsteher gewählten Ausdrucks befand, so ging ihr Wille dahin, die Personen als Erben ihres Nachlasses einzusetzen, die als gesetzliche Erben berufen waren. Wer diese Personen sind, ist in §§ 1924 flg. BGB. in zweifelsfreier Weise bestimmt. Die Willenserklärung der Erblasserin ist somit eine vollständig klare, die eine verschiedenartige Deutung nicht zuläßt, und die Auslegung kann nicht dazu benutzt werden, um an die Stelle des vorhandenen und erklärten Willens einen anderen Willen unterzuschieben.

Eher ließe sich die ebenfalls von der Revision verfochtene Auffassung rechtfertigen, es handle sich bei der Einsetzung der gesetzlichen Erben nur um eine falsche Bezeichnung (falsa demonstratio), die unschädlich sei und nicht nach den für den Irrtum geltenden Regeln angefochten zu werden brauche. Eine solche falsche Bezeichnung liegt bei Verträgen vor, wenn die Parteien über den Vertragsgegenstand e i n i g sind und dem von ihnen klar vorgestellten Gegenstande eine unzutreffende Bezeichnung beilegen, so daß hieraus auf das Vorhandensein eines anderen Willens geschlossen werden könnte (vgl. Entsch. des RG.'s in Zivils. Bd. 60 S. 339, Urteil des Reichsgerichts vom 22. Juni 1907, Rep. V. 591/06, und Jurist. Wochenschr. 1909 S. 47 Nr. 8). Auch bei einseitigen letztwilligen Verfügungen kann eine falsche Bezeichnung insofern vorkommen, als der Erblasser eine Bezeichnung anwendet, unter der er einen bestimmten Gegenstand oder eine bestimmte Person versteht, während andere Personen, welche diese eigenartige Bezeichnungsweise nicht kennen, hierunter etwas anderes verstehen. Eine unrichtige Vorstellung liegt dieser Bezeichnung durch den Erblasser, welcher darauf vertraut, daß der Sinn seiner Bezeichnung von anderen nicht verkannt werde, nicht zugrunde.

Anders verhält es sich im vorliegenden Falle, wenn schon zuzugeben ist, daß er auf dem Grenzgebiete liegt. Der Erblasser, der darauf verzichtet, die als Erben einzusetzenden Personen einzeln namhaft zu machen und statt dessen, was zulässig ist (§ 2066 BGB.), die gesetzlichen Erben bedenkt, kann darüber nicht in Zweifel sein, daß es nicht auf seine Meinung, welche Personen die gesetzlichen Erben sind, ankommt, sondern die Bestimmung des Gesetzes hierüber entscheidet. Der von dem Gesetze getroffenen Bestimmung hat er aus freiem Willen sich unterworfen. Hat er über den Inhalt dieser Bestimmung eine falsche Vorstellung gehabt, so kann er von seiner Willenserklärung nur dadurch frei kommen, daß er sie wegen Irrtums anficht.

Diese Anfechtung wegen Irrtums ist im Streitfalle nach § 2078 BGB. unbedenklich zulässig, da die Erblasserin, wenn die Behauptungen der Kläger richtig sind, in einem Irrtume über den Inhalt ihrer Erklärung, nämlich über die Bedeutung des von dem Gemeindevorsteher bei Aufnahme des Testaments gebrauchten Ausdruckes, sich befand. Es ist dies der Fall des sog. Verlautbarungsirrtums (vgl. v. Staudinger zu § 119 BGB. Bem. II 2). Um einen ähnlichen Irrtum handelt es sich, wenn der Erklärende über den Sinn der in einer fremden Sprache von ihm abgegebenen Willenserklärung in einer falschen Vorstellung befangen ist. Die Anfechtung, die nach Behauptung der Kläger rechtzeitig innerhalb der in § 2082 BGB. vorgeschriebenen Jahresfrist erfolgt ist, kann auch zu dem nach dem Klagantrage erstrebten Ziele führen.

Die im Urteile erster Instanz ausgesprochene Ansicht, eine Anfechtung mit der Wirkung, daß nur die Ungültigkeit der Erbeinsetzung der Beklagten, nicht zugleich die der Erbeinsetzung der Kläger eintrete, sei rechtlich nicht möglich, kann nicht als richtig anerkannt werden. Anfechtbar ist nach § 2078 nicht das Testament als solches, sondern die einzelnen in dem Testament enthaltenen letztwilligen Verfügungen. Und zwar kann die einzelne Verfügung auch teilweise angefochten werden, nämlich, wie § 2078 ausdrücklich bestimmt, insoweit, als der Erblasser über den Inhalt der Erklärung im Irrtume war. Es unterliegt deshalb keinem Bedenken, daß eine letztwillige Verfügung, durch welche sowohl die Kläger als die Beklagten als gesetzliche Erben eingesetzt sind, insoweit angefochten werden kann, als sie die Erbeinsetzung der Beklagten betrifft, so daß trotz der Anfechtung die Erbeinsetzung der Kläger bestehen bleibt. Es ist dies noch unbedenklicher von der Auffassung aus, daß unter der Erbeinsetzung mehrerer Personen, insbesondere der gesetzlichen Erben — womit die Anordnung des Eintrittes der gesetzlichen Erbfolge gleichbedeutend ist —, soviel Erbeinsetzungen begriffen sind, als Erben vorhanden sind. Aber auch wenn man hierin nur eine einheitliche, die mehreren Erben in einer Gesamtbezeichnung zusammenfassende Verfügung sieht, ist es rechtlich nicht ausgeschlossen, daß die Verfügung insoweit, als die Gesamtbezeichnung über den Willen des Erblassers hinausgeht, wegen Irrtums angefochten wird, während im übrigen der Inhalt der Verfügung, soweit er mit dem Willen des Erblassers sich deckt, aufrecht erhalten bleibt.

Den Berufungsrichter trifft der Vorwurf, daß er die auf die Anfechtung wegen Irrtums bezüglichen Anführungen, obschon sie nach dem Gesagten erheblich sind, unberücksichtigt gelassen und demgemäß den von den Klägern angetretenen Beweis nicht erhoben hat. Wegen dieser materiellrechtlich unrichtigen Beurteilung muß das Berufungsurteil aufgehoben werden." . . .

RGZ. 77, 5

Ist der Anspruch aus § 2287 BGB. auf Herausgabe der böslichen Schenkung ein Bestandteil des Nachlasses? Ist der Testamentsvollstrecker zur Geltendmachung dieses Anspruchs berechtigt?

BGB. §§ 2287, 2269, 2271, 2205.

IV. Zivilsenat. Urt. v. 19. Juni 1911.

I. Landgericht Königsberg. II. Oberlandesgericht daselbst.

Die Eheleute Julius und Helene Sch. in K. haben am 18. Dezember 1900 ein gemeinschaftliches Testament errichtet, dessen wesentlichste Bestimmungen folgende sind: der überlebende Ehegatte soll freies Verfügungsrecht über das gemeinschaftliche Vermögen haben; nach seinem Ableben soll die einzige Tochter der Verfügenden, die Beklagte, den lebenslänglichen Zinsengenuß am Vermögen haben; die Verwaltung soll von einem Testamentsvollstrecker, dem Kläger, geführt werden; nach dem Ableben der Tochter, von der Abkömmlinge nicht zu erwarten seien, soll das Vermögen an näher bezeichnete Verwandte fallen. Julius Sch. ist am 4. Mai 1904 gestorben; die Witwe hat das ihr im Testament Zugewendete angenommen. Sie hat nach dem Tode des Mannes eine Hypothek von 12000 M. an die Beklagte unentgeltlich abgetreten. Am 29. Juli 1909 ist die Witwe Sch. gestorben. Der Kläger hat sein

Amt als Testamentsvollstrecker angetreten. Er hat mit der Klage unter der Behauptung, daß die Abtretung der Hypothek gegen § 2287 BGB. verstoße, von der Beklagten die Rückgewähr der Hypothek und die Herausgabe des Hypothekenbriefes verlangt. Das Landgericht wies die Klage ab; das Oberlandesgericht hat ihr stattgegeben. Auf die Revision der Beklagten wurde das Urteil des Oberlandesgerichts aufgehoben und das klagabweisende Urteil der ersten Instanz wiederhergestellt aus folgenden

Gründen:

„Das Berufungsgericht hat, entsprechend der Auslegungsvorschrift des § 2269 BGB. und dem konkreten Inhalte des Testaments, angenommen, daß die Eheleute Sch. sich gegenseitig als Erben eingesetzt haben und daß die weiter bedachten Personen für den gesamten Nachlaß als Erben des zuletzt versterbenden Eheteils berufen seien. Das ist rechtlich bedenkenfrei. Danach ist die überlebende Witwe nicht Vorerbin geworden, und hat ihr gegenüber die Verfügungsbeschränkung aus § 2113 Abs. 2 BGB. nicht zur Anwendung zu kommen. Indessen ist der Ueberlebende auch bei der durch § 2269 *ihm verliehenen rechtlichen* Stellung in der unentgeltlichen Verfügung nicht unbeschränkt; denn § 2287 BGB., der sich zunächst auf Erbverträge bezieht, findet auch auf korrespektive Testamente Anwendung, bezüglich deren durch Annahme des Zugewendeten das Widerrufsrecht erloschen ist (Entsch. des RG.'s in Zivils. Bd. 58 S. 64 flg.).

Es steht aber in Frage, ob der Testamentsvollstrecker den Anspruch aus § 2287 BGB. geltend machen darf. Die Revision führt aus, daß er hierzu nicht aktiv legitimiert sei. Dem ist beizutreten. Dem Testamentsvollstrecker untersteht die Verwaltung des Nachlasses; dazu gehört aber der Anspruch aus § 2287 auf Herausgabe des Geschenks nicht. Grundsätzlich hat sowohl im Falle des Erbvertrags nach § 2286 BGB. als auch bei Zugrundelegung des § 2269 BGB. der Ueberlebende das Recht, über das ererbte Vermögen durch Rechtsgeschäft unter Lebenden frei zu verfügen. Mit einer solchen Verfügung scheidet das betreffende Vermögensstück mit dinglicher Wirkung aus dem Vermögen des die Verfügung treffenden Erblassers aus. Erst beim Eintritte des Erbfalls erwächst ein persönlicher Anspruch auf Rückgewähr nach Maßgabe der Vorschriften über die Herausgabe einer ungerechtfertigten Bereicherung. Dieser schuldrechtliche Anspruch kann als Nachlaßbestandteil nicht gelten. Wäre dieses Recht als ein im Nachlaß liegender Vermögensteil anzusehen, so würde man davon auszugehen haben, daß der Erblasser das Recht hätte, aus seiner eigenen Person eine Schenkung mit der Begründung zurückzufordern, er habe absichtlich den von ihm eingesetzten Vertragserben beeinträchtigt. Eine solche Begründung des Anspruchs erscheint von vornherein ausgeschlossen. Vielmehr ist der Anspruch aus § 2287 nur dem Vertragserben in seiner Person als ein individueller, selbständiger, und nicht aus der Person des Erblassers abgeleiteter Anspruch erwachsen.

Dem entspricht auch der Wortlaut des § 2287, wonach dem Vertragserben, und nur ihm, der hier bezeichnete Anspruch zusteht. Faßt man den Fall ins Auge, daß der Vertragserbe nur zu einem Bruchteil der Erbschaft, etwa neben gesetzlichen Erben, berufen ist, so entsteht der Anspruch überhaupt nur in der Person eines der mehreren Erben, und zwar nur in Höhe eines entsprechenden Teiles des geschenkten Gegenstandes. Es besteht also bei einer Mehrheit von Erben die Möglichkeit, daß der Anspruch einzelnen Erben gar nicht, anderen in verschiedener Höhe zusteht. In der Kommission für die 2. Lesung des Bürgerlichen Gesetzbuchs war sogar geplant, in solchem Falle dem Vertragserben ausdrücklich einen Ersatzanspruch gegen seine Miterben vor dem Rückforderungsanspruch gegen den Beschenkten zuzuerkennen; und bei Ablehnung dieser Bestimmung wurde anerkannt, daß die Frage offen bleibe, ob nicht dem Vertragserben der Ersatzanspruch gegen seine Miterben zustehe (vgl. Prot. der Kommission für die 2. Lesung Bd. 6 S. 351, und die Erörterungen hierüber bei Planck, Bem. 7 zu § 2287). Ein solcher nur einzelnen Erben zustehender, möglicherweise sogar gegen die Miterben gerichteter Anspruch könnte aber nicht Bestandteil des Nachlasses sein, welcher doch den Vorschriften über die Erbengemeinschaft, §§ 2032, 2039 BGB., unterstellt ist.

Noch eine weitere Erwägung spricht gegen die Zugehörigkeit des Anspruchs zum Nachlaß und gegen die dadurch bedingte Befugnis des Testamentsvollstreckers zur Geltendmachung des Anspruchs. Der Testamentsvollstrecker käme auf diese Weise in die Lage, eine Rechtshandlung desjenigen anzugreifen und unwirksam zu machen, auf dessen Willen er sein Amt und seine Befugnisse zurückführen muß. Zwar ist der Testamentsvollstrecker nicht im technischen Sinne Beauftragter des Erblassers, aber gleichwohl kann es nicht seine Aufgabe sein, dem erkennbaren Willen des Erblassers zuwiderzuhandeln (vgl. auch § 2208 BGB.).

Die Meinung, daß der Anspruch aus § 2287 nicht zum Nachlaß gehöre, wird in der Literatur allgemein vertreten. So Komm. von RGRäten Bem. 3 zu § 2287; v. Staudinger, Bem. 2c zu § 2287; Planck, Bem. 3 und 7 zu § 2287; Dernburg, Bürgerl. Recht, Bd. 5 § 99 II. 1 d; vgl. auch Strohal, Erbrecht § 45 II. 3 a, andrerseits § 40 a Fußnote 14. In der Rechtsprechung vertritt den gleichen

Standpunkt das Oberlandesgericht Jena in einem Urteil vom 19. Mai 1906, abgedruckt in den Blättern für Rechtspflege in Thüringen 1907 S. 106." . . .

RGZ. 77, 111

Bösliche Schenkungen des Erblassers.

IV. Zivilsenat. Urt. v. 9. Oktober 1911.

I. Landgericht III Berlin. II. Kammergericht daselbst.

Der im Jahre 1910 verstorbene Oberstleutnant v. G. und seine vor ihm verstorbene Ehefrau hatten im Jahre 1905 ein gemeinschaftliches Testament errichtet, durch das sie sich gegenseitig zu Erben eingesetzt und nach dem Tode des Ueberlebenden den beiderseitigen Nachlaß Verwandten der Frau, den jetzigen Klägern zugewendet hatten. Die Kläger behaupten, die drei Beklagten, zwei bejahrte Schwestern und eine Nichte des Mannes, hätten aus dem Nachlasse v. G.'s je 10 000 M. Wertpapiere an sich genommen und verlangen deren Herausgabe. Die Beklagten bestreiten dies und wollen die Wertpapiere im Oktober 1909 von dem Oberstleutnant v. G. geschenkt erhalten haben. Sie wurden von den beiden Vorinstanzen antragsgemäß verurteilt, die näher bezeichneten Papiere herauszugeben. Auf die Revision der Beklagten ist das Berufungsurteil aufgehoben worden.

Gründe:

„Der Berufungsrichter geht, wiewohl ohne nähere Feststellungen zu treffen, augenscheinlich davon aus, daß sämtliche in dem gemeinschaftlichen Testament enthaltenen Verfügungen der v. G.'schen Eheleute zueinander in dem in § 2270 BGB. bezeichneten Verhältnisse stehen, daß der Ehemann v. G. das Recht, seine Verfügungen aufzuheben gemäß § 2271 Abs. 2 BGB. verloren hat, und daß er deshalb in entsprechender Anwendung des § 2287 BGB. (Entsch. des RG.'s in Zivils. Bd. 58 S. 64) weder das von der Frau ererbte, noch sein eigenes Vermögen durch sog. bösliche Schenkungen zum Nachteile der als Alleinerben des beiderseitigen Nachlasses berufenen Kläger vermindern durfte. Solche Schenkungen habe der überlebende Ehemann v. G., wie unterstellt wird, an sich wirksam zugunsten seiner eigenen Verwandten, der Beklagten, vorgenommen und deshalb seien die Beklagten zur Herausgabe der Geschenke verpflichtet.

Diese Ausführungen wären nicht zu beanstanden, wenn in der Tat feststände, daß die streitigen Schenkungen „in der Absicht, die v. G.'schen Erben zu beeinträchtigen" gemacht worden wären. Allein gerade diese Feststellung ist in dem angefochtenen Urteile nicht enthalten. Der Berufungsrichter begnügt sich vielmehr mit dem Hinweise darauf, daß nach dem Gesamtinhalte des Testaments den Klägern der Stamm des Vermögens hätte erhalten bleiben sollen. Daraus folge, daß Schenkungen nur insoweit vorgenommen werden durften, als sie diesem Zwecke nicht zuwiderliefen. Die Vornahme der streitigen Schenkungen sei dem Erblasser durch das gemeinschaftliche Testament untersagt; er sei hierzu nicht befugt gewesen. Unter den dem Erblasser nach § 2287 erlaubten Schenkungen seien nur kleinere Gelegenheitsgeschenke zu verstehen, nicht aber Schenkungen von auch verhältnismäßig so erheblichem Betrage wie im Streitfalle. Hiernach ist die angefochtene Entscheidung nicht sowohl auf den rein subjektiven Tatbestand der Beeinträchtigungsabsicht des § 2287, als vielmehr auf ein objektives, angeblich im Testament ausgesprochenes Verbot der Schenkung gegründet. Es kann dahingestellt bleiben, ob der Wortlaut des Testaments, insbesondere die ausdrückliche Ermächtigung des Ueberlebenden, über das ererbte wie über sein eigenes Vermögen „völlig frei zu verfügen", mit einer solchen Auslegung verträglich wäre. Denn es ist rechtlich unmöglich, jemand zum Erben einzusetzen, d. h. ihn zum freien und unbeschränkten Herrn des Nachlasses zu machen, ihm aber gleichzeitig Vorschriften über sein Tun und Lassen mit der Erbschaft zu erteilen, und zwar mit dem Erfolge, daß ein Zuwiderhandeln gegen diese Vorschriften die Unwirksamkeit der betreffenden Verfügung nach sich zöge.

Dieser Erfolg ist auf dem Wege zu erreichen, daß der überlebende Ehegatte zum Vorerben berufen wird. Dann sind ihm unentgeltliche Verfügungen, soweit sie das Recht des Nacherben vereiteln oder beeinträchtigen würden, schlechthin verwehrt oder doch nur in den engen Grenzen des § 2113 Abs. 2 BGB. gestattet. Als Vor- und Nacherbeneinsetzung aber hat der Berufungsrichter das Testament nicht aufgefaßt; er will es vielmehr augenscheinlich im Sinne von § 2269 verstanden wissen. Der in diesem Sinne zum Erben eingesetzte Ueberlebende ist aber gewöhnlicher Erbe, Vollerbe; er hat grundsätzlich die volle Verfügungsfreiheit über den Nachlaß unter Lebenden, auch die Vornahme von Schenkungen nicht ausgeschlossen, und ist entsprechend dem § 2287 nur an böslichen Schenkungen verhindert. Wenn das Gesetz hierbei die „Absicht, den Vertragserben zu beeinträchtigen", voraussetzt, so ergibt schon der Wortlaut, daß das bloße Bewußtsein des Schenkenden davon, daß die Schenkung eine Verkürzung des Erben zur Folge haben werde, nicht genügt. Denn dieser Erfolg wird in größerem oder geringerem Maße mit jeder Schenkung verbunden sein. Der Schenker muß vielmehr die Beeinträchtigung des Erben als den mit der Schenkung zu erreichenden Erfolg bezweckt oder doch mitbezweckt haben. Oder mit anderen Worten: der Wille, jene Beeinträchtigung herbeizuführen, muß, wenn nicht der ausschließliche, so doch der eigentlich treibende Beweggrund zur Vornahme der Schenkung gewesen sein. Gerade einen solchen Beweggrund betrachtet das Gesetz als sittlich anstößig, und deshalb entzieht es dem davon beherrschten Handeln die rechtliche Wirksamkeit.

Es rechnet aber auch damit, daß die Schenkung von sittlich unverfänglichen vielleicht sogar edlen und lobenswerten Beweggründen getragen sein kann und ist weit davon entfernt, den überlebenden Teil auch in solchen Fällen in der ihm an sich zukommenden Verfügungsfreiheit zu beschränken. Dies um so weniger, als er dabei regelmäßig auch des Glaubens sein darf, mit der Schenkung nicht gegen den Willen des Zuerstverstorbenen zu handeln.

Im Streitfalle war von den Beklagten geltend gemacht worden, der Erblasser sei bei der Schenkung nur von dem Wunsche geleitet gewesen, damit seinen beiden hochbetagten, in dürftiger Lage befindlichen Schwestern und seiner an Händen und Füßen verkrüppelten Nichte etwas Gutes zu erweisen und ihnen ihr Leben angenehmer zu gestalten, während nach der Darstellung der Kläger die Schenkung nur aus der offen kundgegebenen Abneigung des Erblassers gegen die Kläger heraus gemacht sein soll. Der Berufungsrichter konnte nur aus der Erhebung der hierzu angebotenen Beweise und unter Berücksichtigung aller sonstigen Verhältnisse, wie z. B. des Standes der beiderseitigen Nachlässe, der Denkweise der v. G.'schen Eheleute usw. ein Bild darüber gewinnen, durch welche Beweggründe die streitige Schenkung beeinflußt war. Es ist keineswegs ausgeschlossen, daß er als Ergebnis dieser Prüfung die Beeinträchtigungsabsicht im Sinne des § 2287 zu verneinen hat, und damit wäre der Klage ohne weiteres der Boden entzogen.

Das Berufungsurteil mußte hiernach aufgehoben werden. Zu der Rechtsfrage, wie die Sache zu beurteilen ist, wenn die Schenkung gleichzeitig durch mehrere Beweggründe von sittlich verschiedenem Werte beeinflußt worden ist, kann erst Stellung genommen werden, wenn die neue tatsächliche Würdigung des Berufungsrichters vorliegt. Sie wird sich gegebenenfalls auch darauf zu erstrecken haben, welcher der mehreren etwa in Betracht kommenden Beweggründe als der eigentlich treibende und bestimmende anzusehen ist."

RGZ. 79, 32

Kann ein Ehegatte den überlebenden Ehegatten wirksam zum Widerrufe der letztwilligen Verfügungen des Zuerstverstorbenen ermächtigen?

BGB. § 2065.

IV. Zivilsenat. Urt. v. 4. März 1912.

I. Landgericht Braunschweig. II. Oberlandesgericht daselbst.

Die Eltern der Parteien, von denen der Vater im Jahre 1906, die Mutter im Jahre 1908 verstorben ist, hatten im Jahre 1895 ein gemeinschaftliches Testament errichtet, worin sie ihre sämtlichen sechs Kinder zu Erben ernannten und verfügten, der Ueberlebende bleibe bis an sein Ende „Eigentümer über unser gesamtes Vermögen". Nach dem Tode beider Ehegatten sollten gewisse weitere Bestimmungen in Kraft treten, „sofern der Ueberlebende, wozu er berechtigt sein soll, keine Aenderungen vornimmt". Bezüglich des Klägers Karl T. war den Beklagten im gemeinschaftlichen Testament die Gewährung des lebenslänglichen Unterhalts in besonders reichlichem Umfange zur Pflicht gemacht. Die zuletzt verstorbene Mutter der Parteien verfügte in einem am 10. Dezember 1907 errichteten Testament unter Berufung auf ihre Berechtigung, Aenderungen an dem älteren Testamente vorzunehmen: „Das für meinen Sohn Karl" (den Kläger) „Bestimmte erkläre ich für ungültig" und bemaß demnächst den ihm zu gewährenden Lebensunterhalt wesentlich ungünstiger. Der Kläger forderte von den Beklagten Auskunft über den Bestand des Nachlasses der Eltern und Herauszahlung des Pflichtteils.

Das Landgericht wies die Klage ab. Das Oberlandesgericht verurteilte die Beklagten zur Auskunftserteilung. Auf Revision der Beklagten wurde das Berufungsurteil aufgehoben und die Sache zurückverwiesen.

Aus den Gründen:

„Da beide Erblasser erst nach dem 1. Januar 1900 verstorben sind, so ist, wie auch der Berufungsrichter nicht verkennt, Inhalt und Wirksamkeit des im Jahre 1895 errichteten gemeinschaftlichen Testaments nach dem Rechte des Bürgerlichen Gesetzbuchs zu beurteilen, wenn auch zum Zwecke der Willenserforschung beider Erblasser die Berücksichtigung des zur Zeit der Testamentserrichtung geltenden älteren Rechts geboten sein kann.

Vgl. Entsch. des RG.'s in Zivils. Bd. 59 S. 84, Bd. 76 S. 22.

Der Berufungsrichter legt das streitige Testament dahin aus, daß damit der überlebende Ehegatte zum Vorerben des Zuerstverstorbenen, die Kinder aber, darunter auch der Kläger, zu Nacherben berufen worden seien. Diese Nacherbenstellung sei jedoch dem Kläger dadurch wieder entzogen worden, daß die überlebende Mutter, die Vorerbin, ein Jahr nach dem Tode des Vaters unter Bezugnahme auf die im gemeinschaftlichen Testament ihr erteilte Ermächtigung in einem neuen Testamente die Erbeinsetzung des Klägers für ungültig erklärt und ihn lediglich als Vermächtnisnehmer bedacht hat. In dieser Eigenschaft sei er nicht verhindert, das Vermächtnis auszuschlagen, statt dessen den Pflichtteil zu fordern und gemäß § 2314 BGB. von den verklagten Erben Auskunft über den Bestand des Nachlasses zu verlangen.

Mit Recht erblickt die Revision hierin eine Verletzung des § 2065 Abs. 1 BGB. Sein Wortlaut ergibt und die Entstehungsgeschichte (Mot. Bd. 5 S. 30, Prot. Bd. 5 S. 18 flg.) bestätigt, daß es dem deutschen Gesetzgeber, zum Teil im bewußten Gegensatze zu älteren Sonderrechten, auf strenge Durchführung des Grundsatzes ankam, bei letztwilligen Verfügungen solle eine Vertretung des Erblassers weder im Willen noch in der Erklärung des Willens statthaft sein. Auch die Testierfreiheit finde ihre Schranke darin, daß dem Erblasser nicht gestattet sein könne, das Schicksal seines und damit des Familienvermögens nach seinem Tode nicht von seinem, sondern von eines anderen Willen abhängig zu machen. Soweit der Gesetzgeber bei Vermächtnissen und Auflagen gewisse Milderungen zulassen wollte, sind in den §§ 2151 bis 2156, 2192, 2193 BGB. Bestimmungen getroffen. Dagegen ist von dem Grundsatze nichts preisgegeben, daß die Erbeinsetzung auf dem eigenen, von ihm selbst erklärten Willen des Erblassers beruhen muß und daß sie, wenn sie einmal erklärt ist, auch von Dritten nicht willkürlich wieder umgestoßen werden kann. Konnte mithin der Erblasser den überlebenden Ehegatten zu Aenderungen seines letzten Willens nicht wirksam ermächtigen, so ist auch das hierauf gegründete Testament der Mutter wirkungslos, durch das sie unternommen hat, dem Kläger seine durch den Tod des Vaters bereits erworbenen, im Zweifel veräußerlichen und vererblichen Nacherbenrechte auf den väterlichen Nachlaß (§ 2108 BGB.) wieder zu entziehen. Nur bezüglich ihres eigenen Vermögens und ihrer eigenen seinerzeit in dem gemeinschaftlichen Testamente getroffenen Verfügungen wäre sie zum Widerruf ermächtigt gewesen, da vermöge der dem Ueberlebenden eingeräumten Testierfreiheit die Bestimmungen der §§ 2270, 2271 BGB. augenscheinlich nicht in Frage kommen.

Das Berufungsurteil konnte hiernach nicht bestehen bleiben. Es läßt sich auch nicht, wie der Revisionsbeklagte meint, dadurch halten, daß das gemeinschaftliche Testament in dieser Instanz nicht als Vor- und Nacherbeneinsetzung, sondern nach einer auch dem gemeinen Rechte geläufigen Auffassung (Entsch. des RG.'s in Zivils. Bd. 27 S. 150) als gewöhnliche Erbeinsetzung des Ueberlebenden mit dem besonderen Inhalte des § 2269 BGB. behandelt wird. (Wird näher ausgeführt.)"

RGZ. 86, 206

Ueber die Voraussetzungen zur Anwendung des § 2078 Abs. 2 BGB.

IV. Zivilsenat. Urt. v. 4. Februar 1915.

I. Landgericht Frankfurt a. O. II. Kammergericht Berlin.

Die Beklagte ist die Witwe des im Oktober 1903 verstorbenen Kaufmanns Paul R. Die Eheleute haben im Januar 1903 ein wechselseitiges Testament errichtet, in welchem sie sich gegenseitig und ihre drei Kinder als Erben einsetzten mit der Maßgabe, daß der überlebende Ehegatte bis zu seinem Tode oder bis zur Wiederverheiratung zur freien Verfügung über den Nachlaß des Erstverstorbenen berechtigt sei. Im Mai 1910 wurde den Kindern ein Pfleger bestellt behufs Anfechtung des Testaments. Das Landgericht wies die von dem Pfleger erhobene Klage ab. Nachdem die Beklagte im Jahre 1912 wegen Geistesschwäche entmündigt und die dagegen erhobene Anfechtungsklage abgewiesen worden war, verurteilte das Kammergericht die Beklagte, den Klägerinnen ein Verzeichnis über den Nachlaß des Paul R. vorzulegen und Auskunft über den Verbleib der Erbschaftsgegenstände und über die geführten erbschaftlichen Geschäfte zu erteilen.

Auf Revision der Beklagten wurde das Berufungsurteil aufgehoben.

Aus den Gründen:

„Das Berufungsgericht hat die Anfechtung des Testaments nach § 2078 Abs. 2 BGB. für begründet erklärt und unter der Annahme, daß die gesetzliche Erbfolge eingetreten sei, die Beklagte gemäß §§ 2027, 2028 verurteilt.

Das Landgericht hatte angenommen: Bei den Vermögensverhältnissen der Eheleute R. — der Nachlaß soll etwa 500 000 M., das Vermögen der Beklagten 100 000 M. betragen haben — enthalte das Testament eine ganz außergewöhnliche Begünstigung der Beklagten. In dem Testamente sei der Ausdruck des Vertrauens zu finden, daß die Beklagte in treuer, gewissenhafter Weise ihre Pflichten als Mutter gegen die Kläger erfüllen werde. Die Beklagte habe nun zwar als Witwe einen durchaus anstößigen Lebenswandel geführt. Das sei jedoch eine Folgeerscheinung ihrer Geisteskrankheit, deren Anfänge schon 1906 und 1905 bestanden hätten. Der Beklagten lasse sich aus ihrer Lebensführung nicht der Vorwurf der sittlichen Verkommenheit und der Pflichtverletzung machen. Die Anfechtung des Testaments sei daher nicht begründet. Es könne keine Rede davon sein, daß etwa das Testament in der Erwartung oder Annahme des Nichteintritts einer geistigen Erkrankung der Beklagten errichtet wäre oder daß Paul R. bei Berücksichtigung einer solchen Möglichkeit anders verfügt hätte.

Das Kammergericht dagegen führte aus: Es sei nicht verständlich, welchen Unterschied es für den Erblasser gemacht haben sollte, ob der Beklagten der Verlust der vorausgesetzten Eigenschaft als Schuld anzurechnen sei oder nicht. Wie RGZ. Bd. 77 S. 174 ausgesprochen sei, dürfe die Anfechtungsmöglichkeit aus § 2078 Abs. 2 nicht davon abhängig gemacht werden, welche positiven und deutlichen Vorstellungen der Erblasser über den Eintritt oder Nichteintritt künftiger Umstände gehabt habe. Von einer irrigen Annahme des Nichteintritts eines Umstandes könne sehr wohl auch dann gesprochen werden, wenn, wie es in der reichsgerichtlichen Entscheidung heiße, solche Erwägungen, weil dem Vorstellungskreise des Erblassers fernliegend, ganz unterblieben seien; dann sei es gerade das Nichtbedenken des dennoch eingetretenen Umstandes, was den Irrtum des Erblassers ausmache. Wenn daher zwischen dem Nichtbedenken und dem Inhalte der letztwilligen Verfügung ein ursächlicher Zusammenhang nachweisbar sei, so liege die Voraussetzung zur Anfechtung vor. Ein ursächlicher Zusammenhang zwischen dem Nichtbedenken und dem Inhalte der letztwilligen Verfügung bestehe schon nach den erstrichterlichen Feststellungen. Dazu komme, daß die Beklagte entmündigt und ihre gegen die Entmündigung erhobene Klage abgewiesen worden sei. Wie nunmehr vollends nicht mehr bezweifelt werden könne, sei damit eine derartige Veränderung in den persönlichen Verhältnissen der Beklagten eingetreten, daß sie sich mit den Vorstellungen, die den Erblasser bei Errichtung seines Testaments beherrscht haben müßten, nicht mehr vereinbaren lasse; ihr Nichtbedenken sei also ursächlich für das Testament gewesen. Die objektiven Tatsachen allein, daß der Beklagten das Recht der Fürsorge für die Kinder entzogen und sie selbst wegen Geisteskrankheit entmündigt sei, genügten zur Feststellung, daß der Erblasser in seinem Testamente der Beklagten nicht die bevorzugte Vertrauensstellung für seinen Nachlaß eingeräumt haben würde, falls er auch nur an die Möglichkeit solcher Veränderungen gedacht hätte.

Es ist anzuerkennen, daß die Erwägungen des Berufungsgerichts mit den Ausführungen der angeführten Entscheidung des Reichsgerichts völlig im Einklang stehen. Allein an der in jener Entscheidung niedergelegten Auffassung kann nicht festgehalten werden. Sie ist mit § 2078 Abs. 2, wo erfordert ist, daß der Erblasser durch die Annahme oder Erwartung des Eintritts oder Nichteintritts eines Umstandes zu der Verfügung bestimmt worden ist, nicht vereinbar. Ein Nichtbedenken des Erblassers kann zur Begründung der Anfechtung einer letztwilligen Verfügung nicht ausreichen, auch wenn ein ursächlicher Zusammenhang zwischen dem Nichtbedenken und dem Inhalte der Verfügung sich annehmen läßt. Das ergeben auch die Beratungen, die zur Aufstellung der in § 2078 Abs. 2 enthaltenen Vorschrift geführt haben. Nach dem ersten Entwurfe § 1781 sollte die Anfechtung zulässig sein, wenn der Erblasser zu der Verfügung durch die Voraussetzung des Eintritts oder Nichteintritts eines künftigen Ereignisses bestimmt worden sei, die Voraussetzung sich nicht erfüllt habe und die Voraussetzung in der Verfügung ausdrücklich oder stillschweigend erklärt sei. In der Kommission für die zweite Lesung wurde (KommProt. Bd. 5 S. 49) der Ausdruck Voraussetzung beanstandet und die Streichung beschlossen, ohne daß damit eine sachliche Aenderung herbeigeführt werden sollte. Sodann wurde (durch Antrag 4) angeregt, die Anfechtung wegen Irrtums im Beweggrunde nur zuzulassen, wenn sich der Irrtum auf die Vergangenheit oder die Gegenwart beziehe, nicht aber wegen Irrtums über ein zukünftiges Ereignis. Dazu wurde folgendes ausgeführt (KommProt. Bd. 5 S. 50). Vergangenheit und Gegenwart könne der Erblasser übersehen und sich eine bestimmte positive Vorstellung von den für ihn wesentlichen Umständen machen. Die Zukunft liege aber für ihn völlig dunkel da. Allerdings sei es möglich, daß der Erblasser seine Entscheidung von dem Eintritt oder Nichteintritt eines bestimmten zukünftigen Ereignisses, der Heirat der Tochter, der Geburt eines Enkels usw., abhängig machen wolle. Dann liege aber eine eigentliche Bedingung vor. Es genüge, wenn sich nachweisen lasse, daß der Erblasser in seinem letzten Willen eine solche habe aufstellen wollen. Für diese Fälle seien besondere gesetzliche Bestimmungen nicht nötig. Wenn aber der Erblasser nur eine ganz allgemeine Vorstellung der kommenden Ereignisse gehabt habe, so sei es nicht angängig, eine Anfechtung des letzten Willens deshalb zuzulassen, weil der Verlauf ein anderer gewesen sei, als der Erblasser erwartet habe. Es werde zu höchst bedenklichen Folgen führen, wenn der Eintritt irgend eines Ereignisses, welches vielleicht, falls der Erblasser es erlebt hätte, ihn bestimmt haben würde, anders zu verfügen, einen Grund zur Anfechtung abgeben könne. Der Anregung wurde nicht stattgegeben, aber die Mehrheit der Kommission ging bei diesem Beschlusse von folgenden Erwägungen aus (KommProt. Bd. 5 S. 51). Wenn der Erblasser durch eine positive und deutliche Vorstellung eines tatsächlichen Umstandes oder Ereignisses zu der letztwilligen Verfügung bestimmt worden sei, so müsse die Verfügung angefochten werden können, falls sich hinterher herausstelle, daß jene Vorstellung eine irrige gewesen sei. Nicht jedes Ereignis, welches etwa für den Erblasser von Bedeutung hätte sein können, solle einen Grund zur Anfechtung abgeben, sondern nur ein solches, von dem sich der Erblasser eine positive Vorstellung gemacht habe.

Es möge selten sein, daß der Erblasser durch die Vorstellung des Eintritts oder Nichteintritts eines solchen Ereignisses wirklich in seinem Willen bestimmt worden sei, ohne daß er eine Bedingung setze; aber derartige Fälle könnten vorkommen. Wäre ein erheblicher Mißbrauch zu befürchten, so müßte man allerdings aus diesem Grunde eine Beschränkung im Sinne des Antrags 4 eintreten lassen; indessen hätten sich im Gebiete des gemeinen Rechtes bislang Mißstände nicht herausgestellt. Dementsprechend ging der Beschluß der Kommission dahin: eine letztwillige Verfügung solle der Anfechtung unterliegen, wenn der Erblasser durch die positive Vorstellung von dem Eintritt oder Nichteintritt eines in der Vergangenheit, Gegenwart oder Zukunft liegenden Ereignisses zu der letztwilligen Verfügung bestimmt worden sei, und diese Vorstellung sich als irrig herausstelle. Auf Grund solcher Erwägungen erhielt die Vorschrift ihre jetzige Fassung.

Zur Anwendung des § 2078 Abs. 2 bedarf es, wie der Wortlaut des Gesetzes erkennen läßt, der Feststellung, daß der Erblasser den Eintritt oder Nichteintritt eines Umstandes angenommen oder erwartet hat, daß er dadurch zu der Verfügung bestimmt worden ist und daß seine Annahme oder Erwartung sich als irrig erwiesen hat. Diese Feststellungen sind in dem Berufungsurteile nicht enthalten. Die rechtliche Auffassung, von der der Berufungsrichter ausgegangen ist, kann nicht gebilligt werden. Das Berufungsurteil ist deshalb aufzuheben und die Sache an das Berufungsgericht zurückzuverweisen.

In der schriftlichen Revisionsbegründung war geltend gemacht worden, das Berufungsgericht hätte annehmen sollen, daß RGZ. Bd. 77 S. 174 sich nur auf solche Umstände beziehen könne, die bereits zu Lebzeiten des Erblassers vorhanden seien, da sonst die Rechtsunsicherheit, die sich aus der leichten Anfechtbarkeit letztwilliger Verfügungen ergebe, zu groß würde. Diese Rüge konnte nicht für zutreffend erachtet werden. Für die Anwendung des § 2078 Abs. 2 begründet es keinen Unterschied, ob das künftige Ereignis oder der Umstand noch zu Lebzeiten des Erblassers eintritt oder später (vgl. Motive 5 S. 49 Abs. 2)."

RGZ. 87, 33

Können letztwillige Verfügungen, die von Nichtehegatten in einem gemeinschaftlichen Testamente getroffen sind, als Einzeltestamente aufrechterhalten werden?

IV. Zivilsenat. Urt. v. 20. Mai 1915.

I. Landgericht Dresden. II. Oberlandesgericht daselbst.

Am 24. Mai 1913 ist in Dresden die ledige Klara M. gestorben. Ihre Schwester Minna M., die Klägerin, verlangt von den Beklagten, Kindern vorverstorbener Geschwister, die Anerkennung, daß sie, die Klägerin, alleinige Erbin sei auf Grund eines Testaments, das folgenden Wortlaut hat:

„Unsere beiderseitigen letztwilligen Bestimmungen.

Wir beide Endesunterzeichneten, die Schwestern Klara M. und Minna M., bestimmen für den Fall unseres Todes, daß eine jede als Universalerbin der anderen eingesetzt wird, mithin deren sämtliche Hinterlassenschaft . . . erben soll. . . . Nach reiflicher Ueberlegung schreiben wir dieses, unsern letzten Willen, hierdurch nieder.

Dresden, den 9. Februar 1912.

Minna M., Klara M."

Das Landgericht wies die Klage ab. Die Berufung der Klägerin blieb ohne Erfolg. Ihre Revision wurde zurückgewiesen.

Aus den Gründen:

. . . „Die Ausführungen, auf denen die Entscheidung des Berufungsgerichts beruht, sind rechtlich zutreffend. Das Testament vom 9. Februar 1912 stellt sich als ein gemeinschaftliches Testament dar; mehrere Personen haben gemeinschaftlich in der einen Urkunde letztwillige Verfügungen getroffen. Ein gemeinschaftliches Testament kann aber von anderen Personen als Ehegatten gemäß § 2265 BGB. nicht errichtet werden. Das Testament ist deshalb unwirksam.

Die Revision rügt Verletzung des § 2267 BGB.; sie meint, das Testament vom 9. Februar 1912 könne nicht als gemeinschaftliches Testament gelten, weil die Form des § 2267 nicht gewahrt sei. Die Rüge geht fehl. Die Vorschrift des § 2267 ist hier nicht anwendbar und vom Oberlandesgericht nicht angewendet worden. Es handelt sich um die Anwendung des § 2265. Hätten Eheleute das Testament vom 9. Februar 1912 errichtet, so läge kein gültiges gemeinschaftliches Testament vor, weil der Vorschrift des § 2267 nicht genügt wäre, aber gemeinschaftlich ist die letztwillige Verfügung, weil zwei Personen in der einen Urkunde letztwillig verfügt haben.

. . . Die Erwägung des Berufungsgerichts, daß die letztwillige Verfügung auch nicht im Wege der Konversion (§ 140 BGB.) als Einzeltestament der Erblasserin aufrechterhalten werden könne (vgl. Jahrbuch für Entsch. des Kammergerichts Bd. 35 Abt. A S. 93), ist von der Revision nicht besonders angegriffen worden. Die Erwägung ist zutreffend. Ob entscheidendes Gewicht darauf zu legen wäre, daß die in einem gemeinschaftlichen Testamente getroffenen letztwilligen Verfügungen begrifflich kein anderes Rechtsgeschäft seien als die in besonderen Testamenten getroffenen Verfügungen, kann dahingestellt bleiben. Jedenfalls ist der Grund zutreffend, daß es mit der Bestimmung des § 2265 nicht in Einklang zu bringen wäre, wenn gemeinschaftliche letztwillige Verfügungen von Nichtehegatten in irgendwelcher Weise als letztwillige Verfügungen Wirksamkeit erlangten. Bei der Einführung des Bürgerlichen Gesetzbuchs war man sich der gegen die Zulassung gemeinschaftlicher Testamente sprechenden gewichtigen Bedenken bewußt. Nach dem ersten Entwurfe (§ 1913) sollte bestimmt werden: Mehrere Personen können letztwillige Verfügungen nicht gemeinschaftlich errichten. Zur Begründung wurde hervorgehoben (Motive Bd. 5 S. 253), die Unzuträglichkeiten eines wechselseitigen Testaments lägen auf der Hand. Nicht selten bestehe eine erhebliche Schwierigkeit, den wirklichen Willen der Verfügenden zu ermitteln. Daneben ergebe sich eine, wenigstens tatsächliche Beengung der freien Widerruflichkeit. Zahlreiche Streitigkeiten und Prozesse pflegten die Folge zu sein. Nachdem in der Kommission für die zweite Lesung die Zulassung des gemeinschaftlichen Testaments für Ehegatten angenommen worden war, ist in § 2265 BGB. bestimmt worden, daß ein gemeinschaftliches Testament nur von Ehegatten errichtet werden könne. Für die gemeinschaftlichen Testamente der Ehegatten sind in den §§ 2266—2273 weitere Vorschriften gegeben worden, durch welche die auch mit der beschränkten Zulassung gemeinschaftlicher Testamente verbundenen Schwierigkeiten und Zweifel gehoben oder doch gemindert werden sollten. Die Gründe nun, die dazu führten, gemeinschaftliche Testamente für Nichtehegatten zu verbieten, stehen auch der Annahme entgegen, daß letztwillige Verfügungen, welche Nichtehegatten gemeinschaftlich treffen, als Einzeltestamente Wirksamkeit erlangen könnten. Die Unzuträglichkeiten, die sich aus der Verbindung letztwilliger Verfügungen mehrerer Personen in einer Urkunde ergeben, sind gleich groß oder noch größer, wenn den letztwilligen Verfügungen als Einzeltestamenten Geltung verschafft werden wollte, als sie wären, wenn die Bestimmungen, die das Gesetz für gemeinschaftliche Ehegattentestamente (insbesondere in den §§ 2270, 2271, 2272) gibt, auch auf sie zur Anwendung kämen. Das Verbot des § 2265 läßt daher nicht zu, gemeinschaftliche letztwillige Verfügungen von Nichtehegatten als Einzeltestamente aufrecht zu erhalten." . . .

RGZ. 88, 330

Kann gegenseitige Abhängigkeit im Sinne von § 2270 BGB. angenommen werden, wenn eine von den Ehegatten gemeinschaftlich getroffene einheitliche Verfügung zugunsten des nämlichen Dritten vorliegt?

BGB. §§ 2270, 2271.

IV. Zivilsenat. Urt. v. 22. Juni 1916.

I. Landgericht Kassel. II. Oberlandesgericht daselbst.

Die kinderlosen Eheleute H. und A. G. in C. errichteten am 26. Oktober 1889 ein gemeinschaftliches Testament, worin sie sich gegenseitig zu Erben einsetzten und weiter bestimmten: wir substituieren unsere gesetzlichen Erben. Am 26. Juli 1900 errichteten sie einen Testamentsnachtrag, worin sie ihrer Pflegetochter, der jetzigen Klägerin, als Vermächtnis den Betrag von 5000 M. und einiges andere aussetzten. Am 30. September 1907 starb der Ehemann G., die Witwe trat die Erbschaft an. Am 23. Juli 1908 gab die letztere vor einem Notar die Erklärung ab, daß sie das der Klägerin im Testamentsnachtrag ausgesetzte Vermächtnis widerrufe, und daß, falls der Widerruf nicht in vollem Umfange zulässig erschiene, er jedenfalls soweit gelten solle, als ihr nach § 2269 Abs. 2 BGB. das Recht dazu zustehe. Am 26. Januar 1915 ist die Witwe G. gestorben.

Die Klägerin verlangt von dem für die Erben aufgestellten Nachlaßpfleger Zahlung von 5000 M. und Herausgabe von Gegenständen. Die Vorinstanzen gaben der Klage statt. Die Revision des Beklagten ist zurückgewiesen worden.

Aus den Gründen:

„Der Beklagte macht geltend, daß die Klägerin keinen Anspruch auf das ihr im Testamentsnachtrage vom 26. Juli 1900 ausgesetzte Vermächtnis erheben könne, weil die Witwe G. das Vermächtnis widerrufen habe. Das Berufungsgericht erachtet jedoch den Widerruf für unwirksam, weil die Zuwendung des Vermächtnisses an die Klägerin eine Verfügung der Ehefrau G. darstelle, welcher eine Zuwendung des Ehemannes G. in der Weise gegenüberstehe, daß anzunehmen sei, die Verfügung des einen Ehegatten würde nicht ohne die des andern getroffen worden sein, und weil der Widerruf einer derartigen Verfügung nur unter den hier nicht gegebenen Voraussetzungen des § 2271 BGB. hätte erfolgen können.

Eine Abhängigkeit im bezeichneten Sinne sieht das Berufungsgericht nach doppelter Richtung gegeben. Zunächst insoweit als in der gemeinschaftlichen Verfügung beider Erblasser zugunsten der Klägerin eine Verfügung eines jeden von ihnen enthalten sei, die nur mit Rücksicht auf die gleiche Verfügung des andern getroffen sei. Die Revision hält das für rechtlich verfehlt; sie meint, eine einheitliche gemeinschaftliche Verfügung beider Ehegatten zugunsten der nämlichen dritten Person könne niemals unter § 2270 BGB. fallen, da diese Gesetzesvorschrift nach Wortlaut und Sinn verschiedene Verfügungen beider Ehegatten zugunsten verschiedener Bedachten im Auge habe. Diese einschränkende Auslegung des § 2270 kann jedoch nicht als berechtigt anerkannt werden. Das Wesentliche für die Anwendung jener Vorschrift ist, daß jeder der beiden Ehegatten eine auf seiner Willensentschließung beruhende Anordnung getroffen hat, die ohne die Verfügung des andern Ehegatten nicht gewollt sein würde. Die Zusammenfassung ihrer Anordnungen in eine sprachlich einheitliche Verfügung kann daran nichts ändern; sie wird beispielsweise bei einer gegenseitigen Erbeinsetzung der Eheleute häufig vorkommen. Ebensowenig ist aber auch erforderlich, daß die beiderseits Bedachten verschiedene Personen sind; denn es ist recht wohl denkbar, daß die Ehegatten auch die beiderseitige Bedenkung der nämlichen Person in der gedachten Weise voneinander abhängig machen. So ist z. B. auch in dem Urteile RGZ. Bd. 6 S. 174 die gemeinschaftliche Bedenkung solcher Personen, die beiden Ehegatten gleich nahe standen, als korrespektiv anerkannt worden. Es handelte sich dort um gemeines Recht, jedoch sind die hier in Betracht kommenden Fragen der Korrespektivität im Bürgerlichen Gesetzbuche nicht anders behandelt, als im gemeinen Rechte. Die Entstehungsgeschichte des Bürgerlichen Gesetzbuchs ergibt insbesondere nichts dafür, daß der Begriff der Korrespektivität gegenüber den früheren Anschauungen eingeschränkt werden sollte; im Gegenteil deutet die Bemerkung in den Kommissionsprotokollen Bd. V S. 451, wonach schon ein Zusammenhang des Motivs die Annahme der Korrespektivität rechtfertigen soll, auf eine sehr weitgehende Auffassung dieses Begriffs. Das Gesetz selbst stellt zwar in § 2270 etwas bestimmtere Merkmale für die Abhängigkeit auf, aber seine Fassung steht jedenfalls bei der hier gegebenen Sachlage der Annahme der Abhängigkeit nicht entgegen." . . .

RGZ. 95, 278

Ist es trotz der Vorschrift in § 2065 BGB. zulässig, einen Nacherben unter der aufschiebenden oder auflösenden Bedingung einzusetzen, daß der Vorerbe nicht anders über den Nachlaß verfügt, und dem Nacherben unter einer solchen Bedingung Vermächtnisse aufzuerlegen?

IV. Zivilsenat. Urt. v. 16. April 1919.

I. Landgericht Hannover. II. Oberlandesgericht Celle.

In seinem am 14. Februar 1905 errichteten Testament ernannte F. L. seine Frau zur Vorerbin und unter der Voraussetzung, daß diese nicht eine anderweite letztwillige Verfügung treffe, seine Nichte E. L. zur Nacherbin. Er befreite die Vorerbin in dem höchsten zulässigen Umfange von den Beschränkungen und Verpflichtungen des Bürgerlichen Gesetzbuchs, erklärte sie zur freien Verfügung über die

Erbschaft für berechtigt und fügte hinzu, sie solle auch befugt sein, durch letztwillige Verfügung über die Erbschaft anders, als in diesem Testamente geschehen sei, zu verfügen oder Zusätze zu dem Testament zu machen. Der Nacherbin legte er für den Fall, daß sie zur Nacherbfolge gelange, die Verpflichtung auf, Neffen und Nichten von ihm sowie Geschwisterkindern und Geschwisterenkeln der Frau je 10 000 M. als Vermächtnis auszuzahlen.

Nach seinem und der Vorerbin Tode kam es zwischen den Parteien wegen der Erbschaftssteuer zum Prozeß, in dem das Oberlandesgericht ein dem Beklagten ungünstiges Urteil erließ. Die Revision des Beklagten wurde zurückgewiesen.

Aus den Gründen:

„Das Oberlandesgericht erörtert zunächst die Frage, ob es etwa gegen die Vorschrift in § 2065 BGB. verstieß, wenn der Ehemann L. seine Nichte E. L. unter der Voraussetzung zu seiner Nacherbin ernannte, daß seine als Vorerbin eingesetzte Frau nicht eine anderweite letztwillige Verfügung errichte, und wenn er weiter bestimmte, die Frau solle berechtigt sein, durch letztwillige Verfügung über die Erbschaft anders, als in diesem Testamente geschehen sei, zu verfügen oder Zusätze zu diesem Testamente zu machen. Wäre die Frage zu bejahen, so . . . würden die Anordnungen des Ehemannes L. der Rechtswirksamkeit entbehren. Das Oberlandesgericht verneint aber die Frage . . . und hält die getroffene Regelung der Nachfolge in das Vermögen für zulässig. Sie widerspreche, so sagt es, dem § 2065 nach dem Grundgedanken, dem diese Vorschrift dienen solle, nicht, sondern mache die Verfügung des Erblassers insoweit zulässigerweise von der auflösenden Bedingung einer anderweiten Verfügung durch Testament der Vorerbin abhängig.

Die Annahme des Oberlandesgerichts, daß F. L. seine Nichte unter einer auflösenden Bedingung zur Nacherbin eingesetzt habe, nennt die Revision unmöglich, die der überlebenden Ehefrau beigelegte Befugnis zur letztwilligen Verfügung über den Nachlaß erscheint ihr mit deren Stellung als Vorerbin unvereinbar. Sie folgert daraus, daß die Witwe als Vollerbin anzusehen sei; höchstens, meint sie, könne die Nichte als unter einer aufschiebenden Bedingung von ihrem Onkel zur Nacherbin berufen gelten.

Die Rüge ist unbegründet. Daß es trotz der Vorschrift in § 2065 (über dessen Sinn und Bedeutung vgl. Motive Bd. 5 S. 30, 35, 41 und Protokolle Bd. 5 S. 15 flg., insbes. S. 19) zulässig ist, einen Nacherben unter der — sei es aufschiebenden, sei es auflösenden — Bedingung einzusetzen, daß der Vorerbe nicht anders über den Nachlaß verfüge, hat der erkennende Senat nicht nur in dem vom Oberlandesgericht angeführten Urteile Jur. Wochenschr. 1910 S. 820

Nr. 42, sondern auch in dem gerade den Fall einer auflösenden Bedingung behandelnden Urteile vom 13. Dezember 1915 IV 255/15 ausgesprochen. Der Ansicht des Senats hat sich das Bayerische Oberste Landesgericht angeschlossen (Sammlung von Entsch. Bd. 17 Abt. A S. 18); sie wird auch in der Rechtslehre meist vertreten. Ihr steht das Urteil des VII. Zivilsenats vom 10. Januar 1919 VII 301/1918, auf das sich die Revision beruft, nicht entgegen. Dort ist lediglich gesagt, es werde nur unter besonderen Umständen Raum für die Auffassung sein, daß die Anordnung einer Nacherbschaft vorliege, die unter die Bedingung gestellt sei: wenn der Vorerbe eine Verfügung von Todes wegen unterlasse. Die rechtliche Möglichkeit einer solchen Anordnung ist also auch dort anerkannt. Eher könnte die Revision das Urteil RGZ. Bd. 79 S. 32 für ihre Ansicht ins Feld führen. Der damals entschiedene Fall lag aber immerhin anders als der jetzt zu entscheidende. Wie es sich damit indes auch verhalten möge, jedenfalls ist an dem in den Urteilen vom 16. Juni 1910 und 13. Dezember 1915 ausgesprochenen Grundsatze festzuhalten. Hat der Vorerbe die Befugnis, die Berufung des Nacherben durch letztwillige Verfügung in Wegfall zu bringen, so bleibt allerdings bis zum Tode des Vorerben bei einer aufschiebenden Bedingung zweifelhaft, ob der Nacherbe dereinst wirklich zur Nacherbschaft gelangt oder nicht, und bei einer auflösenden Bedingung ungewiß, ob er Nacherbe bleibt oder nicht. Allein eine solche Ungewißheit ist bei bedingten letztwilligen Zuwendungen regelmäßig vorhanden. Trotzdem läßt das Gesetz die Einsetzung auch des Nacherben unter einer aufschiebenden Bedingung sogar ausdrücklich zu (§ 2108 Abs. 2 Satz 2); ebensowenig ist an der Zulässigkeit der Einsetzung auch des Nacherben unter einer auflösenden Bedingung zu zweifeln (vgl. § 2075). Dadurch allein, daß dem Vorerben vom Erblasser die Befugnis beigelegt ist, die Berufung des Nacherben durch letztwillige Verfügung zu beseitigen, wird er noch nicht zum Vollerben. Er bleibt vielmehr durch die angeordnete Nacherbschaft solange in seinem Erbrechte beschränkt, als nicht mit seinem Ableben gewiß wird, daß er eine die Nacherbschaft beseitigende Verfügung von Todes wegen getroffen hat. Auch das ist in den Senatsurteilen vom 16. Juni 1910 und 13. Dezember 1915 bereits ausgesprochen. Ist es hiernach trotz der Vorschrift in § 2065 zulässig, einen Nacherben auch unter der auflösenden Bedingung einzusetzen, daß der Vorerbe nicht anders über den Nachlaß verfügt, so kann für die Anordnung von Vermächtnissen, die dem Nacherben unter einer derartigen Bedingung auferlegt sind, nichts anderes gelten. Im Streitfall ist es übrigens, wenn die Vorerbin keine anderweite letztwillige Verfügung getroffen hat, im Ergebnis gleichgültig, ob man die Bedingung als auflösende oder als aufschiebende ansieht." . . .

RGZ. 102, 69

Ist ein durch Vernichtung der Testamentsurkunde bewirkter Widerruf des Testaments nach § 2078 Abs. 2 BGB. anfechtbar?

IV. Zivilsenat. Urt. v. 21. März 1921.

I. Landgericht Köslin. II. Oberlandesgericht Stettin.

Der Kläger hat Klage auf Feststellung erhoben, daß der Beklagte, sein Bruder, an dem mütterlichen Nachlaß nur pflichtteilsberechtigt sei. Die Klage stützt sich auf ein eigenhändiges Testament der Mutter, das nicht mehr auffindbar ist. Der Beklagte wandte ein, daß die Mutter das Testament durch Vernichtung der Urkunde widerrufen habe. Der Kläger bestritt dies, machte aber geltend, wenn dem so sei, so habe die Mutter in der irrtümlichen Annahme gehandelt, daß zwei in ihrem Testament eingesetzte Erben in Geisteskrankheit verfallen seien, und es sei der Widerruf des Testaments deshalb gemäß § 2078 Abs. 2 BGB. angefochten worden.

Das Berufungsgericht erachtete die Anfechtung eines durch Vernichtung der Testamentsurkunde erfolgten Widerrufs für unzulässig und wies ebenso wie das Landgericht die Klage ab.

Die Revision führte zur Aufhebung des Berufungsurteils.

Aus den Gründen:

Das Berufungsgericht meint, das Gesetz kenne nur die Anfechtung einer letztwilligen Verfügung, nicht aber die Anfechtung der Aufhebung einer solchen, die in anderer Weise als durch Errichtung einer neuen letztwilligen Verfügung, insbesondere durch Vernichtung der Testamentsurkunde (§ 2255 BGB.), vorgenommen werde. Diese Ansicht verletzt das Gesetz. Richtig ist nur, daß diese Art des Widerrufs äußerlich nicht die Form einer letztwilligen Verfügung hat, sachlich ist sie eine solche. Das Gesetz findet in der Vernichtung — vorbehaltlich des Gegenbeweises — die Erklärung des Willens des Erblassers, das Testament aufzuheben. Das ist eine letztwillige Verfügung. Denn sie führt eine Aenderung der bisherigen erbrechtlichen Bestimmungen des Erblassers herbei und hat mithin die Regelung des Schicksals seines Vermögens für die Zeit nach seinem Tode zum Gegenstande. Sie kann also Gegenstand der Anfechtung sein, wenn und soweit im übrigen die gesetzlichen Voraussetzungen für eine Anfechtung vorliegen. Dies trifft im vorliegenden Falle zu. Ist die Behauptung des Klägers richtig, so ist die Erblasserin zu der Verfügung durch die irrige Annahme des Eintritts eines Umstandes, nämlich der Geisteskrankheit im Testamente bedachter Personen, bestimmt worden (§ 2078 Abs. 2 BGB.). Ob und inwieweit eine Anfechtung eines durch Vernichtung der Testamentsurkunde zum Ausdruck gebrachten Widerrufs auf Grund des § 2078 Abs. 1 BGB. in Frage kommen kann, ist hier nicht zu untersuchen.

Ein gewisses Bedenken gegen die hier vertretene Ansicht ließe sich vielleicht aus § 2257 entnehmen. Danach soll der Widerruf des Widerrufs nur zulässig sein, wenn letzterer durch Testament erfolgt ist. Es ließe sich sagen, wenn nach Vernichtung der Testamentsurkunde nicht einmal ein ausdrücklicher Widerruf des durch die Vernichtung zum Ausdruck gebrachten Widerrufs zulässig ist, müsse auch die Zulassung einer Anfechtung bedenklich erscheinen. Dieser lediglich für den Widerruf getroffenen Vorschrift kann indes für den Fall der Anfechtung entscheidende Bedeutung nicht beigemessen werden. Für die Zulassung des Widerrufs eines durch Vernichtung der Testamentsurkunde vollzogenen Widerrufs besteht kein besonderes Bedürfnis. Denn der Erblasser selbst ist in der Lage, in der gehörigen Form eine anderweite letztwillige Verfügung zu treffen. Anders ist die Sachlage, wenn sich nach dem Tode des Erblassers herausstellt, daß der Erblasser sich bei dem Widerruf im Irrtum befundet hat.

RGZ. 107, 192

Läuft die Frist des § 2082 BGB., solange der Pflichtteilsberechtigte, der in einer letztwilligen Verfügung übergangen ist (§ 2079), letztere für ungültig hält?

IV. Zivilsenat. Urt. v. 20. September 1923.

I. Landgericht Aachen. II. Oberlandesgericht Köln.

Der Gießereibesitzer Franz Jakob K. in A. errichtete am 7. Februar 1916 in zwei Exemplaren ein eigenhändiges Testament, in dem er seine vier Kinder aus der Ehe mit seiner ersten, im Jahre 1912 verstorbenen Frau — die Beklagten — zu Erben einsetzte. Am 21. Dezember 1917 heiratete er die jetzige Klägerin. Er starb am 30. April 1919; am 30. Mai 1919 wurde das Testament vom Nachlaßgericht geöffnet. Die Klägerin hat das Testament, weil sie darin übergangen ist, auf Grund des § 2079 BGB. am 15. Mai 1920 durch Erklärung gegenüber dem Nachlaßgericht angefochten. Die Beklagten wollen der Klägerin nur das Pflichtteilsrecht zubilligen, während die Klägerin der Ansicht ist, daß sie zu $^1/_4$ gesetzliche Miterbin ihres verstorbenen Mannes geworden ist. Auf Feststellung dieses Erbrechts hat sie Klage erhoben. Das Landgericht wies die Klage ab, das Oberlandesgericht gab ihr statt. Die Revision der Beklagten hatte keinen Erfolg.

Gründe:

In dieser Instanz dreht sich der Streit der Parteien lediglich um die Frage, ob die Klägerin das Testament ihres Mannes rechtzeitig angefochten hat. Das Berufungsgericht hat die Frage mit folgender Begründung bejaht: Nach § 2082 BGB. beginne die Jahresfrist, innerhalb deren die Anfechtung erfolgen müsse, mit dem Zeitpunkt, in welchem der Anfechtungsberechtigte von dem Anfechtungsgrunde Kenntnis erlangt habe. Wolle man diese Frist mit dem Tage beginnen lassen, an welchem die Klägerin nach dem Tode ihres Mannes erfuhr, daß dessen Testament noch vorhanden sei, so würde die Frist verstrichen sein. Denn die Klägerin habe zur Zeit des Todes, also am 30. April 1919 gewußt, daß das eine Testamentsexemplar noch im Schrank gelegen habe. Zur Kenntnis des Anfechtungsgrundes sei aber das Wissen vom Tode des Erblassers und vom Vorliegen eines Testaments nicht immer genügend. Im vorliegenden Falle sei bewiesen, daß Franz Jakob K. sein Testament wegen seiner Wiederverheiratung für hinfällig gehalten, daß er dies der Klägerin erklärt und sie beauftragt habe, die Testamentsurkunden zu vernichten. Auf Grund dieser Tatsachen habe die Klägerin zu der irrigen Rechtsansicht gelangen müssen, daß das Testament nichtig sei und gar nicht mehr angefochten zu werden brauche, und in dieser Ansicht sei sie offenbar durch ihren Rechtsbeistand Justizrat X. erhalten worden. Darauf, daß möglicherweise noch eine Anfechtung des Testaments durch Erklärung gegenüber dem Nachlaßgericht nötig sei, sei die Klägerin unstreitig erst im April 1920 durch den damaligen Vertreter von X., Referendar Y., hingewiesen worden. Frühestens mit der Empfangnahme dieses Hinweises könne daher von einer Kenntnis des Anfechtungsgrundes gesprochen werden, so daß die Anfechtungsfrist am 15. Mai 1920 noch lange nicht abgelaufen sei. . . .

Dieser von der Revision bekämpften Auffassung ist im Ergebnis beizutreten. Den Anfechtungsgrund im Sinne des § 2082 bilden die das Anfechtungsrecht begründenden Tatsachen. Letzterer Ausdruck findet sich im § 1785 des I. Entwurfs. Ein Antrag, statt dessen „Anfechtungsgrund" zu setzen, wurde von der II. Kommission abgelehnt, die Fassung des Entwurfs wurde ausdrücklich gebilligt (Prot. Bd. 5 S. 68 III, A). Wie trotzdem § 2082 Abs. 2 seine jetzige Fassung erlangt hat, ist aus den Protokollen nicht ersichtlich. Wahrscheinlich ist die Aenderung erfolgt, um die Vorschrift mit dem von der Kommission eingefügten jetzigen § 121 in Einklang zu bringen. Jedenfalls ist sachlich an der Begriffsbestimmung, wie sie der Entwurf I enthielt, nichts geändert. Im Falle des § 2079 BGB. wird das Anfechtungsrecht des Pflichtteilsberechtigten begründet durch das Vorhandensein eines gültigen Testaments, in dem er nicht bedacht ist. Solange er also der Auffassung ist, die letztwillige Verfügung sei ungültig, fehlt ihm die Kenntnis des Anfechtungsgrundes. Eine andere Frage ist es, ob die Frist erst dann zu laufen beginnt, wenn der Pflichtteilsberechtigte von seinem Anfechtungsrecht Kenntnis erlangt, wenn er also erfährt, daß er, um das Testament zu beseitigen, die Anfechtung dem Gericht gegenüber erklären muß. Diese beiden Fragen hält die Revision nicht auseinander. Die letztere Frage ist zu verneinen. Das Anfechtungsrecht liegt außerhalb des Bereichs des Anfechtungsgrundes, der Anfechtungsgrund bringt das Anfechtungsrecht zur Entstehung. Inwiefern diese Rechtsauffassung, wie die Revision meint, zu unerträglichen Folgerungen führen soll, ist nicht einzusehen. Sie sagt, es komme dann allemal darauf an, ob eine Partei es für notwendig befunden habe, Rechtsbelehrung einzuholen und ob sie dabei auch richtig belehrt worden sei. In der Tat kann es darauf ankommen. Das Gesetz setzt hier für den Fristbeginn „Kenntnis", d. h. zuverlässiges Erfahren der in Betracht kommenden Umstände voraus (RG. bei Gruchot Bd. 59 S. 481). Der Umstand, daß die Partei infolge Fahrlässigkeit Kenntnis nicht erlangt hat, schadet ihr nach § 2082 nicht (anders in den Fällen der §§ 122 Abs. 2, 123 Abs. 2, 142 Abs. 2 u. a.). . . .

RGZ. 116, 148

Ueber wechselbezügliche und selbständige Verfügungen in einem gemeinschaftlichen Testament.

BGB. §§ 2270, 2085.

IV. Zivilsenat. Urt. v. 14. Februar 1927.

I. Landgericht Stade. II. Oberlandesgericht Celle.

Der Kläger stützt den gegen seinen Bruder erhobenen Anspruch auf eine letztwillige Verfügung des Vaters; der Beklagte bestreitet deren Gültigkeit. Das Oberlandesgericht hat die Verfügung für unwirksam erklärt. Der hiergegen gerichtete Revisionsangriff hatte Erfolg.

Aus den Gründen:

Dem Berufungsgericht mag darin gefolgt werden, daß die beiden vom Vater zugleich namens der Mutter an die Parteien gerichteten Briefe vom 13. November 1909 zusammen das von beiden Elternteilen in der vorliegenden Form als vollendet angesehene gemeinschaftliche Testament der Eltern enthalten, sowie darin, daß sich die beiden Elternteile in diesem Testament (durch Zuwendung des Zinsgenusses an den Kapitalien und der Nutznießung an den Haushaltungsgegenständen) gegenseitig bedacht haben. Da die beiden Schreiben nur vom Vater unter Angabe des Ortes und Tages eigenhändig geschrieben und unterschrieben sind (§ 2231 Nr. 2 BGB.), eine schriftliche Beitrittserklärung der Mutter (§ 2267 BGB.) dagegen fehlt, so ist das Testament als solches der Mutter nichtig. Welchen Einfluß die

Nichtigkeit ihrer Verfügungen auf die Verfügungen des Vaters ausübt, bestimmt sich nach § 2270 BGB. Davon geht auch das Berufungsgericht aus. Seine Anwendung des § 2270 ist aber von Rechtsirrtum beeinflußt. Nach § 2270 Abs. 1 hat, wenn Ehegatten in einem gemeinschaftlichen Testament wechselbezügliche Verfügungen getroffen haben, die Nichtigkeit der Verfügung des einen die Unwirksamkeit der Verfügung des anderen zur Folge. Wechselbezüglichkeit besteht nach den Worten des Gesetzes dann, wenn anzunehmen ist, daß die Verfügung des einen nicht ohne die Verfügung des anderen getroffen worden wäre, oder anders ausgedrückt, wenn jede der beiden Verfügungen mit Rücksicht auf die andere getroffen ist und nach dem Willen der Erblasser mit ihr stehen und fallen soll. Enthält das gemeinschaftliche Testament eine Mehrheit von Verfügungen jedes der beiden Ehegatten und betrifft der Nichtigkeitsgrund, wie hier der Formfehler, die sämtlichen Verfügungen des einen Ehegatten, so ist zu prüfen, inwieweit die Verfügungen des anderen Ehegatten zu jenen Verfügungen im Verhältnis der Wechselbezüglichkeit stehen oder unabhängig von ihnen sind. Ob auch die selbständigen Verfügungen dieses Ehegatten von der Unwirksamkeit seiner wechselbezüglichen Verfügungen mittelbar betroffen werden, richtet sich nach § 2085 BGB. (WarnRspr. 1913 Nr. 247). Nach § 2270 Abs. 2 ist Wechselbezüglichkeit im Zweifel anzunehmen, a) wenn sich die Ehegatten gegenseitig bedenken oder b) wenn dem einen Ehegatten (hier dem Manne) von dem anderen ein Zuwendung gemacht und für den Fall des Ueberlebens des Bedachten von diesem eine Verfügung zugunsten von Personen getroffen wird, die mit dem anderen Ehegatten (der Frau) verwandt sind, was auch für die gemeinschaftlichen Kinder der beiden Ehegatten zutrifft. Da hiermit nur eine Regel für den Zweifelfall aufgestellt ist, gilt diese Regel nicht, wenn pflichtmäßige Willenserforschung (§ 133 BGB.) den Richter in den Stand setzt, die eine von den beiden sich darbietenden Willensmöglichkeiten, nämlich die von den Erblassern gewollte Abhängigkeit oder die von ihnen gewollte Unabhängigkeit der beiderseitigen Verfügungen, für zutreffend oder unzutreffend zu erklären. Für diese Willenserforschung können auch Umstände außerhalb des Testaments, wie frühere oder spätere Aeußerungen der Erblasser und ihre beiderseitigen Vermögensverhältnisse, in Betracht kommen (vgl. KGJ. Bd. 42 S. 119).

Ueber die Vermögensverhältnisse hatte der Kläger behauptet, daß das Vermögen der Mutter nur in wenigen eingebrachten Sachen unerheblichen Wertes bestanden habe, während alle übrigen Vermögensgegenstände dem Vater gehört hätten. Auch wenn eine solche Verschiedenheit der Vermögensverhältnisse der beiden Elternteile unterstellt wird, mag die Auffassung nur als zweifelhaft und nicht als widerlegt erscheinen, der Vater habe die Mutter mit Rücksicht darauf bedacht, daß diese ihn in äußerlich gleichmäßiger Weise bedachte. Dann ist, eben wegen des noch bestehenden Zweifels, gemäß der Regel des § 2270 Abs. 2 die gegenseitige Abhängigkeit dieser beiderseitigen Verfügungen anzunehmen. Es ist aber nicht zu billigen, daß das Berufungsgericht die Wechselbezüglichkeit dieser Verfügungen ohne weiteres auf diejenigen Verfügungen des Vaters übertragen hat, welche sich, die Behauptungen des Klägers als richtig unterstellt, auf die den Söhnen zugedachten Bestandteile seines Vermögens beziehen. Auch durch die oben unter b) wiedergegebene zweite Vorschrift in § 2270 Abs, 2 wird dies nicht gerechtfertigt. Die Zugehörigkeit der den Söhnen zugedachten Vermögensstücke zum alleinigen Vermögen des Vaters und die geringe sachliche Bedeutung der „Bedenkung" des Vaters durch die Mutter legen vielmehr die Annahme sehr nahe, daß der Vater jene Vermögensstücke den gemeinschaftlichen Kindern ohne Rücksicht darauf zugewandt hat, daß er von der Mutter bedacht wurde. Diese Annahme wird mit Bezug auf die allein im Streit befindliche Zuwendung an den Kläger dadurch bestärkt, daß der Vater den Erfolg dieser Zuwendung schon (unter Lebenden) in einem von einer letztwilligen Verfügung der Mutter unabhängigen Verfahren sichergestellt zu haben glaubte. Ist die vom Vater zugunsten des Klägers getroffene letztwillige Verfügung unabhängig von der letztwilligen Verfügung der Mutter, so ist jene Verfügung grundsätzlich auch selbständig gegenüber der von dem Vater zugunsten der Mutter getroffenen Verfügung. Daß der Vater ohne seine (nach § 2270 unwirksame) Verfügung zugunsten der Mutter seine Verfügung zugunsten des Klägers nicht getroffen haben würde (§ 2085), hätte der die Unwirksamkeit dieser Verfügung geltend machende Beklagte darlegen und beweisen müssen (RGZ. Bd. 63 S. 29).

RGZ. 116, 321

Ueber die Unterscheidung vertragsmäßiger und einseitiger Verfügungen in einem Erbvertrag.

BGB. §§ 2278, 2299.

IV. Zivilsenat. Urt. v. 21. März 1927.

I. Landgericht Köln. II. Oberlandesgericht daselbst.

Die am 27. Januar 1925 kinderlos verstorbene Schwester der drei Beklagten hat verschiedene Verfügungen von Todes wegen hinterlassen, nämlich einen mit ihrem überlebenden Ehemann abgeschlossenen notariellen Erbvertrag vom 21. Mai 1920, einen diesen

Vertrag abändernden notariellen Vertrag mit ihrem Mann vom 25. August 1920 und ein eigenhändiges Testament vom 6. März 1924. Auf Grund des Testaments fordert die Klägerin von den Beklagten als den eingesetzten Erben die Uebertragung des Eigentums an einem ihr vermachten Grundstück. Landgericht und Oberlandesgericht haben diesen Anspruch abgewiesen.

Auf die Revision der Klägerin wurde die Sache an das Berufungsgericht zurückverwiesen.

Aus den Gründen:

Die Abweisung der Klage in den Vorinstanzen beruht auf der Annahme, daß die einseitigen Bestimmungen der Klägerin in ihrem Testament vom 6. März 1924 wegen ihrer Bindung an die Erbverträge vom 21. Mai und 25. August 1920 unwirksam seien. . . .

Die Revision beschwert sich begründeterweise darüber, daß das Berufungsgericht ohne weiteres angenommen hat, auch diejenigen Verfügungen in den Erbverträgen, welche die Klägerin nicht zugunsten des anderen Vertragschließenden, ihres Ehemanns, sondern zugunsten Dritter getroffen habe, seien vertragsmäßige Verfügungen.

In den beiden Erbverträgen hat jeder der beiden vertragschließenden Eheleute dem anderen den lebenslänglichen uneingeschränkten Nießbrauch an seinem Nachlaß vermacht und ihn zu seinem Testamentsvollstrecker ernannt. Dagegen hat der Ueberlebende auf sein gesetzliches Erbrecht am Nachlaß des Erstversterbenden verzichtet. Die Ehefrau hat als ihren alleinigen Erben ihren Bruder Werner L., den Zweitbeklagten, eingesetzt und ihn mit mehreren gleich nach ihrem Tode auszuzahlenden Geldvermächtnissen belastet, darunter solchen von 20 000 M. an ihren Bruder Jakob, den Erstbeklagten, von 15 000 M. an ihren Bruder Anton, den Drittbeklagten, und von 3000 M. an die Klägerin. Außerdem hat jeder der beiden Ehegatten seinen Anteil an einem beiden gemeinschaftlich gehörigen Hausgrundstück einer Nichte der Ehefrau vermacht.

Diese Erbverträge enthalten, abgesehen von dem den besonderen Vorschriften der §§ 2346 flg. BGB. unterstehenden Erbverzicht, in dem gegenseitigen Vermächtnis des Nießbrauchs am Nachlaß zweifellos vertragsmäßige Verfügungen im Sinne der §§ 1941, 2278 BGB. und in der gegenseitigen Ernennung zum Testamentsvollstrecker zweifellos einseitige letztwillige Verfügungen im Sinne des § 2299 BGB. Denn die Anordnung einer Testamentsvollstreckung kann nach § 2278 Abs. 2 gar nicht vertragsmäßig getroffen werden. Ob die, insbesondere von der Ehefrau, zugunsten Dritter getroffenen Verfügungen, die Erbeinsetzung und die Vermächtnisanordnungen, bloß einseitig und daher frei widerruflich oder ob sie vertragsmäßig getroffen worden sind, ist nicht ohne weiteres klar.

In § 1956 Abs. 2 und 3 des ersten Entwurfs eines Bürgerlichen Gesetzbuchs war gesagt: Eine in einem Erbeinsetzungsvertrag enthaltene Erbeinsetzung sei im Zweifel als Einsetzung eines Vertragserben anzusehen; auch wenn die Verfügung in einem Vermächtnis bestehe, sei im Zweifel anzunehmen, daß von den Vertragschließenden die Bindung des Erblassers gewollt sei. In den Motiven (Bd. 5 S. 336) ist dazu bemerkt, bei Erbeinsetzungen und Vermächtnissen lasse sich wohl annehmen, die Vertragschließenden hätten die Bindung gewollt, wenn sie die Anordnungen in den Vertrag aufgenommen und trotz des durch die Vertragsform gebotenen Anlasses nicht kenntlich gemacht hätten, daß sie widerruflich sein sollten. Demgegenüber wurde in der Kommission für die zweite Lesung (Prot. Bd. 5 S. 402, 403) beantragt, jene Auslegungsregel durch die Vorschrift zu ergänzen oder zu ersetzen, daß die Erbeinsetzung eines Dritten und die Anordnung von Vermächtnissen im Zweifel dann als letztwillige, also nicht bindende Verfügungen anzusehen seien, wenn sich annehmen lasse, daß nur der Erblasser an der Einsetzung des Dritten und der Anordnung der Vermächtnisse ein Interesse gehabt habe. Dabei wurde besonders des Falles gedacht, daß einer der beiden vertragschließenden Ehegatten seine eigenen Verwandten bedenkt. Schließlich wurden beide Auslegungsregeln, unbeschadet der sachlichen Billigung ihres Inhalts, als entbehrlich abgelehnt. Die geltende Rechtslage ist hiernach die: Eine Erbeinsetzung oder Vermächtnisanordung ist nicht schon deshalb, weil sie sich in einem Erbvertrag findet, als vertragsmäßige Verfügung anzusehen. Vielmehr ist gemäß § 133 BGB. auf dem Wege freier Willenserforschung, der durch Auslegungsregeln weder nach der einen noch nach der anderen Richtung Schranken gesetzt oder Richtlinien gegeben sind, darüber zu entscheiden, ob und inwieweit mit der einzelnen Verfügung gegenseitige Bindung oder freie Widerruflichkeit beabsichtigt gewesen ist. Bei Zuwendungen eines Erblassers an einen Dritten kommt das Interesse, auch das bloß moralische, das der andere Vertragsteil an der Verfügung hat, als Auslegungsbehelf in Betracht (vgl. RG. in WarnRspr. 1917 Nr. 91; LZ. 1916 Sp. 1032 Nr. 18; Planck Komm. 4. Aufl. § 1941 Anm. 1 Abs. 1; 3. Aufl. § 2278 Anm. 1; Komm. von RGRäten 5. Aufl. § 2278 Anm. 2).

Unter diesem Gesichtspunkt hat das Berufungsgericht den Fall nicht geprüft. Insbesondere hat es nicht ein Interesse des Ehemanns der Erblasserin daran festgestellt, daß diese über ihren Nachlaß, abgesehen von dem Vermächtnis des Nießbrauchs an ihn, gerade so, wie in den Erbverträgen geschehen, verfügte. Es muß daher in diesem Rechtszug mit der Möglichkeit gerechnet werden, daß die

Einsetzung des einen Bruders der Erblasserin zum alleinigen Erben und seine Belastung mit Vermächtnissen zugunsten anderer Personen als des Ehemanns der Erblasserin nicht als vertragsmäßige, sondern als einseitige Verfügungen getroffen worden sind. Dann war die Erblasserin durch die Erbverträge nicht gehindert, gemäß § 2253 Abs. 1, § 2254, § 2258 Abs. 1 BGB. durch einseitiges Testament, wie am 6. März 1924 geschehen, neben dem einen Bruder ihre beiden anderen, bis dahin mit Vermächtnissen bedachten Brüder als Miterben einzusetzen und der bis dahin mit einem Geldvermächtnis bedachten Klägerin statt dessen eine Parzelle Land zuzuwenden. Allerdings konnte sie, auch unter der angenommenen Voraussetzung, durch das einseitige Grundstücksvermächtnis an die Klägerin den erbvertragsmäßigen Nießbrauch ihres Mannes an ihrem gesamten Nachlaß nicht beeinträchtigen. Die Klägerin fordert aber auch gar nicht, daß ihr das Eigentum an dem Grundstück frei von dem für den Ehemann der Erblasserin eingetragenen Nießbrauch übertragen werde.

Das Berufungsurteil ist demnach aufzuheben. Die Entscheidung über die erörterte Auslegungsfrage ist dem Tatrichter zu überlassen.

RGZ. 130, 213

Tritt dann, wenn nach Errichtung eines wechselseitigen Testaments der überlebende Ehemann in einem weiteren Testament seine zweite Ehefrau als Erbin einsetzt und diese das erste Testament gemäß § 2079 BGB. erfolgreich anficht, Erbfolge auf Grund des zweiten Testaments oder gesetzliche Erbfolge ein?

BGB. §§ 2079, 2271 Abs. 2.

IV. Zivilsenat. Urt. v. 6. November 1930.

I. Landgericht Prenzlau. II. Kammergericht Berlin.

Die Klägerin ist die Witwe des am 19. Juni 1928 verstorbenen Karl K. Dieser hatte am 11. August 1906 mit seiner ersten, vor 1916 verstorbenen Ehefrau ein gemeinschaftliches Testament errichtet, in dem sich die Eheleute gegenseitig zu Erben einsetzten, während die vom Ehemann durch nachfolgende Ehe legitimierte, gleichfalls als Erbin eingesetzte Tochter Marie K. sich mit dem nach dem Tode des Ueberlebenden vorhandenen Ueberrest begnügen sollte. Während seiner zweiten Ehe mit der Klägerin errichtete Karl K. ein privatschriftliches Testament vom 27. November 1924, worin er diese als Erbin einsetzte, die Tochter Marie aber auf den Pflichtteil beschränkte. An deren Stelle ist nach ihrem Tode ihr Sohn, der Beklagte, getreten. Die Klägerin hat Klage erhoben auf Feststellung, daß sie Alleinerbin des Karl K. sei. Die Klage ist vom Landgericht abgewiesen worden. Im Laufe des Berufungsverfahrens hat die Klägerin das Testament vom 11. August 1906 auf Grund des § 2079 BGB. in Verb. mit § 2281 das. dem Nachlaßgericht gegenüber durch notariell beurkundete Erklärung vom 28. Mai 1929 angefochten. Sie hat hilfsweise beantragt, festzustellen, daß sie zu einem Viertel des Nachlasses gesetzliche Erbin des Karl K. geworden sei. Das Kammergericht hat ihre Berufung zurückgewiesen. Ihre Revision führte zur Aufhebung und Zurückverweisung.

Aus den Gründen:

. . . Es fragt sich, ob eine wirksame Anfechtung des Testaments vom 11. August 1906 überhaupt geeignet ist, den Hauptanspruch zu rechtfertigen, ob nämlich, wenn die Anfechtung durchdringt, nunmehr die Erbfolge auf Grund des Testaments von 1924 und nicht etwa die gesetzliche Erbfolge einzutreten hat. Für letzteres könnte geltend gemacht werden, daß das Testament von 1924, weil mit dem früheren wechselseitigen Testament im Widerspruch stehend, gemäß § 2271 Abs. 2 BGB. von Anfang an ungültig war, so daß die Klägerin auch nach der Anfechtung darauf nicht mehr zurückgreifen dürfte. Diese Auffassung findet indes im Gesetz keine Stütze. § 2271 Abs. 2 Satz 1, wonach der überlebende Gatte, der die Erbschaft aus dem wechselseitigen Testament nicht ausschlägt, seine Verfügung nicht aufheben kann, enthält bloß eine Beschränkung seiner Testierfreiheit, nicht aber eine Aufhebung oder Minderung seiner Testierfähigkeit. Der Ueberlebende ist nicht gehindert, einseitig letztwillige Verfügungen zu treffen; diese sind nur unwirksam, soweit sie mit denen des wechselseitigen Testaments im Widerspruch stehen. Wird das wechselseitige Testament mit Erfolg angefochten, so entfällt der Grund der Unwirksamkeit der späteren Verfügung. Die Anfechtung hat die Nichtigkeit des wechselseitigen Testaments zur Folge, und diese Nichtigkeit ist nach § 142 Abs. 1 BGB. als von Anfang an bestehend anzusehen. Da also zufolge der Rückwirkung der Anfechtung das wechselseitige Testament von 1906 rechtlich niemals vorhanden war, kann es dem Testament von 1924 nicht entgegengehalten werden. Die darin enthaltenen letztwilligen Verfügungen des Karl K. über seinen Nachlaß bleiben mithin in Kraft (Planck Erl. 3 zu § 2079 BGB.; ROLG. Bd. 24 S. 73/74).

RGZ. 132, 1

1. Anfechtung eines gemeinschaftlichen wechselbezüglichen Testaments, wenn der überlebende Ehegatte zur zweiten Ehe geschritten ist.

2. Inwiefern wird der Beginn der Anfechtungsfrist durch einen Rechtsirrtum des wiederverheirateten Ehegatten gehindert?

3. Wann beginnt die Anfechtungsfrist für den überlebenden zweiten Ehegatten?

BGB. §§ 2079, 2082, 2270, 2271, Abs. 2, §§ 2281 flg., 2285.

IV. Zivilsenat. Beschl. v. 11. Dezember 1930.

I. Amtsgericht Berlin-Wedding. II. Landgericht III Berlin.

Sachverhalt und Entscheidung ergeben sich aus den

Gründen:

Der Rektor Sch. errichtete mit seiner Ehefrau Anna geb. H. zu notariellem Protokoll vom 5. Januar 1903 ein gemeinschaftliches Testament, in dem die Ehegatten sich gegenseitig zu Erben einsetzten und bestimmten, daß nach dem Tode des Letztlebenden der gemeinschaftliche Nachlaß an die vier Kinder falle, der Ueberlebende „sonach" Vorerbe des Erstversterbenden und die Kinder Nacherben (und zwar für den Ueberrest) seien. Nachdem die Ehefrau gestorben war, *schloß der Ehemann am 5. April 1927 eine zweite Ehe* mit Anna geb. L. Ohne die Erbschaft nach seiner ersten Frau ausgeschlagen zu haben, errichtete er am 1. Mai 1930 ein neues eigenhändiges Testament, worin er unter Aufhebung seiner früheren Verfügungen neben zwei überlebenden Kindern und den beiden Kindern einer vorverstorbenen Tochter auch seine zweite Ehefrau zu einem Viertel des Nachlasses als Erbin einsetzte. Am 2. Mai 1930 starb er. Die Witwe focht im Mai 1930 das erste Testament wegen ihres nachträglich entstandenen Pflichtteilsrechts an und beantragte auf Grund des letzten Testaments die Erteilung eines Erbscheins dahin, daß sie zu einem Viertel Erbin ihres Ehemanns geworden sei. Das Amtsgericht lehnte den Antrag ab, weil das zweite Testament wegen seines Widerspruchs mit dem ersten, für den Erblasser unwiderruflich gewordenen gemeinschaftlichen Testament unwirksam sei. Daran sei auch durch die von der Witwe erklärte Anfechtung des ersten Testaments nichts geändert worden, weil die nach §§ 2079, 2281 flg. BGB. laufende Anfechtungsfrist bereits vom Erblasser selbst versäumt worden sei. Die Beschwerde der Antragstellerin wurde vom Landgericht zurückgewiesen, und zwar mit der Begründung, daß das Amtsgericht die Vorschrift des § 2285 BGB. mit Recht für entsprechend anwendbar ansehe und daß der Beginn der Anfechtungsfrist durch einen Rechtsirrtum des Erblassers, insbesondere durch seine etwaige Unkenntnis des Anfechtungsrechts, nicht gehemmt worden sei.

Mit der weiteren Beschwerde macht die Antragstellerin geltend: Eine entsprechende Anwendung der Vorschriften über die Anfechtung eines Erbvertrags, insbesondere des § 2285 BGB., auf den Fall der Bindung des Erblassers an ein gemeinschaftliches Testament sei nicht zulässig. Keinesfalls aber könne angenommen werden, daß die Anfechtungsfrist für den Erblasser selbst zu laufen begonnen habe, da ihm als Laien die durch seine Wiederverheiratung begründete Möglichkeit der Anfechtung des mit seiner ersten Frau errichteten gemeinschaftlichen Testaments nicht bekannt gewesen sei.

Das Kammergericht erachtet die nach § 27 FGG. zulässige weitere Beschwerde insofern für begründet, als das Landgericht einer etwaigen Rechtsunkenntnis des Erblassers jede Bedeutung für den Beginn des Laufes der Anfechtungsfrist abspreche. Es will nicht so weit gehen wie das Oberlandesgericht Dresden, das den Grundsatz aufgestellt hat, daß, wenn sich der anfechtungsberechtigte überlebende Ehegatte in einem Rechtsirrtum über die Notwendigkeit der Anfechtung des gemeinschaftlichen Testaments befunden hat, die Unterlassung der Anfechtung durch ihn die Anfechtung durch den Pflichtteilsberechtigten nicht hindere, sofern anzunehmen sei, daß der Erblasser bei Kenntnis der Rechtslage von seinem Anfechtungsrecht Gebrauch gemacht haben würde (JFG. Bd. 1 S. 163, Bd. 5 S. 174). Das Kammergericht erachtet aber einen Rechtsirrtum des überlebenden Ehegatten nicht nur dann für beachtlich, wenn dieser das ihn bindende gemeinschaftliche Testament aus formellen oder sachlichen Gründen für ungültig hält, sondern auch dann, wenn er es zwar für gültig ansieht, aber rechtsirrtümlich annimmt, es sei für ihn wegen des Vorhandenseins des Pflichtteilsberechtigten (hier seiner zweiten Ehefrau) nicht mehr bindend und er könne es deshalb jederzeit widerrufen. Demgemäß meint das Kammergericht, die Anfechtungsfrist laufe für den überlebenden Ehegatten nur dann, wenn er sich der Gültigkeit des gemeinschaftlichen Testaments und seiner Bindung daran bewußt sei und die Anfechtung nur deshalb unterlasse, weil er nicht wisse, daß das Gesetz die Möglichkeit einer solchen Anfechtung vorsehe.

Von diesem Standpunkt aus will das Kammergericht auf die weitere Beschwerde den landgerichtlichen Beschluß aufheben und die Sache in die Vorinstanz zurückverweisen, da der Sachverhalt noch der Aufklärung bedürfe. Es sieht sich aber daran gehindert durch das Urteil des Reichsgerichts vom 25. September 1919 IV 167/19 (Recht 1920 Nr. 424 = Bayr. Zeitschr. f. Rechtspfl. 1919 S. 424), worin unzweideutig ausgesprochen sei, daß auch ein Rechtsirrtum des anfechtungsberechtigten Ehegatten über seine Bindung an das gemeinschaftliche Testament den Beginn der Anfechtungsfrist nicht hindere. Deshalb legt das Kammergericht die weitere Beschwerde dem Reichsgericht zur Entscheidung vor.

Die Zuständigkeit des Reichsgerichts ist nach § 28 Abs. 2 FGG. gegeben. Die weitere Beschwerde kann aber, abweichend von der Ansicht des Kammergerichts, auch nicht bedingt als begründet angesehen werden.

Der Ausgangspunkt der Vorinstanzen ist zutreffend. Danach sind die Bestimmungen des gemeinschaftlichen Testaments vom 5. Januar 1903 — gegenseitige Erbeinsetzung der Ehegatten, Zuwendung des beiderseitigen Nachlasses an die Kinder — nach der Regel des § 2270 Abs. 2 BGB., gegen die von der Beschwerdeführerin nichts vorgebracht ist, als wechselbezüglich im Sinne dieser Vorschrift anzusehen. Deshalb konnten sie nach § 2271 Abs. 2 vom überlebenden Ehemann nicht mehr aufgehoben werden, nachdem er das ihm Zugewendete nicht ausgeschlagen, sondern die Erbschaft nach seiner ersten Ehefrau angetreten hatte. In einem solchen Falle ist, wenn der überlebende Teil zu einer neuen Ehe schreitet, sein ihn überlebender zweiter Ehegatte als Pflichtteilsberechtigter nach § 2079 BGB. zur Anfechtung des gemeinschaftlichen Testaments soweit *berechtigt, daß ihm der gesetzliche Erbteil zusteht. Die Anfechtung* ist an die Frist des § 2082 das. gebunden.

Mit Recht haben ferner die Vorinstanzen angenommen, daß die Beschwerdeführerin nach § 2285 BGB. zur Anfechtung nicht mehr befugt war, wenn das Anfechtungsrecht des Erblassers zur Zeit des Erbfalls bereits erloschen war. Daß die für den Erbvertrag geltenden Vorschriften der §§ 2281 flg., insbesondere des § 2285 BGB., auf das gemeinschaftliche wechselbezügliche Testament entsprechend anzuwenden sind, entspricht der feststehenden Rechtsprechung des beschließenden Senats (RGZ. Bd. 77 S. 165, Bd. 87 S. 95; WarnRspr. 1918 Nr. 213; Urt. vom 22. Dezember 1921 IV 633/21, vom 29. September 1930 IV 798/29). Im vorliegenden Falle sind seit der Wiederverheiratung des Erblassers, mit der sein Anfechtungsrecht entstand, bis zu seinem Tode mehrere Jahre verflossen, ohne daß er das mit seiner ersten Ehefrau errichtete gemeinschaftliche Testament angefochten hätte. Die Beschwerdeführerin war also zur Anfechtung des gemeinschaftlichen Testaments nur dann befugt, wenn der Fristlauf dem Erblasser gegenüber gehemmt war.

Der Fristlauf beginnt nach § 2082 BGB. mit dem Zeitpunkt, in dem der überlebende Ehegatte vom Anfechtungsgrund Kenntnis erlangt, d. h. alle sein Anfechtungsrecht begründenden Tatsachen zuverlässig erfahren hat (vgl. Entsch. des Senats bei Gruch. Bd. 59 S. 481; RGZ. Bd. 107 S. 192; auch WarnRspr. 1914 Nr. 26 und RGZ. Bd. 115 S. 27). Die Kenntnis von dem Anfechtungsgrund kann dem überlebenden Ehegatten fehlen, wenn er sich in einem Irrtum befindet. Es ist zuzugeben, daß auch ein auf Unkenntnis der gesetzlichen Vorschriften beruhender Rechtsirrtum die Kenntnis in diesem Sinne ausschließen kann. Jedenfalls muß aber der Rechtsirrtum die Unkenntnis einer die Anfechtung begründenden Tatsache zur Folge haben, und es darf sich nicht lediglich um eine rechtsirrtümliche Beurteilung des Anfechtungstatbestands selbst handeln. Denn schon die Kenntnis dieses Anfechtungstatbestands setzt die Anfechtungsfrist in Lauf, und es ist nach § 2082 nicht erforderlich, daß der Erblasser von seinem Anfechtungsrecht unterrichtet ist.

Faßt man dies ins Auge, so kann der Ansicht des Kammergerichts, daß die Anfechtungsfrist gegen den überlebenden Ehegatten nicht laufe, solange er das gemeinschaftliche Testament aus formellen oder sachlichen Gründen für ungültig halte, nur unter der Voraussetzung beigetreten werden, daß der Ehegatte die Ungültigkeit nicht aus Umständen herleitet, die ihrerseits erst sein Anfechtungsrecht begründen. Diese Voraussetzung kann z. B. gegeben sein, wenn ein formelles Bedenken gegen die Gültigkeit des gemeinschaftlichen Testaments vorliegt, so daß es verständlich erscheint, wenn der überlebende Ehegatte es deshalb als von Anfang an nichtig angesehen hat. In einem solchen Falle, der freilich wohl selten praktisch werden wird, bezieht sich der Rechtsirrtum des überlebenden Ehegatten nicht auf die sein Anfechtungsrecht begründenden Tatsachen, schließt also seine Kenntnis vom Anfechtungsgrund im Sinne des § 2082 aus.

Im vorliegenden Falle ist derartiges oder ähnliches nicht vorgebracht. Der Erblasser hat, was auch das Kammergericht nicht verkennt, das gemeinschaftliche Testament vom 5. Januar 1903 für an sich gültig gehalten. Er ist sich lediglich der ihn bindenden Wirkung jenes Testaments nicht bewußt gewesen und hat demgemäß auch nicht gewußt, daß er das Testament anfechten könne. Das könnte ohne weiteres daraus entnommen werden, daß er geglaubt hat, durch sein Testament vom 1. Mai 1930 die wechselbezüglichen Verfügungen des gemeinschaftlichen Testaments umstoßen zu können, und ist jedenfalls zugunsten der Beschwerdeführerin zu unterstellen. Dagegen sind ihm alle sein Anfechtungsrecht begründenden Tatsachen, nämlich das von ihm selbst errichtete gemeinschaftliche Testament, der Tod seiner ersten Ehefrau, sein Erbantritt nach ihr und seine zweite Eheschließung, bekannt gewesen. Dann lag aber, wie der beschließende Senat in dem bereits erwähnten, einen ähnlichen Fall betreffenden Urteil vom 25. September 1919 angenommen hat, reine Rechtsunkenntnis des Erblassers vor, die den Lauf der Anfechtungsfrist nicht hinderte.

Es ist hiernach rechtlich nicht zu beanstanden, daß die Vorinstanzen die Beschwerdeführerin nach § 2285 BGB. nicht mehr für anfechtungsberechtigt angesehen haben. Die weitere Beschwerde ist somit unbegründet.

RGZ. 142, 171

1. Ist der Ersatzerbe des Nacherben im Erbschein mit aufzuführen?

2. Welche Gesichtspunkte hat das Nachlaßgericht bei Prüfung der Frage zu berücksichtigen, ob die stillschweigende Ersatzberufung eines Nacherben vorliegt?

BGB. §§ 2069, 2096, 2108 Abs. 2 Satz 1, § 2363 Abs. 1

IV. Zivilsenat. Beschl. v. 2. November 1933.

I. Amtsgericht Breslau. II. Landgericht daselbst.

Gründe:

In dem Testament des Fleischermeisters T. ist bestimmt:

§ 1. Ich setze meine Ehefrau Mathilde T. zur Vorerbin ein.

§ 2. Ihr setze ich meine beiden Kinder Elfriede T. und Alice T. zu gleichen Teilen zu Nacherben ein.

Es folgen dann noch weitere Bestimmungen; u. a. wird ein Testamentsvollstrecker ernannt.

Auf Antrag der Witwe erteilte das Nachlaßgericht einen Erbschein dahin, daß sie Vorerbin, die beiden Kinder Nacherben seien und daß eine Testamentsvollstreckung angeordnet sei. Der Testamentsvollstrecker hielt den Erbschein für unrichtig, weil die Abkömmlinge der Nacherben gemäß § 2069 BGB. zu Ersatznacherben berufen seien und daher im Erbschein aufgeführt werden müßten, da sie sonst nicht gegen gemeinsame Verfügungen der Vorerbin und der Nacherben geschützt seien. Auf seine Beschwerde ordnete das Amtsgericht die Einziehung des Erbscheins an. Hiergegen legte die Vorerbin Beschwerde ein. Das Landgericht hob darauf die Verfügung des Amtsgerichts auf. Nunmehr beschwerte sich der Testamentsvollstrecker weiter.

Das Kammergericht billigt zwar nicht die Begründung des Landgerichts, wonach eine Ersatznacherbfolge in den Erbschein nur dann aufzunehmen sei, wenn sie ausdrücklich angeordnet, nicht aber, wenn sie lediglich auf Grund einer gesetzlichen Auslegungsregel dem Testament zu entnehmen sei. Eine solche unterschiedliche Behandlung hält das Kammergericht für nicht angängig, weil weder für die Wirksamkeit der Berufung noch für die Rechte des Bedachten die abweichende Art der Berufung von Bedeutung sei. Es ist aber der Meinung — entsprechend seiner älteren Rechtsprechung in KGJ.

Bd. 35 A S. 215 und abweichend von seiner späteren Auffassung a. a. O. Bd. 49 S. 79 —, daß der Vorerbe in seiner Verfügung über den Nachlaß durch den Ersatznacherben nicht beschränkt sei, solange der Nacherbe nicht weggefallen sei, und daß es daher der Erwähnung des Ersatznacherben im Erbschein nicht bedürfe; Verfügungsbeschränkungen, die zur Zeit der Ausstellung des Erbscheins nicht beständen, seien im Erbschein nicht zu erwähnen. Das Kammergericht möchte daher die weitere Beschwerde zurückweisen, sieht sich hieran aber durch eine Entscheidung des Bayerischen Obersten Landesgerichts (BayrObLG. Bd. 6 S. 710) gehindert, welche die Uebergehung der Berufung des Ersatznacherben im Erbschein für unzulässig erklärt hat. Es hat daher die Beschwerde gemäß § 28 FGG. dem Reichsgericht vorgelegt.

Die weitere Beschwerde muß Erfolg haben.

Auszugehen ist von dem Zweck des Erbscheins. Nach den Motiven zum Entwurf eines Bürgerlichen Gesetzbuchs Bd. 5 S. 557 flg. soll der Erbschein den Umfang des Erbrechts ersehen lassen, dazu die Erben möglichst genau bezeichnen, auch die Nacherben, und angeben, unter welchen Voraussetzungen die Nacherbfolge eintritt. Einem Dritten soll die Gefahr einer unrichtigen Beurteilung des Sachverhältnisses erspart werden; ihm soll eine Gewähr geboten werden, daß aus einer Verfügung von Todes wegen herzuleitende Beschränkungen nicht vorhanden sind, falls sie aus dem Erbschein nicht ersichtlich sind. Ohne diese negative Wirkung würde der Zweck des Erbscheins nur unvollkommen erreicht werden.

Soll dieser Zweck erfüllt werden, so darf der Erbschein nicht auf Wiedergabe des Rechtszustandes beschränkt werden, der zur Zeit seiner Ausstellung gilt. Denn der Erbschein bleibt länger im Verkehr und muß daher auch von Anfang an spätere Aenderungen berücksichtigen, die sich zur Zeit seiner Ausstellung schon übersehen lassen. Soll der Erbschein seine negative Wirkung auch in Zukunft nach Möglichkeit bewahren und soll vermieden werden, daß er sich nachträglich als unrichtig herausstellen könnte, so darf die Einsetzung eines Ersatzerben für einen Nacherben nicht verschwiegen werden, da sie ein Recht des Ersatzerben mindestens von dem Zeitpunkt an ergibt, in welchem sich der Eintritt des Ersatzfalls vollzieht. Wäre die Aufnahme in den Erbschein unterblieben, so würde sich der Dritte darauf verlassen dürfen, daß ein Ersatzerbe nicht vorhanden, da er im Erbschein nicht erwähnt ist. Es ist nicht damit zu rechnen, daß durch rechtzeitige Einziehung eines unrichtig gewordenen Erbscheins die bezeichnete Gefahr immer vermieden werden würde.

Daraus ergibt sich die Notwendigkeit, daß ein Ersatzerbe eines Nacherben immer in den Erbschein aufgenommen werden muß, ganz unabhängig von der Frage, ob einem solchen Ersatzerben schon vor Eintritt des Ersatzfalls Rechte des Nacherben zustehen oder nicht.

Für die Notwendigkeit der Aufnahme in den Erbschein macht es auch keinen Unterschied, ob die Einsetzung des Ersatznacherben im Testament mit ausdrücklichen Worten ausgesprochen ist oder sich sonst aus dem Inhalt des Testaments, sei es auch nur bei Beachtung gesetzlicher Auslegungsregeln, ergibt. Auch im letzteren Fall ist die Ersatznacherbfolge, die, wie die Nacherbfolge überhaupt, nur kraft einer Verfügung von Todes wegen eintreten kann, im Sinne des § 2363 BGB. „angeordnet".

Im vorliegenden Fall kommen die Regeln in § 2108 Abs. 2 Satz 1 und § 2069 BGB. in Betracht. Bei beiden handelt es sich um Auslegungsvorschriften (RGZ. Bd. 106 S. 355, Bd. 99 S. 86). Nach der ersten dieser beiden Vorschriften geht das Anwartschaftsrecht eines eingesetzten Nacherben, wenn er vor dem Eintritt des Falls der Nacherbfolge, aber nach dem Eintritt des Erbfalls stirbt, auf seine Erben über, sofern nicht ein anderer Wille des Erblassers anzunehmen ist. Ein solcher der Vererbung des Anwartschaftsrechts entgegenstehender Wille erhellt *nicht ohne weiteres* daraus, daß der Erblasser für den Nacherben ausdrücklich oder stillschweigend (§ 2069 BGB.) einen Ersatzerben ernannt hat. Denn eine Ersatzberufung (§ 2096 BGB.) bezweckt ihrem Wesen nach im allgemeinen nur die Vorsorge für einen Wegfall des zunächst Berufenen von der Art, daß dessen Einsetzung u n w i r k s a m wird. Ein Wegfall d i e s e r Art ist aber gerade zufolge der Vorschrift des § 2108 Abs. 2 Satz 1 BGB. in dem Tode des eingesetzten Nacherben, wenn er vor dem Fall der Nacherbfolge, aber erst nach dem Erbfall eintritt, für die Regel nicht zu erblicken. Deshalb ist in jedem einzelnen Fall nach dem Gesamtinhalt des die Ernennung eines Ersatznacherben enthaltenden Testaments und auf Grund sonstiger zur Auslegung geeigneter Umstände (RGRKomm. Anm. 2 zu § 2084 BGB.) zu prüfen, ob der Erblasser durch die Ersatzberufung hat bestimmen wollen, daß die Erbanwartschaft nicht auf die Erben des Nacherben, sondern auf den Ersatzerben übergehen soll (RGZ. Bd. 95 S. 97 [99]).

Da sich § 2108 Abs. 2 BGB. auf den Wegfall des eingesetzten Nacherben durch seinen Tod beschränkt, § 2069 das. aber auch andere Gründe für seinen Wegfall umfaßt, so insbesondere die, daß er trotz Erlebens des Nacherbfalls die Erbschaft nicht endgültig erwirbt, weil er sie ausschlägt oder für erbunwürdig erklärt wird (§ 1953 Abs. 1 und 2, § 2344 BGB.; RGZ. Bd. 95 S. 98), so ist auch neben einer nach § 2108 Abs. 2 anzunehmenden Vererblichkeit des Anwartschaftsrechts eine nach § 2069 eintretende Ersatznacherbfolge möglich. Wenn indessen im einzelnen Fall Vererblichkeit des Anwartschaftsrechts eine Ersatzberufung für denjenigen Grund zu einem „Wegfall" des eingesetzten Nacherben ausschließt, welcher nach der Vorstellung des Erblassers vielleicht am nächsten liegt, so bedarf es einer besonders sorgfältigen Prüfung, ob der Gesamtinhalt des Testaments und sonst in Betracht kommende Umstände nicht die Unanwendbarkeit der Regel des § 2069 auch für die anderen Gründe des Wegfalls ergeben.

Bei der unter diesen Gesichtspunkten vorzunehmenden Testamentsauslegung sind neben dem Gesamtinhalt des Testaments nicht nur solche Umstände zu berücksichtigen, welche der Testamentserrichtung vorangegangen sind oder sie begleitet haben, sondern auch Vorgänge aus der späteren Lebenszeit des Erblassers, sofern sie einen Rückschluß auf das von ihm mit den Worten des Testaments Gewollte gestatten. Hat der Erblasser an die Möglichkeit des vorzeitigen Wegfalls des eingesetzten Nacherben nicht gedacht, so kann eine ergänzende Testamentsauslegung geboten sein, die sich nicht darauf beschränkt, einen (erwiesenermaßen oder auch nur mutmaßlich) wirklichen Willen des Erblassers zur Geltung zu bringen, sondern die auf einen Willen abzustellen ist, der vermutlich wirklich wäre, wenn der Erblasser bei der Testamentserrichtung jene Möglichkeit bedacht hätte. Auch eine derartige Willensergänzung setzt aber voraus, daß die für die Zeit der Testamentserrichtung an Hand des Testaments, gegebenenfalls unter Zuhilfenahme von Umständen außerhalb des Testaments oder der allgemeinen Lebenserfahrung, festzustellende Willensrichtung des Erblassers dafür eine genügende Grundlage bietet (RGZ. Bd. 99 S. 85, Bd. 110 S. 306, Bd. 134 S. 280). Da es sich hiernach immer nur um die Feststellung des Willens oder der Willensrichtung des Erblassers zur Zeit der Testamentserrichtung handelt und dafür neben dem Testamentsinhalt nur Tatsachen in Betracht kommen, die sich zu Lebzeiten des Erblassers zugetragen haben, ist das Gericht (Nachlaßrichter oder Beschwerdegericht) im Erbscheinverfahren durch das Gebot, auch die stillschweigende Ersatzberufung eines Nacherben in den Erbschein aufzunehmen, vor keine unmögliche Aufgabe gestellt.

Der Beschluß des Landgerichts, der auf der rechtsirrigen Annahme beruht, nur eine in der Verfügung von Todes wegen ausdrücklich angeordnete Ersatznacherbfolge sei im Erbschein anzugeben, unterliegt somit der Aufhebung. Die Sache ist an das Landgericht zurückzuverweisen, das unter Beachtung der dem Gericht im Erbscheinsverfahren nach § 2358 BGB., §§ 12, 15 FGG. obliegenden Ermittlungspflicht anderweit zu entscheiden haben wird.

RGZ. 143, 350

Kann die Ehefrau, die der Ehemann durch Testament zur Alleinerbin eingesetzt hat, nach dem Eintritt des Erbfalls als gesetzliche Vertreterin eines nach der Errichtung des Testamentes aus der Ehe hervorgegangenen Kindes die Anfechtung der letztwilligen Verfügung ihres Ehemanns gegenüber dem Nachlaßgericht erklären?

BGB. §§ 181, 206, 1630, 1795, 2079, 2081, 2082.

IV. Zivilsenat. Urt. v. 8. Februar 1934.

I. Landgericht I Berlin. II. Kammergericht daselbst.

Die Eltern des Klägers errichteten am 29. Juli 1914 ein gemeinschaftliches Testament, in dem sie sich gegenseitig zu Erben einsetzten. Am 21. September 1918 wurde der Kläger geboren. Am 6. August 1919 verstarb der Vater des Klägers. Am 9. Oktober 1919 wurde der Beklagte zum Beistand der Mutter und zugleich zum Pfleger „zur weiteren Geltendmachung und Sicherung der Pflichtteilsansprüche" des Klägers bestellt. Am 10. Dezember 1921 wurde sein Wirkungskreis als Pfleger auf „die Wahrnehmung der Rechte seines Pfleglings bezüglich des Nachlasses seines Vaters" erstreckt; dabei wurde ihm eröffnet, das Testament des Vaters des Kindes sei nach § 2079 BGB. anfechtbar. Der Beklagte hat die Anfechtung nicht erklärt. Der Kläger fordert deshalb von ihm Schadensersatz in Höhe von 15 000 RM. nebst Zinsen. Das Berufungsgericht hat die Klage abgewiesen. Die Revision des Klägers führte zur Zurückverweisung der Sache aus folgenden

Gründen:

Die Klage ist auf § 1915 Abs. 1 in Verbindung mit § 1833 BGB. gestützt. Der Kläger sieht die Pflichtverletzung des Beklagten darin, daß dieser es trotz mehrfacher Hinweise des Vormundschaftsgerichts unterlassen habe, namens des Klägers das Testament gemäß § 2079 BGB. anzufechten. Nach dieser Bestimmung kann eine letztwillige Verfügung angefochten werden, wenn der Erblasser einen zur Zeit des Erbfalls vorhandenen Pflichtteilsberechtigten übergangen hat . . ., der erst nach der Errichtung der Verfügung geboren oder pflichtteilsberechtigt geworden ist; die Anfechtung ist ausgeschlossen, soweit anzunehmen ist, daß der Erblasser auch bei Kenntnis der Sachlage die Verfügung getroffen haben würde. Antragsberechtigt ist nach § 2080 Abs. 3 BGB. der übergangene Pflichtteilsberechtigte, hier also der Kläger. Nach § 2081 Abs. 1 BGB. geschieht die Anfechtung einer letztwilligen Verfügung, durch die ein Erbe eingesetzt worden ist, durch Erklärung gegenüber dem Nachlaßgericht. Nach § 2082 BGB. kann die Anfechtung nur binnen Jahresfrist erklärt werden; die Frist beginnt mit dem Zeitpunkt, in dem der Anfechtungsberechtigte von dem Anfechtungsgrund Kenntnis erlangt; auf ihren Lauf finden die Vorschriften der §§ 203, 206, 207 BGB. entsprechende Anwendung. Aus der entsprechenden Anwendung des § 206 BGB. ergibt sich, daß die Anfechtungsfrist nicht abläuft, solange der Anfechtungsberechtigte geschäftsunfähig und ohne gesetzlichen Vertreter ist. Die Frist dauert alsdann mindestens noch sechs Monate von der Beseitigung der Geschäftsunfähigkeit oder des Mangels der gesetzlichen Vertretung an. Das Berufungsgericht ist der Meinung, daß die Anfechtungsfrist im gegebenen Fall nicht gemäß §§ 2082, 206 BGB. gehemmt gewesen sei. Zwar sei der Kläger damals geschäftsunfähig gewesen; es fehle aber an der zweiten Voraussetzung des § 206, dem Mangel einer gesetzlichen Vertretung. Mit dem Tode seines Vaters sei die elterliche Gewalt über den Kläger, und damit die gesetzliche Vertretung, gemäß § 1684 Abs. 1 Nr. 1 BGB. auf seine Mutter übergegangen. Nach § 1630 Abs. 2 in Verbindung mit §§ 1795, 181, 1796 BGB. sei zwar der Inhaber der elterlichen Gewalt von der gesetzlichen Vertretung in gewissen Fällen ausgeschlossen. Hier komme aber keiner dieser Fälle in Betracht, weil die Anfechtungserkärung, die nach § 2081 BGB. gegenüber dem Nachlaßgericht abzugeben sei, nicht als Rechtsgeschäft zwischen dem Anfechtungsberechtigten und dem im Testament Bedachten angesehen werden könne. Das Nachlaßgericht nehme die Erklärung kraft eigener Befugnis entgegen, nicht namens des im Testament Bedachten; es habe keine Vertreterstellung. Auch genüge die Erklärung, um die beabsichtigten Rechtswirkungen auszulösen, gleichgültig, ob der im Testament Bedachte hiervon Kenntnis erlange oder nicht. Daß eine Mitteilungspflicht bestehe, könne ebensowenig zu einer gegenteiligen Ansicht führen wie der Umstand, daß sich wirtschaftlich zwei Beteiligte gegenüberständen. Aus denselben Gründen könne nicht die Vornahme eines Rechtsgeschäfts des Bedachten mit sich selbst in Betracht kommen, was nach § 181 BGB. unzulässig wäre. Da somit die Mutter zur Vertretung des Klägers befugt gewesen sei und von dem Anfechtungsgrund mit dem Tode ihres Mannes Kenntnis erlangt habe, sei die Anfechtungsfrist bereits abgelaufen gewesen, als der Beklagte am 10. Dezember 1921 zum Pfleger des Klägers „zur Wahrung der Rechte seines Pfleglings bezüglich des Nachlasses seines Vaters" bestellt worden sei.

Diese Ausführungen des angefochtenen Urteils sind nur im Ausgangspunkt zutreffend, im Ergebnis aber rechtsirrig. Es genügt, wie das Berufungsgericht richtig annimmt, nicht, daß der Anfechtungsberechtigte überhaupt einen Vertreter hat; dieser muß vielmehr auch in dem gegebenen Fall für den Vertretenen zu handeln berechtigt sein. Diese Berechtigung fehlt dem Inhaber der elterlichen Gewalt nach § 1630 Abs. 2, § 1795 Abs. 2 BGB. insbesondere in den Fällen des § 181 BGB. Der gesetzliche Vertreter kann ebensowenig wie ein anderer Vertreter mit sich selbst im eigenen Namen ein Rechtsgeschäft vornehmen (von den in § 181 BGB. selbst bestimmten Ausnahmen von diesem Grundsatz kommt hier keine in Betracht). Das gilt nicht nur für zweiseitige, sondern auch für einseitige empfangsbedürftige Rechtsgeschäfte. Der gesetzliche Vertreter kann daher auch nicht namens des Kindes eine Anfechtung wegen Irrtums nach § 119 BGB. sich selbst gegenüber erklären. Um einen Sonderfall der Anfechtung wegen Irrtums handelt es sich auch bei der Anfechtung nach § 2079 BGB., nur daß hier nicht der zur Anfechtung berechtigt ist, der die Willenserklärung selbst abgegeben hat, sondern der durch die Verfügung in seinen Pflichtteilsrechten Beeinträchtigte. Es kann keinen Unterschied machen, daß die Anfechtung in diesem Sonderfall gegenüber dem Nachlaßgericht zu erklären ist. Mit der Vorschrift des § 2081 Abs. 1 hat der Gesetzgeber nur der Rechtssicherheit dienen wollen; es soll durch diese für die Wirksamkeit einer letztwilligen Verfügung möglicherweise grundlegende Erklärung im öffentlichen Interesse und im Interesse der Beteiligten die jederzeitige Nachweisbarkeit gesichert werden; der zur Anfechtung Berechtigte soll nicht genötigt sein, erst zu ermitteln, wer auf Grund der anzufechtenden letztwilligen Verfügung Erbe ist, eine Aufgabe, die für einen Privatmann oft schwierig zu lösen sein würde; er soll auch nicht gezwungen werden, jeder einzelnen der möglicherweise zahlreichen als Erben in Betracht kommenden Personen gegenüber die Anfechtung zu erklären, auf die Gefahr hin, daß er doch vielleicht eine übersieht oder daß einer der Empfänger nicht voll geschäftsfähig ist, und daß daran die Wirksamkeit der Anfechtung scheitert (vgl. die Protokolle der zweiten Kommission für das BGB. Bd. 5 S. 66 flg., S. 70 flg.). Aber diese aus Zweckmäßigkeitsgründen getroffene Sonderregelung kann nichts daran ändern, daß sachlich die, deren erbrechtliche Ansprüche geändert oder ausgeschlossen werden, durch die Anfechtung betroffen sind; sie sind wie bei der Anfechtung nach § 119 BGB. sachlich die Anfechtungsgegner. Das erkennt das Gesetz selbst dadurch an, daß es (in § 2081 Abs. 2) dem Gericht die Pflicht auferlegt, die zu benachrichtigen, denen die angefochtene Verfügung unmittelbar zustatten kommt. Wenn auch die Wirksamkeit der Anfechtung nicht davon abhängt, daß dieser Pflicht entsprochen wird, so ist diese Bestimmung doch ein Zeichen dafür, daß der Gesetzgeber als Anfechtungsgegner sachlich nicht das Nachlaßgericht, sondern die durch den Wegfall des Testaments Betroffenen ansieht. Hierfür läßt sich aus dem Gesetz selbst noch ein weiterer Grund herleiten. § 2081 Abs 1 BBG. verlangt die Erklärung der Anfechtung gegenüber dem Nachlaßgericht nur für die Anfechtung von letztwilligen Verfügungen, durch die ein Erbe eingesetzt, ein gesetzlicher Erbe von der Erbfolge ausgeschlossen, ein Testamentsvollstrecker ernannt oder eine Verfügung solcher Art aufgehoben worden ist; und Abs. 3 ergänzt diese Vorschrift noch für letztwillige Verfügungen, durch die kein Recht begründet wird. Für letztwillige Verfügungen andrer Art, insbesondere für solche, welche die Anordnung eines Vermächtnisses enthalten, bleibt es bei der Regel des § 143 Abs. 1 BGB., daß die Anfechtung dem Anfechtungsgegner gegenüber zu erklären ist. Es würde also, wenn die Ansicht des Berufungsgerichts zuträfe, der merkwürdige Fall eintreten, daß der gesetzliche Vertreter die Anfechtung für sein Kind zwar erklären könnte, wenn eine Erbeinsetzung, nicht aber, wenn die Aussetzung eines Vermächtnisses (wegen Irrtums nach § 2078 BGB.) anzufechten ist. Eine solche unterschiedliche Behandlung sachlich gleichliegender Fälle kann der Gesetzgeber nicht mit den Vorschriften des § 2081 Abs. 1 Satz 3 gewollt haben. Dieses Ergebnis steht auch mit dem Rechtsgedanken im Einklang, welcher der Bestimmung des § 181 BGB. zugrunde liegt. Der Gesetzgeber geht davon aus, daß in den Fällen, die er dort im Auge hat, regelmäßig die Gefahr widerstreitender Interessen besteht, und er will mit der Vorschrift des § 181 der Gefahr für die Rechtssicherheit vorbeugen, die sich aus diesem Interessengegensatz ergibt (vgl. RGZ. Bd. 68 S. 175 und die dort wiedergegebene Entstehungsgeschichte des § 181). Für das Recht der gesetzlichen Vertretung ist dieser Gedanke in § 1630 Abs. 2, §§ 1795, 1796 BGB. noch weiter ausgebaut. Es bedarf keiner weiteren Darlegung, daß die Gefahr, die § 181 BGB. ausschließen will, in Fällen der hier fraglichen Art nicht weniger als in den Regelfällen vorhanden ist.

Es ist daher davon auszugehen, daß die Mutter des Klägers rechtlich verhindert war, als gesetzliche Vertreterin die Anfechtungserklärung für ihren Sohn abzugeben. Der Kläger war also — für diese Erklärung — ohne gesetzlichen Vertreter, und dieser Zustand wurde erst in dem Zeitpunkt behoben, in dem der Beklagte ihm zur Wahrung seiner Erbansprüche als Pfleger bestellt wurde, nicht schon von dem Zeitpunkt an, in dem ihm die Wahrnehmung der Pflichtteilsansprüche anvertraut wurde. Erst am 10. Dezember 1921 endete daher die Hemmung des Ablaufs der Anfechtungsfrist, die bis dahin gemäß §§ 2082, 206 BGB. bestanden hatte, und es begann die im § 206 BGB. bestimmte Frist von sechs Monaten zu laufen. Der Beklagte wäre also rechtlich in der Lage gewesen, durch die Erklärung der Anfechtung das Testament des Vaters des Klägers zu beseitigen. Ob etwa andere Gründe vorhanden gewesen sind, die eine Anfechtung des Testaments ausschlossen oder unnötig machten, ob insbesondere die Ausnahme des § 2079 Satz 2 BGB.

zutrifft, kann auf Grund der bisherigen Feststellungen von hier aus noch nicht abschließend beurteilt werden. Der Grund, den das Berufungsgericht dafür angeführt hat, ist nicht stichhaltig.

RGZ. 145, 316

Wann erlangt der Ersatzerbe des Nacherben die Rechtsstellung des Nacherben?

BGB. §§ 2096, 2113, 2130.

IV. Zivilsenat. Beschl. v. 8. November 1934.

I. Amtsgericht Breslau. II. Landgericht daselbst.

Gründe:

Der Sachverhalt ergibt sich aus dem in RGZ. Bd. 142 S. 171 abgedruckten Beschluß vom 2. November 1933. Nach Erlaß dieses Beschlusses war das Landgericht auf Grund erneuter Feststellungen nunmehr zu der Ueberzeugung gelangt, daß dem Willen des Erblassers ein Eintritt der Abkömmlinge der Nacherben als Ersatznacherben entsprochen haben würde, und hatte daher die Beschwerde gegen die Einziehung des Erbscheins zurückgewiesen. Hiergegen legte die Vorerbin weitere Beschwerde ein mit dem Antrage, den Beschluß und die Verfügung auf Einziehung des Erbscheins aufzuheben, erforderlichenfalls die Sache zurückzuverweisen. Die Vorerbin fühlt sich beschwert, weil bei den Ermittelungen über die Frage, ob die Abkömmlinge als Ersatznacherben berufen seien, lediglich die Beziehungen des Erblassers zur Nachkommenschaft in Betracht gezogen worden seien, nicht aber seine Stellung zur Vorerbin und die auch dem Erblasser unerwünschten Folgen, die nach Meinung der Vorerbin wegen weiterer, für sie eintretender Verfügungsbeschränkungen die Anordnung der Ersatznacherbfolge nach sich ziehen müßte, und die daher notfalls Anlaß dazu hätten geben müssen, ihr den Ersatznacherben gegenüber wenigstens die Stellung einer befreiten Vorerbin zu geben.

Das Kammergericht hat nunmehr die Sache erneut dem Reichsgericht gemäß § 28 RFGG. zur Entscheidung vorgelegt. Das Kammergericht meint, es sei rechtlich nicht zu beanstanden, daß das Landgericht eine Vererblichkeit der Anwartschaft der erstberufenen Nacherben (§ 2108 Abs. 2 BGB.) abgelehnt und einen Anhalt für die stillschweigende Berufung der Abkömmlinge zu Ersatznacherben (§ 2069 BGB.) festgestellt habe; es will aber neben der Beschränkung der Vorerbin durch die Nacherben, im Gegensatz zu der Auffassung der Beschwerdeführerin, nicht auch noch eine weitere Beschränkung der Vorerbin durch Rechte von Ersatznacherben anerkennen, solange die erstberufenen Nacherben nicht weggefallen sind. Es hält daher auch eine Aufklärung darüber, ob der Erblasser eine Beschränkung der Rechte der Vorerbin durch Ersatznacherben vor Eintritt des Ersatzfalles gebilligt hätte, nicht für erforderlich und will aus diesen Erwägungen die Beschwerde zurückweisen. Es sieht sich hieran aber durch die Auffassung des Bay. Obersten Landesgerichts (BayObLG. Zivils. Bd. 6 S. 706), des Oberlandesgerichts Dresden (ZBlFG. Bd. 11 S. 548), des Oberlandesgerichts Rostock (KGJ. Bd. 43 S. 304) und des Oberlandesgerichts Karlsruhe (BadNotZ. Bd. 11 S. 16) gehindert, die dem Ersatznacherben vom Erbfalle an auch vor Wegfall des erstberufenen Nacherben die gleiche Rechtsstellung wie dem erstberufenen Nacherben selbst zuerkannt haben. Die Voraussetzungen zur Vorlage der Beschwerde an das Reichsgericht sind gegeben.

Das Reichsgericht hat sich, soweit ersichtlich, zu der Streitfrage noch nicht geäußert. Der Meinung des Kammergerichts, die es früher schon vertreten hatte (KGJ. Bd. 35 A S. 215), die es dann aber aufgegeben hatte (KGJ. Bd. 49 S. 79), hatte sich auch das Oberlandesgericht Braunschweig (JFG. Bd. 5 S. 315) angeschlossen. Im Schrifttum findet sich der gleiche Widerstreit der Meinungen, einerseits Eichhorn-Goldmann Das Testament 5. Aufl. S. 224 zu a; Köhne-Feist Die Nachlaßbehandlung 19. Aufl. Bd. 1 S. 245; Schmidt in DRZ. 1916 Sp. 232; Weißler in DNotZ. 1917 S. 282; Leonhard Erbrecht 2. Aufl. § 2102 Anm. 3; Dernburg BGB. 3. Aufl. Bd. 5 S. 155 Anm. 8; Endemann Lehrb. d. bürgerl. Rechts 8./9. Aufl. Bd. 3 § 57 Anm. 8; Herold in ZBlFG. Bd. 16 S. 557; insbesondere Zimmer in einem Aufsatz, der zum Abdruck in JR. Heft vom 1. Dezember 1934 bestimmt ist; anderseits Güthe-Triebel GrundbO. 5. Aufl. § 52 Anm. 3 u. 10; Staudinger BGB. 9. Aufl. §§ 2096—2099 Anm. 2, § 2100 Anm. 4; Planck BGB. 4. Aufl. Bd. 5 § 2102 Anm. 4; Kipp Erbrecht 8. Aufl. § 93 V, 5; von Tuhr Allg. Teil Bd. 1 S. 185; Wein in DNotZ. 1916 S. 21; Schwartze Der Inhalt des Erbscheins nach dem BGB. S. 131/32.

Der vom Kammergericht erneut vertretenen Ansicht ist beizupflichten. Die Rechtsstellung des Ersatzerben des Nacherben ist im Bürgerlichen Gesetzbuch nicht besonders geregelt. Neben den Vorschriften über das Recht des Nacherben finden sich nur solche, die allgemein für Ersatzerben gelten, §§ 2096 bis 2099 BBG. Wie schon durch seine Bezeichnung klargestellt wird, tritt der Ersatzerbe nur beim Wegfall eines anderen Erben in die dadurch frei gewordene Stelle ein, § 2096 BGB. Ein solcher Eintritt ist der Sache nach beim Ausscheiden sowohl eines Erben als auch eines Nacherben möglich. Die allgemeinen Regeln über die Stellung eines Ersatzerben müssen daher auch die Grundlage für die Beurteilung der Rechtsstellung des

Ersatzerben des Nacherben bilden, wenn nicht die Ausgestaltung des Nacherbrechts zu einer anderen Auffassung führt.

Dem Ersatzerben sind im Bürgerlichen Gesetzbuch vor Eintritt des Ersatzfalls (und auch vor Eintritt des Erbfalls) keine Erbrechte irgendwelcher Art eingeräumt. Er erwirbt eine Rechtsstellung als Erbe nicht schon allein durch den Erbfall, sondern erst auf Grund Wegfalls des erstberufenen Erben. Er kann sich gegen etwaige Geschäftsführung des Erstberufenen erst nach dessen Wegfall und nur in den durch § 1959 BGB. gesetzten Grenzen an diesen oder Dritte halten. Vor dem Wegfall des Erben bestehen keine Rechtsbeziehungen zwischen dem Ersatzerben und dem Erben oder Dritten, die dem Ersatzerben irgendeinen Einfluß auf die Führung erbschaftlicher Geschäfte gewährten, insbesondere für ihn ein Recht oder eine Pflicht zur Mitwirkung bei Geschäften begründeten. Auf das Verhältnis des Ersatzerben des Nacherben zum Nacherben oder Vorerben angewendet, ergibt sich der Schluß, daß der Ersatznacherbe erst mit dem Ersatzfall in die Rechtsstellung des Nacherben einrückt, vorher aber keine Rechte und Pflichten des Nacherben hat. Anders als die Stellung des Ersatzerben ist die des Nacherben. Er tritt in gewisse Rechte und Pflichten, die ihm als Nacherben zukommen, schon mit dem Erbfall ein und nicht erst mit dem Nacherbfall (§§ 2113 flg. BGB.).

Das Gesetz paßt sich bei beiden Regelungen den Absichten des Erblassers an und findet in ihnen seine Rechtfertigung. Der Erblasser, der einen Nacherben bestellt, sieht in ihm einen zwar späteren, aber doch einen Hauptbedachten, einen Erben, dem der Nachlaß in aller Wahrscheinlichkeit auch einmal zufallen soll, nicht nur einen Ersatzmann. Den Ersatzerben beruft der Erblasser nur für einen Ausfall, hilfsweise. Es entspricht dieser Sachlage, einem Bedachten, dem, wie dem Nacherben, der Nachlaß nicht nur bei einem Ausfall, sondern im Regelfall zukommen soll, von vornherein einen Einfluß auf den Nachlaß einzuräumen. Einem Ersatzmann, der einem anderen nur für den Ausfall nachgeordnet ist, gebührt keine mitentscheidende Anteilnahme. Daher rechtfertigt sich die Sicherung des Nacherben, aber nicht auch ebenso die des Ersatzerben. Die Gründe, welche für die Rechtsstellung des Nacherben maßgebend sind, liegen beim Ersatznacherben ebensowenig vor wie beim Ersatzerben. Auf den Ersatznacherben sind daher die Rechtssätze der Ersatzerbschaft, nicht die der Nacherbschaft anzuwenden.

Die gegenteilige Auffassung würde auch zu Schwierigkeiten führen und oft geradezu den Wünschen des Erblassers zuwiderlaufen, denen doch die Rechtsformen der Ersatzerbschaft und der Nacherbschaft dienen sollen. Würde der Ersatznacherbe schon vor dem Ersatzfall und schon vom Erbfall an die Rechtsstellung des Nacherben haben, so wäre seine Zustimmung in allen den Fällen erforderlich, in denen die des Nacherben notwendig ist. Unbekannten Ersatznacherben würde ein Pfleger zu bestellen sein, der sich als Fremder in oft unerwünschter Weise in die Familienverhältnisse einmischen, häufig im Bewußtsein seiner Verantwortlichkeit, ebenso wie der Ersatznacherbe selbst auf Grund seiner besonderen Belange, die gesetzlich erforderliche Zustimmung zu einer Maßnahme verweigern und dadurch den Erfolg herbeiführen könnte, daß Vorerbe und Nacherbe, die vielleicht die gleichen Wünsche haben, von ihren Absichten ablassen müßten. Das alles würde also zum Nachteil der beiden Personen ausschlagen, die der Erblasser in erster Reihe bedacht hat, die nach seinem Willen den maßgebenden Einfluß ausüben sollten: dagegen würde einer Person die Entscheidung zufallen, die im Regelfall später nicht in die Erbenstellung einrücken wird. Abgesehen hiervon würde der Verkehr in nicht gerechtfertigter Weise wesentlich erschwert werden. Eine solche Regelung kann ein Gesetz nicht gewollt haben, das die Durchführung der Wünsche des Erblassers zu sichern sich zum Ziele gesetzt hat.

Zweifel gegen ein solches Ergebnis sind aus § 2113 BGB. hergeleitet worden. Hier wird die Person geschützt, die endgültig Erbe wird. Die Vorschrift ist indessen unvollständig. Es wird in ihr nicht zum Ausdruck gebracht, daß die beeinträchtigende Verfügung durch gültige Zustimmung wirksam geworden sein kann, was zweifellos wenigstens dann der Fall ist, wenn die Person, die nachträglich Erbe wird, als Anwärter entsprechend ihrer aus § 2120 sich ergebenden Verpflichtung eingewilligt hatte. Die Bedeutung des § 2113 BGB. ist also nur im Zusammenhang mit § 2120 BGB. verständlich und auf das richtige Maß zurückzuführen. § 2113 BGB. sagt naturgemäß auch nichts darüber, wessen Einwilligung rechtserheblich ist. § 2120 BGB. aber behandelt die Pflicht zur Einwilligung „des Nacherben", ohne Rücksicht darauf, ob er später einmal endgültig Erbe wird, und daher ist aus § 2113 in Verbindung mit § 2120 BGB. auch nicht zu entnehmen, daß nur die Zustimmung des endgültigen Erben auf das Recht dieses Erben Einfluß hat. Bei Beantwortung der Frage, wessen Zustimmung erheblich ist, ist auch § 2130 BGB. zu beachten. Das Recht des zum Erben gewordenen Nacherben umfaßt nur den Zustand des Nachlasses, in dem sich dieser bei ordnungsmäßiger Verwaltung befinden muß (§ 2130 BGB.). Eine ordnungsmäßige Verfügung kränkt also das Recht des zum Erben gewordenen Nacherben nicht. Ob die Verfügung ordnungsmäßig war, ergibt sich sonst aus dem Gesetz und demgemäß aus den vorstehenden Erörterungen.

§ 2113 BGB. läßt daher keinen Schluß darauf zu, daß es zu einer ordnungsmäßigen Verwaltung auch vor Eintritt des Ersatzfalls der Zustimmung des Ersatznacherben bedarf.

Ist aber die Einwilligung des Ersatznacherben nicht erforderlich, dieser vielmehr vor Eintritt des Ersatzfalls nicht einmal in Rechtsbeziehungen zum Vorerben und Nacherben eingetreten, dann kann eine ordnungsmäßige Verwaltung nur in dem Zusammenwirken zwischen dem Vorerben und den Personen bestehen, die jeweils die Anwärterrechtsstellung des Nacherben schon einnehmen. Denn für sich allein ist der Vorerbe nicht vollberechtigt. Es muß also zu einer rechtsgültigen Verfügung vor Eintritt des Ersatzfalls die Einwilligung desjenigen Nacherben erforderlich sein und genügen, an dessen Stelle später der zum Erben gewordene Ersatznacherbe eingetreten ist.

Sonstige Erwägungen, die sich in der Rechtsprechung gegen dieses Ergebnis wenden, können nicht als berechtigt anerkannt werden. Ein Vergleich der Stellung von Nacherbe und Ersatznacherbe mit der Stellung zweier unter Bedingungen oder nacheinander eingesetzter Nacherben ist nicht zulässig. Denn diese alle sind Hauptbedachte und Gleichberechtigte und von Anfang an in die Nacherbenrechtsstellung berufen. Die Folgerungen, die aus der nachgeordneten Hilfsstellung des Ersatzerben sich ergeben, treffen bei ihnen nicht zu. Im übrigen handelt es sich bei dem Wegfall eines Nacherben auch nicht um eine rechtsgeschäftliche Bedingung. Der Hinweis, daß der Nacherbe zur Vertretung des Ersatznacherben nicht berechtigt ist, trifft nicht die der Entscheidung bedürfende Frage. Nicht eine Vertretungsmacht des Nacherben steht zur Erörterung, sondern die Vorfrage, ob der Ersatzerbe Rechte schon besitzt, an die sich dann erst die Frage anknüpfen könnte, ob er in diesen Rechten vertreten werden könnte.

Daß nur eine Lösung der Frage in dem erörterten Sinne den Wünschen des Erblassers regelmäßig dienen wird, ist oben schon hervorgehoben. Bei der Einstellung des Gesetzes, dem Willen des Erblassers Freiheit zu lassen, ist selbstverständlich eine andere Anordnung nicht verboten. Will der Erblasser einem Bedachten Nacherbenrechte von vornherein gewähren, so kann er diese Absicht durch eine Einsetzung zum bedingten weiteren Nacherben erreichen. Ersatzerbe ist ein solcher Nacherbe im Zweifel schon von Gesetzes wegen (§ 2102 BGB.).

Den Ausführungen des Kammergerichts, mit denen es die Zurückweisung der Beschwerde begründen will, ist also zuzustimmen.

RGZ. 148, 218

Kann eine Verfügung von Todes wegen angefochten werden, wenn sie auf der irrigen Erwartung des Erblassers beruht, er werde unverehelicht sterben?

BGB. § 2078 Abs. 2.

IV. Zivilsenat. Beschl. v. 22. Juni 1935.

I. Amtsgericht Brieg. II. Landgericht daselbst.

Der Sachverhalt und die Entscheidung ergeben sich aus den nachstehenden

Gründen:

Durch eigenhändiges Testament vom 4. Mai 1931 hat der zu jener Zeit unverheiratete Kaufmann L. seine Geschwister und Geschwisterkinder sowie seine damalige Hausdame Gertrud Sch. als Erben eingesetzt, und zwar einen Bruder zu $^{3}/_{11}$ und die übrigen Bedachten zu je $^{1}/_{11}$; er hat ferner den Miterben Hugo L. zum Testamentsvollstrecker bestellt. Am 20. August 1934 starb er, nachdem er inzwischen am 28. Mai 1932 mit der Gertrud Sch. die Ehe geschlossen hatte. Seine Witwe focht nunmehr das Testament am 8. Oktober 1934 vor dem Nachlaßgericht gemäß §§ 2078, 2079 BGB. an, weil der Erblasser, wie er nach der Eheschließung deutlich zu erkennen gegeben habe, ein Testament solchen Inhalts am 4. Mai 1931 nicht errichtet haben würde, wenn er nicht irrtümlich erwartet hätte, daß er unverheiratet sterben werde. Demnächst beantragte der zum Miterben und Testamentsvollstrecker berufene Hugo L. die Erteilung eines gemeinschaftlichen Erbscheins dahin, daß die in dem Testament eingesetzten Personen in dem von dem Erblasser angegebenen Verhältnis Miterben geworden seien, sowie ferner die Erteilung eines Testamentsvollstreckerzeugnisses gemäß dem Testamente. Beide Anträge wurden vom Nachlaßgericht abgelehnt und die Beschwerde des Antragstellers hiergegen vom Landgericht zurückgewiesen, weil der Erblasser nach der Trauung das Testament als durch die Heirat hinfällig geworden bezeichnet und die Urkunde seiner Frau zur Vernichtung ausgehändigt, auch vor seinem Hinscheiden mit der Niederschrift eines neuen Testaments begonnen habe, worin er seine Frau zur Vorerbin und seine Geschwister und Geschwisterkinder zu Nacherben eingesetzt habe und an dessen Vollendung er nur durch seinen Tod verhindert worden sei, und weil vernünftigerweise angenommen werden müsse, daß er auch schon am 4. Mai 1931 so verfügt haben würde, wenn ihn nicht die irrige Annahme geleitet hätte, er werde als lediger Mann sterben; hiernach greife aber die Anfechtung aus § 2078 Abs. 2 BGB. durch. Gegen diese Entscheidung hat der Antragsteller weitere Beschwerde erhoben, weil eine vom Erblasser nicht vorausgesehene spätere eigene Verehelichung als ein von seinem freien Belieben abhängiges Ereignis niemals die Anfechtung aus § 2078 Abs. 2 BGB. rechtfertigen könne. Das Kammergericht hält das für rechtsirrig, sieht daher die weitere Beschwerde hinsichtlich des Erbscheinsantrags für unbegründet an und möchte diese insoweit zurückweisen; wegen des Antrags auf Ausstellung des Testamentsvollstreckerzeugnisses erachtet es weitere Feststellungen über die Ursächlichkeit des Irrtums des Erblassers für erforderlich, weil auch das unvollendete neue Testament eine Bestellung des Antragstellers zum Testamentsvollstrecker vorsah, und möchte deshalb insoweit die Sache zu anderweitiger Entscheidung über die Beschwerde gegen den Beschluß des Nachlaßgerichts an das Landgericht zurückverweisen. Es glaubt jedoch, hieran durch die Urteile des Reichsgerichts vom 17. Februar 1910 IV 239/09 (Recht 1910 Nr. 1270) und vom 23. September 1926 IV 80/26 (JW. 1927 S. 1203 Nr. 17, WarnRspr. 1926 Nr. 187 und Recht 1926 Nr. 2146) gehindert zu sein, und hat deshalb die Sache gemäß § 28 Abs. 2 FGG. dem Reichsgericht zur Entscheidung vorgelegt.

Das Kammergericht hat die Voraussetzung des § 28 Abs. 2 FGG. mit Recht für gegeben erachtet.

Das Urteil vom 17. Februar 1910 IV 239/09 allerdings stand der beabsichtigten Entscheidung nicht im Wege. Nach seinem Tatbestand hatte eine Tochter des Erblassers dessen Testament, in dem sie auf den Pflichtteil beschränkt war, angefochten, weil es nicht dem wahren Willen des Vaters entspreche, der alle Kinder habe gleichstellen wollen, aber von ihrem Bruder Karl widerrechtlich durch Drohung mit einer Anzeige wegen Blutschande zu jener Verfügung bestimmt worden sei; mit der Revision hatte die Tochter unter Rüge der Nichtanwendung des § 2078 Abs. 2 BGB. weiter geltend gemacht, der Erblasser habe von Anfang an damit gerechnet, das Testament zu einer anderen Zeit wieder umstoßen zu können; diese Erwartung sei aber insofern irrig gewesen, als er vor seinem Ableben nicht mehr zur Umänderung des Testaments gekommen sei, wobei wahrscheinlich die ständige Ueberwachung durch den Bruder und seine Familie den Grund gebildet habe. Das Reichsgericht wies die Revision zurück, weil in der Vorinstanz die Anfechtung nur auf widerrechtliche Drohung gestützt, übrigens auch jetzt ein von dieser unabhängiger selbständiger Tatbestand nicht vorgebracht sei. Es fuhr dann fort, außerdem sei jene Ausführung der Revision rechtlich und tatsächlich zu beanstanden; tatsächlich insofern, als es an Feststellungen des Berufungsgerichts darüber fehle, ob und inwieweit der Erblasser sein Testament zugunsten der Klägerin habe ändern wollen, daran jedoch durch den Bruder gehindert worden sei; rechtlich, weil unablässige Vorstellungen, fortgesetztes aufdringliches Bitten und Erregung von Mißstimmung gegen andere als Erben in Betracht kommende Personen die freie Willensbestimmnug nicht aufhöben und zudem, „wenn § 2078 Abs. 2 von irriger Erwartung des Eintritts eines Umstandes spreche, an Umstände zu denken sei, die unabhängig vom Willen des Erblassers einträten, nicht aber an Umstände, die, wie eine Testamentsänderung, in sein Belieben gestellt seien." Die Schlußbemerkung, der das Kammergericht eine Auslegung des § 2078 Abs. 2 glaubt entnehmen zu müssen, nach der eine nicht vorhergesehene, spätere Verehelichung des Erblassers die Testamentsanfechtung niemals rechtfertigen könnte, ist hiernach nur eine Hilfserwägung, auf der die damalige Entscheidung nicht beruht hat. Vor allem aber bezieht sie sich auf einen ganz anderen Sachverhalt, als er gegenwärtig vorliegt; denn nach dem Vorbringen der Revision sollte der Erblasser die von ihm urkundlich niedergelegte Verfügung über seinen Nachlaß gar nicht ernstlich gewollt, sondern nur vorgetäuscht haben, um Unannehmlichkeiten zu entgegen, in der Absicht, sie demnächst auch förmlich wiederaufzuheben, und in der Erwartung, dazu vor seinem Tode jedenfalls noch Gelegenheit zu haben. Beachtet man, wie zum rechten Verständnis notwendig, diesen Zusammenhang, so kann es nicht zweifelhaft sein, daß das Reichsgericht mit jenem Satze trotz seiner allgemeineren Fassung in Wirklichkeit nur einen derartigen, die testamentarische Verfügung selbst betreffenden geheimen Vorbehalt und die ihm zugrunde liegende irrige Erwartung hat als ungeeignet zur Begründung einer Anfechtung der getroffenen Verfügung von Todes wegen bezeichnen wollen, daß es also unter dem Willen des Erblassers, von dem die in § 2078 Abs. 2 gemeinten Umstände unabhängig sein müssen, seinen Testamentswillen verstanden hat.

Dagegen lag dem Urteile vom 23. September 1926 IV 80/26 in der Tat ein dem jetzt zu würdigenden Sachverhalt in allem Wesentlichen gleicher Tatbestand zugrunde. Die Witwe des Erblassers hatte nämlich dessen Testament angefochten, das dieser zu einer Zeit errichtet hatte, als er noch nicht mit ihr verheiratet, sie vielmehr nur seine Wirtschafterin war, und worin er ihr lediglich ein Vermächtnis ausgesetzt hatte. Das Berufungsgericht hatte die Anfechtung, soweit sie auf das Nichtvoraussehen der späteren Heirat durch den Erblasser gestützt war, abgewiesen, weil es sich dabei um einen Umstand handle, der in das freie Belieben des Erblassers gestellt gewesen sei, und im Sinne des § 2078 Abs. 2 BGB. nur die irrige Erwartung solcher Umstände die Anfechtung begründe, die unabhängig vom Willen des Erblassers einträten. Das Reichsgericht billigte diese Erwägung und wies deshalb die Revision gegen das Urteil zurück. Seine Entscheidung gründete sich also allerdings auf eine Auslegung des § 2078 Abs. 2 BGB., die auch im gegenwärtigen

Fall die Testamentsanfechtung als unwirksam erscheinen lassen würde und die der vom Kammergericht geteilten Rechtsmeinung der Vorinstanzen widerspricht.

Auch in der Sache ist dem Kammergericht beizupflichten. An der in dem Urteil vom 23. September 1926 IV 80/26 — übrigens in Abweichung von den früheren Entscheidungen vom 3. März 1902 IV 385/01 (RGZ. Bd. 50 S. 238) und vom 28. September 1925 IV 165/25 (JW. 1925 S. 2756 Nr. 7) — ausgesprochenen gegenteiligen Rechtsauffassung kann nicht festgehalten werden. Angesichts des keinerlei Einschränkung andeutenden Wortlautes des § 2078 Abs. 2 BGB. würde sie sich nur rechtfertigen lassen, wenn sich für sie triftige Gründe, sei es aus dem Zusammenhang des Gesetzes oder der Entstehungsgeschichte der Vorschrift, sei es aus der Sache selbst, namentlich der Lage der in Betracht kommenden Belange, anführen ließen. Bei einem Sachverhalt, wie ihn die Entscheidung vom 17. Februar 1910 IV 239/09 zu würdigen hatte, liegen hinreichende Gründe für die Nichtzulassung der Anfechtung darin, daß das Gesetz auch sonst einem geheimen Vorbehalt grundsätzlich die Anerkennung versagt (§ 166 BGB.) und daß andernfalls leichtfertigem und betrügerischem Testieren Tür und Tor geöffnet wäre. Bei der irrigen Erwartung des Erblassers, er werde, falls ihm später eine andere Art der Verfügung über seinen Nachlaß richtiger erscheinen sollte, vor seinem Tode noch Gelegenheit haben, das Testament entsprechend zu ändern, ergeben sie sich daraus, daß das Gesetz einer solchen Willensänderung grundsätzlich nur Rechtswirksamkeit zugesteht, wenn sie in der vorgeschriebenen Form der Testamentsaufhebung oder Testamentsänderung erklärt wird. Dagegen sind durchschlagende Gründe, die sich bei einer vom Erblasser nicht vorausgesehenen späteren eignen Verehelichung gegen die Anfechtbarkeit der auf dem Irrtum beruhenden Verfügung von Todes wegen geltend machen ließen, wie das Kammergericht zutreffend dargelegt hat, weder von der Rechtsprechung noch vom Schrifttum, soweit sie diese Rechtsansicht vertreten, beigebracht worden und auch in der Tat nicht erfindlich. Im Gegenteil spricht für die Anfechtbarkeit auch in einem solchen Falle, worauf auch das Kammergericht hinweist, zunächst, daß nach den Protokollen zum BGB. Bd. 5 S. 51 die ursprünglich vorgeschlagene Beschränkung des Anfechtungstatbestandes auf solche Umstände, bei denen sich die unzutreffende Vorstellung des Erblassers und die Beeinflussung seines Willens durch diese aus dem Inhalt der Verfügung von Todes wegen selbst ergibt, fallen gelassen worden ist aus der Erwägung, nicht selten setze der Erblasser bestimmte Umstände, namentlich Familienverhältnisse, als völlig selbstverständlich voraus und erwähne sie deshalb nicht ausdrücklich, ohne daß dabei das eigne Ledigsein ausgeschlossen worden wäre. Weiter fällt ins Gewicht, daß das Gesetz in § 2079 die Anfechtung auch für den Fall zuläßt, daß die Entstehung des neuen Pflichtteilsrechts auf einer späteren Heirat des Erblassers beruht. Das Gesetz hat es also keineswegs als mit den Zwecken der Testamentsanfechtung unverträglich betrachtet, daß der Anfechtungsgrund auf solche Weise vom Erblasser willkürlich geschaffen worden ist; weshalb in dieser Hinsicht bei § 2078 Abs. 2 etwas anderes gelten sollte als bei § 2079, ist nicht einzusehen. Es wäre auch unbillig, wenn gerade die Witwe des Erblassers, weil sie von ihm vor der Verehelichung mit einer nicht ganz geringfügigen Zuwendung bedacht worden ist, von der Anfechtung des sie um ihr gesetzliches Erbrecht bringenden Testaments im Gegensatz zu anderen in gleicher Lage befindlichen neuen Pflichtteilsberechtigten ausgeschlossen sein sollte; das aber wäre der Fall, wenn zwar diese, nicht aber sie sich dafür statt auf den dann versagenden (RG. in JW. 1925 S. 2756 Nr. 7) § 2079 auf den § 2078 Abs. 2 stützen könnten. Zudem würde die Nichtzulassung der Anfechtung in diesem Falle dem das ganze Erbrecht beherrschenden Bestreben zuwiderlaufen, überall möglichst dem wahren Willen des Erblassers zur Geltung zu verhelfen. Dagegen läßt sich auch nicht einwenden, daß der Erblasser doch gelegentlich der späteren Verehelichung die vorher getroffene, auf der Nichtvoraussicht solcher Heirat beruhende Verfügung hätte aufheben können. Denn dazu kann ihm die Befugnis gefehlt haben, so bei einem gemeinschaftlichen Testament oder einem Erbvertrag, oder er kann durch die tatsächlichen Verhältnisse daran gehindert worden sein, wie gerade der gegenwärtige Fall zeigt. Zudem schließt das Gesetz die Anfechtung keineswegs grundsätzlich schon dann aus, wenn der Erblasser trotz nachträglicher Erkenntnis seines Irrtums und gegebener Möglichkeit die Verfügung unverändert gelassen hat. Freilich werden in einem solchen Fall namentlich bei einem Umstande, dessen Eintritt wie bei einer späteren eignen Heirat in seinem Belieben stand, an den von dem Anfechtenden zu führenden Beweis, daß jener bei der Verfügung von Todes wegen wirklich von der irrigen Erwartung des Nichteintritts dieses Umstandes bestimmt worden ist, besonders strenge Anforderungen zu stellen sein. Die Gefahr eines Mißbrauchs der Anfechtungsmöglichkeit schließlich ist, wie das Kammergericht mit Recht hervorhebt, gerade bei einer Heirat am wenigsten gegeben. Ihr wird auch durch die Notwendigkeit überzeugenden Beweises der bei der Verfügung bestehenden irrigen Erwartung des Erblassers, bis zu seinem Tode nicht zu heiraten, und der Ursächlichkeit dieser Erwartung für die Verfügung wirksam begegnet.

Das Kammergericht hat hiernach mit Recht die weitere Beschwerde, soweit sie sich auf den Erbscheinsantrag bezieht, für unbegründet erachtet. Bei dem Antrag auf Ausstellung des Testamentsvollstreckerzeugnisses aber ist mit ihm lediglich zu bemängeln, daß das Landgericht die einzelnen Verfügungen des angefochtenen Testaments nicht auseinandergehalten hat. Bei der Erbeinsetzung zwar konnte mit der in dem angefochtenen Beschluß gegebenen Begründung der Irrtum des Erblassers als ursächlich anerkannt werden, aber nicht ohne weiteres auch bei der Ernennung des Testamentsvollstreckers. Denn auch in dem späteren Entwurf eines neuen Testaments, wodurch die Ehefrau zur Vorerbin eingesetzt werden sollte, ist erneut die Bestellung des Hugo L. zum Testamentsvollstrecker vorgesehen. Es hätte deshalb besonders geprüft werden müssen, ob sich der Erblasser zu der Ernennung des Testamentsvollstreckers in dem Testament vom 4. Mai 1931 ebenfalls durch die Erwartung seines Ledigbleibens hat bestimmen lassen. Wenn das zu verneinen sein sollte, hätte, wie das Kammergericht zutreffend ausführt, weiter untersucht werden müssen, ob die infolge der Anfechtung eingetretene Unwirksamkeit der Erbeinsetzungen etwa gemäß § 2085 BGB. die Unwirksamkeit der Bestellung des Testamentsvollstreckers nach sich gezogen hat. Durch den Inhalt des späteren Testamentsentwurfs wird das noch nicht schlechthin ausgeschlossen. Denn vom Standpunkt des Erblassers ist es nicht unter allen Umständen bedeutungslos, für welche Aufgaben eine Testamentsvollstreckung in Frage kommt; diese Aufgaben können aber verschieden sein je nachdem, ob eine testamentarische Erbfolge stattfindet oder bei Unwirksamkeit der Erbeinsetzungen die gesetzliche. Hiernach muß der angefochtene Beschluß, soweit er sich auf das Testamentsvollstreckungserzeugnis bezieht, aufgehoben und die Sache insoweit zu neuer Entscheidung an das Landgericht zurückverwiesen werden, während die weitere Beschwerde im übrigen als unbegründet zurückzuweisen ist.

RGZ. 148, 336

Fällt, wenn mehreren Personen zusammen die lebenslängliche Nutznießung am Nachlaß vermacht worden ist und eine davon nach dem Vermächtnisanfall stirbt, ihr Anteil den anderen zu?

BGB. § 2158.

IV. Zivilsenat. Urt. v. 19. September 1935.

I. Landgericht Paderborn. II. Oberlandesgericht Hamm.

Der am 27. März 1923 verstorbene Rentner Alexander A. hatte durch Testament vom 3. Dezember 1922 einige Geschwister und Geschwisterkinder zu Erben eingesetzt, ferner aber bestimmt:

Die Nutznießung meines gesamten Nachlasses bis zu ihrem Tode haben jedoch meine Schwester Marie und meine Nichte Jeanette W., letztere weil sie ohne Lohn bisher ihre Arbeitskraft für mich verwandt hat, und zwar je zur Hälfte.

Die Schwester Marie A. ist am 13. Juli 1931 verstorben. Die Klägerin Jeanette W. beanspruchte nunmehr die volle Nutznießung für sich, während der Beklagte als in demselben Testament ernannter Testamentsvollstrecker ihr diese nur zur Hälfte zugestehen will. Ihrer Klage auf Feststellung, daß ihr die Nutznießung am ganzen Vermögen des Alexander A. zustehe, gab das Oberlandesgericht abweichend vom Landgericht statt. Die Revision des Beklagten hatte keinen Erfolg.

Gründe:

Das Oberlandesgericht versteht das Vermächtnis dahin, daß mit der „Nutznießung" nicht ein dem ehemännlichen Verwaltungs- und Nutznießungsrecht ähnliches dingliches Recht oder ein Nießbrauchsrecht gemeint sei, sondern ein persönliches Nutzungsrecht, das dem Inhaber lediglich den Anspruch auf den Sachgebrauch und die Reinerträge des Nachlasses gebe. Die Revision bezweifelt die Richtigkeit dieser Auslegung. Es kann dahingestellt bleiben, ob jene den Beklagten und die Erben überhaupt beschwert; jedenfalls ist sie rechtlich und tatsächlich möglich und deshalb für das Revisionsgericht bindend . . .

Die Entscheidung über den Umfang des der Klägerin seit dem Tode der Mitbedachten zustehenden persönlichen Nutzungsrechtes hat das Berufungsgericht durch entsprechende Anwendung der Vorschrift des § 2158 BGB. gefunden. Das wird von der Revision beanstandet, jedoch zu Unrecht. Auch die Zuwendung der Nutznießung am Nachlaß an mehrere Personen stellt ein Vermächtnis desselben Gegenstandes an diese dar, gleichviel, ob der Erblasser dabei bestimmte Anteile der einzelnen festgesetzt hat oder nicht. Wäre deshalb Marie A. zur Zeit des Erbfalls bereits verstorben gewesen oder hätte sie das Vermächtnis ausgeschlagen, so würde ihr Anteil an der Nutznießung zweifellos nach § 2158 BGB. mangels gegenteiliger Anordnung des Erblassers der Klägerin angewachsen sein. Die Vorschrift des § 2158 findet aber ihre gesetzgeberische Rechtfertigung in folgender Erwägung: bei solcher gemeinsamen Bedenkung mehrerer mit demselben Gegenstand spricht die überwiegende Wahrscheinlichkeit dafür, daß der Erblasser eine Rechtsgemeinschaft zwar zwischen diesen untereinander, nicht jedoch zwischen einzelnen von ihnen und den Erben hinsichtlich jenes Gegenstandes hat schaffen, also jedem von ihnen den vermachten Gegenstand vor den Erben hat zukommen lassen wollen; es ist darum überall, wo bei einem derartigen Vermächtnis ein gegenteiliger Wille des Erblassers nicht festzustellen ist, von den denkbaren gesetzlichen Regelungen die einer solchen Absicht des Erblassers entsprechende die angemessenste, weil sie in der überwiegenden Mehrzahl der Fälle dem wahren Willen des Erblassers zur Geltung verhelfen wird. Diese Erwägung trifft aber auch auf den Fall zu, daß der Gegenstand dem einen oder anderen der Bedachten unter einer auflösenden Bedingung oder nur bis zu einem bestimmten Termin zugewandt ist und eine Anordnung des Erblassers darüber fehlt, wer nachher an dessen Stelle treten soll. Der der Vorschrift des § 2158 BGB. zugrunde liegende Rechtsgedanke nötigt deshalb dazu, die gleiche Regelung auch hier für den Fall des Eintritts der Bedingung oder mit dem Eintritt des Endtermins als dem Willen des Gesetzes entsprechend anzusehen. Ob man auch in diesen Fällen von einer Anwachsung sprechen darf oder ein aufschiebend bedingtes oder befristetes Vermächtnis zugunsten der Mitbedachten hinsichtlich des Anteils des unter auflösender Bedingung oder Befristung Bedachten annehmen muß (vgl. Planck BGB. 5. Band 4. Aufl. § 2158 Anm. 5; RGRKomm. z. BGB. § 2158 Anm. 1 a. E.), kann als sachlich unerheblich dahingestellt bleiben. Ein Nachvermächtnis zugunsten der Mitbedachten, wie es von manchen Schriftstellern behauptet wird, kommt, mindestens bei der Zuwendung eines lebenslänglichen persönlichen Nutznießungsrechtes an mehrere Bedachte gemeinsam, nicht in Frage, da die für ein solches in § 2191 BBG. aufgestellten Vorschriften, die dem Nachvermächtnisnehmer nur einen Anspruch an den Vermächtnisnehmer geben, jedenfalls hier nicht passen. Der Entscheidung des Oberlandesgerichts ist demnach beizupflichten.

RGZ. 159, 296

Kann der Erblasser in seinem Testament einen Kreis von Personen bezeichnen, aus dem der Erbe nach bestimmten sachlichen Gesichtspunkten, z. B. seiner Eignung für eine besondere Aufgabe, durch einen Dritten ausgewählt werden soll?

BGB. § 2065.

IV. Zivilsenat. Urt. v. 6. Februar 1939.

I. Landgericht Greifswald. II. Oberlandesgericht Stettin.

Der am 7. November 1936 ohne Nachkommen verstorbene Landwirt W. Freiherr v. Kl. auf Kr. hat in einem privatschriftlichen Testament vom 18. Januar 1925 seinen Großneffen G. Freiherr v. M. zu seinem Erben eingesetzt, in einem späteren privatschriftlichen Testament vom 20. Juni 1934 aber unter Aufhebung aller früheren letztwilligen Verfügungen von den Söhnen seiner Nichte H. Freifrau v. M. auf W., der Mutter des Vorgenannten und des Beklagten denjenigen, den sie als den geeignetsten erachten werde, unter den heutigen schwierigen Verhältnissen Kr. zu bewirtschaften und in sozialem Geiste zu wirken. Er hat das damit begründet, er sei auch unter den jetzigen Verhältnissen immer noch der Ansicht, daß Grundbesitz in den Familien erhalten werden müsse, und da Kr. seines Erachtens eine höhere Belastung nicht mehr tragen könne, so sei es ihm zu seinem schmerzlichen Bedauern nicht möglich, alle zu bedenken, die ihm nahe ständen. Auf Grund dieser Bestimmung hat nach dem Erbfall die Mutter des Beklagten diesen als den geeignetsten unter ihren Söhnen bezeichnet. Die Klägerin, eine Großnichte des Erblassers und Enkelin seines vor ihm verstorbenen Bruders B., die jenen bei gesetzlicher Erbfolge zu $^{1}/_{27}$ beerben würde, hält das letzte Testament wegen Verstoßes gegen § 2065 BGB. für ungültig, weil die der Mutter des Beklagten darin übertragene Bestimmung des Erben nicht nach sachlichen Gesichtspunkten zu treffen und darum einer Nachprüfung nicht zugänglich sei; sie ist aber auch der Ansicht, daß jene in dem Beklagten nicht den Richtigen unter *ihren Söhnen ausgewählt* habe. Im zweiten Rechtsgange hat sie endlich noch geltend gemacht, der Erblasser habe Kr. mit Geld erworben, das ihm von seinem Vater fideikommissarisch zugewandt worden sei unter der Bestimmung, daß die Erbmasse an die gesetzlichen Erben seines Sohnes B., ihres Großvaters, fallen solle, falls der Erblasser ohne gesetzliche Erben versterbe; der Erblasser habe daher über Kr. überhaupt nicht letztwillig verfügen können, so daß seine beiden Testamente rechtsunwirksam gewesen seien. Die Klägerin begehrt die Feststellung, daß der Beklagte nicht Erbe des am 7 November 1936 verstorbenen W. Freiherr v. Kl. geworden sei. Das Landgericht hat die Klage abgewiesen. Die Berufung der Klägerin ist vom Oberlandesgericht zurückgewiesen worden. Ihre Revision führte zur Aufhebung des angefochtenen Urteils und zur Zurückverweisung der Sache an das Berufungsgericht.

Gründe:

Das Berufungsgericht hat die Klage abgewiesen, weil die Klägerin an der von ihr begehrten Feststellung, daß der Beklagte nicht Erbe ihres Großoheims geworden sei, kein rechtliches Interesse habe. Denn wenn die Erbeinsetzung in dem letzten Testament, aus welcher der Beklagte sein Recht herleite, unwirksam gewesen sein sollte, würde das auch von der damit innerlich zusammenhängenden Aufhebung der Ernennung seines Bruders zum Erben in dem früheren Testament gelten müssen und also trotzdem die Klägerin nicht zur Erbfolge gelangt sein; und wenn der Erblasser an Kr. nur Vorerbenrechte gehabt haben sollte, würde das doch für die allein zu entscheidende Frage, wer s e i n Erbe geworden sei, belanglos sein und nur zur Folge haben, daß das Gut nicht zu seinem Nachlasse gehöre. Darüber hinaus hat das Berufungsgericht als seine Rechtsansicht ausgesprochen, daß die Ernennung desjenigen der Söhne der Freifrau v. M. zum Erben, den diese als den nach ihrer Meinung geeignetsten zur Bewirtschaftung von Kr. bezeichnen werde, in dem letzten Testament nicht gegen § 2065 BGB. verstoße und auch die Auswahl des Beklagten aus diesen Söhnen nicht zu beanstanden sei. Diese Erwägungen vermögen indessen die Entscheidung nicht zu tragen.

Unbegründet ist allerdings die Rüge der Revision, ein rechtliches Interesse der Klägerin an der Feststellung, daß der Beklagte nicht auf Grund des letzten Testaments ihres Großonkels dessen Erbe geworden sei, ergebe sich schon daraus, daß sie sich dann nur noch mit dem in dem älteren Testament eingesetzten Erben auseinanderzusetzen habe, um ihr gesetzliches Erbrecht zur Geltung zu bringen. Dazu hätte vielmehr außerdem dargetan werden müssen, daß diese Auseinandersetzung aus rechtlichen oder tatsächlichen Gründen auch wirklich Erfolg verspreche. Ferner kann rechtlich nicht beanstandet werden, wenn das Berufungsgericht in eingehender tatsächlicher Würdigung dem Testament als Willen des Erblassers entnimmt, die in dem älteren Testament enthaltene Ernennung des Bruders des Beklagten zum Alleinerben solle nur dann aufgehoben sein, wenn die nun getroffene Neuregelung der Erbfolge rechtswirksam sei. Dagegen wird die weitere Erwägung des Berufungsgerichts, daß es der Klägerin nichts würde helfen können, wenn der Erblasser an Kr. nur Vorerbenrechte gehabt haben sollte, weil dadurch an dem Erbgang in bezug auf s e i n Vermögen nichts geändert werden würde, dem Klagevorbringen nicht gerecht. Vielmehr hätte erörtert werden müssen, ob nicht der Sinn der Erbeseinsetzungen in den beiden Testamenten gerade der war oder diese doch von den Parteien dahin verstanden wurden, daß damit bestimmt werden sollte, an wen nach dem Tode des Erblassers Kr. fallen solle — eine Annahme, die nach der in dem letzten Testament gegebenen Begründung nicht allzufern lag —, und ob nicht eben die Frage der Nachfolge in Kr. der eigentliche Streitgegenstand zwischen den Parteien ist, über den die Klägerin entschieden sehen möchte, mag das auch in dem Klageantrage nach seiner bisherigen Fassung nicht mit voller Klarheit zum Ausdruck gekommen sein (§ 139 ZPO.). Trifft das zu, dann kann der Klägerin ein rechtliches Interesse an der begehrten Feststellung nicht wohl abgesprochen werden.

Dieser Rechtsfehler nötigt zur Aufhebung des angefochtenen Urteils und zur Zurückverweisung der Sache zu neuer Verhandlung und Entscheidung an das Berufungsgericht. Denn dem Berufungsgericht ist in der Sache selbst zwar darin beizustimmen, daß die Erbeinsetzung in dem letzten Tastament nicht gegen § 2065 BGB. verstößt. Nach dieser Vorschrift kann freilich der Erblasser die Bestimmung des Erben keinem anderen überlassen. Er ist aber darum doch nicht gezwungen, seinen Erben namentlich zu benennen, sondern kann sich damit begnügen, einen begrenzten Kreis von Personen zu bezeichnen, aus dem der Erbe nach bestimmten sachlichen Gesichtspunkten, z. B. seiner Eignung für eine besondere Aufgabe, durch einen Dritten bindend ausgewählt werden soll, sofern nur der Personenkreis so eng begrenzt ist und die Gesichtspunkte für die Auswahl so genau festgelegt sind, daß für eine Willkür des Dritten kein Raum bleibt, sondern die Entscheidung auf sein Urteil über das Vorliegen jener Voraussetzungen abgestellt ist, mag dieses auch ein reines Werturteil darstellen oder ein solches einschließen. In einem solchen Falle ist die von dem Dritten getroffene Auswahl nur dann nicht maßgebend, wenn sie offenbar nicht auf den vom Erblasser festgelegten sachlichen Gesichtspunkten beruht, sondern seiner Bestimmung zuwider nach Willkür vorgenommen worden ist. Gerade der vorliegende Tatbestand zeigt, daß für eine derartige letztwillige Anordnung gute Gründe bestehen können und für die Zulassung solcher Verfügungen von Todes wegen ein anzuerkennendes Bedürfnis spricht. Sie sind aber in Wirklichkeit auch keineswegs mit dem Grundgedanken des § 2065 BGB. unvereinbar, der dahin geht, daß die gesetzliche Erbfolge nur hinter einer vom Erblasser selbst bestimmten zurücktreten, keinesfalls aber durch die Willkür eines anderen beseitigt werden soll und daß deshalb der Erblasser sich niemals, weder zu seinen Lebzeiten noch nach seinem Tode, hierbei durch einen andern im Willen soll vertreten lassen können. Damit steht aber noch nicht fest, daß der Beklagte auf Grund dieses Testaments und der von seiner Mutter getroffenen Auswahl das Erbe seines Großonkels Kr. erlangt hat. Es bedarf vielmehr noch der Prüfung, ob der Erblasser über Kr. überhaupt letztwillig verfügen konnte, und ob er nicht gerade das durch die Erbeseinsetzungen in den beiden Testamenten gewollt hat. Das kann aber nicht entschieden werden ohne nähere tatsächliche Erörterung des Vorbringens der Klägerin über den Erwerb jenes Gutes durch den Erblasser.

RGZ. 164, 196

1. Kann ein Nießbrauch an einem einzelnen Stockwerk eines Hauses bestellt werden?

2. Ueber die Voraussetzungen für die Annahme eines Verschaffungsvermächtnisses.

BGB. §§ 93, 1030, 2170.

V. Zivilsenat. Urt. v. 27. Juni 1940.

I. Landgericht Rostock. II. Oberlandesgericht daselbst.

Die Entscheidung ist abgedruckt unter „Bürgerliches Recht, Sachenrecht".

RGZ. 172, 83

Zur Beweislast bei Anfechtung einer letztwilligen Verfügung nach § 2078 Abs. 2 BGB.

IV. Zivilsenat. Urt. v. 15. Oktober 1943.

I. Landgericht Hannover. II. Oberlandesgericht Celle.

Der am 16. November 1942 im Alter von 93 Jahren als Witwer verstorbene Vater der beiden Kläger und der Erstbeklagten hinterließ ein am 26. Juli 1938 errichtetes Testament, worin er unter Widerruf einer früheren letztwilligen Verfügung vom 7. April 1938, die seine drei Kinder zu gleichen Teilen als Erben berufen und die Erstbeklagte überdies mit einem Vorausvermächtnis von 1000 RM. sowie eines Sparkassenguthabens bedacht hatte, die Erstbeklagte zur Alleinerbin einsetzte und den Klägern nur den Pflichtteil hinterließ. Während in dem früheren Testament als Grund der Bevorzugung der verklagten Tochter angegeben war, sie habe eine geringere Aussteuer erhalten und den Eltern in ihren letzten Jahren besondere Pflege angedeihen lassen, besagte das Testament vom 26. Juli 1938 als Grund der Beschränkung der Kläger auf den Pflichtteil: „weil sie sich wirtschaftlich besser stehen als ihre Schwester Margarete". Die Kläger haben das zweite Testament auf Grund der unstreitigen Tatsache, daß dies in Wirklichkeit nicht der Fall ist, fristgemäß als auf Irrtum beruhend gegenüber dem Nachlaßgericht angefochten und klagen auf Feststellung, daß das Testament nichtig und sie mit der Erstbeklagten zu gleichen Teilen Miterben geworden seien. Gegen den Ehemann der Erstbeklagten geht die Klage auf Duldung der Zwangsvollstreckung ins eingebrachte Gut.

Während das Landgericht der Klage stattgegeben hat, hat das Berufungsgericht sie abgewiesen. Die Revision der Kläger führte zur Aufhebung und Zurückverweisung.

Gründe:

Im Gegensatze zum Erstrichter, der den Anfechtungstatbestand eines für das Testament vom 26. Juli 1938 ursächlichen Irrtums des Erblassers als gegeben ansieht, steht das Berufungsurteil auf dem Standpunkt, ein im Sinne von § 2078 Abs. 2 BGB. erheblicher Irrtum des Vaters der Parteien sei von den Klägern nicht bewiesen; namentlich wegen der abweichenden Begründung der Bevorzugung der

Erstbeklagten im ersten Testament bestehe die Möglichkeit, daß der in der zweiten Verfügung genannte — unstreitig unzutreffende — Grund nur ein Vorwand zur Verdeckung der eigentlichen Beweggründe des Erblassers gewesen sei. Das Berufungsgericht legt also das beanstandete Testament nicht etwa in verbindlicher Weise aus, sondern stellt seine Entscheidung allein auf die Beweisfälligkeit der Kläger ab.

Auszuscheiden ist der Gedanke der Revision, es handele sich bei der angefochtenen letztwilligen Verfügung möglicherweise um eine Zuwendung an die Erstbeklagte, welche durch die im Testament angegebene beiderseitige wirtschaftliche Lage bedingt sei, so daß in Anbetracht der unstreitig wesentlich günstigeren Vermögensverhältnisse der Erstbeklagten die ganze Verfügung auch ohne Irrtumsanfechtung ohnehin entfalle. Der Annahme einer derartigen Bedingung steht die Wortfassung der Testamentsbestimmung, die den Willen des Erblassers zur Alleinerbfolge der Erstbeklagten und zur bloßen Pflichtteilsberechtigung der Kläger in unbedingter Form klar zum Ausdruck bringt und nur — ähnlich dem Verfahren im ersten Testament — zu begründen versucht, unzweideutig entgegen.

Kann hiernach nur die Frage der Anfechtung des Testaments wesentlich sein, so geht der Vorderrichter zutreffend davon aus, daß es Sache der Kläger ist, für ihre die Anfechtung des Testaments nach § 2078 Abs. 2 BGB. begründende Behauptung den Beweis zu erbringen, der Erblasser sei zu seiner Anordnung durch die irrige Vorstellung der im Vergleich zur Beklagten besseren wirtschaftlichen Stellung der Kläger bestimmt, jedenfalls mindestens mitbestimmt worden (vgl. RGZ. Bd. 86 S. 210, Bd. 59 S. 39). Dabei hält sich aber das Berufungsurteil nicht frei von Rechtsirrtum.

Indem der Erblasser der Erbeinsetzung der Erstbeklagten unter Ausschluß der Kläger den mit „weil" beginnenden Nebensatz angefügt hat, hat er selbst den Unterschied der beiderseitigen wirtschaftlichen Lage zum tragenden Grund seiner Verfügung erhoben. Dann ist aber den Klägern nicht anzusinnen, mehr für die Begründung ihrer Anfechtung darzutun, als der Erblasser selbst als Beweggrund seines Handelns zu erkennen gegeben hat; vielmehr ist schon nach den Grundsätzen des sogenannten Beweises des ersten Anscheins (RGZ. Bd. 130 S. 359, Bd. 138 S. 38) auf Grund der Lebenserfahrung und des gewöhnlichen Laufs der Dinge davon auszugehen, daß der vom Erblasser angegebene Grund seiner letztwilligen Anordnung auch wirklich der für ihn bestimmende gewesen ist. Da seine Beurteilung der Verhältnisse unstreitig unzutreffend war, wäre damit ein im Sinne von § 2078 Abs. 2 BGB. erheblicher Irrtum des Erblassers gegeben und sonach die Anfechtung des Testaments begründet. Sache der Beklagten wäre es demgegenüber, eine vom gewöhnlichen Geschehensablauf abweichende Sachlage dazutun, d. h. zu beweisen, daß tatsächlich andere Gründe beim Erblasser für seine Verfügung maßgebend gewesen sind und der von ihm angeführte Grund nur vorgeschoben war. Diesen Beweis haben die Beklagten auch angetreten. Seine Erhebung ist erforderlich.

Einsetzung eines Nacherben

RGZ. 65, 214

Darf eine Nachlaßhypothek auf Grund der Quittung und Löschungsbewilligung des befreiten Vorerben allein gelöscht werden? oder bedarf es dazu auch noch der Einwilligung des Nacherben?

V. Zivilsenat. Beschl. v. 23. Februar 1907.

I. Amtsgericht Kaiserslautern. II. Landgericht daselbst.

Gründe:

„Im Grundbuche von F. steht eine Kaufpreisresthypothek von 400 M. für die G.'schen Eheleute eingetragen. Der Ehemann G. ist verstorben. In seinem am 11. Juni 1900 errichteten Testamente hat er seine hinterbliebene Ehefrau zur Vorerbin eingesetzt und die Nachkommen seiner verstorbenen Tochter als Nacherben auf das berufen, was nach dem Tode der Vorerbin übrig sein wird. In der notariell beglaubigten Urkunde vom 10. Oktober 1906 hat die Witwe G., „handelnd sowohl eigenen Namens wie auch als die von allen gesetzlichen Beschränkungen, also auch von den Beschränkungen der §§ 2113, 2114 BGB. befreite Vorerbin ihres Ehemannes", die Löschung der Hypothek bewilligt und bekannt, den Betrag der Hypothekenforderung von dem Grundstückseigentümer E. empfangen zu haben. E. hat sich damit einverstanden erklärt und die Löschung beantragt.

Das zuständige Grundbuchamt hat den Antrag auf Löschung abgelehnt, weil auch bei befreiter Vorerbschaft die Nacherben als Passivbeteiligte im Sinne der §§ 13, 19, 40, 41 GBO. anzusehen seien, und wegen der Möglichkeit, daß eine unentgeltliche Verfügung des Vorerben vorliege, zur Löschung der Nachlaßhypothek die Zustimmung der Nacherben erforderlich sei. Durch den Quittungsvermerk sei nur bewiesen, daß eine derartige Erklärung abgegeben worden sei, nicht aber der Nachweis geführt, daß kein unentgeltliches Rechtsgeschäft vorliege. Auch aus der Vorschrift des § 52 GBO. folge, daß im Falle der gewöhnlichen, wie auch der befreiten Vorerbschaft der Vorerbe und der Nacherbe als die Erben, deren Rechte durch eine Eintragung im Sinne des § 41 GBO. betroffen würden, anzusehen seien.

Die von E. und der Witwe G. hiergegen eingelegte Beschwerde ist vom Landgerichte aus dem gleichen Grunde zurückgewiesen worden.

In der weiteren Beschwerde hierüber wird geltend gemacht: Die Auffassung, daß durch die Löschung auch die Nacherben in ihrem Rechte im Sinne der §§ 40, 41 GBO. betroffen würden, widerspreche dem Wortlaute der §§ 2100, 2139 BGB., und die Ansicht, daß durch die formgerechte Quittung der Vorerbin die Entgeltlichkeit der Löschungsbewilligung nicht nachgewiesen werde, sei unbillig und ungesetzlich.

Das bayerische Oberste Landesgericht hat die weitere Beschwerde für begründet erachtet und ausgeführt: Neben dem Rechte des Vorerben stehe das bedingte Recht des Nacherben, und die sich daraus ergebende Beschränkung des Verfügungsrechts könne auch der befreite Vorerbe nicht dadurch beseitigen, daß er seine Verfügung für eine entgeltliche erkläre; vielmehr sei dem Grundbuchamte der Nachweis, daß die Erklärung des Vorerben der Wirklichkeit entspreche, in Gemäßheit des § 29 GBO. durch Erklärung des Nacherben zu liefern. Indes habe das Grundbuchamt nicht bei jeder Eintragungsbewilligung eines Verfügungsberechtigten, dessen Verfügungsrecht unter gewissen besonderen Umständen ausgeschlossen sei, wie des Vaters, des Ehemannes, des Konkursverwalters, des Liquidators einer Handelsgesellschaft oder eines Vereins, des Testamentsvollstreckers, wegen der bloßen Möglichkeit, daß ein solcher Umstand vorliege, den Nachweis zu verlangen, daß dies nicht der Fall sei, sondern zunächst sei zu prüfen, ob ein Anlaß zu einem Zweifel darüber bestehe. Verfügungen des befreiten Vorerben grundsätzlich anders zu behandeln, fehle es an einem zureichenden Grunde, wenn schon die Möglichkeit, daß die Verfügung des Vorerben eine das Recht des Nacherben beeinträchtigende Schenkung enthalte, im allgemeinen näher liege, als die Möglichkeit, daß der Vater oder Ehemann die Grenze seines Verfügungsrechts durch eine Schenkung überschreite. Daß die Einwilligung des Nacherben in allen Fällen beigebracht werden müsse, auch wenn nach den Umständen, insbesondere mit Rücksicht auf die persönlichen Beziehungen der Beteiligten zueinander, an eine unentgeltliche Zuwendung nicht zu denken sei, lasse sich auch aus der Vorschrift des § 52 GBO. nicht entnehmen. Die dem Beschlusse des Obersten Landesgerichts vom 18. März 1905 (Samml. von Entsch. Bd. 6 S. 198) zugrunde liegende abweichende Ansicht könne nicht aufrechterhalten werden.

Demgemäß hat das Oberste Landesgericht erklärt, daß, wenn es die Entscheidung selbst zu treffen hätte, es unter Aufhebung der Entscheidungen der Vorinstanzen das Grundbuchamt anweisen würde, auf den Löschungsantrag anderweit zu verfügen. Es hat sich jedoch an einer solchen Entscheidung durch den Beschluß des V. Zivilsenates des Reichsgerichts vom 12. Juli 1905 (Entsch. in Zivils. S. 228, Bd. 61

RIA. Bd. 6 S. 140) behindert gesehen und deshalb gemäß § 79 Abs. 2 GBO. die weitere Beschwerde dem Reichsgerichte zur Entscheidung vorgelegt.

Die weitere Beschwerde konnte keinen Erfolg haben.

Das Reichsgericht findet keinen Anlaß von der in dem eben erwähnten Beschlusse dargelegten Ansicht abzugehen, daß auch bei befreiter Vorerbschaft auf Grund einer Verfügung des Vorerben, welche die Uebertragung eines zur Erbschaft gehörenden Grundstücks oder eines zur Erbschaft gehörenden Rechts an einem Grundstücke zum Gegenstande hat, die Eintragung der Rechtsänderung in das Grundbuch nur erfolgen kann, wenn zuvor der Vorerbe und das Recht des Nacherben, sowie die Befreiung des Vorerben von den Beschränkungen seines Verfügungsrechts eingetragen sind oder der Nacherbe in die Verfügung eingewilligt hat. Nach § 2113 Abss. 1, 2, §§ 2114, 2136, 2137 BGB. sind im Falle des Eintritts der Nacherbfolge Verfügungen auch des befreiten Vorerben über Erbschaftsgegenstände unwirksam, wenn sie unentgeltlich oder zum Zwecke der Erfüllung eines von dem Vorerben erteilten Schenkungsversprechens erfolgt sind. Insoweit wird also das Verfügungsrecht des befreiten Vorerben durch das Recht des Nacherben beschränkt; über die Dauer der Vorerbschaft hinaus ist auch der befreite Vorerbe zu unentgeltlichen Verfügungen nicht befugt. Da nun gemäß § 2113 Abs. 3 BGB. hinsichtlich der Rechtswirkung der Verfügungen des Vorerben die Vorschriften über den Rechtserwerb Dritter in gutem Glauben an die Richtigkeit des Grundbuchs (§ 892 BGB.) Anwendung finden, so darf der Grundbuchrichter auf Grund der Verfügung des Vorerben über ein zum Nachlasse gehöriges Grundstück oder ein solches Recht an einem Grundstücke die Eintragung einer Rechtsänderung nur vornehmen, wenn entweder die Verfügung sich ausdrücklich auf die Dauer der Vorerbschaft beschränkt oder feststeht, daß die Verfügung keine unentgeltliche ist, oder in geeigneter Weise dem Nacherben die Möglichkeit gewahrt wird, beim Eintritte der Nacherbfolge, falls die Verfügung über die Dauer der Vorerbschaft hinausgeht und eine unentgeltliche ist, ihre Unwirksamkeit auch gegenüber dem Dritterwerber mit Erfolg geltend zu machen. Liegen bie beiden erstgenannten Voraussetzungen für die Zulässigkeit der Verfügung nicht vor, so ist in letzterer Hinsicht, wenn die Uebertragung eines Grundstücks oder eines Rechts an einem Grundstücke Gegenstand der Verfügung ist, ein geeignetes Schutzmittel für den Nacherben die Eintragung des Vorerben und zugleich des Rechts des Nacherben gemäß § 52 GBO. Denn hierdurch wird das Recht des Nacherben Dritten gegenüber erkennbar gemacht und demnach dem Nacherben die vorgenannte Möglichkeit erhalten (Kammerger. Jahrb. Bd. 26 A 264, Bd. 30 A 262). Der Grundbuchrichter hat daher in diesem Falle die Eintragung der Rechtsänderung von der Eintragung des Vorerben und des Nacherbenrechts abhängig zu machen. Letztere Eintragungsverpflichtung ist nicht, wie das Kammergericht ausgesprochen hat (Jahrb. Bd. 26 A 264, RJA. Bd. 3 S. 254) und auch die Vorinstanzen annehmen, daraus zu folgern, daß nach § 40 Abs. 1 GBO. eine Eintragung nur erfolgen soll, wenn derjenige, dessen Recht durch sie betroffen wird, als der Berechtigte eingetragen ist, und daß zwar im Falle der Uebertragung eines Rechtes der durch die Eintragung der Rechtsänderung betroffene Erbe des eingetragenen Berechtigten gemäß § 41 Abs. 1 GBO. von der Eintragungspflicht befreit ist, aber im Falle einer Nacherbschaft unter „Erbe" im Sinne des § 41 Abs. 1 Vorerbe und Nacherbe zusammen zu verstehen sind. Der Vorerbe ist gemäß § 2100 BGB. wirklicher alleiniger Erbe; der Nacherbe wird erst mit dem Eintritte der Nacherbfolge Erbe. Daher ist während der Dauer der Vorerbschaft nur der Vorerbe, nicht auch der Nacherbe „Erbe" im Sinne des § 41 und deshalb der Vorerbe im Falle der Uebertragung eines Rechts von der Eintragungspflicht aus § 40 Abs. 1 an sich befreit.

Vgl. Turnau-Förster, Liegenschaftsrecht Bd. 2 Anm. I. 6 zu § 41 GBO., Predari, Anm. 5 zu § 41, Anm. 8 zu § 52 GBO.

Aber, weil auch der befreite Vorerbe zu unentgeltlichen Verfügungen über die Dauer der Vorerbschaft hinaus nicht befugt ist und der Rechtserwerb auf Grund der Verfügung des Vorerben unter dem öffentlichen Glauben des Grundbuchs steht, deshalb ist zum Schutze des Nacherben die zuvorige Eintragung des Vorerben und des Nacherbenrechts zu fordern, wenn nicht feststeht, daß die Verfügung keine unentgeltliche ist (Turnau-Förster a. a. O.). Soll ohne diese zuvorige Eintragung die Rechtsänderung eingetragen werden, so kann dies nur geschehen, wenn der Nacherbe formgerecht (§ 29 GBO.) seine Einwilligung erklärt; denn durch eine solche sein Recht nicht kundbar machende Eintragung der Rechtsänderung wird im Sinne des § 19 GBO. der Nacherbe in seinem Rechte betroffen. Diese Zustimmung des Nacherben hat zugleich materiellrechtlich die Bedeutung, daß der Nacherbe damit erklärt, er wolle die Verfügung des Vorerben als wirksam gelten lassen. Demnach hat der Grundbuchrichter auch im Falle der Verfügung eines befreiten Vorerben, wenn sie die Uebertragung eines eingetragenen Rechtes zum Gegenstande hat und nicht ihre Entgeltlichkeit feststeht, die Rechtsänderung nur dann einzutragen, wenn entweder die vorherige Eintragung des Vorerben und des Rechtes des Nacherben erfolgt, oder der Nacherbe seine Zustimmung erklärt.

Vgl. KG. Jahrb. Bd. 26 A 264, Bd. 29 A 163, Bd. 30 A 262, Turnau-Förster a. a. O., Predari a. a. O., Güthe, Anm. 5 zu § 41 GBO., Meikel, im „Recht" 1905 S. 186 flg.

Soll, wie im gegebenen Falle, auf Grund der Verfügung des befreiten Vorerben die Löschung eines eingetragenen Rechtes, insbesondere einer Hypothek, erfolgen, so versagt das Schutzmittel der vorherigen Eintragung des Vorerben und des Rechtes des Nacherben. Denn durch die Löschung werden alle auf das Recht bezüglichen Eintragungen aus dem Grundbuche beseitigt; es würde mithin auch die Eintragung des Nacherbenrechts wieder beseitigt werden, so daß das Nacherbenrecht aus dem Grundbuche doch nicht ersichtlich wäre. Eine vorläufige Löschung, etwa mit dem Vorbehalte des Rechtes des Nacherben, im Falle des Eintritts der Nacherbfolge wegen Unwirksamkeit der Verfügung des Vorerben die Wiedereintragung des Rechtes zu verlangen, ist dem Gesetze unbekannt (KG. Jahrb. Bd. 22 A 316). Deshalb darf in einem solchen Falle, sofern nicht feststeht, daß die Verfügung des befreiten Vorerben keine unentgeltliche ist, die Löschung gemäß § 19 GBO. vom Grundbuchrichter nur dann vorgenommen werden, wenn die Einwilligung des Nacherben beigebracht wird.

Vgl. KG. Jahrb. Bd. 30 A 262, Turnau-Förster a. a. O., Güthe, Vorbem. 46 zum 2. Abschn. der GBO. S. 218.

Diese Einwilligung oder im Falle der Uebertragung eines Rechtes die zuvorige Eintragung des Nacherbenrechts wäre an sich dann nicht erforderlich, wenn feststände, daß die betreffende Verfügung des befreiten Vorerben keine unentgeltliche ist; denn es wäre dann der befreite Vorerbe zu der Verfügung über das eingetragene Recht auch über die Dauer der Vorerbschaft hinaus befugt. Aber wie bereits in dem Beschlusse Bd. 61 S. 233 der Entsch. des RG.'s in Zivils. dargelegt worden ist, kann dem Grundbuchrichter der Nachweis, daß eine Verfügung des befreiten Vorerben keine unentgeltliche ist, nicht mit den im Grundbuchverfahren zulässigen Beweismitteln geführt werden. Wenn auch die unmittelbar Beteiligten, insbesondere der Vorerbe selbst, in der die verfügende Erklärung enthaltenden Urkunde anerkennen, daß die Verfügung eine entgeltliche sei, daß beispielsweise bei der Uebertragung eines eingetragenen Rechts diese auf Grund eines entgeltlichen Veräußerungsgeschäfts erfolge, oder, was vorliegend in Frage steht, zufolge Zahlung des Eigentümers die zum Nachlasse gehörige Hypothek getilgt sei, so ist doch die Möglichkeit nicht ausgeschlossen, daß die Erklärung unrichtig ist, und dadurch eine in Wirklichkeit unentgeltliche Verfügung verdeckt wird. Von dem Obersten Landesgericht wird dem entgegengehalten, es habe der Grundbuchrichter einen Nachweis der Entgeltlichkeit der Verfügung nicht zu fordern, wenn nach den Umständen, insbesondere mit Rücksicht auf die persönlichen Beziehungen der Beteiligten zueinander, an eine unentgeltliche Zuwendung nicht zu denken sei.

Ferner wird von J a s t r o w und von W e b e r in der Zeitschr. d. Dtsch. Notarvereins 1906 S. 111 und S. 650 flg. geltend gemacht, die in den Formen des § 29 GBO. abgegebene Erklärung des Vorerben und des etwa sonst Beteiligten, daß die Verfügung eine entgeltliche sei, daß ihr beispielsweise ein Kaufvertrag zugrunde liege, oder daß die Hypothekenforderung, über die quittiert werde, tatsächlich durch Zahlung getilgt sei, müsse dem Grundbuchrichter genügen; die bei jeder Erklärung gegebene entfernte Möglichkeit, daß die betreffende Erklärung nur zum Schein abgegeben sei, dürfe den Grundbuchrichter nicht dazu führen, den Nachweis der Entgeltlichkeit durch das Bekenntnis der Beteiligten nicht für erbracht anzusehen.

Dies kann für zutreffend nicht erachtet werden. In ersterer Hinsicht ist es wohl richtig, daß es in der Regel in hohem Maße wahrscheinlich sein wird, daß die von den unmittelbar Beteiligten abgegebene, die Entgeltlichkeit der Verfügung des Vorerben bestätigende Erklärung auch den tatsächlichen Verhältnissen entspricht. Allein schon im allgemeinen können mit Rücksicht auf die für den Grundbuchverkehr zu erfordernde Sicherheit derartige Wahrscheinlichkeiten oder Vermutungen nicht als genügende Grundlagen für eine Eintragung ins Grundbuch gelten. Vor allem aber handelt es sich nicht darum, ob durch die Erklärungen der Beteiligten die diesen selbst gegenüber für die Eintragung einer Rechtsänderung erforderlichen Beweise erbracht werden. Gewiß wird der Grundbuchrichter, soweit für ihn, der nach dem Legalitätsprinzip im allgemeinen nur die Rechtsgültigkeit der Eintragungsbewilligungen zu prüfen hat, der Nachweis eines bestimmten der in der Eintragungsbewilligung enthaltenen Verfügung zugrunde liegenden Kausalgeschäfts gegenüber den unmittelbar Beteiligten überhaupt in Betracht kommen kann, im Falle der Vorlegung formgerechter, den Abschluß des betreffenden Kausalgeschäfts bestätigender Erklärungen der Beteiligten den Nachweis des Abschlusses des Kausalgeschäfts den Beteiligten gegenüber ebenso wie den Nachweis der Rechtsgültigkeit formgerechter Eintragungsbewilligungen für geführt erachten müssen, es sei denn, daß ihm ein sicherer Anhalt dafür geboten ist, daß die Erklärungen der Beteiligten unwirksam sind. Denn die Beteiligten sind an ihre Erklärungen, mögen sie der Wirklichkeit entsprechen oder nicht, gebunden, solange sie von ihnen nicht mit Erfolg angefochten sind. Anders aber liegt die Sache hier. Dem Nacherben gegenüber soll der Nachweis erbracht werden, daß die Verfügung des Vorerben keine unentgeltliche ist. Dieser Beweis müßte ein derart zwingender sein, daß für den Nacherben gar nicht die Möglichkeit bliebe, ihn umzustoßen. Denn nur dann wäre sicher, daß der Vorerbe dem Nacherben gegenüber zu der betreffenden Verfügung befugt ist, und nur dann könnte davon abgesehen werden, den Nacherben gegen Benachteiligungen durch Eintragung seines Nacherbenrechts oder durch Erfordern seiner Einwilligung zu schützen. Ein solcher Beweis läßt sich, da eine Offenkundigkeit hinsichtlich der Frage, ob eine Verfügung des Vorerben in dem gegebenen einzelnen Falle ein entgeltliche oder eine unentgeltliche ist, für den Grundbuchrichter kaum jemals in Betracht kommen wird, durch die im Grundbuchverfahren sonst noch zugelassenen Urkundenbeweise nicht erbringen. Insbesondere sind urkundliche Erklärungen des Vorerben selbst, daß seine Verfügung eine entgeltliche sei, zu dem Nachweise nicht genügend, da sie keine sichere Gewähr dafür bieten, daß sie der Wirklichkeit entsprechen. Dies hat namentlich auch dann zu gelten, wenn, wie vorliegend, die Löschung einer zur Erbschaft gehörenden Hypothek auf Grund der Quittung und Löschungsbewilligung des befreiten Vorerben erfolgen soll. Hier würde sich auch der Vorerbe, wenn er die Aufhebung der Hypothek schenkungsweise bewilligte, die fehlende Verfügungsbefugnis durch seine eigene Erklärung, daß er zufolge Zahlung der Hypothekenforderung die Löschung bewillige, verschaffen können. Durch das Anerkenntnis der Zahlung in der Löschungsbewilligung wird nur bewiesen, daß der Vorerbe erklärt hat, er habe Zahlung empfangen; nicht aber wird dadurch ausgeschlossen, daß in Wirklichkeit die Löschung ohne Zahlung, also unentgeltlich oder zum Zwecke der Erfüllung eines vom Vorerben erteilten Schenkungsversprechens, bewilligt ist.

Demnach haben die Vorinstanzen zur Vornahme der von der befreiten Vorerbin Witwe G. bewilligten Löschung der in Rede stehenden Nachlaßhypothek mit Recht die Beibringung der Zustimmung des Nacherben erfordert.

Das Oberste Landesgericht hat gemeint, als Konsequenz der Auffassung, daß zum Nachweise der Entgeltlichkeit der Verfügung des befreiten Vorerben eine die Entgeltlichkeit bestätigende Erklärung der Beteiligten nicht genüge, würde sich ergeben, daß die Verfügungsbefugnis des Testamentsvollstreckers, der nach § 2205 BGB. zu unentgeltlichen Verfügungen nicht berechtigt ist, des Vaters und des Vormundes, die nach § 1641 und § 1804 nicht in Vertretung des Kindes oder Mündels Schenkungen machen können, des gütergemeinschaftlichen Ehemannes, der nach § 1446 zu einer Schenkung aus dem Gesamtgute der Einwilligung der Frau bedarf, vom Grundbuchrichter auch dann für nicht nachgewiesen erachtet werden dürfe, wenn nach den Erklärungen der bei dem Rechtsakte Beteiligten die Verfügung keine unentgeltliche sei. Das gleiche wird von Jastrow (a. a. O. S. 107 flg.) und von Weber (a. a. O. S. 654 flg.) mit dem ferneren Hinweis ausgeführt, daß durch die genannte Rechtsauffassung einigen dieser Personen, insbesondere dem Vormunde, die Möglichkeit grundbuchlicher Verfügungen überhaupt genommen werde, da sie auch nicht in der Lage seien, die Zustimmung des von ihnen Vertretenen zu der Verfügung beizubringen. Es kann jedoch nicht anerkannt werden, daß die erwähnten Personen dem befreiten Vorerben hinsichtlich des Nachweises der Verfügungsbefugnis gleichzustellen sind. Bei grundbuchlichen Verfügungen seitens dieser Personen hat der Grundbuchrichter nur zu prüfen, ob die Verfügungen innerhalb der Grenzen der durch das Gesetz den Verfügenden gewährten Verfügungsbefugnis liegen. Es handelt sich also für den Grundbuchrichter, wie bei der Verfügung eines Bevollmächtigten, lediglich um eine Frage der Legitimationsprüfung. Hierbei wird der Grundbuchrichter nicht ausschließlich urkundliche Beweise zu fordern, sondern auch allgemeine, feststehende Erfahrungssätze, die auch sonst, wenn der Grundbuchverkehr nicht lahmgelegt werden soll, vom Grundbuchrichter zu berücksichtigen sind, heranzuziehen haben. Diese aber werden ihn, insbesondere wenn er erwägt, daß die genannten Personen Verwalter fremder Vermögen sind, und erfahrungsgemäß von solchen Personen unentgeltliche Verfügungen zum *Nachteile der von ihnen Vertretenen nur sehr selten vorgenommen* werden, dazu führen müssen, die Erklärungen der Beteiligten, daß die betreffende Verfügung keine unentgeltliche sei, als wahr zu erachten, es sei denn, daß besondere Umstände einen bestimmten Anhalt für die Annahme des Gegenteiles bieten. Den Nacherben aber will das Gesetz offensichtlich gegen benachteiligende Verfügungen des Vorerben besonders geschützt wissen. Denn es verbietet die Befreiung des Vorerben von der Beschränkung hinsichtlich unentgeltlicher Verfügungen (§ 2136 BGB.), und es bestimmt, daß bei der Eintragung des Vorerben auch zugleich das Recht des Nacherben einzutragen ist (§ 52 GBO.). Deshalb ist zur Erreichung dieses beabsichtigten Schutzes für die Befugnis des befreiten Vorerben zur Vornahme grundbuchlicher Verfügungen ein auch gegenüber dem Nacherben zwingender Beweis der Entgeltlichkeit zu fordern. Dieser Beweis aber kann im Grundbuchverfahren nicht anders geführt werden, als daß der Nacherbe selbst die Entgeltlichkeit anerkennt und seine Einwilligung zu der Verfügung gibt.

Hiernach war die weitere Beschwerde auf Kosten der Beschwerdeführer zurückzuweisen."

RGZ. 70, 332

Kann der befreite Vorerbe, der eine für den Erblasser eingetragene Hypothek eingezogen hat, von dem Nacherben im Wege der Klage die Einwilligung zur Löschung beanspruchen? Kann der

Nacherbe die Abgabe der Einwilligungserklärung verweigern, wenn die Einziehung erweislich zur Vereitelung des Nacherbenrechtes erfolgt ist?

BGB. §§ 2113, 826.

V. Zivilsenat. Urt. v. 24. Februar 1909.

I. Landgericht Graudenz. II. Oberlandesgericht Marienwerder.

Der Kläger und seine inzwischen verstorbene Ehefrau errichteten im Jahre 1905 ein gemeinschaftliches Testament, in dem sie sich gegenseitig zu Vorerben, die drei Beklagten dagegen mit der Bestimmung zu Nacherben beriefen, daß diesen das zufallen solle, was beim Tode des Letztlebenden von dem beiderseitigen Nachlasse noch übrig sein werde. Zu dem Vermögen der Erblasser gehörte ein für sie aus einem Vertrage vom 27. Februar 1905 im Grundbuche eingetragenes Restkaufgeld von 18 000 M. Hierauf zahlte der Schuldner nach Vereinbarung mit dem Kläger einen Teilbetrag von 6000 M; das Grundbuchamt machte aber die Löschung davon abhängig, daß zuvor die Zustimmungserklärung der Beklagten als Nacherben beigebracht werde. Mit der Klage wurde deshalb beantragt, die Beklagten zur Bewilligung der Löschung der 6000 M. nebst Zinsen zu verurteilen.

Das Landgericht wies die Klage ab mit der Ausführung, daß der Kläger für sich allein zur Bewilligung der Löschung befugt sei.

Das Berufungsgericht erkannte abändernd nach dem Klageantrage. Diese Entscheidung ist aufgehoben, und die Sache an das Berufungsgericht zurückverwiesen worden, aus folgenden

Gründen:

„Die Beklagten sind als Nacherben auf das eingesetzt, was von der Erbschaft beim Eintritte der Nacherbfolge übrig sein wird. Das Recht der Verfügung über die Hypothek steht dem Kläger, als befreitem Vorerben, zu (§§ 2136, 2137 BGB.), und zwar ohne Rücksicht darauf, ob die Verfügung zum Zwecke einer ordnungsmäßigen Verwaltung erforderlich ist, oder nicht. Unwirksam sind nur solche Verfügungen, die unentgeltlich erfolgen (§ 2113 Abs. 2 BGB.), und dies kann bei Löschungsbewilligungen der Fall sein, sofern mit ihnen nicht lediglich eine Einziehung der zum Nachlasse gehörigen Hypotheken erstrebt wird. Trotz der formgerechten Quittung des Vorerben kann die Löschungsbewilligung ein unentgeltliches Geschäft verdecken, und deshalb muß, wie der erkennende Senat bereits wiederholt ausgesprochen hat (Entsch. in Zivils. Bd. 61 S. 233, Bd. 65 S. 214), für die Löschung von Nachlaßhypotheken im Grundbuche neben der Löschungsbewilligung des befreiten Vorerben noch die

Einwilligung der Nacherben gefordert werden. Selbstredend aber kann die Abgabe der Einwilligungserklärung nicht im freien Belieben der Nacherben stehen. Aus der Stellung als Nacherben erwachsen ihnen, wie Rechte, so auch Pflichten. Die Pflicht des Vorerben, für gewisse Verfügungen die Einwilligung der Nacherben beizubringen, enthält zugleich das Recht, die Erteilung der Einwilligung zu fordern, sofern sachlich nicht ein Recht zum Widerspruche besteht. Ein solches Widerspruchsrecht kann im vorliegenden Falle nicht schon daraus hergeleitet werden, daß vereinbarungsgemäß bei Lebzeiten der Gläubiger die Hypothek von seiten des Schuldners überhaupt nicht und von seiten der Gläubiger nur bei unpünktlicher Zinszahlung kündbar war. Unterstellt man auch, daß diese Bestimmungen getroffen worden sind, um die Beklagten zu sichern, so folgt daraus nicht, daß die Absicht dahin gegangen ist, für die Beklagten als Dritte (§ 328 BGB.) unmittelbar ein Recht auf das Kapital zu begründen. Hierfür bot auch sonst der vorgetragene Tatbestand keinen Anhalt, und es bestand daher für das Berufungsgericht auch nicht, wie die Revision glaubt, die Verpflichtung, von der Befugnis des § 139 ZPO. Gebrauch zu machen.

Die Beklagten haben sodann aber die Verpflichtung, zur Löschung der Hypothek die Einwilligung zu erteilen, noch aus einem anderen Grunde bestritten. Sie haben nach dem Tatbestande und dem vorgetragenen Schriftsatze vom 4. März 1908 behauptet, der Kläger habe wiederholt geäußert, die Nacherben sollten nichts bekommen; die Beklagten haben ferner behauptet, der Kläger habe die Hypothek lediglich zu dem Zwecke eingezogen, um das Geld seiner jetzigen Ehefrau oder deren Verwandten zuzuwenden. Dieser Einwand, den das Berufungsgericht nicht gewürdigt hat, war erheblich. Sollte die Behauptung der Beklagten sich als richtig erweisen, so würde auf seiten des Klägers ein bewußter Mißbrauch der ihm testamentarisch eingeräumten Befugnisse vorliegen; die Einziehung der Hypothek würde durch den damit verfolgten Zweck, eine Vereitelung des Rechtes der Nacherben, sich als eine gegen die guten Sitten verstoßende, unerlaubte Handlung darstellen. Dazu in der Form der Einwilligung in die Löschung noch die Mitwirkung der Beklagten zu beanspruchen, würde der Kläger nicht berechtigt sein. Unerörtert kann bleiben, ob dem Schuldner und Eigentümer der belasteten Grundstücke seinerseits gegen die Beklagten ein Anspruch auf Erteilung der Einwilligung zustand, sowie ob die in der Urkunde vom 28. September 1907 erfolgte Abtretung dieses angeblichen Anspruchs an den Kläger rechtswirksam ist; jedenfalls würde der Kläger zu jenem vom Gesetze mißbilligten Zwecke den Klaganspruch ebensowenig aus abgeleitetem wie aus eigenem Rechte geltend machen können."

RGZ. 80, 30

Kann der Schuldner eines zu einer Vorerbschaft gehörigen Forderungsverhältnisses eine Forderung aufrechnen, die ihm nicht als Nachlaßgläubiger, sondern gegen den Vorerben persönlich zusteht?

BGB. §§ 394, 2115. ZPO. § 773.

I. Zivilsenat. Urt. v. 3. Juli 1912.

I. Landgericht I Berlin. II. Kammergericht daselbst.

Die Klägerin ist befreite Vorerbin ihres 1903 verstorbenen Ehemannes. Die gemeinschaftlichen Kinder sind als Nacherben eingesetzt. Der Ehemann der Klägerin war bis zu seinem Tode Genosse der Beklagten gewesen. Die Klägerin forderte als Vorerbin das Auseinandersetzungsguthaben ihres Ehemannes von der Beklagten. Diese beantragte die Abweisung der Klage, indem sie eine die Höhe der Klageforderung übersteigende Gegenforderung aufrechnete. Die aufgerechnete Forderung steht der Beklagten gegen die Klägerin persönlich, nicht gegen sie als Vorerbin zu. Die Klägerin vertrat den Standpunkt, daß die Beklagte bei dieser Sachlage zur Aufrechnung nicht befugt sei, sie behauptete auch, daß einer der Nacherben noch minderjährig sei und in ihrer elterlichen Gewalt stehe; namens dieses Nacherben erhob sie Widerspruch gegen die Aufrechnung. Das Landgericht wies die Klage ab, und die gegen dieses Urteil von der Klägerin eingelegte Berufung wurde zurückgewiesen. Beide Instanzen hielten die Aufrechnung für zulässig. Auf die Revision der Klägerin wurde das Berufungsurteil aufgehoben aus folgenden

Gründen:

„Das Berufungsgericht geht davon aus, daß in den Parteien zwei Personen einander gegenüberstehen, die sich gegenseitig Geldleistungen schulden (§ 387 BGB.). Dies ist zweifellos zutreffend. Im Gegensatze zum ersten Entwurfe des Bürgerlichen Gesetzbuchs hat das Gesetz dem Vorerben die rechtliche Stellung eines wirklichen Erben gegeben und ihn damit zum Herrn des Nachlasses gemacht. Dem Berufungsgerichte ist aber nicht zu folgen, wenn es von diesem richtigen Ausgangspunkte aus unter Berücksichtigung der §§ 2115, 394 BGB. und des § 773 ZPO. zu dem Endergebnisse gelangt ist, daß die Beklagte gegen eine zum Nachlasse gehörende Forderung mit einer Forderung aufrechnen könne, welche ihr nicht als Nachlaßgläubigerin, sondern gegen die Klägerin persönlich zusteht.

Wird dem Vorerben einerseits kraft der ihm eingeräumten Erbenstellung die Verwaltung der Vorerbschaft nach außen erleichtert, so behält doch das Gesetz anderseits das Ziel im Auge, die Erbschaft dem Willen des Erblassers gemäß in die Hand des Nacherben gelangen zu lassen. Wenngleich voller und wahrer Erbe auf Zeit, ist der Vorerbe doch im Hinblick auf den Nacherben ein Treuhänder. Durch die Vorschriften der §§ 2113, 2114 BGB. wird daher die Verfügungsmacht des Vorerben in bestimmten Richtungen beschränkt. In Verfolgung des gleichen Gedankens wird sodann im § 2115 angeordnet, daß „eine Verfügung über einen Erbschaftsgegenstand, die im Wege der Zwangsvollstreckung oder der Arrestvollziehung oder durch den Konkursverwalter erfolgt, im Falle des Eintritts der Nacherbfolge insoweit unwirksam ist, als sie das Recht des Nacherben vereiteln oder beeinträchtigen würde". In der Rechtslehre besteht Einverständnis darüber, daß die Unwirksamkeit der Verfügung sich auch auf solche Gegenstände erstreckt, über die der Vorerbe selbst rechtsgeschäftlich frei verfügen kann. Der Zweck der Vorschrift des § 2115 BGB. ist, die Gläubiger des Vorerben daran zu hindern, seine Erbenstellung zum Schaden des Nacherben auszunutzen. In den Protokollen der Kommission für die 2. Lesung des Entwurfs des Bürgerlichen Gesetzbuchs wird ausdrücklich hervorgehoben, „es wäre ein Mißbrauch, wenn die Gläubiger des Vorerben dessen Verfügungsrecht zu ihren Zwecken ausbeuten dürften" (V, 113).

Die Durchführung der Vorschrift des § 2115 BGB. ist für das Zwangsvollstreckungsverfahren in der Weise gestaltet worden, daß ein zur Vorerbschaft gehörender Gegenstand „nicht im Wege der Zwangsvollstreckung veräußert oder überwiesen werden soll, wenn die Veräußerung oder die Ueberweisung im Falle des Eintritts der Nacherbfolge nach § 2115 BGB. dem Nacherben gegenüber unwirksam ist" (§ 773 ZPO.). Dem Nacherben steht zur Abwendung der seine Rechte schädigenden Vollstreckungsmaßregeln — abgesehen von Einwendungen gemäß § 766 ZPO. — die Widerspruchsklage nach § 771 ZPO. zu . In Ansehung der Zwangsvollstreckung reichen diese Bestimmungen bei Anwendung der erforderlichen Wachsamkeit aus, die Ueberlieferung der Erbschaft durch den Vorerben auf den Nacherben zu sichern. Sie lassen an sich noch unberührt den Fall der Aufrechnung. Wenn der Schuldner in einem zur Erbschaft gehörenden Forderungsverhältnisse seinerseits — wie im vorliegenden Streitfall — eine Forderung gegen den Vorerben persönlich hat, so wäre er, sofern die Aufrechnung als statthaft angesehen werden müßte, in der vorteilhaften Lage, den Weg der Zwangsvollstreckung zu vermeiden und den angeführten Bestimmungen des § 773 ZPO. auszuweichen. Der Schuldner könnte dann zur Selbstbefriedigung mittels Aufrechnung greifen. Wäre diese Aufrechnung zulässig, so wäre der Vorerbe — von einem Ersatz aus eigenen Mitteln abgesehen — außerstande, die Erbschaft unversehrt zu bewahren und dem Nacherben unverkürzt zu überliefern. Auch dem Nacherben stände kein Mittel zu Gebote, zur Sicherung seiner Rechte mit Erfolg einzugreifen; sobald die Aufrechnungserklärung dem Vorerben zuginge, wäre die Forderung der Erbschaft erloschen. Müßte die Aufrechnung zugelassen werden, so würde der Gläubiger des Vorerben, der seinerseits Schuldner in einem zur Erbschaft gehörigen Forderungsverhältnisse ist, vom Gesetze vor denjenigen Gläubigern des Vorerben begünstigt, welche nicht Schuldner sind und zur Zwangsvollstreckung schreiten müssen. Ein stichhaltiger Grund ist hierfür im Hinblick auf den klaren Gesetzeswillen, alle persönlichen Gläubiger des Vorerben an der Ausbeutung der Erbschaftsmasse zu verhindern, nicht erkennbar.

Hiernach ist von vornherein kein Anlaß gegeben, die Wirkung des § 394 BGB., nach dem die Aufrechnung gegen eine Forderung nicht stattfindet, soweit sie der Pfändung nicht unterworfen ist, in Ansehung der zu einer Vorerbschaft gehörenden Forderungen einzuschränken. Werden aber die Grenzlinien, welche auf dem Gebiete der Zwangsvollstreckung für die Pfändung gezogen sind, unverkürzt auf das Gebiet der Aufrechnung übertragen, so führt dies mit Notwendigkeit zu der Annahme, daß die Aufrechnung einer wider den Vorerben persönlich gerichteten Forderung gegen eine Forderung der Erbschaft unstatthaft ist. Die Vorschrift des § 773 ZPO. läßt zwar aus naheliegenden Gründen zunächst die Pfändung zu und untersagt nur die Veräußerung der gepfändeten Sache oder die Ueberweisung der gepfändeten Forderung. Mit Recht wendet sich jedoch die Revision gegen die Auffassung des Berufungsgerichts, das mit Rücksicht auf die Zulässigkeit der Pfändung auch die Aufrechnung gestatten will, indem es beide Rechtshandlungen einander gleichstellt. Diese Auffassung geht deswegen fehl, weil die Pfändung für sich allein erst eine Sicherung bewirkt, wogegen die Aufrechnung bereits die Befriedigung enthält, die Forderung der Erbschaft vernichtet und damit diese des ganzen Wertes der Forderung beraubt. Die Aufrechnung entspricht nicht einer bloßen Pfändungshandlung, sondern schließt zugleich das in sich, was der Veräußerung der Sache oder der Ueberweisung der Forderung im Bereiche des § 773 ZPO. gleichkommt. Veräußerung und Ueberweisung bilden die Durchführung der Pfändung, und diese Durchführung ist es gerade, welche die Rechte des Nacherben endgültig schädigt; diese Schädigung sucht das Gesetz durch die Bestimmungen des § 773 ZPO. abzuwenden. Die gleiche Schädigung tritt mit der Aufrechnung ein. Daraus folgt, daß das durch den § 773 für die Zwangsvollstreckung verfolgte Ziel in Ansehung der Aufrechnung nur durch deren Ausschließung zu erreichen ist. Jenes Ziel wird aber auch vom Gesetz erreicht, indem es im § 394 BGB. der Aufrechnung die gleiche Schranke setzt, die für die Pfändung gesetzt worden ist.

Mit diesem Ergebnisse steht die Entwicklung, welche die Vorschrift des § 394 BGB. durchgemacht hat, durchaus im Einklange. Der erste Entwurf des Bürgerlichen Gesetzbuchs bestimmte im § 288:

„Die Aufrechnung findet gegen die im § 749 ZPO. (jetzt § 850) bezeichneten Forderungen insoweit nicht statt, als diese Forderungen der Pfändung nicht unterworfen sind."

Diese Bestimmung enthielt eine wesentliche Erweiterung der Aufrechnungsbeschränkungen gegenüber dem damaligen Rechtszustande. Die Motive (II, 113) heben dazu mit Recht hervor, es wäre „eine Inkonsequenz, wenn, obwohl das Gesetz eine Forderung der Exekution entziehe, dem Schuldner gestattet wäre, gegen eine solche Forderung eine Gegenforderung zur Aufrechnung zu bringen und auf diese Weise, ähnlich wie im Wege der Exekution, den Gläubiger zu zwingen, sich in die Nichtbefriedigung zu fügen. Es mache sich diesfalls der Charakter der Aufrechnung als einer dem Gläubiger aufgezwungenen Befriedigung, gewissermaßen als Selbstexekution, geltend. . . . Die Vorschrift des § 288 ziehe demnach eigentlich nur die in der ZPO. § 749 schon liegende Konsequenz". . . . Es erhellt ohne weiteres, daß diese Erwägungen dazu führen, über den § 749 (850) ZPO. hinauszugehen und die in anderen Gesetzesvorschriften enthaltenen Pfändungsbeschränkungen ebenfalls zu berücksichtigen. Die Kommission für die zweite Lesung des Entwurfs des Bürgerlichen Gesetzbuchs hat dann auch „den im § 288 aufgestellten Grundsatz verallgemeinert, um bei denjenigen unpfändbaren Forderungen, die in der ZPO. § 749 nicht genannt sind, besondere Vorschriften, welche die Aufrechnung ausschließen, entbehrlich zu machen" (Prot. I, 375). Es wurde die Bezugnahme auf § 749 (850) gestrichen und der Vorschrift die Fassung gegeben, welche dem § 394 BGB. entspricht. Aus diesen Vorgängen geht unverkennbar die gesetzgeberische Absicht hervor, Aufrechnung und Pfändung in die gleichen Grenzen einzuschließen.

Verfehlt ist der Einwand, § 394 BGB. treffe nur die „der Pfändung nicht unterworfenen" Forderungen. Der gleiche Ausdruck finde sich im § 850 ZPO. (vgl. § 811) und an anderen Gesetzesstellen, dagegen seien die Vorschriften der §§ 772, 773 ZPO. (vgl. § 812) als bloße „Soll"-Vorschriften aufgestellt worden und würden daher vom § 394 BGB. nicht getroffen. Dieser Einwand kann deswegen nicht durchgreifen, weil auch die Ordnungsvorschriften zu befolgen sind. Der Richter verletzte seine Amtspflicht, wenn er eine als solche erkannte Forderung der Vorerbschaft zuwider der Vorschrift des § 773 ZPO. überweisen würde. Zieht auch die Uebertretung einer „Soll"-Vorschrift keine Nichtigkeit nach sich, so ist doch zu betonen, daß die Befugnisse von Richter und Gerichtsvollzieher durch die §§ 772, 773, 812 ZPO. eingeschränkt werden. Dem Konkursverwalter wird im § 128 KO. ausdrücklich verboten, die zur Vorerbschaft gehörigen Gegenstände zu veräußern, wenn die Veräußerung nach § 2115 BGB. unwirksam ist. Es wäre in der Tat ungereimt, wenn das, was zum Schutze der Rechte des Nacherben dem Richter, Gerichtsvollzieher und Konkursverwalter untersagt ist, dem Schuldner in der Form der Aufrechnung gestattet sein sollte.

Wenn im § 559 Satz 3 BGB. bestimmt wird, daß das Pfandrecht des Vermieters „sich nicht auf die der Pfändung nicht unterworfenen Sachen erstreckt", so besteht Streit darüber, ob dazu auch die in dem bereits angeführten § 812 ZPO. bezeichneten Sachen gerechnet werden müssen. Diese Streitfrage kann indessen auf sich beruhen bleiben; denn der Schutz des Nacherben gegen die Gläubiger des Vorerben und die Abgrenzung der Rechte zwischen Mieter und Vermieter sind völlig verschiedene Gegenstände gesetzlicher Regelung.

Gegen die hier vertretene Auffassung kann auch kein Bedenken aus dem § 1 der Konkursordnung hergeleitet werden. Es wird im Abs. 1 dieser Vorschrift bestimmt, daß das Konkursverfahren „das gesamte einer Zwangsvollstreckung unterliegende Vermögen des Gemeinschuldners umfasse", und überdies wird im § 1 Abs. 4 gesagt, daß „Gegenstände, die nicht gepfändet werden sollen, nicht zur Konkursmasse gehören". Es könnte sonach scheinen, als wenn die vom Abs. 4 betroffenen Gegenstände an sich als solche anzusehen wären, die der Zwangsvollstreckung unterlägen. Die Materialien zu der Novelle zur Konkursordnung vom 17. Mai 1898 ergeben aber, daß Abs. 4 nur zu dem Zwecke, alle Zweifel zu beseitigen, von der Reichstagskommission eingefügt worden ist. Und es ist nicht nur in der Begründung des Gesetzentwurfs, sondern auch bei den Kommissionsverhandlungen ausdrücklich hervorgehoben worden, daß schon nach dem Abs. 1 des § 1 auch die im § 715 a (jetzt 812) ZPO. bezeichneten Gegenstände — die nicht gepfändet werden „sollen" — vom Konkurse nicht erfaßt würden (vgl. Heymann'sche Ausgabe der Materialien zur Konkursordnung S. 33 und 152).

Die vorstehenden Darlegungen führen zu dem Endergebnisse, daß eine Aufrechnung gegen die von der Klägerin geltend gemachte Forderung, soweit diese zur Erbschaft gehört, nicht zulässig ist. Gegen die Annahme, daß die Ueberweisung der Forderung im Wege der Zwangsvollstreckung „im Falle des Eintritts der Nacherbfolge nach § 2115 BGB. dem Nacherben gegenüber unwirksam ist" (§ 773 ZPO.), liegen Bedenken nicht vor. Der Anwendung des § 2115 BGB.

(§ 773 ZPO.) steht nicht entgegen, daß die Klägerin befreite Vorerbin ist (§ 2136 BGB.).

Wenn die Klägerin sich noch auf den Umstand berufen hat, daß einer der Nacherben von ihr gesetzlich vertreten werde und sie in dessen Namen Widerspruch gegen die Aufrechnung erheben könne, so ist dieses Vorbringen mit dem Berufungsgerichte schon deswegen als unerheblich anzusehen, weil die Klägerin nur im eigenen Namen klagt. Es kommt aber hierauf nicht mehr an. . . .

Zur Endentscheidung ist die Sache noch nicht reif. Im Hinblick auf die Erklärungen der Parteien ist anzunehmen, daß in der eingeklagten Forderung auch Zuwachsbeträge enthalten sind, die zur Erbschaftsforderung geschlagen wurden, aber der Vorerbin als Nutzungen gebührten (vgl. GenossenschGes. §§ 77, 73, BGB. §§ 100, 101). Diese Beträge sind ihrer Höhe nach bisher noch nicht festgestellt worden. Ihnen gegenüber ist selbstverständlich die Aufrechnung zulässig, was auch vom Kammergerichte hervorgehoben wird."

RGZ. 80, 377

Kann nach Eintritt des Erbfalls der Nacherbe die Erbschaft wirksam annehmen, bevor sie ihm angefallen ist?

BGB. §§ 1946, 2142.

IV. Zivilsenat. Urt. v. 9. November 1912.

I. Landgericht Dresden. II. Oberlandesgericht daselbst.

Am 31. August 1906 verstarb in P., woselbst er seinen letzten Wohnsitz gehabt hatte, der Privatmann M. Auf Grund des von ihm am 21. Januar 1899 errichteten Testaments ging sein Nachlaß auf seine Witwe Marie M. geb. L. als Vorerbin über und sollte mit deren Tode den Geschwistern Curt und Else M. als Nacherben anfallen. Der Erblasser hatte außerdem in seinem Testamentsnachtrage vom 23. März 1903 bestimmt, daß, wenn Else L., die sich inzwischen mit dem Kaufmann T. verheiratet hatte, versterbe, deren Erbteil ihren Kindern zuteil werden sollte. Schon bei Lebzeiten der Vorerbin Marie M. geb. L. hat die Nacherbin Else T. geb. L. mit Zustimmung ihres Ehemanns die ihr zustehenden Nacherbschaftsrechte durch einen notariellen Vertrag vom 3. März 1908 den klagenden Eheleuten J. verpfändet, und zwar dem klagenden Ehemanne für eine Darlehnsforderung von 10 000 M. und der klagenden Ehefrau für eine Hypothekenforderung von 20 000 M. Als jedoch die Vorerbin am 23. Februar 1909 verstarb, schlug Frau T. die Nacherbschaft mit der Erklärung aus, daß dies zugunsten ihrer Kinder geschehe. Auf Grund dessen nahmen die verklagten Geschwister T. den ihrer Mutter als Nacherbin ausgesetzten Erbteil als Ersatznacherben für sich in Anspruch. Die Kläger stellen sich demgegenüber auf den Standpunkt, daß die von der Nacherbin Else T. geb. L. erklärte Ausschlagung unwirksam sei, weil die Verpfändung des Erbteils vom 3. März 1908 schon eine wirksame Erbschaftsannahme enthalte; überdies hätten die Eheleute T. durch die Ausschlagung lediglich die ihnen, den Klägern, als den Pfandgläubigern zustehenden Rechte vereiteln wollen.

Im gegenwärtigen Rechtsstreite handelt es sich indessen nur um gewisse Bestandteile des Nachlasses. In einem zwischen den klagenden Eheleuten und den Eheleuten T. geführten Vorprozesse haben nämlich die Eheleute T. durch einen prozeßgerichtlichen Vergleich darein gewilligt, daß ein zum Nachlasse gehöriges Kaufgeld, das von dem Schuldner wegen der über die Person des Gläubigers bestehenden Ungewißheit bei dem Amtsgericht in P. hinterlegt worden war, im Betrage von 5000 M. an die klagenden Eheleute J. ausgezahlt werde und daß die Kläger zur Deckung ihrer Forderung weitere 10 500 M. aus dem Nachlaß erhielten. Daraufhin wurden die hinterlegten 5000 M. an die Kläger ausgezahlt. Mit dem Klagantrage verlangen nunmehr die Kläger, daß ihnen auch von gewissen zum Nachlasse des M. gehörigen Wertpapieren, die auf den Namen der Vorerbin Witwe M. bei der Sächsischen Bank in Dr. niedergelegt sind, Stücke im Betrage von 10 500 M. oder ein entsprechender Teil ihres Erlöses ausgeliefert werde. Die Beklagten haben nicht nur dem auf Einwilligung in diese Auslieferung gerichteten Klagebegehren widersprochen, sondern zugleich widerklagend darauf angetragen, die Kläger zur Herausgabe der aus der Hinterlegung an sie gezahlten 5000 M. zu verurteilen.

Das Landgericht hat dem Klagantrage stattgegeben und die Widerklage abgewiesen. Auf die Berufung der Beklagten hat das Oberlandesgericht abändernd die Klage abgewiesen und nach dem Antrage der Widerklage erkannt. Die Revision der Kläger führte zur Wiederherstellung des landgerichtlichen Urteils.

Aus den Gründen:

„Die Entscheidung hängt ausschließlich von der unter den Schriftstellern streitigen Rechtsfrage ab, ob nach dem Eintritte des Erbfalls der Nacherbe die Erbschaft wirksam annehmen kann, auch wenn sie ihm noch nicht angefallen ist. Wie § 1946 BGB. grundlegend vorschreibt, kann der Erbe die Erbschaft annehmen oder ausschlagen, sobald der Erbfall eingetreten ist. Nach § 1922 Abs. 1 in Verbindung mit § 1942 Abs. 1 vollzieht sich gleichzeitig mit dem Erbfall der Anfall der Erbschaft an den Erben. Dem Nacherben aber fällt die

Erbschaft in einem späteren Zeitpunkte an: er wird erst Erbe, wenn der Vorerbe aufhört, Erbe zu sein (§§ 2100, 2139). Es entsteht hieraus der Zweifel, ob die Regelung des § 1946 sich auf den Nacherben überhaupt erstreckt, ob also das Gesetz unter dem Erben, der schon mit dem Eintritte des Erbfalls annehmen oder ausschlagen kann, den Nacherben mitversteht, oder ob die Gesetzesregel selbst, abweichend von dem Wortlaute des § 1946, dahin zu deuten ist, daß grundsätzlich jeder Erbe die Erbschaft erst dann annehmen oder ausschlagen kann, wenn sie ihm angefallen ist, wobei in Betracht kommt, daß auch abgesehen von der eigentlichen Nacherbfolge der Erbfall und der Erbanfall in Wirklichkeit nicht immer zeitlich zusammentreffen. Läßt man das erstere nicht gelten, nimmt man also den Nacherben von der in § 1946 getroffenen Regelung überhaupt aus, so fehlt es für die Frage, wann der Nacherbe die Erbschaft annehmen kann, an einer unmittelbaren Regelung im Gesetze. Denn nur mit Bezug auf das Zeiterfordernis der Ausschlagung des Nacherben enthält § 2142 Abs. 1 BGB. die Vorschrift:

> der Nacherbe kann die Erbschaft ausschlagen, sobald der Erbfall eingetreten ist.

Wer in dieser Vorschrift nicht einen besonderen Anwendungsfall des § 1946 erblickt und ebensowenig das, was für die Ausschlagung durch den Nacherben vorgeschrieben ist, auf die Annahme entsprechend anwenden will, muß, wie dies in der Rechtslehre mehrfach geschieht, in der angegebenen Weise die Grundregel des § 1946 dahin umdeuten, daß der Erbe die Erbschaft annehmen oder ausschlagen kann: nicht sobald der Erbfall eingetreten ist, sondern sobald sie ihm angefallen ist. Dann bildet § 2142 Abs. 1 ihr gegenüber eine Ausnahme, die Erbschaftsannahme durch den Nacherben dagegen folgt wieder der so verstandenen Regel.

Ueberwiegende Gründe sprechen jedoch gegen die Richtigkeit dieser Gesetzesauslegung. Es kann nur zugegeben werden, daß weder aus dem Gesetze selbst noch aus den Vorarbeiten ein sicherer Aufschluß darüber zu gewinnen ist, auf welchen gesetzgeberischen Erwägungen es beruht, daß der Zeitpunkt, von dem an dem Nacherben die Ausschlagung der Erbschaft freigestellt sein sollte, durch die Vorschrift des § 2142 Abs. 1 besonders bestimmt ist, wenn man durch die diesseits gutgeheißene Gesetzesauslegung dahin gelangt, daß vermöge der allgemeinen Vorschrift des § 1946 der gleiche Zeitpunkt in Ansehung sämtlicher Erbfälle sowohl für die Annahme als auch für die Ausschlagung der maßgebende ist.

Besonderer Anlaß, gerade die Ausschlagung des Nacherben von der für alle Erben geltenden zeitlichen Regelung der Annahme und Ausschlagung auszunehmen, würde allerdings dann bestanden haben, wenn die grundlegende Norm des I. Entw. z. BGB. in das Gesetz übernommen worden wäre. Sie sollte damals (§ 2033 I. Entw.) wie folgt lauten:

> Die Erbschaft kann, sofern nicht das Gesetz ein anderes bestimmt, nicht vor Beginn der (durch § 2030 Abs. 2 I. Entw. in Uebereinstimmung mit § 1944 Abs. 2 BGB. geregelten) Ausschlagungsfrist angenommen oder ausgeschlagen werden.

Die Vorschrift bezog sich also, wie ihre Fassung zweifelsfrei erkennen ließ, wie sich aber auch aus den Erörterungen der Motive über die vorgesehenen Ausnahmen ergab (Mot. Bd. 5 S. 121 flg., 503 flg.), an sich auch auf den Nacherben. Sie stand aber dem zur Nacherbschaft berufenen Pflichtteilsberechtigten entgegen, wenn er, um sofort sein Pflichtteilsrecht geltend machen zu können, entsprechend der Vorschrift des § 1981 I. Entw. (jetzt § 2306 BGB.) die Erbschaft ausschlagen mußte. Um ihm dies zu ermöglichen und gleichzeitig dem mitunter vorhandenen Bedürfnis einer Ablösung der Nacherbschaft durch den Vorerben Rechnung zu tragen (Mot. Bd. 5 S. 121 flg.), sollte durch eine besondere nur für die Ausschlagung durch den Nacherben geltende Ausnahmevorschrift Vorsorge getroffen werden. Diese war im § 1832 I. Entw. enthalten und lautete nach Voranstellung der Regelung über die durch Ausschlagung des Nacherben sich vollziehende Konsolidation (Abs. 1) im Absatz 2 wie folgt:

> Die Ausschlagung der Nacherbschaft kann erfolgen, sobald die Erbschaft dem Vorerben angefallen ist.

Nun verschob sich aber durch die Beschlüsse der zweiten Kommission die grundlegende Norm mit ihrem Inhalt in der Weise, daß die Ausnahme dadurch als solche hinfällig wurde und mit der Regel übereinstimmte. Trotzdem wurde die Vorschrift des § 1832 Abs. 2 I. Entw. nicht nur beibehalten, sondern, nachdem sie ursprünglich die Fassung erhalten hatte:

> Der Nacherbe kann die Erbschaft ausschlagen, sobald sie dem Vorerben angefallen ist (Prot. Bd. 5 S. 131),

schließlich mit der an die Stelle des § 2033 I. Entw. gesetzten, jetzt in § 1946 enthaltenen Regelung dadurch in volle Uebereinstimmung gebracht, daß auch für den Beginn der Ausschlagungsbefugnis des Nacherben der Eintritt des Erbfalls als der maßgebende Zeitpunkt bestimmt wurde. Aus dieser zuletzt beschlossenen völligen Anpassung des § 2142 Abs. 2 BGB. an die Vorschrift des § 1946 läßt sich zwar nicht ohne weiteres herleiten, daß damit nur ein besonders wichtiger Anwendungsfall dieser Regel hervorgehoben werden sollte. Anderseits fehlt es jedoch auch an jedem Anhalt für die Annahme, daß etwa die Absicht bestanden hätte, mit der sachlichen Umgestaltung des § 2033 I. Entw. die darin enthaltene allgemeine Regelung auf ein engeres Anwendungsgebiet einzuschränken und den Nacherben dabei überhaupt auszuscheiden (vgl. Prot. Bd. 5 S. 624 flg.). Im Gegenteil deutet die Beseitigung des in § 2033 enthaltenen Hinweises auf gesetzlich vorgesehene Ausnahmen, wenn nicht auf eine Erweiterung, so doch jedenfalls auf eine Beibehaltung des nämlichen Anwendungsgebiets hin. Erstreckte sich mithin die Regelung des § 2053 I. Entw. auf die von der Ausnahmevorschrift des § 1832 nicht betroffene Annahme der Erbschaft durch den Nacherben, so spricht dies dafür, daß das gleiche jetzt von der an Stelle des § 2033 gesetzten Vorschrift des § 1946 BGB. zu gelten hat.

Dafür spricht aber in gewissem Sinne auch die in § 1951 Abs. 2 Satz 1 BGB. enthaltene Vorschrift, wonach bei einer auf demselben Berufungsgrunde beruhenden Berufung zu mehreren Erbteilen die Annahme (wie die Ausschlagung) des einen Erbteils zugleich für den anderen gilt, und zwar selbst dann, wenn der andere Erbteil noch nicht angefallen ist. In diesem besonderen Falle befindet sich also jedenfalls auch der Nacherbe in der Lage, vor dem Anfall annehmen zu können. Und was noch wichtiger ist: es zeigt sich darin, daß sich das Gesetz grundsätzlich der Wirksamkeit einer dem Anfalle vorausgehenden Annahme nicht entgegenstellt. Nicht anders verhält es sich mit dem Ersatzerben (§ 2096), wenn der vorberufene Erbe noch nicht weggefallen ist. Er kann trotzdem, obwohl ihm die Erbschaft noch nicht angefallen ist und es unter Umständen zu einem Anfall an ihn überhaupt nicht kommt, also in bloßer Erwartung des Anfalls, gemäß § 1946 nach dem Eintritte des Erbfalls vorweg ausschlagen und ebenso vorweg annehmen. Das gleiche gilt von dem unter einer noch schwebenden Bedingung und von dem von einem späteren Zeitpunkt ab berufenen Erben, und ebenso von dem Erben, dessen Berufung zur gesetzlichen Erbfolge noch davon abhängt, ob ein Vorberufener die Erbschaft ausschlagen wird. Der Nacherbe aber ist, wofür gemäß § 2102 Abs. 1 die Vermutung spricht, der Regel nach zugleich als Ersatzerbe berufen. Vereinigt er beide Eigenschaften in sich, so würde, wenn er als Ersatzerbe vor dem Wegfall des Vorerben angenommen hat, seine Ausschließung von der im § 1946 enthaltenen Regelung nur zu der innerlich durch nichts gerechtfertigten Unterscheidung führen, daß die Annahme zwar für den Ersatzerbfall, nicht aber auch für den Nacherbfall Geltung hat.

Immerhin läßt sich nicht ersehen, welche Absichten bei der zweiten Lesung des Entwurfs und bei dem späteren Fortschreiten des Gesetzgebungswerks vorgewaltet haben, wenn die Vorschrift des § 1946 sich auf den Nacherben mitbeziehen sollte, gleichwohl aber die danach entbehrliche Vorschrift des § 2142 Abs. 1 beibehalten wurde.

Es ergibt sich indessen aus den bisherigen Darlegungen jedenfalls soviel, daß für einen Umkehrschluß aus § 2142 Abs. 1 sich aus dem Entwicklungsgange der Vorarbeiten unterstützende Beweisgründe nicht gewinnen lassen. Deshalb allein, weil durch ausdrückliche Gesetzesvorschrift die vorzeitige Ausschlagung dem Nacherben freigestellt und eine besondere Vorschrift über die an seine Annahme zu stellenden zeitlichen Anforderungen im Gesetze nicht enthalten ist, darf aber einer dem Nacherbfall vorausgehenden Annahme die Wirksamkeit überhaupt nicht versagt werden. In keinem Falle steht der Anerkennung ihrer Wirksamkeit der Wortlaut der §§ 1946, 2142 Abs. 1 entgegen, und auch mit den übrigen Gesetzesvorschriften läßt sie sich besser in Einklang bringen, als die Annahme der Unwirksamkeit; so, abgesehen von § 1951 Abs. 2 Satz 1, beispielsweise auch mit § 1957 Abs. 1 BGB.

Läßt das Gesetz selbst noch Zweifel übrig, so kommt es in ausschlaggebender Weise darauf an, welche der beiden Auslegungen den Anforderungen der Billigkeit und des Verkehrs in höherem Maße entspricht. In dieser Beziehung besteht zunächst kein Grund, den vor dem Anfall zur Erbschaftsannahme schreitenden Nacherben gegen die Folgen seines eigenen Verhaltens in Schutz zu nehmen und ihm wider seinen rechtsgeschäftlich betätigten Willen die freie Entschließung für eine fernere Zeit offen zu halten. Eine besondere Gefahr für ihn läßt sich auch darin nicht erblicken, daß, während der vielleicht langen Dauer der Vorerbschaft, sein Verhalten bei irgend einer Gelegenheit ihm leichthin als eine vorzeitige Annahme ausgelegt werden könnte. Jedenfalls kann die bloße Wahrnehmung solcher Rechte und Pflichten, die unabhängig davon, ob eine Erbschaftsannahme bereits stattgefunden hat oder nicht, während der Dauer der Vorerbschaft im Verhältnis zwischen ihm und dem Vorerben bestehen (vgl. Urteil des RG.'s vom 21. April 1910 Rep. IV. 423/09 im Recht 1910 Nr. 2581, §§ 2116 flg., 2127 flg., 2120 BGB.), für sich allein eine durch schlüssiges Verhalten betätigte Erbschaftsannahme schlechterdings nicht darstellen. Ueberdies befindet sich der Nacherbe in der Lage, selbst bei übereilter Annahme im Falle einer Ueberschuldung des Nachlasses durch gehörige Ausübung der ihm zustehenden Rechtsbehelfe (§ 2144) sich gegen jeden Vermögensverlust zu sichern. Eine Fürsorge aber, die so weit ginge, ihn auch vor den Unbequemlichkeiten einer derartigen Mühewaltung zu bewahren, ist um so weniger angebracht, als gerade die Vermeidung jeder unnötigen Bevormundung den Grund gebildet hat, weshalb es nicht bei § 2033 I. Entw. verblieben ist, dem Erben vielmehr allgemein durch § 1946 BGB. die Freiheit des Handelns nach der Richtung gewahrt wurde, daß er vom Eintritt des Erbfalls an annehmen oder ausschlagen kann, auch wenn sich die Voraussetzungen für den Beginn der Ausschlagungsfrist (§ 1944 Abs. 2) in seiner Person noch nicht erfüllt haben (Prot. Bd. 5 S. 626).

Es läßt sich aber schließlich ohne einen Widerstreit gegen die Anforderungen des redlichen Verkehrs nicht miteinander vereinbaren, wenn auf der einen Seite dem Nacherben die Befugnis zugesprochen werden muß, nach Eintritt des Erbfalls über den ihm noch nicht angefallenen Erbteil zu verfügen, auf der anderen Seite aber der in einer solchen Verfügung mit unverkennbarer Bestimmtheit sich betätigenden Erbschaftsannahme um ihrer Vorzeitigkeit willen die Wirksamkeit abgesprochen werden müßte. Mißstände könnten sich schon dann ergeben, wenn es dem auf den ganzen Nachlaß berufenen Nacherben, nachdem er die Erbschaft verkauft hat, noch freistände, etwa im Einvernehmen mit dem Vorerben oder dem nächstberufenen Erben die Erbschaft auszuschlagen. Zu der offenbaren Unbilligkeit aber tritt ein innerer Widerspruch hinzu, wenn der über den Erbanteil selbst verfügende Anteilsnacherbe es in der Hand behielte, den Gegenstand seiner Verfügung durch eine Ausschlagung hinterher dem Erwerber wieder zu entziehen. Wohin das führt, zeigt der vorliegende Rechtsfall. Die Eheleute T. verwerten zunächst den der Ehefrau als Nacherbin zustehenden Erbteil durch eine formgerechte und nach der bisherigen Rechtsprechung wirksame Verpfändung an die Kläger. Nachdem dies geschehen ist, schlagen sie die Erbschaft aus, um sie ihren als Ersatznacherben berufenen Kindern in die Hände zu spielen. An der eben erwähnten Rechtsprechung ist aber festzuhalten. Schon durch Urteil vom 11. Juli 1907, Rep. IV. 550/06 (Gruchot, Bd. 52 S. 680) hat der Senat anerkannt, daß nach dem Eintritte des Erbfalls der Nacherbe über seinen Erbanteil verfügen kann. Zu der damaligen Begründung tritt hinzu, daß bei einer gleichzeitigen Berufung auf mehrere Erbteile das Gesetz selbst durch die dem § 1951 Abs. 2 Satz 1 sich anschließende Vorschrift des § 2373 dem verkaufenden Erben freistellt, den noch nicht angefallenen Erbteil mitzuverkaufen, wofür es die Vermutung sprechen läßt, oder ihn vom Verkauf auszuschließen.

Nach alledem hat der Senat die im vorliegenden Falle für die Entscheidung ausschlaggebende Rechtsfrage dahin beantwortet, daß, sobald der Erbfall eingetreten ist, der Nacherbe die Erbschaft annehmen kann, auch wenn sie ihm noch nicht angefallen ist.

Geht man hiervon aus, so unterliegt die Aufhebung des Berufungsurteils und die Wiederherstellung der landgerichtlichen Entscheidung keinem Bedenken. Daß in der Verpfändung des Erbteils an die Kläger zugleich eine unzweideutige Kundgebung des Willens enthalten ist, die Erbschaft anzunehmen, hat auch der Berufungsrichter nicht bezweifelt. Einer besonderen Form bedarf, imUnterschiede von der Ausschlagung, die Annahmeerklärung nicht (§§ 1943, 1945 flg.). War sie demnach im gegebenen Falle wirksam, so konnte gemäß § 1945 Frau T. hinterher die Erbschaft nicht mehr ausschlagen. Frau T. ist also mit dem Ableben der Vorerbin Frau M. Erbin geworden. Ein Erbanfall an die Beklagten, die durch den Testamentsnachtrag des Erblassers vom 23. März 1903 nur als Ersatzerben für den Fall des Ausscheidens ihrer Mutter zur Erbfolge berufen waren, hat daher überhaupt nicht stattgefunden (§ 2096). . . . Da die Beklagten also, ohne daß ihnen am Nachlaß irgend welche Rechte zustehen, den Klägern bei der Befriedigung aus dem ihnen rechtswirksam verpfändeten Erbteile hindernd entgegengetreten sind, bedarf es einer Entkräftung ihres Widerspruchs durch die dem Klagantrag entsprechende Entscheidung, während ihre Widerklage sich als hinfällig erweist.

Unter Anwendung des § 565 Abs. 3 Nr. 1 ZPO. ist deshalb wie geschehen erkannt worden."

RGZ. 81, 364

Zum Begriffe der unentgeltlichen Verfügung des Vorerben über einen Erbschaftsgegenstand.

BGB. § 2113 Abs. 2.

IV. Zivilsenat. Urt. v. 17. Februar 1913.

I. Landgericht II Berlin. II. Kammergericht daselbst.

Der im Jahre 1905 verstorbene Otto Gustav Sch. hat testamentarisch seine Ehefrau Bertha Sch. als befreite Vorerbin auf die Hälfte des Nachlasses, seine Kinder, darunter den Kläger und die Beklagte zu 1, als Erben der anderen Hälfte des Nachlasses und zugleich als Nacherben der der Ehefrau zugefallenen Hälfte eingesetzt. Bei der Erbauseinandersetzung ist eine auf 177 515,28 M. festgestellte Restschuld des Klägers an den Erblasser der Witwe Sch. in Anrechnung auf ihren Vorerbteil übertragen worden. Die Witwe Sch. hat diese Schuld durch zwei, mit ihrem Sohne geschlossene Verträge von 1906 und 1907 zunächst auf 107 515,28 M. und weiter bis auf 83 515,28 M. ermäßigt. Die verklagte Ehefrau erblickt darin unentgeltliche und gegen sie unwirksame Verfügungen der Vorerbin. Der Kläger verlangt deshalb richterliche Feststellung, daß die Verträge keine unentgeltlichen Verfügungen enthalten, daß vielmehr die darin vorgenommenen Verrechnungen zu Recht beständen. Das Landgericht hat diese Feststellungen nur bezüglich eines Betrags von 9000 M. getroffen, im übrigen aber die Klage abgewiesen. Die Berufung des

Klägers blieb ohne Erfolg. Auf seine Revision wurde das Berufungsurteil aufgehoben und die Sache in die Vorinstanz zurückverwiesen.

Gründe:

„Die in §§ 2113 bis 2115 BGB. angeordneten Beschränkungen des Vorerben in der Verfügung über die zur Erbschaft gehörenden Gegenstände bezwecken ersichtlich, das Recht des Nacherben auf Herausgabe der Erbschaft in dem Zustande sicher zu stellen, der sich bei einer bis zur Herausgabe fortgesetzten ordnungsmäßigen Verwaltung ergibt (§ 2130). Wenn daher, wie dem § 2113 Abs. 2 zu entnehmen ist, entgeltliche Verfügungen über Nachlaßgegenstände dem Vorerben grundsätzlich nicht verwehrt sind, so liegt dem der Gedanke zugrunde, daß hierbei als Gegenleistung, Entgelt für die daraus fortgegebenen Gegenstände dem Nachlasse regelmäßig andere Werte zufließen, die nach den Surrogationsgrundsätzen des § 2111 Bestandteile des Nachlasses werden, so daß ungeachtet der vorgenommenen Verfügungen sein Wertbestand im ganzen unverändert bleibt. Es ist deshalb rechtsgrundsätzlich nicht zu mißbilligen, wenn der Berufungsrichter im Streitfalle geprüft hat, ob und welche Vermögenswerte die Vorerbin zum Nachlaß als Gegenleistung dafür erlangt hat, daß sie mit den streitigen Verträgen dem Kläger von seiner Schuld an den Nachlaß im Betrage von 177 515,28 M. insgesamt 94 000 M. erlassen hat. Die Feststellung, daß die vom Kläger seinerzeit gegen den Nachlaß erhobenen Gegenforderungen im Betrage von anscheinend mehr als 130 000 M. bis auf die Summe von 9000 M. sämtlich unbegründet gewesen seien, ist rechtlich einwandfrei und in dieser Instanz nicht angefochten. Allein der Berufungsrichter irrt, wenn er sich auf Grund dieser Feststellung allein schon für berechtigt hält, auszusprechen, die streitigen Verfügungen der Vorerbin seien zum Betrage von 94 000 — 9000 = 85 000 M. unentgeltlich und deshalb gegenüber den Nacherben unwirksam.

Denn das Wesen der entgeltlichen Verfügung oder des ihr zugrunde liegenden entgeltlichen Rechtsgeschäfts darf nicht ausschließlich in objektiven Begriffsmerkmalen gesucht werden. Ist es doch nur der subjektive Wille der Beteiligten, der die auf beiden Seiten in Betracht kommenden Leistungen zueinander in das sog. synallagmatische, in das Verhältnis von Leistung um einer anderen Leistung willen, oder von Leistung und Gegenleistung zu setzen vermag. Wie hoch hierbei jeder Beteiligte die eigene Leistung und die seines Vertragsgegners einschätzt, steht im allgemeinen in seinem Ermessen. Keinesfalls wäre es gerechtfertigt, wegen eines etwaigen auffallenden Mißverhältnisses zwischen dem Werte der beiderseitigen Leistungen die Entgeltlichkeit des Geschäfts ganz verneinen oder das einheitliche Geschäft in einen entgeltlichen und einen unentgeltlichen Teil zerlegen zu wollen. So ist auch bei der Anfechtung von Rechtshandlungen in und außerhalb des Konkurses von jeher das entscheidende Gewicht darauf gelegt worden, ob das betreffende Geschäft nach der Absicht der Parteien ein entgeltliches oder unentgeltliches sein soll. Bei der Schenkung, einem Hauptfall der unentgeltlichen Verfügung, gehört das Einverständnis beider Teile über die Unentgeltlichkeit der Zuwendung sogar zum gesetzlichen Begriffsmerkmale (§ 516 BGB.).

Nun ist zwar zuzugeben, daß § 2113 Abs. 2 BGB. unter unentgeltlichen Verfügungen keineswegs bloß Schenkungen versteht. Auch die bei der Anfechtung von Rechtshandlungen geltenden Grundsätze lassen sich, weil auf Bekämpfung der sog. fraudulosen, auf Benachteiligung der Gläubiger gerichteten Bestrebungen abzielend, nicht ohne weiteres auf den Streitfall übertragen. Es wäre deshalb ebenso falsch, den streitigen Schulderlaß schon deshalb als eine entgeltliche Verfügung anzusehen, weil er nach der Willensmeinung der Beteiligten die Abfindung des Klägers für die von ihm gegen den Nachlaß erhobenen Ansprüche bilden sollte, und irgend eine Anfechtung wegen Willensmängel, Zwang, Betrug, Irrtum und dergleichen nicht unternommen ist. Denn es würde unter Umständen zur schwersten Benachteiligung des Nacherben und damit zur Vereitelung des Gesetzeszwecks führen, wenn dem rein subjektiven, sei es auch gutgläubigen Ermessen des Vorerben anheimgestellt bliebe, über Angemessenheit des Wertsverhältnisses zwischen Leistung und Gegenleistung zu befinden.

Im Sinne des Gesetzes liegt deshalb, bei Beurteilung der Entgeltlichkeit oder Unentgeltlichkeit einer vom Vorerben getroffenen Verfügung für sich allein weder den objektiven noch den subjektiven Maßstab entscheiden zu lassen. Vielmehr geben die §§ 2120, 2130 BGB. an die Hand, hierfür den Begriff der ordnungsmäßigen Verwaltung heranzuziehen und danach zu prüfen, ob und inwieweit sich ein guter Haushalter — der vir bonus oder diligens paterfamilias des römischen Rechtes — d. h. ein Vorerbe, der auf seine künftige Herausgabeverpflichtung gegenüber dem Nacherben gebührend Rücksicht nimmt, nach den ganzen Umständen des Falles zu einer Verfügung über Nachlaßgegenstände zugunsten eines Dritten bewogen finden durfte, der mit mehr oder weniger unbegründeten Ansprüchen gegen den Nachlaß an ihn herantrat. Daß auch der befreite Vorerbe sich diesen Maßstab gefallen lassen muß, ergibt § 2130 BGB., der § 2113 Abs. 2 nicht mit anzieht und dadurch zu erkennen gibt, daß unentgeltliche Verfügungen auch dem befreiten Vorerben nicht gestattet sind. Auch sonst ist dieser aus objektiven und subjektiven Merkmalen sich zusammensetzende Maßstab dem Rechte des Bürgerlichen Gesetzbuchs nicht fremd, wie sich z. B. aus § 119 und ähnlichen Bestimmungen (§§ 1333, 2078, 2281) ergibt, wo neben der subjektiven Seite auch objektiv „die verständige Würdigung des Falles" als maßgebend erklärt wird. Endlich steht § 2130 BGB. nicht entgegen, da es sich bei Beantwortung der hier entscheidenden Frage nicht um das Maß der vom Vorerben zu tragenden Verantwortung, sondern um die Wirksamkeit oder Unwirksamkeit einer von ihm vorgenommenen Verfügung handelt. Im Streitfalle kommt hinzu, daß sich die beiden Verträge vom Jahre 1906 und 1907 als Vergleiche darstellen, deren Wesen darin besteht, den Streit oder die Ungewißheit der Parteien über ein Rechtsverhältnis im Wege gegenseitigen Nachgebens zu beseitigen (§ 779 BGB.). Dabei bleibt naturgemäß für die Grenzen, die einem solchen Nachgeben verständigerweise zu ziehen sind, ein besonders großer Spielraum. Ebenso dürfen die unter den Beteiligten bestehenden besonderen persönlichen Verhältnisse, das Familienband zwischen Mutter und Sohn, das Alter der Vorerbin u. dgl. nicht außer acht gelassen werden. Der Richter hat also unter Würdigung aller hierbei in Betracht kommenden Umstände das Maß der Leistung zu bestimmen, mit welcher sich die Vorerbin verständigerweise bereitfinden lassen durfte, die zwar zum allergrößten Teile unbegründeten, aber doch gegen sie geltend gemachten Ansprüche des Klägers vergleichsweise abzufinden. Diese schwierige Aufgabe bleibt dem Richter auch in anderen Fällen nicht erspart und das Gesetz hat ihm in § 286 ZPO. die hierfür unentbehrliche Bewegungsfreiheit gewährt. Auch das Bedenken schlägt nicht durch, daß bei der Möglichkeit solcher richterlicher Nachprüfung der Vorerbe in seiner grundsätzlichen Verfügungsmacht als Herr des Nachlasses zu stark eingeengt und der mit ihm kontrahierende Dritte erheblich gefährdet werde. Denn das Gesetz selbst sieht vor, daß der Vorerbe zu gewissen Verwaltungsmaßregeln die Einwilligung des Nacherben einholen soll, die ihm der Nacherbe wiederum nicht verweigern darf (§ 2120 BGB.). Und auch der Dritte hat alle Veranlassung, auf Zuziehung des Nacherben zu dringen, wenn es sich, wie im Streitfalle, um sehr beträchtliche Ansprüche handelt, und wenn zugleich die Entgeltlichkeit des zwischen ihm und dem Vorerben vorzunehmenden Geschäfts von vornherein äußerst zweifelhaft ist. Daß die Verfügung des Vorerben nicht in vollem Umfange, sondern nur insoweit unwirksam ist, als sie das Recht des Nacherben vereiteln oder beeinträchtigen würde, ergibt § 2113 BGB. ohne weiteres."

RGZ. 89, 53

Ist das Recht des Nacherben auf das dem Vorerben bei der Auseinandersetzung mit seinen Miterben auf seinen Erbteil zugeteilte

Bruchteilseigentum am Nachlaßgrundstück auch dann einzutragen, wenn der Vorerbe dafür auch die auf dem Nachlaßgrundstücke lastenden Hypotheken als Selbstschuldner übernommen hat?

BGB. § 2111. GBO. § 52*).

V. Zivilsenat. Beschl. v. 28. Oktober 1916.

I. Amtsgericht Greiz. II. Landgericht daselbst.

Die Frage ist, wenigstens für den gegebenen Fall, bejaht.

Gründe:

„Eingetragener Eigentümer des Hausgrundstücks Blatt 356 des Grundbuchs von Gr. war der am 9. April 1900 gestorbene Bäckermeister Friedrich August J. Am 1. November 1904 wurde seine Witwe als Eigentümerin eingetragen, und zwar seinem Testamente entsprechend als Vorerbin und mit dem Zusatze: Nacherben seien die drei Beschwerdeführer und der Bäcker Franz J., seine vier Kinder. Am 5. Juli 1912 starb die Witwe und am 1. Januar 1915 Franz J. Dieser hinterließ ein Testament, worin er zunächst die Beschwerdeführerin Wally J. als Erbin der von seiner Mutter geerbten halben Wirtschaft, seiner Kleidung und Wäsche sowie seines Koffers mit Inhalt eingesetzt hatte. Er hatte sodann bestimmt, daß seine Schwester Wally J. von seinem übrigen Nachlaß, solange er lebe, als Vorerbin die Nutznießung und die Zinsen haben solle, daß sie aber das Vermögen nicht angreifen dürfe. Als Nacherbin hatte er die Stadt Greiz eingesetzt, indem er noch verordnete: Wally J. solle ohne Zustimmung der Nacherbin berechtigt sein, seinen Hausanteil und seinen Feldanteil „zu verkaufen, wie sie ihre Anteile einmal verkauft". Am 14. Juli 1916 erschienen die Beschwerdeführer, der Ehemann, W., der Rechtsanwalt O. als Beistand der Eheleute W. und der Justizrat F. als Bevollmächtigter der Stadtgemeinde Gr. vor dem Amtsgericht in Gr. Die Beschwerdeführer bemerkten: einem von ihrem Vater geäußerten Wunsche gemäß hätten sich nach der Mutter Tode die vier Miterben untereinander mündlich dahin geeinigt, daß jeder der Erben an dem Grundstücke zu $^1/_4$ berechtigt sein solle; dementsprechend sei der Grundbesitz auch bisher verwaltet worden. Sodann nahmen sie Bezug auf die Bestimmungen in dem Testament ihres Bruders Franz und erklärten: Frau W. und Wally J. übernähmen aus der Erbmasse den auf Blatt 356 des Grundbuchs für Gr. eingetragenen Grundbesitz für den Preis von 76 000 M., und zwar Frau W. zu $^3/_8$ und Wally J. zu $^5/_8$; dieselben übernähmen die auf dem Grundbesitz eingetragene Hypothekenforderung von 32 000 M. zur selbstschuldnerischen Vertretung und hätten ihren Miterben Paul J.

*) Jetzt § 51 der Grundbuchordnung v 5. 8. 1935 (RGBl. I S. 1073).

schon durch Zahlung von 11 000 M. abgefunden, während der Restbetrag ihre Erbteile darstelle. Weiter erklärten die Beschwerdeführer: sie seien darüber einig, daß das Eigentum an dem Grundbesitze Blatt 356 zu $^3/_8$ auf Frau W. und zu $^5/_8$ auf Wally J. übergehe, sie seien auch einig darüber, daß Wally J. in Ansehung von $^2/_8$ ihrer $^5/_8$ nur Vorerbin und die Stadt Gr. Nacherbin sei. Sie beantragten und bewilligten die Verlautbarung des Eigentumsüberganges im Grundbuch in der Weise, daß Frau W. zu $^3/_8$ und Wally J. zu $^5/_8$ mit der Einschränkung eingetragen werde, daß in Ansehung von $^2/_8$ diese nur Vorerbin ihres Bruders, die Stadtgemeinde Gr. dagegen Nacherbin sei, und sie beantragten schließlich die Eintragung der von Franz J. in seinem Testamente verfügten Befreiung der Vorerbin. Namens der Stadtgemeinde erklärte der Justizrat F., er erhebe gegen die Anträge keine Einwendungen.

Das Amtsgericht in Gr. als zuständiges Grundbuchamt (§ 1 Reuß. Ges. v. 28. Oktober 1899 zur Ausf. der GBO.) lehnte die beantragte Eintragung ab. Es erwog: Wally J. habe von ihrem Bruder Franz nicht Bruchteils-, sondern Gesamthandeigentum erworben; als Vorerbin könne sie deshalb nur in Ansehung von Gesamthandeigentum eingetragen werden, die Eintragung von Bruchteilseigentum erfolge nicht auf Grund von Erbfolge, sondern zufolge Auflassung; die Eintragung der Nacherbfolge könne nur bei Eintragung des Gesamthandverhältnisses stattfinden. Das Landgericht in Gr. wies die Beschwerde der Antragsteller zurück. Im Anschluß an die Erwägungen des Amtsgerichts führte es insbesondere aus, daß mit der beantragten Eintragung des Nacherbschaftsvermerks bei $^2/_8$ von den der Wally J. zugeteilten $^5/_8$ des Grundstücks etwas Unrichtiges in das Grundbuch kommen würde. Die Antragsteller haben weitere Beschwerde eingelegt. Das Oberlandesgericht in Jena hält das Bedenken der Vordergerichte gegenüber dem Eintragungsantrage für nicht stichhaltig. Es möchte deren Entscheidungen deshalb aufheben und das Grundbuchamt anweisen, von seinem Bedenken Abstand zu nehmen. An einer entsprechenden Entscheidung erachtet es sich indes für behindert durch den auf weitere Beschwerde ergangenen Beschluß des Kammergerichts vom 18. Mai 1905 (Johow Jahrb. Bd. 30 S. A. 212; Rspr. der OLG. Bd. 10 S. 446), und es hat die weitere Beschwerde deshalb gemäß § 79 GBO. unter Begründung seiner Rechtsauffassung dem Reichsgericht zur Entscheidung vorgelegt.

Die im § 79 GBO. bezeichnete Voraussetzung hierfür ist gegeben. Der Standpunkt des Oberlandesgerichts gegenüber den Bedenken des Amts- und des Landgerichts betrifft die Auslegung und Anwendung nicht nur des § 2111 BGB., sondern auch des § 52 GBO., und er weicht von der Auffassung, die das Kammergericht in jenem Beschlusse vertreten hat, ab. Das Kammergericht erblickte dort ein

Hindernis für die Eintragung des Nacherbenrechts auf das einem Vorerben bei der Auseinandersetzung mit seinen Miterben auf seinen Erbteil zugeteilte Nachlaßgrundstück darin, daß der Vorerbe sich dafür auch zu Leistungen aus seinem übrigen Vermögen, nämlich zur Uebernahme der auf dem Grundstück eingetragenen Hypotheken und zu gewissen Zahlungen an seine Miterben verpflichtet hatte. Und an dieser Auffassung hat das Kammergericht in einem Beschlusse vom 25. September 1911 (Johow Jahrb. Bd. 42 S. A., 225 RJA. Bd. 11 S. 280) festgehalten. Es hat in diesem ihm damals vorliegenden Falle, wo einem Vorerben bei der Auseinandersetzung mit seinen Miterben unbelastete Nachlaßgrundstücke ohne Uebernahme weiterer Gegenleistungen auf seinen Erbteil zugeteilt waren, die Frage der Eintragung der Nacherbenrechte gemäß § 52 GBO., zwar bejaht, aber zugleich anerkannt, daß die hervorgehobene Verschiedenheit der vom Vorerben übernommenen Gegenleistung in dem früheren Falle auch zu einer anderen Entscheidung habe führen müssen. In dem vorliegenden Falle stimmt die Rechtslage mit der des vom Kammergericht entschiedenen älteren Falles insofern überein, als die Vorerbin Wally J. auf die ihr in dieser ihrer Eigenschaft zugeteilten 2/8 Bruchteilseigentum die auf dem ganzen Nachlaßgrundstücke ruhende Hypothek, insoweit sie jene 2/8 mitbelastet, zur „selbstschuldnerischen Vertretung" übernommen hat. Und das Oberlandesgericht will im Gegensatze zum Kammergericht die Ansicht vertreten, daß da, wo der Vorerbe, dem bei der Auseinandersetzung mit seinen Miterben auf seinen Erbteil ein Nachlaßgrundstück oder ein Bruchteilseigentum daran zugeteilt ist, dafür auch Gegenleistungen aus seinem übrigen Vermögen, insbesondere die persönliche Haftung für die das Nachlaßgrundstück belastenden Hypotheken übernimmt, die Nacherbschaft das zugeteilte Grundstück oder das zugeteilte Bruchteilseigentum wenigstens zu einem verhältnismäßigen Teile ergreift. Die Zulässigkeit der weiteren Beschwerde ergibt sich aus dem § 78 GBO. Durchschlagende Bedenken gegen sie sind weder daraus herzunehmen, daß die Eintragung des Nacherbenrechts gemäß § 52 GBO. von Amts wegen zu erfolgen hat, so daß einem darauf gerichteten Antrage nur die Bedeutung einer Anregung zukommt, noch daraus, daß die Ablehnung dieser Eintragung nicht die Beschwerdeführer, sondern nur die Stadtgemeinde Gr. als Nacherbin beschwert. Denn die Ablehnung der Eintragung durch die Vorinstanzen beschränkt sich keineswegs auf den Antrag, das Recht der Nacherbin bei dem der Vorerbin Wally J. zugeteilten Bruchteilseigentum einzutragen, sondern erstreckt sich auf alle in der Verhandlung vom 14. Juli 1916 gestellten Eintragungsanträge.

Die weitere Beschwerde ist aber auch begründet.

Das Grundstück Blatt 356 des Grundbuchs von Gr. gehört zum Nachlasse des Vaters der Beschwerdeführer, der mit dem Tode ihrer Mutter als mit dem Eintritt der von jenem angeordneten Nacherbfolge als Ganzes auf dessen Nacherben, also auf die Beschwerdeführer und ihrem Bruder Franz, übergegangen ist (s. §§ 2100, 2139, 1922 Abs. 1 BGB.; vgl. RGZ. Bd. 65 Nr. 39 auf S. 144). Bis zur Auseinandersetzung standen und stehen diese wie andere Miterben in einer Gemeinschaft zur gesamten Hand, bei der der einzelne von ihnen nur über seinen Anteil am Nachlasse, nicht dagegen über einen Anteil an einzelnen Nachlaßgegenständen verfügen, die Verfügung über einzelne Nachlaßgegenstände vielmehr nur durch sie alle gemeinschaftlich erfolgen kann (s. §§ 2032, 2033, 2040 BGB., vgl. RGZ. Bd. 61 Nr. 19 auf S. 77/78, Bd. 83 Nr. 6 auf S. 30). Hieran ist durch den Tod des Franz J. nur insofern etwas geändert, als an dessen Stelle Wally J. als seine Vorerbin getreten ist, so daß diese nunmehr zu $^{2}/_{4}$ oder $^{4}/_{8}$ am väterlichen Nachlasse beteiligt ist. Ein Bruchteilseigentum aus dem bezeichneten zu diesem Nachlasse gehörigen Grundstücke konnte und kann der einzelne Miterbe, kann insbesondere Wally J. nur unter Mitwirkung der übrigen Miterben und nur durch Auflassung und Eintragung gemäß den §§ 873, 925 BGB. erlangen (vgl. RGZ. Bd. 57 Nr. 97 auf S. 434 flg.). Eine Auflassung ist in der Erbauseinandersetzungsverhandlung vom 14. Juli 1916 auch enthalten. Bedenken gegen ihre Wirksamkeit, die aus dem Rechte der von Franz J. zur Nacherbin eingesetzten Stadtgemeinde Gr. hergenommen werden könnten, sind um so weniger begründet, als die Gemeinde durch ihren Bevollmächtigten F. zugestimmt hat. Amts- und Landgericht haben ihre Bedenken gegen die Eintragungsanträge, soweit sie sich insbesondere auf die der Wally J. als Vorerbin ihres Bruders Franz zugeteilten $^{2}/_{8}$ beziehen, darauf gegründet, daß Wally J. als solche Vorerbin nur einen (weiteren) Anteil am ungeteilten väterlichen Nachlasse, nicht aber ein Bruchteilseigentum an dem zum Nachlasse gehörigen Grundstücke habe. Demgegenüber weist indes das Oberlandesgericht mit Recht darauf hin, daß nach dem § 2111 BGB. zu prüfen bleibt, ob es sich bei jenen der Wally J. zugeteilten und aufgelassenen $^{2}/_{8}$ nicht um einen Erwerb des Vorerben handeln würde, der nach dieser im wesentlichen mit den §§ 2019, 2041 übereinstimmenden Vorschrift und gemäß dem darin anerkannten Grundsatze sogenannter dinglicher Surrogation „zur Erbschaft gehört". Der § 2111 steht unter den Vorschriften über die Nacherbschaft, und er läßt keinen Zweifel darüber, daß er das Recht der Nacherben auf den in ihm bezeichneten Erwerb des Vorerben erstreckt. Besteht dieser Erwerb in einem Grundstück, in dem Recht an einem solchen oder in einem Bruchteilseigentum daran, so greift aber auch der § 52 GBO. Platz, demzufolge bei der Eintragung eines Vorerben zugleich das Recht des Nacherben und, soweit der Vorerbe von den Beschränkungen seines Verfügungsrechts befreit ist, auch diese Befreiung einzu tragen ist. Vom Kammergericht ist dies insbesondere auch in den angeführten Beschlüssen nicht verkannt, und die zu treffende Entscheidung hängt wesentlich davon ab, ob es sich bei der in der Verhandlung vom 14. Juli 1916 vorgesehenen Zuteilung von $^2/_8$ Bruchteilseigentum am Grundstücke Blatt 356 an Wally J. als Vorerbin des Franz J. um einen Erwerb der im § 2111 bezeichneten Art, namentlich, wie das Oberlandesgericht annimmt, um einen Erwerb durch Rechtsgeschäft mit Mitteln der Erbschaft handelt.

Keiner weiteren Begründung bedarf es nach dem Ausgeführten, daß diese $^2/_8$ Bruchteilseigentum durch Rechtsgeschäft, nämlich durch die in der Verhandlung vom 14. Juli 1916 enthaltene Auflassung erworben werden sollen. Der Umstand, daß sich der Erwerb nach § 873 BGB. erst mit der Eintragung ins Grundbuch vollendet, steht dem nicht entgegen. Die $^2/_8$ sollen an die Stelle der Rechte treten, die Wally J. als Vorerbin ihres Bruders Franz kraft ihrer mit dieser Vorerbschaft gegebenen Beteiligung an der unter den Erben ihres Vaters begründeten Gemeinschaft zur gesamten Hand mit Bezug auf das Grundstück hat. Mittels dieser Rechte soll sie jene $^2/_8$ Bruchteilseigentum erwerben. „Mittel der Erbschaft" sind zunächst alle zur Erbschaft gehörigen Sachen und Rechte. Ob darunter auch die Erbschaft oder der Nachlaß selbst oder doch der Anteil eines Miterben am ungeteilten Nachlasse begriffen ist, bedarf hier nicht der Entscheidung. Bei einer durch den mehr wirtschaftlichen Begriff „mit Mitteln" gerechtfertigten freieren Auffassung und bei Berücksichtigung des mit dem § 2111 offenbar verfolgten Zweckes, den Nacherben gegen eine Verkümmerung seiner Rechte durch Verringerung der Erbschaftsmasse zu schützen, ist es jedenfalls unbedenklich, zu den „Mitteln der Erbschaft" auch die Rechte zu rechnen, die der Vorerbe auf Grund seiner Beteiligung an der zwischen ihm und seinen Miterben bestehenden Gemeinschaft zur gesamten Hand mit Bezug auf die einzelnen Gegenstände des ungeteilten Nachlasses hat. In dieser Beziehung nimmt, soviel ersichtlich, auch die Rechtsprechung des Kammergerichts keinen abweichenden Standpunkt ein. In seinem erwähnten Beschlusse findet das Kammergericht das Hindernis für die Eintragung des Nacherbenrechts auf das dem Vorerben bei der Auseinandersetzung mit seinen Miterben auf seinen Erbteil zugeteilte Nachlaßgrundstück, wie bemerkt, darin, und zwar nur darin, daß der Vorerbe dort auch die auf dem Grundstücke ruhenden Hypotheken übernommen und sich zu weiteren Leistungen aus seinem übrigen Vermögen verpflichtet hatte. Es führt aus: Durch die Uebereignung des Nachlaßgrundstücks habe der Vorerbe nicht die Gesamtheit der Anteilsrechte der Miterben daran mit der Wirkung übertragen erhalten, daß etwa in seiner Hand allein das Grundstück als ein Teil des Nachlasses des Erblassers fortbestände; vielmehr sei das Grundstück durch die Uebereignung an den Vorerben in derselben Weise in dessen Eigentum übergegangen, wie wenn es von allen Miterben an einen unbeteiligten Dritten veräußert worden wäre. Das Grundstück sei durch die Uebereignung aus dem Nachlaß ausgeschieden und Sondereigentum des Vorerben geworden; daraus folge, daß das Recht des Nacherben sich nicht auf das Grundstück oder Teile davon erstreckt. Diese Ausführungen und namentlich die sie abschließende Schlußfolgerung sehen vom § 2111 und der Frage, ob das Grundstück nicht gemäß diesem Paragraphen an die Stelle des Erbteils des Vorerben oder gewisser darin enthaltener Rechte getreten ist und eben deshalb vom Rechte des Nacherben erfaßt wird, völlig ab. Hierauf und auf die sich daraus gegen seine Auffassung ergebenden Bedenken geht das Kammergericht erst mit folgenden weiteren Ausführungen ein: Nicht das in das freie Sondereigentum des Vorerben übergegangene Grundstück, sondern nur dasjenige, was der Vorerbe durch die Uebereignung des Grundstücks nach Abzug der übernommenen Hypotheken und Leistungen an die Miterben aus dem Nachlasse zugewendet erhalten hat, sei mit dem *Rechte des Nacherben belastet; nur den Wert dieser Zuwendung* habe er im Falle des Eintritts der Nacherbfolge gemäß den §§ 2111, 2130 BGB. an die Nacherben herauszugeben. Die in diesen Ausführungen zutage tretende Auffassung wird aber dem Sinn und der Absicht des § 2111 nicht gerecht. Nicht ohne Grund bemerkt das Oberlandesgericht, diese Auffassung verflüchtige in den nicht seltenen Fällen der Auseinandersetzung eines Vorerben mit seinen Miterben die in den §§ 2113 BGB. und 52 GBO. vorgesehene dingliche Sicherung des Nacherben zu einem bloß persönlichen, ungesicherten Geldanspruche. Als vom Vorerben durch Rechtsgeschäft erworben stellt sich ohne weiteres die besondere Sache dar, die besonderen Rechte oder das besondere Recht, das durch das Rechtsgeschäft in sein Vermögen gelangt ist. Gehört dieser Erwerb gemäß dem § 2111 zur Erbschaft, wenn er mit Mitteln der Erbschaft gemacht ist, so ergibt sich daraus für den Fall, daß der Erwerb nur zu einem Teil mit Mitteln der Erbschaft gemacht ist, nichts anderes, als daß der Erwerb, also die erworbene Sache oder das erworbene Recht, auch nur zu einem entsprechenden Teile der Erbschaft gehört. Zu diesem Teile ist die erworbene Sache oder das erworbene Recht Ersatz (Surrogat) der dafür aus der Erbschaft aufgewendeten Mittel und tritt sie oder tritt es nach dem im § 2111 anerkannten Grundsatze dinglicher Surrogation an deren Stelle. Die Bestimmung dieses Teiles kann im einzelnen Falle Schwierigkeiten machen; indes auch dieser Umstand kann nicht dahin führen, bei Anwendung des § 2111 an die

Stelle des Erworbenen einen entsprechenden Wertbetrag zu setzen*). Im vorliegenden Falle kommt eine solche Teilbestimmung übrigens nicht in Frage. Es handelt sich hier um die Eintragung des Nacherbenrechts der Stadtgemeinde Gr. auf die $^2/_8$ Bruchteilseigentum am Grundstücke Blatt 356, die der Wally J. auf den ihr als Vorerbin ihres Bruders Franz zugefallenen Anteil am väterlichen Nachlasse zugeteilt sind. Die Zahlung der 11 000 M. zur Abfindung des Miterben Paul J. hat damit nichts zu tun; als Entgelt für die Uebereignung jener $^2/_8$ Bruchteilseigentum kommt vielmehr außer der Aufgabe der Rechte, die der Wally J. als Vorerbin mit Bezug auf das zum ungeteilten väterlichen Nachlasse gehörige Grundstück zustehen, nur die Uebernahme der auf dem Grundstück ruhenden Hypothek von 32 000 M. in Betracht und diese auch nur, insoweit die Hypothek diese $^2/_8$ Bruchteilseigentum belastet. Bis zur durchgeführten Uebereignung belastete und belastet die Hypothek aber in entsprechender Weise schon jene der Wally J. als Vorerbin zugefallenen Anteilsrechte. Die mit der Uebernahme „zur selbstschuldnerischen Vertretung" gegebene persönliche Verpflichtung kommt wirtschaftlich als Leistung nicht in Betracht, da es ausgeschlossen erscheint, daß die Hypothekenforderung nicht aus dem bei der Erbauseinandersetzung mit 76 000 M. angesetzten Grundstücke jederzeit volle Befriedigung finden würde. Hiernach läßt sich sehr wohl die Auffassung vertreten: die mit der Hypothek belasteten $^2/_8$ Bruchteilseigentum würden mit jenen in der Erbschaft enthaltenen mit derselben Hypothek belasteten Anteilsrechten und demnach lediglich mit Mitteln der Erbschaft erworben. Der Vorstellung und dem Willen der Beteiligten entspricht diese Auffassung gewiß. Diese haben sich denn auch sämtlich in der Verhandlung vom 14. Juli 1916 mit der Eintragung der Rechte der Nacherbin sowie der Befreiung der Vorerbin auf die dieser zugeteilten $^2/_8$ Bruchteilseigentum einverstanden erklärt, und dies müßte die Bedenken der Vorinstanzen gegen die beantragten Eintragungen vollends zerstreuen."

*) Von den Schriftstellern folgen dem Kammergerichte Turnau-Förster, Liegenschaftsrecht 3. Aufl. Bd. 2 Anm. 6 zu § 52 auf S. 354, und Güthe, GBO. 3. Aufl. Bd. 1 Anm. 3 Abs. 3 zu § 52 auf S. 1014/5, beide ohne weitere Begründung. Predari, GBO. 2. Aufl. Anm. 8 b Abs. 3 zu § 52 auf S. 684 stimmt für den Fall zu, daß die übereignenden Miterben zugleich die Nacherben sind, oder daß die letzteren die Uebereignung genehmigen. Ihm schließt sich an Planck, Komm. 3. Aufl. Bd. V Anm. 4 e zu § 2113 auf S. 432/3. Oberneck, Reichsgrundbuchrecht 4. Aufl. Bd. 2 S. 607 bezeichnet die Auffassung des Kammergerichts als nicht unbedenklich und dem § 2113 widersprechend. Den hier vertretenen Standpunkt teilen Enneccerus-Kipp, Lehrb. des bürgerlichen Rechts Bd. II 3 § 93 (auf S. 291 der 2. Bearbeitung und Fußnote 4) und Leonhard, Erbrecht 2. Aufl. Anm. I C zu § 2111 auf S. 264.

RGZ. 98, 25

Kann der Nacherbe noch nach Beendigung der Vorerbschaft von dem Vorerben oder dessen Erben die Mitteilung eines Verzeichnisses der Erbschaftsgegenstände verlangen?

BGB. § 2121.

IV. Zivilsenat. Urt. v. 12. Januar 1920.

I. Landgericht III Berlin. II. Kammergericht daselbst.

Die am 17. September 1900 verstorbene Frau B. hat in dem von ihr und ihrem zweiten Ehemann am 4. September 1877 errichteten wechselseitigen Testament ihren Mann als Vorerben und in den bei dessen Tode noch vorhandenen Nachlaß ihre Kinder erster Ehe, darunter die Klägerin, und ihre beiden Kinder zweiter Ehe, die Beklagten, als Nacherben eingesetzt. Der Vorerbe ist am 19 Dezember 1915 gestorben und von den beiden Beklagten beerbt worden. Mit der im März 1917 erhobenen Klage verlangte die Klägerin die Verurteilung der Beklagten, ihr ein Verzeichnis der zum Nachlasse der Frau B. gehörigen Gegenstände mitzuteilen.

Im Gegensatze zum ersten Richter wies das Kammergericht die Klage ab. Die Revision wurde zurückgewiesen.

Aus den Gründen:

. . . „Der Anspruch der Klägerin darauf, daß die Beklagten in ihrer Eigenschaft als Erben des von der Frau B. eingesetzten Vorerben ihr als Nacherbin ein Verzeichnis der zur Erbschaft gehörenden Gegenstände mitteilen, gründet sich in erster Linie auf § 2121 BGB. Daß der einzelne Nacherbe einen so begründeten Anspruch selbständig, auch ohne Mitwirkung der übrigen Nacherben, geltend machen kann, hat der Senat schon im Urteile vom 26. September 1918 IV 209/18 (Seufferts Arch. Bd. 74 Nr. 34) anerkannt. Das Berufungsgericht hat den Anspruch abgewiesen, weil er mit dem die Vorerbschaft beendigenden Ableben des Vorerben „entfallen" sei. Diesem Ergebnis ist beizutreten.

Das Gesetz schreibt in dem § 2121 nicht schlechthin vor, daß der Vorerbe dem Nacherben ein Verzeichnis der zur Erbschaft gehörenden Gegenstände mitzuteilen habe, sondern daß er dies auf Verlangen des Nacherben zu tun habe. Das Verlangen muß während der Dauer der Vorerbschaft gestellt werden. Das ergibt sich klar aus dem Zusammenhange des Gesetzes. Der § 2121 gehört mit den §§ 2122, 2123, 2127 und 2128 zu denjenigen Vorschriften, welche besondere Verpflichtungen des Vorerben zum Zwecke der Sicherstellung des Nacherben festsetzen. Die vier zuletzt angeführten Vorschriften können nur auf die Zeit der Vorerbschaft bezogen werden; sie passen nicht mehr für die Zeit nach Eintritt des Nacherbfalls, in der der Nacherbe bereits die Herausgabe der Erbschaft beanspruchen kann. Dies leuchtet für § 2123 ohne weiteres ein. Denn der Wirtschaftsplan, dessen Feststellung dann verlangt werden kann, wenn ein Wald, ein Bergwerk oder eine andere auf die Gewinnung von Bodenbestandteilen gerichtete Anlage zur Erbschaft gehört, soll die Grundlage für die von dem Vorerben nach § 2130 Abs. 1 bis zur Herausgabe fortzusetzende ordnungsmäßige Verwaltung bilden; für seine Feststellung besteht also kein Bedürfnis mehr, wenn schon der Herausgabeanspruch gegeben ist. Das in § 2122 dem Nacherben eingeräumte Recht, den Zustand der zur Erbschaft gehörenden Sachen durch Sachverständige feststellen zu lassen, soll zur Beweissicherung von Ansprüchen dienen, die sich für den Nacherben aus einer Verschlechterung der Sachen gemäß § 2130 Abs. 1, §§ 2131, 2132 oder gemäß § 2138 Abs. 2 ergeben könnten. Einer solchen Beweissicherung im Hinblick auf eine in Zukunft mögliche Verschlechterung bedarf es aber nicht mehr, wenn der Nacherbe dem Vorerben schon den Besitz entziehen und ihm dadurch eine Verschlechterung unmöglich machen kann. Nach § 2127 ist der Nacherbe berechtigt, von dem Vorerben Auskunft über den derzeitigen Bestand der Erbschaft zu verlangen, wenn Grund zu der Annahme besteht, daß der Vorerbe durch seine Verwaltung die Rechte des Nacherben erheblich verletzt. Auch diese Vorschrift ist nur auf die Zeit berechnet, während deren der Vorerbe noch ein unentziehbares Recht auf die Verwaltung hat. Ist bereits der Nacherbfall eingetreten und deshalb die Erbschaft herauszugeben, so hat der Nacherbe neben dem Rechte aus § 2130 Abs. 2 auf Rechenschaftsablegung das sich aus § 260 BGB. ergebende Recht auf Vorlegung eines — nötigenfalls mit dem Offenbarungseide zu bekräftigenden — Verzeichnisses des derzeitigen Bestandes der Erbschaft, ohne daß, wie nach § 2127, Umstände dargelegt zu werden brauchen, die auf ordnungswidrige Verwaltung und eine dadurch verursachte erhebliche Verletzung der Rechte des Nacherben schließen lassen. Nach § 2128 kann der Nacherbe für den dort näher bezeichneten Fall einer Gefährdung seiner Rechte Sicherheitsleistung und unter Umständen statt der Sicherheitsleistung die Anordnung einer dem § 1052 BGB. beim Nießbrauch entsprechenden Verwaltung verlangen. Auch hinsichtlich dieser Vorschrift kann kein Zweifel darüber bestehen, daß sie eine Sicherstellung des Nacherben nur für die Zeit bezweckt, während deren das Recht auf die Verwaltung grundsätzlich dem Vorerben zusteht, daß für ihre Anwendung dagegen kein Raum mehr ist, wenn der Nacherbe bereits, und zwar ohne die besonderen Voraussetzungen des § 2128, den weiter gehenden Herausgabeanspruch geltend machen kann.

Die Worte „Vorerbe" und „Nacherbe" sind danach in den §§ 2122 flg. und 2127 flg. in ihrem eigentlichen, nur während der

Dauer der Vorerbschaft gegebenen Sinne gebraucht. Daß sie in dem § 2121 einen anderen, weiteren Sinn haben sollten, erscheint bei dem engen Zusammenhange zwischen dieser und jenen Vorschriften ausgeschlossen. Alle fünf eine Sicherstellung des Nacherben (die §§ 2122 und 2123 durch die Gewährung derselben Rechte an den Vorerben auch dessen Schutz gegen unberechtigte Ansprüche des Nacherben) bezweckenden Vorschriften sind vielmehr gleichmäßig dahin zu verstehen, daß sie das Rechtsverhältnis zwischen dem Vorerben und dem Nacherben nur für die Zeit regeln, während deren der Nacherbe noch nicht zum Besitze berechtigter Erbe, § 2139, sondern bloßer Inhaber eines Anwartschaftsrechts ist. Dieses Ergebnis wird dadurch nicht in Frage gestellt, daß das Gesetz in anderen Vorschriften, für die sich aus dem Zusammenhange klar ergibt, daß sie sich auf die Zeit nach Eintritt des Nacherbfalls beziehen, so in den §§ 2130 und 2140, von dem bisherigen Vorerben kurz als von dem Vorerben und demgemäß von dem nunmehrigen Erben noch als von dem Nacherben spricht. Ebensowenig steht dem Ergebnis der von der Klägerin für ihre abweichende Auffassung angerufene § 2140 inhaltlich entgegen. Denn nach dieser Vorschrift ist der bisherige Vorerbe nicht etwa grundsätzlich berechtigt, noch nach Eintritt des Nacherbfalls über Nachlaßgegenstände zu verfügen, oder auch nur berechtigt, sich über die Frage, ob der Nacherbfall eingetreten ist, hinwegzusetzen, sondern er ist nur zu solchen Verfügungen für berechtigt erklärt, die er in einer nicht auf Fahrlässigkeit beruhenden Unkenntnis von dem Eintritte des Nacherbfalls vornimmt. Aus einer derartigen zum Schutze des guten Glaubens des Vorerben getroffenen Ausnahmebestimmung kann aber nicht auf die Absicht des Gesetzgebers geschlossen werden, dem Nacherben noch für die Zeit nach Entstehung des Herausgabeanspruchs ein Recht auf die Feststellung eines Wirtschaftsplans oder auf eine der anderen vorher besprochenen Sicherungsmaßregeln zu gewähren.

Nach dem Gesagten setzt § 2121 die Stellung des in ihm bezeichneten Verlangens während der Vorerbschaft voraus, also, wenn diese wie hier mit dem Tode des Vorerben endigt, die Stellung zu seinen Lebzeiten; hat daher der Nacherbe die rechtzeitige Stellung des Verlangens versäumt, so kann die Vererbung einer dem Vorerben aus seinem Rechtsverhältnis zum Nacherben bereits erwachsenen Verpflichtung, wie sie die Revision geltend machen will, nicht in Frage kommen. Der Nacherbe ist in solchem Falle bei nicht befreiter Vorerbschaft auf die Rechte aus § 2130 Abs. 2 und § 260 und bei einer Befreiung, wie sie in dem vorliegenden Testament angeordnet ist, auf das Recht aus § 260 beschränkt. Ob, falls die klagende Nacherbin das Verlangen bei Lebzeiten des Vorerben gestellt hätte, die Verpflichtung zur Mitteilung des Verzeichnisses durch den Nacherbfall nicht erloschen, sondern auf die Erben des Vorerben übergegangen wäre, braucht hier nicht entschieden zu werden, da die Klägerin nicht behauptet, das Verlangen schon bei Lebzeiten des Vorerben gestellt zu haben. Ebenso kann unerörtert bleiben, ob der Inhalt der in § 2121 dem Vorerben auferlegten Verpflichtung wesentlich nur in der von ihm zu gestattenden Aufnahme des Nachlaßverzeichnisses besteht und ob auch dieser Umstand dazu führen müßte, dem Nacherben nach Beendigunng der Vorerbschaft das Recht aus § 2121 zu versagen." . . .

RGZ. 101, 185

1. Kann der Nacherbe, insbesondere der Alleinnacherbe, die Nacherbschaft vor dem Anfall mit dinglicher Wirkung veräußern?

2. Kann der Verkäufer einer Erbschaft seine Leistung dem Erbschaftskäufer gegenüber von der Zug um Zug zu bewirkenden Befreiung von der Haftung für die Nachlaßverbindlichkeiten abhängig machen?

3. Steht dem Wiederverkäufer einer Erbschaft ein solches Recht gegenüber dem Wiederkäufer zu?

IV. Zivilsenat. Urt. v. 16. Dezember 1920.

I. Landgericht Duisburg. II. Oberlandesgericht Düsseldorf.

Durch notariellen Vertrag vom 17. September 1910 verkaufte und „übertrug" die Klägerin ein ihr durch Erbvertrag vom 14. Februar 1900 überkommenes „Nacherbrecht" zu Lebzeiten des Vorerben an den Dr. R. in D., behielt sich jedoch den Wiederkauf vor. Die Abtretung wurde in den Grundbüchern über die zum Nachlaß gehörigen Grundstücke vermerkt. Nach dem Tode des Dr. R. veräußerte dessen Erbin durch notariellen Vertrag vom 27. September 1913 das Nacherbrecht weiter an die Beklagte. Auch diese Veräußerung ist im Grundbuche vermerkt. Nachdem am 10. Juni 1918 der Vorerbe gestorben war, wurde die Beklagte ihrem Antrag entsprechend auf Grund der vorerwähnten Verträge als Eigentümerin sämtlicher zum Nachlaß gehörigen Grundstücke eingetragen.

Die Klägerin hat nunmehr gegenüber der Beklagten ihr Wiederkaufsrecht geltend gemacht.

Die Beklagte hat den Rückverkauf u. a. davon abhängig gemacht, daß die Klägerin sie zuvor von der persönlichen Haftung für die auf den Nachlaßgrundstücken eingetragenen Hypotheken befreie. Sie hat sich demnächst geweigert, den Rückverkauf vorzunehmen. Die Klägerin verlangt mit der Klage Verurteilung der Beklagten zur Auflassung der Nachlaßgrundstücke an sie.

Das Landgericht wies die Klage ab. Das Oberlandesgericht entsprach ihr mit der Maßgabe, daß die Beklagte Zug um Zug gegen Zahlung des Wiederkaufspreises in die Berichtigung des Grundbuchs durch Umschreibung der noch auf ihren Namen im Grundbuch eingetragenen Nachlaßgrundstücke zu willigen und der Klägerin das Eigentum an zwei inzwischen weiterveräußerten Grundstücken zu verschaffen habe.

Die Revision der Beklagten wurde zurückgewiesen, doch wurde die Beklagte in Ansehung der auf ihren Namen im Grundbuch eingetragenen Grundstücke zur Rückauflassung verurteilt.

Gründe:

Der in erster Linie erhobene Revisionseinwand, daß die Klägerin den Vertrag vom 17. September 1910 ihrerseits noch gar nicht erfüllt haben, ist unbegründet. Er stützt sich auf die vom Vorderrichter vertretene Auffassung, wonach die in jenem Vertrage vereinbarte Veräußerung des Nacherbenrechts eine dingliche Wirkung in dem Sinne nicht äußern konnte, daß die Erwerberin nach dem Tode des Vorerben in die Stellung des Vollerben eintrete, daß folgeweise auch die Weiterveräußerung des Nacherbenrechts an die Beklagte eine derartige Wirkung nicht zeitigen konnte, und daß deshalb die Umschreibung der Nachlaßgrundstücke nach dem Tode der Vorerbin auf den Namen der Beklagten im Wege der Grundbuchberichtigung fehlsam war und dieser das Eigentum an den Grundstücken nicht verschaffen konnte.

Es kann dahingestellt bleiben, ob bei Zugrundelegung der rechtlichen Auffassung des Berufungsgerichts der dann allerdings gegebene Rechtszustand, nämlich der Zustand einer bisher nicht vollständigen Erfüllung des Vertrags vom 17. September 1910, der Ausübung des Wiederkaufsrechts hindernd entgegenstehen könnte und ob — falls dies zu bejahen wäre — die Beklagte, welche ihrerseits die Grundbuchberichtigung veranlaßt hat, mit diesem Einwande gehört werden könnte. Denn jener rechtlichen Auffassung des Berufungsgerichts ist nicht beizutreten.

Zwar steht die überwiegende Meinung in der Literatur auf dem Standpunkte, daß eine dingliche Verfügung nur über die Anwartschaft des Mitnacherben, nicht aber eine solche über die Anwartschaft des Alleinnacherben — eine solche steht hier in Frage — zulässig sei. Allein das Reichsgericht hat in Uebereinstimmung mit den unter der Herrschaft des früheren Rechtes ergangenen Entscheidungen RGZ. Bd. 33 S. 293, Bd. 67 S. 425 auch unter der Geltung des BGB. die Zulässigkeit der dinglichen Veräußerung auch des Alleinnacherbenrechts fortdauernd bejaht, und zwar nicht nur in dem vom Vorderrichter angezogenen Urteile des IV. Senats Gruchot Bd. 52 S. 680, sondern auch in den Urteilen des V. Senats RGZ. Bd. 83 S. 436, Bd. 90 S. 235, und neuere Schriftsteller haben sich dieser Auffassung angeschlossen. Sie muß auch bei wiederholter Nachprüfung aufrechterhalten werden.

Auszugehen ist bei der Entscheidung davon, daß es dem Begriff und Wesen eines Vermögensrechts entspricht, daß sein Inhaber befugt sein muß, es durch Veräußerung an Dritte zu verwerten, und daß Ausnahmen hiervon nur insofern anzuerkennen sind, als sie sich aus dem Gesetze selbst oder dem Zusammenhang seiner Bestimmungen ergeben. Zu den Rechten in diesem Sinne gehören anerkanntermaßen die sog. dinglichen Anwartschaftsrechte, wie sie u. a. durch Setzung einer Bedingung geschaffen werden, und die vermöge der dem Anwärter vom Gesetze verliehenen Machtbefugnisse bereits einen gegenwärtigen Vermögenswert besitzen. Das inhaltlich machtvollste Warterecht aber ist unzweifelhaft die den Gegenstand des Nacherbenrechts bildende Anwartschaft auf den Erwerb der Erbschaft, das aus diesem Grunde in mehrfachen Entscheidungen des Reichsgerichts als ein bereits gegenwärtiges subjektives Recht bezeichnet worden ist (vgl. u. a. RGZ. Bd. 83 S. 254). Das Gesetz selbst läßt nicht erkennen, daß die Möglichkeit einer Veräußerung des Nacherbenrechts habe ausgeschlossen werden sollen. Wenn in § 2108 BGB. ausdrücklich nur die Vererblichkeit und nicht auch die Veräußerlichkeit des Nacherbenrechts gesetzlich festgelegt ist, so kann das darin seinen Grund haben, daß der Gesetzgeber mit dieser Vorschrift lediglich einer an sich naheliegenden unbeschränkten Anwendung der Grundsätze des § 2074 auf das Nacherbenrecht vorbeugen wollte und daß er im übrigen von der grundsätzlichen Uebertragbarkeit des Rechtes ausging. Ebensowenig kann dem Umstand entscheidende Bedeutung beigelegt werden, daß auch bei gewissen anderen im Erbrecht geregelten Rechtspositionen zwar die Vererblichkeit, nicht aber die Veräußerlichkeit gesetzlich anerkannt ist. Denn dabei handelt es sich teils um bloße Rechtsbefugnisse, die nicht als gegenwärtige subjektive Vermögensrechte angesehen werden können, wie das Anfechtungsrecht (§§ 2080, 2341) und das Ausschlagungsrecht (§ 1952), teils um Rechte, deren Veräußerlichkeit an anderer Stelle des Gesetzes festgelegt ist, § 2034 BGB. verb. mit § 541 daselbst. Auch ein Umkehrschluß aus § 2317 Abs. 2, wo in Ansehung des Pflichtteilsanspruchs neben der Vererblichkeit auch die Veräußerlichkeit ausdrücklich gesetzlich anerkannt ist, erscheint nicht gerechtfertigt. Die Aufnahme dieser Vorschrift in das Gesetz erklärt sich hier dadurch, daß in der Kommission für die zweite Lesung gerade über die Frage der Veräußerlichkeit des Pflichtteilsanspruchs Streit bestand (vgl. Prot. Bd. 5 S. 526). Bei der Nacherbschaft sind solche Zweifel offenbar nicht hervorgetreten. Es ist vielmehr, wie aus den schon in dem Urteile des Senats Gruchot Bd. 52 S. 680 mitgeteilten

Kommissionsprotokollen (S. 81) hervorgeht, damals die Auffassung vertreten worden, daß dem Nacherben die Befugnis zustehen muß, das Nacherbenrecht zu „verwerten", und es ist dabei auch die Möglichkeit erwogen und in den Kauf genommen worden, daß die Nacherbschaft den Kindern des zum Nacherben Eingesetzten durch dessen Gläubiger entzogen werde (S. 82). Die Motive zum Entwurf I S. 122 gehen allerdings von der Unübertragbarkeit des Nacherbenrechts aus. Die dort in erster Linie gegebene Begründung, daß Nacherbschaften wenig geeignet seien, Verkehrsobjekte zu sein, ist aber von der veränderten späteren Stellungnahme des Gesetzgebers überholt worden. Soweit dort gesagt wird, die Anerkennung der Uebertragbarkeit würde dem Grundsatze widersprechen, daß den Erben nur das Gesetz oder der letzte Wille berufe, konnte — wie weiter unten dargelegt werden soll — dieser Grund allein die damalige Stellungnahme des Gesetzgebers nicht rechtfertigen.

Der Uebertragbarkeit des Anwartschaftsrechts steht hier die Tatsache der Unübertragbarkeit des Vollrechts nicht hindernd entgegen. Denn die rechtliche Unmöglichkeit, die Erbschaft im ganzen zu übertragen, beruht nicht darauf, daß der Gegenstand des Rechtes dem freien Verkehr entzogen ist, sondern lediglich darauf, daß nach der im geltenden Rechte durchgeführten Rechtskonstruktion die rechtliche Herrschaft über einen Vermögensbegriff stets als eine solche über die einzelnen zu diesem Inbegriff gehörigen Gegenstände vorzustellen ist, und daß daher auch die Verfügung über einen Vermögensinbegriff nur immer in der Form einer Verfügung über die einzelnen Gegenstände erfolgen kann. Ein praktisches Bedürfnis, von diesen Grundsätzen auf dem Gebiete des Erbrechts abzuweichen, lag nicht vor, weil die Erbschaft in der Hand des Erben regelmäßig kein von dem übrigen Vermögen des Erben getrenntes Sondervermögen darstellt, der Erbe vielmehr in der Lage ist, ohne weiteres über die einzelnen zum Nachlaß gehörigen Gegenstände zu verfügen. Derartige auf rechtskonstruktivem Gebiete liegende Bedenken ergeben sich für die Uebertragbarkeit der Anwartschaft des Nacherben nicht. Denn den Gegenstand dieses Rechtes bildet nicht ein in der Hand des Nacherben befindlicher Vermögensinbegriff, sondern eine Beziehung zu einem in fremder Hand befindlichen Vermögen, die von dem Gesetz als ein eigenartiges subjektives Recht ausgestaltet ist, das daher in Ansehung seiner Uebertragbarkeit den allgemeinen Grundsätzen des § 413 BGB. unterworfen bleibt. Das praktische Bedürfnis, die Uebertragbarkeit anzuerkennen, ist hier vorhanden, da der Nacherbe durch das Recht des Vorerben an jeder Verfügung über die einzelnen Nachlaßgegenstände gehindert ist.

Keine anderen Erwägungen sind es gewesen, die den Gesetzgeber veranlaßt haben, die dingliche Verfügung über den Anteil des

Miterben zuzulassen. Auch den Gegenstand des Miterbenrechts bildet, solange die Gemeinschaft des Miterben besteht, nicht ein Vermögensinbegriff in der Hand des Erbbeteiligten, sondern die Beziehung zu einem in der Hand der Erbengemeinschaft befindlichen Vermögen, die als Anteil an dieser Gemeinschaft einen gegenwärtigen Bestandteil des Vermögens der Erben bildet. Die Folgewidrigkeit gegenüber dem Grundsatze der Unübertragbarkeit von Vermögensinbegriffen ist auch dort nur eine „scheinbare" (vgl. Prot. Bd. 5 S. 837 flg.). Auch dort galt es, den praktischen Unzuträglichkeiten zu begegnen, die sich aus dem Mangel einer Verfügungsmöglichkeit in Ansehung der einzelnen Nachlaßgegenstände ergab.

In diesem Sinne kann es daher nur als folgerichtig bezeichnet werden, wenn in dem Urteile des erkennenden Senats Gruchot Bd. 52 S. 680 einer entsprechenden Anwendung des § 2033 Abs. 1 Satz 1 BGB. das Wort geredet wird. Die entsprechende Anwendung ergibt sich dann aber, wie auch schon in der angezogenen Entscheidung hervorgehoben ist, nicht nur zugunsten der Anwartschaft des Mitnacherben, sondern auch zugunsten derjenigen des Einzelnacherben. Denn die Hinderungsgründe, welche sich für den einzelnen Mitnacherben in Ansehung der Verfügungsmöglichkeit über die einzelnen Nachlaßgegenstände ergeben, beruhen nicht auf seinem Verhältnis zu den anderen Mitnacherben, sondern auf seinem Rechtsverhältnis zum Vorerben, das kein anderes ist als dasjenige der Einzelnacherben, wobei auch zu bemerken ist, daß die Anwartschaft des Mitnacherben nach richtiger Auffassung nicht eine solche auf einen künftigen Erbteil ist, sich vielmehr ebenso wie diejenige des Alleinnacherben auf die ganze Erbschaft bezieht. Die Beschränkung der Uebertragbarkeit lediglich auf das Recht des Mitnacherben würde einer entsprechenden Anwendung des § 2033 Abs. 1 Satz 1 nach der Art und dem Umfange, wie sie nach vorstehendem für zulässig und geboten zu erachten ist, nicht gerecht werden.

Wenn in der Literatur dieser Rechtsauffassung der Vorwurf rechtlicher Folgewidrigkeit insofern gemacht wird, als sie dem Grundsatz widerstreiten würde, daß — von der gesetzlichen Erbfolge abgesehen — niemand ohne den Willen des Testators zum Erben berufen werden kann, so ist dem entgegenzuhalten, daß die dem Erwerber der Nacherbschaft durch § 2139 BGB. gegebene Möglichkeit, mit dem Tode des Vorerben unmittelbar als Rechtsnachfolger des Erblassers einzutreten, für seinen Rechtsvorgänger schon im Augenblicke des Todes des Erblassers, und zwar mit dessen Willen, begründet war und im Wege der Rechtsnachfolge durch den Verfügungsakt des Nacherben auf ihn überging. Durch die Verwertung des Nacherbenrechts seitens des Nacherben wird aber jenem vorerwähnten Grundsatze ebensowenig zuwidergehandelt, wie durch die Verwertung des Erbrechts seitens des Erben. Ein beachtliches Interesse des Erblassers an dem Unterbleiben solcher Verwertung ist nicht vorhanden und vom Gesetz als schützenswert nicht anerkannt.

Nicht zu verkennen ist, daß die Anerkennung einer Uebertragbarkeit des Nacherbenrechts nicht in allen Beziehungen zu befriedigenden Ergebnissen führt, was besonders hervortritt, wenn der Alleinnacherbe kurz vor dem Tode des Vorerben von seinem Verfügungsrechte Gebrauch macht und sich dadurch die oft erheblichen Unkosten und Unbequemlichkeiten erspart, die ihm, sobald er in den Besitz des Vollrechts gelangt, dadurch erwachsen, daß er auf die Möglichkeit einer Verfügung über die einzelnen Nachlaßgegenstände beschränkt ist. Allein ganz ähnliche Unstimmigkeiten ergeben sich auch gerade aus der Regelung, die das Gesetz in § 2033 Abs. 1 Satz 1 BGB. in Ansehung der Miterben vorgesehen hat, worauf auch bei den Kommissionsberatungen besonders hingewiesen wurde (vgl. Prot. Bd. 5 S. 837 flg.).

Derartige Unzuträglichkeiten müssen in ihrer Bedeutung zurücktreten gegenüber den überwiegenden Vorteilen, welche die Befriedigung eines beachtlichen wirtschaftlichen Bedürfnisses bietet, wie sie durch die Verwertung der Anwartschaft der Nacherben ermöglicht wird. Ein solches Bedürfnis muß aber insbesondere für alle die Fälle als berechtigt anerkannt werden, wo mit erheblichen Wertobjekten oder mit einer längeren Dauer der Wartezeit des Nacherben zu rechnen ist. Die Bedenken, die in der Literatur vom rechtspolitischen Standpunkt aus gegen die Verfügungsmacht des Nacherben erhoben werden, sind keine anderen, als die der Verwertung von bloßen Anwartschaftsrechten überhaupt entgegengestellt werden könnten. Es liegt kein stichhaltiger Grund vor, ihretwegen der wirtschaftlichen Entwickelung, die in steigendem Maße auf die Nutzbarmachung auch künftiger Werte drängt, hemmend entgegenzutreten. Die in der Rechtsprechung bisher allein anerkannte Verfügung über den dem Nacherben zustehenden künftigen Herausgabeanspruch (§ 2130) bietet keinen ausreichenden Ersatz, zumal die Möglichkeit nicht besteht, eine derartige Verfügung gegen die Vereitelung durch Rechtsgeschäfte mit gutgläubigen Dritten zu sichern.

Ergibt sich hiernach, daß die Veräußerung des Nacherbenrechts an die Rechtsvorgängerin der Beklagten und an diese selbst — so wie geschehen — rechtswirksam erfolgt ist und demzufolge auch die Umschreibung der Nachlaßgrundstücke auf den Namen der Beklagten im Grundbuche zu Recht besteht, so ist der Klaganspruch, soweit er Rückauflassung und Wiederverschaffung des Eigentums begehrt, begründet, sofern die Verpflichtung aus dem Wiederkauf von der Beklagten rechtswirksam als Selbstschuldnerin übernommen und ihr gegenüber das Wiederkaufsrecht den Bedingungen des Vertrags vom

17. September 1910 entsprechend ausgeübt worden ist. . . . (Daß diese Voraussetzungen gegeben sind, wird ausgeführt.)

Das Berufungsgericht wird einer in Gemäßheit des § 322 BGB. zu treffenden Entscheidung gerecht, wenn es der Klägerin als die von ihr Zug um Zug mit den Verpflichtungen der Beklagten zu erfüllende Gegenleistung lediglich die Zahlung des vereinbarten Rückkaufspreises mit den von ihr zugestandenen Erweiterungen dieser Hauptschuld auferlegt. Denn eine weitere Gegenleistung hatte die Klägerin in dem Vertrage vom 17. September 1910 im Falle des Wiederkaufs nicht übernommen. Eine Verbindlichkeit der Klägerin, die Beklagte von der sie nach § 2382 treffenden Haftpflicht den Nachlaßgläubigern gegenüber von vornherein zu befreien — wie es die Beklagte als Gegenleistung ihrer Leistung verlangt — ist auch im Gesetz nicht begründet. Die Klägerin ist vielmehr nach § 2378 BGB. als Erbschaftskäuferin gegenüber der Beklagten als Verkäuferin der Erbschaft nur verpflichtet, für die rechtzeitige Tilgung der Nachlaßverbindlichkeiten Sorge zu tragen. Diese Verpflichtung entspringt zwar aus dem zwischen der Klägerin und der Rechtsvorgängerin der Beklagten abgeschlossenen gegenseitigen Vertrage, gehört aber nicht zu denjenigen Verbindlichkeiten, die mit den Verbindlichkeiten des anderen Vertragsteils in einem synallagmatischen Verhältnis im Sinne des § 322 stehen, was sich daraus ergibt, daß die Erfüllung dieser Verbindlichkeit nur durch Leistung an einen Dritten erfolgen kann und überdies ihre Fälligkeit zur Zeit nicht feststeht.

Die rechtliche Beurteilung kann nicht dadurch eine andere werden, daß die Klägerin und die Rechtsvorgängerin der Beklagten nicht im Verhältnis eines gewöhnlichen Käufers und Verkäufers der Erbschaft, sondern in demjenigen eines Wiederkäufers und Wiederverkäufers der Erbschaft stehen. Die Verbindlichkeiten des Wiederkäufers richten sich nicht nach den allgemeinen Grundsätzen über den Rücktritt (§§ 346 flg. BGB.), vielmehr allein nach den Vorschriften der §§ 497 flg., und da es sich um den Wiederkauf einer Erbschaft handelt, ausschließlich nach den besonderen Vorschriften des § 2378, insoweit die dem Käufer obliegende Verpflichtung zur Erfüllung der Nachlaßverbindlichkeiten in Betracht kommt. Dieses Ergebnis kann auch nicht zu Rechtsnachteilen für die Beklagte führen, da sie nach erfolgter Rückübertragung der Nachlaßgrundstücke berechtigt ist, die Nachlaßgläubiger nunmehr auf die wieder in Händen der Klägerin befindliche Nachlaßmasse zu verweisen. Dies würde nur dann anders liegen, wenn die Beklagte durch Verschulden der Klägerin (vgl. § 2376) des Rechtes verlustig gegangen wäre, ihre Haftung auf den Nachlaß zu beschränken. Eine derartige Behauptung ist von der Beklagten nicht aufgestellt worden.

RGZ. 103, 354

Gehört das durch den Voranfall erworbene Recht des Nacherben, wenn dieser vor dem Eintritte des Falles der Nacherbfolge stirbt, zu seinem Nachlaß? Kann der Nacherbe seine Erben auch in Ansehung des ihnen beim Eintritte des Nacherbfolgefalles anfallenden Vermögens durch Anordnung einer verwaltenden Testamentsvollstreckung beschränken?

IV. Zivilsenat. Urt. v. 16. Dezember 1921.

I. Landgericht Magdeburg. II. Oberlandesgericht Naumburg a. S.

Die vorstehenden Fragen sind vom Reichsgericht bejaht worden.

Aus den Gründen:

. . . Die Revision bekämpft die Rechtsansicht des Berufungsgerichts, daß der Nacherbe vor Eintritt des Falles der Nacherbfolge in Ansehung des auf Grund seiner Erbanwartschaft seinen Erben künftig anfallenden Vermögens des Erblassers rechtswirksam eine verwaltende Testamentsvollstreckung anordnen könne. Das Berufungsgericht ist von folgenden Erwägungen ausgegangen: Nach § 2108 Abs. 2 BGB. gehe der Erbteil des Nacherben nicht unmittelbar vom Erblasser auf die Erben des Nacherben über, sondern es finde eine Vermittelung des Ueberganges durch die Zwischenrechtsstellung des Nacherben statt, was auch daraus erhelle, daß zu den Erben des Nacherben, die zur Erbschaft des Erblassers gelangten, Personen gehören könnten, die unmittelbare Nacherben des Erblassers niemals geworden sein würden. Die Rechtsstellung, die der Nacherbe mit dem Voranfall erwerbe, sei eine endgültige, nicht bloß eine vorläufige in dem Sinne, daß sie durch sein späteres Ableben mit rückwirkender Kraft wieder verloren gehen könnte. Sein Nacherbrecht sei ein Bestandteil seines Vermögens, falle in seinen Nachlaß und sei grundsätzlich bei Ermittelung des Bestandes und Wertes seines Nachlasses mit in Betracht zu ziehen. Es sei unzweifelhaft, daß der Nacherbe die Wahrnehmung der Rechte, die ihm schon bei noch dauernder Vorerbschaft vom Gesetz eingeräumt seien, letztwillig einem Testamentsvollstrecker anvertrauen könne. Sei ihm aber durch die Vererblichkeit seiner Rechtsstellung die Möglichkeit gegeben, testamentarisch die Nacherbschaft anderen als seinen gesetzlichen Erben zuzuwenden, so sei nicht abzusehen, weshalb nicht in dem Rechte der Bestimmung des Erben auch für die Nacherbschaft, wie für sein sonstiges Gut, die Befugnis enthalten sein sollte, den Erben in der Verwaltung und Verfügung durch letztwillige Anordnung einer Testamentsvollstreckung zu beschränken.

Die gegen diese Ausführungen von der Revision vorgebrachten Bedenken können nicht für begründet erachtet werden. In erster

Linie bekämpft die Revision den Ausspruch des Berufungsgerichts als rechtsirrig, daß eine Vermittelung des Ueberganges des Nacherbenrechts auf die Erben des Nacherben durch dessen Zwischenrechtsstellung stattfinde; sie meint, daß diese Annahme mit den Vorschriften der §§ 1923 und 2139 BGB. unvereinbar sei, die durch die Ausnahmevorschrift des § 2108 Abs. 2 nicht berührt würden. Das Berufungsgericht hat indessen keineswegs verkannt, daß in dem gesetzten Falle mit dem Eintritte des Falles der Nacherbfolge an Stelle des Vorerben, der nunmehr aufhört, Erbe zu sein, die Erben des eingesetzten verstorbenen Nacherben unmittelbare Erben des Erblassers werden, daß also der verstorbene Nacherbe nicht Erbe des Erblassers geworden ist. Der Anfall der Erbschaft an die Erben des Nacherben vollzieht sich jedoch nicht lediglich auf Grund des Testaments des Erblassers, in welchem ja nicht die zur Erbschaft gelangenden Erben des Nacherben, sondern dieser selbst hinter dem Vorerben als Erbe eingesetzt ist, sondern nur unter Vermittelung des von dem Nacherben durch den Voranfall erworbenen festen vererblichen Rechtes auf den künftigen Anfall der Erbschaft, das bei dem Tode des Nacherben als Bestandteil von dessen Erbschaft auf die Erben übergeht. Hat der Nacherbe dieses Recht nicht erworben, weil der Voranfall an ihn nicht eingetreten ist, so können auch seine Erben nicht zur Erbschaft nach dem Erblasser gelangen. Der Erwerb des Rechtes auf den Anfall der Erbschaft durch den eingesetzten Nacherben im Wege des Voranfalls und die im Wege Erbgangs erfolgte Uebertragung des Rechtes des Nacherben auf dessen Erben bilden eine notwendige Voraussetzung für den Anfall der Erbschaft des Erblassers an die Erben des Nacherben. Der von der Revision bekämpfte Ausspruch des Berufungsgerichts erweist sich hiernach als richtig.

Daß das durch den Voranfall erworbene Recht des Nacherben einen Bestandteil seines Vermögens bildet, will die Revision nicht in Zweifel ziehen. Es kann aber auch keinem Bedenken unterliegen, daß dieses Recht beim Tode des Nacherben zu dessen Nachlaß gehört und die Erben des Nacherben es mit und in der Erbschaft des Nacherben überkommen, daß sie also ihren Anspruch auf den Anfall der Nacherbschaft nicht auf die Verfügung des die Nacherbschaft anordnenden Erblassers gründen können. Gerade um einen in dieser Richtung etwa möglichen Zweifel von vornherein auszuschließen, war in § 1810 Satz 2 des ersten Entwurfs die Vorschrift vorgesehen, daß das Recht des Nacherben auf den künftigen Erbanfall als Bestandteil der Erbschaft des eingesetzten Nacherben anzusehen sei (Motive Bd. 5 S. 89), und diese Vorschrift wurde in der Kommissionsberatung nur aus dem Grunde gestrichen, weil Einigkeit darüber bestand, daß sie, weil aus dem Grundgedanken des Satzes 1 (§ 2108 Abs. 2 BGB.) sich von selbst ergebend, entbehrlich sei (Prot. Bd. 5 S. 81).

Ist aber das durch den Voranfall erworbene Recht des Nacherben ein Bestandteil seiner Erbschaft, so ist auch der Ansicht des Berufungsgerichts beizustimmen, daß dieses Recht der Verwaltung des von dem Nacherben für seinen Nachlaß eingesetzten Testamentsvollstreckers unterliegt, dergestalt, daß die dem Nacherben während der Dauer der Vorerbschaft zustehenden Befugnisse nicht von den Erben des Nacherben, sondern von dem von ihm ernannten Testamentsvollstrecker auszuüben sind (vgl. § 2222 BGB.). Fraglich kann nur sein, ob die Wirksamkeit der Testamentsvollstreckung auch über den Zeitpunkt des Eintritts des Nacherbfolgefalls hinaus erstreckt werden kann, ob also auch die angefallene Nacherbschaft selbst der Verwaltung des Testamentsvollstreckers unterstellt werden kann. In dieser Hinsicht ist zu berücksichtigen, daß der Nachlaß bis zum Eintritte des Falles der Nacherbfolge im Eigentum der Vorerben steht der Nacherbe solange noch nicht Erbe ist und keine Rechte an den einzelnen Nachlaßgegenständen hat, die Erbschaft des Erblassers als solche also nicht zum Nachlaß des Nacherben gehört, und dieser daher darüber nicht von Todes wegen verfügen kann. Diese Gesichtspunkte können jedoch nicht dazu führen, die anfallende Erbschaft als der Verwaltung des Testamentsvollstreckers entzogen anzusehen. Maßgebend ist, daß sich der Erwerb der Erbschaft durch die Erben des Nacherben nur auf Grund des zum Nachlaß des Nacherben gehörenden Anfallrechts vollzieht. Unterliegt dieses Recht der Verwaltung des Testamentsvollstreckers, so muß auch in Ansehung des auf Grund desselben gemachten Erwerbes das gleiche gelten. Hat der Nacherbe für seinen Nachlaß eine Vor- und Nacherbschaft angeordnet, so gilt diese Anordnung auch in Ansehung des zu seinem Nachlaß gehörenden Rechtes auf den Anfall der Erbschaft nach seinem Erblasser. Wenn dann der Fall der Nacherbfolge nach dem Erblasser während der Dauer der für den Nachlaß des Nacherben angeordneten Vorerbschaft eintritt, so fällt dieser Erbschaftserwerb — unbeschadet eines etwaigen Ausschlagungsrechts — gemäß § 2111 BGB. in den Nachlaß des Nacherben und geht mit diesem demnächst auf die von dem Nacherben seinerseits eingesetzten Nacherben über. Wie hier der Nacherbe seine Erben hinsichtlich des Erbschaftserwerbs nach dem Erblasser durch Anordnung einer weiteren Nacherbfolge beschränken kann, so muß auch eine Beschränkung durch Anordnung einer Testamentsvollstreckung für zulässig erachtet werden Es handelt sich dabei nicht um letztwillige Verfügungen über einen fremden Nachlaß, sondern um Folgen, die sich daraus ergeben, daß der Nacherbe mit dem Voranfall ein festes vererbliches Recht erworben hat, das einen Bestandteil seines eigenen Nachlasses bildet und damit den in Ansehung dieses Nachlasses getroffenen letztwilligen Verfügungen unterworfen ist. Ein unzulässiger Eingriff in die Verfügungen des Erblassers liegt darin auch schon deshalb nicht, weil die zur Erbschaft gelangenden Personen gar nicht von dem Erblasser berufen sind, sondern nur die in ihrer Eigenschaft als Erben des Nacherben die ihnen als solchen auferlegten Verfügungsbeschränkungen gegen sich gelten lassen müssen.

Anders möchte die Sache liegen, wenn § 2108 Abs. 2 BGB., wie die Revision meint, nur eine gesetzliche Ersatzberufung enthielte dergestalt, daß die Erben des Nacherben als vom Erblasser berufene Nacherben anzusehen wären. Das ist aber, wie oben an der Hand der Motive und Protokolle dargelegt ist, nicht der Fall. Es handelt sich vielmehr bei der Festsetzung der Vererblichkeit des durch den Voranfall erworbenen Nacherbenrechts um eine Ausgestaltung dieses Rechtes dahin, daß es als ein endgültiges Recht erworben wird, mit dem Tode des Nacherben nicht aus dessen Vermögen ausscheidet, sondern im Nachlaß verbleibt und als dessen Bestandteil mit diesem auf die — durch Gesetz oder Verfügung von Todes wegen berufenen — Erben des Nacherben übergeht, die damit als seine Rechtsnachfolger sofort dieselbe Rechtsstellung erlangen, als wenn sie selbst zu Nacherben des Erblassers in dessen Testament eingesetzt worden wären, also alle Befugnisse ausüben können, die das Gesetz dem Nacherben vor dem Eintritt des Falles der Nacherbfolge beilegt. Aus dieser Ausgestaltung des Nacherbenrechts ergibt sich, daß die Erben des Nacherben, wenn sie auch beim Eintritt des Nacherbfolgefalles die Erbschaft als unmittelbare Erben des Erblassers, der die Nacherbfolge angeordnet hat, erwerben, doch die Verfügungen gegen sich gelten lassen müssen, die der verstorbene, im Testament ernannte Nacherbe nach dem an ihn erfolgten Voranfall über das damit erworbene Recht getroffen hat, und daß somit die Erbschaft dereinst ihnen nur mit den aus solchen zulässigen Verfügungen des Nacherben sich ergebenden Beschränkungen zufallen kann. Daß der Nacherbe nach dem Voranfall unter Lebenden mit dinglicher, seine Erben bindender Wirkung über das ihm angefallene Recht verfügen, es veräußern und belasten darf, und daß es auch dem Zugriffe seiner Gläubiger unterliegt, ist vom Reichsgericht in ständiger Rechtsprechung anerkannt worden (RGZ. Bd. 101 S. 185 und die dort angef. Urteile). Fraglich kann nur sein, ob mit der Anerkennung der Vererblichkeit des Rechtes in § 2108 Abs. 2 BGB. dem Nacherben die Verfügung von Todes wegen darüber unbeschränkt hat eingeräumt oder nur in einem beschränkten Umfange, insbesondere etwa nur dahin hat beigelegt werden sollen, daß er nur berechtigt ist, durch die Ernennung von Erben zugleich die Personen zu bestimmen, auf die bei seinem Tode das Nacherbenrecht übergehen soll. Besondere Gründe für eine möglichst einschränkende Auslegung des § 2108 BGB. bestehen nicht. Namentlich versagen hier die Gründe, die zum Ausschluß einer letztwilligen Verfügungsbefugnis hinsichtlich des Vorerben geführt haben, abgesehen von dem hier nicht in Rede stehenden Fall einer mehrfachen Nacherbschaft. Während der Vorerbe den Nachlaß nur auf Zeit als ein im Hinblick auf den künftigen Eintritt des Nacherben gebundenes Vermögen erwirbt, soll die Erbschaft dem Nacherben regelmäßig dauernd als frei vererbliches Vermögen verbleiben. Bei der Berufung des Nacherben kommen grundsätzlich Beschränkungen seines Verfügungsrechts zugunsten anderer Personen nicht in Betracht. Wenn ihn also das Gesetz mangels entgegenstehenden Willens des Erblassers schon mit dem Voranfall ein vererbliches festes Recht auf den künftigen Erbanfall erwerben läßt, so würden an sich seiner Verfügungsbefugnis von Todes wegen nur die Grenzen gezogen sein, die sich daraus ergeben, daß er den Anfall der Erbschaft selbst nicht erlebt hat und somit nicht Eigentümer der dazu gehörenden Gegenstände geworden ist, mithin über diese als eigene nicht verfügen kann. Es mag indessen dahingestellt bleiben. ob dem Nacherben hiernach die Befugnis zuzusprechen wäre, durch Verfügung von Todes wegen auch anderen Personen als seinen Erben Rechte an dem beim Eintritte des Nacherbfalls anfallenden Vermögen des Erblassers zuzuwenden, oder ob dem die Erwägung entgegenstehen würde, daß darin eine unzulässige Verfügung über einen fremden Nachlaß läge. Dieser Gesichtspunkt trifft jedenfalls, wie oben ausgeführt, nicht zu auf die Erstreckung einer für den Nachlaß des Nacherben im Interesse der Erben selbst angeordneten Testamentsvollstreckung auf das zu diesem Nachlaß gehörende Recht auf den künftigen Anfall der Erbschaft des Erblassers. Es handelt sich bei der Anordnung der Testamentsvollstreckung um eine vom Gesetz zugelassene Beschränkung des Verfügungsrechts des Erben über den Nachlaß, die grundsätzlich auf den gesamten Nachlaß erstreckt werden kann. Wenn also das Gesetz das Nacherbenrecht als Bestandteil des Nachlasses des Nacherben auf dessen Erben übergehen läßt, ohne eine Einschränkung nach der Richtung festzusetzen, daß dieses Recht nicht durch die Anordnung einer Testamentsvollstreckung der Verfügung der Erben entzogen werden darf, so muß eine derartige Anordnung auch in Ansehung des Nacherbenrechts für zulässig erachtet werden. Aus § 2108 BGB. ist hiernach ein entgegenstehender Wille des Gesetzes nicht zu entnehmen. . . .

RGZ. 133, 263

Muß der Nacherbe die Zwangsvollstreckung aus einer Hypothek dulden, die der befreite Vorerbe zur Sicherung einer eigenen Schuld an einem Nachlaßgrundstück bestellt hat?

BGB. §§ 2112, 2113, 2115, 2136. ZPO. § 773.

IV. Zivilsenat. Urt. v. 21. September 1931.

I. Landgericht Frankfurt a. M. II. Oberlandesgericht daselbst.

Der Vater der Beklagten ist alleiniger befreiter Vorerbe seiner am 6. April 1922 verstorbenen Ehefrau, die Beklagten sind die Nacherben. Zur Sicherung eines ihm von der Klägerin gewährten laufenden Kredits belastete der Vorerbe das zum Nachlaß gehörige Grundstück mit Höchstbetragshypotheken von 7000 GM. und 2000 GM. Er wurde auf die Klage zur Zahlung von 9134,85 RM. und zur Duldung der Zwangsvollstreckung aus den für die Klägerin bestellten Sicherungshypotheken verurteilt. In demselben Verfahren nahm die Klägerin auch die Beklagten auf Duldung der Zwangsvollstreckung aus diesen Hypotheken in Anspruch. Das Landgericht wies die Klage insoweit ab; das Berufungsgericht gab ihr statt. Die Revision der Beklagten blieb ohne Erfolg.

Aus den Gründen:

Nach Auffassung des Berufungsgerichts ist das dingliche Recht, auf Grund dessen die Zwangsvollstreckung erfolgen soll, den Beklagten gegenüber wirksam bestellt, da es der befreite Vorerbe durch eine entgeltliche rechtsgeschäftliche Verfügung erlangt habe (§ 2113 Abs. 1, § 2136 BGB.), und daher die Zwangsvollstreckung in den Nachlaß gemäß § 2115 Satz 2 BGB. zulässig. Diese Auffassung wird von der Revision vergebens angegriffen. Nach § 2115 Satz 1 BGB. ist eine Verfügung über einen Erbschaftsgegenstand, die im Wege der Zwangsvollstreckung oder der Arrestvollziehung oder durch den Konkursverwalter erfolgt, im Falle des Eintritts der Nacherbfolge insoweit unwirksam, als sie das Recht des Nacherben vereiteln oder beeinträchtigen würde. Im Zusammenhange damit steht die Ordnungsvorschrift des § 773 Satz 1 ZPO.; nach ihr soll ein Gegenstand, der zu einer Vorerbschaft gehört, nicht im Wege der Zwangsvollstreckung veräußert oder überwiesen werden, wenn die Veräußerung oder Ueberweisung im Falle des Eintritts der Nacherbfolge nach § 2115 BGB. den Nacherben gegenüber unwirksam ist. Nach § 773 Satz 2 ZPO. kann der Nacherbe nach Maßgabe des § 771 das. Widerspruch erheben. Diese Vorschriften der Zivilprozeßordnung sollen Zwangsvollstreckungsmaßregeln vorbeugen, die nach § 2115 BGB. nur zu einem auflösend bedingten Erwerb führen würden. § 2115 Satz 1 trifft aber im Gegensatz zu Verfügungen, die vom Vorerben vorgenommen werden, nur solche über einen Erbschaftsgegenstand, die im Wege der Zwangsvollstreckung in das Erbschaftsvermögen gegen den Vorerben erwirkt werden, bei denen er demnach der duldende Teil ist und wobei das Recht am Erbschaftsgegenstande erst im Wege der Zwangsvollstreckung gegen den Vorerben erlangt wird. Während dieser also nach § 2112 BGB. mit Wirkung gegen den Nacherben über die Erbschaftsgegenstände verfügen kann, soweit ihm nicht durch die §§ 2113 flg. besondere Schranken gezogen sind, ist nach § 2115 Satz 1 BGB. die Unwirksamkeit der erst im Wege der Zwangsvollstreckung gegen ihn erwirkten Verfügung auf solche Gegenstände erstreckt, über die er selbst rechtsgeschäftlich hätte frei verfügen können. Der Zweck dieser Vorschrift ist, die Gläubiger des Vorerben daran zu hindern, dessen Erbenstellung zum Nachteil des Nacherben auszunutzen (RGZ. Bd. 80 S. 32). Da jedoch das Recht des Nacherben, wie das jedes anderen Erben, den Ansprüchen der Nachlaßgläubiger weichen muß, ordnet § 2115 Satz 2 Halbsatz 1 an, daß die Verfügung unbeschränkt wirksam, also die Zwangsvollstreckung gegen den Vorerben ohne Rücksicht auf den Nacherben zulässig und durchführbar ist, wenn der Anspruch eines Nachlaßgläubigers geltend gemacht wird, auf Grund dessen die Verfügung im Wege der Zwangsvollstreckung erfolgt ist. Das gleiche gilt nach Halbsatz 2, wenn die Zwangsvollstreckung auf Grund eines (dinglichen) Rechts an einem Erbschaftsgegenstand betrieben wird, das im Falle des Eintritts der Nacherbfolge dem Nacherben gegenüber wirksam ist. Diese Ausnahmen ergeben sich folgerichtig aus dem Grundgedanken des Gesetzes, daß überall da, wo entweder das Recht am Erbschaftsgegenstand schon vor dem Erbfall bestanden hat (z. B. eine vom Erblasser bestellte Hypothek) oder wo der Vorerbe mit Wirkung gegenüber dem Nacherben selbst über einen Erbschaftsgegenstand verfügt hat, auch die Zwangsvollstreckung in Gegenstände der Vorerbschaft mit voller Wirkung gegen den Nacherben betrieben werden darf. Es liegt also keineswegs so, daß es sich auch im Falle des 2. Halbsatzes im § 2115 Satz 2 nur um Rechte handelte, die auf Grund einer Nachlaßschuld, also von einem Nachlaßgläubiger, bestellt worden sein müßten. Denn nach dem klaren Wortlaut des Gesetzes ist nur erforderlich, daß „ein an einem Erbschaftsgegenstande b e s t e h e n d e s Recht geltend gemacht wird, das im Falle des Eintritts der Nacherbfolge dem Nacherben gegenüber wirksam ist". Das kann auch ein Recht sein, welches der Vorerbe wegen einer Eigenverbindlichkeit an einem Nachlaßgegenstand begründet hat, sofern es nur gegenüber dem Nacherben wirksam begründet worden ist.

Die Revision meint, ein an einem Erbschaftsgegenstand bestehendes Recht im Sinne des Gesetzes könne nicht eine Sicherungshypothek sein, die vom Vorerben für eine persönliche Schuld bestellt worden sei, sonst würde der Zweck des § 2115 BGB. vereitelt, der darin zu sehen sei, daß die Gläubiger des Vorerben gehindert werden sollten, dessen Erbenstellung zum Schaden des Nacherben auszunutzen. Diese Auffassung entspricht jedoch nicht dem Gesetz, das den

Gläubigern des Vorerben, die nicht Nachlaßgläubiger sind, den Zugriff auf Erbschaftsgegenstände im Wege der Zwangsvollstreckung nur dann verwehrt, wenn der Vorerbe nicht oder nicht mit Wirkung gegenüber dem Nacherben über Erbschaftsgegenstände verfügt hat. Hätte das Gesetz den Gläubiger an einer zum Schaden des Nacherben auslaufenden Zwangsvollstreckung auch da hindern wollen, wo ein vom Vorerben mit Wirkung gegen den Nacherben an einem Erbschaftsgegenstande bestelltes Recht geltend gemacht wird, so würde es die unbeschränkte Wirksamkeit der Verfügung, die Gegenstand der Ausnahme des § 2115 Satz 2 BGB. ist, nicht haben bejahen können, sondern es hätte sie verneinen müssen. Hier kommt es daher entscheidend darauf an, ob die Bestellung der Sicherungshypotheken den Beklagten als Nacherben gegenüber wirksam ist. Die Frage ist vom Berufungsrichter mit Recht bejaht worden.

Nach § 2113 Abs. 1 BGB. ist die Verfügung des Vorerben über ein zur Erbschaft gehörendes Grundstück oder über ein zur Erbschaft gehörendes Recht an einem Grundstück im Falle des Eintritts der Nacherbfolge insoweit unwirksam, als sie das Recht des Nacherben vereiteln oder beeinträchtigen würde. Das letztere würde ohne weiteres anzunehmen sein, weil der Vorerbe die Sicherungshypotheken für einen ihm eingeräumten Kontokorrentkredit bestellt hat und auf Grund dessen die Zwangsvollstreckung betrieben werden soll. Da jedoch der Erblasser den Vorerben von dieser Einschränkung befreien kann (§ 2136 BGB.) und da es sich hier um eine befreite Vorerbschaft handelt, so würde die in der Bestellung der Sicherheiten liegende Verfügung des Vorerben insoweit gegenüber dem Nacherben im Falle des Eintritts der Nacherbschaft nicht unwirksam sein. Damit ist indessen die Frage nicht entschieden. Denn nach § 2113 Abs. 2 gilt das gleiche — nämlich die in Abs. 1 vorgeschriebene bedingte und begrenzte Unwirksamkeit — wenn der Vorerbe über einen Erbschaftsgegenstand unentgeltlich verfügt hat. Da jedoch der Erblasser den Vorerben von dieser Einschränkung nicht befreien kann (§ 2136 BGB.), so kommt es darauf an, ob die Bestellung der Sicherungshypotheken eine unentgeltliche Verfügung über einen Erbschaftsgegenstand war. Während § 2113 Abs. 1 von der Verfügung über ein Grundstück oder über ein Recht an einem Grundstück handelt, trifft Abs. 2 Erbschaftsgegenstände schlechthin, also auch Grundstücke. Eine Verfügung über ein Grundstück ist auch seine Belastung mit einem dinglichen Recht (§ 873 BGB.). Während also bei nicht befreiter Vorerbschaft die Wirksamkeit einer solcher Belastung eines Grundstücks, gleichviel ob diese entgeltlich oder unentgeltlich erfolgt ist, nur davon abhängt, ob sie im Falle des Eintritts der Nacherbfolge das Recht des Nacherben vereiteln oder beeinträchtigen würde, ergibt sich bei der befreiten Vorerbschaft ein wesentlicher Unterschied. Ist der Vorerbe von dieser Einschränkung bei der Verfügung über ein Grundstück befreit, so gilt dies nicht, wenn unentgetlich verfügt ist, weil insoweit die Befreiung nicht statthaft ist. Ab. 1 und 2 des § 2113 sind selbständig nebeneinander stehende Ausnahmefälle von der Regel der Wirksamkeit der Verfügung (§ 2112 BGB.). Betreffen aber beide Absätze Verfügungen über Grundstücke und regelt Abs. 1 diese Verfügungen nicht ausschließlich, so bleibt der Ausnahmefall des Abs. 2 bei befreiter Vorerbschaft bestehen; denn von dieser Ausnahme kann keine Befreiung durch den Erblasser eintreten. Die Unentgeltlichkeit der vom Vater der Beklagten getroffenen Verfügungen ist indessen mit dem Berufungsrichter zu verneinen. (Wird näher ausgeführt.)

RGZ. 136, 353

1. Inwieweit enthält die Ankündigung eines eingeschränkten Revisionsantrags eine endgültige Beschränkung des Rechtsmittels?

2. Zur Anwendung des § 2111 BGB.

3. Enthält der vom Vorerben gestellte Antrag auf Zwangsversteigerung eines mit einer Nachlaßhypothek belasteten Grundstücks eine Verfügung über die Hypothek?

ZPO. §§ 514, 566. BGB. §§ 2111, 2113, 2114, 2134.

IV. Zivilsenat. Urt. v. 26. Mai 1932.

I. Landgericht Koblenz. II. Oberlandesgericht Köln.

Die beiden Kläger sind die Söhne erster Ehe des am 23. Juni 1922 verstorbenen Winzers Johann Josef N. Dieser hatte mit seiner ersten Ehefrau, der Mutter der Kläger, ein gemeinschaftliches Testament errichtet, worin sie gegenseitig den Ueberlebenden zum Vorerben ihres Nachlasses einsetzten. Nach dem im Jahre 1903 erfolgten Tode der Mutter der Kläger betrieb deren Vater auf Grund eines Erbscheins, der ihn als alleinigen Erben seiner Frau auswies, im Jahre 1906 die Zwangsvollstreckung aus einer zum Nachlaß der Mutter gehörigen Hypothek von 20 000 M. in die belasteten Grundstücke und erhielt in der Zwangsversteigerung den Zuschlag auf ein Gebot von 7000 M. Der Steigpreis wurde in Höhe von 6921,86 M. auf die zur Auszahlung zu bringende Hypothek verrechnet. Später wurde der Erbschein als unrichtig eingezogen und dem Vater ein neuer Erbschein erteilt, wonach er Vorerbe und die Kläger Nacherben sind. Im Jahre 1907 heiratete der Vater der Kläger die Beklagte. Die von ihm erstandenen Grundstücke ließ er im Jahre 1920 auf den Namen der Beklagten eintragen und vereinbarte mit ihr in einem am 21. September 1921 geschlossenen Ehevertrag, daß sie zu ihrem Vorbehaltsgut gehören sollten. Nach dem Tode ihres Vaters erhoben die

Kläger als Nacherben ihrer Mutter Klage gegen die Beklagte und begehrten von ihr die Herausgabe der ihr übertragenen Grundstücke, hilfsweise die Zahlung von 25 000 RM. Ferner haben sie mit der Klage, die insoweit ursprünglich auch gegen die minderjährige aus der Ehe ihres Vaters mit der Beklagten stammende Maria N. gerichtet war, Zahlung von 1335,91 RM. als Anteil an dem Erlös einiger von ihrem Vater an die Reichsbahn verkaufter Weinberggrundstücke gefordert.

Das Landgericht verurteilte die Beklagte, an die Kläger 6921,86 RM. nebst Zinsen zu zahlen, wies aber im übrigen die Klage ab. Das Oberlandesgericht änderte dies Urteil auf die Berufung der Beklagten unter Zurückweisung der Anschlußberufung der Kläger dahin ab, daß die Beklagte nur 1568,78 RM. nebst Zinsen zu zahlen habe. Die Revision der Kläger hatte keinen Erfolg.

Gründe:

Mit ihren in der Revisionsschrift angekündigten Anträgen verfolgten die Kläger Zahlungsansprüche in Höhe von insgesamt 6021,03 RM., nämlich 667,95 RM. als die die Beklagte treffende Hälfte der für die Weinberge nachgeforderten 1335,91 RM. und 5353,08 RM. als Wertersatz für die der Beklagten übertragenen Grundstücke. Dem war die Erklärung hinzugefügt: „Hierauf beschränkt sich die Revision der Kläger. Der Anspruch auf Uebereignung von Grundstücken wird nicht weiter verfolgt." Mit ihren jetzigen, aus der Revisionsbegründungsschrift verlesenen Anträgen begehren die Kläger in erster Linie die Verurteilung der Beklagten zur Uebertragung von zwei ideellen Fünfteln des bezeichneten Grundbesitzes, hilfsweise die Verurteilung der Beklagten zur Zahlung von 6431,22 RM. als Wertersatz für diesen Grundbesitz. Den Anspruch auf Zahlung von 667,95 RM. — die Hälfte der Nachforderung für die Weinberge — verfolgen die Kläger demnach nicht mehr.

Einer sachlichen Prüfung kann im gegenwärtigen Rechtszug nur noch der Zahlungsanspruch unterzogen werden. Der Geltendmachung des auf Uebertragung von zwei ideellen Fünfteln des Grundbesitzes gerichteten Anspruchs steht die Rechtskraft des die Kläger mit diesem Anspruch abweisenden Berufungsurteils entgegen. Mit ihrer in der Revisionsschrift enthaltenen Erklärung haben sie den Umfang des Rechtsmittels endgültig und unzweideutig auf die Zahlungsansprüche beschränkt. Darin lag ein Verzicht auf das Rechtsmittel für den Anspruch auf Uebereignung von Grundstücken (§§ 566, 514 ZPO.; vgl. RG. in JW. 1927 S. 845 Nr. 10 u. 1930 S. 3549 Nr. 8; WarnRspr. 1931 Nr. 139). Insoweit ist das Berufungsurteil daher rechtskräftig geworden. Dagegen kann der Erklärung der Kläger nicht entnommen werden, daß sie auch die einzelnen Zahlungsansprüche endgültig auf die in der Revisionsschrift angegebenen Beträge hätten beschränken wollen. Die Erhöhung des auf Wertersatz für die Grundstücke gerichteten Anspruchs von 5353,08 RM. auf 6431,22 RM., womit die Revisionssumme gegeben, ist daher zulässig.

Den Anspruch auf Ersatz des Wertes der Grundstücke hat das Berufungsgericht für unbegründet erachtet. Der Vater der Kläger sei, da die Voraussetzungen des § 2111 BGB. nicht gegeben gewesen seien, auf Grund des Zuschlags uneingeschränkter Eigentümer der Grundstücke geworden. Er habe daher bei der Uebertragung an die Beklagte nicht als Nichtberechtigter im Sinn des § 816 Abs. 1 Satz 2 BGB. gehandelt. Auch ein Ersatzanspruch der Kläger nach den §§ 2130, 2131 BGB. sei nicht begründet. Der Vater der Kläger habe im Glauben, allein verfügungsberechtigt zu sein, das Zwangsvollstreckungsverfahren betrieben, als handle es sich um eine eigene Angelegenheit. Wenn er die nach seiner Meinung zu seinem eigenen Vermögen gehörige Hypothek möglichst niedrig ausgeboten habe, um das Haus billig zu ersteigern, so könne ihm daraus kein Vorwurf gemacht werden. Ein Ersatzanspruch stehe den Klägern nur nach § 2134 BGB. insoweit zu, als ihr Vater mit der zum Bestandteil der Erbschaft gewordenen Forderung aus dem Erlös den an sich aus seinem eigenen Vermögen zu deckenden Steigpreis getilgt habe, also in Höhe von 6921,86 RM., abzüglich 107,85 RM. Kosten der dinglichen Rechtsverfolgung, die der Vater aus seinem Vermögen vorgelegt habe, und 538,90 RM. Zinsen, die nach den §§ 2111, 2112, 2114 BGB. seiner freien Verfügung unterlegen hätten. Wegen des sonach auf die Hypothek entfallenen Steigerlöses von 6275,11 RM. könne die Beklagte von den Klägern nur in Höhe ihres Erbteils, also zu 1/4 = 1568,78 RM. in Anspruch genommen werden.

Die Revision meint demgegenüber, daß die Beklagte nach § 816 Abs. 2 BGB. den Wert der Grundstücke ersetzen müsse, da sie kein Recht auf die zu ihren Gunsten getroffene Verfügung gehabt habe und der Vater der Kläger verpflichtet gewesen sei, diesen das Grundstück herauszugeben, jedenfalls deshalb, weil er um den ganzen Grundbesitz auf Kosten der Kläger bereichert gewesen sei. In Höhe von 5000 RM. sei die Beklagte auch als Erbin ihres Ehemannes — des Vaters des Klägers — zahlungspflichtig, und zwar nicht nur aus dem Gesichtspunkt des § 2134, sondern auch aus dem der grundlosen Bereicherung nach § 812 und dem der Schadensersatzpflicht nach den §§ 2130, 2131 BGB. Da die Hypothek der Kläger 20 000 RM. wert gewesen sei, so ergebe sich für die Beklagte, auch wenn sie als Erbin nur zu 1/4 hafte, doch immer noch eine Haftung in Höhe von 5000 RM. Bei dem Betreiben der Zwangsversteigerung habe der Vater der Kläger es an der Sorgfalt fehlen lassen, zu der er als Vorerbe den Klägern als Nacherben gegenüber verpflichtet gewesen sei.

Ihm falle grobe Fahrlässigkeit zur Last; denn er habe gewußt, daß er nur Vorerbe sei, und er habe bei nur geringer Aufmerksamkeit erkennen müssen, daß der ihm zunächst erteilte Erbschein auf einem offenbaren Versehen beruhte.

Die Revision kann keinen Erfolg haben.

Zutreffend geht das Berufungsgericht davon aus, daß die Kläger zwar Nacherben ihrer Mutter sind (§§ 2104, 2106 BGB.), daß jedoch die Grundstücke uneingeschränktes Eigentum ihres Vaters geworden sind. Bestandteil der Erbschaft wären sie nur dann geworden, wenn einer der Fälle des § 2111 BGB. vorgelegen hätte. Das ist vom Berufungsgericht mit Recht verneint worden. „Auf Grund eines zur Erbschaft gehörenden Rechts" ist der Erwerb nicht gemacht worden. Die Tatsache, daß die Zwangsversteigerung wegen eines dinglichen Rechts stattfindet, ist zwar von Einfluß auf die Feststezung des geringsten Gebots und der Versteigerungsbedingungen. Das ändert aber nichts daran, daß der Erwerb durch den Ersteher lediglich auf dem Zuschlag beruht. Dieser Erwerb ist ursprünglich, nicht abgeleitet. Er gründet sich insbesondere nicht auf Rechte, die vor dem Zuschlag am Grundstück bestanden. Eine abweichende Beurteilung ist auch nicht für den hier gegebenen Fall gerechtfertigt, daß der die Zwangsversteigerung betreibende Hypothekengläubiger Ersteher des Grundstücks ist. Daß der Erwerb nicht „als Ersatz für die Zerstörung, Beschädigung oder Entziehung eines Erbschaftsgegenstandes" geschehen ist, bedarf keiner Ausführung und wird auch von den Klägern selbst nicht geltend gemacht. Schließlich liegt auch kein Erwerb „durch Rechtsgeschäft mit Mitteln der Erbschaft" vor, da der Erwerb durch den Zuschlag kein rechtsgeschäftlicher ist. Eine ausdehnende Auslegung der Vorschrift des § 2111 ist, wie der VII. Zivilsenat in dem Urteil vom 20. April 1928 (HöchstRspr. 1928 Nr. 1592) ausgesprochen hat, nicht angängig, da es sich bei ihr um eine auf Zweckmäßigkeitsgründen beruhende Ausnahmevorschrift handelt. Dem tritt der erkennende Senat bei. Erstreckte sich hiernach die durch die Nacherbeinsetzung begründete Anwartschaft der Kläger nicht auf die vom Vorerben durch Zuschlag erworbenen Grundstücke, so fehlt es an jeder Grundlage für ihre auf die §§ 812, 816 BGB. gestützten Ansprüche.

Das Berufungsgericht erörtert sodann noch, ob etwa die Vorschrift des § 2113 BGB. den Klägern zustatten kommen kann. Danach sind Verfügungen des Vorerben über ein zur Erbschaft gehörendes Recht an einem Grundstück im Falle des Eintritts der Nacherbfolge insoweit unwirksam, als sie das Recht des Nacherben vereiteln oder beeinträchtigen würden. Eine Verfügung über die Hypothek von 20 000 RM. sieht das Berufungsgericht in dem Antrag auf Einleitung der Zwangsversteigerung des Grundstücks, da das dingliche Recht durch das Zwangsversteigerungsverfahren nach den Grundsätzen über die Bildung des geringsten Gebots zum Erlöschen gebracht werde. Das Berufungsgericht meint jedoch, daß diese Verfügung im Wege der Zwangsvollstreckung trotz des § 2113 voll wirksam sei, da eine an sich sachlich unberechtigte Zwangsvollstreckung, wenn nur formgültig durchgeführt, mangels Rüge durch einen Berechtigten vollgültig sei. Ob die letzte Erwägung ausreichend wäre, auch Bereicherungs- oder Schadensersatzansprüche des Berechtigten auszuschließen, kann auf sich beruhen; denn die Annahme des Berufungsgerichts, daß eine Verfügung über die Hypothek vorliege, ist unzutreffend. Der Antrag auf Anordnung der Zwangsversteigerung wegen einer auf dem Grundstück lastenden Hypothek führt zwar zum Erlöschen des dinglichen Rechts; er ist aber deswegen nicht selbst eine Verfügung über dieses Recht. Es verhält sich damit ähnlich wie mit dem Antrag auf Zwangsversteigerung eines im Miteigentum stehenden Grundstücks zwecks Aufhebung der Gemeinschaft. Auch dieser Antrag führt zur Veräußerung des Grundstücks. Wäre er aus diesem Grund als eine Verfügung über das Grundstück nach § 1821 Abs. 1 Nr. 1 BGB. anzusehen, so hätte es der Vorschrift des § 181 Abs. 2 Satz 2 ZVG. nicht bedurft, nach welcher der Antrag vom Vormund eines Miteigentümers nur mit Genehmigung des Vormundschaftsgerichts gestellt werden kann. Diese Vorschrift beruht auf der Erwägung, daß der Antrag auf Teilungssteigerung, wenn er auch nicht eine Veräußerung enthalte, doch zu einer solchen führe, und es daher jedenfalls sachlich gerechtfertigt sei, ihn wie eine Veräußerung zu behandeln und demgemäß an die Genehmigung des Vormundschaftsgerichts zu binden (Prot. Bd. IV S. 795). Der Antrag auf Zwangsversteigerung eines Grundstücks wegen einer auf ihm lastenden Hypothek ist an sich nur ein Akt der dem Vorerben zustehenden Verwaltung des Nachlasses. Er fällt unter den Begriff der „Einziehung" der Hypothekenforderung nach § 2114 Satz 1 BGB. Nur hätte nach Satz 2 dieser Vorschrift das Kapital, falls nicht die Einwilligung des Nacherben zur Zahlung an den Vorerben beigebracht wurde, für den Vorerben und die Nacherben hinterlegt werden müssen. Statt dessen hat der Vater der Kläger die zum Nachlaß gehörende Forderung auf Auszahlung des Erlöses zur Aufrechnung gegen die Forderung auf Zahlung des Steigpreises verwendet, die aus seinem Eigenvermögen zu berichtigen gewesen wäre. Insoweit ergibt sich nach der zutreffenden Annahme des Berufungsgerichts die Ersatzpflicht des Vorerben und nunmehr seiner Erben aus § 2134 BGB.

Die Revision wendet sich sodann noch dagegen, daß das Berufungsgericht eine Haftung des Vorerben nach den §§ 2130, 2131 BGB. verneint hat, und zwar meint sie, der Vater der Kläger habe es bei dem Betreiben der Zwangsvollstreckung an der erforderlichen Sorgfalt fehlen lassen. Dieser Vorwurf scheitert schon daran, daß nach der Feststellung des Berufungsgerichts der Vater der Kläger, ebenso wie anscheinend der Nachlaßrichter, damals der Meinung gewesen ist, er sei beim Fehlen einer Nacherbeinsetzung tatsächlich Alleinerbe oder richtiger unbeschränkter Erbe geworden. Mit dieser Feststellung setzt sich die Revision in Widerspruch, wenn sie vorbringt, der Vater der Kläger habe gewußt, daß er nur Vorerbe sei, und er habe bei nur geringer Aufmerksamkeit erkennen müssen, daß der ihm zunächst erteilte Erbschein auf einem offenbaren Versehen beruhe. Hielt sich aber jener ohne Fahrlässigkeit für den unbeschränkten Erben, so kann ihm, wie das Berufungsgericht weiter ohne Rechtsirrtum ausführt, kein Vorwurf daraus gemacht werden, daß er die Hypothek möglichst niedrig ausbot, um das Grundstück billig zu ersteigern und dadurch die Versteigerungskosten herabzudrücken. . . .

RGZ. 148, 385

1. Unter welchen Voraussetzungen kann der befreite Vorerbe vom Nacherben die Einwilligung in die Belastung eines Nachlaßgrundstücks verlangen?

2. . . .*)

BGB. §§ 1848, 2113, 2120, 2130, 2136.

III. Zivilsenat. Urt. v. 3. September 1935.

I. Landgericht Oldenburg. II. Oberlandesgericht daselbst.

Auf Grund des gemeinschaftlichen Testaments vom 3. August 1914 wurde der am 3. April 1911 geborene Kläger neben seinen Geschwistern Erna, Wilma und Gerda Nacherbe seines am 22. Oktober 1918 im Felde gefallenen Vaters, seine Mutter dessen befreite Vorerbin. Zum Nachlaß gehört ein Hausgrundstück, auf welchem der Erblasser ein Erwerbsgeschäft betrieb. Die Vorerbin hat sich am 5. Juli 1921 mit dem Kaufmann H. wiederverheiratet. Sie wohnt mit ihm auf dem Nachlaßgrundstück. Dort wurde auch weiterhin ein Kolonialwarengeschäft und ein Kohlenhandel betrieben, nach der Behauptung des Klägers nur von dem Ehemann H. auf seinen Namen, nach der des Beklagten nur von der Mutter des Klägers.

Durch notariell beglaubigte Urkunde vom 25. Februar 1929 bestellte die Vorerbin unter Zustimmung ihres Ehemannes zu Gunsten der Spar- und Darlehnskasse eingetr. Gen. m. unbeschr. H. in S. auf dem Nachlaßgrundstück eine Sicherungshypothek zum Höchstbetrag von 20 000 GM. „als Sicherheit für alle Ansprüche und Forderungen, welche die Kasse gegen sie bereits erworben habe

*) Geringere Bedeutung.

oder noch erwerben werde, einschließlich der Ansprüche aus Darlehen, Vorschüssen in laufender Rechnung, Bürgschaften und Abtretungen, aus Wechselverpflichtungen irgendwelcher Art, also auch Wechselindossamenten, sowie der Ansprüche auf Erstattung von Vertrags- und Verzugszinsen, Provision und Kosten aller Art, insbesondere derjenigen der Kündigung, Einziehung und Rechtsverfolgung." Die Eintragung im Grundbuch erfolgte am 28. Februar 1929. In einer Urkunde vom 17. Januar 1930 stimmten die Nacherben der Eintragung der Sicherungshypothek zu, und zwar die damals bereits volljährigen Kinder Erna und Wilma „unabhängig wirksam von der Erklärung der Minderjährigen", für diese (den Kläger und seine Schwester Gerda) der Vormund J. unter Vorbehalt der vormundschaftsgerichtlichen Genehmigung. Auf den Antrag des Vormunds und nach einer Rücksprache, die er mit dem zuständigen Urkundsbeamten hatte, erteilte das Vormundschaftsgericht am 14. Februar 1930 die nachgesuchte Genehmigung, wovon die Beteiligten benachrichtigt wurden. Ueber das Vermögen der Frau H. ist im Jahre 1932 das Konkursverfahren eröffnet worden.

Der Kläger fordert vom Oldenburgischen Staat, an dessen Stelle jetzt das Deutsche Reich getreten ist, auf Grund von Art. 131 WeimVerf. Schadensersatz wegen Verschuldens des Vormundschaftsrichters, und zwar in Höhe eines Teilbetrages von 2000 RM. Er behauptet, das von seinem verstorbenen Vater auf dem Nachlaßgrundstück betriebene Geschäft sei während des Krieges eingegangen. Der jetzige Ehemann der Vorerbin habe nach seiner Verheiratung mit dieser unter seinem Namen auf dem Grundstück ein völlig neues Geschäft eröffnet; er sei dessen alleiniger Inhaber, auch Alleinschuldner und Genosse der Spar- und Darlehnskasse gewesen. Die Vorerbin habe sich lediglich für die Schulden ihres jetzigen Ehemanns bei der Spar- und Darlehnskasse verbürgt und nur in Erfüllung dieser Bürgschaft die Sicherungshypothek bestellt. Eine Gegenleistung sei dafür nicht in den Nachlaß gekommen. Die Wirksamkeit der Belastung des Nachlaßgrundstücks mit der Hypothek sei mithin von der Erteilung der vormundschaftsgerichtlichen Genehmigung abhängig gewesen. Durch die Genehmigung und die daraufhin erfolgte Eintragung der Sicherungshypothek von 20 000 GM. sei sein ererbtes Vermögen zum vollen Wert belastet und er daher in Höhe des Grundstückswerts, mindestens aber in Höhe von 2000 RM., geschädigt. Der Vormund J. sei nicht genügend erfahren und rechtskundig, auch seiner Zeit nicht mehr unbedingt zuverlässig gewesen. Er habe zudem auf dem Vormundschaftsgericht den Bescheid erhalten, es sei zweckmäßig, der Erklärung der volljährigen Nacherben beizutreten. Ihn treffe also keine Schuld an dem eingetretenen Schaden. Dagegen sei das Vormundschaftsgericht hierfür verantwortlich, weil es trotz

Kenntnis von den Geschäftsschulden des jetzigen Ehemanns der Vorerbin und von der nicht mehr unbedingten Zuverlässigkeit des später wegen Trunkfälligkeit seines Amtes als Gemeindevorstehers enthobenen Vormunds ohne Anstellung amtlicher Ermittlungen die Genehmigung zur Eintragung der Sicherungshypothek gegeben habe.

Landgericht und Oberlandesgericht haben die Klage abgewiesen. Der Revision des Klägers wurde stattgegeben und die Sache an das Berufungsgericht zurückverwiesen.

Gründe:

. . . In der Sache selbst läßt das angefochtene Urteil eine erschöpfende Prüfung der Sach- und Rechtslage vermissen. Der Berufungsrichter läßt dahingestellt, ob die tatsächlichen Behauptungen des Klägers oder die des Beklagten zutreffen. Er meint, auch wenn die tatsächlichen Behauptungen des Klägers als wahr unterstellt würden, sei dennoch die Klage nicht gerechtfertigt. Denn der Vormundschaftsrichter habe nach dem Inhalt der Hypothekenbestellung vom 25. Februar 1929, der Zustimmungserklärung der Nacherben vom 17. Januar 1930 und der Vormundschaftsakten nicht annehmen können, daß die Hypothek zur Sicherung von Ansprüchen der Spar- und Darlehnskasse gegen den Stiefvater des Klägers, den zweiten Ehemann der Vorerbin, habe dienen sollen. In den Urkunden sei lediglich von einer Sicherung der Ansprüche der Spar- und Darlehnskasse gegen Frau H. die Rede. Der Vormund habe am 12. Februar 1930 dem Urkundsbeamten erklärt, die Vorerbin habe das Geld zum Ausbau des Geschäfts verwandt; deshalb habe er keine Bedenken, dem Vertrag vom 17. Januar 1930 zuzustimmen. Auch nachträglich, am 2. September 1932, habe der frühere Vormund J. angegeben, bei Nachsuchung der Genehmigung sei ihm nicht bekannt gewesen, daß die Vorerbin für ihren zweiten Ehemann gegenüber der Kasse Bürgschaften übernommen gehabt habe, vielmehr sei nur die Rede davon gewesen, daß die Schulden bei der Kasse durch Aufnahme von Kredit zum Ausbau des Geschäfts entstanden seien. Das Gericht habe den Angaben des Vormunds trauen dürfen, da dieser längere Zeit als Gemeindevorsteher tätig gewesen sei und die nötige Sachkunde zur Beurteilung der in Frage kommenden Verhältnisse besessen habe. Wenn der frühere Vormund G. nach einem Vermerk des Urkundsbeamten vom 25. Februar 1929 damals erklärt habe, das Geschäft werde von der Mutter und deren Ehemann geleitet, ihm sei zu Ohren gekommen, daß der Ehemann „ziemliche" Geschäftsschulden gemacht habe, so habe der Richter der Auffassung sein können, daß der Ehemann H. lediglich seiner Frau in dem von ihr betriebenen Geschäft behilflich sei und in dieser Eigenschaft für das Geschäft gewisse Schulden gemacht habe. Deshalb habe der Richter keine Ermittlungen darüber anzustellen brauchen, ob es sich bei der Hypothekenbestellung um eine entgeltliche oder eine unentgeltliche Verfügung gehandelt habe, er habe ohne Verschulden das erstere annehmen dürfen. Weil das Recht der Nacherben im Grundbuch vermerkt gewesen sei, seien diese auf jeden Fall vor der Beeinträchtigung durch eine etwaige unberechtigte Verfügung der Vorerbin und einen sich darauf gründenden Rechtserwerb Dritter geschützt gewesen. Sei die Hypothekenbestellung eine entgeltliche Verfügung gewesen — wovon der Vormundschaftsrichter habe ausgehen dürfen —, so sei das Grundbuch so lange unrichtig gewesen, als nicht bei der Hypothek vermerkt worden sei, daß die Hypothek auch den Nacherben gegenüber wirksam sei. Diesen Vermerk aber habe das Grundbuchamt nur eintragen dürfen, wenn ihm entweder in der Form des § 29 GBO. nachgewiesen worden sei, daß eine entgeltliche Verfügung der Vorerbin vorliege, oder durch Vorlegung einer Urkunde über ein zweiseitiges entgeltliches Geschäft genügend nachgewiesen sei, daß eine unentgeltliche Verfügung nicht in Frage komme. Keine dieser beiden Voraussetzungen sei gegeben gewesen. Deshalb habe es der Zustimmung der Nacherben bedurft, um bei der Hypothek jenen Vermerk eintragen zu können. Unter diesen Umständen aber seien die Nacherben der Vorerbin gegenüber zur Erteilung ihrer Zustimmung und das Vormundschaftsgericht zu ihrer Genehmigung verpflichtet gewesen, letzteres unter derselben Voraussetzung, unter der die Genehmigung zur Zustimmung der Nacherben bei dem Vorliegen einer unentgeltlichen Verfügung der Vorerbin notwendig gewesen sein würde. Aus der der Vorerbin den Nacherben gegenüber zustehenden sachlichen Berechtigung zur entgeltlichen Verfügung über die Nachlaßgegenstände ergebe sich nämlich die Verpflichtung der Nacherben, die der Vorerbin zum Schutze der Nacherben gegen unentgeltliche Verfügungen auferlegte formelle Beschränkung ihres Verfügungsrechts im Falle einer den Nacherben gegenüber wirksamen Verfügung zu beseitigen und die Vorerbin zur vollen Ausübung ihres Verfügungsrechts instandzusetzen. Daraus aber folge für das Vormundschaftsgericht die Verpflichtung, einer diesem Zwecke dienenden, den Nachweis des Vorliegens einer entgeltlichen Verfügung der Vorerbin ersetzenden formalen Zustimmung der Nacherben zu dem Geschäft die Genehmigung zu erteilen, soweit sie für die Zustimmung der Nacherben zu einer entsprechenden unentgeltlichen Verfügung der Vorerbin erforderlich sein würde. Deshalb habe der Richter die Zustimmung der Nacherben genehmigen dürfen. Weil er von der Entgeltlichkeit der Verfügung habe ausgehen dürfen, bedürfe es keiner Stellungnahme zu der zweifelhaften Frage, ob und inwiefern in der Genehmigung des Vormundschaftsgerichts zu einer seiner Meinung nach entgeltlichen Verfügung, selbst wenn diese Genehmigung eine Amtspflichtverletzung darstellen sollte, ein Verschulden zu erblicken wäre und ob dieses etwa für den vom Kläger erlittenen Schaden ursächlich geworden sei.

Hiernach geht also das Berufungsgericht davon aus, daß die Vorerbin von dem Nacherben die Zustimmung zu der Kreditaufnahme bei der Spar- und Darlehnskasse gegen Verpfändung des Nachlaßgrundstückes gefordert habe, um bei der Hypothek vermerken zu lassen, daß sie auch den Nacherben gegenüber wirksam sei. Ob dies in der Tat der Zweck der von der Spar- und Darlehnskasse erstrebten Zustimmung der Nacherben für die weitere Kreditgewährung gewesen ist, mag hier dahingestellt bleiben . . . Auf jeden Fall ergibt sich aber aus dem Sachverhalt, daß die Spar- und Darlehnskasse die weitere Kreditgewährung der Vorerbin gegenüber davon abhängig gemacht hatte, daß die Nacherben der Hypothekenbestellung nachträglich zustimmten und das Vormundschaftsgericht die Zustimmung der Minderjährigen genehmige. Diese Zustimmung und Genehmigung hatte für die Spar- und Darlehnskasse erhebliche Bedeutung auch dann, wenn sie nicht zu einem Vermerk im Grundbuch führen sollte. Denn durch die Zustimmung erkannten die Nacherben nicht nur die aus der bisherigen Kreditgewährung an die Vorerbin entstandenen Verbindlichkeiten als sie selbst bindend an, sondern ermächtigten auch ihrerseits die Kasse, der Vorerbin im Rahmen der Hypothekenbewilligung vom 25. Februar 1929 mit dinglicher Haftung des Nachlaßgrundstücks weiterhin Kredit zu gewähren. Sie begaben sich damit der Kasse gegenüber aller Einwendungen, die sie etwa aus ihrer Nacherbenstellung gegen die Wirksamkeit des Geschäfts und der dinglichen Haftung des Grundstücks (§ 2113 Abs. 2, § 2136 BGB.) hätten herleiten können. Derartigen, wenn auch vielleicht unbegründeten, Einwendungen von vornherein vorzubeugen, mußte sich die Kasse zur Vermeidung von Weiterungen bei einer etwa notwendig werdenden Zwangsversteigerung des Grundstücks angelegen sein lassen. Es ist daher durchaus zu verstehen, daß auf ihr Verlangen die Vorerbin von den Nacherben die Zustimmung und für die Minderjährigen die Beibringung der vormundschaftsgerichtlichen Genehmigung gefordert hat.

Daraus aber folgt noch nicht, daß der Vormund die Zustimmung und der Vormundschaftsrichter die Genehmigung ohne weiteres und ohne Sicherungsmaßnahmen für die Minderjährigen hätten erteilen müssen. Hier war nicht nur die erörterte Wirkung der Zustimmung und Genehmigung im Verhältnis der Nacherben zur Spar- und Darlehnskasse zu berücksichtigen, sondern auch die der Vorerbin nach § 2130 BGB. beim Eintritt der Nacherbfolge obliegende Herausgabepflicht, also zu fragen, ob diese nicht gefährdet sein würde (vgl. auch §§ 2127 flg. BGB.). Dies übersieht das Berufungsgericht, indem es annimmt, bei einer entgeltlichen Verfügung des befreiten Vorerben könne dieser in jedem Falle die bedingungslose Zustimmung der Nacherben fordern. Diese Zustimmung ist regelmäßig nicht nötig, weil der befreite Vorerbe auch über Nachlaßgrundstücke ohne Zustimmung der Nacherben wirksam verfügen kann (§§ 2113, 2136 BGB.). Nur seine unentgeltlichen Verfügungen bedürfen zu ihrer Wirksamkeit dieser Zustimmung, die er nach § 2120 BGB. fordern kann, wenn die Verfügung zur ordnungsmäßigen Verwaltung erforderlich ist. Unter dieser Voraussetzung gibt nämlich das Gesetz a.a O. jedem Vorerben ausdrücklich das Recht, von den Nacherben ihre Einwilligung zu einer Verfügung zu verlangen, die er ohne solche nicht mit Wirkung für sie vornehmen kann. Der damit anerkannte Grundsatz muß aber um so mehr gelten, wenn die ordnungsmäßige Verwaltung der Erbschaft, auf die ja auch § 2130 BGB. abstellt, die Zustimmung der Nacherben zu einem entgeltlichen Geschäft erfordert, das der befreite Vorerbe an sich ohne diese Zustimmung wirksam vornehmen könnte. Es folgt dies aus dem Grundsatz des § 2130 BGB. und aus der entsprechenden Anwendung des unmittelbar allerdings einen anderen Fall regelnden § 2120 das. Es liegt auf der Hand, daß das Gesetz, indem es dem befreiten Vorerben gestattet, entgeltliche Grundstücksverfügungen vorzunehmen, ihm auch die notwendigen Mittel gewähren muß, um solche Verfügungen treffen zu können. Deshalb kann der befreite Vorerbe die Zustimmung der Nacherben fordern, wenn eine grundbuchliche Erledigung des Geschäfts nur mit solcher Zustimmung möglich ist oder der Vertragsgegner des Vorerben diese Zustimmung fordert oder wenn andere berechtigte Gründe diese Zustimmung erheischen. Demgemäß hat das Reichsgericht auch bereits in der Entscheidung vom 19. März 1924 V 490/23 (SeuffArch. Bd. 78 Nr. 192) anerkannt, daß vermöge des schon vor dem Eintritt der Nacherbfolge zwischen Vorerben und Nacherben bestehenden Rechtsverhältnisses eine Pflicht des Nacherben besteht, seine notwendig werdende Zustimmung zu einem Rechtsgeschäft des Vorerben zu erteilen, wenn dieser ein berechtigtes Interesse an dieser Zustimmung hat. Nun muß aber der Vorerbe beim Eintritt der Nacherbfolge den Nachlaß an den Nacherben so herausgeben, wie er sich bei ordnungsmäßiger Verwaltung gestaltet (§ 2130 BGB.), und auch der befreite Vorerbe ist von dieser Herausgabepflicht keineswegs entbunden, sondern muß den Nachlaß in der Form herausgeben, wie er bei Vornahme entgeltlicher Geschäfte beim Eintritt der Nacherbfolge vorhanden ist. Deshalb steht dem Nacherben das Recht zu, seine Zustimmung auch zu einer entgeltlichen Verfügung des Vorerben zu verweigern, wenn sie nicht den Erfordernissen ordnungsmäßiger Verwaltung entspricht. Denn durch die Einwilligung des Nacherben in das Rechtsgeschäft ist nicht nur der Dritte, mit dem das Geschäft abgeschlossen wird, vor Einwendungen des Nacherben gegen die Rechtswirksamkeit des Geschäfts geschützt, sondern auch der Vorerbe gegen Einwendungen und Ansprüche gedeckt, die beim Eintritt der Nacherbfolge wegen des Geschäfts unter dem Gesichtspunkt ordnungswidriger Verwaltung der Erbschaft geltend gemacht werden könnten. Deshalb kann dem Nacherben nicht angesonnen werden, bei einem Rechtsgeschäft mitzuwirken, das seine ihm nach § 2130 BGB. zustehenden Ansprüche gefährdet. Dem Vorerben muß in solchem Fall überlassen bleiben, die Verfügung, wenn ihm das möglich ist, ohne solche Zustimmung vorzunehmen.

Für die Ordnungsmäßigkeit eines entgeltlichen Geschäfts des Vorerben kann aber von Bedeutung sein, was aus dem Entgelt werden soll, obgleich dessen Verwendung freilich an sich Sache des Vorerben ist. Insbesondere wird von einer ordnungsmäßigen Verwaltung dann keine Rede sein können, wenn der befreite Vorerbe den Verkauf oder die Belastung des Nachlaßgrundstücks vornimmt, um das Entgelt beiseite zu schaffen oder in einer Weise zu verwenden, welche die Erfüllung der ihm nach § 2130 BGB. obliegenden Herausgabepflicht unmöglich macht.

Auch das Vormundschaftsgericht muß, wenn es die Zustimmung des Nacherben genehmigen soll, prüfen, ob sie nach diesen Grundsätzen geboten ist. Es ist dies eine Prüfung, die der nach der Entgeltlichkeit des Geschäfts vorangeht. Unterläßt der Vormundschaftsrichter diese Prüfung, so handelt er fahrlässig und pflichtwidrig (§ 1848 BGB.).

Das Berufungsurteil läßt nicht erkennen, ob es diese Grundsätze beachtet hat. . . .

RGZ. 149, 65

1. Kann der Nacherbe vom Vorerben Auskunft über den Bestand der Erbschaft und Sicherheitsleistung regelmäßig dann verlangen, wenn der Vorerbe eigenmächtig eine Verwaltungshandlung vornimmt, die nach § 2113 BGB. im Falle des Eintritts der Nacherbschaft unwirksam ist?

2. Wie verhält es sich, wenn eine solche Verwaltungshandlung des Vorerben zur ordnungsmäßigen Verwaltung der Erbschaft erforderlich war, so daß der Nacherbe seine Einwilligung zu ihrer Vornahme hätte erteilen müssen?

BGB. §§ 2113, 2120, 2127, 2128, 2130.

IV. Zivilsenat. Urt. v. 14. Oktober 1935.

I. Landgericht Berlin. II. Kammergericht daselbst

Der am 10. Mai 1917 verstorbene F. R., der mit der Beklagten in zweiter Ehe verheiratet war, hinterließ ein Testament vom 18. November 1904, in dem bestimmt war:

1. Zu meinem alleinigen Erben ernenne ich meine jetzige Ehefrau Anna R. Dieselbe soll aber nicht berechtigt sein, über meinen Nachlaß durch Schenkung unter Lebenden zu verfügen.

2. Zu Nacherben und Ersatzerben meiner Ehefrau setze ich ein: (folgen die Namen der aus der ersten Ehe hervorgegangenen Tochter und die Namen der mit der Beklagten gezeugten Kinder Paul [Kläger], Ernst, Otto, Franz und Anna R.), und zwar sämtliche zu gleichen Anteilen . . .

Auf einem Nachlaßgrundstück befindet sich eine Gartenwirtschaft mit Dampferanlegebrücke, Obstweinkelterei und Gastwirtschaftszubehör. Die Beklagte ist seit dem Tode des Erblassers im Besitze des Nachlasses und bewirtschaftet auch die Gastwirtschaft. Ihrem Hausstande gehören die Kinder Franz und Anna an.

Im Erbscheinverfahren stellte sich das Amtsgericht K. auf den Standpunkt, daß die Beklagte nichtbefreite Vorerbin, die Kinder Nacherben seien, und erteilte einen entsprechenden Erbschein. Die Sache gelangte durch weitere Beschwerde an das Kammergericht, das der Auffassung des Amtsgerichts beitrat. Da die Beklagte an der Ansicht festhielt, befreite Vorerbin zu sein, erhob Paul R. die vorliegende Klage mit dem Antrage, 1. festzustellen, daß die Beklagte gemäß dem bezeichneten Testament nicht befreite Vorerbin des Friedrich R. sei, 2. die Beklagte zu verurteilen, eine vom Gericht nach freiem Ermessen festzusetzende Sicherheitsleistung für die Nacherben zu bewirken, 3. über den jetzigen Bestand des Nachlasses Auskunft zu erteilen.

Das Landgericht wies die Klage ab. Das Kammergericht sprach den Feststellungsanspruch und den Anspruch auf Auskunftserteilung zu, erklärte den Anspruch auf Sicherheitsleistung dem Grunde nach für gerechtfertigt und verwies die Sache hinsichtlich dieses Antrages an das Landgericht zurück. Die Revision der Beklagten führte zur Aufhebung und Zurückverweisung.

Aus den Gründen:

1. (Wird ausgeführt, daß die Testamentsauslegung des Berufungsgerichts Rechtsfehler aufweise, die zur Aufhebung und Zurückverweisung nötigten.)

2. Wäre aber auch der Auslegung des Berufungsgerichts zu folgen (wonach die Beklagte nicht befreite Voerbin sein soll), so wären gegen die Verurteilung der Beklagten zur Auskunfterteilung und Sicherheitsleistung rechtliche Bedenken zu erheben.

Wie das Berufungsgericht feststellt, hat die Beklagte in der Annahme, befreite Vorerbin zu sein, ohne Befragung der übrigen Nacherben durch ihren Sohn Franz als ihren Generalbevollmächtigten drei Hypotheken auf den Nachlaßgrundstücken für Franz und Anna eintragen lassen ... Diese Belastung der Grundstücke hat sie folgendermaßen gerechtfertigt: Nachdem sie die Gastwirtschaft durch die schwierige Zeit der Geldentwertung hindurch gehalten habe, sei sie durch die schlechten wirtschaftlichen Verhältnisse in den letzten Jahren genötigt worden, nach und nach 12600 RM. von ihrem Sohn Franz als Darlehen aufzunehmen, worüber sie diesen auch Schuldscheine ausgestellt habe. Sie habe ferner für die schwere Arbeit, die Franz und Anna in der Landwirtschaft, in dem Gastwirtschaftsbetrieb und in der Obstkelterei jahrelang geleistet hätten, beiden eine Vergütung, und zwar Franz von monatlich 55 RM., Anna von monatlich 45 RM., zugebilligt. Zur Sicherstellung des Darlehns und der zum Teil rückständigen Gehaltsansprüche sei die Eintragung der Hypotheken erforderlich gewesen. Von schlechter Wirtschaftsführung könne keine Rede sein. Auch bei bester Verwaltung hätte sie Geld aufnehmen müssen, um den Betrieb während der vielen schlechten Jahre aufrechtzuerhalten. Selbst wenn sie nichtbefreite Vorerbin sei, müßten sich daher die Nacherben die Belastung des Grundbesitzes gefallen lassen, da sie im Rahmen einer ordnungsmäßigen Verwaltung liege.

Ueber diese Einwendungen meint sich das Berufungsgericht mit folgenden Erwägungen hinwegsetzen zu können: Nach § 2127 BGB. habe der Vorerbe dem Nacherben auf Verlangen Auskunft über den Bestand derErbschaft zu geben, „wenn Grund zu der Annahme besteht, daß der Vorerbe durch seine Verwaltung die Rechte des Nacherben erheblich verletzt". In der Belastung eines Nachlaßgrundstücks mit Hypotheken liege eine Verfügung über das Grundstück, die nach § 2112 BGB. im Fall des Eintritts der Nacherbfolge insoweit unwirksam sei, als sie das Recht des Nacherben vereiteln oder beeinträchtigen würde. Die Beklagte habe also eine Verwaltungshandlung vorgenommen, die eine erhebliche Verletzung der Rechte der Nacherben bedeute. Aus dem Zusammenhang der Vorschriften der §§ 2112 bis 2115 BGB. ergebe sich, daß sich der Vorerbe auch solcher Verfügungen zu enthalten habe, die dem Nacherben gegenüber nach § 2113 flg. unwirksam seien. Unbeachtlich sei der Einwand der Beklagten, die anderen Nacherben, insbesondere der Kläger, müßten sich die Bestellung der Hypotheken gefallen lassen, weil sie zur Sicherung notwendiger Darlehen geschehen sei. Ueber die Frage, ob in der eigenmächtigen Bestellung einer Hypothek durch den Vorerben eine Verletzung der Rechte des Nacherben liege, entscheide allein das rechtliche Wesen der Verfügung. Es komme nicht an auf die wirtschaftliche Zweckmäßigkeit des der Verfügung zugrunde liegenden Geschäfts, also hier der Aufnahme von Darlehen usw. zur Aufrechterhaltung und Weiterführung des Gastwirtsbetriebs. Das vom Vorerben abgeschlossene Grundgeschäft lasse den Nacherben ganz unberührt und könne deshalb die schädigende Wirkung der Verfügung nicht ausschließen. § 2120 BGB. habe dies zur selbstverständlichen Voraussetzung. Die Beeinträchtigung werde nicht dadurch beseitigt, daß, wirtschaftlich gesehen, die Lage des Nacherben nicht verschlechtert werde. Es gehe ihm immerhin das Nachlaßgrundstück (bei einer Belastung wohl nur der Wert in deren Höhe) verloren.

Dieser Rechtsauffassung kann nicht beigetreten werden. Wie dem Berufungsgericht zuzugeben ist, wird allerdings die Annahme einer die Rechte des Nacherben verletzenden Verwaltungshandlung des Vorerben im Sinn des § 2127 BGB. regelmäßig begründet sein oder ein die Besorgnis der Verletzung der Rechte des Nacherben begründendes Verhalten im Sinn des § 2128 BGB regelmäßig dann angenommen werden können, wenn der Vorerbe eigenmächtig Verfügungen vornimmt, die nach § 2113 im Fall des Eintritts der Nacherbfolge unwirksam sind, aber auch nach Eintritt der Nacherbfolge trotz dieser rechtlichen Unwirksamkeit die Stellung des zum Erben gewordenen Nacherben bis zur Berichtigung des Grundbuchs oder dergl. wenigstens tatsächlich beeinträchtigen (vgl. Planck BGB. § 2128 Anm. 1a; Staudinger BGB. §§ 2127 bis 2129 Anm. I 2 Abs. 5). Es darf indessen nicht übersehen werden, daß nach den gedachten Vorschriften eine erhebliche Verletzung der Rechte des Nacherben in Frage stehen muß. Die Annahme einer die Rechte des Nacherben erheblich verletzenden Verfügung ist aber allgemein dann ausgeschlossen, wenn die Voraussetzungen des § 2120 BGB. vorliegen, d. h. wenn die an sich unter § 2113 fallende Verwaltungshandlung des Vorerben zur ordnungsmäßigen Verwaltung der Erbschaft erforderlich war; denn dann hätte der Nacherbe, der im Nacherbfolgefall nach § 2130 die Herausgabe der Erbschaft auch nur in dem Zustande verlangen kann, der sich bei einer bis zur Herausgabe fortgeführten ordnungsmäßigen Verwaltung ergibt, dem Vorerben gegenüber seine Einwilligung zu ihrer Vornahme erteilen müssen. Die Vornahme der Verfügung ohne die vorherige Einwilligung des Nacherben mag zwar die Rechte des Nacherben verletzen. Von einer erheblichen Rechtsverletzung kann jedoch im Hinblick darauf nicht gesprochen werden, daß die Rechtslage des Nacherben keine andere wäre, wenn seine Einwilligung rechtzeitig erfordert und erteilt worden wäre. Dann kann aber auch das Verhalten des Vorerben nicht als geeignet angesehen werden, die Besorgnis einer künftigen erheblichen Verletzung der Rechte des Nacherben zu begründen. Diesem Ergebnis steht das vom Berufungsgericht angeführte Urteil in WarnRspr. 1914 Nr. 126 nicht entgegen. Es besagt nur, daß schon die vom Vorerben einseitig vorgenommene Bestellung eines dinglichen Rechtes an einem Nachlaßgrundstück (für einen Dritten) eine Beeinträchtigung der Rechte des Nacherben im Sinn des § 2113 BGB. bedeutet und insoweit unwirksam ist und daß das auch dann gilt, wenn der Nacherbe aus dem der Hypothek zugrunde liegenden Rechtsgeschäft schuldrechtlich verhaftet ist.

In dem neuen Berufungsverfahren wird hiernach das Berufungsgericht, wenn es bei der Auslegung des Testaments wiederum zur Annahme einer nicht befreiten Vorerbschaft gelangen sollte, den gedachten Einwendungen der Beklagten nachzugehen haben.

RGZ. 154, 330

Ist im Erbschein kenntlich zu machen, ob die Nacherbenanwartschaft vererblich ist? In welcher Form hat das zu geschehen?

BGB. § 2108 Abs. 2 Satz 1, § 2363 Abst. 1.

IV. Zivilsenat. Beschl. v. 19. April 1937.

I. Amtsgericht Halle a. S. II. Landgericht daselbst.

Der Sachverhalt ergibt sich aus den

Gründen:

Der Fabrikbesitzer R. hatte in privatschriftlichen Testamenten seine Ehefrau als Alleinerbin eingesetzt, in Ansehung von 3/4 des Nachlasses Nacherbfolge angeordnet und zu Nacherben die noch lebenden Kinder seiner drei Schwestern mit der Maßgabe berufen, daß die Vorerbin, soweit gesetzlich zulässig, von allen Beschränkungen und Verpflichtungen befreit sein sollte.

Das Nachlaßgericht erteilte der Witwe auf ihren Antrag einen Erbschein dahin, daß sie zu 1/4 Vollerbin, zu 3/4 befreite Vorerbin geworden und zu Nacherben 9 einzeln aufgeführte Geschwisterkinder des Erblassers zu je 1/12 berufen seien, wann die Nacherbfolge eintrete und daß eine Testamentsvollstreckung hinsichtlich des ganzen Nachlasses bestehe. Einen Vermerk dahin, daß im Falle des Todes eines Nacherben vor dem Nacherbfall sein Recht nicht auf seine Erben übergehe, hatte das Nachlaßgericht entgegen dem gestellten Antrag nicht in den Erbschein aufgenommen. Aus diesem Grunde erhoben die Witwe und die beiden Testamentsvollstrecker Beschwerde mit dem Antrag auf Ergänzung. Das Landgericht hat die Beschwerde zurückgewiesen. Auf weitere Beschwerde hat das Kammergericht den Beschluß aufgehoben, weil das Nachlaßgericht einen von dem Antrag inhaltlich abweichenden Erbschein nicht hätte erteilen dürfen, sondern den Antrag, wenn er auf eine Zwischenverfügung nicht eingeschränkt wurde, hätte zurückweisen müssen. Es führt aus, der gleichwohl antragswidrig erteilte Erbschein unterliege der Einziehung auch dann, wenn er inhaltlich richtig sei, sofern, wie hier, wegen der Abweichung Beschwerde erhoben sei. Daher hat das Kammergericht das Amtsgericht angewiesen, den Erbschein einzuziehen, was inzwischen auch geschehen ist.

Mit diesem Ausspruch hält das Kammergericht die weitere Beschwerde aber nicht für erschöpft, weil noch keine Entscheidung über die Streitfrage getroffen ist, ob die Aufnahme des beantragten Vermerks in den Erbschein mit Recht abgelehnt worden ist. Das Landgericht hält das Verlangen nicht für begründet. Es meint, für eine Bezeugung nicht bestehender Rechtstatsachen (Vererblichkeit) sei kein Raum im Erbschein. Die Frage, ob die Anwartschaft vererblich sei (§ 2108 BGB.) oder Anwachsung eintrete (§ 2094 BGB.), habe der Erbschein nicht zu erörtern. Wolle man aber die in der Entscheidung des Reichsgerichts RGZ. Bd. 142 S. 171 angeführten Grundsätze auch auf den vorliegenden Fall anwenden, so ergebe sich schon aus dem Fehlen des Vermerks, daß die Erben der Nacherben als mögliche Berechtigte nicht in Frage kämen.

Das Kammergericht ist der Meinung, daß der Erbschein, wenn ein Ersatznacherbe nicht berufen ist, Angaben über die gemäß dem Gesetz sich ergebenden Rechtsfolgen beim etwaigen künftigen Wegfall eines Nacherben nicht enthalten müsse, und möchte die Vorinstanzen mit entsprechender Anweisung für die beantragte Neuerteilung des Erbscheins versehen, sieht sich aber daran durch den erwähnten Beschluß des Reichsgerichts RGZ. Bd. 142 S. 171 gehindert. In diesem Beschluß ist für den dort vorliegenden Fall der Berufung eines Ersatznacherben eine Prüfung der Rechtslage durch das Nachlaßgericht und die Aufnahme des Ersatznacherben in den Erbschein für erforderlich erklärt worden. Von dieser Rechtsauffassung, die auch für den Fall der Vererblichkeit der Nacherbenanwartschaft grundsätzlich von Bedeutung ist, will das Kammergericht für diesen Fall abgehen. Die Voraussetzung des § 28 FGG. ist daher gegeben.

Das Reichsgericht hat in seinem Beschluß RGZ. Bd. 142 S. 171 die Gründe für seine Ansicht dargelegt, auf die verwiesen wird. Es hat für notwendig erachtet, daß, um jeden Zweifel und jede Unklarheit zu vermeiden, ersichtlich sein muß, in welcher Form das Nacherbenrecht nach Wegfall des in dem Erbschein genannten Nacherben weiterbesteht oder ob es erlischt. Die Umstände, welche das Kammergericht gegen diese Auffassung des Reichsgerichts anführt, können als ausschlaggebend nicht angesehen werden.

Das Kammergericht vermißt zu Unrecht eine Bestimmung im Gesetz, durch welche die Aufnahme auch dieser Folgen in den Erbschein gefordert werde. Das Reichsgericht hat bezüglich des Ersatznacherben eine solche Vorschrift in § 2363 BGB. erblickt, weil es die Anordnung der Ersatznacherbfolge, sofern sie nicht ausdrücklich ausgesprochen ist, aus der Berufung des Nacherben in Verbindung mit den gesetzlichen Auslegungsregeln entnimmt. Nach § 2363 BGB. ist anzugeben, wer der Nacherbe ist; also muß auch ersichtlich sein, ob der Erbe des Nacherben für diesen eintritt oder nicht.

Das Kammergericht meint weiter, das Reichsgericht begründe in dem genannten Beschluß seine Ansicht mit der Notwendigkeit des Rechtsschutzes Dritter; der gute Glaube aber schütze den Dritten hinreichend. Ob das wirklich der Fall ist, hängt davon ab, ob in der Namhaftmachung des Nacherben im Erbschein zugleich auch die Angabe der Anordnung der Vererblichkeit der Nacherbenanwartschaft zu erblicken wäre. Da dieses Anwartschaftsrecht vererblich ist, sofern nicht ein anderer Wille des Erblassers anzunehmen ist — da es also nur im Ausnahmefall nicht vererblich ist — wird diese Frage zu bejahen sein. Die gegenteilige Ansicht des Landgerichts zeigt, wie groß die Möglichkeit zu Zweifeln und die dadurch hervorgerufene Rechtsunsicherheit ist. So eng, wie das Kammergericht meint, sind die Ausführungen des Reichsgerichts im genannten Beschluß im übrigen aber auch nicht zu verstehen; es müßte ebenso vermieden werden, daß, wenn sich der Dritte auf den Erbschein in negativem Sinne verlassen dürfte, durch dessen Unvollständigkeit oder Unrichtigkeit der Ersatznacherbe oder Erbe des Nacherben Schaden erlitte.

Nicht zu verkennen ist, worauf das Kammergericht schließlich noch hinweist, daß die vom Reichsgericht für notwendig erachtete Vollständigkeit des Erbscheins zu Ermittelungen Veranlassung geben könnte, die sich in Zukunft vielleicht als unnötig erweisen, weil der Nacherbe nicht wegfällt. Der aus einer Unvollständigkeit des Erbscheins drohenden Gefahr, sei es für einen Dritten, sei es für den Erben des Nacherben, ist aber nur durch möglichste Vollständigkeit des Erbscheins zu begegnen und diese Forderung daher aufrechtzuerhalten auch gegenüber den Schwierigkeiten, die bei der möglicherweise eintretenden Notwendigkeit einer ergänzenden Auslegung der letztwilligen Verfügung für den Nachlaßrichter entstehen können. Wäre eine (ergänzende) Auslegung des Testaments zunächst in Unkenntnis von später eingetretenen Umständen auch einmal unrichtig vorgenommen worden, weil der eingetretene Fall nicht berücksichtigt worden ist, so ist es immer noch vorzuziehen, einen unrichtigen Erbschein einzuziehen, worauf die Berechtigten hinwirken können, als nichts im Erbschein anzugeben und ihn so von vornherein zu einer Gefahr werden zu lassen.

Soweit ersichtlich, hat die Entscheidung RGZ. Bd. 142 S. 171 im Schrifttum keinen Widerspruch gefunden, wohl aber eine zustimmende Aeußerung in JW. 1934 S. 355 (Zilkens); zustimmend auch Henke-Mönch GBO. § 51 Anm. 3a und Hesse-Sage-Fischer GBO. § 51 Anm. III Ib.

Dem Beschluß des Kammergerichts ist in der sachlichen Entscheidung des entscheidenden Teils daher beizustimmen; die weitere Behandlung der Sache aber wird nach den vorstehenden Darlegungen durch das Nachlaßgericht zu erfolgen haben, da noch tatsächliche Grundlagen zu schaffen sind. Dabei wird für die Fassung des Wortlauts des Erbscheins folgendes zu beachten sein:

Das Gesetz spricht in § 2365 BGB. aus, es sei zu vermuten, daß der Erbe nicht durch andere als die im Erbschein angegebene Anordnung beschränkt sei. Ist also die auch nur stillschweigende Anordnung dahin, daß die Nacherbenanwartschaft auf die Erben des Nacherben übergehe, als im Erbschein angegeben anzusehen, weil das Nacherbenrecht ohne einen seine Vererblichkeit verneinenden Zusatz vermerkt war, so wird man der Ansicht des Landgerichts nicht folgen können, den Beschwerdeführern sei in jedem Falle damit Genüge getan, daß der Erbschein nichts über die Vererblichkeit des Nacherbenrechts enthalte. Soll volle Klarheit und Sicherheit für alle Beteiligten geschaffen werden und der Verfügungsausweis aus sich ganz verständlich sein, so ist eine gleichmäßige Behandlung im ganzen Reich erforderlich. Sie hat dahin zu gehen, daß, sofern ein von der Regel des § 2108 Abs. 2 Satz 1 BGB. abweichender Wille des Erblassers anzunehmen ist, im Erbschein vermerkt wird, daß die Nacherbenanwartschaft auf die Erben des Nacherben nicht übergeht. Fehlt ein solcher Vermerk, so bedeutet die Fassung des Erbscheins, daß die Anwartschaft vererblich ist.

RGZ. 164, 208

Ist das nach § 2121 BGB. zu erteilende Nachlaßverzeichnis nach der Zeit des Erbfalls oder nach dem Zeitpunkte der Mitteilung aufzustellen?

BGB. § 2121.

VII. Zivilsenat. Urt. v. 2. Juli 1940.

I. Landgericht Breslau. II. Oberlandesgericht daselbst.

Der am 15. Juli 1931 in Breslau kinderlos verstorbene Ehemann der Beklagten hat letztwillig seine Witwe als Alleinerbin eingesetzt und nach ihrem Tode die dann lebenden Kinder seiner Geschwister, zu denen der Kläger gehört, für den dann noch vorhandenen Nachlaß zu Nacherben berufen. Hauptnachlaßgegenstand war die Weinhandlung B. & B. in B. Durch Kaufvertrag vom 13. Januar 1932 veräußerte die Beklagte dieses Geschäft an den Sohn ihrer Schwester

Der Kaufpreis war im Vertrage nur insoweit angegeben, als 100 000 RM. in Teilbeträgen bis zum 1. April 1940 bezahlt werden sollten, während der mit X bezeichnete, nach der Bilanz vom 1. April 1932 festzustellende Rest dem Käufer als Darlehen belassen blieb. Der Kläger forderte am 21. September 1935 die Beklagte zur Mitteilung eines Erbschaftsverzeichnisses gemäß § 2121 BGB. auf. In ihrer Antwort führte die Beklagte zwar die Weinhandlung auf, erwähnte aber den Verkauf nicht. Auf erneutes Ansuchen übersandte sie eine Abschrift des Kaufvertrages; sie lehnte jedoch die Angabe des Kaufpreises ab. Mit der Klage fordert der Kläger Auskunft über den Kaufpreis, ferner die Feststellung der Schadensersatzpflicht der Beklagten auf Grund des Kaufabschlusses, hilfsweise die Feststellung der teilweisen Unwirksamkeit des Kaufvertrages. Durch Teilurteil hat das Landgericht den Auskunftsanspruch dem Kläger zugesprochen. Auf Berufung der Beklagten hat das Oberlandesgericht ihre Auskunftspflicht verneint und insoweit die Klage abgewiesen. Die Revision des Klägers hatte Erfolg.

Gründe:

Die Revision gründet ihre Angriffe gegen das die Auskunftspflicht der Beklagten verneinende Berufungsurteil besonders auf die Gesichtspunkte der §§ 826, 2138 Abs. 2, §§ 138, 249 BGB. und § 48 des Gesetzes über die Errichtung von Testamenten und Erbverträgen vom 31. Juli 1938 wegen der vom Vorderrichter nicht gewürdigten Behauptung des Klägers, daß die Beklagte im sittenwidrigen Zusammenwirken mit ihrem früheren Mitbeklagten die Nacherben durch den Geschäftsverkauf an einen Verwandten der Witwe bewußt benachteiligt habe und ihnen somit schadensersatzpflichtig geworden sei. Ob bei Bestehen eines solchen Schadensersatzanspruchs der Kläger die geforderte Auskunft verlangen könnte (vgl. RGRKomm. z. BGB. 9. Aufl. [1939] Bem. 1 zu § 249; RGZ. Bd. 108 S. 1 [7], braucht indessen nicht erörtert zu werden. Jedenfalls würde dann zunächst mindestens die Ersatzpflicht festzustellen sein. Der eingeklagte Auskunftsanspruch ist aber ohnedies auf Grund von § 2121 BGB. gerechtfertigt.

Das angefochtene Urteil steht auf dem Standpunkte, daß der Nacherbe die in § 2121 BGB. bestimmte Mitteilung eines Nachlaßverzeichnisses durch den Vorerben nicht alsbald nach dem Erbfalle zu fordern braucht, vielmehr auch noch später verlangen kann, daß aber das Verzeichnis nur den Bestand der Erbschaft zur Zeit des Erbfalls, nicht zur Zeit der Auskunft zu enthalten habe und die Beklagte sonach nicht genötigt sei, den Kläger von dem beim Verkaufe der Weinhandlung erzielten Kaufpreis in Kenntnis zu setzen. Die Gründe, die das Berufungsgericht für diese Meinung anführt, können indessen nicht überzeugen. Wie das Berufungsgericht schon sagt, enthält das Gesetz nichts über den für die Aufstellung des Verzeichnisses maßgebenden Zeitpunkt. Das Gesetz bestimmt nur, daß das Verzeichnis die zur Erbschaft gehörenden Gegenstände zu enthalten habe. § 2111 BGB. bestimmt aber, daß zur Erbschaft gehöre, was der Vorerbe auf Grund eines zur Erbschaft gehörenden Rechts oder durch Rechtsgeschäfte mit Mitteln der Erbschaft erwerbe. Danach rechtfertigt sich zwanglos die Auslegung, daß auch das Verzeichnis des § 2121 die Ersatzstücke umfassen muß, also nicht allein auf die Zeit des Erbfalls abgestellt sein kann, wo begrifflich Ersatzstücke noch nicht vorhanden sind, und es kann deshalb der Ansicht des Vorderrichters nicht beigetreten werden, daß § 2111 für den Zeitpunkt, für den das Verzeichnis aufzustellen ist, nichts besage. Auch kann nicht zugegeben werden, daß, wie das Berufungsurteil meint, Sinn und Zweck des Gesetzes die Beziehung des Verzeichnisses auf den Zeitpunkt des Erbfalls fordere. Gewiß wird dies zur Schaffung der Grundlage für die spätere Herausgabe der Erbschaft an den Nacherben an sich zutreffen; das Interesse des Nacherben erheischt aber ebenso seine Einweihung in den Bestand etwa vorhandener Ersatzstücke, wenn solche bei Erteilung des Verzeichnisses bereits beschafft sind, auch ohne daß gerade ein Fall des § 2127 BGB., d. h. eine Verletzung der Rechte des Nacherben, in Frage zu stehen braucht. Das gilt für den Fall der gebundenen Vorerbschaft ebenso wie für den der befreiten (§§ 2136 flg. BGB.). Zwar besteht die Auskunftspflicht, abgesehen von der besonderen Regelung in § 2127, grundsätzlich nur einmal (RGZ. Bd. 84 S. 41 [44], und der Nacherbe hat somit in der Regel nicht die Möglichkeit, die etwaigen Veränderungen des Nachlaßbestandes laufend zu verfolgen. Das besagt aber nichts dafür, daß die Auskunft, wenn der Nacherbe von diesem Rechtsbehelf einmal Gebrauch macht, einen bereits überholten Nachlaßbestand wiedergeben müsse und nicht den wirklichen Stand der Erbschaft bei Erteilung des Verzeichnisses zu enthalten habe. Gerade dem Nacherben bei befreiter Vorerbschaft wird an der Kenntnis von Bestandsveränderungen besonders gelegen sein, zumal dann, wenn er, wie im Streitfalle, von dem Nachlaßbestande beim Erbfall im wesentlichen unterrichtet ist. Wenn das Gesetz gegen den befreiten Vorerben dem Nacherben den Auskunftsanspruch des § 2127 wegen Gefährdung seiner Rechte nicht gibt, den Vorerben also abgesehen von § 2138 Abs. 2 BGB. einer Rechenschaftspflicht grundsätzlich enthebt, so hat das an sich nichts mit der Frage zu tun, auf welche Gegenstände sich das Verzeichnis, das der Nacherbe nach § 2121 auch vom befreiten Vorerben jedenfalls verlangen kann, zu erstrecken hat.

Wo in der Rechtslehre der Standpunkt des Berufungsgerichts geteilt wird (vgl. z. B. Staudinger BGB. Bem. 2 zu § 2121;

Warneyer BGB. 2. Aufl. [1930] zu § 2121; Kretzschmar Erbrecht § 34 Anm. 37 S. 197; RGR. Komm. z. BGB. 8. Aufl. [1935] Bem. 1 zu § 2121), wird dies im wesentlichen mit der Entscheidung des Oberlandesgerichts Rostock in der Rechtsprechung der Oberlandesgerichte Bd. 32 S. 57 (58) begründet, die sich wiederum auf das erwähnte Schrifttum beruft. Dem sind neben anderen Planck-Strohal-Flad BGB. Bd. 5 4. Aufl. [1930] Bem. 1 zu § 2121 entgegengetreten. Für diese letzte Ansicht spricht nicht nur der Zusammenhang von § 2121 und § 2111 BGB., sondern — abgesehen von dem in § 2121 Abs. 1 Satz 2 bestimmten Zwange zur Zeitangabe, der für ein nur die Zeit des Erbfalls umfassendes Verzeichnis einen überzeugenden Grund nicht erkennen läßt, — insbesondere auch der dritte Absatz dieser Bestimmung. Wenn danach der Vorerbe berechtigt und auf Verlangen des Nacherben verpflichtet ist, das Verzeichnis durch die zuständige Behörde oder sonstige Amtspersonen aufnehmen zu lassen, so kann nicht zweifelhaft sein, daß es den Stand der Erbschaft zur Zeit der Aufnahme und nicht des Erbfalls wiederzugeben hat, da sich der Bestand zur Zeit des Erbfalls der Wahrnehmung der erst durch die Aufnahme des Verzeichnisses mit der Sache befaßten Behörde oder Beamten entzieht.

Trägt das Revisionsgericht hiernach keine Bedenken, dem Kläger beizutreten, so ist unter Aufhebung des angefochtenen Urteils dasjenige des Erstrichters wiederherzustellen, das in Uebereinstimmung mit dem Klageantrage der Beklagten die Ergänzung des bereits erteilten und im übrigen nicht beanstandeten Nachlaßverzeichnisses durch die noch fehlende Auskunft über den Kaufpreis des Geschäfts auferlegt.

RGZ. 169, 38

Ist bei der Einsetzung eines Abkömmlings als Nacherben im Zweifel die Vererblichkeit der Nacherbenanwartschaft als vom Erblasser nicht gewollt anzunehmen?

BGB. § 2108 Abs. 2, § 2069.

IV. Zivilsenat. Beschl. v. 11. März 1942.

I. Amtsgericht Berlin-Charlottenburg. II. Landgericht Berlin.

Die Frage ist verneint worden aus den folgenden, zugleich den Sachverhalt ergebenden

Gründen:

Der am 11. April 1845 geborene G. N. und seine am 15. März 1855 geborene Ehefrau haben in einem eigenhändigen gemeinschaftlichen Testament vom 1. März 1923 einander zu ihren „befreiten

Vorerben" und ihre namentlich genannten beiden Kinder Max und Olga, denen sie schon vorher nach der Verheiratung des Sohnes im Jahre 1913 eine Hypothek von 30 000 M. zu gleichen Teilen abgetreten hatten, als „Nacherben" eingesetzt. Der Ehemann N. ist am 12. Juli 1926 unter Hinterlassung eines Nachlasses im Reinwert von 136 RM. verstorben, seine Witwe erst vierzehn Jahre später am 10. Oktober 1940 und kurz vorher die Tochter Olga; deren Erben sind auf Grund gesetzlicher Erbfolge ihr Ehemann zu $^1/_4$ und ihr Sohn zu $^3/_4$ geworden. Der Ehemann der Tochter begehrt nunmehr die Erteilung eines Erbscheins dahin, daß Erben seines Schwiegervaters nach Wegfall der Vorerbin er selbst zu $^1/_8$, sein Sohn zu $^3/_8$ und sein Schwager zu $^1/_2$ seien. Das Nachlaßgericht hat ihn abgewiesen, weil nach der unwiderlegten Auslegungsregel des § 2069 BGB. an die Stelle seiner Frau als Nacherbin ausschließlich ihr Sohn getreten sei. Seine Beschwerde hiergegen ist vom Landgericht mit gleicher Begründung zurückgewiesen worden. Die dagegen von ihm frist- und formgerecht eingelegte weitere Beschwerde hält das Kammergericht für ungerechtfertigt, weil es ebenfalls der Ansicht ist, bei der Einsetzung eines Abkömmlings als Nacherben müsse die sonst nach § 2108 Abs. 2 Satz 1 BGB. geltende Vererblichkeit der Nacherbenanwartschaft im Zweifel wegen der nach § 2069 BGB. anzunehmenden Einsetzung der Abkömmlinge des Nacherben als Ersatznacherben als vom Erblasser nicht gewollt angesehen werden. Da jedoch das Reichsgericht in mehreren Entscheidungen, zuletzt noch in dem Beschlusse IV B 48/33 vom 2. November 1933 (RGZ. Bd. 142 S. 171), die gegenteilige Rechtsmeinung ausgesprochen habe, hat es gemäß § 28 Abs. 2 FGG. die Sache diesem vorgelegt.

Die Voraussetzungen des § 28 Abs. 2 FGG. sind gegeben. Denn das Reichsgericht ist in der angezogenen Entscheidung in der Tat davon ausgegangen, daß keine Rechtsvorschrift bestehe, der zufolge bei der Einsetzung eines Abkömmlings als Nacherben entgegen der Regel des § 2108 Abs. 2 Satz 1 BGB. im Zweifel der Uebergang der Nacherbenanwartschaft auf die Erben des Nacherben als vom Erblasser nicht gewollt anzunehmen wäre. An dieser Rechtsauffassung ist aber auch festzuhalten, so daß der ihr widersprechende landgerichtliche Beschluß nicht bestehen bleiben kann.

Gemäß § 2096 BGB. kann der Erblasser bei der Einsetzung eines Nacherben für den Fall, daß dieser vor oder nach Eintritt des Erbfalles „wegfällt", ersatzweise einen anderen zum Nacherben bestimmen. Unter dem „Wegfallen" des in erster Reihe Eingesetzten ist hierbei zu verstehen, daß er aus irgendwelchen Gründen, wie insbesondere wegen Versterbens vor dem Erblasser, Erbverzichts, Ausschlagung der Erbschaft oder Erbunwürdigerklärung, nicht Erbe werden kann. Ob dazu auch sein Tod in der Zwischenzeit zwischen dem Erbfall und dem Eintritt der Nacherbfolge gehört, hängt grundsätzlich vom Willen des Erblassers ab; und zwar spricht bei aufschiebend bedingter Nacherbeneinsetzung die Vermutung für einen das bejahenden Willen des Erblassers, bei lediglich aufschiebend befristeter Nacherbeneinsetzung jedoch gegen einen solchen Willen bei ihm, also für gewollte Vererblichkeit der Nacherbenanwartschaft (§ 2108 Abs. 2, § 2074 BGB.). Die Berufung eines Ersatznacherben für einen lediglich aufschiebend befristet eingesetzten Nacherben bei dessen Versterben in jener Zwischenzeit hat deshalb zwei Voraussetzungen: Der Erblasser muß die Nichtvererblichkeit der Nacherbenanwartschaft gewollt und er muß einen Ersatznacherben ernannt haben. Beide Voraussetzungen sind voneinander unabhängig; ebenso wie ein Erblasser die Vererblichkeit der Anwartschaft des eingesetzten Nacherben ausschließen kann, ohne einen Ersatznacherben zu ernennen, in welchem Falle der Nachlaß dem Vorerben verbleibt, wenn der Nacherbe den Eintritt der Nacherbfolge nicht mehr erlebt, kann der Erblasser auch einen Ersatznacherben ernennen, ohne die Vererblichkeit der Nacherbenanwartschaft auszuschließen, so daß der Ersatznacherbe nur für den Fall berufen ist, daß der Nacherbe aus anderen Gründen nicht Erbe werden kann, während bei seinem Versterben in der Zwischenzeit seine Rechte auf seine Erben übergehen.

Die Einsetzung eines Ersatznacherben allein ergibt noch keinen auf Ausschluß der Vererblichkeit der Nacherbenanwartschaft gerichteten Willen des Erblassers. Denn sie ist sinnvoll auch bei Beschränkung auf die Fälle, wo der Nacherbe trotz Vererblichkeit seiner Anwartschaft „wegfällt". Zudem sind Grundlage und Tragweite einer solchen Anordnung für diese Fälle wesentlich andere als im Fall des Versterbens des Nacherben in der Zwischenzeit: Dort verhindert die Benennung eines Ersatznacherben, daß bei Wegfall des in erster Reihe eingesetzten Nacherben der Nachlaß dem Vorerben verbleibt, liegt also in der Richtung des schon der Anordnung der Nacherbfolge selbst zugrunde liegenden Strebens und dient der stärkeren Sicherung seiner Erfüllung. Hier dagegen bedeutet sie nicht bloß ein Wegdrängen der Erben des Nacherben von dem Nachlaß für den Fall seines Versterbens in der Zwischenzeit, an die im anderen Falle den Nachlaß gelangen zu lassen der Erblasser keine Bedenken gehabt hat, sondern auch eine Minderung des Wertes der Zuwendung für den Nacherben selbst, der nicht mehr mit Sicherheit darauf rechnen kann, daß der Nachlaß demnächst in sein Vermögen kommen wird; sie bedarf deshalb hier besonderer, gerade diese Folgen rechtfertigender Beweggründe. In der Regel wird der Erblasser ferner die Entwicklung der maßgeblichen Verhältnisse bis zu seinem Ableben wesentlich leichter voraussehen können als die in der — im vorliegenden Falle beispielsweise vierzehn, an umwälzenden Geschehnissen reiche Jahre umfassenden — Zwischenzeit von seinem Tode bis zum Eintritt der Nacherbfolge; bis zu seinem Tode kann er zudem notfalls, wenn die getroffenen Anordnungen sich als unzweckmäßig erweisen, durch Abänderung seiner letztwilligen Verfügung selbst noch bessernd eingreifen. Für die Zwischenzeit dagegen wird es dem Erblasser, zumal wenn er eine ihm blutmäßig nahestehende Person als Nacherben eingesetzt hat, deren Gesinnung und Fähigkeit er kennt und die mit seinen eigenen Absichten und Plänen für seinen Nachlaß vertraut ist, im allgemeinen näher liegen, statt selber starre und nach der späteren Entwicklung vielleicht unsachgemäße Anordnungen zu treffen, dem Nacherben ebenso, wie wenn dieser den Eintritt der Nacherbfolge erlebt, auch für den Fall seines früheren Versterbens die Bestimmung über das Schicksal des Nachlasses zu übertragen, also ihm eine vererbliche Anwartschaft darauf zuzuwenden. Aber auch wenn eine rechtzeitige entsprechende Verfügung von Todes wegen vom Nacherben, etwa weil dieser das dafür erforderliche Alter noch nicht besaß, nicht zu erwarten war, kann man nicht sagen, daß der dann eintretende Uebergang der Nacherbenanwartschaft auf die gesetzlichen Erben des Nacherben regelmäßig dem Willen des Erblassers nicht entspräche. Gehört der Nacherbe zu den gesetzlichen Erben des Erblassers oder ist er gar pflichtteilsberechtigt und stellt daher seine Einsetzung als Nacherbe einen Ersatz für ein ihm sonst unmittelbar mit dem Erbfalle zukommendes Erb- oder Pflichtteilsrecht dar, so spricht vielmehr, besonders wenn als Ersatznacherbe eine nicht zu seiner engeren Familie gehörige Person eingesetzt ist, schon dieser Umstand stark dafür, daß der Erblasser ihm nicht bloß eine durch das Erleben des Zeitpunkts der Nacherbfolge bedingte, unsichere Aussicht auf den Nachlaß zukommen lassen wollte, sondern eine davon unabhängige, zuverlässige Anwartschaft auf dessen demnächstigen Erwerb, auf die er sich schon vom Erbfall an in seiner und seiner Familie Lebensführung ohne Gefahr einrichten konnte. Aber auch sonst läßt sich allein aus der Einsetzung eines Ersatznacherben noch nicht der Wille des Erblassers entnehmen, seinen Nachlaß dann, wenn der Nacherbe in der Zwischenzeit zwischen dem Erbfall und dem für die Nacherbfolge festgesetzten Zeitpunkt verstirbt, nicht ebenso an dessen gesetzliche Erben gelangen zu lassen, wie wenn er jenen Zeitpunkt überlebt hat. Um Unvererblichkeit der Nacherbenanwartschaft als vom Erblasser gewollt ansehen zu können, müssen vielmehr zu der Ersatzerbeneinsetzung stets noch weitere auf einen solchen Willen weisende Umstände hinzukommen. Freilich brauchen diese, wie bereits in der Entscheidung RGZ. Bd. 142 S. 171 (174, 175) ausgeführt worden ist, nicht notwendig aus dem Testamente selbst hervorzugehen, sondern es genügt, wenn sie bei ergänzender Auslegung auf einen derartigen Willen des Erblassers schließen lassen.

Was hiernach für den Fall ausdrücklicher Einsetzung eines Ersatznacherben Rechtens ist, muß grundsätzlich ebenso gelten, wenn nach § 2069 BGB. mangels Anhalts für einen gegenteiligen Willen des Erblassers eine ersatzweise Berufung der Abkömmlinge des Nacherben, soweit sie bei gesetzlicher Erbfolge an dessen Stelle treten würden, bei der Einsetzung eines Abkömmlings zum Nacherben als stillschweigend miterklärt anzunehmen ist. Mögen hier auch besonders häufig Umstände gegeben sein, deretwegen Vererblichkeit der Nacherbenanwartschaft vom Erblasser nicht gewollt ist, so reicht doch der diesen Fällen gemeinsame Sachverhalt allein zur Ableitung eines solchen Willens nicht hin. Ein Rechtssatz des von den Vorinstanzen zugrunde gelegten Inhalts besteht daher nicht. Mit dem Sippengedanken namentlich läßt er sich nicht rechtfertigen. Daß zu den gesetzlichen Erben des Nacherben nicht nur seine nach § 2069 BGB. zu Ersatznacherben berufenen Abkömmlinge gehören, sondern auch sein Ehegatte, und daß er durch Verfügung von Todes wegen sogar familienfremde Personen zu seinen Erben machen kann, nötigt noch nicht zu der Annahme, der Erblasser könne einen Uebergang der Nacherbenanwartschaft auf die Erben des Nacherben nicht gewollt haben. Denn das Erbrecht des Ehegatten des Nacherben wie auch das eines von ihm als sein Erbe Eingesetzten erstrecken sich, sofern der Erblasser das nicht bei der Nacherbeneinsetzung durch besondere Anordnungen verhindert hat, auch dann auf dessen Nachlaß, wenn der Nacherbe den für die Nacherbfolge festgesetzten Zeitpunkt, sei es auch bloß einen Augenblick, überlebt hat, und ohne besonderen Anhalt dafür besteht kein Grund zu glauben, daß dem Erblasser das, was er für diesen Fall hingenommen hat, für den anderen nicht auch erträglich erschienen wäre, zumal dann nicht, wenn er selber in seinem Testament ebenfalls seinen Gatten mitbedacht oder fremde Personen zu Miterben ernannt hat. Ebensowenig liegt darin, daß der eingesetzte Nacherbe gerade ein Abkömmling des Erblassers ist, allein schon eine zulängliche Grundlage dafür, daß der Erblasser ihm nicht bereits mit dem Erbfall eine feste und unverlierbare Anwartschaft auf den Nachlaß hätte zukommen lassen, sondern nur die Aussicht auf dessen Erwerb bei Erleben des Zeitpunktes der Nacherbfolge eröffnen wollen. Ein solcher, auf Unvererblichkeit der Nacherbenanwartschaft gerichteter Wille des Erblassers läßt sich vielmehr auch hier immer nur aus den besonderen Umständen des Einzelfalles folgern. Diese können beispielsweise darin liegen, daß bei den obwaltenden sachlichen und persönlichen Verhältnissen zwar eine Beschränkung des Vorerben durch den ihm blutmäßig nahestehenden Nacherben und dessen Abkömmlinge zumutbar erscheint, nicht aber eine solche durch den familienfremden Ehegatten des Nacherben oder sonstige von ihm zu seinen Erben ernannte

Personen. Besonders leicht wird jene Feststellung zu treffen sein, wenn Eheleute, die zu ihren Lebzeiten ihr beiderseitiges Vermögen trotz rechtlicher Sonderung stets als gemeinschaftliches behandelt haben, übereinstimmend einander zu befreiten Vorerben und ihre Kinder zu Nacherben eingesetzt haben, zumal dann, wenn sie Kreisen entstammen, in denen die eheliche Gütergemeinschaft und deren Fortsetzung mit den Kindern beim Ableben eines Ehegatten verbreitet ist oder Testamente im Sinne des § 2269 BGB. (sog. Berliner Testamente) häufig sind; hier wird der Schluß naheliegen, daß sie durch ihre testamentarischen Anordnungen der dort gegebenen Rechtslage möglichst nahekommen und ihr beiderseitiges Vermögen auch noch bis zum Eintritt der Nacherbfolge weiter als Einheit behandelt wissen und als solche an die nämlichen Personen vererben wollten. Sofern indes solche besonderen Anhaltspunkte dafür fehlen, daß der Erblasser keine Vererblichkeit der Nacherbenanwartschaft gewollt hat, muß es auch in den Fällen des § 2069 BGB. bei der Regel des § 2108 Abs. 2 Satz 1 BGB. bleiben.

Testamentsvollstrecker

RGZ. 61, 139

1. Ist der zum Testamentsvollstrecker ernannte Miterbe auch zu solchen Verfügungen über Nachlaßgegenstände befugt, die in seinem Interesse liegen?

BGB. §§ 2203, 2204, 2205, 2208.

2. Ist, wenn von zwei ernannten Testamentsvollstreckern der eine durch rechtliche, in seiner Person liegende Gründe dauernd verhindert ist, bei einem den Nachlaß betreffenden Rechtsgeschäfte mitzuwirken, der andere allein zum Abschlusse des Rechtsgeschäfts befugt?

BGB. § 2224.

3. Ist der Testamentsvollstrecker befugt, einen anderen als Vertreter zu bestellen mit der Ermächtigung, in des Testamentsvollstreckers Namen mit sich selbst als Bevollmächtigtem der Erben die Auflassung von Nachlaßgrundstücken zu erklären?

BGB. §§ 181, 2204, 2042—2056.

V. Zivilsenat. Beschl. v. 28. Juni 1905.

I. Amtsgericht Leipzig. II. Landgericht daselbst.

Obige drei Fragen sind bejaht aus folgenden, den Sachverhalt ergebenden

Gründen:

„Die am 12. August 1902 gestorbene Frau F. hat durch Testament sechs von ihren Kindern zu gleichen Teilen als Erben eingesetzt, ihrem siebenten Kinde (Frau v. A.) den Pflichtteil als Vermächtnis hinterlassen und die beiden Beschwerdeführer, von denen der Domherr Dr. B. Miterbe, der Kaufmann und Rittergutsbesitzer Pl. Ehemann einer Miterbin ist, zu Testamentsvollstreckern ernannt, mit der Bestimmung, daß sie gemeinsam alles ordnen sollten, bei Meinungsverschiedenheiten aber der Domherr B. die entscheidende Stimme haben solle. Eine Miterbin, die geisteskranke Witwe B., wird vom Rechtsanwalt Dr. W. bevormundet. Die übrigen Erben, die Vermächtnisnehmerin und die beiden Testamentsvollstrecker haben den Rechtsanwalt Dr. W. zu ihrer Vertretung bei der Auflassung des zum Nachlasse gehörigen Grundstücks Stadt Leipzig Bl. 487 bevollmächtigt, ihn insbesondere auch ermächtigt, in ihrem Namen mit sich selbst Rechtsgeschäfte abzuschließen. Unter Zustimmung sämtlicher Beteiligten hat nach Angabe des Rechtsanwalts Dr. W. die Auseinandersetzung über den Nachlaß stattgefunden. Ob die vom Vormunde der Witwe B. dabei abgegebenen Erklärungen vom Vormundschaftsgerichte genehmigt worden sind, erhellt nicht. Dr. W. hat demnächst zu notariellem Protokolle vom 14. Januar 1905 in Ausführung der Auseinandersetzung namens der Testamentsvollstrecker das Nachlaßgrundstück der Vermächtnisnehmerin (Frau v. A.) zu $^1/_8$, jedem der sechs Erben zu $^7/_{48}$ aufgelassen und die Auflassung namens der Beteiligten angenommen. Das Grundbuchamt lehnte die auf Grund der Auflassung beantragte Eintragung der Eigentumsänderung ab, weil der Testamentsvollstrecker B. als Miterbe nicht befugt sei, sich selbst einen Bruchteil des Grundstücks aufzulassen, und weil auch dem anderen Vollstrecker die Befugnis fehle, seiner Frau (einer Miterbin) einen Bruchteil aufzulassen. Die gegen diesen Beschluß erhobene Beschwerde wurde vom Landgericht als unbegründet zurückgewiesen. Das Oberlandesgericht in D. möchte der erhobenen weiteren Beschwerde stattgeben, findet sich aber daran durch den Beschluß des Kammergerichts vom 10. März 1902 (RJA. Bd. 3 S. 101 flg.) behindert. Es hat die weitere Beschwerde unter Begründung seiner Rechtsauffassung dem Reichsgericht nach § 79 Abs. 2 BGO. vorgelegt.

Die weitere Beschwerde ist begründet.

Das Kammergericht nimmt in dem erwähnten Beschlusse im Einklange mit der Entsch. des RG.'s in Zivils. Bd. 57 S. 432 flg. an, daß zur Umwandlung des Gesamteigentums von Miterben in Bruchteilseigentum der einzelnen Erben Auflassung erforderlich sei. Es nimmt ferner an, daß der Testamentsvollstrecker an sich die Befugnis habe, die Auseinandersetzung unter den Erben nach den Anordnungen des

Erblassers vorzunehmen und namentlich die Auflassung der Bruchteile an die einzelnen Erben ohne deren Mitwirkung zu erteilen; es meint aber, daß eine andere rechtliche Beurteilung einzutreten habe, wenn der Testamentsvollstrecker zugleich Miterbe ist. Denn der Testamentsvollstrecker, der vom Willen der Erben unabhängig die Rechte und Pflichten habe, die sich nach dem Willen des Erblassers und nach dem Gesetz aus der Vollziehung des Testaments ergäben, habe eine privatamtliche Stellung, und diese dürfe er nicht in seinem eigenen Interesse ausüben, es sei denn, daß der Erblasser ihn dazu ermächtigt habe. Fehle es an einer solchen Ermächtigung, so sei der Testamentsvollstrecker, der gleichzeitig Miterbe ist, von der Vornahme der Erbteilung mit Wirkung gegen und für die Erben ausgeschlossen. Das Oberlandesgericht in D. weicht von dem Beschlusse des Kammergerichts nur insofern ab, als es annimmt, daß ein Erblasser, der einen Miterben zum Testamentsvollstrecker ernennt, damit deutlich zu erkennen gebe, der Vollstrecker solle alle zur Vollziehung des letzten Willens erforderlichen Rechtshandlungen vornehmen. Dies gelte um so mehr, wenn der Erblasser, wie hier, den Vollstrecker zu allen Anordnungen ermächtigt habe. Demnach sei der Testamentsvollstrecker zu den (dem Willen des Erblassers und dem Gesetz entsprechenden) Verfügungen auch zu seinen Gunsten ermächtigt, wenn der Erblasser ihn davon nicht ausgeschlossen habe. Danach sei die vom Kammergericht verlangte besondere Ermächtigung nicht erforderlich.

Das Kammergericht hält in verschiedenen Entscheidungen an dem Grundsatze fest, daß der zum Testamentsvollstrecker berufene Miterbe nicht zu Verfügungen im eigenen Interesse befugt sei; er könne nicht einen Anteil am Nachlaßgrundstücke sich selbst, die übrigen den anderen Erben auflassen (RJA. Bd. 3 S. 101, 167). Ebensowenig könne er auf Grund seiner Quittung und Löschungsbewilligung die Löschung einer auf seinem eigenen Grundstücke lastenden Nachlaßhypothek herbeiführen (RJA. Bd. 3 S. 44). Das Oberlandesgericht in C. (Rechtspr. der OLG. Bd. 4 S. 437) hat dagegen angenommen, daß der Testamentsvollstrecker als Miterbe sich selbst Nachlaßgrundstücke auflassen könne. Beide Gerichte und auch das Oberlandesgericht in D. gehen davon aus, daß der Testamentsvollstrecker ein amtliche Stellung habe. Daraus folgt aber nicht, daß ihm jede Verfügung über Nachlaßgegenstände zu seinen eigenen Gunsten verwehrt ist; auch solche Verfügungen kann er treffen, sofern sie ihm nicht nach dem erkennbaren Willen des Gesetzgebers oder des Testators verboten sind. Die Frage, ob in einem konkreten Falle der Testator es gestattet habe, ist, wenn dieser keine besondere Bestimmung getroffen hat, Sache der Auslegung des Testaments und kann in der weiteren Beschwerdeinstanz nicht entschieden werden. Dagegen ist die Nachforschung nach dem Willen des Gesetzgebers und dem sich aus diesem für alle Fälle ergebenden Willen des Erblassers (abstrakte Auslegung) der Nachprüfung des Gerichts der weiteren Beschwerde nicht entzogen. Das Kammergericht weist nun selbst in seinem Beschlusse vom 28. März 1904 (RJA. Bd. 4 S. 185 flg.) zutreffend darauf hin, daß das Bürgerliche Gesetzbuch die Uebertragung des Testamentsvollstreckeramts an einen Miterben nicht verboten habe, und daß, wenn der Erblasser einen solchen zum Vollstrecker bestellt habe, diesem grundsätzlich alle Befugnisse zustehen, die das Gesetz dem Testamentsvollstrecker überhaupt beilegt. Nach §§ 2203—2205 ist der Testamentsvollstrecker verpflichtet, die letztwilligen Verfügungen des Erblassers zur Ausführung zu bringen, insbesondere die Auseinandersetzung unter Miterben zu bewirken, und berechtigt, über die Nachlaßgegenstände entgeltlich zu verfügen. Diese Rechte hat der Vollstrecker nicht, soweit anzunehmen ist, daß sie ihm nach dem Willen des Erblassers nicht zustehen sollen (§ 2208 Abs. 1 Satz 1 BGB.). Die Regel geben die §§ 2203 bis 2205; der § 2208 stellt eine Ausnahme dar, deren Voraussetzung besonders nachzuweisen ist. Etwas Abweichendes ist vom Bürgerlichen Gesetzbuche für den Fall, daß ein Miterbe zum Vollstrecker bestellt ist, nicht bestimmt. Auch in solchem Falle muß ein abweichender Wille des Erblassers erhellen, um die Regel auszuschließen. Das Kammergericht (RJA. Bd. 4 S. 186) meint zwar, daß durch die §§ 2203 flg. die sich aus dem Wesen des Testamentsvollstreckerinstituts ergebende Unzulässigkeit der Verfügung zu eigenem Nutzen nicht berührt werde; aber es nimmt doch selbst an, daß der Erblasser den Vollstrecker auch dazu ermächtigen könne. Liegt nun aber nach dem Gesetz, das den abstrakt anzunehmenden Willen des Erblassers regelt, die Auseinandersetzung der Erben und die Verfügung über Nachlaßgegenstände in den Befugnissen jedes Vollstreckers, so müssen, auch wenn ein Miterbe zum Vollstrecker bestellt ist, besondere Umstände vorliegen, aus denen ein abweichender Wille des Erblassers erhellt. Das ist aber nach den Beschlüssen der Vorinstanzen hier nicht der Fall. Darüber, daß die Auflassung innerhalb der Schranken des Gesetzes und des Willens der Erblasserin liegt, sind Bedenken nicht vorgetragen. Wollten die Testamentsvollstrecker ihrer Pflicht, die Auseinandersetzung der Erben zu bewirken, nachkommen, so mußten sie sich den ihnen (bzw. der Frau des einen von ihnen) zukommenden Bruchteil am Nachlaßgrundstück auflassen. Damit nahmen sie sowohl ihr Interesse, als auch das der Miterben und der Vermächtnisnehmerin wahr. Der Fall einer eigentlichen Interessenkollision liegt nicht vor. Liegt ein solcher Fall vor, dann kann der Testamentsvollstrecker nicht verfügen, gleichviel ob er Miterbe ist oder nicht.

Schon diese Gründe führen zur Aufhebung der beiden Vorentscheidungen und dazu, das Grundbuchamt anzuweisen, den Anträgen im Auflassungsprotokolle vom 14. Januar 1905 stattzugeben, falls nicht andere Bedenken entgegenstehen, als die im Beschlusse vom 18. Januar 1905 angegebenen.

Aber auch auf einem anderen Wege gelangt man zu demselben Ergebnisse. Im vorliegenden Falle sind zwei Testamentsvollstrecker bestellt. Das Oberlandesgericht in D. nimmt an, daß die Herbeiführung der Auseinandersetzung durch sie ausgeschlossen sei, wenn einer von ihnen dazu unfähig sei. Diese Ansicht läßt sich mit dem § 2224 BGB. nicht vereinigen. Nach diesem führen die mehreren Vollstrecker das Amt gemeinschaftlich; wenn aber einer von ihnen wegfällt, so führen die übrigen das Amt allein. Die gleiche Befugnis, die dem einen Vollstrecker bei gänzlichem Wegfall des anderen zusteht, muß ihm folgerichtig auch da zugesprochen werden, wo es sich um den Abschluß eines Rechtsgeschäftes handelt, an dem der andere in seiner Eigenschaft als Testamentsvollstrecker mitzuwirken durch rechtliche, in seiner Person liegenden Gründe dauernd verhindert ist (Entsch. des RG.'s in Zivils. Bd. 58 S. 299). Nach der Ansicht des Kammergerichts (RJA. Bd. 4 S. 187) ist *der Testamentsvollstrecker* nur i n s o w e i t an Verfügungen, die die Ausführung einer Erbauseinandersetzung bezwecken, behindert, als die Verfügungen zu seinen Gunsten wirken würden. Er kann den anderen Erben die ihnen angewiesenen Anteile an Hypotheken oder an Grundstücken wirksam übereignen; nur er selbst darf sich seine Anteile nicht zuweisen. Nimmt man nun selbst mit dem Kammergericht an, daß der Domherr Dr. B. als M i t e r b e sich seinen Anteil am Nachlaßgrundstücke nicht habe auflassen dürfen, und geht man sogar so weit (wie das Grundbuchamt), daß auch der andere Testamentsvollstrecker Pl. nicht befugt gewesen sei, seiner miterbenden Frau ihren Anteil am Nachlaßgrundstücke aufzulassen, so war doch dieser befugt, in seiner Eigenschaft als Testamentsvollstrecker jenem die Auflassung zu erteilen, und nicht weniger jener befugt, der Frau Pl. ihren Anteil am Nachlaßgrundstücke aufzulassen. Beide Testamentsvollstrecker haben den Rechtsanwalt Dr. W. nach dessen vom Grundbuchamte noch nachzuprüfender Erklärung im Auflassungsprotokolle zur Auflassung bevollmächtigt. Ist dies der Fall, dann steht der Annahme nichts entgegen, daß jeder der beiden Testamentsvollstrecker durch den Mund des gemeinsamen Bevollmächtigten die Erklärungen abgegeben hat, bezüglich deren eine rechtliche Behinderung der anderen in Frage steht. Soweit die Testamentsvollstrecker Auflassungserklärungen für die bevormundete Frau B. abgegeben haben, bedarf es nicht der Genehmigung des Vormundschaftsgerichts (P l a n c k, Bd. 5 S. 383 oben und S. 396 oben). Nur dann ist eine solche gegenseitige Vertretung der Testamentsvollstrecker unzulässig, wenn der Erblasser abweichende Bestimmungen getroffen hat (§ 2224 Abs. 1 Satz 3). Eine solche Bestimmung liegt an sich nicht darin, daß bei Meinungsverschiedenheit der eine der Testamentsvollstrecker die entscheidende Stimme haben solle; nur dann würde sie als vorliegend angenommen werden können, wenn erhellte, daß der rechtlich behinderte Vollstrecker bei Nichtbehinderung anderer Meinung gewesen sein würde, als der andere Vollstrecker. Anzeichen hierfür hebt das Grundbuchamt nicht hervor; das wäre aber um so mehr geboten gewesen, als die Auflassung offensichtlich dem Willen der Erblasserin entspricht.

Auch die vom Grundbuchamte hinsichtlich der Auflassung an die Vermächtnisnehmerin (Frau v. A.) erhobenen Bedenken erscheinen nicht begründet. Die Testamentsvollstrecker haben den Rechtsanwalt Dr. W. bevollmächtigt, Rechtsgeschäfte im Namen der von ihm Vertretenen mit sich selbst oder als Vertreter von Dritten abzuschließen (§ 181 BGB.). Das Grundbuchamt meint, die Testamentsvollstrecker hätten mangels besonderer Ermächtigung im Testamente selbst nicht die Befugnis des sog. Selbstkontrahierens, könnten also auch eine solche Befugnis nicht übertragen. Der § 181 BGB., der voraussetzt, daß ein Vertreter mit sich selbst oder mit einem anderen, den er ebenfalls vertritt, ein Rechtsgeschäft vornimmt, findet auf den Testamentsvollstrecker keine Anwendung. Dieser ist, wie im Beschluß des Kammergerichts vom 10. März 1902 (RJA. Bd. 3 S. 101) und vom VII. Zivilsenat des Reichsgerichts (Entsch. Bd. 56 S. 330) überzeugend dargelegt ist, nicht Vertreter der Erben, sondern übt seine Befugnisse zu eigenem Rechte aus. Wenn er die Auseinandersetzung der Erben nach den §§ 2204, 2042—2056 BGB. bewirkt, schließt er überhaupt kein Rechtsgeschäft mit anderen ab, sondern er vollstreckt den Willen des Erblassers; er übt sein Amt aus und ist dabei an den Willen der Erben nicht gebunden (Planck, Bd. 5 S. 396 Bem. 1 u. 2e). Soll in Ausführung der Auseinandersetzung eine Auflassung vorgenommen werden, so bedarf es freilich der Mitwirkung der Erben; niemand kann ohne seine Zustimmung als Eigentümer eingetragen werden. Aber auch bei der Auflassung handelt der Testamentsvollstrecker nicht als Vertreter, sondern kraft eigenen Rechts, und er verhandelt mit den Erben, kann also auch schon deshalb nicht deren Vertreter sein. Somit fehlt es an den Voraussetzungen des § 181 BGB., und daher steht nichts im Wege, daß er einen anderen als Vertreter bestellt mit der Befugnis, in seinem — des Testamentsvollstreckers — Namen mit sich als Bevollmächtigtem der Erben den Auflassungsvertrag zu schließen. Dies scheint das Grundbuchamt auch nicht zu verkennen; aber zu Unrecht verneint es die Befugnis der Testamentsvollstrecker, einem Dritten dieselbe Ermächtigung zur Auflassung an die Vermächtnisnehmerin zu erteilen. Auch hier treffen die eben erörterten Grundsätze zu. Die Vermächtnisnehmerin (Frau v. A.) und ihr Mann haben dem Rechtsanwalt Dr. W. die Ermächtigung zum Selbstkontrahieren erteilt. Soweit der eine Testamentsvollstrecker als Miterbe, der andere als Mann einer Miterbin in Betracht kommt, kann von einem Selbstkontrahieren nicht die Rede sein, da jeder von ihnen dem anderen aufgelassen hat."

RGZ. 73, 26

Kann der Erbe und insbesondere einer von mehreren Erben gegen den Testamentsvollstrecker darauf klagen, daß er bei der Verwaltung des Nachlasses die seiner Verwaltungsbefugnis gesetzlich oder durch letztwillige Verfügung gezogenen Grenzen einhalte und die Verwaltung ordnungsmäßig führe?

BGB. §§ 2216, 2219, 2227.

IV. Zivilsenat. Urt. v. 3. Februar 1910.

I. Landgericht I Berlin. II. Kammergericht daselbst.

Der Kläger gehört zu den Erben seines am 3. März 1905 an seinem Wohnsitze Berlin verstorbenen Vaters, des Fabrikbesitzers R. Dieser hatte durch Testament vom 27. Januar 1905 eine Verwaltung seines Nachlasses durch mehrere Testamentsvollstrecker angeordnet. In dem Amte der Testamentsvollstrecker befinden sich gegenwärtig die drei Beklagten. Diese führten das vom Erblasser unter der Firma H. & Co. betriebene Fabrikgeschäft, wie sie angeben, nur einstweilen und in der Absicht fort, falls sie es nicht vorher im ganzen verkaufen könnten, mit dem 1. April 1909 die Liquidation einzuleiten. Der Kläger erblickt in der jahrelangen Fortführung des Geschäfts keine einstweilige Maßnahme, sondern ein aufs unbestimmte hin eingeleitetes Unternehmen, das darauf abziele, das Geschäft erst verkäuflich zu machen. Er ist der Meinung, daß dieses Unternehmen mit den vom Erblasser in § 5 des Testaments über die interimistische Fortführung des Geschäfts getroffenen Anordnungen im Widerspruch stehe. Mit seiner Klage beantragte er, die Beklagten zu verurteilen, daß sie unverzüglich die Fortführung des Geschäftes unterließen und entweder das Geschäft und das zum Geschäfte gehörige Grundstück geschlossen verkauften oder zur Auflösung und Liquidation schritten. In zweiter Reihe trug er darauf an, die Nichtberechtigung der Beklagten zur Fortführung des Geschäfts sowie ihre Verpflichtung festzustellen, mit dem Geschäfte so wie im Prinzipalantrage begehrt, zu verfahren. Die Klage wurde in erster und in zweiter Instanz abgewiesen. Die Revision hatte keinen Erfolg.

Aus den Gründen:

„Der Berufungsrichter . . . hält mit dem ersten Richter den Klaganspruch nicht für begründet. Die Art und Weise, wie die Testamentsvollstrecker mit dem zum Nachlasse gehörenden Fabrikgeschäft verführen, verstoße weder — dies wird näher dargelegt — gegen die Vorschriften des Testaments, noch auch stehe ihnen dabei irgend eine Gesetzesvorschrift entgegen. Sie handelten innerhalb der Grenzen ihrer Befugnisse nach pflichtmäßigem Ermessen, und es sei daher nicht einmal der Gesamtheit der Erben, geschweige denn dem Kläger für sich allein gestattet, in die Geschäftsführung der Testamentsvollstrecker durch das Verlangen eines anderen Tuns oder Unterlassens einzugreifen. Andernfalls könnte dadurch unter Umständen die Tätigkeit der Testamentsvollstrecker vollständig lahmgelegt werden, was im gegebenen Falle umsoweniger zulässig sei, als der Erblasser in dem Testamente jede Einmischung der Erben in die den Testamentsvollstreckern übertragene Fortführung des Geschäfts ausdrücklich untersagt habe. Den Erben ständen nur die in § 2216 Abs. 2 Satz 2 und §§ 2219, 2227 BGB. bezeichneten Wege offen, falls die in diesen Gesetzesvorschriften angegebenen Voraussetzungen zuträfen.

Diese Ausführungen geben keinen Anlaß, das Berufungsurteil aus Rechtsgründen zu beanstanden. Der Revision kann zugegeben werden, daß sich das Recht des Erben, vom Testamentsvollstrecker die Einhaltung der Grenzen seiner Verwaltungsbefugnis zu verlangen, nicht bezweifeln läßt, und es unterliegt ebensowenig einem Zweifel, daß bei einer Mehrzahl von Erben jedem einzelnen von ihnen das Recht zusteht, gegen den Testamentsvollstrecker deswegen Klage zu erheben. Ueberschreitet der Testamentsvollstrecker seine Befugnis, so stellt dies stets einen unberechtigten Eingriff in die Rechte des Erben dar. Ein Grund, weshalb dem Erben die Abwehr eines solchen Eingriffs in seine Rechte versagt sein sollte, ist nicht ersichtlich. Auch soweit sich die Tätigkeit des Testamentsvollstreckers in den äußeren Grenzen seiner Obliegenheiten hält, ist er nach § 2216 BGB., und zwar dem Erben gegenüber verpflichtet, die Verwaltung des Nachlasses ordnungsmäßig zu führen. Verabsäumt er diese Pflicht, so steht wiederum bei einer Mehrheit von Erben nicht nur der Erbengesamtheit, sondern auch jedem einzelnen Erben das Recht zu, durch Erhebung der Klage gegen den Testamentsvollstrecker unmittelbar die Erfüllung der Verpflichtung zu erzwingen. Es kann nicht zugegeben werden, daß in dieser Beziehung der Erbe auf die Geltendmachung der in den §§ 2219, 2227 BGB. vorgesehenen besonderen Rechte beschränkt sein sollte, zumal da die in diesen Gesetzesvorschriften vorgesehenen Folgen, nämlich die Schadensersatzpflicht und die Entlassung des Testamentsvollstreckers, nicht an eine bloße Nichtbefolgung des § 2216 geknüpft, sondern, soweit § 2216 dabei in Betracht kommt, zugleich von bestimmten weiteren Voraussetzungen abhängig gemacht sind. Sollte daher die in den Gründen des Berufungsurteils enthaltene Bemerkung, daß im Gebiete des dem Testamentsvollstrecker zustehenden Verwaltungsrechts direkte Rechtsbeziehungen zwischen dem Erben und dem Testamentsvollstrecker nicht denkbar seien, im Sinne einer Verneinung der erwähnten, sich aus § 2216 ergebenden Befugnis des Erben zu verstehen sein, so würde dem nicht beigetreten werden können.

Allein es kommt für die Entscheidung der Sache nicht darauf an, der Bedeutung jenes von der Revision gerügten Satzes der Urteilsgründe weiter nachzugehen. . . . Daß die verklagten Testamentsvollstrecker sich in den ihnen durch § 5 des Testaments gezogenen Grenzen gehalten haben und bis zum Erlaß des Berufungsurteils innerhalb ihrer Befugnisse handelten, wenn sie es weder zum Verkauf des Geschäfts gebracht noch auch die Liquidation eingeleitet hatten, beruht einerseits auf einer rechtlich bedenkenfreien Auslegung des Testaments, von der nicht ersichtlich ist, inwiefern dabei die von der Revision herangezogenen §§ 133, 157, 242 BGB. verletzt sein sollten, andererseits auf tatsächlichen, die besondere Gestaltung der Verhältnisse betreffenden Erwägungen. . . .

Was die Einhaltung der Vorschrift des § 2216 BGB. anlangt, so ist dem Berufungsrichter auch darin beizutreten, daß es, soweit die Beklagten nicht zu einer spekulativen Umbildung des Geschäfts für den dauernden Fortbetrieb übergingen, und solange der Betrieb noch als ein vorläufiger, auf den Verkauf in einem nicht ferneren Zeitpunkte berechneter gelten konnte, zum eigenen freien Ermessen der Beklagten stand, wie lange sie abwarten, und wann sie die Verkaufsaussichten so weit für gescheitert ansehen wollten, daß sie die Einleitung der Liquidation für die zweckmäßigere und vorteilhaftere Maßnahme hielten. Daß sie diese Abwägung pflichtmäßig und nach bestem Können vorgenommen haben, wird ihnen auch vom Kläger nicht bestritten. Eine weitergehende Verpflichtung liegt ihnen nach § 2216 Abs. 1 nicht ob, zumal da der Erblasser durch das Verbot der Einmischung der Erben in die Fortführung des Geschäfts eine unter Abs. 2 dieser Gesetzesvorschrift fallende Anordnung getroffen hat, die trotz der Vorschrift des § 2220 einer Beanstandung der Verwaltungstätigkeit der Testamentsvollstrecker wegen behaupteter Ordnungswidrigkeit besonders enge Schranken setzt. Die Beanstandung könnte in solchem Falle nur Erfolg haben, wenn die Maßnahmen der Testamentsvollstrecker nicht nur objektiv verfehlt wären, sondern wenn zugleich in subjektiver Beziehung die Testamentsvollstrecker die nötige Sorgfalt ihres pflichtmäßigen Ermessens hätten vermissen lassen. Auf diesen Standpunkt hat sich auch der Berufungsrichter gestellt. Unter diesen Umständen versagt zugleich die Rüge, daß § 2203 BGB. durch unrichtige Anwendung verletzt sei." . . .

RGZ. 74, 35

1. Ist der Erbe des Mieters oder der mit den gesetzlichen Befugnissen ernannte Testamentsvollstrecker zur Kündigung des Mietverhältnisses berechtigt?

2. . . .

III. Zivilsenat. Urt. v. 21. Juni 1910.

Die Entscheidung ist abgedruckt unter „Bürgerliches Recht, Schuldrecht".

RGZ. 74, 215

Sind unentgeltliche Verfügungen und Verfügungen zu eigenem Nutzen, die der Testamentsvollstrecker unter Ueberschreitung der gesetzlichen und testamentarischen Schranken vornimmt, wirksam, wenn der Erbe seine Zustimmung erteilt? Inwieweit kann sich der Dritte auf seinen guten Glauben berufen?

BGB. §§ 2203 flg., 2206 Abs. 2, 2211 Abs. 2.

V. Zivilsenat. Urt. v. 17. Oktober 1910.

I. Landgericht Stuttgart. II. Oberlandesgericht daselbst.

Die Witwe W. in H. hatte in ihrem Testamente vom 4. November 1901 bezüglich des Erbteils ihres großjährigen Sohnes Eduard bestimmt:

„. . . Mein Sohn Eduard hat bereits annähernd 37 000 M. von seinem väterlichen Erbe verbraucht und leichtlebig ausgegeben. . . . Ich verordne deshalb in wohlmeinender Absicht, daß . . . sein ganzer mütterlicher Erbteil gemäß § 2338 Abs. 1 BGB. zu Gunsten seiner gesetzlichen Erben beschwert und für seine Lebenszeit der Verwaltung eines Testamentsvollstreckers unterworfen wird. . . ."

Als Testamentsvollstrecker war unter anderen der Kaufmann Gl. benannt, im übrigen die Befugnis zur Ernennung dem Nachlaßgerichte übertragen. Nachdem Gl. in H. das Amt des Testamentsvollstreckers angenommen hatte, wurde vom Nachlaßgerichte die Erbauseinandersetzung vorgenommen und ein Erbschein ausgestellt, der den Vermerk enthielt: „Der Erbteil des Sohnes Eduard ist für seine Lebenszeit der Verwaltung eines Testamentsvollstreckers unterworfen. Als Testamentsvollstrecker ist . . . Gl. in H. bestellt." Für Eduard W. wurde ein Muttergut von 80 052,83 M. ausgemittelt und in Anrechnung darauf eine im Grundbuche von H., Unterpfandsbuch Bd. 105 Bl. 54 für die Erblasserin eingetragene Buchhypothek von 37 750 M. die sich später durch Teillöschungen auf 33 000 M. verringerte, übertragen. Im Grundbuche wurde vermerkt: „der Restbetrag von 37 750 M. von den Miterben der verstorbenen Gläubigerin übertragen auf Eduard W., . . ., für welchen . . . Gl. als Testamentsvollstrecker bestellt ist." Die Eintragung geschah am 25. August 1906.

Gl. stand als Inhaber der Firma L. Sp. zu H. in laufender Rechnung mit der Beklagten. Im Frühjahr 1908 entzogen ihm deren Filialleiter zu H. den über 100 000 M. hinausgehenden ungedeckten Kredit von 33 000 M. und verlangten für die Wiedereinräumung weitere Sicherheit. Darauf verpfändete für diesen weiteren Gl. bis zum Höchstbetrage von 33 000 M. einzuräumenden Kredit Eduard W. die erwähnte Buchhypothek im Restbetrage von 33 000 M. unter Uebergabe des Pfandbuch-Auszugs in einer notariell beglaubigten Urkunde vom 26. Mai 1908. Der Grundbuchbeamte, Bezirksnotar B., nahm am 2. Juni 1908 mit Gl. eine Urkunde auf, worin dieser als Testamentsvollstrecker seine Zustimmung erklärte, und trug noch an demselben Tage die Verpfändung ins Grundbuch ein.

Als Gl. am 2. Dezember 1908 starb, stellte es sich heraus, daß er bedeutende Unterschlagungen begangen hatte und daß der Nachlaß überschuldet war, so daß die Gläubiger nur etwa 50 % zu erwarten hatten. Das Nachlaßgericht bestellte an seiner Stelle den Bankdirektor H. zum Testamentsvollstrecker und stellte nach Einziehung des früheren Erbscheins am 15. Dezember 1908 einen neuen aus, worin hervorgehoben wurde, daß der Erbteil Eduard W.'s gemäß § 2338 Abs. 1 BGB. zu Gunsten seiner gesetzlichen Erben mit Nacherbfolge beschwert und für seine Lebenszeit der Verwaltung eines Testamentsvollstreckers unterworfen sei. H. klagte darauf gegen die Beklagte, die die verpfändete Hypothek in Anspruch nahm, mit dem Antrage, sie zur Einwilligung in die Löschung des Verpfändungsvermerks zu verurteilen.

Der Klage, die vom Landgerichte abgewiesen worden war, gab das Oberlandesgericht statt. Die Revision des Beklagten hatte keinen Erfolg.

Aus den Gründen:

. . . „Der Berufungsrichter hat ausgeführt, die im Falle der Bestellung eines Testamentsvollstreckers durch § 2211 BGB. dem Erben auferlegte Verfügungsbeschränkung habe zwar an sich nur die Bedeutung eines relativen Veräußerungsverbots im Sinne des § 135 BGB. (vgl. Prot. Bd. 5 S. 286) und es könnten Verfügungen des Erben durch Zustimmung des Testamentsvollstreckers Rechtswirksamkeit erlangen (§ 185 BGB.). Im vorliegenden Falle aber habe diese Wirkung nicht eintreten können, weil auch die Zustimmungserklärung unwirksam sei. Der Testamentsvollstrecker habe seine Befugnisse überschritten, da erstens seine Erklärung, beim Mangel irgend eines der Nachlaßmasse gewährten Gegenwerts, als eine unentgeltliche Verfügung im Sinne des § 2205 BGB. anzusehen sei, dann aber auch eine Verfügung des Testamentsvollstreckers zu eigenem Nutzen vorliege. Eine solche Verfügung sei mit dem Amte eines Testamentsvollstreckers unvereinbar und nicht bloß unwirksam, sondern als Verstoß gegen die guten Sitten (Untreue) nichtig. Auf den etwaigen guten Glauben der Beklagten komme es dabei nicht an. Im übrigen sei im vorliegenden Falle auch die Verpfändung Eduard W.'s selbst wegen Verstoßes gegen die guten Sitten nichtig, weil sowohl er als auch die Vertreter der Beklagten gewußt hätten, ein Testamentsvollstrecker dürfe über ein in seiner Verwaltung stehendes Vermögensstück auch mit Einwilligung des Erben nicht zu seinem Nutzen verfügen.

Die Revision hat demgegenüber auszuführen versucht, daß keine unentgeltliche Verfügung vorliege und daß beim Zusammenwirken des Erben mit dem Testamentsvollstrecker jede, auch eine unentgeltliche und ordnungswidrige, Verfügung gültig sei.

Die Unentgeltlichkeit kann jedoch beim Mangel aller Beziehungen der Nachlaßmasse zu den Beteiligten füglich keinem Zweifel unterliegen, und der weitere von der Revision aufgestellte Satz ist, in dieser Allgemeinheit wenigstens, als richtig nicht anzuerkennen. Er ist ohne weiteres unrichtig, wenn — wie im vorliegenden Falle — außer dem Erben auch noch Nacherben in Betracht kommen. Nun ist allerdings in dem Erbscheine, auf den die Beklagte sich berufen darf (§§ 2365, 2366 BGB., Reichsgerichtsentsch. Rep. V 3/06 im Zentr.-Bl. für freiw. Ger. Bd. 8 S. 327), durch die Worte „für seine Lebenszeit" zwar angedeutet, aber nicht klar zum Ausdrucke gelangt, daß Nacherben berufen seien; man kann indes, wie es auch der Berufungsrichter getan hat, davon ganz absehen.

Auch wenn Nacherben nicht vorhanden sind, haben der Erbe und der Testamentsvollstrecker zusammen kein schrankenloses Verfügungsrecht. Es kommt dabei nicht bloß, wie das Kammergericht (Johow's Jahrb. Bd. 33 A 172, 173) hervorgehoben hat, die Möglichkeit des Vorhandenseins beteiligter Nachlaßgläubiger und Vermächtnisnehmer, sondern vor allen Dingen auch der Wille des Erblassers in Frage. Den Anordnungen und dem erkennbaren Willen des Erblassers hat der Testamentsvollstrecker, wie die Vereinigten Zivilsenate des Reichsgerichts (Entsch. Bd. 25 S. 297) und seitdem ständig die Rechtsprechung des Reichsgerichts (Entsch. Bd. 32 S. 153, Bd. 59 S. 366; Gruchot Bd. 34 S. 718, Bd. 42 S. 972, 975) für das frühere preußische Recht angenommen haben, auch gegen den Willen des

Erben und auch dann nachzukommen, wenn außer diesem keine weiteren Beteiligten vorhanden sind. Derselbe Satz gilt nach §§ 2203, 2208, 2216 BGB. (Planck Bem. 4 zu § 2203, Staudinger Bem. 2a das.) ohne Zweifel auch im neuen Rechte. Zwar beruft sich die Revision auf die Vorschrift des § 2206 Abs. 2, wonach der Erbe zur Erteilung seiner Zustimmung bei Verbindlichkeiten, deren Eingehung zur ordnungsmäßigen Verwaltung des Nachlasses erforderlich ist, angehalten werden kann, und will daraus den erwähnten allgemeinen Satz ableiten. Eine solche Verallgemeinerung ist jedoch unzulässig. § 2206 Abs. 2 BGB. hat einen Fall im Auge, wo es zweifelhaft ist, ob die Maßnahme des Testamentsvollstreckers noch seiner vom Erblasser verliehenen Verfügungsmacht entspricht. Um diese Zweifel zu beseitigen und den Testamentsvollstrecker gegen Ersatzansprüche des Erben sicherzustellen (§ 2219 BGB.), ist in § 2206 Abs. 2 die Zuziehung des Erben bei Eingehung der dort erwähnten Verbindlichkeiten vorgesehen. Bei unentgeltlichen Verfügungen würde ein analoger Fall nur dann vorliegen, wenn es zweifelhaft wäre, ob die Verfügung einer sittlichen Pflicht oder einer auf den Anstand zu nehmenden Rücksicht entspricht. Besteht dagegen ein solcher Zweifel nicht, geht vielmehr die unentgeltliche Verfügung offenkundig über die dem Testamentsvollstrecker vom Gesetze und vom Erblasser gezogenen Schranke hinaus, so kann sie auch durch die Einwilligung des Erben nicht gültig werden (vgl. Johow's Jahrb. Bd. 33 A S. 164, 172 flg.). Ganz ausgeschlossen ist dies aber bei Verfügungen zum eigenen Nutzen des Testamentsvollstreckers, die — wie die vorliegende — sogar als strafbare Untreue sich darstellen (vgl. Urt. des III. Strafs. in Goltdammer's Archiv Bd. 43 S. 53). Solche Verfügungen können, als zweifelloser Verstoß gegen den Willen des Erblassers auch durch ein Zusammenwirken des Testamentsvollstreckers mit dem Erben keine Gültigkeit erlangen (vgl. Entsch. des RG.'s in Zivils. Bd. 61 S. 143; Staudinger Bem. 2a zu § 2203, Bem. 3 zu § 2205). Sie sind vielmehr, wie der Berufungsrichter zutreffend ausgeführt hat, nichtig.

Auf den angeblichen guten Glauben ihrer Filialleiter (§ 2211 Abs. 2 BGB.) kann sich die Beklagte nicht berufen. Sie ersahen aus dem Erbscheine und aus dem Pfandbuch-Auszuge, daß Eduard W. für seine Person unter Testamentsvollstreckung gestellt war und daß die verpfändete Hypothek zu dem unter Verwaltung befindlichen Vermögen gehörte. Ein etwaiger Irrtum über die allgemeinen Schranken, die der Verwaltungsbefugnis des Testamentsvollstreckers gezogen sind, kann die Beklagte ebensowenig entschuldigen, wie der Umstand, daß der als Grundbuchbeamter fungierende Notar in den gleichen Fehler verfallen ist. Nach der Feststellung des Berufungsrichters haben im übrigen die Vertreter der Beklagten wenigstens so viel erkannt, daß die Verwendung einer der Verwaltung des Testamentsvollstreckers anvertrauten Hypothek in dessen eigenen Nutzen auch mit Zustimmung des in der Verfügung beschränkten Erben nicht zulässig war." . . .

RGZ. 81, 166

1. Bedarf es zur Annahme des Amtes eines Testamentsvollstreckers einer ausdrücklichen Erklärung?

2. Wird das Amt mit Erledigung der Obliegenheiten von selbst beendigt?

3. Darf der Testamentsvollstrecker die Weiterführung der Geschäfte mit Zustimmung der Erben anderen Personen übertragen?

BGB. §§ 2202, 2225—2227.

IV. Zivilsenat. Urt. v. 4. Januar 1913.

I. Landgericht Osnabrück. II. Oberlandesgericht Celle.

Der im Jahre 1908 in Kl. Dr. verstorbene Gutsbesitzer J. Sch. hatte durch einen am 10. Mai 1905 mit seiner Ehefrau geschlossenen Erbvertrag diese zur Vorerbin und seine Kinder zu Nacherben ernannt, ferner seinen Sohn O., den Beklagten, als Testamentsvollstrecker berufen. Gegen letzteren in der Eigenschaft als Testamentsvollstrecker hat der Kläger mit der Behauptung, daß ihm gegen den Nachlaß eine größere Forderung zustehe, Klage auf Zahlung von vorläufig 25 000 M. erhoben. Der Beklagte bestritt, daß er Testamentsvollstrecker sei; in beiden Vorinstanzen wurde der Standpunkt des Beklagten als berechtigt erklärt und demgemäß ohne Eingehen auf die Sache selbst auf Abweisung der Klage erkannt. Auf Revision des Klägers ist das Urteil des Berufungsgerichts aufgehoben und die Sache in die Vorinstanz zurückverwiesen worden.

Gründe:

„Der Beklagte hat seine Behauptung, daß er nicht Testamentsvollstrecker sei, in zweifacher Weise begründet: er habe das Amt überhaupt nicht angenommen; falls aber in seinem Verhalten eine Annahme des Amtes gefunden werden sollte, so sei doch das Amt vor Erhebung der Klage schon wieder erloschen gewesen. Während das Landgericht die Abweisung der Klage damit begründet hatte, daß es an dem Erfordernis der Annahme des Amtes von seiten des Beklagten fehle, hat das Berufungsgericht angenommen, die Annahme sei zwar erfolgt, das Amt sei jedoch bereits vor Erhebung der Klage dadurch wieder erloschen gewesen, daß der Beklagte alle ihm als Testamentsvollstrecker obliegenden Geschäfte erledigt gehabt habe.

Die Revision bestreitet zunächst unter Hinweis auf § 2225 BGB., daß das Amt eines Testamentsvollstreckers auf die bezeichnete, im Gesetz nicht vorgesehene Weise zur Erlöschung kommen könne. Insoweit kann der Revision nicht beigepflichtet werden. Die §§ 2225 bis 2227 BGB. enthalten keine erschöpfende Regelung der Art und Weise, wie das Amt des Testamentsvollstreckers beendigt werden kann; denn sie ziehen den Regelfall, daß der Testamentsvollstrecker alle seine Obliegenheiten zu Ende führt, überhaupt nicht in Betracht. Es ergibt sich aus der Natur der Sache, ist auch in der Rechtslehre anerkannt, daß die Erledigung der Aufgaben des Testamentsvollstreckers die Beendigung des Amtes von selbst nach sich ziehen muß. Eine Einschränkung wollen nur Strohal (Erbrecht § 40 Anm. 28) und Planck (3. Aufl., Vorbem. 1 b zu §§ 2225—2227 BGB.) gemacht wissen; sie verlangen aus Gründen der Sicherheit des Verkehrs, daß die Beendigung des Amtes erst eintrete, wenn zu der Tatsache der Erledigung der Geschäfte noch eine Anzeige des Testamentsvollstreckers hiervon an das Nachlaßgericht oder eine Niederlegungserklärung hinzukomme. Strohal will übrigens dieses Erfordernis nicht allgemein aufstellen: nicht für den Fall, daß dem Testamentsvollstrecker nur einzelne Geschäfte übertragen seien, sondern nur für den Fall, daß es sich um eine Testamentsvollstreckung mit normalem oder annähernd normalem Wirkungskreise handle. Schon die Unmöglichkeit, zwischen diesen Fällen eine sichere Grenze zu ziehen, spricht gegen das Erfordernis der Anzeige; es bestehen aber hiergegen auch grundsätzliche Bedenken. Das Amt des Testamentsvollstreckers ist nicht etwas für sich Bestehendes; es erhält seine Grundlage und seinen Inhalt ausschließlich durch die dem Testamentsvollstrecker vom Erblasser übertragenen Obliegenheiten. Ist durch Erledigung der Obliegenheiten der Inhalt weggefallen und ist deshalb der Testamentsvollstrecker nicht mehr in der Lage, irgend welche Tätigkeit auszuüben, so kann man nicht mehr von einem Fortbestehen des Amtes sprechen; es könnte sich nur darum handeln, ob das Fortbestehen des Amtes aus Zweckmäßigkeitsgründen zu fingieren sei, und dazu bedürfte es einer ausdrücklichen Gesetzesvorschrift.

Auch die von Strohal und Planck angezogene Stelle aus den Protokollen der zweiten Kommission (Bd. 5 S. 314) bietet keinen genügenden Anhalt dafür, die Beendigung des Amtes von einer Niederlegungserklärung abhängig zu machen. Es ist dort allerdings in einem Nebensatze davon die Rede, daß das Amt des Testamentsvollstreckers nicht von selbst, sondern nur durch Niederlegung erlösche; aber es handelt sich dabei nur um eine gelegentliche Bemerkung bei Beratung einer anderen Frage, nämlich der Frage, wie die Pflicht des Testamentsvollstreckers zur Herausgabe der Nachlaßgegenstände zu regeln sei. Auch steht jener Bemerkung eine Stelle gegenteiligen Inhalts in den Motiven z. BGB. (Bd. 5 S. 225 Abs. 3; Mugdan, Mat. Bd. 5 S. 118 u.) gegenüber, wo es — gleichfalls in anderem Zusammenhange, nämlich zu der Frage, ob durch übereinstimmende Erklärung der Beteiligten dem Testamentsvollstrecker die Ausführung der Vollstreckung entzogen werden könne — heißt: „Soweit für eine weitere Vollziehung kein Raum bleibt, ist selbstverständlich die Tätigkeit des Vollstreckers beendigt. Eine Vorschrift dieses Inhalts könnte nur zu Mißverständnissen Anlaß geben."

Aus der Entstehungsgeschichte des Bürgerlichen Gesetzbuchs kann deshalb ein sicherer Anhaltspunkt für die Ermittelung des Willens des Gesetzgebers nicht hergeleitet werden, und da das Gesetz selbst das Erfordernis einer Niederlegungserklärung oder einer Anzeige an das Nachlaßgericht nicht aufstellt, so muß als Wille des Gesetzgebers angenommen werden, daß das Amt des Testamentsvollstreckers ohne weiteres erlischt, wenn er alle ihm übertragenen Obliegenheiten erledigt hat.

Begründet erscheint dagegen die weitere Rüge der Revision, die sich gegen die Annahme des Berufungsgerichts wendet, daß der Beklagte alle ihm als Testamentsvollstrecker obliegenden Geschäfte *vollständig erledigt* habe. Welche Aufgabe dem Testamentsvollstrecker gestellt wurde, ist im Erbvertrage nicht näher angegeben. Der Zusammenhang ergibt jedoch, daß er einerseits zu Lebzeiten der Vorerbin die Verwaltung des Nachlaßvermögens für diese führen, anderseits bei Eintritt des Nacherbfalls die Auseinandersetzung des Nachlasses unter den Beteiligten vornehmen sollte. Die Ausführung seiner Aufgabe hat sich in Wirklichkeit dadurch etwas anders gestaltet, daß die als Vorerbin eingesetzte Witwe schon zu Lebzeiten durch notariellen Vertrag vom 22. Oktober 1910 das Nachlaßvermögen unter die Nacherben und die Vermächtnisnehmerin verteilt hat.

Diesen Vertrag macht das Berufungsgericht zur Grundlage seiner Entscheidung, indem es annimmt, daß hierdurch die Aufgabe des Testamentsvollstreckers beendigt worden sei. Diese Annahme wird jedoch durch den Inhalt des Vertrags nicht gerechtfertigt. In dem Vertrage, bei dem der Beklagte mitwirkte, aber nur als einer der Nacherben ohne Erwähnung seiner Eigenschaft als Testamentsvollstrecker, wurde, wie erwähnt, eine Verteilung des Nachlasses vorgenommen; dabei blieben aber noch verschiedene Geschäfte nachträglich vorzunehmen, die zur Aufgabe des Testamentsvollstreckers gehört hätten: die Auflassungserklärung bezüglich des von der Witwe an einen der Söhne abgetretenen Gutes, die Einhebung des Restpreises hierfür mit 30 000 M., die Einziehung zweier Hypothekenforderungen zu 35 500 M. und 5500 M. und die Verteilung der eingehenden Gelder an die nach dem Auseinandersetzungsvertrag

Empfangberechtigten. Die Ausführung dieser Geschäfte ist im Vertrage teils von dem Rechtsanwalt P., teils von dem Kaufmann G. übernommen worden. Das Berufungsurteil sagt nun, infolge des Umstandes, daß die Erben sich über den Nachlaß vollständig auseinandergesetzt hätten und daß alles noch Erforderliche anderen Personen übertragen worden sei, mangele es an jeder Unterlage für eine weitere Betätigung des Beklagten bei der Verwaltung oder Auseinandersetzung des Nachlasses und deshalb habe sein Amt als Testamentsvollstrecker sein Ende erreicht. Wenn sich das Berufungsurteil in diesem Zusammenhange dahin ausdrückt, daß eine Aufgabe, die dem Beklagten als Testamentsvollstrecker obgelegen haben würde, von den Erben ihm entzogen und einem anderen übertragen worden sei, so trifft dieser Ausdruck die Sache nicht. Da der Beklagte nach der Feststellung des Berufungsgerichts Testamentsvollstrecker geworden war, so stand ihm allein die Befugnis zu, über den Nachlaß zu verfügen (§§ 2205, 2211 BGB.): nur von ihm, nicht von den Erben, konnte anderen Personen die Weiterführung von Geschäften übertragen werden.

Die Frage ist deshalb dahin zu stellen, ob der Testamentsvollstrecker befugt sei, mit Zustimmung der Erben sich der ihm übertragenen Aufgabe dadurch zu entziehen, daß er ihre Ausführung anderen Personen überträgt. Die Verneinung der Frage ergibt sich mit Notwendigkeit aus der Stellung des Testamentsvollstreckers als des Inhabers eines Amtes, dessen Inhalt durch die Anordnungen des Erblassers festgelegt ist und auch durch die Zustimmung der Erbbeteiligten nicht ohne weiteres geändert werden kann (Entsch. des RG. in Zivils. Bd. 74 S. 215 ff.). Dadurch, daß im Vertrage vom 22. Oktober 1910 die Weiterführung der Geschäfte anderen Personen übertragen worden ist, wurde deshalb die Aufgabe des Testamentsvollstreckers nicht beendigt, sie erhielt nur eine andere Richtung. Es bedurfte nach jener Uebertragung noch der Ueberwachung der mit Weiterführung der Geschäfte betrauten Personen und gegebenenfalls eines Eingreifens zur Herbeiführung der ordnungsmäßigen Erledigung der übertragenen Geschäfte (vgl. für das aus einem Auftragsvertrage sich ergebende, dem vorliegenden ähnliche Verhältnis Entsch. des RG.'s in Zivils. Bd. 78 S. 312). Die Verpflichtung hierzu lag demjenigen ob, welcher die Dritten beauftragt hatte, und das konnte nur der Beklagte als Testamentsvollstrecker sein. Die Verpflichtung dauerte bis zur endgültigen Abwickelung der Auseinandersetzung fort. Ob und wann diese erfolgt sei, hat das Berufungsgericht nicht festgestellt, weil es diesem Umstande keine Bedeutung beimaß; die Akten lassen aber ersehen, daß jedenfalls ein Teilbetrag einer Hypothek von 20 000 M. im November 1911 noch nicht eingehoben war. Es muß also davon ausgegangen werden, daß die endgültige Auseinandersetzung des Nachlasses nicht vor Erhebung der gegenwärtigen Klage erfolgt war. . . .

Nach dem Ausgeführten verstößt die Begründung des Berufungsurteils gegen die Rechtsgrundsätze, die hinsichtlich der rechtlichen Stellung und der Obliegenheiten des Testamentsvollstreckers gelten. Es war jedoch gemäß § 563 ZPO. noch zu prüfen, ob sich die Entscheidung nicht aus anderen Gründen als richtig darstelle, da der Beklagte auch jetzt noch, wie in den Vorinstanzen geltend macht, daß er das Amt als Testamentsvollstrecker gar nicht angenommen habe. Aber die gegenteilige Feststellung des Berufungsgerichts ist rechtlich nicht zu beanstanden. Zwar kann die Annahme des Amtes nicht durch bloße schlüssige Handlungen erfolgen, sondern nur durch eine gegenüber dem Nachlaßgericht abgegebene Erklärung. Diese Erklärung braucht aber nicht in dem Sinne eine ausdrückliche zu sein, daß sie gerade und ausschließlich darauf abzielt, den Willen der Amtsübernahme zum Ausdrucke zu bringen. Es genügt, wenn eine Erklärung gegenüber dem Nachlaßgericht abgegeben wird, die, wenn auch in anderem Zusammenhange, dem Willen des Berufenen, das Amt anzunehmen, einen deutlich erkennbaren Ausdruck gibt. Im Streitfalle hatte der Beklagte zwei Eingaben an das Nachlaßgericht gemacht, in denen er unter Berufung auf seine Eigenschaft als Testamentsvollstrecker Anträge auf Erteilung von Urkundenabschriften stellte. Darin konnte das Berufungsgericht unbedenklich eine Annahmeerklärung im Sinne des § 2202 Abs. 2 BGB. erblicken, wenn auch das Nachlaßgericht noch eine ausdrücklichere Erklärung vom Beklagten verlangt hatte." . . .

RGZ. 83, 348

1. Darf bei Vorlegung eines ordnungsmäßigen aber erloschenen Testamentsvollstreckerzeugnisses der Dritte geltend machen, daß er sich im Irrtum über den Eintritt der Tatsache befunden habe, die die Beendigung des Amtes zur Folge hatten?

2. Darf bei Ueberschreitung oder Mißbrauch der Verwaltungsbefugnisse des Testamentsvollstreckers der Dritte sich auf seinen guten Glauben berufen, wenn er beides infolge von Fahrlässigkeit nicht erkannt hat? Ist zum Ausschlusse des guten Glaubens grobe Fahrlässigkeit erforderlich?

BGB. §§ 2368, 2366, 2205, 2206, 122 Abs. 2.

V. Zivilsenat. Urt. v. 10. Dezember 1913.

I. Landgericht Altona. II. Oberlandesgericht Kiel.

Die Kläger sind die Söhne des 1903 verstorbenen Rechtsanwalts und Notars We. In einer letztwilligen Verfügung vom 15. Januar

1902 hatte dieser seine Ehefrau als Vorerbin und die beiden Kläger als Nacherben mit der Bestimmung eingesetzt, daß Justizrat Dr. Wä. nach seinem Tode den Nachlaß als Testamentsvollstrecker in Verwaltung nehmen und auch nach dem Tode der Vorerbin, der 1907 eingetreten ist, nach seinem pflichtmäßigen Ermessen die Verwaltung des Erbteils des Sohnes Otto ganz oder teilweise, jedoch nicht über das vollendete 30. Lebensjahr hinaus fortsetzen solle. Zum Nachlasse gehörte ein Grundstück in A., auf dem für die St. Pauli-Kreditbank in H. eine Hypothek von 16 000 M. haftete. Der Erblasser hatte die Hypothek zwar bezahlt, aber sich keine Löschungsbewilligung erteilen lassen und den Hypothekenbrief in den Händen der Bank belassen.

Im November 1910 nahm Wä., der eine Reihe von Vermögensmassen verwaltete und wegen Veruntreuungen im Dezember 1911 verhaftet und verurteilt wurde, bei der Beklagten ein Bankdarlehn von rund 70 000 M. auf und verpfändete dafür durch Sicherheitsübereignung die vorerwähnte We.'sche Eigentümergrundschuld von 16 000 M., die er durch die St. Pauli-Kreditbank der Beklagten abtreten ließ, sowie Hypotheken zweier anderer Nachlaßmassen, nämlich, wie die Beklagte angegeben hat, sieben Hypotheken eines Nachlasses M. von zusammen 49 620 M. und die Hypothek eines unbenannten Nachlasses von 4200 M., zusammen also 69 820 M. Er gab an, daß er zur Ausschüttung „in einer Nachlaßsache", oder, wie das Berufungsgericht zugunsten der Beklagten angenommen hat, „in Nachlaßsachen" flüssiger Mittel bedürfe, und ließ sich den Darlehnsbetrag, der nach Abzug von Zinsen in Höhe von 69 441,80 M. seinem persönlichen Konto gutgeschrieben wurde, „der bequemeren Absendung wegen" in 3½% preußischen Staatsanleihescheinen im Nennwerte von 74 000 M. aushändigen. Mit dem Anschaffungswerte dieser Papiere wurde sein persönliches Konto belastet.

Die Kläger, die Mitte 1911 von der Abtretung der Grundschuld Kenntnis erlangten, ließen sich am 12. Juni 1911 von Wä. Hypotheken und andere Wertgegenstände abtreten, die sich aber als völlig wertlos erwiesen. Als ihnen am 19. Juli 1911 die Beklagte die Hypothek kündigte, versprachen sie in zwei Schreiben je die Hälfte von 8000 M. am 19. Januar 1912 zu zahlen. Diesem Versprechen, das sie in der irrigen Annahme einer Verpflichtung erteilt haben wollen, sind die Kläger aber nicht nachgekommen, sondern haben sowohl das Versprechen, als auch die Grundschuld zurückgefordert. Sie haben mit dem Antrage geklagt, die Beklagte zur Löschung zu verurteilen, und zur Begründung geltend gemacht, daß beim Mangel irgendeines Gegenwerts für die Masse eine unentgeltliche, unter Mißbrauch der Vertretungsmacht zu eigenem Nutzen vorgenommene Verfügung des Testamentsvollstreckers vorliege, auf die sich die

Beklagte nicht berufen könne, weil ihr grobe Nachlässigkeit zur Last falle. Die Beklagte hat jede Fahrlässigkeit in Abrede gestellt. Sie will, auch bei der Buchung auf dem persönlichen Konto Wä.'s, in üblicher Weise vorgegangen sein, bei der St. Pauli-Kreditbank angefragt und das Testamentsvollstreckerzeugnis eingesehen haben. Daß Wä. Hypotheken aus drei Nachlaßmassen zu gleicher Zeit beliehen habe, sei ihr bei dem unbegrenzten Vertrauen, das ihr Mitglied Wä. sowohl bei ihr, als auch allgemein genossen habe, nicht aufgefallen. Die Beklagte hat sich ferner auf das nachträgliche Anerkenntnis und Zahlungsversprechen der Kläger berufen und widerklagend persönliche Darlehns- sowie Grundschuldklage mit dem Antrag erhoben, die Kläger als Gesamtschuldner zur Zahlung von 16 000 M. nebst Zinsen auch bei Vermeidung der Zwangsvollstreckung in das Grundstück zu verurteilen.

Das Landgericht wies die Klage ab und gab der Widerklage statt. Das Oberlandesgericht änderte auf die Berufung der Kläger nur bei der Widerklage und wies die persönliche Klage der Beklagten ab, im übrigen wies es zur Klage und Widerklage die Berufung der Kläger zurück. Auf deren Revision wurde das Berufungsurteil, soweit es zu ihrem Nachteil ergangen ist, aufgehoben, die Anschlußrevision der Beklagten wurde zurückgewiesen.

Aus den Gründen:

„Das Berufungsgericht hat zunächst für erwiesen angenommen, daß der Testamentsvollstrecker Wä. bei der Beklagten unter Belastung seines persönlichen Kontos, wie es in solchen Fällen in den Bankkreisen Altonas üblich sei, ein einheitliches Darlehn von rund 70 000 M., zwar für Rechnung einer oder mehrerer unbenannten Nachlaßmassen, aber in eigenem Namen aufgenommen habe, so daß eine persönliche Schuldverbindlichkeit des We.'schen Nachlasses oder der Kläger nicht begründet worden sei. Auch die späteren Verhandlungen mit Wä. und die Zahlungsversprechen hätten eine solche Verbindlichkeit nicht begründen können, weil sie keinen neuen Schuldgrund, insbesondere kein Schuldversprechen im Sinne des § 780 BGB., enthielten und überdies wegen Mangels des vermeintlichen Verpflichtungsgrundes die Rückforderung mit der Bereicherungsklage Platz greife. Die gegen diesen Teil der Entscheidung des Berufungsrichters gerichtete Anschlußrevision der Beklagten erschien nicht begründet." . . . (Wird näher ausgeführt.)

„In betreff der dinglichen Rechtsbeziehungen hat der Berufungsrichter ausgeführt, daß zwar nicht eine unentgeltliche Verfügung des Testamentsvollstreckers im Sinne des § 2205 BGB., wohl aber ein Mißbrauch der Verwaltungsbefugnisse zu eigenem Nutzen vorliege und daß deshalb nach den Grundsätzen, die das Reichsgericht in der Entsch. Bd. 75 S. 301 aufgestellt habe, die Beklagte Rechte daraus nur dann herleiten könne, wenn ihr keine grobe Fahrlässigkeit zur Last falle. Eine solche Fahrlässigkeit sei aber nicht festzustellen. Die Darlehnsaufnahme zu Lasten des persönlichen Kontos sei üblich, die Bestimmung für Auseinandersetzungszwecke möglich, der auffällige Umstand, daß drei Nachlaßmassen mit ihren Hypotheken beteiligt wurden, durch einen Zufall oder durch Abrechnung unter den einzelnen Massen erklärbar. Die Schnelligkeit, mit der der Bankverkehr sich abspiele und die eine längere Ueberlegung nicht zulasse, verlange wechselseitiges Vertrauen. Besonders einem Rechtsanwalt und Notar gegenüber sei dieses Vertrauen angebracht. Wenn auch Wä.'s Ansehen in Anwaltskreisen damals erschüttert gewesen sein möge, so liege doch nichts dafür vor, daß das Mißtrauen schon in die Bankkreise gedrungen gewesen sei. Die Beklagte jedenfalls habe ihm unbegrenztes Vertrauen geschenkt.

Diese Ausführungen sind, wie die Revision mit Recht geltend gemacht hat, nicht frei von Rechtsirrtum. Zunächst ist bei Prüfung der Legitimation des Testamentsvollstreckers dem unstreitigen Inhalte des Testaments nicht gebührend Rechnung getragen worden. Danach sollte die Testamentsvollstreckung nur bis zum Tode der Vorerbin dauern, der zur Zeit der hier in Rede stehenden Vorgänge bereits eingetreten war, und sich dann nur auf den Erbteil des Klägers Otto We., bis zu dessen vollendetem 30. Lebensjahr, erstrecken. Mit Wirkung für Edgar We. bestand also gar keine Testamentsvollstreckung und sie konnte auch nicht dadurch begründet werden, daß dieser Kläger, wie vom Berufungsurteil angenommen wird, stillschweigend dem Testamentsvollstrecker die Verwaltung beließ. Es konnte sich hier höchstens um Vollmacht oder auftraglose Geschäftsführung handeln und es hätte daher die Beklagte entweder Edgar We. zuziehen oder sich eine ausreichende Vollmacht vorlegen lassen müssen. Durch das Testamentsvollstreckerzeugnis (BGB. § 2368), das die Beklagte eingesehen haben will, das aber der Berufungsrichter, wie es scheint, sich nicht hat vorlegen lassen, hätte die Beklagte ohne Rücksicht auf Fahrlässigkeit (aber nicht ohne Rücksicht auf etwaige Kenntnis) nur dann gedeckt werden können, wenn das Zeugnis die testamentarischen Bestimmungen über die Dauer der Testamentsvollstreckung nicht enthalten hätte (BGB. a. a. O. und § 2366 das.). Dies ist zwar nicht gerade ausgeschlossen, aber recht unwahrscheinlich. Waren dagegen die Bestimmungen in dem Zeugnis wiedergegeben und befand sich die Beklagte etwa nur in Unkenntnis über den Eintritt des Todes der Vorerbin, so konnte sie dieser Umstand ebensowenig schützen, wie die etwa unterbliebene Berichtigung des Testamentsvollstreckerzeugnisses, weil mit Beendigung der Testamentsvollstreckung auch die Beweiskraft des Zeugnisses, ohne Rücksicht auf etwa vorhandenen guten Glauben, erlischt (§ 2368 a. E. BGB., Prot. Bd. 5 S. 690 a. E., 684; Planck Anm. 9, 11 zu § 2368).

Unterstellt man aber auch eine vollgültige Vertretungsbefugnis des Testamentsvollstreckers, so ist es zwar klar, daß sich die Verfügung über die Nachlaßgrundschuld, da der Gegenwert nicht in den Nachlaß geflossen, sondern vom Testamentsvollstrecker zu eigenem Nutzen veruntreut worden ist, soweit die Nachlaßmasse in Betracht kommt, sowohl als unentgeltlich im Sinne des § 2205 BGB., als auch als grober und strafbarer Mißbrauch der Testamentsvollstreckung darstellt (Entsch. des RG.'s Bd. 51 S. 415; Bd. 74 S. 217, Bd. 75 S. 299). Es kommt aber, da es sich um ein Rechtsgeschäft mit einem Dritten handelt, nicht bloß auf die objektive Rechtslage, sondern auch auf die subjektive Auffassung an, von der der Dritte zulässigerweise ausgehen durfte (vgl. Prot. 5 S. 528, 544 Anm. 3; Entsch. des RG.'s in Zivils. Bd. 74 S. 219, Bd. 75 S. 301, Bd. 81 S. 364, auch Bd. 52 S. 99, Bd. 71 S. 219/24 und das in der Kieler Sache, Entsch. Bd. 75 S. 299, ergangene spätere Urteil vom 10. Januar 1912 V. 346/11). Insofern ist es zutreffend, wenn der Berufungsrichter geprüft hat, ob die Beklagte annehmen durfte, daß das dem Testamentsvollstrecker gewährte Darlehn mittelbar in irgendeiner Weise der Nachlaßmasse zugute kommen würde, und wenn er weiter untersucht hat, ob die Beklagte den Mißbrauch der Testamentsvollstreckung erkennen konnte.

Ein Rechtsirrtum fällt aber dem Berufungsrichter hierbei schon insofern zur Last, als er die Prüfung auf etwa vorhandene grobe Fahrlässigkeit der Beklagten beschränkt hat. Wenn auch in einzelnen der vorerwähnten Urteile des Reichsgerichts mit Rücksicht auf die dort gegebene Sachlage nur von einem groben Verschulden die Rede ist, so ist doch unter dem Erkennenmüssen nach der Begriffsbestimmung des § 122 Abs. 2 BGB. jedes fahrlässige Nichterkennen zu verstehen (vgl. auch Entsch. Bd. 81 S. 366, Bd. 75 S. 301, Bd. 52 S. 99, Bd. 71 S. 219/24).

Sodann hat der Berufungsrichter den von den Klägern wiederholt betonten außergewöhnlichen Umstand nicht berücksichtigt, daß hier nicht, wie dies bei einer Nachlaßteilung ordnungsmäßig zu geschehen pflegt, eine regelrechte Versilberung der Nachlaßgegenstände vorgenommen, sondern eine Darlehnsschuld mit neuen persönlichen Verbindlichkeiten, zum mindesten des Testamentsvollstreckers, aufgenommen worden ist, ein Umstand, der um so auffälliger wirken mußte, als drei Nachlaßmassen an dieser außergewöhnlichen Maßnahme beteiligt wurden. Ferner kann die Schnelligkeit und das Vertrauen, das der tägliche Bankverkhr erfordert, nicht ohne weiteres da herangezogen werden, wo es sich um die Beleihung von Nachlaßhypotheken handelt, zumal von solchen, die unter Testamentsvollstreckung stehen. Denn solche Geschäfte pflegen nicht zu den alltäglichen, schnell zu erledigenden Bankgeschäften zu gehören. Hierbei ist, wie in dem Urteile Rep. V. 346/11 hervorgehoben worden ist, nicht blindes Vertrauen und Besorgnis, daß der andere sich beleidigt fühlen könnte, angebracht, sondern Rücksichtnahme auf die Interessen der Beteiligten und eine sorgfältige Untersuchung vonnöten. Wenn auch gegen die Annahme des Berufungsrichters nichts einzuwenden ist, daß die Buchung des Darlehns auf dem persönlichen Konto des Testamentsvollstreckers keinen Anstoß zu erregen brauchte, weil sie üblich ist und von den Unterschlagungen Wä.'s noch nichts in Bankkreise gedrungen war, so hätten doch die vorstehend erwähnten Umstände eingehender gewürdigt werden müssen." . . .

RGZ. 87, 432

Enthält § 2211 BGB. ein sog. relatives Veräußerungsverbot?

VII. Zivilsenat. Urt. v. 4. Januar 1916.

I. Landgericht Breslau. II. Oberlandesgericht daselbst.

Für Frau L. in B. stehen auf dem Grundstücke Freiburger Str. 18 in B. 33 000 M. verzinslich zu 4 ½ vom Hundert hypothekarisch eingetragen. Die Hypothek ist der Frau L. auf Grund des Testaments ihres Vaters Julius G. vom 27. Dezember 1904 zugefallen. Im Grundbuch ist am 1. Dezember 1911 vermerkt worden, daß die Gläubigerin nur Vorerbin nach ihrem Vater geworden und daß ein Testamentsvollstrecker ernannt ist. Der Erblasser hat in seinem Testamente der Frau L. das Recht der Verwaltung ihres Erbteils entzogen und bestimmt, daß der Testamentsvollstrecker diesen Erbteil bis zum Tode der Gläubigerin hinterlegen und verwalten soll. Der Beklagte hat unter dem 19. August 1912 beim Landgericht einen Arrestbeschluß erwirkt, wonach der Anspruch der Frau L. und ihres Ehemannes auf Zahlung von Zinsen aus jener Hypothek zugunsten des Beklagten wegen einer Forderung von 4655 M. und wegen eines Zinsen- und Kostenpauschquantums von 750 M. gepfändet werden sollte. Hiergegen hat die Klägerin Widerspruch erhoben mit dem Antrage, die Zwangsvollstreckung für unzulässig zu erklären. Sie stützt sich auf zwei Abtretungen vom 26. Februar 1905. Zunächst hat Frau L. die ihr zustehenden Hypothekenzinsen an den Generaldirektor B. wegen einer Forderung von 8000 M. bis zur vollständigen Befriedigung des Gläubigers abgetreten, und B. hat seine Forderung nebst allen Rechten alsbald weiter an die Klägerin abgetreten. Der Beklagte hat Abweisung beantragt. Er machte geltend, die Abtretung an die Klägerin sei nur zum Scheine erfolgt, eventuell unterliege sie der Anfechtung. Abgesehen hiervon stehe ihm eine ältere Abtretung zur Seite. Das Landgericht erkannte nach dem Klagantrage. Auf Berufung der Erbin des Beklagten wurde die Klage abgewiesen. Die Revision der Klägerin ist zurückgewiesen worden.

Aus den Gründen:

„. . . Es bestimmen:

§ 2205. Der Testamentsvollstrecker hat den Nachlaß zu verwalten. Er ist insbesondere berechtigt, den Nachlaß in Besitz zu nehmen und über die Nachlaßgegenstände zu verfügen . . .

§ 2211. Ueber einen der Verwaltung des Testamentsvollstreckers unterliegenden Nachlaßgegenstand kann der Erbe nicht verfügen . . .

Nach dem Sprachgebrauche des Bürgerlichen Gesetzbuchs würde hieraus an sich zu schließen sein, daß eine diesen Vorschriften zuwider vorgenommene Verfügung des Erben in jeder Beziehung rechtlich unwirksam sein müßte. Die Klägerin würde also, da das Vorhandensein eines Testamentsvollstreckers und dessen Verwaltungsbefugnis aus dem Grundbuche zu ersehen war, den in Rede stehenden Zinsanspruch durch die Abtretung der Frau L. nicht erworben haben, sondern letztere würde nach wie vor Inhaberin der Forderung sein.

In der Literatur wird jedoch vielfach die Ansicht vertreten, daß § 2211 enger auszulegen sei, nämlich dahin, daß die danach unzulässigen Verfügungen des Erben nicht schlechthin, sondern nur dem Testamentsvollstrecker gegenüber unwirksam seien. Zur Begründung dieser Auslegung wird geltend gemacht, die Vorschrift des § 2211 enthalte ein gesetzliches Veräußerungsverbot im Sinne des § 135.

Raape, Das ges. Veräußerungsverbot des Bürgerlichen Gesetzbuchs, S. 82 flg.

Diese Annahme erscheint bedenklich. Zuzugeben ist freilich, daß die Entziehung des Verfügungsrechts die Entziehung des Veräußerungsrechts in sich begreift. Die Beschränkungen des Erben bei vorhandener Testamentsvollstreckung bestehen aber eben nicht bloß im Mangel der Veräußerungsbefugnis, beziehen sich vielmehr, wie die §§ 2205, 2212 ergeben, ganz allgemein auf die Verwaltung des Nachlasses einschließlich der Prozeßführung, und der Erbe ist insbesondere auch nicht einmal zur Ausübung des Besitzes befugt. Die Motive sprechen denn auch an keiner Stelle von einem Veräußerungsverbote, kennzeichnen die Stellung des Erben vielmehr dahin, daß ihm, soweit der Machtkreis des Vollstreckers reiche, nach der dinglichen Seite die Verfügungsfähigkeit und damit, in dieser Beschränkung, auch die Geschäftsfähigkeit fehle. Es werde eine Geschäftsunfähigkeit bestimmt, die sich allerdings nur auf bestimmtes Vermögen (die Erbschaft) und auch nur auf die dingliche Verfügungsmacht beziehe (Mot. Bd. 5 S. 236). Es kann demnach nicht für zulässig erachtet werden, die Sondervorschrift des § 135, wonach gewisse Verfügungen nur bestimmten Personen gegenüber unwirksam sein sollen, ohne weiteres auch im Falle der Testamentsvollstreckung zur Anwendung zu bringen. Jedenfalls ist aber für eine relative Gestaltung des Rechtsverhältnisses, wie sie für das Gebiet des § 135 BGB. behauptet wird, kein Raum. Nur so viel ist zuzugeben, daß die Verfügung des Erben nicht nichtig ist, wie in den Fällen der §§ 134, 138 BGB., so daß sie überhaupt als nicht vorgenommen zu behandeln sein würde, vielmehr ist sie zur Zeit unwirksam, kann jedoch noch wirksam werden, wenn der Testamentsvollstrecker seine Zustimmung erklärt oder wenn sein Recht wegfällt.

Vgl. Strohal, Ueber relative Unwirksamkeit, in der Festschrift zur Jahrhundertfeier usw. Teil II S. 747, 815; Eccius in Gruchot Bd. 50 S. 487; Leipz. Zeitschr. von 1915 S. 699 Nr. 3.

Daß der Testamentsvollstrecker die Abtretung vom 26. Februar 1905 genehmigt habe, ist von der Klägerin nicht behauptet worden. Die Klage ist demnach mit Recht abgewiesen worden." . . .

RGZ. 98, 173

1. Zur Frage der Aktiv- und der Passivlegitimation von gemeinschaftlichen Testamentsvollstreckern, wenn einer von ihnen als Nachlaßschuldner von den übrigen verklagt wird.

2. Gehört die Einklagung einer Nachlaßforderung zu den Maßregeln, die im Sinne des § 2224 Abs. 2 BGB. zur Erhaltung eines der gemeinschaftlichen Verwaltung der Testamentsvollstrecker unterliegenden Nachlaßgegenstandes notwendig sind?

VI. Zivilsenat. Urt. v. 23. Februar 1920.

I. Landgericht Düsseldorf. II. Oberlandesgericht daselbst.

Die Kläger sind zusammen mit dem Beklagten zu 1 die durch Testament ernannten gemeinschaftlichen Testamentsvollstrecker über den Nachlaß des Franz H. Sie nehmen die Beklagten aus Darlehen des Erblassers in Anspruch.

Aus den Gründen:

„Die Revision wendet in erster Linie ein, daß die Klageberechtigung der Kläger sich nicht aus § 2224 BGB. ableiten lasse, weil die Testamentsvollstrecker, wenn der Beklagte 1 nicht mit ihnen auftreten könne, jedenfalls nicht ohne ihn oder gar gegen ihn auftreten dürften. Der Beklagte 1 sei nicht von selbst als Testamentsvollstrecker weggefallen, sondern der Weg der Entlassung habe gegen ihn beschritten werden müssen.

Die Rüge geht fehl. Die vier Testamentsvollstrecker hatten mangels einer abweichenden Anordnung des Erblassers ihr Amt gemeinschaftlich zu führen. Im allgemeinen müssen solchenfalls die mehreren Testamentsvollstrecker zusammen klagen. Jedoch kann der Testamentsvollstrecker, der Nachlaßschuldner ist und wegen seiner Schuld belangt wird, sich nicht selbst verklagen. Er ist also durch einen rechtlichen Grund, der in seiner Schuldnereigenschaft liegt, verhindert, an einer Klage, die gegen ihn allein oder gegen ihn und andere Streitgenossen zu richten ist, als Mitkläger mit den übrigen Testamentsvollstreckern teilzunehmen, und hat für diesen Fall im Sinne des § 2224 Abs. 1 als weggefallen zu gelten mit der Folge, daß die übrigen Testamentsvollstrecker allein die Klage gegen ihn anstellen dürfen (RGZ. Bd. 58 S. 299, Bd. 61 S. 143). Die Behinderung eines Testamentsvollstreckers, bei einer einzelnen Nachlaßangelegenheit mitzuwirken, würde an sich und vorbehaltlich einer besonderen Sachlage noch kein wichtiger Grund sein, ihn gemäß § 2227 zu entlassen.

Des weiteren ist nach § 2224 Abs. 2 BGB. jeder Testamentsvollstrecker berechtigt, ohne Zustimmung der anderen Testamentsvollstrecker diejenigen Maßregeln zu treffen, die zur Erhaltung eines der gemeinschaftlichen Verwaltung unterliegenden Nachlaßgegenstandes notwendig sind. Wie das Reichsgericht wiederholt erkannt hat (Jur. Wochenschr. 1902 Beil. Nr. 135; Urt. des RG. III 107/05), gehört die gerichtliche Betreibung einer Nachlaßforderung zu diesen Maßnahmen. In der Regel wird zur gerichtlichen Geltendmachung einer Forderung erst dann geschritten werden, wenn der Schuldner in Güte nicht bezahlt oder wenn er die Forderung bestreitet. Die Klage wird also notwendig, um dem Nachlaß den Betrag der Forderung zuzuführen, oder um festzustellen, daß dem Nachlaß die Forderung zusteht. Damit ist nicht ausgeschlossen, daß nach der Gestaltung des Einzelfalls die gerichtliche Betreibung einer Nachlaßforderung sich nicht als eine zu ihrer Erhaltung gebotene Maßnahme darstellt. Hier waren jedenfalls die gerichtliche Austragung des Streites, ob die Beklagten dem Nachlaß die eingeforderten Beträge schuldig oder ob sie ihnen geschenkt waren, sowie die Einziehung der Beträge unerläßlich, damit die letztwillige Verfügung des Erblassers ausgeführt werden konnte.

Hiernach waren die Kläger ohne Zuziehung des Beklagten 1 zur Klage berechtigt.

Der Beklagte 1 durfte aber auch, obwohl er Testamentsvollstrecker war, verklagt werden. Die Frage, ob von mehreren Testamentsvollstreckern, die ihr Amt gemeinschaftlich und nicht in getrennten Verwaltungen ausüben, einer den andern als Testamentsvollstrecker verklagen kann, braucht nicht erörtert zu werden. Denn der Beklagte 1 ist nicht als Testamentsvollstrecker, sondern als Nachlaßschuldner in Anspruch genommen worden. Es ist kein Grund zu ersehen, warum ein Schuldner oder Gläubiger des Nachlasses oder eine in einem sonstigen der gerichtlichen Klärung bedürftigen Rechtsverhältnis zu dem Nachlaß stehende Person von den Testamentsvollstreckern nicht soll verklagt werden oder gegen sie nicht soll klagen können, weil er ebenfalls Testamentsvollstrecker ist. Aus dem Gesetz ergibt sich kein Anhalt, daß dies unzulässig sei. Auch ein Widerstreit der Interessen zwischen mehreren gemeinschaftlichen Testamentsvollstreckern liegt nicht vor, wenn wie im gegenwärtigen Falle die Eigenschaft der einen Partei als Testamentsvollstrecker gar nicht in Frage kommt. Ebensowenig wie Miterben an dem Vorgehen gegen einen Nachlaßschuldner, der Miterbe ist, durch diese Eigenschaft gehindert sind, steht dem Betreiben einer Nachlaßforderung durch die Testamentsvollstrecker der Umstand entgegen, daß der Schuldner gleichfalls Testamentsvollstrecker ist.

Endlich kann auch davon, daß eine Entscheidung des Nachlaßgerichts wegen Meinungsverschiedenheit zwischen den Testamentsvollstreckern hätte eingeholt werden müssen, schon deshalb keine Rede sein, weil hier die etwaige Meinungsverschiedenheit nicht zwischen den Testamentsvollstreckern als solchen bestand, sondern zwischen den Klägern als Testamentsvollstreckern und dem Beklagten als Nachlaßschuldner." . . .

RGZ. 105, 246

1. Ist die Auflassung eines Nachlaßgrundstücks, die der Testamentsvollstrecker unter Zustimmung der Erben zur Erfüllung einer vermeintlichen, in Wahrheit nicht bestehenden Vermächtnisschuld vornimmt, als unentgeltliche Verfügung unwirksam?

2. Zur Frage der Wirksamkeit eines Vermächtnisses, wenn das vermachte Grundstück zu dem noch ungeteilten Nachlaß eines Dritten gehört, an dem der Erblasser als Miterbe beteiligt ist.

IV. Zivilsenat. Urt. v. 6. Juli 1922.

I. Landgericht Potsdam. II. Kammergericht Berlin.

Die Parteien sind Kinder und Miterben des im Februar 1910 unter Hinterlassung letztwilliger Verfügungen gestorbenen Friedrich Sch. Zum Nachlaß gehörte ein Grundstück. Dieses wurde am 19. Dezember 1910 von dem Beklagten als Testamentsvollstrecker an die Witwe des Erblassers aufgelassen, nachdem sich die sämtlichen Erbbeteiligten, und zwar drei minderjährige Enkel des Erblassers durch die Inhaber der elterlichen Gewalt, vor dem Grundbuchamte darüber einig erklärt hatten, daß „in Ausführung des Testaments" die Witwe Eigentümerin des Grundstücks werden solle. Die Beteiligten gingen dabei von der in einem Schreiben des Grundbuchamts an den Beklagten vertretenen Auffassung aus, daß das Grundstück zu den im Nachtragstestament vom 30. August 1909 der Witwe vermachten „Ländereien" gehöre. Auf Grund der Auflassung wurde die Witwe als Eigentümerin in das Grundbuch eingetragen. Sie vermachte das Grundstück letztwillig dem Beklagten und starb im Januar 1918. Der Beklagte befindet sich im Besitze des Grundstücks. Die Klägerin macht geltend, daß die der Auflassung vom 19. Dezember 1910 zugrundeliegende Auffassung verfehlt sei, daß das Grundstück vielmehr gemäß dem Haupttestamente des Friedrich Sch. vom 24. April 1906 „in die Erbteilungsmasse fallen" sollte, deshalb an die Witwe ohne Rechtsgrund aufgelassen und zum Nachlaß von Friedrich Sch. zurückzugewähren sei. Dem Antrage der Klägerin gemäß hat das Berufungsgericht den Beklagten verurteilt, das Grundstück an die Gesamtheit der Erben von Friedrich Sch. zu Händen eines gerichtlich zu bestellenden Verwahrers herauszugeben. Seine Revision hatte keinen Erfolg.

Gründe:

Das Berufungsgericht legt die letztwilligen Verfügungen des Erblassers Friedrich Sch. in dem in diesem Prozesse von der Klägerin vertretenen Sine, also dahin aus, daß das streitige Grundstück von dem im Nachtragstestamente zugunsten der überlebenden Ehefrau angeordneten Vermächtnis gewisser Ländereien nicht mitbetroffen sei, sondern gemäß dem Haupttestament als der Gesamtheit der Erben gebührend in die Erbteilungsmasse fallen sollte. Diese Testamentsauslegung ist vom Rechtsstandpunkte nicht zu beanstanden; sie wird auch von der Revision nicht angegriffen. Auf ihrer Grundlage stellt sich die Auflassung des Grundstücks an die Witwe Sch., die der Beklagte als Testamentsvollstrecker in vermeintlicher Ausführung des Testaments zur Erfüllung einer in Wahrheit nicht bestehenden Vermächtnisanordnung vorgenommen hat, als eine unentgeltliche Verfügung dar, die nicht im Rahmen der dem Testamentsvollstrecker nach § 2205 BGB. zustehenden Verfügungsmacht lag.

Unentgeltlich ist eine Verfügung, wenn der durch sie bewirkten Verminderung des Vermögens keine Gegenleistung gegenübersteht. Zu der Annahme der Entgeltlichkeit ist allerdings nicht erforderlich, daß eine Gegenleistung besonders festgesetzt oder ersichtlich gemacht werde. Der Gegenwert einer Zuwendung kann vielmehr auch in der Rechtswirkung der Verfügung selbst liegen. So ist eine Zuwendung, die durch Erfüllung einer rechtsbeständigen Schuld geschieht, entgeltlich, da die dadurch herbeigeführte Befreiung von der Schuld einen Vermögensvorteil für den Schuldner bedeutet (RGZ. Bd. 50 S. 137, Bd. 51 S. 76, Bd. 62 S. 44). Auch die Erfüllung eines Vermächtnisses durch den nach § 2203 BGB. dazu berufenen Testamentsvollstrecker ist deshalb keine unentgeltliche Verfügung; sie bringt den Erben einen Vermögensvorteil durch Befreiung von einer Nachlaßverbindlichkeit (§ 1967 BGB.). An einer solchen Gegenleistung fehlt es aber, wenn die Leistung des Testamentsvollstreckers zur Erfüllung eines irrigerweise angenommenen, in Wahrheit nicht bestehenden Vermächtnisses erfolgt. Dem kann die von der Revision angeführte Entscheidung des Senats in RGZ. Bd. 81 S. 364 nicht entgegengehalten werden. In dem damals vorliegenden Falle hatte das Berufungsgericht bei der Beurteilung der Entgeltlichkeit oder Unentgeltlichkeit des Geschäfts eines Vorerben (§ 2113 Abs. 2 BGB.) das Geschäft einfach deshalb, weil objektiv ein auffallendes Mißverhältnis zwischen Leistung und Gegenleistung obwaltete, in einen entgeltlichen und einen unentgeltlichen Teil zerlegt. Dies hat das Reichsgericht mit der Begründung mißbilligt: Das Wesen der entgeltlichen Verfügung oder des ihr zugrunde liegenden entgeltlichen Rechtsgeschäfts dürfe nicht ausschließlich in objektiven Begriffsmerkmalen gesucht werden. Sei es doch nur der Wille der Beteiligten, der die auf beiden Seiten in Betracht kommenden Leistungen zueinander in das Verhältnis von Leistung um einer anderen Leistung willen oder von Leistung und Gegenleistung zu setzen vermöge. Wie hoch hierbei jeder Beteiligte die eigene Leistung und die seines Vertragsgegners einschätze, stehe im allgemeinen in seinem Ermessen. Bei einem Vorerben biete der Begriff der ordnungsmäßigen Verwaltung (§§ 2120, 2130) den sich aus objektiven und subjektiven Merkmalen zusammensetzenden Maßstab dafür, ob und inwieweit der Vorerbe sich bei gebührender Rücksichtnahme auf seine gegenüber dem Nacherben bestehende künftige Herausgabeverpflichtung nach den Umständen des Falles zu einer Verfügung über Nachlaßgegenstände zugunsten eines Dritten bewogen finden dürfe. An dieser Rechtsanschauung ist festzuhalten. Sie gilt auch für den Testamentsvollstrecker, der nach § 2216 Abs. 1 zur ordnungsmäßigen Verwaltung des Nachlasses verpflichtet und hinsichtlich unentgeltlicher Verfügungen nach § 2205 Satz 3 in ähnlicher Weise beschränkt ist, wie nach § 2113 Abs. 2 der Vorerbe. Danach ist objektive Gleichwertigkeit von Leistung und Gegenleistung keine Voraussetzung der Entgeltlichkeit einer Verfügung; es genügt, wenn die beiden Leistungen von den Beteiligten für die von ihnen verfolgten Zwecke einander gleichgestellt werden und von dem beteiligten Testamentsvollstrecker nach dem Maßstab einer ordnungsmäßigen Verwaltung einander gleichgestellt werden dürfen. Dem — gegebenenfalls an die Anforderungen einer ordnungsmäßigen Verwaltung gebundenen — Ermessen der Beteiligten kommt aber auch nur für die Einschätzung einer Leistung als Gegenwert einer anderen Leistung Bedeutung zu. Dagegen wird eine Zuwendung, für die der Leistende gar keine Gegenleistung erhält, nicht dadurch entgeltlich, daß sie in dem irrigen

Glauben an eine Gegenleistung bewirkt wird. Ein nicht vorhandenes Entgelt wird durch den Glauben der Beteiligten an ein Entgelt nicht ersetzt. Die Auflassung des streitigen Grundstücks, die in dem irrigen Glauben an die Befreiung der Erben von einer Nachlaßverbindlichkeit aus Vermächtnis vorgenommen wurde, ist deshalb eine unentgeltliche Verfügung.

Auch unentgeltliche Verfügungen sind dem Testamentsvollstrecker nach § 2205 Satz 3 freilich insoweit nicht verwehrt, als sie einer sittlichen Pflicht oder einer auf den Anstand zu nehmenden Rücksicht entsprechen. Die Revision will diese Ausnahme von der Verfügungsbeschränkung des Testamentsvollstreckers deshalb angenommen wissen, weil der Beklagte als Testamentsvollstrecker das Grundstück an die Witwe des Erblassers erst aufgelassen hat, nachdem das Grundbuchamt die Ansicht geäußert hatte, daß das Grundstück nach den letztwilligen Verfügungen der Witwe zukomme, und nachdem die übrigen Erbbeteiligten sich mit dieser Ansicht einverstanden erklärt hatten. Die hervorgehobenen Umstände mögen den Testamentsvollstrecker von jedem Verschulden an der von ihm herbeigeführten Verminderung des ihm anvertrauten Nachlasses entlasten. Sie sind aber nicht geeignet, das als das Gebot einer sittlichen oder Anstandspflicht erscheinen zu lassen, was der Testamentsvollstrecker in Erfüllung einer vermeintlichen Rechtspflicht getan hat. Von der Erfüllung einer sittlichen Pflicht durch den Testamentsvollstrecker könnte eher die Rede sein, wenn die außer der Witwe erbberechtigten Kinder und Enkel des Erblassers darüber einig gewesen wären, daß ihrer Mutter und Großmutter mit der Eigentumsübertragung eine über das Testament hinausgehende freiwillige Zuwendung gemacht werden sollte. Dies wird aber gerade dadurch ausgeschlossen, daß sie ausgesprochenermaßen nur mit einer „in Ausführung des Testaments" geschehenden Uebereignung einverstanden gewesen sind.

Eine sich nicht als Anstandsschenkung usw. darstellende unentgeltliche Verfügung des Testamentsvollstreckers ist auch bei Zustimmung der Erben unwirksam. Denn der Wille der Erben ist für den Testamentsvollstrecker, der nur den Anordnungen und dem erkennbaren Willen des Erblassers nach Anleitung des Gesetzes nachzukommen hat. überhaupt nicht maßgebend (§§ 2203, 2208, 2211. 2216 Abs. 2 BGB., RGZ. Bd. 74 S. 218). . . .

Hat dem Testamentsvollstrecker, wie dargelegt, die Befugnis zu der von ihm vorgenommenen Verfügung über das Grundstück gefehlt, so gehört das Grundstück trotz der Eintragung der Witwe Sch. in das Grundbuch nach wie vor zum Nachlasse des Friedrich Sch.; seine Erben (und Erbeserben) sind Eigentümer des Grundstücks zur gesamten Hand geblieben. Die Erbengemeinschaft könnte nach § 985 BGB.

von dem Beklagten als Besitzer des Grundstücks dessen Herausgabe verlangen. Die Klägerin als einzelne Miterbin ist nach § 2039 Satz 2 BGB. zu dem von ihr geltend gemachten Verlangen berechtigt, daß der Beklagte die Herausgabe an einen gemäß § 165 FGG. gerichtlich zu bestellenden Verwahrer bewirke.

Es fragt sich aber, ob der Beklagte die Herausgabe gemäß § 986 Abs. 1 Satz 1 BGB. deshalb verweigern darf, weil er den Eigentümern gegenüber zum Besitze berechtigt ist. Er leitet ein Recht zum Besitze daraus her, daß ihm die Witwe Sch. das Grundstück vermacht hat. Erben der Witwe Sch. sind nach der Feststellung des Berufungsgerichts dieselben Personen, die nach dem Tode der Witwe als Erben und Erbeserben an dem Nachlasse von Friedrich Sch. beteiligt sind. Der Beklagte würde also bei Gültigkeit des zuletzt erwähnten Vermächtnisses einen Vermächtnisanspruch auf das Grundstück aus den §§ 2174, 2147 Satz 2 BGB. gegen dieselben Personen haben, auf deren Eigentum am Grundstücke der nach § 985 mit § 2039 Satz 2 gegebene Herausgabeanspruch beruht; er würde den Eigentümern gegenüber zum Besitze berechtigt sein. Zur Wirksamkeit des Vermächtnisses eines bestimmten Gegenstandes ist indessen nach § 2169 Abs. 1 grundsätzlich erforderlich, daß der Gegenstand zur Zeit des Erbfalls zum Vermögen des Erblassers gehört. Nur dann ist ausnahmsweise das Vermächtnis im Falle der Nichtzugehörigkeit des Gegenstandes zur Erbschaft wirksam, wenn die Vermächtnisanordnung dahin auszulegen ist, daß der Gegenstand dem Bedachten auch für diesen Fall zugewendet sein soll. Es liegt dann ein Verschaffungsvermächtnis im Sinne des § 2170 vor. Das streitige Grundstück ist, wie vorher erörtert, trotz der Auflassung und der sich anschließenden Eigentumseintragung nicht in das Eigentum der Witwe Sch. übergegangen, hat also nicht zu ihrer Erbschaft gehört. Ob der Beklagte auch für diesen Fall mit dem Grundstück bedacht sein sollte, hat das Berufungsgericht, ohne Verkennung der Bedeutung des § 2169 Abs. 1, mit verneinendem Ergebnis geprüft. Daß es bei seiner Testamentsauslegung irgendwelche von dem beweispflichtigen Beklagten für die Annahme eines Verschaffungsmächtnisses beigebrachten Umstände unbeachtet gelassen habe, ist nicht ersichtlich.

An dem Friedrich Sch.'schen Nachlasse, zu dem das Grundstück noch zur Zeit des Todes der Witwe Sch. gehörte, war die Witwe allerdings als Miterbin zu einem Viertel beteiligt. Daraus kann aber nicht mit der Revision gefolgert werden, daß die das Grundstück betreffende Vermächtnisanordnung der Witwe jedenfalls zu einem Viertel wirksam sei. Dies würde dann zutreffen, wenn die Witwe Miteigentümerin des Grundstücks zu einem Viertel gewesen wäre. An dem Grundstücke bestand jedoch bis zum Tode der Witwe — und besteht noch — Gesamteigentum der Erbengemeinschaft. Zur Umwandlung dieses Gesamteigentums (§ 2032 Abs. 1) in Eigentum nach Bruchteilen (§§ 1008, 741 BGB.) wäre Auflassung erforderlich gewesen (RGZ. Bd. 57 S. 432, Bd. 67 S. 62). Eine solche Auflassung ist nicht erfolgt. Zu der Auslegungsfrage, ob das Vermächtnis des Grundstücks — mit Rücksicht auf die Zugehörigkeit des Grundstücks zum Friedrich Sch.'schen Nachlaß einerseits und die Anteilsberechtigung der Erblasserin an diesem Nachlaß anderseits — etwa in das Vermächtnis eines Teiles des der Erblasserin an dem Nachlaß ihres Mannes zustehenden Anteils umzudeuten ist, brauchte das Berufungsgericht keine Stellung zu nehmen. Denn von einer in diesem Sinne anzunehmenden Wirksamkeit der Vermächtnisanordnung würde der im gegenwärtigen Rechtsstreit eingeklagte Anspruch auf Herausgabe des Grundstücks zum Friedrich Sch.'schen Nachlasse nicht berührt werden.

RGZ. 108, 289

Muß der Testamentsvollstrecker den zur Vorbereitung der Erbteilung erforderlichen Verkauf eines Nachlaßgrundstücks mangels Einverständnisses der Erben mit einem freihändigen Verkauf im Wege der Zwangsversteigerung vornehmen?

V. Zivilsenat. Urt. v. 13. Februar 1924.

I. Landgericht Tilsit. II. Oberlandesgericht Königsberg

Die Frage ist verneint worden.

Aus den Gründen:

Die mehrfach von den Klägern betonte Tatsache, daß sie im Frühjahr 1919 an den Testamentsvollstrecker das Verlangen gestellt haben, das Nachlaßgrundstück solle zwecks Herbeiführung der Auseinandersetzung im Wege der Zwangsversteigerung verkauft werden, vermag keinen Schadensersatzanspruch gegen den beklagten Testamentsvollstrecker zu begründen. Denn eine Verpflichtung des Testamentsvollstreckers, diesem Verlangen der Erben zu entsprechen, kann nicht anerkannt werden. Nach § 2204 BGB. hat der Testamentsvollstrecker die Auseinandersetzung nach Maßgabe der §§ 2042 bis 2056 BGB. zu bewirken. Im § 2042 sind für die Auseinandersetzung zwischen den Miterben die Vorschriften der §§ 750 bis 758 BGB. für anwendbar erklärt. Nach § 753 erfolgt, wenn die Teilung in Natur ausgeschlossen ist, die Aufhebung der Gemeinschaft durch Verkauf des gemeinschaftlichen Gegenstandes nach den Vorschriften über den Pfandverkauf, bei Grundstücken durch Zwangsversteigerung, und durch Teilung des Erlöses. Aus dieser mittelbaren Bezugnahme auf § 753 für die vom Testamentsvollstrecker vorzunehmende Auseinandersetzung zwischen den Erben ist im Schrifttum (Planck Anm. 3d zu § 2204 BGB.; Kreß, Erbengemeinschaft S. 253 Anm. 3; Weißler, Nachlaßverfahren Bd. 2 S. 222; Dernburg, Bürgerliches Recht Bd. 5 § 141 III) gefolgert worden, daß auch der Testamentsvollstrecker Nachlaßgrundstücke zur Vorbereitung der Erbteilung im Wege der Zwangsversteigerung verkaufen müsse. Diese Ansicht kann indessen, wenngleich sie dem starren Wortlaut des Gesetzes entspricht, nicht für zutreffend erachtet werden. Die Vorschriften der §§ 752 flg. über die Art und Weise, wie die Aufhebung einer Gemeinschaft durchzuführen ist, enthalten nachgiebiges Recht und kommen nur zur Anwendung, wenn keine Einigung der Gemeinschafter über eine andere Art der Auseinandersetzung zustande kommt. Bei dem Mangel einer Einigkeit über den freihändigen Verkauf gemeinschaftlicher Gegenstände kann deren Umsetzung in Geld aber nur auf dem im § 753 geregelten Wege eines Zwangsverkaufs erfolgen, weil ein freihändiger Verkauf die Mitwirkung aller Gemeinschafter erfordern würde und diese eben nicht erreichbar ist (vgl. Protokolle bei Mugdan Mat. Bd. 2 S. 1212 13). Dieser gesetzgeberische Grund trifft nicht zu, wenn die Auseinandersetzung durch einen gemäß § 2204 BGB. dazu befugten Testamentsvollstrecker erfolgt. Der Testamentsvollstrecker hat die Auseinandersetzung lediglich nach den Anordnungen des Erblassers zu bewirken, ohne dabei an eine Zustimmung der Erben oder an eine von ihnen getroffene abweichende Vereinbarung gebunden zu sein (Prot. bei Mugdan Mat. Bd. 5 S. 656). Er bedarf daher insbesondere auch zu einer Veräußerung in Natur nicht teilbarer Gegenstände nicht der Einwilligung oder sonstigen Mitwirkung der Erben. Auch ein sonstiger Grund, der dafür sprechen könnte, daß der Testamentsvollstrecker einen derartigen Verkauf nur nach den Regeln über den Zwangsverkauf sollte vornehmen dürfen, ist nicht erkennbar. Die Vorschrift, daß auf die von dem Testamentsvollstrecker zu bewirkende Auseinandersetzung die Vorschriften über die Aufhebung der Gemeinschaft Anwendung finden sollen, beruht auf der Erwägung, daß die Willensmeinung des Erblassers, der einen Testamentsvollstrecker ernannt habe, ohne über die Art der Auseinandersetzung eine Bestimmung zu treffen, offenbar dahin gehe, daß die einzelnen Erben dasjenige erhalten sollten, was ihnen nach den gesetzlichen Regeln über die Auseinandersetzung der Miterben gebühre (Protokolle bei Mugdan Mat. Bd. 5 S. 653). Demgemäß darf der Testamentsvollstrecker mangels einer abweichenden Anordnung des Erblassers die Auseinandersetzung nicht nach Gutdünken oder nach billigem Ermessen vornehmen, auch nicht unteilbare Gegenstände einzelnen Miterben auf ihre Erbteile zuweisen, sondern ist er verpflichtet, solche in Natur nicht teilbaren Nachlaßstücke zu veräußern und den Erlös zur Teilung zu bringen. Es kann aber nicht als in der Willensrichtung des Erblassers liegend angesehen werden, daß ein von ihm ohne Einschränkung der gesetzlichen Befugnisse ernannter Testamentsvollstrecker, der nach § 2205 BGB. zur freien Verfügung über die Nachlaßgegenstände und damit auch im Rahmen der ordnungsmäßigen Verwaltung des Nachlasses zur freihändigen Veräußerung derselben befugt ist, bei der zum Zwecke der Auseinandersetzung erforderlichen Veräußerung derart beschränkt sein soll, daß er sie nach den Regeln über den Zwangsverkauf vornehmen muß. Ein derartiger Wille des Erblassers ist um so weniger anzunehmen, als erfahrungsmäßig bei einem Zwangsverkauf, ganz abgesehen von dem damit verbundenen Zeitverlust und Kostenaufwand, vielfach ein geringerer Preis erzielt wird, als bei einem freihändigen Verkauf, der die Möglichkeit zur Ausnützung sich bietender besonders günstiger Verkaufsgelegenheit gewährt. Ist aber für die Bindung des Testamentsvollstreckers an die für die Auseinandersetzung zwischen den Miterben geltenden Regeln der mutmaßliche Wille des Erblassers bestimmend gewesen, so kann es nicht als dem Willen des Gesetzes entsprechend angesehen werden, daß dadurch eine dem Willen des Erblassers widersprechende Einschränkung des sonst freien Verfügungsrechts des Testamentsvollstreckers für den Fall der Veräußerung eines Nachlaßgegenstandes, die zum Zwecke der Auseinandersetzung erfolgt, hat angeordnet werden sollen. Die im § 2204 BGB. durch die Bezugnahme auf § 2042 liegende mittelbare Verweisung auf § 753 kann vielmehr nur dahin verstanden werden, daß der Testamentsvollstrecker zwecks Auseinandersetzung der Miterben die in Natur nicht teilbaren Nachlaßgegenstände verkaufen und den Erlös unter die Miterben verteilen soll, daß aber die für den Fall einer Uneinigkeit der Gemeinschafter gegebene Vorschrift über die Art des vorzunehmenden Verkaufs auf den Testamentsvollstrecker keine Anwendung findet (vgl. Cosack Lehrbuch 6. Aufl. Bd. 2 § 422 III 1 b; Staudinger Anm. 3 zu § 2204 BGB.; Endemann, Lehrbuch 8/9. Aufl. Bd. 3 § 73 V; Dernburg-Engelmann Bd. 5 § 141 Anm. 10).

RGZ. 130, 131

Ueber die Pflichten des Testamentsvollstreckers.

BGB. §§ 2085, 2202 bis 2204, 2208, 2216, 2218, 2219.

VI. Zivilsenat. Urt. v. 20. Oktober 1930.

I. Landgericht Breslau. II. Oberlandesgericht daselbst.

Am 26. Januar 1914 starb in Breslau der Fuhrunternehmer E. Er hatte ein am 17. August 1912 errichtetes Testament nebst zwei

Nachträgen vom November 1912 und November 1913 hinterlassen. Zu seinen Erben hatte er zu gleichen Teilen seine Ehefrau und seine sieben Kinder — vier Kinder aus erster Ehe, drei aus zweiter Ehe — eingesetzt.

In § 2 bestimmte er, daß sein Nachlaß bis zur Veräußerung seines Grundstücks und bis zum Verkauf des Fuhrgeschäfts ungeteilt bleiben solle. Er räumte seiner Ehefrau das Recht ein, selbst den Zeitpunkt des Verkaufs zu bestimmen, ordnete aber hierbei ausdrücklich an, daß seine Ehefrau zum Verkauf von Haus und Geschäft die Zustimmung des Hausbesitzers M. einholen und dem „instrumentierenden" Notar und dem Grundbuchamt nachweisen müsse. Keines seiner Kinder sollte das Recht haben, den Verkauf gegen den Willen seiner Ehefrau zu verlangen. Er „vermachte" dieser gleichzeitig den Nießbrauch und die Verwaltung an seinem gesamten Nachlaß und befreite sie von allen Beschränkungen der vormundschaftsgerichtlichen Aufsicht und auch in anderer Beziehung, soweit dies die Gesetze überhaupt zulassen. Das Recht auf Verwaltung und Nießbrauch an dem Erbteil seiner Kinder aus erster Ehe sollte wegfallen, sobald sein jüngstes, am 7. Oktober 1905 geborenes Kind Werner das 16. Lebensjahr vollendet haben würde. Dieser Zeitpunkt wurde in einem der Nachträge auf das vollendete 20. Lebensjahr hinausgeschoben. Alsdann sollte seine Ehefrau verpflichtet sein, seinen Kindern aus erster Ehe mit Ausnahme des Kindes Willi ihren Erbteil zur freien Verfügung auszuhändigen, auch wenn ein Verkauf von Haus und Geschäft noch nicht bewirkt sei.

In § 4 des Testaments ernannte er seine Ehefrau zum Testamentsvollstrecker seines letzten Willens. Sie sollte den Nachlaß aktiv und passiv vertreten und auch, wie er bereits hervorgehoben habe, die Verwaltung führen und ohne Zustimmung der übrigen Erben zu allen Verfügungen über die Nachlaßgegenstände befugt sein. Sie sollte insbesondere ermächtigt sein, ohne Zustimmung der übrigen Erben das Nachlaßgrundstück und das Geschäft zu verkaufen, auch Hypotheken und Grundschulden eintragen zu lassen.

Eines der Kinder erster Ehe verstarb im Jahre 1926 und wurde von seinen vollbürtigen Geschwistern beerbt. Der erwähnte Hausbesitzer M. starb im Jahre 1917.

Am 19. Januar 1925 ließ die Witwe des Erblassers, die Erstbeklagte eine Hypothek von 20 000 GM. für die Eisenbahn-Sterbekasse in B. eintragen. Die Auszahlung erfolgte in Höhe von 18 000 GM. Am 9. März 1925 verkaufte die Witwe des Erblassers durch notariellen Vertrag als Testamentsvollstreckerin das Nachlaßgrundstück an ihre beiden ältesten Söhne, den Zweitbeklagten und den Drittbeklagten, von denen H. am 29. Januar 1902, E. am 1. September 1903 geboren ist.

Die Klägerin, eine Tochter erster Ehe, verlangt im vorliegenden Rechtsstreit in erster Linie Feststellung der Nichtigkeit des Kaufvertrags vom 9. März 1925, in zweiter Linie Schadensersatz in Höhe von 4100 RM. Sie macht geltend, daß die Erstbeklagte das Grundstück nur mit Zustimmung des Hausbesitzers M. habe veräußern dürfen und daß dies auch den beiden anderen Beklagten bekannt gewesen sei. Da M. gestorben sei, habe die Befugnis der Erstbeklagten zum Verkauf des Grundstücks ihre Wirksamkeit verloren. Die verklagte Witwe habe aber auch ihre Pflicht als Testamentsvollstreckerin verletzt und außerdem zusammen mit den beiden anderen Beklagten sittenwidrig gehandelt, indem sie das Grundstück zu einer Zeit verkauft habe, als der Wert städtischer Grundstücke sich sprunghaft gesteigert habe. Der Verkauf sei zu einem Preise erfolgt, der den Wert des Grundstücks bei weitem nicht erreicht habe. Das gehe schon daraus hervor, daß die Eisenbahn-Sterbekasse eine Hypothek von 20 000 GM. auf das Grundstück vorher bewilligt habe. Der Verkauf sei nur deshalb so früh erfolgt, damit den beiden Söhnen die Steigerung des Wertes des Grundstücks zugute komme. Deshalb sei den übrigen Erben der Verkauf des Grundstücks zunächst verheimlicht und der Name der Käufer erst sehr spät genannt worden. An einen Fremden würde die Erstbeklagte das Grundstück nicht unter 40 000 RM. verkauft haben. Sie habe aber sogar von den beiden Mitbeklagten einen höheren Betrag erhalten als im Vertrag angegeben. Sie habe sich ferner von ihnen vor und bei dem Verkauf die Zusicherung geben lassen, daß sie die Wohnung und den Laden auf dem Grundstück ohne Mietzahlung oder gegen eine weit hinter dem angemessenen Mietzins zurückbleibende Zahlung behalten dürfe

Das Landgericht wies die Klage ab. Die Berufung der Klägerin war erfolglos. Ihre Revision führte zur Aufhebung und Zurückverweisung.

Gründe:

1. Die Bedenken der Revisionsbeklagten gegen die Zulässigkeit der Feststellungsklage aus § 256 ZPO. treffen nicht zu. Die Klägerin macht geltend, daß der Kaufvertrag, den die Erstbeklagte als Testamentsvollstreckerin mit den beiden anderen Beklagten über das Grundstück, den wichtigsten Bestandteil des Nachlasses, geschlossen habe, rechtsunwirksam sei, während die Beklagten den Gegenstand des Kaufvertrags als nicht mehr zur Nachlaßmasse gehörig ansehen. Trifft die klagebegründende Behauptung zu, dann ist die Nachlaßmasse und der der Klägerin zufallende Anteil entsprechend größer. Daß die Klägerin ein rechtliches Interesse an der alsbaldigen Feststellung dieses Rechtsverhältnisses hat, kann ohne Zweifel angenommen werden, da von der Unwirksamkeit des Vertrags die Durchsetzung der Erbansprüche der Klägerin und anderer Erben ab-

hängt, die nicht in jedem Falle auf Zahlung gerichtet zu sein brauchen. Denn die Erstbeklagte ist nicht verpflichtet, erneut zum Verkauf zu schreiten; ob es hierzu kommt oder ob der Gegenstand des beanstandeten Kaufvertrags selbst in die Erbteilung einbezogen wird, falls jener Vertrag unwirksam ist, steht dahin.

2. Sachlich ist die Revision der Klägerin begründet.

Das Berufungsgericht geht davon aus, daß die Entscheidung des Rechtsstreits lediglich von der Frage der Nichtigkeit des Kaufvertrags vom 9. März 1925 aus § 138 Abs. 1 BGB. abhänge. Dieser Ausgangspunkt ist nicht zutreffend. Es kommt vielmehr auch die Unwirksamkeit des Vertrags aus einem anderen Grunde in Betracht. Das Berufungsgericht hat nicht genügend berücksichtigt, daß die Erstbeklagte nicht nur Miterbin, sondern auch Testamentsvollstreckerin war; ihre Eigenschaft als Testamentsvollstreckerin ist nur am Schluß des Berufungsurteils in anderem Zusammenhang erwähnt. Daß auch ein Miterbe zum Testamentsvollstrecker ernannt werden kann, ist in der Rechtsprechung anerkannt (RGZ. Bd. 61 S. 142). Der Umstand, daß der Erblasser der Erstbeklagten die Verwaltung und den Nießbrauch am gesamten Nachlaß für eine gewisse Zeit und eine weitgehende Verfügungsbefugnis übertragen hat, ist mit ihrer Bestellung zur Testamentsvollstreckerin sehr wohl vereinbar. Es kann unter Umständen aus Anordnungen dieser Art auf die Bestellung eines Testamentsvollstreckers geschlossen werden, selbst wenn dieses Wort nicht gebraucht ist (KG. bei Johow Bd. 30 S. 97; vgl. auch LZ. 1917 Sp. 536). Ferner ist aus den Vorschriften der §§ 2208 und 2218 BGB. die Folgerung gezogen worden, daß der Testamentsvollstrecker, wenn er auch Träger eines Amtes ist (§ 2202), doch seine Vertretungsmacht aus dem Testament als einem rechtsgeschäftlichen Akt herleitet und nach außen wie nach innen keine wesentlich andere Stellung als die eines Bevollmächtigten hat (RGZ. Bd. 75 S. 302). In diesem Urteil des Reichsgerichts (vgl. S. 301) ist daraus unter Anwendung des das Vollmachtverhältnis beherrschenden Rechtsgedankens der Grundsatz abgeleitet worden, daß aus einem vom Testamentsvollstrecker unter Mißbrauch seiner Befugnisse mit einem Dritten abgeschlossenen Rechtsgeschäft der Dritte keine Rechte geltend machen kann, wenn er diesen Mißbrauch hätte erkennen müssen (vgl. auch RGZ. Bd. 83 S. 353). Der Testamentsvollstrecker hat stets im Interesse des Nachlasses zu handeln; er befindet sich in einer besonderen Vertrauensstellung; dabei ist besonders zu berücksichtigen, daß der Erbe nicht immer sein Recht in gleicher Weise schützen kann, wie es der Erblasser hätte tun können. Aus dieser Erwägung ist auch die Vorschrift des § 2219, wonach der Testamentsvollstrecker bei schuldhafter Verletzung der ihm obliegenden Pflichten dem Erben für den daraus entstehenden Schaden verantwortlich ist, mit Recht dahin ausgelegt worden, daß der Testamentsvollstrecker zu besonderer Gewissenhaftigkeit und Sorgfalt verpflichtet ist (vgl. Planck-Flad Bem. 1 zu § 2219; RGUrt. vom 28. September 1914 VI 240/13). Falls das Berufungsgericht die Unterscheidung zwischen Nichtigkeit und Unwirksamkeit des Vertrags auch in der Fassung des Klagantrags für erforderlich hielt, hätte es auf die Aenderung dieses Antrags gemäß § 139 ZPO. hinwirken müssen.

Das Berufungsgericht hat nun die Behauptungen, womit die Klägerin einen Mißbrauch der Befugnis der Erstbeklagten in ihrer Eigenschaft als Testamentsvollstreckerin dartun will, zum Teil überhaupt nicht und zum Teil nicht hinreichend gewürdigt. Es stellt in den Vordergrund die Erwägung, daß sich die Beklagte vor dem Verkauf die Gutachten zweier besonders angesehener Sachverständiger beschafft habe, die den Wert des Grundstücks auf 23 000 bis 24 000 RM. geschätzt haben, und daß der Verkauf an die beiden Söhne der Beklagten für 25 000 RM. deshalb zum angemessenen Preise erfolgt sei. Dabei ist aber dem Umstand nicht Rechnung getragen, daß in erster Linie die Frage zu beantworten war, ob denn ein Verkauf des Grundstücks überhaupt in jenem Zeitpunkt nach den Regeln einer ordnungsmäßigen Wirtschaft angezeigt war. Diese Frage kann jedenfalls nicht mit der Erwägung abgetan werden, daß zum mindesten Personen mit den wirtschaftlichen Kenntnissen und Erfahrungen der Beklagten die Entwicklung der Grundstückspreise nicht hätten voraussehen können. Besaß die Beklagte als Testamentsvollstreckerin die erforderlichen Kenntnisse auf diesem Gebiete nicht, so wäre es ihre Sache gewesen, hierüber bei sachkundigen Personen Rat einzuholen. Darauf wurde sie besonders durch die noch anderweit zu erörternde Bestimmung des Testaments hingewiesen, daß sie zum Verkauf des Hauses und des Geschäfts sogar die Zustimmung des Hausbesitzers M. einholen müsse. Gewiß kann der Verwalter eines fremden Vermögens nicht ohne weiteres für sein Verhalten in Zeiten schwer übersehbarer wirtschaftlicher Verhältnisse haftbar gemacht werden, wenn es sich nachher als unzweckmäßig erweist (Jur. Rdsch. 1927 Nr. 114). Und man kann auch annehmen, daß der Verkauf eines Grundstücks in der Inflationszeit unter Umständen als nicht sachwidrig zu erachten ist in einem Fall der Art, wie er der Entscheidung ROLG. Bd. 46 S. 230 zugrunde lag. Dort hatte die Beweisaufnahme eine Reihe von Umständen ergeben, die ohne Zweifel das Grundstück zur Zeit des im August 1923 erfolgten Verkaufs und auch noch auf viele Jahre hinaus als eine schwere Last für den Besitzer erscheinen ließen. Aber um einen Fall solcher Art handelt es sich im vorliegenden Rechtsstreit nicht. Die Beklagte hat keine solchen Gründe für den Verkauf des Grundstücks geltend gemacht. Das wäre auch kaum verständlich, da sie dann das Risiko lediglich auf ihre beiden Söhne verschoben hätte. Sie hat vorgetragen, daß sie erst ganz kurz vor dem letzten, im Testament erwähnten Termin verkauft habe, daß die Klägerin und die übrigen Kinder des Erblassers aus seiner ersten Ehe fortgesetzt zum Verkauf gedrängt und wiederholt Kaufliebhaber veranlaßt hätten, zu ihr zu gehen, daß sich die Klägerin auch noch kurze Zeit vor dem Verkauf so verhalten habe. Die Klägerin hat das bestritten und geltend gemacht, daß die Erben mit der Auszahlung des Erbteils gewartet und auf Befragen sich ohne weiteres mit der Hinausschiebung der Auszahlung einverstanden erklärt haben würden. Sie hat ferner darauf hingewiesen, daß ihr und ihren Geschwistern der Verkauf sogar verheimlicht worden sei. (Wird näher ausgeführt.) Zu dieser Darstellung hat das Berufungsgericht nicht Stellung genommen. Zugunsten der Klägerin muß die Richtigkeit ihrer Darstellung in der Revisionsinstanz unterstellt werden; danach kann eine Verheimlichung des Verkaufs sehr wohl in Betracht kommen. Die Erstbeklagte hat zur Begründung des Verkaufs weiter vorgetragen, daß sie einem ihrer Söhne als Bäcker das Geschäft habe überlassen wollen, um für ihn eine Lebensstellung zu begründen; lediglich aus diesem Grunde sei sie überhaupt an den Erwerb des Grundstücks für ihre Kinder herangegangen. Welches Kind das Geschäft habe bekommen sollen, ist zwar nicht gesagt; anscheinend handelt es sich um ihren jüngsten Sohn. Dann kann es allerdings auffällig erscheinen, daß die Beklagte für ihre eigenen drei Kinder aus der zweiten Ehe das Grundstück selbst sicherstellen wollte. Ihr jüngster Sohn sollte das darin betriebene Bäckereigeschäft erhalten, ihre beiden anderen Söhne das Grundstück zu Eigentum; damals war der eine von ihnen, ein Steuerpraktikant, 23 Jahre, der andere, ein Bankbeamter, 21 Jahre alt. Wenn die Erstbeklagte in dieser Weise für ihre Kinder sorgte, den Kindern aus der ersten Ehe des Erblassers den Verkauf aber geflissentlich geheim hielt, dann liegt die Vermutung eines Mißbrauchs des Amtes allerdings nahe.

Dazu kommt, daß der Erblasser nicht etwa einen Zeitpunkt für den Verkauf vorgeschrieben hat. Aus dem Nachtrag zum Testament in Verbindung mit der Schlußbestimmung in § 2 des Testaments geht vielmehr hervor, daß er mit der Vollendung des 20. Lebensjahres beim jüngsten Sohn — Oktober 1925 — und mit der Erbauseinandersetzung rechnete, ohne daß der Verkauf des Hauses und des Geschäftes stattgefunden haben würde. Es ist also auffällig, daß der Verkauf bereits im März 1925 stattgefunden hat, ohne daß, wie in der Revisionsinstanz unterstellt werden muß, überhaupt festgestellt wurde, ob ein Anlaß zur Beschleunigung, und zwar in dem Maße vorlag, daß der Verkauf nicht kurze Zeit vor dem Oktober 1925, sondern 7 Monate vorher bewirkt wurde. Daß andernfalls eine anderweitige Entschließung des Zweit- und des Drittbeklagten zu erwarten gewesen war, erhellt bis jetzt jedenfalls nicht. Außerdem hat die Klägerin Beweis dafür angetreten, daß sich die Beklagten schon seit Mitte 1924 um die Beschaffung der Hypothek bei der Eisenbahn-Sterbekasse bemüht haben; sie schließt daraus, daß der Verkauf schon im Sommer 1924 erfolgt sein würde, wenn die Hypothek damals zu erlangen gewesen wäre. Daß der Wert des Grundstücks bereits im Oktober 1925 höher anzusetzen gewesen wäre, geht auch aus dem Gutachten des von der Erstbeklagten zugezogenen Sachverständigen H. hervor.

Besonderes Gewicht ist auf die ausdrückliche Anordnung des Erblassers zu legen, daß seine Ehefrau zum Verkauf von Haus und Geschäft die Zustimmung des Hausbesitzers M. einholen und dem Notar sowie dem Grundbuchamt nachweisen müsse. Das Berufungsgericht wird dieser Bestimmung nicht gerecht. Es meint: hätte der Erblasser damit gerechnet, daß M. nicht allzulange nach ihm sterben würde und daß der Krieg und die Inflation die Verwertung des Grundstücks um ein Jahrzehnt hinauszögern könnten, dann hätte er die Anordnung nicht getroffen oder vorsichtiger gefaßt. Dabei übersieht der Vorderrichter, daß, wie schon hervorgehoben, der Erblasser im Nachtrag zum Testament in Verbindung mit dem Schlußsatz in § 2 des letzteren damit gerechnet hat, der Verkauf werde sogar im Jahre 1925 noch nicht bewirkt sein. Außerdem ist die Darlegung des Berufungsgerichts nicht schlüssig, daß der Erblasser eine Anordnung der bezeichneten Art nicht getroffen haben würde, wenn er die Schwierigkeit der wirtschaftlichen Verhältnisse in der Nachkriegszeit gekannt hätte. Wenn die Anordnung, wie das Berufungsgericht meint, lediglich eine Sicherungsmaßnahme war, dann sollten die übrigen Erben zum mindesten gegen eine ungünstige Veräußerung des Hauptbestandteils des Nachlasses geschützt werden. Damit würde es nicht im Widerspruch stehen, daß der Erblasser seiner Ehefrau Vertrauen entgegengebracht hat; wie aus den Darlegungen des Berufungsgerichts an anderer Stelle hervorgeht, besitzt die Erstbeklagte offenbar keine erheblichen wirtschaftlichen Kenntnisse und Erfahrungen. Die fragliche Anordnung steht neben der der Beklagten eingeräumten Verfügungsbefugnis; der Erblasser hat die Anordnung in besonders scharfer Form trotz des seiner Frau entgegengebrachten Vertrauens für nötig gehalten. Das Berufungsgericht irrt, wenn es die erwähnte Anordnung als eine Verfügung im Sinne von § 2085 BGB. ansieht; es kann sich nur um eine Anordnung aus § 2216 Abs. 2 handeln, wenn nicht in dieser Anordnung die Bestellung eines Testamentsvollstreckers liegt. Ob der eine oder der andere Fall vorliegt, kann nur im Wege der Auslegung festgestellt werden (P l a n c k -

Flad Bem. 1 zu § 2224; ROLG. Bd. 14 S. 301, 302). Entgegen der Annahme der Revisionsbeklagten ergibt sich aus den Schlußausführungen des Berufungsgerichts deutlich, daß keine Bestellung des M. zum Mittestamentsvollstrecker vorliegt. Das ist nicht rechtsirrtümlich. Anderseits ist zu beachten, daß der Erblasser angeordnet hat, der Testamentsvollstrecker müsse die Zustimmung des M. zum Verkauf nicht nur einholen, sondern auch dem Notar und dem Grundbuchamt nachweisen. Ob die Unmöglichkeit dieses Nachweises den Verlust der Befugnis zur Verfügung des Testamentsvollstreckers über das Grundstück zur Folge hat, ist im Wege der Auslegung der letztwilligen Verfügung zu ermitteln. Wird der Verlust dieser Befugnis verneint, so ist folgendes zu erwägen:

Einmal hätte die Erstbeklagte von dem in § 2216 Abs. 2 Satz 2 BGB. ausgedrückten Rechtsgedanken aus das Nachlaßgericht um Stellungnahme angehen müssen. Aber auch wenn man nicht soweit gehen will, wäre die Rechtslage damit noch nicht zu ihren Gunsten zu beurteilen. Es besteht allerdings nicht unbedingt eine Verpflichtung des Testamentsvollstreckers, den Erben von der Ausführung einer letztwilligen Verfügung gemäß § 2203 BGB. vorher Anzeige zu erstatten. Wenngleich die Auskunftspflicht bevorstehende Geschäfte mitumfaßt (Planck-Flad Bem. 2b zu § 2218; Prot. II Bd. 5 S. 315), so ist der Testamentsvollstrecker nach den §§ 2218, 666 BGB. immerhin verpflichtet, die erforderlichen Nachrichten zu geben, also auch ohne Aufforderung (JW. 1916 S. 673 Nr. 4; Recht 1920 Nr. 2372). In der zweiten Kommission war ursprünglich eine solche Anzeigepflicht in Beziehung auf Vermächtnisse und Auflagen beschlossen worden. Davon wurde später wieder abgegangen. Es wurde erwogen, daß sich ein gewissenhafter Testamentsvollstrecker bei Bedenken gegen die Ausführung der letztwilligen Verfügung von selbst zuvor mit den Erben ins Benehmen setzen würde. Auch wurde betont, daß ein Testamentsvollstrecker auch ein Berater der Erben sein solle und daß zwischen ihm und den Erben volles gegenseitiges Vertrauen herrschen müsse (Prot. II Bd. 5 S. 271). Im vorliegenden Fall war die in besonders scharfer Form vom Erblasser angeordnete Sicherung der Erben gegen einen unzweckmäßigen Verkauf unausführbar geworden. Dann war es eine selbstverständliche Pflicht des Testamentsvollstreckers, die Erben mit Rücksicht auf die veränderte Sachlage (vgl. RGRKomm. Bem. 2 zu § 666) zum mindesten über den beabsichtigten Verkauf zu hören. Das gilt aber ganz besonders gegenüber den Kindern des Erblassers aus erster Ehe, wenn das Grundstück den Kindern der Testamentsvollstreckerin aus der zweiten Ehe des Erblassers zugewendet werden sollte. Eine Meinungsverschiedenheit zwischen der Testamentsvollstreckerin und den Erben hätte sodann im Rechtswege zur Entscheidung gebracht werden können (RGZ. Bd. 73 S. 28), wenn die erstere es nicht vorgezogen hätte, die Auseinandersetzung zwischen den Erben gemäß § 2204 nach §§ 2042 bis 2056 BGB. unter Einbeziehung des Grundstücks zu bewirken. Auch dann hätte einer Ueberlassung des Grundstücks an den Zweit- und den Drittbeklagten, welche Miterben waren, nichts im Wege gestanden, falls die Erben sich über den Preis geeinigt hätten. Andernfalls wäre nach § 753 BGB. die Zwangsversteigerung des Grundstücks in Betracht gekommen, wobei diese beiden Mitbeklagten ihr besonderes Interesse am Grundstück hätten geltend machen können. Ob der von ihnen bewilligte Kaufpreis die angemessene Vergütung für die Ueberlassung des Grundstücks war, hätte sich dann leicht feststellen lassen. In diesem Zusammenhang kann der von der Klägerin hervorgehobene Gesichtspunkt jedenfalls Anspruch auf Nachprüfung machen, ob sich die Bestimmung über die Verfügungsbefugnis der Erstbeklagten nur auf den Verkauf an Dritte, nicht auf den Verkauf an Miterben beziehen sollte.

Die Annahme des Berufungsgerichts, daß die von der Erstbeklagten eingeholten Gutachten zweier Sachverständiger über den Wert des Grundstücks den Verkauf als sachgemäß erscheinen ließen, selbst wenn der Wert von den Sachverständigen zu gering geschätzt worden sei, trifft, wie bemerkt, nicht den Kern der Frage. Aber auch soweit die Höhe des Kaufpreises in Betracht kommt, ist die Ausführung des Berufungsgerichts in dieser Allgemeinheit unzutreffend. Es ist dabei zu berücksichtigen, daß solchen Schätzungen von Sachverständigen regelmäßig allgemeine Grundsätze zugrunde gelegt werden, bei denen nicht immer die Möglichkeit gegeben ist, daß sie sofort den veränderten Verhältnissen angepaßt werden können. Die Klägerin hat unter Beweis gestellt, daß die Grundsätze, nach denen die Sachverständigen verfuhren, im Jahre 1925 zweimal, und zwar zum erstenmal im Mai 1925 für die Zeit vom Beginn des Jahres 1925 ab, geändert worden seien. Anderseits ist bei einem derartigen Verfahren eine gewisse schematische Behandlung der Angelegenheit nicht immer zu vermeiden. Daraus folgt, daß im Falle der Ausbietung des Grundstücks zum Verkauf die Erzielung eines über die Schätzung hinausgehenden Kaufpreises sehr wohl möglich ist. Ob die Einholung von Gutachten ausreicht, um den Testamentsvollstrecker gegen den Vorwurf wegen der Höhe des Preises zu sichern, hängt von den Umständen des einzelnen Falles ab. In dieser Beziehung kommt neben den bereits erörterten Bedenken weiter in Betracht, daß kurz vor dem Verkauf eine Hypothek von 20 000 GM. von einem Gläubiger gewährt worden ist, von dem angenommen werden kann, daß er vorher den Wert des Grundstücks genau geprüft hat. Die Klägerin hatte darauf hingewiesen, aus der Gewährung eines Darlehens in dieser Höhe folge ohne weiteres, daß der Wert des Grundstücks über den Betrag von 25 000 RM. hinausgehe. Es war unter Beweisantritt behauptet, daß alle Beklagten der Hypothekengläubigerin mitgeteilt hätten, das Haus sei im Jahre 1914 auf 119 050 M. geschätzt worden, und der damalige Wert (1925) auch nur um einen Bruchteil geringer sei. Dazu hat das Berufungsgericht nicht Stellung genommen. Das Urteil läßt auch eine Prüfung der Aussage des Zeugen J. vermissen, wonach im schriftlichen Antrag der Erstbeklagten auf Bewilligung der Hypothek angegeben ist, daß der gemeine Friedenswert 112 000 M., die Friedensmiete 9200 M. und der Feuerkassenwert 127 000 M. betrage. Ohne Stellungnahme zu allen diesen Umständen in ihrem Zusammenhang konnte das Berufungsgericht nicht feststellen, daß kein Mißbrauch der Befugnisse des Testamentsvollstreckers vorliege, daß die Erstbeklagte vielmehr als gewissenhafte Vollstreckerin des letzten Willens ihres Ehemanns rechtzeitig Schritte getan habe, um die Auszahlung der Erbteile zu ermöglichen.

Dazu kommt, daß auch die Beurteilung der Aufnahme der Hypothek selbst Bedenken unterliegt und die Sachlage nicht erschöpft. Das Berufungsgericht meint, daß die Beleihung besonders umsichtig und klug gewesen sei, um die Ablösung der der Aufwertung unterliegenden Hypotheken zu ermöglichen, und daß die Behauptung, der nach dem Kaufvertrag bar zu zahlende Betrag sei aus dem Hypothekenkapital gezahlt, durch nichts erwiesen sei. Nach den Feststellungen des Vorderrichters ist zur Ablösung der Hypothek ein Betrag von noch nicht 10 000 RM. verwendet worden, während eine Hypothek von 20 000 GM. aufgenommen worden ist. Daß die Käufer durch die ihnen als Miterben auf diesem Wege zugeflossenen Geldmittel in den Stand gesetzt worden sind, die nach dem Kaufvertrag zu bewirkenden Leistungen mindestens zu einem wesentlichen Teil aufzubringen, ergibt der Auseinandersetzungsplan und kann nach dem vorliegenden Sachverhalt nicht bezweifelt werden. Die Beklagten haben selbst vorgetragen, daß die Hypothek gerade in Höhe von 20 000 GM. gebraucht worden sei, um die Erbauseinandersetzung vornehmen zu können. Es drängt sich anderseits die Frage auf, warum gerade nach der Aufnahme der Hypothek der Verkauf an zwei Miterben beschleunigt werden mußte, während nunmehr der Auseinandersetzung zwischen den Miterben unter Einbeziehung des Grundstücks nach § 2204 BGB. anscheinend nichts im Wege gestanden hätte. Inwiefern der Verkauf die reibungslose Vornahme der Auseinandersetzung ermöglichen sollte, wie die Beklagten meinen, ist nicht ersichtlich. Nach dem bisherigen Vorbringen der Klägerin, das in der Revisionsinstanz mangels hinreichender Feststellungen als richtig unterstellt werden muß, besteht die Möglichkeit, daß die Kinder des Erblassers aus erster Ehe vor eine vollendete Tatsache gestellt worden sind und an einem Widerspruch gegen den Verkauf zu dem angegebenen Preise verhindert werden sollten.

Neben dem den Vertragsgegnern bekannten oder infolge von Fahrlässigkeit unbekannt gebliebenen Mißbrauch der Vollmacht kommt der Klagegrund des § 138 Abs. 1 BGB. in Betracht. Der rechtlichen Nachprüfung hält die Ausführung des Berufungsgerichts nicht stand, daß, falls der Erstbeklagten vor oder bei Vertragsschluß persönliche Vergünstigungen zugesichert oder gewährt worden sind, dies höchstens in Erfüllung der gesetzlichen Unterhaltspflicht geschehen sei. Einmal hatten die Beklagten selbst keine solche Behauptung aufgestellt, sondern die Gewährung irgendwelcher Sondervergünstigungen an die Erstbeklagte bestritten. In der Revisionsinstanz haben die Beklagten zur Begründung ihrer Auffassung von der Unzulässigkeit der Feststellungsklage sogar vorgetragen, es bestehe keinerlei Anhalt dafür, daß die Erstbeklagte den etwaigen Zahlungsanspruch der Klägerin nicht befriedigen könne, wenn dazu nicht das Grundstück zur Verfügung stehe. Sodann läßt die Begründung des Berufungsgerichts eine Vorwegnahme des Ergebnisses des von der Klägerin für ihre Behauptungen angetretenen Zeugenbeweises erkennen. Dafür, daß die Voraussetzungen der gesetzlichen Unterhaltspflicht überhaupt vorliegen, führt das angefochtene Urteil keinerlei Umstände an. Erst wenn der von der Klägerin behauptete und von den Beklagten bestrittene Sachverhalt festgestellt worden ist, kann geprüft werden, aus welchem Beweggrunde die Vergünstigung gewährt wurde. Es ist in der Rechtsprechung des Reichsgerichts anerkannt, daß der Abschluß eines Vertrags durch einen Bevollmächtigten im Einverständnis mit dem Vertragsgegner als gegen die guten Sitten verstoßend und deshalb nichtig anzusehen ist (§ 138 Abs. 1 BGB.), wenn der Bevollmächtigte dafür ein Geschenk erhält. Regelmäßig wird die Nichtigkeit schon dann anzunehmen sein, wenn der Vertragsabschluß auf dieses Geschenk zurückzuführen ist, mag auch dem Vollmachtgeber ein an sich ausreichender Betrag zufließen (vgl. RG. im Recht 1923 Nr. 853 und dortige Nachweisungen, sowie RG. in Jur. Rdsch. 1925 Nr. 989).

RGZ. 132, 138

Kann die Anordnung der Testamentsvollstreckung für ein zum Nachlaß gehöriges Handelsgeschäft in das Handelsregister eingetragen werden?

HGB. §§ 17 flg. BGB. §§ 2197 flg.

II. Zivilsenat. Beschl. v. 26. März 1931.

Die Entscheidung ist abgedruckt unter „Handelsrecht".

RGZ. 133, 128

1. Zur Frage der Zulässigkeit und der Tragweite einer auf Feststellung der Unzulässigkeit eines schiedsrichterlichen Verfahrens gerichteten Klage.

2. Kann der Erblasser den Erben in der Befugnis beschränken, die Entlassung des Testamentsvollstreckers wegen eines wichtigen Grundes beim Nachlaßgericht zu beantragen?

BGB. §§ 2220, 2227. ZPO. §§ 256, 1048. FGG. § 12.

VII. Zivilsenat. Urt. v. 23. Juni 1931.

I. Landgericht Mainz. II. Oberlandesgericht Darmstadt.

Am 25. September 1923 verstarb in W. der Wirkliche Geheime Rat Dr. h. c. C. W. Freiherr v. H. Der Kläger und die Beklagten zu 3, 4, 5 und 6 gehören zu seinen Kindern. Zu Testamentsvollstreckern hatte der Verstorbene, der eine große Anzahl letztwilliger Verfügungen errichtet hatte, neben dem Generaldirektor G., der dies Amt im Mai 1927 niedergelegt hat, die Beklagten zu 1 und 2 ernannt, welche das Testamentsvollstreckeramt noch führen. Der Kläger beantragte am 16. August 1926 beim Amtsgericht W. als Nachlaßgericht, die Testamentsvollstrecker aus wichtigen Gründen gemäß § 2227 BGB. zu entlassen. Das Amtsgericht gab durch Beschluß vom 18. Dezember 1926 diesem Antrag statt. Ueber die gegen den Beschluß eingelegte sofortige Beschwerde ist noch nicht entschieden worden.

In einem eigenhändigen Testament vom 17. Oktober 1922 hatte der Erblasser folgendes verordnet:

> Ich bestimme letztwillig und erwarte, daß meine Kinder aus Pietät und im Interesse des Familienfriedens und Ansehens sorgfältig meine testamentarischen Anordnungen befolgen werden: alle und jede Meinungsverschiedenheit oder Streitigkeit, die aus Anlaß oder infolge meines Nachlasses entsteht, soll mit Ausschluß des Rechtsweges durch ein Schiedsgericht entschieden werden. Für das Schiedsgericht sollen die Bestimmungen der Deutschen Zivilprozeßordnung maßgebend sein. Das Schiedsgericht soll aus drei Schiedsrichtern bestehen.

Weiter wurden daselbst drei Herren zu „dauernden Schiedsrichtern" ernannt sowie Bestimmungen über das Eintreten von Ersatzmännern und über die — aus der Erbmasse zu bestreitenden — Kosten des Schiedsgericht getroffen.

Bei diesem Schiedsgericht stellten am 8. Dezember 1926 die Beklagten zu 3 bis 6 den Antrag: die Meinungsverschiedenheiten über den Antrag des Klägers auf Entlassung der drei Testamentsvollstrecker bei dem Nachlaßgericht W. in Behandlung des Schiedsgerichts zu nehmen und nach persönlicher Aussprache aller Beteiligten festzustellen, ob die Testamentsvollstrecker ihre Schuldigkeit getan haben — wie die Beklagten behaupten — oder ob das nicht der Fall war — wie der Kläger behauptet; gegebenenfalls durch Schiedsspruch diese Meinungsverschiedenheiten zu beseitigen. Der Kläger wandte Unzuständigkeit des Schiedsgerichts ein, worauf die Beklagten (als Schiedskläger) im Verhandlungstermin vor dem Schiedsgericht am 26. April 1927 den Antrag stellten, dieses möge erklären, daß es zur Erörterung der Meinungsverschiedenheiten zwischen den beiden Parteien über die Amtsführung der Testamentsvollstrecker zuständig sei. Das Schiedsgericht erließ darauf am 10. Mai 1927 den folgenden Zwischenschiedsspruch:

> Das Schiedsgericht erklärt hiermit, daß es zur Erörterung der Meinungsverschiedenheit zwischen den beiden Parteien bezüglich der Amtsführung der Testamentsvollstrecker zuständig ist.

Am 23. Juni 1927 erklärten die Beklagten zu 1 und 2, die damals schon die alleinigen Testamentsvollstrecker waren, dem Schiedsgericht, daß sie sich dessen Entscheidung über die Frage, ob sie ihre Pflicht getan hätten oder nicht, bedingungslos unterwürfen, und am 1. Juli 1927 wiesen sie noch in einem Schriftsatz darauf hin, daß sie infolge ihrer Erklärung vom 23. Juni 1927 an dem Schiedsgerichtsverfahren teilnähmen.

Mit Schriftsatz vom 15. März 1929 beantragten die Beklagten zu 3 bis 6 (als Schiedskläger) noch, das Schiedsgericht möge in die Behandlung der Frage eintreten, ob der Antragsgegner (Kläger) gegenüber den testamentarischen Bestimmungen verpflichtet sei, den Antrag auf Entlassung der Testamentsvollstrecker bei den ordentlichen Gerichten zurückzunehmen.

Inzwischen hatte — mit Klageschrift vom 29. Juni 1928 — der Kläger beim Landgericht Mainz gegen die sechs Beklagten Klage erhoben mit dem Antrage: das schiedsgerichtliche Verfahren a) über den Antrag der Beklagten, festzustellen, ob die Testamentsvollstrecker ihre Schuldigkeit getan haben oder ob das nicht der Fall war, gegebenenfalls durch Schiedsspruch diese Meinungsverschiedenheit zu beseitigen, b) mit dem Inhalt, die Meinungsverschiedenheit zwischen den Parteien über die Amtsführung der Testamentsvollstrecker zu erörtern, für unzulässig zu erklären und den Zwischenschiedsspruch des Schiedsgerichts vom 10. Mai 1927 aufzuheben. Später fügte der Kläger noch den Hilfsantrag hinzu: festzustellen, daß die als Zwischenschiedsspruch bezeichnete Entscheidung für rechtsunwirksam und nichtig zu erklären ist.

Das Landgericht wies die Klage ab, und zwar, soweit die Aufhebung des Zwischenschiedsspruchs begehrt wurde, als unzulässig, im übrigen als unbegründet.

Der Kläger legte Berufung ein und wiederholte vor dem Oberlandesgericht seine erstinstanzlichen Anträge. Mit Rücksicht auf die weitere Antragstellung der Beklagten vor dem Schiedsgericht (vom 15. März 1929) fügte der Kläger seinen Anträgen noch hinzu, daß er auch das schiedsgerichtliche Verfahren c) über den Antrag, festzustellen, daß die Testamentsvollstrecker ihre Schuldigkeit getan haben, daß ein Grund zu ihrer Entlassung nicht gegeben ist und daß hiernach Baron C. v. H. (Kläger) verpflichtet ist, den Antrag auf Entlassung der Testamentsvollstrecker bei den ordentlichen Gerichten zurückzunehmen, für unzulässig erklärt haben wolle.

Das Oberlandesgericht hob das landgerichtliche Urteil auf und erkannte dahin:

Das vor dem testamentarisch eingesetzten Schiedsgericht anhängige Verfahren über die Frage, ob wichtige Gründe zur Entlassung der Beklagten zu 1 und 2 als Testamentsvollstrecker in dem Nachlaß des am 25. September 1923 verstorbenen C. W. Freiherrn v. H. vorliegen, wird für unzulässig erklärt.

Die Revision der Beklagten wurde zurückgewiesen.

Gründe:

1. Die Zulässigkeit der Klage hat der Berufungsrichter mit Recht bejaht. Zutreffend faßt er sie als Feststellungsklage auf. Die Erhebung einer vor der Einleitung oder während des Schwebens eines schiedsgerichtlichen Verfahrens angebrachten Feststellungsklage dahin, daß wegen eines bestimmten streitigen Anspruchs kein Schiedsvertrag bestehe, hat der erkennende Senat in ständiger Rechtsprechung, zuletzt noch im Urteil vom 30. Januar 1931 VII 209/30, für statthaft erachtet. Die hier in Rede stehende Klage muß ebenso beurteilt werden, da § 1048 ZPO. letztwillig angeordnete Schiedsgerichte den vertragsmäßigen gleichstellt. Auch aus § 256 ZPO. sind keine Bedenken gegen die Zulässigkeit der Klage zu entnehmen.

2. Die beiden verklagten Testamentsvollstrecker machen auch in diesem Rechtsgang geltend, der Kläger habe in unstatthafter Weise die Klage auch gegen sie gerichtet, er habe nur die Miterben verklagen dürfen. Mit Recht haben beide Vorinstanzen diesen Einwand abgelehnt. Wie die im Tatbestand erwähnten Erklärungen der Beklagten zu 1 und 2 vom 23. Juni und 1. Juli 1927 ergeben, haben sie dem Schiedsgericht gegenüber deutlich zu erkennen gegeben, daß sie die Entscheidung, die in dem schwebenden Schiedsgerichtsverfahren ergehen werde, als für sie bindend anerkennen wollten; sie

haben dann auch an den Verhandlungsterminen des Schiedsgerichts selbst oder durch Vertreter teilgenommen. Durch dieses Verhalten haben sie das Schiedsgerichtsverfahren gefördert und somit in den Rechtskreis des Klägers eingegriffen, falls dessen Ansicht von der Unzulässigkeit jenes Verfahrens zutrifft. Demnach sind für die negative Feststellungsklage auch die Testamentsvollstrecker die richtigen Beklagten.

3. Der Erblasser hat insgesamt elf Erben eingesetzt. Aus dem Umstande, daß die Klage nur gegen die vier Miterben gerichtet ist, sucht die Revision eine Einwendung herzuleiten, die in den Vorinstanzen noch nicht erhoben wurde. Sie meint, es handle sich um ein Rechtsverhältnis, das gegenüber allen Erben als einer Erbengemeinschaft zur gesamten Hand nur einheitlich festgestellt werden könne. Es sei nicht möglich und im Interesse einer solchen Erbengemeinschaft nicht erträglich, daß dieses selbe Rechtsverhältnis nur gegenüber einem Teile der Erben festgestellt werde und nur ihnen gegenüber Rechtskraft erlange, während gegenüber den anderen Miterben die Möglichkeit bestehe, daß sie sich in derselben die gesamte Erbengemeinschaft einheitlich betreffenden Frage an das Schiedsgericht wenden könnten, und daß dann möglicherweise ein anderes ordentliches Gericht ihre Berechtigung hierzu ausspreche.

Diesen Ausführungen kann nicht beigestimmt werden. Um die Feststellung eines solchen Rechtsverhältnisses, wie die Revision annimmt, handelt es sich im vorliegenden Rechtsstreit nicht. Die Klage ist lediglich hervorgerufen worden durch das Vorgehen der vier verklagten Miterben, dem sich die verklagten Testamentsvollstrecker angeschlossen haben, und bezweckt nichts anderes als die Abwehr dieses Vorgehens, in welchem der Kläger einen Eingriff in seinen Rechtskreis findet. Demnach kamen als Beklagte für ihn nur diejenigen Personen in Betracht, die sich an dem bestimmten anhängigen Schiedsgerichtsverfahren beteiligt haben, um dessen Zulässigkeit hier gestritten wird. Der Kläger hatte keinen Anlaß, auch diejenigen seiner Miterben zu verklagen, die an jenem Verfahren nicht teilgenommen haben. Mit der Frage, wie sich, falls später einmal noch ein anderweitiges Schiedsgerichtsverfahren eingeleitet werden sollte, die Rechtslage gestalten würde, hat es die gegenwärtige Entscheidung überhaupt nicht zu tun.

4. (Eine Verfahrensrüge wird abgelehnt.)

5. Mit der Anrufung des im Testament des Erblassers vom 17. Oktober 1922 angeordneten Schiedsgerichts und mit dem weiteren Betreiben des schiedsrichterlichen Verfahrens haben sich die Beklagten dagegen gewandt, daß der Kläger beim Nachlaßgericht die Entlassung der Testamentsvollstrecker beantragt hatte. Sein Antrag

vom 16. August 1926 war auf § 2227 BGB. gestützt, wo im 1. Absatz bestimmt ist:

> Das Nachlaßgericht kann den Testamentsvollstrecker auf Antrag eines der Beteiligten entlassen, wenn ein wichtiger Grund vorliegt; ein solcher Grund ist insbesondere grobe Pflichtverletzung oder Unfähigkeit zur ordnungsmäßigen Geschäftsführung.

Durch den Antrag des Klägers war ein Verfahren der freiwilligen Gerichtsbarkeit in Gang gesetzt worden (vgl. RGRKomm. Anm. 1 zu § 2227 BGB.; Planck 4. Aufl. Anm. 1 zu § 2227 BGB.). Hier gilt nach § 12 FGG. der Grundsatz, daß das Gericht vom Amts wegen die zur Feststellung der Tatsachen erforderlichen Ermittlungen zu veranstalten und die geeignet erscheinenden Beweise aufzunehmen hat. Auf Grund des Antrags war sonach das Nachlaßgericht verpflichtet, von Amts wegen und unter voller eigener Verantwortlichkeit zu erörtern, ob ein wichtiger Grund vorlag, der die Entlassung der Beklagten zu 1 und 2 aus ihrem Testamentsvollstreckeramt rechtfertigte. Der von der Revision herangezogene Umstand, daß nach dem Gesetz der Testamentsvollstrecker sonst nicht unter Aufsicht des Nachlaßgerichts steht und daß dieses keine Befugnis hat, von Amts wegen gegen ihn einzuschreiten, ist für die Beurteilung durchaus unmaßgeblich; nach der Stellung des Antrags aus § 2227 BGB. durch einen Beteiligten galt jedenfalls der in § 12 FGG. niedergelegte Grundsatz des Offizialbetriebs in vollem Umfange. Nachdem das Nachlaßgericht schon im Sinne des Antragstellers entschieden hat und die Sache in den Rechtszug der Beschwerde gelangt ist, liegt die in § 12 a. a. O. begründete Pflicht nunmehr dem zuständigen Landgerichte ob. In diesem Verfahren ist kein Raum dafür, daß irgendeine andere Stelle mit bindender Wirkung für die Gerichtsbehörden Beschlüsse fassen könnte. Namentlich wäre — wie das Berufungsgericht zutreffend ausgeführt hat — einem Schiedsspruch oder einem Schiedsgutachten über die Frage, ob ein wichtiger Grund für die Entlassung eines Testamentsvollstreckers gegeben sei, jede Bedeutung für die von den Gerichten der freiwilligen Gerichtsbarkeit zu erlassenden Entscheidungen abzusprechen. Eine Wirksamkeit des von den verklagten Miterben angerufenen Schiedsgerichts in dieser Richtung ist also ausgeschlossen.

6. Für die Tragweite einer etwaigen Entscheidung dieses Schiedsgerichts verbliebe sonach nur der Gesichtspunkt, ob sie den Kläger zur Zurücknahme seines Antrags vom 16. August 1926 nötigen könnte, die an sich zweifellos zulässig wäre. Die von den Beklagten vor dem Schiedsgericht gestellten Anträge umfassen auch dieses Verlangen. Denkbar wäre eine Verurteilung des Klägers zur Abgabe der Zurücknahmeerklärung und die Vollstreckung einer

solchen Entscheidung nach § 894 Abs. 1 Satz 1 in Verbindung mit § 1042 ZPO; auch könnte die Begründung einer nur schuldrechtlichen Verpflichtung zur Zurücknahme des Antrags durch Schiedsspruch in Frage kommen.

Der Vorderrichter hat es unternommen, den Willen des Erblassers darüber zu erforschen, wie weit reichende Zuständigkeiten er dem von ihm angeordneten Schiedsgericht hat beilegen wollen. Der erkennende Senat ist aus grundsätzlichen Erwägungen der Meinung, daß es hierauf nicht entscheidend ankommen kann. Auch wenn man in Ansehung der Willensrichtung des Erblassers alles von den Beklagten Behauptete als richtig unterstellt, ist dennoch die Bindung des Klägers zu verneinen, die sie geltend machen wollen.

Will man das Verhältnis zwischen dem Erben und dem Testamentsvollstrecker, um das es sich hier im Kern der Sache handelt, erschöpfend würdigen, so bedarf es des Eingehens auf gewisse Grundgedanken der Lehre des Bürgerlichen Gesetzbuches vom Testamentsvollstrecker (§§ 2197 flg.). Zu ihren hauptsächlichen Kennzeichen gehört die freie Stellung gegenüber dem Erben, die ihm das Gesetz einräumt. Nach § 2204 BGB. hat der Testamentsvollstrecker nach seinem Ermessen die Auseinandersetzung zwischen mehreren Erben zu bewirken und diese dabei nur zu hören. Nach § 2205 hat er allein den Nachlaß zu verwalten und ist berechtigt, ihn in Besitz zu nehmen und über die Nachlaßgegenstände zu verfügen. § 2206 ermächtigt den Testamentsvollstrecker in weitem Umfange zur Eingehung von Verbindlichkeiten für den Nachlaß und verpflichtet den Erben zur Erteilung seiner Einwilligung; § 2207 läßt in dieser Hinsicht noch weitergehende Anordnungen des Erblassers zu. Im § 2211 wird dem Erben das Recht versagt, über einen der Verwaltung des Testamentsvollstreckers unterliegenden Nachlaßgegenstand zu verfügen. Endlich stellt § 2212 den Grundsatz auf, daß ein der Verwaltung des Testamentsvollstreckers unterliegendes Recht nur von diesem gerichtlich geltend gemacht werden kann. Diesen umfassenden Berechtigungen des Testamentsvollstreckers stellt anderseits das Gesetz eine Reihe von Verpflichtungen gegenüber, die in den §§ 2215 bis 2219 BGB. zusammengestellt sind. Hervorgehoben seien hier: die Pflicht, dem Erben ein Verzeichnis der seiner Verwaltung unterliegenden Nachlaßgegenstände und der Nachlaßverbindlichkeiten mitzuteilen (§ 2215); die Pflicht zur ordnungsmäßigen Verwaltung des Nachlasses (§ 2216); die Bestimmung, daß auf das Rechtsverhältnis zwischen dem Testamentsvollstrecker und dem Erben ein Teil der für den Auftrag geltenden Vorschriften entsprechende Anwendung finden soll, und daß bei einer länger dauernden Verwaltung der Erbe jährlich Rechnungslegung verlangen kann (§ 2218); endlich die Schadensersatzpflicht des Testamentsvollstreckers bei schuldhafter Verletzung der ihm obliegenden Verpflichtungen (§ 2219). Sodann ist im § 2220 BGB. bestimmt:

> Der Erblasser kann den Testamentsvollstrecker nicht von den ihm nach den §§ 2215, 2216, 2218, 2219 obliegenden Verpflichtungen befreien.

Dieser Vorschrift ist der Wille des Gesetzgebers zu entnehmen, nicht zuzulassesn, daß ein Erblasser den Erben mit gebundenen Händen dem ausgedehnten Machtbereich des Testamentsvollstreckers überliefert. Die den weitgehenden Befugnissen des letzteren entsprechenden Verpflichtungen werden vom Gesetz als so bedeutungsvoll angesehen und mit so großer Bestimmtheit aufgestellt, daß es auch dem Erblasser verboten sein soll, zum Nachteil des Erben daran etwas zu ändern. Ist aber dies die Absicht des Gesetzes, so liegt darin auch der Wille, dem Erblasser jede Beschränkung des Erben in der Geltendmachung derjenigen Rechte gegen den Testamentsvollstrecker zu verwehren, die sich aus der Verletzung der gedachten Verpflichtungen ergeben. Darf er den Testamentsvollstrecker nicht von ihrer Einhaltung befreien, dann darf der Erblasser sinngemäß auch den Erben in keiner Weise hindern, die aus etwaiger Verletzung jener Verpflichtungen für ihn entspringenden Rechte auszuüben. Wollte man hier anders urteilen, dann würde die Vorschrift des § 2220 BGB. sich als stumpfe Waffe erweisen und den Zweck einer festen Bindung des Testamentsvollstreckers an die in den §§ 2215, 2216, 2218, 2219 das. ihm auferlegten Verpflichtungen nicht erfüllen können. Zu den Mitteln, durch die der Erbe Pflichtverletzungen des Testamentsvollstreckers geltend machen kann, gehört aber in erster Reihe die im § 2227 BGB. ihm verliehene Befugnis, die Entlassung des Testamentsvollstreckers beim Nachlaßgericht zu beantragen. Der Wortlaut des Paragraphen setzt sich auch in gewisser Hinsicht zu den die Verpflichtungen des Testamentsvollstreckers behandelnden Vorschriften in Beziehung, denn als Beispiel eines Entlassungsgrundes wird zunächst „grobe Pflichtverletzung" angeführt. Die Anordnung eines Erblassers, sein Erbe dürfe wegen Pflichtverletzungen des Testamentsvollstreckers nicht dessen Entlassung beantragen, wäre mithin entsprechend dem Gedanken, der dem § 2220 zugrunde liegt, als unverbindlich zu betrachten. Dasselbe muß aber auch dann gelten, wenn zwar kein Verbot der Ausübung des Rechts aus § 2227 ausgesprochen wird, wenn aber letztwillige Bestimmungen getroffen werden, die den Erben bei der Ausübung jenes Rechts an die Vorentscheidung eines Dritten binden wollen. Auch eine solche Erschwerung des Vorgehens des Erben gegen den Testamentsvollstrecker, der nach seiner Meinung pflichtwidrig gehandelt hat, widerstreitet der grundsätzlichen Auffassung des Gesetzes. Der Erblasser darf sonach auch einem Schiedsgericht, das er — sonst in zulässiger Weise — eingesetzt hat, nicht die Befugnis übertragen, darüber zu entscheiden, ob der Erbe zur Stellung eines Antrags nach §§ 2227 berechtigt sei, oder ob er einen etwa schon gestellten Antrag zurückzunehmen habe.

Die Beurteilung könnte auch dann keine andere sein, wenn man mit der Revision den Gesichtspunkt der Auflage (§§ 2192 flg. BGB.) in den Vordergrund rücken wollte.

Der Berufungsrichter ist, wenn auch auf anderen Wegen, zu derselben Anschauung gelangt. Er spricht aus, daß er eine Beschränkung des Erben in der Geltendmachung der Rechte, die ihm § 2227 BGB. gibt, als eine unzulässige Knebelung des Erben ansehe, welche die Grundsätze des Erbrechts verletze und geradezu gegen die guten Sitten verstoße. Ob in dem Verhalten des Erblassers eine Sittenwidrigkeit liegen würde, kann unerörtert bleiben; den übrigen Gesichtspunkten des Berufungsrichters ist, wie dargelegt, im Ergebnis beizustimmen.

7. Nach diesen Darlegungen würde der erkennende Senat die Zulässigkeit des Schiedsgerichtsverfahrens, um die gestritten wird, auch dann zu verneinen haben, wenn etwa der Erblasser des Klägers und der verklagten Miterben beabsichtigt haben sollte, dem von ihm angeordneten Schiedsgericht die von den Beklagten behauptete Zuständigkeit für einen Fall, wie er hier vorliegt, zu übertragen. Schon deshalb ist auch die von der Revision vorgetragene Verfahrensrüge unbeachtlich, daß Rechtsanwalt Dr. K. in M. über den Willen des Erblassers hätte vernommen werden sollen, der ihm bei der Abfassung seines Testaments vom 17. Oktober 1922 innegewohnt habe. Wären die Behauptungen der Beklagten über die damals vom Erblasser verfolgten Absichten richtig, dann würde er insoweit in gesetzlich unstatthafter Weise ein Schiedsgericht angeordnet haben. Derartige Schiedsgerichte werden aber, wie § 1048 ZPO. zeigt, von der Zivilprozeßordnung nicht anerkannt.

Nach alledem ist die im Sinne der Klage vom Oberlandesgericht getroffene Feststellung zu billigen.

RGZ. 138, 132

1. Kann der Testamentsvollstrecker den Ersatzanspruch geltend machen, der dem Erben aus einer Pflichtverletzung eines früheren Testamentsvollstreckers erwachsen ist?

2. Ist gegenüber diesem Anspruch der Einwand zulässig, daß der Erbe selbst den Schaden verursacht habe?

BGB. §§ 254, 2041, 2219.

IV. Zivilsenat. Urt. v. 3. November 1932

I. Landgericht Köln. II. Oberlandesgericht daselbst.

Der am 5. Januar 1923 in K. verstorbene Kassenvorsteher a. D. Sch. hat in seinem Testament vom 3. März 1922 eine Reihe von Vermächtnissen angeordnet. Im Anschluß daran heißt es:

> Den Rest meines Vermögens vermache ich der Stadt K. zur Unterstützung hilfsbedürftiger Hinterbliebener gefallener Krieger der Stadt K.

Zum Testamentsvollstrecker hat Sch. den Notar Justizrat H., den im Laufe des ersten Rechtszugs verstorbenen Erblasser der Beklagten, ernannt, der das Amt am 31. Januar 1923 durch Erklärung gegenüber dem Nachlaßgericht annahm. Seine Aufgaben waren nach den Bestimmungen des Testaments die Verwaltung des Nachlasses und die Auseinandersetzung zwischen den „Erben". Er war ermächtigt, die zum Nachlaß gehörigen Grundstücke zum Zweck der Teilung oder der Hypothekentilgung freihändig zu veräußern. Die zugewendeten Sachen gab er den Bedachten heraus und zahlte die Geldzuwendungen an sieben der zweiundzwanzig Bedachten im Nennbetrag der alten Währung aus. Die übrigen Bedachten weigerten sich, die Nennbeträge in Empfang zu nehmen, und verlangten „Geldentwertung". Der Nachlaß bestand in der Hauptsache noch aus zwei Grundstücken. Da H. sein Amt als Testamentsvollstrecker als erledigt betrachtete und nach seiner Auslegung des Testaments die Stadt K. für die Alleinerbin hielt, rechnete er am 1. Dezember 1923 mit ihr ab und übergab ihr seine Akten und den Nachlaß. Am 24. März 1928 teilte H. dem Nachlaßgericht unter Bezugnahme auf sein Schreiben vom Jahre 1924 mit, daß er das Amt als Testamentsvollstrecker niedergelegt habe. Ein Schreiben vom Jahre 1924 befindet sich jedoch nicht bei den Nachlaßakten. Nachdem H. eine Wiederübernahme des Amts abgelehnt hatte, ernannte das Nachlaßgericht durch Beschluß vom 14. August 1929 den Kläger zum Testamentsvollstrecker.

Zur Zeit der Errichtung des Testaments gehörten zum Vermögen des Erblassers zwei Kaufpreishypotheken von 29 000 M., eingetragen am 30. September 1919, und von 30 000 M., eingetragen am 27. Juli 1918. Beide Hypotheken sind Ende 1922 an den Erblasser zurückgezahlt und im Grundbuch gelöscht worden. Zur Aufwertung sind sie nicht angemeldet worden. Mit der Klage verlangt der Kläger unter der Behauptung, daß die Nachlaßmasse infolge der Unterlassung der Anmeldung der beiden Hypotheken zur Aufwertung um mindestens 7827 RM. geschmälert worden sei, zunächst in Höhe eines Teilbetrags von 7500 RM. nebst Zinsen Ersatz des Schadens. Das Landgericht hat den Klaganspruch unter Vorbehalt der beschränkten Erbenhaftung der Beklagten dem Grunde nach für gerechtfertigt erklärt. Das Oberlandesgericht hat die Berufung der Beklagten zurückgewiesen. Ihre Revision führte zur Abweisung der Klage.

Gründe:

. . . Das Berufungsgericht bejaht die Befugnis des Klägers, den dem Erben nach § 2219 BGB. aus einer Pflichtverletzung des früheren Testamentsvollstreckers erwachsenen Ersatzanspruch gegen diesen geltend zu machen. Hiergegen wendet sich die Revision ohne Erfolg. Nach § 2205 Satz 1 BGB. hat der Testamentsvollstrecker den Nachlaß zu verwalten. Eine abweichende Bestimmung des Erblassers (§ 2208 BGB.) liegt nicht vor. Das Testament weist vielmehr dem Testamentsvollstrecker die Verwaltung des Nachlasses noch ausdrücklich zu. Nach § 2212 das. kann ein der Verwaltung des Testamentsvollstreckers unterliegendes Recht nur vom Testamentsvollstrecker gerichtlich geltend gemacht werden. Die Frage ist daher die, ob der dem Erben nach § 2219 zustehende Ersatzanspruch zum Nachlaß gehört. Dies bejaht das Berufungsgericht auf Grund der Vorschrift des § 2041 BGB., die zwar an sich nur für die Erbengemeinschaft gegeben sei, aber auch dann angewendet werden müsse, wenn nur e i n Erbe vorhanden sei und eine Testamentsvollstreckung bestehe. Dem ist zuzustimmen. Allerdings hat § 2041 seinen Platz im 4. Titel des 2. Abschnitts des 5. Buchs des Bürgerlichen Gesetzbuchs gefunden, der die Ueberschrift trägt: „Mehrheit von Erben". Weder seine Stellung im Gesetz noch seine Fassung hindert indessen seine Anwendung auf den Fall, daß nur e i n Erbe vorhanden ist, der Nachlaß aber deshalb ein Sondervermögen bildet, weil eine Testamentsvollstreckung angeordnet ist. Die Vorschrift des § 2041 enthält einen Anwendungsfall des Grundsatzes der sog. dinglichen Surrogation, der für die verschiedenen familienrechtlichen Sondervermögen sowie für den Nachlaß anerkannt ist, soweit es seiner Sonderung vom Eigenvermögen des Erben oder des Erbschaftsbesitzers bedarf. Dieser Grundsatz besagt, daß Sondervermögen alles das wird, was auf Grund eines zum Sondervermögen gehörenden Rechts oder als Ersatz für die Zerstörung, Beschädigung oder Entziehung eines zum Sondervermögen gehörenden Gegenstandes oder durch ein Rechtsgeschäft erworben wird, das sich auf das Sondervermögen bezieht (§§ 1370, 1440, 1473, 1486, 1497, 1524, 1526, 1546, 1550, 1554, 1638, 1651, 2041, 2111 BGB.), oder auch das, was mit den Mitteln des Sondervermögens erworben wird (§§ 1381, 1646, 2019, 2111 das.). Um ein Sondervermögen handelt es sich beim Nachlaß während der Dauer des Bestehens der Erbengemeinschaft. Ein solches bildet der Nachlaß aber auch, solange er der Verwaltung des Testamentsvollstreckers unterliegt, gleichviel ob er einer Mehrheit von Erben oder einem Alleinerben zusteht. Die Anwendung des § 2041 auf den durch einen Testamentsvollstrecker verwalteten Nachlaß ist daher zulässig und geboten (ebenso Enneccerus-Kipp Erbrecht § 123 VI 6). Nicht gebilligt werden kann sonach die vom Oberlandesgericht Kiel (SchlHolstAnz. 1917 S. 169) vertretene Ansicht, daß ein Schadensersatzanspruch beim Vorhandensein von Miterben jedem einzelnen von ihnen insoweit zustehe, als er für seine Person und hinsichtlich seines Erbteils geschädigt sei. Richtig ist daran nur soviel, daß dann, wenn nicht der Nachlaß als solcher, sondern nur ein einzelner Miterbe geschädigt ist (z. B. durch Benachteiligung bei der Auseinandersetzung), der Ersatzanspruch nicht zum Nachlaß gehört und daher nicht vom Testamentsvollstrecker, sondern von dem geschädigten Miterben geltend zu machen ist (Enneccerus-Kipp a. a. O.). Hervorgehoben mag ferner noch werden, daß der nach § 2219 BGB. einem Vermächtnisnehmer unter Umständen zustehende Ersatzanspruch nicht zum Nachlaß gehört, da der Vermächtnisnehmer die Stellung eines Nachlaßgläubigers hat und eine dem § 1985 Abs. 2 in Verb. mit § 1978 Abs. 2 BGB. entsprechende Vorschrift fehlt. Es ist daher im Gegensatz zur Meinung der Revision für den vorliegenden Rechtsstreit ohne Bedeutung, ob die Vermächtnisnehmer in der Lage wären, von der im Besitz des Nachlasses befindlichen Stadt K. Ersatz zu verlangen.

Für den Eintritt der dinglichen Surrogation kommt es auch nicht, wie das Berufungsgericht anzunehmen scheint, darauf an, ob der Testamentsvollstrecker zur Erfüllung seiner Obliegenheiten der dem Nachlaß entzogenen Werte bedarf. Er ist nur verpflichtet, Nachlaßgegenstände, deren er zur Erfüllung seiner Obliegenheiten offenbar nicht bedarf, dem Erben auf Verlangen zur freien Verfügung zu überlassen; erst mit dieser Ueberlassung erlischt sein Recht zur Verwaltung der Gegenstände (§ 2217 Abs. 1 BGB.).

Gegen die hier vertretene Rechtsauffassung äußert die Revision das Bedenken, daß dann dem geschädigten Erben das Vorgehen gegen einen seine Ersatzpflicht bestreitenden Vollstrecker solange unmöglich sei, als er dessen Absetzung nicht herbeigeführt habe. Dieses Bedenken ist nicht begründet. Soweit der Testamentsvollstrecker die Stellung eines Nachlaßschuldners hat, ist er infolge rechtlicher Verhinderung von der Vertretung des Nachlasses ausgeschaltet (RGZ. Bd. 98 S. 175; LZ. 1914 Sp. 1714). Für diesen Fall steht daher das Recht zur gerichtlichen Geltendmachung des Anspruchs dem Erben selbst zu.

Die Revision vertritt ferner die Ansicht, daß im Sinne des § 2041 BGB. an die Stelle des entzogenen Nachlaßgegenstandes nicht schon der Ersatzanspruch, sondern erst das auf Grund dieses Anspruchs Erworbene trete. Auch das ist nicht zutreffend. Als Ersatz für die Zerstörung eines Nachlaßgegenstandes — um diesen Fall handelt es sich bei dem durch das Unterbleiben der Anmeldung eingetretenen Untergang der Hypotheken und der ihnen zugrundeliegenden Forderungen — ist alles anzusehen, was vom Ersatzpflichtigen geschuldet oder geleistet wird, also auch bereits der Ersatzanspruch selbst.

Daß das Amt des Testamentsvollstreckers am 1. Dezember 1923 objektiv noch nicht beendet und der Erblasser der Beklagten noch bis zum 24. März 1928 Testamentsvollstrecker war, hat das Berufungsgericht mit Recht angenommen. Es trifft nicht zu, daß er, wie die Revision meint, die Stellung des Testamentsvollstreckers ein für allemal verloren habe und eine Kündigung nicht mehr in Frage gekommen sei, nachdem er in der Ueberzeugung, die Verwaltung sei beendet, den Nachlaßrest der Stadt K. ausgehändigt habe. Solange das Amt nicht durch Erledigung aller Aufgaben oder durch Kündigung gemäß § 2226 BGB. erloschen war, blieb er Testamentsvollstrecker und traf ihn die sich aus den §§ 2216, 2219 BGB. ergebende Verantwortlichkeit. Die Frage kann nur die sein, ob er sich ohne Verschulden als seiner Testamentsvollstreckerpflichten enthoben ansehen durfte oder nicht. Das Berufungsgericht bejaht das Verschulden im Hinblick auf die im Testament angeordneten und größtenteils noch nicht erfüllten Vermächtnisse. Seine Ausführungen unterliegen, wie der Revision zuzugeben ist, insoweit erheblichen Bedenken. . . (Wird ausgeführt.)

Auf diese Bedenken braucht jedoch nicht weiter eingegangen zu werden, da sich die Aufhebung des Urteils aus einem anderen Grund erforderlich macht. Die Frage, ob die Stadt K. die Alleinerbin des Sch. geworden sei, hat das Berufungsgericht dahingestellt gelassen, weil auch dann, wenn dies der Fall sei, zum Tätigkeitsbereich des Testamentsvollstreckers die Erfüllung der Geldvermächtnisse gehört hätte. Auch die Einrede der Arglist will es für diesen Fall nicht durchgreifen lassen, weil der Kläger nicht einen Schadensersatzanspruch der Stadt K. geltend mache, sondern einen Anspruch, der zur Nachlaßmasse gehöre, und dessen er zur Erfüllung seiner Obliegenheiten im Interesse sämtlicher Beteiligten bedürfe, und weil es deshalb auf ein Verschulden der Erbin nicht ankomme.

Diese Ausführungen sind rechtsirrig. Sie lassen es zunächst zweifelhaft erscheinen, ob sich das Berufungsgericht dessen bewußt war, daß für den vorliegenden Rechtsstreit nur die dem Erben, nicht auch die den Vermächtnisnehmern zustehenden Schadensersatzansprüche in Betracht kommen. Vor allem aber beruhen diese Ausführungen auf einer Verkennung der Rechtsstellung des Testamentsvollstreckers. Es ist zwar richtig, daß der Testamentsvollstrecker nach der festen Rechtsprechung des Reichsgerichts im Rechtssinn nicht Vertreter des Erben, sondern Inhaber eines Amts zu eigenem

Recht ist. Die Rechte, die er kraft seines Amts wahrzunehmen berufen ist, sind aber solche des Erben. Er muß sich daher, wenn er zum Nachlaß gehörende Rechte geltend macht, solche Einwendungen gefallen lassen, die dem Erben gegenüber begründet sind, soweit sie nicht etwa auf Verfügungen des Erben beruhen, zu denen dieser nach § 2211 BGB. nicht befugt ist. Der Stadt K. könnte der mit dem Schadensersatzanspruch aus § 2219 BGB. belangte Testamentsvollstrecker mit Recht den Einwand entgegensetzen, daß sie selbst den Schaden verursacht habe (§ 254 BGB.). Dieser Einwand ist daher, wenn sie Alleinerbin ist, auch dem jetzt klagenden Testamentsvollstrecker gegenüber begründet. Er müßte bei der hier gegebenen Sachlage zur Abweisung der Klage führen. Aus diesem Grund konnte die Frage, wer Erbe geworden ist, nicht offenbleiben.

Das angefochtene Urteil unterliegt hiernach der Aufhebung. Einer Zurückverweisung an das Berufungsgericht bedarf es nicht, da die Sache zur Endentscheidung reif ist. Nach dem Inhalt des Testaments kann es nicht zweifelhaft sein, daß die Stadt K. die Alleinerbin des Sch. geworden ist. Eine andere Auslegung läßt das Testament nicht zu. . . (Wird weiter ausgeführt.) Nach alledem war auf Abweisung der Klage zu erkennen.

RGZ. 144, 399

1. Zur Frage der rechtlichen Stellung des Testamentsvollstreckers im Rahmen der §§ 254, 278 BGB.

2. Besteht eine gesteigerte Haftung der Bank für das vom Testamentsvollstrecker bei ihr begründete Nachlaßkonto?

BGB. §§ 254, 276, 278, 2205, 2206.

I. Zivilsenat. Urt. v. 9. Juni 1934.

I. Landgericht Berlin. II. Kammergericht daselbst.

Die Klägerin ist alleinige befreite Vorerbin des Rentiers Otto Oe. Alleiniger Testamentsvollstrecker war seit 1928 Andreas v. B. Seit Juni 1929 betrieb die Klägerin durch verschiedene Eingaben beim Nachlaßgericht in L. die Abberufung des Testamentsvollstreckers mit der Begründung, daß er sich eine Reihe von Verfehlungen habe zuschulden kommen lassen. Im Laufe der Verhandlungen erklärte der Testamentsvollstrecker u. a., daß sich ein Barbestand von 43000 RM. aus dem Nachlaß auf einem Nachlaßkonto bei der Beklagten befinde. Er reichte eine von den Angestellten der Depositenkasse der Beklagten unterzeichnete Quittung ein, nach welcher diese Depositenkasse den baren Empfang von 42500 RM. für den „Oe.'schen Nachlaß, A. v. B." bescheinigte. Diese Quittung entsprach unstreitig nicht den Tatsachen, da v. B. keine Barzahlung geleistet, sondern nur einen Postscheck über den Betrag eingeliefert hatte, der sich bald als ungedeckt erwies. Die Klägerin hat die Beklagte auf Schadensersatz in Anspruch genommen. Sie macht geltend: Die Beklagte habe durch Ausstellung der unrichtigen Quittung die ihr gegenüber der Klägerin erwachsenen Vertragspflichten verletzt, außerdem sich auch einer unerlaubten Handlung schuldig gemacht. Die Folge sei gewesen, daß das Nachlaßgericht und das ihm übergeordnete Landgericht die Entlassung des Testamentsvollstreckers zunächst abgelehnt hätten, so daß er in die Lage gekommen sei, das Nachlaßvermögen zu veruntreuen.

Das Landgericht hat die Klage abgewiesen, das Kammergericht dagegen den Anspruch der Klägerin dem Grunde nach für gerechtfertigt erklärt. Die Revision der Beklagten führte zur Aufhebung und Zurückverweisung.

Aus den Gründen:

Das Berufungsgericht hat die Schadensersatzpflicht allein aus dem Gesichtspunkt der vertraglichen Haftung bejaht. Es begründet diese Schadensersatzpflicht damit, daß die Depositenkasse der Beklagten eine Quittung über eine bare Einzahlung ausgestellt habe, obwohl eine Barzahlung nicht erfolgt, sondern nur ein Scheck eingeliefert worden sei, der sich später als ungedeckt herausgestellt habe. Die Schlußfolgerungen des Berufungsgerichts halten der rechtlichen Nachprüfung nicht stand.

Nach der Annahme des Kammergerichts sind dadurch, daß der Testamentsvollstrecker v. B. bei der Depositenkasse der Beklagten die Eröffnung eines Kontos unter der Bezeichnung „Oe.'scher Nachlaß, A. v. B." beantragt, die Kasse sich hierzu bereit erklärt und eine Quittung über eine angebliche Barzahlung ausgestellt hat, rechtliche Beziehungen zwischen der Beklagten und anderen Personen, sei es nun dem Testamentsvollstrecker als solchem oder den Erben, zustande gekommen. Dem ist nicht entgegenzutreten. Denn es haben Verhandlungen über die Schließung eines Darlehnsvertrags stattgefunden, die geeignet waren, Rechte und Pflichten der Beteiligten zu begründen. Diese Rechte und Pflichten können auch nicht ohne weiteres deshalb als erloschen gelten, weil eine Einzahlung tatsächlich nicht erfolgte, so daß ein Darlehnsvertrag nicht zustande gekommen ist. Dem Kammergericht ist auch darin beizutreten, daß die Ausstellung einer Quittung über eine nicht empfangene Leistung, mag sie auch zunächst nur ein widerlegbares Beweismittel gegenüber dem Aussteller darstellen, doch unter besonderen Umständen, zumal innerhalb des bankmäßigen Geschäftsverkehrs, eine zum Schadensersatz verpflichtende Vertragsleistung darstellen kann, insbesondere, wenn der Bankkunde, dem die Unrichtigkeit der Bescheinigung unbekannt bleibt, dadurch zu geschäftlichen Maßregeln veranlaßt wird.

Da v. B. das Konto unter der Bezeichnung „Oe.'scher Nachlaß. A. v. B." errichten ließ und sich auch als Vollstrecker dieses Nachlasses bezeichnete, hat er in erkennbarer Weise in seiner Eigenschaft als Testamentsvollstrecker gehandelt. Rechte und Pflichten aus seinem Handeln wurden unmittelbar für und gegen die Erben begründet (§§ 2205, 2206 BGB.; RGZ. Bd. 76 S. 126). Dem v. B. war bekannt, daß die Quittung über eine tatsächlich nicht erfolgte Leistung ausgestellt war; er hat, wie die Sachlage ergibt, das Versehen der Depositenkasse der Beklagten bewußt ausgenutzt, indem er die Quittung dem Nachlaßgericht vorlegte. Daher gewinnt die Frage entscheidende Bedeutung, ob die Erben dieses arglistige Verhalten des Testamentsvollstreckers gegen sich gelten lassen müssen. Die Frage muß, ohne daß es eines Eingehens auf die rechtliche Stellung des Testamentsvollstreckers im allgemeinen bedarf, im Rahmen des § 278 BGB. beantwortet werden. Im Schrifttum wird überwiegend angenommen, daß der Testamentsvollstrecker zu denjenigen Personen gehört, für deren Verschulden die Erben als Schuldner einzustehen haben. Die Begründung ist verschieden. Einige — so Dernburg Bürg. Recht Bd. II 1 § 68 IIIa Anm. 8; Planck BGB., 3. Aufl., Anm. 2a, b zu § 278 — nehmen an, daß der Testamentsvollstrecker als Hilfsperson zu betrachten sei, deren sich die Erben zur Erfüllung ihrer Verbindlichkeiten bedienten. Andere — z. B. Planck, 4. Aufl., a. a. O. Anm. 2a; Warneyer BGB. § 278 Anm. II; Feder Verantwortlichkeit für fremdes Verschulden S. 25; Enneccerus-Nipperdey Lehrb. d. Bürg. Rechts Bd. 1 § 168 I 1c — führen aus, daß der Testamentsvollstrecker als gesetzlicher Vertreter der Erben („im weiteren Sinne" sagen Enneccerus-Nipperdey a. a. O.) anzusehen sei. Eine dritte Meinung dagegen leugnet die Möglichkeit, den Vollstrecker als eine Person zu betrachten, für deren Verschulden die Erben als Schuldner einzustehen haben — so Rehbein BGB. Bd. 2 S. 105, und anscheinend Staudinger BGB. A II 1a zu § 278. Auch in den früheren Auflagen des Kommentars von Reichsgerichtsräten wird zu § 278 BGB. in Anm. 2 ausgeführt, daß der Testamentsvollstrecker nicht als gesetzlicher Vertreter anzusehen sei, da er überhaupt nicht Vertreter der Erben sei, und daß er auch nicht Erfüllungsgehilfe sei, weil man nicht sagen könne, daß sich die Erben seiner „bedienten"; für eine Anwendung des § 278 BGB. sei hier offenbar kein Raum. In der neuesten, 8., Auflage wird dagegen (a. a. O.) gesagt, es werde im Schrifttum nicht ohne Grund eine weitere Auslegung dieses Begriffs — gesetzlicher Vertreter — befürwortet. Die höchstrichterliche Rechtsprechung hat bisher, soweit ersichtlich, zur Streitfrage nicht ausdrücklich Stellung genommen. In HRR. 1932 Nr. 509 ist vom Reichsgericht angedeutet, daß eine erweiterte Auslegung im obigen Sinne in Betracht zu ziehen sei — es handelt sich dort um die Stellung des Mannes zur Frau in güterrechtlicher Beziehung —, daß eine Entscheidung der Frage aber für den Streitfall nicht nötig sei.

Der erkennende Senat ist zu dem Ergebnis gekommen, daß der Testamentsvollstrecker im Rahmen des § 278 BGB. als gesetzlicher Vertreter (im weiteren Sinne) angesehen werden muß. Für eine erweiterte Auslegung des Begriffs „gesetzlicher Vertreter" spricht der innere Grund, daß nicht einzusehen ist, warum das Verschulden eines Testamentsvollstreckers, der gleich den Vertretern von Geschäftsunfähigen und in der Geschäftsfähigkeit Beschränkten unmittelbare Rechte und Pflichten für andere Personen zu begründen vermag, im Verhältnis zu diesen dritten Personen anders beurteilt werden müßte, als das Verschulden jener „echten" gesetzlichen Vertreter. Der in § 278 BGB. niedergelegte allgemeine Rechtsgedanke trifft für beide Gruppen zu. Aus dem Gesetz läßt sich nichts entnehmen, was dieser Auffassung entgegenstünde. Eine Begriffsbestimmung des gesetzlichen Vertreters enthält es weder allgemein noch für den § 278 BGB. Aus § 166 Abs. 2 BGB. kann gefolgert werden, daß zwischen gesetzlicher Vertretungsmacht und Vollmacht ein ausschließlicher Gegensatz angenommen wird (vgl. hierzu Planck BGB. Anm. 2a zu § 278).

Nach § 254 BGB. hängt, wenn bei der Entstehung eines Schadens ein Verschulden des Beschädigten mitgewirkt hat, die Verpflichtung zum Ersatz sowie der Umfang des zu leistenden Ersatzes von den Umständen, insbesondere davon ab, inwieweit der Schaden vorwiegend von dem einen oder anderen Teil verursacht worden ist. Die Vorschrift des § 278 findet Anwendung. Da sich die Oe.'schen Erben nach dem bisher Ausgeführten das Verschulden des v. B. zurechnen lassen müssen, hängt die Verpflichtung der Beklagten zum Ersatz des durch ihr Versehen verursachten Schadens im Rahmen der vertraglichen Haftung davon ab, ob v. B. diesen Schaden derart vorwiegend mitverursacht hat, daß demgegenüber die von der Beklagten gesetzte Ursache völlig in den Hintergrund tritt. Das muß nach den Umständen, wie sie bereits erörtert sind, bejaht werden.

Das Berufungsgericht meint nun allerdings, daß diese Erwägungen hier nicht Platz greifen könnten, weil es sich nicht um die Haftung gegenüber einem Kontoinhaber schlechthin gehandelt habe, sondern um einen solchen, der durch einen gesetzlichen Vertreter oder eine Person kraft Amtes vertreten gewesen sei. Derartige Vermögensmassen würden den Banken gerade auf Veranlassung der für die Beaufsichtigung zuständigen Behörden zugeführt, welche darin eine gewisse Gewähr für die Ordnungsmäßigkeit der Anlage und der sachgemäßen Prüfung sähen. Bei derartigen infolge staatlichen oder gesetzlichen Eingriffs gebildeten Konten kenne die Bank sowohl den Zweck der Kontoeröffnung als auch die Notwendigkeit einer staatlichen Ueberwachung. Aus der Eröffnung eines solchen Kontos folge demnach auch für sie, da sie ihr Geschäft im Rahmen des Großen und Ganzen auffassen und handhaben müsse, die besondere Vertragspflicht, besondere Sorgfalt bei der Erteilung von Bescheinigungen, insbesondere von Quittungen, über Leistungen des gesetzlichen Vertreters oder des etwa sonst in Frage kommenden Vertreters kraft Amtes walten zu lassen, weil sonst jede staatliche Ueberwachung der Betreffenden unterbunden, die der Staatsaufsicht unterliegende Masse schwer geschädigt werden könne. Daraus folge, daß sich die Beklagte nicht darauf berufen könne, daß v. B. arglistig gehandelt habe. Denn das würde bedeuten, daß sich der Vertretene die Arglist desjenigen anrechnen lassen müsse, dessen Beaufsichtigung die Beklagte gerade durch ihr fahrlässiges Verhalten vereitelt, dessen unlauterem Verhalten sie gerade durch ihre Fahrlässigkeit Vorschub geleistet habe. Mit Recht beanstandet die Revision diese Ausführungen als der gesetzlichen Grundlage entbehrend. Sie laufen in Wahrheit darauf hinaus, daß den Banken und ähnlichen Anstalten, bei denen Gelder aus Vermögensmassen angelegt zu werden pflegen, die der Verwaltung eines gesetzlichen Vertreters oder einer Person kraft Amtes unterliegen, sofern sie Kenntnis von der Eigenschaft solcher angelegten Gelder haben, eine besondere Pflicht obliege, die Beaufsichtigung der Maßnahmen dieser Vertreter nicht zu vereiteln. Hierfür fehlt es aber zum mindesten bei der Verwaltung durch Testamentsvollstrecker an jedem gesetzlichen Anhalt. Die Zuständigkeit des Nachlaßgerichts bei der Testamentsvollstreckung beschränkt sich auf die im Gesetz hervorgehobenen Fälle. Dazu gehört nicht die Aufsicht über die Anlegung von Geld und über die Kontenführung, überhaupt nicht die Nachprüfung der gesamten Vermögensverwaltung. Testamentsvollstreckerkonten gehören daher nicht zu den infolge staatlichen oder gesetzlichen Eingriffs gebildeten oder behördlich überwachten Konten. Hat das Gesetz aber insoweit eine staatliche Ueberwachung nicht für erforderlich gehalten, so kann es auch nicht in Betracht kommen, daß private Erwerbsinstitute die Pflicht hätten, einer solchen Ueberwachung nicht entgegenzuwirken oder sie gegebenenfalls zu unterstützen.

RGZ. 156, 70

1. . . .*)

2. **Kann über die Niederlegung des Testamentsvollstreckeramtes eine Vereinbarung zwischen dem Erben und dem Testamentsvollstrecker getroffen werden?**

3. . . .*)

4. . . .*)

BGB. §§ 2226, 2227.

IV. Zivilsenat. Urt. v. 28. Oktober 1937.

I. Landgericht Berlin. II. Kammergericht daselbst.

Der am 31. Juli 1930 verstorbene Dr. Paul P. hat durch Testament seine zweite Ehefrau Clara P. und seine beiden Kinder Ingeborg, verehelichte N., die Erstklägerin, und Werner, den Zweitkläger, zu seinen Erben berufen. Der Beklagte ist zum Testamentsvollstrecker ernannt worden und hat das Amt angenommen. Der Nachlaß des Erblassers setzt sich zusammen aus dem Vermögen, das er selbst erworben hat, aus einem Anteil an dem Nachlaß seiner verstorbenen Mutter Anna P. und aus einem Anteil an der sog. Geschwister P.'schen Verwaltung.

In Nr. VIII des Testaments heißt es:

Sollte mir beim Ableben meiner Mutter Vermögen zufallen, das bei meinem Tode noch nicht geteilt ist, so hat der Testamentsvollstrecker die Rechte meiner Erben wahrzunehmen. Nach dem 1. Januar 1937 hat der Testamentsvollstrecker hinsichtlich der Verwaltung dieses Anteils sein Amt niederzulegen, falls auch nur eins meiner Kinder dies wünscht und meine Frau zustimmt.

In Nr. X ist folgendes bestimmt:

Bezüglich meines Anteils an der sogenannten Geschwister P.'schen Verwaltung in D. gilt entsprechend das unter Ziffer VIII Gesagte.

Durch Vertrag vom 28. September 1934 hat die Erbin Frau Clara P. ihren Anteil am Nachlaß auf die beiden Kläger zu gleichen Teilen übertragen, wogegen sie das Nachlaßgrundstück in B. und 5000 RM. zu alleinigem Eigentum erworben hat.

Die Kläger stehen auf dem Standpunkt, daß durch den Teilauseinandersetzungsvertrag vom 28. September 1934 das den Erben in Nr. VIII und X des Testaments eingeräumte Recht, nach dem 1. Januar 1937 von dem Beklagten die Niederlegung seines Amtes für die Verwaltung des Anteils an dem Anna P.'schen Nachlaß und an der Geschwister P.'schen Verwaltung zu verlangen, nicht berührt worden sei und daß der Beklagte zu Unrecht die Auffassung vertrete,

---

*) Geringere Bedeutung.

dieses Recht der Kläger sei durch den genannten Teilauseinandersetzungsvertrag beseitigt worden. Die Kläger haben daher den Klagantrag gestellt, festzustellen, daß der Beklagte als Testamentsvollstrecker nach seinem verstorbenen Bruder Dr. Paul P. am 2. Januar 1937 sein Amt niederzulegen habe, soweit dieses Amt die Verwaltung des Anteils des Erblassers an dem Nachlasse der Frau Anna P. und an der sog. Geschwister P.'schen Verwaltung in D. betreffe; die Kläger haben ferner einen zweiten Feststellungsantrag und einen Antrag auf Verurteilung zur Auseinandersetzung gestellt.

Der Beklagte hat im Verhandlungstermin vor dem Landgericht den ersten Feststellungsantrag anerkannt. Die Kläger haben Anerkenntnisurteil beantragt. Darauf ist am 19. Oktober 1936 das dem ersten Feststellungsantrag der Kläger entsprechende Anerkenntnisurteil ergangen. Der Beklagte hat mit Schreiben vom 23. November und 5. Dezember 1936, gerichtet an den erstinstanzlichen Prozeßbevollmächtigten der Kläger, sein Anerkenntnis wegen Irrtums angefochten. Er hat ferner die Bestimmung des Erblassers zu Nr. VIII und X des Testaments für die Zeitangabe der Niederlegung des Testamentsvollstreckeramts wegen Irrtums des Erblassers durch Erklärung vom 12. Dezember 1936 gegenüber dem Nachlaßgericht angefochten. Gegen das Anerkenntnisurteil des Landgerichts hat er Berufung eingelegt mit dem Antrag, dieses aufzuheben und die Klage abzuweisen, soweit dadurch über sie entschieden sei. Er hat vorgetragen, nach Abgabe des Anerkenntnisses seien ihm Zweifel darüber aufgestiegen, ob der Zeitpunkt des 1. Januar 1937 in Nr. VIII des Testaments dem wirklichen Willen des Erblassers entsprochen habe. Er sei sich darüber klar geworden, daß dieser Zeitpunkt mit anderen Bestimmungen des Testaments unvereinbar sei. Er habe daher die Akten über die Entstehung des Testaments herausgesucht und sich aus ihnen die ganze Entstehung noch einmal vergegenwärtigt. Aus diesen Akten, aus den Testamentsentwürfen und aus der ihm wiedergekommenen persönlichen Erinnerung an seine Besprechungen mit dem Erblasser über den Testamentsinhalt habe er die Ueberzeugung gewonnen, daß die Bestimmung in Nr. VIII des Testaments in der Jahreszahl 1937 einen Schreibfehler enthalte und daß es nach dem Willen des Erblassers statt dessen „1940" heißen müsse. Auf Grund dieser Erkenntnis habe er gegenüber den Klägern das Anerkenntnis und gegenüber dem Nachlaßgericht die erwähnte Testamentsbestimmung angefochten. Weiter hat der Beklagte vorgetragen, daß der Berufung der Kläger auf das Anerkenntnis auch die Einrede der allgemeinen Arglist entgegenstehe, und hat geltend gemacht, daß ihm der Restitutionsgrund des § 580 Nr. 7 b ZPO. zur Seite stehe, der ihn berechtige, das von ihm abgegebene Anerkenntnis auch schon im anhängigen Prozeß zu widerrufen.

Das Kammergericht hat die Berufung des Beklagten gegen das Anerkenntnisurteil des Landgerichts zurückgewiesen.

Die Revision des Beklagten blieb erfolglos aus folgenden

Gründen:

1. . . .

2. Das Berufungsgericht behandelt weiter den vom Beklagten erhobenen Einwand, das Landgericht habe trotz des erfolgten Anerkenntnisses das Anerkenntnisurteil deswegen nicht erlassen dürfen, weil der Gegenstand des Anerkenntnisses der Vertragsfreiheit der Parteien entzogen gewesen sei. Das Berufungsgericht lehnt diesen Einwand ab, weil das Landgericht nicht verpflichtet gewesen sei, von Amts wegen den Inhalt des Testaments zu untersuchen. Die Revision kommt auf den Einwand zurück. Sie meint, wenn es, bei richtiger Auslegung des Testaments, als Wille des Erblassers anzusehen sei, daß der Beklagte sein Testamentsvollstreckeramt erst am 1. Januar 1940 niederzulegen habe, so könnten die Parteien an diesem Testamentsinhalt nichts ändern; nur das Nachlaßgericht könne auf dem Wege und unter den Voraussetzungen des § 2227 BGB. eine frühere Beendigung des Amtes, als im Testament vorgesehen, herbeiführen; dem Willen der Parteien, ebenso wie der Entscheidung des Prozeßgerichts, sei die vorzeitige Beendigung des Testamentsvollstreckeramts entzogen. Die Revision verweist zur Begründung ihrer Meinung auf die Entscheidung des Reichsgerichts vom 23. Juni 1931 (RGZ. Bd. 133 S. 128). Dieser Revisionsgrund entbehrt jedoch der Berechtigung. Richtig ist allerdings, daß, auch wenn der Beklagte den gegen ihn erhobenen Klaganspruch anerkannt hat, das Gericht zu prüfen hat, ob der Wille der Parteien überhaupt imstande war, die Rechtsfolge so, wie sie der Kläger für sich in Anspruch nimmt, zu erzeugen; daß also das Gericht den Erlaß eines Anerkenntnisurteils abzulehnen hat, wenn das materielle Rechtsverhältnis, auf das sich das Anerkenntnis bezieht, der Verfügung der Prozeßparteien nicht unterlag (vgl. Stein-Jonas zu § 307 Anm. III b). Unrichtig ist jedoch die Ansicht der Revision, daß die Niederlegung des Testamentsvollstreckeramts, insbesondere der Zeitpunkt der Niederlegung desselben, der Parteivereinbarung entzogen sei. Die von der Revision zur Unterstützung dieser ihrer Ansicht herangezogenen Entscheidung des Reichsgerichts (RGZ. Bd. 133 S. 128) besagt nur, daß die Befugnis, darüber zu entscheiden, ob der Erbe das Recht haben solle, den Antrag auf Entlassung des Testamentsvollstreckers gemäß § 2227 BGB. beim Nachlaßgericht zu stellen, vom Erblasser nicht einem Schiedsgericht übertragen werden darf. Diese Entscheidung des Reichsgerichts, ebenso wie der § 2227 BGB. überhaupt, bezieht sich nur auf den Fall, daß auf Verlangen des Erben der Testamentsvollstrecker

gegen seinen Willen aus wichtigem Grunde aus seinem Amte entlassen werden soll. Dagegen steht es dem Testamentsvollstrecker frei, sein Amt jederzeit auch vor Ablauf des im Testament bestimmten Zeitraums selbst niederzulegen (§ 2226 BGB.). Daher kann es dem Testamentsvollstrecker auch nicht verwehrt sein, mit dem Erben eine Vereinbarung zu treffen, wodurch er sich verpflichtet, zu einem bestimmten Termin, auch schon vor dem im Testament vorgesehenen Zeitpunkt, sein Amt niederzulegen. Es muß hiernach als rechtsirrtümlich bezeichnet werden, wenn von der Revision behauptet wird, daß eine solche Vereinbarung der Parteiherrschaft entzogen sei und daß, wenn der Beklagte seine Verpflichtung anerkennt, an einem bestimmten Tage sein Amt niederzulegen, das Gericht verpflichtet sei, von Amts wegen zu prüfen, ob dieses Anerkenntnis dem Testamentsinhalt entspricht. — Die Rechtsausführungen, die die Revision zu dieser Frage gemacht hat, geben noch zu folgenden zusätzlichen Bemerkungen Anlaß: Mit der Amtsniederlegung des Testamentsvollstreckers und mit der dadurch herbeigeführten Beendigung seines Amtes braucht nicht notwendig auch die Testamentsvollstreckung selbst beendigt zu sein. Die Testamentsvollstreckung wird durch die Amtsniederlegung des Testamentsvollstreckers dann nicht beendigt, wenn der Erblasser im Testament Ersatzbestimmungen getroffen hat (Staudinger vor § 2202 Anm. V, ferner zu §§ 2225 bis 2227 Anm. I; Planck zu §§ 2225 bis 2227 Anm. 8). Solche Ersatzbestimmungen hat der Erblasser im vorliegenden Falle in seinem Testament getroffen; in Nr. XII des Testaments hat er, falls kein Testamentsvollstrecker mehr vorhanden sein sollte, das Nachlaßgericht gebeten, einen Testamentsvollstrecker zu ernennen. In einem solchen Falle ist es der Vertragsfreiheit der Parteien — des Erben und des Testamentsvollstreckers — entzogen, eine Beendigung der Testamentsvollstreckung herbeizuführen. Ein Anerkenntnis des beklagten Testamentsvollstreckers, daß die Testamentsvollstreckung als solche beendigt sei, wäre deshalb in einem solchen Falle wirkungslos; insoweit ist dem Gedankengang der Revision beizupflichten. Der Klaganspruch, um den es sich im vorliegenden Prozesse handelt, war aber nicht auf Feststellung gerichtet, daß die Testamentsvollstreckung als solche am 2. Januar 1937 beendigt sei, sondern auf Feststellung, daß der Beklagte an diesem Tage sein Amt niederzulegen habe. Und nur diesen Anspruch hat der Beklagte vor dem Landgericht anerkannt. Dieser Anspruch unterlag nach dem Ausgeführten der Verfügung der Parteien, und das Anerkenntnis des Beklagten war deshalb in seiner sachlichen Richtigkeit der Nachprüfung durch das Gericht entzogen.

3. . . .

4. . . .

RGZ. 163, 57

1. Ist die Ernennung sämtlicher Miterben zu Testamentsvollstreckern zulässig?

2. . . .*)

BGB. § 2197.

IV. Zivilsenat. Urt. v. 15. Februar 1940.

I. Landgericht Köln. II. Oberlandesgericht daselbst.

Die am 16. April 1937 ohne Hinterlassung von Abkömmlingen und Geschwistern verstorbene Witwe B. hatte mit ihrem bereits 1930 verstorbenen Ehemann im Jahre 1929 ein gemeinschaftliches Testament errichtet, in dem die Ehegatten sich gegenseitig zu Erben einsetzten und zu Erben des Letztversterbenden die Kläger zu 1—6 unter Beschränkung des ihnen Zugewendeten auf einen Betrag von je 10 000 RM. berufen, im übrigen aber eine große Zahl von Vermächtnissen an Verwandte und Angestellte zu wohltätigen und kirchlichen Zwecken anordneten. Die Erblasserin hatte die Bestimmungen dieses Testamentes nach dem Tode ihres Ehemannes, wie es seinem Willen entsprach, durch Testamentsnachträge ergänzt und u. a. in einem Nachtrage vom 20. Oktober 1932 bestimmt, daß außer den in dem gemeinschaftlichen Testament genannten Erben auch der Kläger zu 7 Testamentsvollstrecker mit jenen unter gleichen Bedingungen sein sollte.

Die 7 Kläger, denen ein gemeinschaftliches Testamentsvollstreckerzeugnis erteilt worden ist, haben gegen den Beklagten, einen Vetter der Erblasserin, der diese beim Eintritt gesetzlicher Erbfolge zu einem kleinen Bruchteile beerben würde, Klage erhoben auf Feststellung, daß sie berechtigt und verpflichtet seien, als Testamentsvollstrecker das gemeinschaftliche Testament der Eheleute B. sowie die letztwilligen Verfügungen der Ehefrau zur Ausführung zu bringen. Der Beklagte hat eine wirksame Ernennung der Kläger zu Testamentsvollstreckern bestritten und u. a. die Nichtigkeit sämtlicher Testamente wegen Sittenwidrigkeit der getroffenen Verfügungen geltend gemacht, weil eine Reihe schuldlos verarmter Verwandter, die als gesetzliche Erben in Betracht kommen würden, von den Erblassern nicht bedacht worden seien. Das Landgericht hat der Klage stattgegeben, das Oberlandesgericht die Berufung des Beklagten zurückgewiesen. Auch seine Revision blieb erfolglos.

Aus den Gründen:

1. Gegen die Wirksamkeit der Testamentsvollstreckerernennung (§ 2197 BGB.) sind keine Bedenken aus dem — vom Berufungsgericht nicht erörterten — Grunde herzuleiten, daß sämtliche als Erben der überlebenden Ehefrau Eingesetzte zugleich Testamentsvollstrecker sein sollen. Nach der Rechtsprechung des erkennenden Senats kann zwar

*) Geringere Bedeutung.

der alleinige Erbe nicht zum Testamentsvollstrecker berufen werden, weil er begriffsmäßig Herr des Nachlasses und zur schrankenlosen Verfügung darüber berechtigt ist und weil es deshalb sinnlos wäre, ihm in der Eigenschaft eines Testamentsvollstreckers an demselben Nachlasse bloße Verwaltungsrechte einzuräumen, die im übrigen nur als Beschränkung der Erbenrechte gedacht sind (RGZ. Bd. 77 S. 177). Dieser Grundsatz gilt jedoch nicht ohne weiteres auch für den Fall, daß mehrere Erben vorhanden sind und diese sämtlich zu Testamentsvollstreckern bestellt werden. Eine solche Maßnahme kann sehr wohl einen Sinn haben. Sie hätte beispielsweise zur Folge, daß bei Meinungsverschiedenheiten in der gemeinsamen Verwaltung des Nachlasses an die Stelle eines Mehrheitsbeschlusses der Erbengemeinschaft nach § 2038 Abs. 2 in Verbindung mit § 745 BGB. die Mitwirkung und Entscheidung des Nachlaßgerichts träte (§ 2224 Abs. 1 BGB.). Sie würde dem Erblasser ferner die Möglichkeit geben, die Verwaltung im einzelnen abweichend zu regeln, z. B. jedem Erben einen besonderen Wirkungskreis zuzuweisen (a. a. O.). Auf alle Fälle ist die Ernennung sämtlicher Erben zu Testamentsvollstreckern aber zulässig, wenn neben ihnen noch ein weiterer Testamentsvollstrecker bestellt wird. Dann enthält die Anordnung der Testamentsvollstrekung eine wirkliche Beschränkung der Rechtsstellung der Erben, die nunmehr bei der Verwaltung des Nachlasses und bei der Verfügung über Nachlaßgegenstände auf die Mitwirkung des neben ihnen ernannten Testamentsvollstreckers angewiesen sind (vgl. auch Kammergericht in JFG. Bd. 11 S. 126). Ein solcher Sachverhalt ist hier gegeben. Der Kläger zu 7 ist im Testamente vom 20. Oktober 1932 zwar zum Testamentsvollstrecker berufen, aber weder in diesem noch in dem gemeinschaftlichen Testamente noch in den sonstigen Testamenten der Ehefrau zum Erben eingesetzt.

2. . . .

RGZ. 168, 177

1. Wird eine Klage auf Feststellung der Nichtigkeit einer letztwilligen Anordnung, in welcher eine bestimmte Person zum Testamentsvollstrecker ernannt ist, durch § 2227 BGB. ausgeschlossen?

2. . . .*)

3. Findet § 332 BGB. beim Lebensversicherungsantrag Anwendung, wenn die Geltung nicht ausdrücklich ausgeschlossen worden ist?

VII. Zivilsenat. Urt. v. 22. Dezember 1941.

I. Landgericht Duisburg. II. Oberlandesgericht Düsseldorf.

*) Geringere Bedeutung.

Die Erstklägerin ist die Ehefrau, die Zweitklägerin das einzige Kind des am 21. April 1939 in D. verstorbenen Zahnarztes Dr. F. J., dessen Schwester mit dem Erstbeklagten, dem Vater des Zweitbeklagten verheiratet ist. Dr. J. hat durch Uebergabe einer offenen Schrift an einen Notar zwei Testamente vom 3. September 1937 und 17. Januar 1938 errichtet, deren jüngeres, die Bestimmung des älteren wiederholend und erweiternd, folgende letztwillige Anordnungen enthält:

1. Erbin meines gesamten Vermögens einschließlich meiner Lebensversicherungsforderung soll meine dreijährige Tochter M. (die Zweitklägerin) sein.

2. Testamentsvollstrecker soll werden mein Schwager P. S. in D. (der Erstbeklagte). . . .

3. Meine Ehefrau soll den Nießbrauch des meiner Tochter zufallenden Vermögens haben. . . .

4. . . .

5. . . .

6. Vorweg soll bei meinem Tode dem Sohn des Testamentsvollstreckers, P. S. jun., ein Betrag von 20 000 RM. zustehen. . . .

Mit gegenwärtiger Klage begehren die Klägerinnen u. a. die Feststellung der Nichtigkeit dieser letztwilligen Verfügung, soweit darin der Erstbeklagte zum Testamentsvollstrecker bestellt und dem Zweitbeklagten ein Vermächtnis von 20 000 RM. zugewendet ist. . . .

Das Landgericht hat dem Antrage der Klägerinnen gemäß festgestellt, daß die Bestellung des Erstbeklagten zum Testamentsvollstrecker nichtig sei. Im übrigen hat es die Klage abgewiesen. Im zweiten Rechtszuge hat die Erstklägerin für den Fall, daß die Bestellung des Erstbeklagten zum Testamentsvollstrecker für wirksam erachtet werde, hilfsweise weiter beantragt, festzustellen, daß dem Erstbeklagten als Testamentsvollstrecker das Verwaltungsrecht an der von der B. Lebensversicherungs-Aktiengesellschaft ausgezahlten Versicherungssumme von 30 000 RM. nicht zustehe. Sie ist der Auffassung, daß dieser Betrag nicht zum Nachlaß gehöre. Sie sei im Versicherungsschein über die Lebensversicherung als Bezugsberechtigte für den Todesfall ihres versicherten Ehemanns bezeichnet. Daran habe durch das Testament nichts geändert werden können.

Das Oberlandesgericht hat festgestellt, daß das dem Zweitbeklagten zugewendete Vermächtnis insoweit nichtig sei, als es den Betrag von 10 000 RM. übersteige. Im übrigen hat es die Berufung der Klägerinnen zurückgewiesen, jedoch dem Hilfsantrage der Erstklägerin entsprochen.

Die Revision der Klägerinnen wurde zurückgewiesen, während die gegnerische Revision Erfolg hatte.

Aus den G r ü n d e n :

I. Der Zulässigkeit der Klage auf Feststellung der Nichtigkeit der Einsetzung des Erstbeklagten zum Testamentsvollstrecker steht, wie der Berufungsrichter zutreffend annimmt, § 2227 BGB. nicht entgegen. Die nach dieser Vorschrift dem Nachlaßgericht obliegende Entscheidung über die Entlassung des Testamentsvollstreckers aus wichtigem Grunde setzt dessen gültige Einsetzung voraus. Der Streit darüber, ob die Einsetzung rechtswirksam ist, kann nur im ordentlichen Verfahren ausgetragen werden. Ergibt sich dabei die Rechtsgültigkeit der Anordnung des Erblassers, so ist es den Klägerinnen unbenommen, bei dem Nachlaßgerichte die Entlassung des Beklagten als Testamentsvollstreckers gemäß § 2227 BGB. zu beantragen, falls das behauptete feindselige Verhältnis zwischen ihm und der Erstklägerin seine ordnungsmäßige Amtsführung ernstlich beeinträchtigt und demgemäß die Ausführung des letzten Willens des Erblassers oder die berechtigten Belange der Beteiligten gefährdet (RGRKomm. z. BGB. Bem. 2 zu § 2227).

II. . . .

III. Das Berufungsgericht hat dem Antrage der Erstklägerin entsprechend festgestellt, daß dem Erstbeklagten als Testamentsvollstrecker das Verwaltungsrecht an der von der B. Lebensversicherungs-Aktiengesellschaft ausgezahlten Lebensversicherungssumme von 30 000 RM. nicht zustehe. Es erwägt hierzu folgendes: Nach dem Versicherungsschein vom 19. Februar 1934 sei beim Ableben des versicherten Erblassers seine Ehefrau, die Erstklägerin, bezugsberechtigt. Diese — an sich widerrufliche — Bezeichnung der Erstklägerin als Bezugsberechtigter habe nach § 17 Abs. 3 der Allgemeinen Versicherungsbedingungen (AVB.) nur durch eine der Versicherungsgesellschaft gegenüber abzugebende empfangsbedürftige Willenserklärung widerrufen oder geändert werden können. Eine derartige Erklärung habe der Erblasser nicht abgegeben. Die im Testament enthaltene Anordnung, daß seine Tochter Erbin seines ganzen Vermögens einschließlich der Lebensversicherungssumme sein solle, vermöge an der Bezugsberechtigung der Erstklägerin nichts zu ändern. Die Vorschrift des § 332 BGB. sei durch die Bestimmung des § 17 Abs. 3 AVB. ausgeschaltet. Die Erstklägerin sei daher Bezugsberechtigte geblieben.

Die von der Revision der Beklagten zur Nachprüfung gestellte Frage, ob die Erstklägerin auch gegenüber der letztwilligen Anordnung des Erblassers Bezugsberechtigte geblieben sei und die Versicherungssumme daher nicht zum Nachlasse gehöre, ist entgegen der Meinung des Vorderrichters zu verneinen. Es ist zwar richtig, daß die Aenderung und der Widerruf der Bezeichnung eines Dritten als Bezugsberechtigten im Lebensversicherungsvertrage sich als rechtsgestaltende Erklärungen darstellen, die zwar von dem Versicherungsnehmer einseitig ausgesprochen werden, aber, um wirksam zu sein, dem Versicherer zugehen müssen (RGZ. Bd. 153 S. 220 [225] mit weiteren Nachweisungen aus der Rechtsprechung des erkennenden Senats). Von der Empfangsbedürftigkeit dieser Erklärungen macht jedoch § 332 BGB. — nach dem, wenn sich der Versprechensempfänger die Befugnis vorbehalten hat, ohne Zustimmung des Versprechenden an die Stelle des im Vertrage bezeichneten Dritten einen anderen zu setzen, dies im Zweifel auch in einer Verfügung von Todes wegen geschehen kann — eine Ausnahme (vgl. RGZ. Bd. 136 S. 52). Diese Vorschrift enthält allerdings nur eine Auslegungsregel. Sie gilt nur im Zweifel, d. h., sofern sich nicht aus dem Vertrag ein anderes ergibt. Daß der ihre Geltung ausschließende Wille der Parteien des vorliegenden Lebensversicherungsvertrages sich aus den ihm zugrunde liegenden Allgemeinen Versicherungsbedingungen ergebe, nimmt indes der Vorderrichter zu Unrecht an. § 14 dieser Bedingungen, der sich über die Befugnis des Versicherungsnehmers, einen Bezugsberechtigten zu bezeichnen, diese Bezeichnung zu widerrufen oder zu ändern, verhält, spricht sich nicht darüber aus, in welcher Form diese Erklärungen abgegeben werden müssen. Wenn auch anzunehmen ist, daß diese Vorschrift in der allgemeinen Bestimmung des § 17 Abs. 3 — nach der alle Willenserklärungen und Anzeigen der Gesellschaft gegenüber nur dann wirksam sind, wenn sie dem Vorstande der Gesellschaft schriftlich abgegeben und ihm zugegangen sind — ihre Ergänzung findet, so enthält sich diese Bestimmung doch jeder Stellungnahme zu der Geltung der gerade auf dem Gebiete der Lebensversicherung praktisch bedeutsamen Vorschrift des § 332 BGB. Unter Berücksichtigung des Grundsatzes von Treu und Glauben muß aus diesem Schweigen der Allgemeinen Versicherungsbedingungen die Absicht, jene Vorschrift nicht auszuschalten, gefolgert werden. Die entgegengesetzte Auffassung (P r ö l ß VVG. 3. Aufl., Anhang zu §§ 159 bis 178 S. 452, Anm. 1) kann nicht damit begründet werden, daß der Versicherer im Zeitpunkte des Versicherungsfalles auf eine sichere Kenntnis des Bezugsberechtigten zu seinem eigenen Schutze nicht verzichten könne. Wenn auch die Geltung des § 332 BGB. zur Folge haben kann, daß die Aufhebung einer ihm bekannten und die Begründung einer neuen Bezugsberechtigung in jenem Zeitpunkte noch nicht zur Kenntnis des Versicherers gelangt ist, so kann ihm doch daraus kein rechtlicher Nachteil erwachsen, da, wenn er bei solcher Sachlage an den bisherigen Bezugsberechtigten leisten würde, dies bei entsprechender Geltung des § 407 Abs. 1 BGB. mit schuldbefreiender Wirkung geschähe. Demgemäß ist kraft der letztwilligen Verfügung des Erblassers mit dessen Tode die Bezugsberechtigung der Erstklägerin erloschen und der Anspruch auf die Versicherungssumme der Zweitklägerin als Erbin zugefallen. Die ausgezahlte Versicherungssumme gehört also zum Nachlaß und untersteht damit der Verwaltung des Erstbeklagten als Testamentsvollstreckers.

Auch in diesem Streitpunkt ist somit der Revision der Beklagten stattzugeben und die Feststellungsklage der Erstklägerin abzuweisen. . . .

RGZ. 172, 199

1. Ist der Testamentsvollstrecker befugt, die Mitgliedschaftsrechte des Erben eines Kommanditisten auszuüben, der als solcher in die Gesellschafterstellung des Erblassers eingetreten ist?

2. Kann der Erblasser durch letztwillige Verfügung anordnen, daß sich der Erbe die Ausübung seiner Mitgliedschaftsrechte durch den Testamentsvollstrecker gefallen lassen müsse? Ist dies auch zulässig, wenn der Testamentsvollstrecker zugleich Nacherbe des befreiten Vorerben und persönlich haftender Gesellschafter der Kommanditgesellschaft ist, dem gegenüber die Kommanditisten nach dem Gesellschaftsvertrage besondere Ueberwachungsrechte haben? Müssen die übrigen Gesellschafter die Ausübung dieser Rechte durch den Testamentsvollstrecker hinnehmen?

BGB. §§ 1940, 2194, 2205, 2208 Abs. 2, § 2216 Abs. 1, § 2219.
HGB. § 161, Abs. 2, §§ 171, 172, 177.

II. Zivilsenat. Urt. v. 10. Januar 1944.

I. Landgericht Braunschweig. II. Oberlandesgericht daselbst.

Der am 13. Februar 1937 verstorbene Ehemann der Klägerin, der Privatmann Bernhard F., war Kommanditist der Kommanditgesellschaft F. Sch., einer Familiengesellschaft. Der einzige persönlich haftende Gesellschafter ist der Beklagte. Die Kommanditeinlagen betrugen beim Tode des Bernhard F. insgesamt 421 500 RM., wovon 153 500 RM. auf ihn selbst, 12 500 RM. auf die Klägerin entfielen. Ueber die Kommanditistenrechte bestimmt der Gesellschaftsvertrag vom 5. April 1935 im wesentlichen folgendes: Nach § 5 werden die den Kommanditisten zustehenden Rechte durch eine Kommanditistenversammlung ausgeübt, die mindestens einmal jährlich einberufen werden muß. Ihr ist der Jahresabschluß vorzulegen und Bericht über die Geschäftsergebnisse zu erstatten (§ 5c). Die Kommanditisten dürfen sich in den Kommanditistenversammlungen nur durch einen anderen Kommanditisten oder ein Mitglied des Beirats vertreten lassen (§ 5e). Veränderungen oder Uebertragungen von Beteiligungen bedürfen ihrer Genehmigung (§ 6d). Die Kommanditistenversammlung hat zur Aufnahme eines persönlich haftenden Gesellschafters ihre Zustimmung zu erteilen (§ 7b), kann einem persönlich haftenden Gesellschafter die Befugnis zur Vertretung und Geschäftsführung entziehen (§ 7 e), muß einen Beirat bestellen (§ 8 a) und faßt Beschlüsse über Aenderungen des Gesellschaftsvertrags sowie über die Höhe der Gewinnausschüttung (§§ 12, 14b). Der Beirat, der aus 3 bis 5 Personen bestehen soll, hat die persönlich haftenden Gesellschafter in der Geschäftsführung zu unterstützen (§ 8a). Eine große Reihe ihrer Handlungen unterliegt seiner Genehmigung (§ 9a). Er kann unter gewissen Voraussetzungen Teilvorauszahlungen von Gewinnausschüttungen anordnen (§ 9b). Die persönlich haftenden Gesellschafter haben ihm monatlich über die genehmigungsbedürftigen Vorgänge sowie über den Fabrikations- und Geschäftsgang Bericht zu erstatten (§ 9c). Er hat ein Recht auf Einsicht in alle den Geschäftsbetrieb betreffenden Unterlagen, Belege, den Briefwechsel usw., darf den Fabrikationsbetrieb besichtigen und Vorlegung aller Kalkulationen verlangen (§ 9d). Schließlich ist er auch berechtigt, im Einvernehmen mit den persönlich haftenden Gesellschaftern deren Tätigkeitsbereiche sowie die Tätigkeitsbereiche der Angestellten mit über 5000 RM. jährlicher Vergütung abzugrenzen, schriftliche Geschäftsanweisungen zu erteilen und die Anstellungsverträge dieser Angestellten zu genehmigen (§ 10b). Die Mitglieder des Beirats werden durch die Kommanditistenversammlung mit einfacher Stimmenmehrheit gewählt (§ 8a Satz 4). Kommanditisten, die 20 v. H. des Kommanditkapitals vertreten, ist das einmalige Recht eingeräumt, einen Vertreter in den Beirat zu entsenden (§ 8a Satz 6). Die Kommanditanteile sind vererblich (§ 6g). Im Falle des Todes eines persönlich haftenden Gesellschafters oder eines Kommanditisten wird die Gesellschaft nicht aufgelöst, sondern mit den Erben des Verstorbenen fortgesetzt (§ 17a).

Zufolge gemeinschaftlichen Testaments der Eheleute Bernhard F. vom 17. Januar 1937 ist der Ehemann von seiner Witwe, der Klägerin, als befreiter Vorerbin beerbt worden; Nacherbe ist der Beklagte, ein Neffe des Erblassers. Weiter ist der Beklagte in dem Testamente zum Testamentsvollstrecker „mit der Beschränkung auf die Fürsorge der Vorerbschaft" ernannt worden mit der Maßgabe, daß er in der Eingehung von Verbindlichkeiten für die Vorerbschaft nicht beschränkt sein soll, von der Beschränkung des § 181 BGB. befreit ist und innerhalb des ihm zugewiesenen Aufgabenkreises auch die höchstpersönlichen Gesellschafterrechte des Vorerben an der Kommanditgesellschaft ausüben soll (§ 4). Für den Fall, daß der Beklagte „etwa wegen widerstreitender Interessen in seiner Eigenschaft als Gesellschafter der F. Sch. Kommanditgesellschaft oder in seiner Eigenschaft als Komplementär dieser Gesellschaft oder aus einem sonstigen Grund" an der Ausübung und Wahrnehmung der „ihm selbst im Erbgang anfallenden Geschäftsanteile" verhindert sein sollte, ist in § 5 die Bestellung eines Ersatztestamentsvollstreckers vorgesehen.

Nachdem zunächst im Einvernehmen der Parteien auf Grund des Entsendungsrechts, daß gemäß § 8 a Satz 6 des Gesellschaftsvertrags dem Inhaber des ererbten Kapitalanteils zusteht, die Klägerin in den Beirat entsandt worden war, hat der Beklagte laut Schreiben vom 15. Mai 1942 in seiner Eigenschaft als Testamentsvollstrecker und gegen den ihm bekannten Willen der Klägerin an ihrer Stelle den Bankdirektor A. in den Beirat berufen. Er hält sich auch für befugt, das Stimmrecht für den auf die Klägerin als Vorerbin übergegangenen Kommanditanteil auszuüben.

Die Klägerin ist der Meinung, daß es sich bei ihrem ererbten Stimm- und Beiratsentsendungsrecht um ihr als Kommanditistin zustehende höchstpersönliche Rechte handele, die der Beklagte daher nicht in seiner Eigenschaft als Testamentsvollstrecker an ihrer Stelle ausüben könne. Mit der vorliegenden Klage hat sie in erster Reihe die Feststellung begehrt, daß 1. der Beklagte als Testamentsvollstrecker des Bernhard F. nicht berechtigt sei, a) das Stimmrecht für sie als befreite Vorerbin auszuüben und b) ein Mitglied in den Beirat für je 20 v. H. des Kommanditistenkapitals an ihrer Stelle zu entsenden, daß ferner 2. die vom Beklagten vorgenommene Entsendung des Bankdirektors A. in den Beirat ihr gegenüber unwirksam sei. Hilfsweise hat sie zu 1b) um Feststellung gebeten, daß der Beklagte nicht berechtigt sei, das Entsendungsrecht gegen ihren ausdrücklichen Willen auszuüben.

Der Beklagte hat den Standpunkt vertreten, daß es sich nicht um höchstpersönliche Rechte handele, so daß ihm als Testamentsvollstrecker die Ausübung zustehe; er hat u. a. noch geltend gemacht, es sei der Wille des Erblassers gewesen, dem Testamentsvollstrecker größtmögliche Handlungsfreiheit zu gewähren, um die Zukunft der Firma zu sichern und seine bejahrte und wenig geschäftsgewandte Frau zu schützen.

Während das Landgericht die Klage abgewiesen hat, hat das Berufungsgericht den Hauptanträgen stattgegeben. Die Revision des Beklagten führte zur Wiederherstellung des landgerichtlichen Urteils.

Gründe:

Zu der Frage, inwieweit der Testamentsvollstrecker befugt ist, die Mitgliedschaftsrechte des nach dem Gesellschaftsvertrag in die Gesellschafterstellung des Erblassers bei einer offenen Handelsgesellschaft eingetretenen Erben auszuüben, hat der erkennende Senat in einer Entscheidung vom 4. März 1943 (RGZ. Bd. 170 S. 392) folgendes ausgeführt: Der Machtbereich des Testamentsvollstreckers sei grundsätzlich auf den Nachlaß beschränkt. Daher sei ihm jede Einwirkung auf die nicht ausschließlich in den Bereich des Nachlasses fallenden Rechtsbeziehungen des Erben versagt. Zu diesen Rechtsbeziehungen gehörten die Rechte und Pflichten, die dem Erben aus der Rechtsnachfolge in die Gesellschafterstellung des Erblassers (bei der offenen Handelsgesellschaft gemäß § 139 HGB.) erwüchsen. Die Rechtsstellung, die der Erbe mit dem Eintritt in die offene Handelsgesellschaft erwerbe, beruhe zwar auf der Erbfolge. Ihr Inhalt bestimme sich aber nicht nach den Grundsätzen des Erbrechts, sondern sowohl im Innen- und Außenverhältnis als auch personen- und vermögensrechtlich ausschließlich nach Gesellschaftsrecht. Der Erbe hafte als Gesellschafter ohne Rücksicht auf die Kräfte des Nachlasses persönlich und unbeschränkt für die Verbindlichkeiten der Gesellschaft. In demselben Umfange habe er seinen Mitgesellschaftern gegenüber für die Deckung etwaiger Verluste der Gesellschaft einzustehen. Er unterwerfe sich ferner mit seinem Eintritt in die Gesellschaft Bindungen persönlicher Art, die sich keineswegs nur auf seine Erbenstellung oder auf sein Verhältnis zum Nachlaß auswirkten. Demgegenüber könne der Testamentsvollstrecker, sofern ihm diese Befugnis vom Erblasser eingeräumt sei, Verbindlichkeiten immer nur mit Wirkung für den Nachlaß eingehen, nicht aber darüber hinaus den Erben schlechthin persönlich verpflichten. Aus dieser Eigenart der Stellung des Gesellschafter-Erben folgt nicht nur, daß ihm ohne Rücksicht auf die Anordnung einer Testamentsvollstreckung allein die Entscheidung über die Ausübung der Rechte aus § 139 HGB. und die Zustimmung zur Verlängerung oder Auflösung der Gesellschaft oder zur Aenderung des Gesellschaftsvertrags obliege, sondern daß auch alle übrigen mitgliedschaftlichen Rechte und Pflichten, ohne Unterschied, ob sie übertragbar oder nicht übertragbar seien, für die Dauer der gesellschaftlichen Bindung dem Machtbereich des Testamentsvollstreckers nicht unterfielen. Ob dies auch für den bei der Auflösung der Gesellschaft erwachsenden Anspruch auf das Auseinandersetzungsguthaben gilt, sowie, ob etwa im Gesellschaftsvertrag oder durch letztwillige Verfügung eine andere Regelung getroffen werden könnte, hat der Senat damals dahingestellt gelassen.

Die vorstehend dargelegten, die offene Handelsgesellschaft betreffenden Grundsätze müssen gemäß § 161 Abs. 2 HGB. auch auf die Kommanditgesellschaft, und zwar nicht nur für die Erben der persönlich haftenden Gesellschafter, sondern auch für die Erben der Kommanditisten, entsprechende Anwendung finden, soweit sich nicht aus der Eigenart der Kommanditgesellschaft etwas anderes ergibt. Letzeres ist aber nicht der Fall. Die Stellung der Kommanditisten unterscheidet sich nur insofern von der der persönlich haftenden Gesellschafter, als ihre Haftung gegenüber den Gesellschaftsgläubigern und in der Regel auch gegenüber der Gesellschaft und den Mitgesellschaftern nach Maßgabe des Gesellschaftsvertrags auf eine bestimmte Vermögenseinlage beschränkt ist. Im übrigen gilt aber auch für sie, was oben von den Gesellschafter-Erben der offenen Handelsgesellschaft gesagt worden ist, daß sich ihre Haftung sowohl im Außen- als auch im Innenverhältnis nicht nach den Grundsätzen des Erbrechts, sondern ausschließlich nach denen des Gesellschaftsrechts richtet, daß sie also im Rahmen ihrer gesellschaftsrechtlichen Verpflichtungen in vollem Umfange persönlich und nicht etwa beschränkt auf den Nachlaß des Erblassers haften. Ferner unterwerfen auch sie sich mit ihrem Eintritt in die Gesellschaft Bindungen persönlicher Art, die sich keineswegs nur auf ihre Erbenstellung oder auf ihr Verhältnis zum Nachlaß auswirken. Hieraus folgt, daß auch die mitgliedschaftlichen Rechte des Kommanditisten, gleichviel, ob sie übertragbar sind oder nicht, gleichviel also auch, ob sie als „höchstpersönliche" Rechte des Gesellschafters anzusehen sind — wie das Berufungsgericht annimmt, von der Revision aber in Abrede gestellt wird —, für die Dauer der gesellschaftlichen Bindung dem Machtbereich des Testamentsvollstreckers nicht unterliegen. Dies gilt ganz besonders auch vom Stimmrecht des Kommanditisten ebenso wie von seinem in dem hier in Rede stehenden Gesellschaftsvertrage vorgesehenen Recht zur Entsendung eines Mitglieds in den Beirat; denn gerade die Ausübung dieser Rechte hängt aufs engste mit der gesellschaftlichen Stellung des Kommanditisten zusammen, der hierbei auch persönlich durch seine Treupflicht gebunden ist. Inwieweit die Kommanditanteile übertragbar und vererblich sind und inwieweit sich der Gesellschafter bei der Ausübung dieser gesellschaftlichen Befugnisse durch Bevollmächtigte vertreten lassen kann, die seinen Weisungen unterworfen sind, ist — entgegen der Auffassung der Revision — für die Beurteilung des Machtbereichs des Testamentsvollstreckers, der die zum Nachlaß gehörigen Rechte des Erben im eigenen Namen und nach eigenem Ermessen, wenn auch mit Verantwortlichkeit gegenüber dem Erben verwaltet, ohne jede Bedeutung. Entscheidend ist vielmehr allein, daß die erwähnten gesellschaftlichen Befugnisse grundsätzlich nicht in den Bereich des Nachlasses fallen. Auch kann es — entgegen der Annahme der Revision — nicht darauf ankommen, ob der Kommanditanteil des Erblassers bei dessen Tode voll eingezahlt war; denn der Umfang der gesellschaftlichen Haftung des Kommanditisten-Erben hängt nicht davon ab, inwieweit der Kommanditanteil beim Tode des Erblassers eingezahlt ist, sondern davon, inwieweit die Einzahlung zur Zeit der Inanspruchnahme als geleistet anzusehen ist (vgl. § 172 Abs. 4 HGB.).

Ob im Gesellschaftsvertrag eine andere Regelung getroffen und außer der Vererblichkeit der Kommanditanteile auch ihre Unterstellung unter den Machtbereich eines Testamentsvollstreckers zugelassen werden kann, braucht auch hier nicht erörtert zu werden. Denn zweifellos enthält der vorliegende Gesellschaftsvertrag keine Bestimmungen, nach denen diese Möglichkeit in Betracht zu ziehen wäre. Am allerwenigsten kann es im Sinne des Gesellschaftsvertrags liegen, die selbständige Ausübung der Kommanditistenrechte eines Erben einem Testamentsvollstrecker zu überlassen, der zugleich persönlich haftender Gesellschafter ist; denn dies stünde nicht im Einklang mit den im Gesellschaftsvertrage bis in alle Einzelheiten geregelten Befugnissen der Kommanditisten und des von ihnen bestellten Beirats, den persönlich haftenden Gesellschafter in seiner Geschäftsführung zu überwachen.

Eine Frage ist jedoch, ob die ausdrückliche Anordnung des gemeinschaftlichen Testaments der Eheleute Bernhard F., daß der Testamentsvollstrecker innerhalb des ihm zugewiesenen Aufgabenkreises, d. h. im Rahmen der Fürsorge für die Vorerbschaft, auch die höchstpersönlichen Gesellschafterrechte des Vorerben an der Kommanditgesellschaft F. Sch. ausüben solle, eine andere Beurteilung der Rechtslage rechtfertigt. Wenn auch durch eine derartige Anordnung nicht unmittelbar in die gesellschaftlichen Beziehungen eingegriffen werden kann, so läßt sie doch die Auslegung zu, daß damit der Vorerbin zur Auflage (§ 1940 BGB.) gemacht worden ist, die Ausübung auch ihrer persönlichen mitgliedschaftlichen Rechte, also auch des Stimmrechts und des Rechts der Entsendung eines Mitgliedes zum Beirat, dem Testamentsvollstrecker zu überlassen. In der Tat ist diese Auslegung den Umständen nach sogar geboten, wie mangels ausreichender Prüfung der Frage durch das Berufungsgericht gemäß § 4 Abs. 12 der Vierten Vereinfachungsverordnung vom 12. Januar 1943 (RGBl. I S. 7) auch das Revisionsgericht nach mündlicher Verhandlung hierüber von sich aus festzustellen befugt ist. Der Verwirklichung einer solchen Auflage steht, falls die übrigen Gesellschafter mit ihrer Erfüllung einverstanden sind, nichts im Wege. Insbesondere ist darin keine sittenwidrige Bindung des Gesellschafter-Erben zu erblicken, da ja der Testamentsvollstrecker die Befugnisse nicht willkürlich ausüben darf, sondern gemäß § 2216 Abs. 1 BGB. zur ordnungsmäßigen Verwaltung des Nachlasses auch insoweit verpflichtet bleibt und dem Erben gemäß § 2219 BGB. für diese verantwortlich ist. Zwar können durch eine Auflage im Sinne des § 1940 BGB. die gesetzlichen Rechte des Testamentsvollstreckers nicht erweitert werden. Jedoch ist es grundsätzlich für zulässig zu erachten, daß dem Bedachten, hier der befreiten Vorerbin, die Auflage gemacht wird, die ihr zustehenden persönlichen Rechte durch einen Dritten, also auch durch den Testamentsvollstrecker, ausüben zu lassen.

Gegen die Zulässigkeit einer solchen Auflage kann im vorliegenden Fall auch nicht etwa eingewendet werden, der Beklagte gerate dadurch in einen Interessenwiderstreit, teils weil er zugleich als Nacherbe für eine befreite Vorerbin eingesetzt sei, teils weil er als persönlich haftender Gesellschafter nicht die Ueberwachungsrechte eines Kommanditisten ausüben könne. Auch der befreite Vorerbe kann in der Ausübung seiner Rechte durch die Anordnung einer Testamentsvollstreckung beschränkt werden. Wenn hierbei der Nacherbe selbst zum Testamentsvollstrecker bestellt wird, so mag dadurch die Befreiung des Vorerben von den in § 2136 BGB. aufgeführten Beschränkungen und Verpflichtungen für die Dauer des Bestehens der Testamentsvollstreckung zwar wertlos sein; dadurch wird aber die Anordnung einer solchen Testamentsvollstreckung nicht unzulässig. Für die Ordnungsmäßigkeit der Verwaltung bleibt der Testamentsvollstrecker dem Erben, ungeachtet des etwaigen Interessenwiderstreits, gemäß § 2216 Abs. 1, § 2219 BGB. verantwortlich. Nur insoweit, als der Testamentsvollstrecker etwa Rechtshandlungen vornimmt, die mit einer ordnungsmäßigen Verwaltung tatsächlich nicht in Einklang stehen, könnte daraus die Folgerung zu ziehen sein, daß diese Rechtshandlungen unwirksam sind (vgl. KG. in JFG. Bd. 12 S. 202).

Das gleiche gilt auch für den etwaigen Interessenwiderstreit, der sich daraus ergeben könnte, daß dem Beklagten in § 4 des Testaments die Befugnis eingeräumt worden ist, auch die „höchstpersönlichen Gesellschaftsrechte" des Vorerben, also auch das Stimmrecht und das Beiratsentsendungsrecht, auszuüben, obwohl er, wie den testierenden Eheleuten bekannt war, zugleich geschäftsführender persönlich haftender Gesellschafter der Kommanditgesellschaft ist. Es mag zwar ungewöhnlich sein, dem persönlich haftenden Gesellschafter, der durch die Kommanditisten oder durch den von ihnen zu bestellenden Beirat gerade überwacht werden soll, auch die Ausübung dieser Ueberwachungsrechte zu überlassen. Diese sind aber in weitem Umfange (mit Ausnahme wohl nur des § 166 Abs. 3 HGB.) verzichtbar (vgl. W e i p e r t in RGRKomm. z. HGB. Bem. 5 zu § 166). Daher steht auch nichts im Wege, der Klägerin in ihrer Eigenschaft als Vorerbin durch letztwillige Verfügung die Verpflichtung aufzuerlegen, sich die Ausübung der ihr als Kommanditistin zustehenden Befugnisse der Stimmrechtsausübung und der Ernennung eines Beiratsmitgliedes durch den persönlich haftenden Gesellschafter gefallen zu lassen. Das Berufungsgericht entnimmt freilich der Bestimmung in § 5 des Testaments, wonach für den Fall der Behinderung des Beklagten wegen widerstreitender Belange die Bestellung eines Ersatztestamentsvollstreckers vorgesehen ist, daß der Beklagte dadurch habe ausgeschaltet werden sollen, soweit es sich um die Wahrung der sich aus der Kommanditbeteiligung ergebenden besonderen Rechte der Kommanditisten handelt, insbesondere also um deren wichtigste, das Stimmrecht und das Beiratsentsendungsrecht. Diese Annahme ist jedoch — wie die

Revision mit Recht geltend macht — unvereinbar mit der Anordnung in § 4, daß der Beklagte in seiner Eigenschaft als Testamentsvollstrecker auch die „höchstpersönlichen Gesellschaftsrechte" des Vorerben solle ausüben dürfen; die Bestimmung des § 5 enthält ersichtlich keine Einschränkung dieser Befugnisse des Beklagten, sondern nur eine Vorsichtsmaßnahme für den Fall seiner rechtlichen Behinderung.

Ist die Bestimmung in § 4 des gemeinschaftlichen Testaments somit dahin zu verstehen, daß dem Vorerben dadurch auferlegt worden ist, die Ausübung auch seiner persönlichen gesellschaftlichen Rechte, also auch des Stimmrechts und des Beiratsentsendungsrechts, dem Beklagten als Testamentsvollstrecker zu überlassen, so ist dieser gemäß § 2194 BGB. in Verbindung mit § 2208 Abs. 2 BGB. zugleich auch für befugt zu erachten, von der Vorerbin die Vollziehung der Auflage zu verlangen. Dies hat zur Folge, daß die Klägerin als Vorerbin der Ausübung der erwähnten Rechte durch den Beklagten als Testamentsvollstrecker nicht widersprechen darf, daß sie sie vielmehr zu dulden verpflichtet ist, soweit sich die Handlungen des Testamentsvollstreckers im Rahmen einer ordnungsmäßigen Verwaltung halten. Ein Widerspruchsrecht stünde nur den übrigen Gesellschaftern (nicht etwa auch der Klägerin auf Grund ihrer persönlichen Kommanditbeteiligung) zu, weil — wie oben ausgeführt ist — der Gesellschaftsvertrag eine Ausübung der mitgliedschaftlichen Rechte eines Gesellschafter-Erben durch einen Testamentsvollstrecker nicht vorsieht. Ob im vorliegenden Falle die übrigen Gesellschafter mit der Ausübung dieser Rechte der Klägerin als Vorerbin durch den Beklagten einverstanden sind und ob die Ernennung des Bankdirektors A. durch den Beklagten zum Beiratsmitglied im Rahmen ordnungsmäßiger Verwaltung geschehen ist, braucht hier nicht erörtert zu werden. Denn der Klägerin kommt es, wie auch aus der Fassung ihrer Anträge ersichtlich ist, nur darauf an, die rechtlichen Beziehungen der Parteien zueinander, wie sie sich aus dem Testamente des Erblassers ergeben, klarstellen zu lassen. Die Klage ist nicht etwa darauf gestützt, daß die anderen Gesellschafter mit der Ausübung der in Rede stehenden Rechte der Klägerin als Vorerbin durch den Beklagten als Testamentsvollstrecker nicht einverstanden seien oder daß die Ernennung des Bankdirektors A. zum Beiratsmitglied unsachgemäß sei, sondern ausschließlich darauf, daß der Beklagte mit der Ausübung der in Rede stehenden Befugnisse in die Rechte der Klägerin als befreiten Vorerbin eingreife. Dieser Klagegrund entbehrt jedoch, wie die vorstehenden Ausführungen ergeben, der Berechtigung; daraus ergibt sich zugleich auch der Hilfsantrag als unbegründet.

Errichtung und Aufhebung eines Testaments

RGZ. 50, 16

Form der in das Protokoll über die Errichtung des Testamentes vor dem Richter gemäß § 2241 Nr. 2 BGB.*) aufzunehmenden „Bezeichnung der bei der Verhandlung mitwirkenden" Gerichtspersonen.

IV. Zivilsenat. Urt. v. 18. November 1901.

I. Landgericht Posen. II. Oberlandesgericht daselbst

Die Parteien streiten über die Formgültigkeit des vor einem Richter am 29. März 1901 errichteten, am 3. Mai eröffneten Testaments des im April 1901 verstorbenen Fräuleins M. v. W. aus Posen. Klägerin hält das Testament für nichtig wegen Nichtbeachtung der Vorschrift in § 2241 Nr. 2 BGB., wonach das über die Errichtung des Testaments aufzunehmende Protokoll auch enthalten muß „die Bezeichnung . . . der bei der Verhandlung mitwirkenden Personen". Der nach dieser Richtung in Betracht kommende Teil des Protokolls lautet folgendermaßen: „Königliches Amtsgericht zu Friedland, Reg.-Bez. Breslau. Verhandelt Görbersdorf, den 29. März 1901. Auf den Antrag des . . . hatten sich die unterzeichneten Gerichtspersonen zwecks Errichtung einer letztwilligen Verfügung hierher begeben." Daran schließt sich die Feststellung der Persönlichkeit und der Testierfähigkeit der Erblasserin, sodann die Erklärung ihres letzten Willens selbst, worauf es am Ende heißt: „Das Testament ist der Erblasserin vorgelesen, von ihr genehmigt und wie folgt unterschrieben worden. M. v. W. Geschlossen. S., Amtsrichter. R., Sekretär." Nach der Auffassung der Klägerin sind hiernach in dem Protokolle selbst die bei der Verhandlung mitwirkenden Personen des Richters und des Gerichtsschreibers nicht bezeichnet, sondern erst, was aber dieses Erfordernis nicht ersetzen könne, aus den Unterschriften ersichtlich.

Das Landgericht hat die Klage, mit welcher die Verurteilung der Beklagten zu dem Anerkenntnisse verlangt wurde, daß das am 29. März 1901 errichtete, am 3. Mai eröffnete Testament des Fräuleins M. v. W. nichtig sei, abgewiesen, und das Oberlandesgericht hat die dagegen erhobene Berufung zurückgewiesen. Auch die Revision ist zurückgewiesen aus folgenden

Gründen:

„Für die Errichtung eines Testaments vor einem Richter oder Notar — die eine der beiden in § 2231 BGB. aufgestellten ordentlichen Formen der Testamentserrichtung — gelten, gemäß § 2232

*) Jetzt § 13 Abs. 2 Nr. 2 des TestGes. v. 31. 7. 38.

BGB., die Vorschriften der §§ 2233—2246 BGB., von denen §§ 2233 bis 2237 die „mitwirkenden" Personen — Richter, Notar, Gerichtsschreiber, Zeugen —, §§ 2238, 2239 den Errichtungsakt, §§ 2240—2242 das Protokoll, §§ 2243—2245 das Testament des am Sprechen verhinderten oder der deutschen Sprache nicht mächtigen Erblassers, § 2246 den Verschluß und die Verwahrung des Testaments betreffen. Diese Vorschriften verfolgen den Zweck, das Verfahren der Testamentserrichtung in ordentlicher Form vor einem Richter oder Notar in umfassender, der Eigenart der Testamente als Rechtsgeschäfte von Todes wegen Rechnung tragender Weise (vgl. § 168 des Gesetzes über die Angelegenheiten der freiwilligen Gerichtsbarkeit vom 20. Mai 1898) zu ordnen, und dieser Zusammenhang ist für die Auslegung der einzelnen Vorschriften und für die Bestimmung ihres Inhalts von um so größerer Bedeutung, wenn die erkennbare Tendenz einer einzelnen Bestimmung dahin geht, die Formungültigkeit eines Testaments tunlichst abzuwenden. Um eine Bestimmung der letzteren Art handelt es sich aber im vorliegenden Falle, wo in Frage steht, ob das Testament vom 29. Mai 1901 der allerdings zwingenden Vorschrift in § 2241 Nr. 2 genügt, die dahin geht: „das Protokoll muß enthalten: 2) die Bezeichnung des Erblassers und der bei der Verhandlung mitwirkenden Personen". Der § 1919 des Entwurfs erster Lesung zum Bürgerlichen Gesetzbuche, an dessen Stelle schließlich die §§ 2240—2242 des Gesetzes selbst getreten sind, enthielt in Abs. 2 Nr. 2 und 4 die Vorschrift, daß das Protokoll „den Namen" einer jeden bei der Errichtung mitwirkenden Person, sowie „den Namen" des Erblassers enthalten müsse. Bei den Beratungen der Kommission für die zweite Lesung des Entwurfs wurde das Wort „Namen" durch „Bezeichnung" ersetzt, allerdings aus einem Grunde, der an sich die Aenderung nur in Ansehung des Erblassers und der als „Zeugen" mitwirkenden Personen rechtfertigen konnte, indem erwogen wurde, daß der Gebrauch eines unrichtigen, aber gebräuchlichen Namens leicht auch bei einer Testamentserrichtung unterlaufen könne, daß hieraus aber bei anderweit vorhandener Sicherheit über die Persönlichkeit des Erblassers oder der Zeugen ein Nichtigkeitsgrund nicht abgeleitet werden dürfe (vgl. Protokolle der Kommission für die zweite Lesung von Achilles, Gebhard, Spahn, Bd. 5 S. 337). Indes der allgemeine Grund der vorgenommenen Aenderung, die ebenso wie ihre Begründung in den weiteren gesetzgeberischen Stadien unwidersprochen geblieben ist, ist doch das Bestreben, der Ungültigkeit der Beurkundung von Testamenten tunlichst vorzubeugen, und dieses ist daher für die Tragweite der Bestimmung in § 2241 Nr. 2 überhaupt mit heranzuziehen.

Was unter dem in § 2241 Nr. 2 gebrauchten Worte „Bezeichnung" zu verstehen, kann nach dem gewöhnlichen, hier maßgebenden

Sprachgebrauche nicht zweifelhaft sein; es werden Angaben erfordert, welche die Person des Erblassers und der Mitwirkenden, der letzteren zugleich nach der Art ihrer Mitwirkung, genügend erkennbar machen. Müßte mit dem Landgericht, das unter Hinweis auf § 2246 zutreffend annimmt, daß erst durch die Unterschriften der bei der Beurkundung des Testaments mitwirkenden Personen das Protokoll zum Abschluß gelangt, weiter angenommen werden, daß, weil somit deren Unterschriften einen wesentlichen Bestandteil des Protokolls bilden, letzteres auch eine Bezeichnung der bei der Verhandlung mitwirkenden Personen im Sinne des § 2241 Nr. 2 schon dann enthalte, wenn diese am Schlusse mit Namen und Stand bezeichnet sind, so würde im vorliegenden Falle dem gesetzlichen Erfordernisse allerdings schon durch die Vollziehung des Protokolls seitens des Richters und des Gerichtsschreibers genügt sein. Indes die hiergegen sich ergebenden Zweifel, welche in der bei Beurkundungen rechtsgeschäftlicher Erklärungen gebotenen Unterscheidung zwischen dem eigentlichen Texte der Urkunde, enthaltend insbesondere die Erklärungen der Beteiligten (vgl. § 168 Satz 2 des genannten Gesetzes vom 17. Mai 1898), und der Beurkundung der Urkundspersonen, d. h. der bei der Verhandlung mitwirkenden Personen, ihren Grund haben und von der Revision — wie schon vorher von der Klägerin — geltend gemacht worden, sind nicht ohne weiteres von der Hand zu weisen. Das Berufungsgericht läßt diese Bedenken dahingestellt, indem es für die Bedeutung der Vorschrift, daß das Protokoll die „Bezeichnung" der mitwirkenden Personen enthalten muß, deren Zweck für entscheidend erachtet, der darin gefunden wird, daß durch die Bezeichnung der mitwirkenden Personen im Protokoll festgestellt werden solle die Identität derjenigen Personen, welche bei Aufnahme des Protokolles mitgewirkt haben, mit denjenigen, welche das Protokoll unterschrieben haben. Dieser Zweck sei aber durch die Fassung des Testamentsprotokolles vom 29. März 1901 erreicht. „Denn die eingangs des Protokolles stehenden Worte ‚die unterzeichneten Gerichtspersonen' in Verbindung mit den Unterschriften" — so wird ausgeführt — „lassen keinen Zweifel darüber zu, daß das Protokoll von denjenigen Personen, welche es unterschrieben haben, aufgenommen ist. . . . Allerdings ist der Klägerin darin zuzustimmen, daß, soweit das Protokoll ergibt, die Unterschriften der mitwirkenden Personen der Erblasserin nicht vorgelesen worden sind, daß sonach wenigstens nach dem Wortlaute des Protokolles die Erblasserin die Namen der mitwirkenden Gerichtspersonen nicht kennengelernt hat. Das Gesetz schreibt aber nirgends vor, daß das erforderlich sei. Die Bestimmung, daß das Protokoll die Bezeichnung der mitwirkenden Personen enthalten müsse, ist nicht deshalb gegeben, damit die Erblasserin diese dem Namen nach kennen lerne; die Bestimmung ist vielmehr eine im öffentlichen Interesse gegebene Vorschrift. Auch die in § 2234 BGB. enthaltenen Ausschließungsgründe für die mitwirkenden Gerichtspersonen zwingen nicht zu dem Schlusse, daß die Erblasserin diese dem Namen nach kennenlernen müsse. Der Kreis derjenigen Personen, welche bei der Errichtung des Testamentes nicht mitwirken dürfen, ist auf den Ehegatten des Erblassers und auf dessen nächste Verwandte oder Verschwägerte beschränkt. Es ist nicht anzunehmen, daß diese Personen dem Erblasser unbekannt sind. Ohne daß es einer Erörterung der von den Parteien angeregten Fragen bedarf, in welchem Sinne in den §§ 2241, 2242, 2246 BGB. das Wort „Protokoll" gebraucht wird, ob das Gesetz, wovon die Klägerin ausgeht, eine scharfe Scheidung zwischen dem Protokolle einerseits und dem Verlesungsvermerke und den Unterschriften anderseits macht, ob die ‚Bezeichnung' der bei der Verhandlung mitwirkenden Personen durch deren ‚Unterschrift' ersetzt werden kann, war festzustellen, daß sich in dem vorliegenden Protokolle aus seinem Zusammenhange mit den Unterschriften die Erfüllung der gesetzlichen Vorschrift ergibt." Hiergegen richtet sich die Revision mit der Rüge der Verletzung der §§ 2241 Nr. 2 und 2242 BGB. Der letztere Paragraph, soweit er hier in Betracht kommt, lautet:

„Das Protokoll muß vorgelesen, von dem Erblasser genehmigt und von ihm eigenhändig unterschrieben werden. Im Protokolle muß festgestellt werden, daß dies geschehen ist. Das Protokoll soll dem Erblasser auf Verlangen auch zur Durchsicht vorgelegt werden . . . Das Protokoll muß von den mitwirkenden Personen unterschrieben werden."

Nach der Auffassung der Revision hat das Protokoll zunächst die den Erfordernissen des § 2241 für sich genügenden Angaben darzustellen; erst dann könne den Erfordernissen des § 2242, insbesondere dem der Vorlesung des Protokolls mit dem in § 2241 vorgesehenen Inhalte, entsprochen werden. Der Zweck der Vorlesung der Bezeichnung der bei der Verhandlung mitwirkenden Personen sei auch der, daß der Erblasser erfahre, wer beurkunde. Deshalb unterscheide das Gesetz auch das Erfordernis der „Bezeichnung" der Urkundspersonen in § 2241 Nr. 2 und das ihrer Unterschrift in § 2242. Nur diese Unterscheidung rechtfertige die Sonderung der in diesen beiden Paragraphen enthaltenen Vorschriften; anderenfalls hätte ihre Zusammenfassung in einem Paragraphen nahegelegen. — Die Ausführungen der Revision sind nicht geeignet, der Auffassung des Berufungsgerichtes und der darauf gegründeten Schluß-„Feststellung" den Boden zu entziehen. Das Berufungsgericht legt das entscheidende Gewicht auf den Zusammenhang des Protokolles mit den Unterschriften und bringt dadurch zum Ausdruck, daß nach den Eingangsworten des Protokolls „die unterzeichneten Gerichtspersonen" deren „Bezeichnung" auch schon im Texte des Protokolles selbst sich findet. Das ist aber durchaus zutreffend. Denn die der schließlichen beurkundenden Tätigkeit der mitwirkenden Personen notwendig vorhergehende Fassung und Niederschrift des Textes des Protokolles läßt klar erkennen, daß die demnächst das Protokoll behufs der Beurkundung unterzeichnenden Personen gerade diejenigen und nur diejenigen sind, die bei der Verhandlung mitwirken. Durch die einen notwendigen wesentlichen Bestandteil des Protokolles bildende unterschriftliche Vollziehung desselben seitens der Urkundspersonen wird daher die auf sie Bezug nehmende Bezeichnung der letzteren im Texte so vervollständigt, daß über die Persönlichkeit der Urkundspersonen volle Sicherheit vorhanden ist. Dem testierenden Erblasser selbst wird diese Bezeichnung bei der Verlesung des Protokolles zur Kenntnis gebracht, er weiß also, daß die ihm Gegenüberstehenden auch die Urkundspersonen sind; er ist danach über deren Namen, falls er ein Interesse daran hat, sich sofort zu unterrichten um so mehr in der Lage, als ihm gemäß § 2242 Abs. 1 Satz 3 das Protokoll auf sein Verlangen zur Durchsicht vorzulegen ist, letzteres auch gemäß § 2246 von dem beurkundenden Richter oder Notar in Gegenwart des Erblassers mit dem Amtssiegel verschlossen wird. Eine solche Verwertung des Zusammenhanges des Protokolles ist, bei der notwendigen urkundlichen Einheit des Protokolles in seinem ganzen Umfange einschließlich der Unterschrift der bei der Verhandlung mitwirkenden Personen, unbedenklich, und es läßt sich dagegen insbesondere daraus nichts entnehmen, daß die Bestandteile des Protokolles in zwei Paragraphen, im Anschlusse an den regelmäßigen Verlauf der Verhandlung, nach dem eigentlichen Texte und der formalen Beurkundung, gesondert abgehandelt sind. Damit entfällt zugleich das weitere Argument der Revision, daß das Gesetz die „Bezeichnung" der Urkundspersonen im Protokolle unabhängig von deren Unterschrift verlange. Gegen die Auffassung der Revision spricht aber auch wesentlich die aus der Wahl des Ausdruckes „Bezeichnung" statt „Namen" in § 2241 Nr. 2, wie oben dargelegt, nach der Entstehungsgeschichte dieser Gesetzesvorschrift erkennbare Absicht des Gesetzgebers, die Formungültigkeit eines Testamentes tunlichst abzuwenden. Die Revision hat sich dann für ihre Auffassung noch auf die Ausdrucksweise der Zivilprozeßordnung in § 191 Nr. 2, 3 und 4 berufen, wo unter den Worten „Bezeichnung der Person" doch nur die namentliche Bezeichnung nach dem Zwecke der Vorschrift verstanden werden könne. Es handelt sich dort um Erfordernisse der Zustellungsurkunde, und zwar um die Bezeichnung der Person, für welche oder an welche zugestellt werden soll, oder welcher zugestellt ist. Die in Betracht kommende Sachlage ist also wesentlich verschieden von der des vorliegenden Falles, wo die Bezeichnung der Urkundspersonen in Frage steht. Es mag aber darauf hingewiesen werden, daß das Reichsgericht sich in dem Urteile vom 1. Februar 1887,

Entsch. des RG.'s in Zivils. Bd. 17 S. 411, 414, zu § 174 Nr. 2 a. F., jetzt § 191 Nr. 2 ZPO.,

bereits dahin ausgesprochen hat, daß für diese Bezeichnung die Anwendung einer bestimmten Ausdrucksweise nicht vorgeschrieben ist, und dem Erfordernisse durch jeden Ausdruck Genüge geschieht, welcher den Zweck desselben, den Zustellungsempfänger über die betreffende Person zu vergewissern, erfüllt hat oder doch in Anbetracht der dem Zustellungsempfänger bekannten Umstände des Falles hätte erfüllen müssen. Aus gleichem Grunde versagt auch der weitere Hinweis der Revision auf die Bestimmung in § 313 Nr. 2 ZPO., wonach „das Urteil die Namen der Richter, welche bei der Entscheidung mitgewirkt haben, enthält", und in § 315 ZPO., wonach das Urteil von diesen Richtern zu unterschreiben ist. Die Revision meint, es sei doch ausgeschlossen, eine Bezeichnung der Richter als rechtswirksam in der Form zuzulassen, daß im Kopfe des Urteiles gesagt werde, daß die unterzeichneten Richter an der Entscheidung teilgenommen. Weshalb einer derartigen Bezeichnung der erkennenden Richter die Rechtswirksamkeit schlechthin abgesprochen werden müßte, ist von der Revision nicht weiter dargelegt; es erübrigt sich aber auch hier ein Eingehen auf diese Frage, weil bei der Verschiedenheit der Rechtsmaterien aus den obenerwähnten Vorschriften der Zivilprozeßordnung für die Auslegung der in Rede stehenden Bestimmungen des Bürgerlichen Gesetzbuches nichts zu entnehmen ist. Nach alledem hat das Berufungsgericht mit Recht angenommen, daß sich in Fällen der vorliegenden Art aus dem Zusammenhange des Protokolles mit den Unterschriften die Erfüllung der Vorschrift in § 2241 Nr. 2 BGB. ergibt. Der bei Erläuterung des — in Abs. 1 mit dem § 2241 übereinstimmenden — § 176 des erwähnten Gesetzes vom 20. Mai 1898 vertretenen, auch von der Revision herangezogenen, abweichenden Meinung von Jastrow, Formularbuch und Notariatsrecht, 11. und 12. Aufl., Anm. 2a, b, 7c, und von Weißler, Kommentar, Anm. 4b, sowie in der Zeitschrift des Deutschen Notarvereins, Jahrg. 1901 S. 127, kann nicht beigetreten werden. Die Ansicht von Rausnitz, Das Reichsgesetz über die Angelegenheiten der freiwilligen Gerichtsbarkeit, S. 561 unter 10, daß die Bezeichnung der bei der Verhandlung mitwirkenden Personen durch deren Aufführung im Texte erfolgen müsse, und die bloße Unterschrift im Protokolle nicht genüge, steht der diesseitigen Auffassung, welche den Zusammenhang des Protokollinhaltes mit den Unterschriften in Betracht zieht, ebensowenig entgegen, wie die von der Revision ebenfalls für ihre Ansicht in Bezug genommen, die Auslegung des § 176 Abs. 1 des mehrgenannten Gesetzes vom 17. Mai 1898 betreffenden Entscheidungen des Oberlandesgerichtes in Hamm (Rechtsprechung der Oberlandesgerichte, Bd. 2 S. 139) und des Landgerichtes in Königsberg (Juristische Monatsschrift für Posen, Westpreußen und Ostpreußen, Jahrg. 1900 S. 131), da die den Gegenstand dieser Entscheidung bildenden Protokolle keine Bezugnahme im Texte auf die unterzeichneten Gerichtspersonen enthielten. Eine Verletzung der §§ 2241 Nr. 2 und 2242 BGB. erachtet die Revision aber auch schon deshalb für vorliegend, weil nach der Fassung des Protokolles vom 29. März 1901 nicht das Protokoll überhaupt, sondern nur das darin enthaltene „Testament" vorgelesen worden sei, und zwar auch nur der „Erblasserin", nicht auch den Urkundspersonen, was ebenfalls geboten gewesen sei. Indes offensichtlich ist mit dem in dem Vorlesungsvermerke gebrauchten Worte „Testament" der ganze bis zum Akte der Vorlesung abgefaßte Teil des Protokolles, einschließlich eines etwaigen formularmäßigen Vordruckes, gemeint, und mit der Vorlesung für die Erblasserin vollzog sich von selbst auch die Vorlesung für die dabei notwendig gegenwärtigen (§ 2239 BGB.) und mitwirkenden Gerichtspersonen. Damit erledigt sich zugleich das weitere hier geltend gemachte Bedenken der Revision, daß, da nur die Vorlesung des „Testamentes" erfolgt sei, keinesfalls der Erblasserin die erst aus dem Zusammenhange des Protokolles mit den Unterschriften sich ergebende Bezeichnung der Urkundspersonen der Erblasserin mit vorgelesen und ihr so zur Kenntnis gebracht sei." . . .

RGZ. 63, 23.

Ist ein eigenhändiges Testament, in dem der Erblasser einen Erben einsetzt und diesen mit einem Vermächtnisse beschwert, die Vermächtnisanordnung aber zum Teil von fremder Hand schreiben läßt, seinem ganzen Umfange nach nichtig?

BGB. §§ 2231 Nr. 2*), 139, 2085.

IV. Zivilsenat. Urt. v. 5. März 1906.

I. Landgericht Trier. II. Oberlandesgericht Köln.

Am 30. Juli 1900 starb zu Serrig bei Saarburg der Ackerer Peter K.-Bl. ohne Abkömmlinge und Verwandte aufsteigender Linie. Bei der gerichtlichen Nachlaßregelung beanspruchten die Kläger, von

*) Jetzt § 21 des TestGes. v. 31. 7. 38.

denen der eine ein Bruder des Erblassers, und die anderen Abkömmlinge zweier vorverstorbenen Schwestern desselben sind, auf Grund der gesetzlichen Erbfolgeordnung drei Viertel des Nachlasses für sich und waren bereit, den Beklagten, die Abkömmlinge einer dritten vorverstorbenen Schwester des Erblassers sind, ein Viertel des Nachlasses zuzugestehen. Die Beklagten erhoben dagegen Widerspruch und behaupteten, daß die Mitbeklagte Susanna Sch. auf Grund eines vom Erblasser errichteten eigenhändigen Testaments vom 16. Juli 1900 die alleinige Erbin geworden sei. Die Kläger bestritten die Gültigkeit dieses Testaments und erhoben Klage auf Feststellung der von ihnen beanspruchten Erbanteile. Beide Vorinstanzen erachteten das Testament vom 16. Juli 1900 wegen einer darin vorkommenden, nicht vom Erblasser, sondern wahrscheinlich, wie das Berufungsurteil ausführt, von der Susanna Sch. geschriebenen Stelle für ungültig. Auf die Revision der Beklagten Susanna Sch. wurde das Berufungsurteil aufgehoben aus folgenden

Gründen:

„Das streitige Schriftstück trägt die Ueberschrift: „Mein letzter Wille" und die Unterschrift:

Serrig, den 16. Juli 1900
Peter K.-Bl.."

Die ersten sechs Zeilen enthalten die Bestimmung, daß die Susanna Schreiner den ganzen Nachlaß erhalten soll. Daran schließt sich folgender Satz:

„Dieselbe ist gehalten, aus diesem Nachlasse meinem Bruder Mathias K. zu Serrig einen Ertrag von dreißig Mark herauszuzahlen."

Der Satzteil: „achlasse meinem Bruder Mathias K. zu Serrig einen Ertrag von" ist, wie festgestellt, nicht von der Hand des Erblassers geschrieben worden. Das Berufungsgericht nimmt an, daß dem Erblasser, als er das Wort „Nachlasse" zu schreiben begann, die Hand versagt habe, daß dann mit seinem Einverständnisse von einem anderen das folgende geschrieben worden sei, und daß schließlich der Erblasser, nachdem er sich wieder erholt gehabt, den Schluß des Testaments geschrieben habe. Das Testament ist seinem ganzen Inhalte nach — auch hinsichtlich des dem Mathias K. ausgesetzten Vermächtnisses — eine wortgetreue Abschrift des auf Veranlassung des Erblassers von dem Prozeßagenten W. aufgesetzten Testamentsentwurfs und deckt sich inhaltlich vollständig mit einem vom Erblasser früher angefertigten, von W. jedoch aus formellen Gründen als ungültig bezeichneten Testamente.

Es fragt sich, ob das Testament vom 16. Juli 1900, wie beide Vorinstanzen annehmen, die Revision dagegen bestreitet, seinem ganzen Umfange nach, insbesondere auch in Ansehung der Erbeseinsetzung, wegen Formmangels ungültig ist. Nach § 2231 Nr. 2 BGB. kann ein Testament in ordentlicher Form errichtet werden durch eine von dem Erblasser unter Angabe des Ortes und Tages eigenhändig geschriebene und unterschriebene Erklärung. . . .

Mehrere Schriftsteller vertreten . . die Ansicht, daß auch für das Rechtsgebiet des Bürgerlichen Gesetzbuchs Nichtigkeit des ganzen Testaments anzunehmen sei, wenn von einem Dritten auf Geheiß des Erblassers auch nur ein einziges Wort eingefügt worden sei. . . .

Diese Ansicht wird jedoch von anderen Schriftstellern als unzutreffend bekämpft, . . .

Aus den Vorberatungen des Bürgerlichen Gesetzbuchs läßt sich eine zuverlässige Entscheidung der Streitfrage nicht schöpfen. Allerdings ergibt die Fassung mehrerer bei der zweiten Lesung und in der Reichstagskommission gestellter Anträge, daß sich einige Antragsteller eng an die Grundsätze des französischen Rechts anschlossen, indem sie zum Ausdruck brachten, die Urkunde müsse „ihrem ganzen Inhalte nach" oder „ihrem ganzen Umfange nach" eigenhändig von dem Erblasser geschrieben sein. Daneben waren aber auch Anträge gestellt worden, die ihrer Fassung nach nur im allgemeinen „eigenhändige Niederschrift" begehrten. Immerhin läßt sich daraus, daß den ersteren Anträgen hinsichtlich der Fassung nicht entsprochen wurde, daß insbesondere Worte, die den Sinn des französischen Ausdrucks „en entier" wiedergeben, nicht in das Bürgerliche Gesetzbuch übergegangen sind, ein Schluß auf eine gewollte Abschwächung des strengen französischrechtlichen Grundsatzes bei der anerkannt knappen Ausdrucksweise des Bürgerlichen Gesetzbuchs nicht mit völliger Sicherheit ziehen. Ebensowenig kann ein entscheidendes Gewicht darauf gelegt werden, daß in der Benennung: „le testament olographe", im Vergleiche zu dem Ausdrucke: „Das eigenhändige Testament", eine starke Betonung des Erfordernisses, es müsse die Urkunde ihrem ganzen Wortlaute nach eine eigenhändig geschriebene sein, gefunden werden kann. Mehr Bedeutung könnte schon dem Umstande beigemessen werden, daß das Bürgerliche Gesetzbuch eine dem Art. 1001 Code civil nachgebildete Vorschrift, wonach die Vernachlässigung vorgeschriebener Förmlichkeiten die Nichtigkeit des ganzen Testaments nach sich zieht, überhaupt nicht hat. Von Wichtigkeit aber sind die allgemeinen Rechtsgrundsätze des Bürgerlichen Gesetzbuchs über die Nichtigkeitsgründe überhaupt und den Nichtigkeitsgrund des Formmangels insbesondere. Der § 139 BGB. bestimmt:

„Ist ein Teil eines Rechtsgeschäfts nichtig, so ist das ganze Rechtsgeschäft nichtig, wenn nicht anzunehmen ist, daß es ohne den nichtigen Teil vorgenommen sein würde."

Eine sich hiermit sachlich deckende Bestimmung enthielt schon der erste Entwurf im § 114. Es unterliegt keinem Zweifel, daß sich diese Bestimmungen auch auf die Nichtigkeit eines Rechtsgeschäfts wegen Mangels der durch das Gesetz vorgeschriebenen Form (§ 125 Satz 1 BGB. und § 91 Abs. 2 Satz 1 des ersten Entwurfs) beziehen.

Vgl. Planck, Kommentar, Vorb. VII, 1 vor § 104 und Bemerkung zu § 139 BGB.

Abweichend von § 139 bestimmt nun der § 2085 BGB. für Testamente:

„Die Unwirksamkeit einer von mehreren in einem Testament enthaltenen Verfügungen hat die Unwirksamkeit der übrigen Verfügungen nur zur Folge, wenn anzunehmen ist, daß der Erblasser diese ohne die unwirksame Verfügung nicht getroffen haben würde."

Eine sich hiermit sachlich deckende Bestimmung enthielt schon der erste Entwurf im § 1787. Wie die Begründung zum § 1787 (Bd. 5 S. 60) ergibt, war für die Aufnahme dieser Bestimmung hauptsächlich folgende Erwägung maßgebend: Nach den Erfahrungen des täglichen Lebens entspreche es nicht dem Willen des Erblassers, aus der Einheitlichkeit des Nachlasses auf die Einheitlichkeit und die innere Zusammengehörigkeit aller über den Nachlaß getroffenen Verfügungen zu schließen; vielmehr sei die Selbständigkeit jeder einzelnen Verfügung zu vermuten. Deshalb habe bei Testamenten, anders als bei Rechtsgeschäften unter Lebenden, die Unwirksamkeit einer einzelnen Verfügung die Unwirksamkeit der übrigen Verfügungen nur dann zur Folge, wenn derjenige, welcher sich auf die Unwirksamkeit der übrigen Verfügungen berufe, den Beweis erbringe, daß der Erblasser diese ohne die unwirksame Verfügung nicht getroffen haben würde. Nur wegen dieser anderweiten Regelung der Beweisfrage sei die Bestimmung im § 1787 erforderlich geworden; im übrigen gebe sie nur das wieder, was bereits im § 114 des Entwurfs enthalten sei und selbstverständlich auch für Testamente gelte. Aehnlich spricht sich die Begründung (Bd. 1 S. 222) auch bei der Rechtfertigung des § 114 aus. Auch darüber kann kein Zweifel herrschen, daß im § 2085 BGB. (früher 1787) jede Art von Unwirksamkeit gemeint ist (so auch v. Staudinger, a. a. O. § 2085 Bem. 1), und daß die Nichtigkeit wegen Formmangels eine Art Unwirksamkeit ist (Planck, a. a. O. Vorb. VII vor § 104), mithin ebenfalls unter § 2085 BGB. fällt.

Hiernach ist der Standpunkt des Bürgerlichen Gesetzbuchs von Anfang an der gewesen, daß die für Rechtsgeschäfte unter Lebenden über teilweise Nichtigkeit aufgestellten Grundsätze, mit einer Aenderung hinsichtlich der Beweisfrage, auch für Testamente gelten sollten, insbesondere auch für solche, die in der ordentlichen Testamentsform (gerichtlichen oder notariellen) errichtet würden. Daß man demnächst in den weiteren Entwicklungsabschnitten bei Annahme des eigenhändigen Testaments als der dritten ordentlichen Testamentsform für diese jene festen Grundsätze habe preisgeben wollen, dafür liegt nicht der geringste Anhalt vor, ist auch weder bei den Beratungen noch im Gesetze selbst zum Ausdruck gelangt. Die Gründe der Gegner sind nicht stichhaltig. Insbesondere kann der französischrechtliche Ursprung des eigenhändigen Testaments kein Hindernis bilden, diese Rechtseinrichtung infolge ihrer Eingliederung in das Bürgerliche Gesetzbuch den deutschen Rechtsgrundsätzen anzupassen und insoweit des fremdartigen Gewandes zu entkleiden.

Geht man von diesen Grundsätzen aus, so ist das Testament des Peter K.-Bl. vom 16. Juli 1900 nicht schon deshalb, weil ein Satzteil von fremder Hand mit Zustimmung des Erblassers geschrieben ist, seinem ganzen Inhalte nach nichtig. Allein die Nichtigkeit könnte, wenn andere stichhaltige Gründe vorlägen, dennoch angenommen werden. Solche liegen aber nicht vor. Allerdings handelt es sich bei dem von fremder Hand geschriebenen Satzteile nicht um einen ganz unerheblichen Zusatz (wie etwa die Hinzufügung der Straße und Hausnummer neben der Ortsbezeichnung). Im Gegenteil, der betreffende Satzteil ist wichtig, denn er enthält die Anordnung eines Vermächtnisses, also recht eigentlich eine Verfügung des Erblassers über den Nachlaß. Fällt der das Vermächtnis anordnende Teil als unwirksame Verfügung hinweg, so kann man nicht sagen, daß in dem übrig bleibenden Reste der Urkunde der letzte Wille des Erblassers vollständig zum Ausdrucke gelangt sei. Es bleibt dann eben nur die Erbeseinsetzung ohne Vermächtnisauflage übrig, während der Erblasser die Erbeseinsetzung mit Vermächtnisauflage gewollt hat. Wäre es nun richtig — und das Berufungsgericht vertritt diese Meinung —, daß ein Testament, in dem der letzte Wille des Erblassers nicht vollständig, sondern nur zum Teil von der Hand des Erblassers geschrieben wäre, eben wegen dieser Unvollständigkeit kein eigenhändiges Testament darstellte, d. h. dem Gebot eigenhändiger Niederschrift nicht genügte, so müßte der ganze Inhalt der Urkunde für unwirksam erachtet werden. Dem steht aber entgegen, daß die Form des eigenhändigen Testaments rechtlich nach Grund, Zweck und Bedeutung nichts anderes ist als die Form des gerichtlichen oder notariellen Testaments. Auch bei diesen Testamenten können Zusätze, Einschaltungen oder Ergänzungen vorkommen, die nicht als gerichtlich, bzw. notariell beurkundet zu gelten haben. Dergleichen Vorkommnisse zwingen aber nicht zu dem Schlusse, die ganze Testamentserrichtung als keine gerichtliche, bzw. keine notarielle zu erachten. Das eigenhändige Testament nimmt in dieser Beziehung keine Sonderstellung ein. Auch seine Form unterliegt den allgemeinen Formvorschriften, mithin auch der mit ihnen im Zusammenhange stehenden Auslegungsvorschrift des § 2085 BGB.

Hiernach ist das Testament vom 16. Juli 1900 als ein eigenhändiges Testament anzusehen. Der das Vermächtnis enthaltende Satz ist, da er zum Teil vom Erblasser, zum Teil mit seiner Zustimmung von einer anderen Person geschrieben ist, unwirksam. Hinfällig ist aus diesem Grunde also nur die Vermächtnisanordnung, die eine einzelne von mehreren Verfügungen darstellt. Für die Frage, ob auch der an sich deutliche, die Erbeseinsetzung enthaltende Rest des Testaments unwirksam sei, kommt es auf den von den Klägern zu führenden Beweis an, daß der Erblasser die Erbeseinsetzung ohne die Vermächtnisauflage nicht vorgenommen haben würde. Diesen Beweis haben die Kläger nicht geführt, auch, soweit ersichtlich, bisher nicht zu führen versucht. Nur die Beklagten haben den entscheidenden Gesichtspunkt berührt, indem sie in einem als vorgetragen bezeichneten Schriftsatz ausgeführt haben, es könne in Anbetracht der Geringfügigkeit des Vermächtnisses im Vergleiche zu dem Werte des Gesamtnachlasses nicht angenommen werden, daß der Wille des Erblassers dahin gegangen wäre, die Rechtsbeständigkeit der Erbeseinsetzung von der Wirksamkeit des Vermächtnisses abhängig zu machen. . . .

RGZ. 69, 274

Besteht die Verpflichtung zur Inkenntnissetzung, die der § 2262 BGB.*) dem Nachlaßgericht auflegt, nur gegenüber den Beteiligten, deren Aufenthalt im Testament angegeben oder dem Gericht ohne weitere Erkundigung bekannt ist?

III. Zivilsenat. Urt. v. 16. Oktober 1908.

I. Landgericht Stendal. II. Oberlandesgericht Naumburg a. S.

Die unverehelichte M. R. errichtete am 10. Mai 1901 ein Testament, in dem sie die Witwe L. geb. R. in K. nebst der Witwe Sch. geb. K. in U. zu ihren Erben einsetzte, und die Verfügung traf: „Meine Erben sind verpflichtet, an die einzige Tochter meines verstorbenen Bruders R. R., namens Anna R., welche schon verheiratet ist, und deren jetzigen Namen ich nicht kenne, ein Vermächtnis von 300 M. auszuzahlen." Nach Ableben der M. R. eröffnete der Beklagte als Nachlaßrichter im Beisein der Miterbin Sch. das Testament; von der Benachrichtigung der Anna R. über den sie betreffenden Inhalt des Testaments nahm er Abstand, ohne Erkundigungen nach ihrem

*) Jetzt § 42 des TestGes. v. 31. 7. 38.

Aufenthalt bei der anwesenden Miterbin oder sonstwie anzustellen. Der Ehemann der Vermächtnisnehmerin nahm in der Folge mit der Behauptung, daß seine Ehefrau, deren derzeitigen Namen und Aufenthalt der Beklagte alsbald erfahren hätte, wenn er bei den Erben Nachfrage gehalten oder andere Ermittelungen angestellt hätte, erst am 22. Juni 1905 von dem Vermächtnis Kenntnis erhalten habe, den Beklagten auf Ersatz des ihm infolge der entgangenen Nutzung des Kapitals erwachsenen Schadens in Anspruch und verlangte im Wege der Klage Zahlung vierprozentiger Zinsen für die Zeit vom 16. September 1901 bis zum 22. Juni 1905. In beiden Instanzen wurde er mit seiner Klage abgewiesen. Die von ihm eingelegte Revision wurde zurückgewiesen, aus folgenden

Gründen:

„Mit Recht bekämpft die Revision die Annahme des Berufungsgerichts, daß der § 2262 BGB., welcher lediglich davon spreche, daß die Beteiligten in Kenntnis zu setzen seien, in seiner Ausdrucksweise begrifflich nichts weiter bedeute, als eine Benachrichtigung Beteiligter, deren genaue urkundliche Kennzeichnung vorausgesetzt sei, und daß die Bekanntgabepflicht aus § 2262 BGB. eine Nachforschungspflicht nach dem Aufenthalt unbekannter Beteiligter, welche bei Eröffnung des Testaments nicht zugegen gewesen, nicht in sich schließe. Dieser Annahme steht in gleicher Weise Wortlaut wie Zweck der in § 2262 BGB. getroffenen Bestimmung entgegen. Der Wortlaut beschränkt die Pflicht des Nachlaßrichters zur Inkenntnissetzung der Beteiligten nicht auf diejenigen, die urkundlich so genau gekennzeichnet sind, daß er die Benachrichtigung ohne jede weitere Erkundigung nach ihrem derzeitigen Aufenthalt ausführen kann; der Wortlaut stellt die Pflicht ohne Ausnahme auf gegenüber jedem Beteiligten, der als solcher erkennbar ist, unter der alleinigen Voraussetzung, daß er bei Eröffnung des Testaments nicht zugegen gewesen ist. Der Zweck der Bestimmung, der auf den Schutz der Interessen der Beteiligten geht, wird offensichtlich nur in unvollkommenem Maße erreicht, wenn die Inkenntnissetzungspflicht sich auf den Kreis der Beteilgten beschränkt, deren Aufenthalt ohne weitere Erkundigung dem Nachlaßrichter bekannt ist. Die Pflicht des Nachlaßrichters, welche der § 2262 BGB. ihm auferlegt, schließt daher für den Fall, daß der Aufenthaltsort der in Kenntnis zu setzenden Beteiligten weder urkundlich gekennzeichnet noch ohnehin ihm bekannt ist, die Pflicht zur Erkundigung nach denselben, ohne daß es einer ausdrücklichen Vorschrift bedarf, als Selbstfolge in sich. Danach ist es auch ohne Belang, daß das Vermächtnis, welches der Ehefrau des Klägers ausgesetzt ist, weder den Familiennamen ihres Ehemannes noch ihren Wohnort benennt, und der Umstand, daß die Erblasserin, wie das Berufungsgericht ausführt, selbst sich nicht veranlaßt gesehen hat, Nachforschungen nach der Bedachten anzustellen, enthebt den Nachlaßrichter nicht der Erkundigungspflicht. In welcher Weise die Erkundigungspflicht im gegebenen Falle auszuüben ist, unterliegt dem sachverständigen Ermessen des Nachlaßrichters. Im Zweifel wird, nach erfolgloser Anfrage bei den ihrem Aufenthalt nach bekannten und unschwer erreichbaren letztwillig Bedachten, von denen eine Auskunft den Umständen nach zu erwarten ist, eine Nachfrage bei der Polizeibehörde am Orte des letzten Domizils des Erblassers oder am Orte des letztbekannten Aufenthalts des Beteiligten, eventuell eine Bekanntmachung durch die Zeitung, falls der Wert der Kenntnisnahme für den Beteiligten entsprechend ist, und die Kosten den Nachlaß nicht unverhältnismäßig belasten, genügen. Der Beklagte hat einen Ermittelungsversuch überhaupt nicht angestellt; er hat daher seine Amtspflicht der Vermächtnisnehmerin und dem Kläger gegenüber verletzt.

Gleichwohl muß der Revision der Erfolg versagt werden. Das Berufungsgericht verneint, daß dem Beklagten auch für den Fall, daß ihm objektiv Verletzung seiner Amtspflicht zur Last gelegt werden sollte, Fahrlässigkeit zum Vorwurf zu machen ist; und diese Verneinung läßt sich auf einen Rechtsirrtum nicht zurückführen. Die Erkundigungspflicht ist nicht mit ausdrücklichen Worten vorgeschrieben, sondern nur mittels Schlußfolgerung festzustellen und zu erkennen; die Unterlassung solcher Schlußfolgerung ist dem Beklagten nicht ohne weiteres als Fahrlässigkeit anzurechnen, zumal wenn berücksichtigt wird, daß im angefochtenen Urteil wie im Urteil der ersten Instanz die gegenteilige Ansicht von dem Nichtbestehen der Ermittelungs- oder Nachforschungspflicht vertreten ist.

Die Revision war deshalb als unbegründet zurückzuweisen."

RGZ. 69, 413

Kann der Widerruf eines Privattestaments durch Einreißen der Testamentsurkunde oder durch Entfernung eines aufgedruckten Privatsiegels geklärt werden?

BGB. § 2255*).

IV. Zivilsenat. Urt. v. 12. November 1908.

I. Landgericht Stettin. II. Oberlandesgericht daselbst.

Aus den Gründen:

„Der Berufungsrichter stellt fest, daß der Erblasser selbst das im B.'schen Nachlasse vorgefundene Privattestament, im zusammengefalteten Zustande, von jeder Seite her einmal gewaltsam eingerissen

*) Jetzt § 33 Abs. 2 d. TestGes. v. 31. 7. 38.

hat, so daß es, ausgebreitet, vier durch den Text der Urkunde durchlaufende Risse aufweist. Er läßt überdies als möglich zu, daß auch ein am Fuße der Urkunde vorhanden gewesenes Lacksiegel, dessen Spuren noch erkennbar sind, vom Erblasser selbst entfernt worden ist. Endlich läßt er dahingestellt, ob der Erblasser mit alledem das Testament habe widerrufen wollen und der Meinung gewesen sei, hierdurch seine Widerrufsabsicht genügend deutlich zum Ausdruck gebracht zu haben. Er spricht den mit der Urkunde vorgenommenen Handgriffen die Widerrufswirkung ab, weil das Einreißen einer Urkunde sich nicht im Sinne von § 2255 Abs. 2 BGB. als eine Veränderung darstelle, durch die der Wille eine schriftliche Willenserklärung aufzuheben, ausgedrückt zu werden pflege.

Dem Berufungsrichter ist zuzugeben, daß in den Fällen des § 2255 der bloße Aufhebungswille des Erblassers nicht ausreicht, daß dieser Wille vielmehr auch objektiv einen den Erfordernissen des Gesetzes entsprechenden Ausdruck gefunden haben muß. Wenn sich das Gesetz selbst in dieser Hinsicht näherer Bestimmungen enthält und statt dessen auf allgemeine Gepflogenheiten verweist, so erteilt es damit nichtsdestoweniger eine Formvorschrift. Die Frage, ob diese Vorschrift richtig angewendet worden ist, steht deshalb zur freien Beurteilung des Revisionsgerichts, um so mehr als der Berufungsrichter im Streitfalle keineswegs auf Gewohnheiten örtlich oder nach anderen Merkmalen abgegrenzter Personenkreise, sondern lediglich auf die allgemeine Uebung Bezug nimmt.

Nun dürfen aber von vornherein nicht allzustrenge Anforderungen an den Umfang der hier in Betracht kommenden Gepflogenheiten gestellt werden. Das Aufheben schriftlicher Willenserklärungen gehört nicht zu den alltäglichen Vorkommnissen des Privatlebens. Auch kann zugegeben werden, daß man zu diesem Zwecke in der Regel Mittel anwendet, die wie Durchstreichen, Durchreißen, Zerschneiden, Austilgen, Unleserlichmachen (so Begründung zum ersten Entwurf des Bürgerlichen Gesetzbuchs Bd. 5 S. 301) den Aufhebungswillen nahezu unzweideutig zum Ausdruck bringen. Aber gegenüber der absichtlich allgemein gehaltenen Fassung des Gesetzes sind auch minder häufig vorkommende Anwendungsfälle in Betracht zu ziehen. Nun ist es z. B. eine bekannte Tatsache, daß bei den Behörden der freiwilligen Gerichtsbarkeit amtliche Urkunden, deren Zweck sich erledigt hat, deren Inhalt aber aus irgend welchem Grunde auch künftig wichtig werden kann, zur Kenntlichmachung der Ungültigkeit mit Scherenschnitten versehen („kassiert") und in dieser Gestalt bei den Akten aufbewahrt zu werden pflegen. Es kann auch nicht bestritten werden, daß im Geschäfts- wie im Privatverkehr gar nicht selten mit Wechseln, Briefen und anderen Urkunden zu gleichen Zwecken in gleicher Weise verfahren wird. Ebenso gewiß ist, daß eine solchergestalt verstümmelte Urkunde nach allgemeinen Verkehrsanschauungen den stärksten Zweifeln an ihrer Gültigkeit begegnet. Dies gilt in erhöhtem Maße von der Urschrift einer Verfügung von Todes wegen, bei der eine äußerlich unversehrte Beschaffenheit der Urkunde als für ihre Gültigkeit nahezu selbstverständlich vorausgesetzt wird.

Hierzu kommt, daß — wie für die Revision unterstellt werden muß — der Erblasser sich mit dem Einreißen des Testaments nicht einmal begnügt, sondern außerdem auch sein darauf gedrücktes Siegel von der Urkunde wieder entfernt hat. War auch das Siegel zur Gültigkeit des Testaments nicht erforderlich, so kann doch der Aufdruck kaum in anderer Absicht geschehen sein, als um nach einer von altersher verbreiteten Sitte die Rechtsbeständigkeit des Testaments mit einer gewissen Feierlichkeit zum Ausdruck zu bringen. Unter diesen Umständen konnte zum mindesten in Verbindung mit dem Einreißen der Urkunde auch die Entfernung des Siegels als Veränderung im Sinne des § 2255 aufgefaßt werden. Es ist mithin rechtsirrtümlich, wenn der Berufungsrichter in dieser letzteren Beziehung einer Feststellung überhoben zu sein glaubt, und wenn er das Einreißen der Testamentsurkunde grundsätzlich nicht als Veränderung im Sinne von § 2255 gelten lassen will. Das Berufungsurteil mußte aus diesen Gründen aufgehoben, und die Sache zur weiteren Verhandlung und Entscheidung, unter Berücksichtigung insbesondere der a. a. O. in Abs. 2 erteilten Beweisregel, an die Vorinstanz zurückverwiesen werden." . . .

RGZ. 72, 204

Können Eheleute ein gemeinschaftliches Testament in der Weise errichten, daß jeder Ehegatte die Verfügungen unter Angabe des Ortes und Tages eigenhändig schreibt und unterschreibt?

BGB. §§ 2265 flg.*).

IV. Zivilsenat. Urt. v. 18. November 1909.

I. Landgericht II Berlin. II. Kammergericht daselbst.

Die Eheleute Eduard und Eleonore M. hatten sich in einem Ehe- und Erbvertrage vom 2. Mai 1856 gegenseitig zu Erben eingesetzt. Unterm 3. Juni 1902 ordneten sie Vermächtnisse zugunsten der Klägerinnen an. Die letztwilligen Verfügungen vom 3. Juni 1902 sind in zwei, nahezu wörtlich gleichlautenden Exemplaren niedergelegt. Das eine Exemplar ist vom Ehemann geschrieben, datiert und unterschrieben, sowie von der Frau mitunterschrieben; das andere Exem-

*) Jetzt § 28 des TestGes. v. 31 7. 38

plar ist von der Frau geschrieben, datiert und unterschrieben, vom Ehemann mitunterschrieben. Im Februar 1903 starb der Ehemann, beerbt von der Ehefrau. Am 10. April 1904 errichtete die Witwe vor einem Notar ein Testament, worin sie ihre Verfügungen vom 3. Juni 1902 widerrief und die Beklagten als Erben einsetzte. Nach ihrem Tod beantragten die Klägerinnen Feststellung, daß die zu ihren Gunsten getroffenen Verfügungen rechtsgültig seien. Das Landgericht erkannte nach diesem Antrage. Das Kammergericht wies die Berufung der Beklagten zurück.

Auf Revision der Beklagten wurde das Berufungsurteil aufgehoben.

Aus den Gründen:

„Das Kammergericht hat die Berufung der Beklagten zurückgewiesen, weil nach § 2271 in Verbindung mit § 2270 Abs. 1 BGB. der Widerruf der letztwilligen Verfügungen vom 3. Juni 1902 nicht statthaft gewesen sei. Die Annahme, daß ein gemeinschaftliches Testament vorliege, ist folgendermaßen begründet worden: die Form des § 2267 BGB. sei die einzige Form, in der ein gemeinschaftliches eigenhändiges Testament errichtet werden könne. Die letztwilligen Verfügungen vom 3. Juni 1902 genügten aber dieser Form. Eine vollständige Wiederholung des Testaments schließe die vorgeschriebene Beitrittserklärung in sich. Eine Beifügung im Sinne des § 2267 sei auch dann anzunehmen, wenn zwei sich inhaltlich aufeinander beziehende, auf verschiedenen Papierbogen niedergeschriebene Erklärungen, deren Zusammengehörigkeit noch dadurch manifestiert sei, daß jeder Ehegatte die Erklärung des andern mit seinem Namen unterschrieben habe, von beiden Ehegatten, wie das hier unstreitig geschehen sei, in der gemeinschaftlichen Ehewohnung aufbewahrt würden. Daß auch die Absicht der Erblasser darauf gerichtet gewesen sei, die beiden Erklärungen so zueinander in Beziehung zu setzen, daß sie in ihrer Verbundenheit sich als ein gemeinschaftliches Testament darstellten, unterliege keinem Zweifel. Durch die gleichzeitige und gemeinschaftliche Herstellung der beiden Exemplare und ihre gemeinschaftliche Verwahrung hätten die Erblasser ein gemeinschaftliches Dokument dieses letzten Willens errichten wollen und errichtet.

Der Angriff, den die Revision gegen diese Ausführungen des Berufungsgerichts richtet, ist begründet.

Es kann dahingestellt bleiben, ob die Form des § 2267 die einzige Form ist, in der ein gemeinschaftliches eigenhändiges Testament errichtet werden kann. Daß durch die Beifügung der Unterschrift des Ehemannes M. oder der Ehefrau zu dem von dem anderen Ehegatten eigenhändig geschriebenen und unterschriebenen Testament der

Formvorschrift des § 2267 nicht genügt worden ist, verkennt der Berufungsrichter selbst nicht*). Er sieht das von dem Ehemann M. und das von der Ehefrau M. hergestellte Testament als Bestandteile eines aus diesen beiden Testamentsexemplaren sich zusammensetzenden gemeinschaftlichen Testaments an. Diese Auffassung des Berufungsgerichts kann nicht gebilligt werden.

Das Wesen des gemeinschaftlichen Testaments besteht darin, daß die letztwilligen Verfügungen mehrerer Personen in einer einzigen Urkunde errichtet werden (vgl. Entsch. des RG.'s in Zivils. Bd. 50 S. 309). Nicht darauf kommt es an, ob die Verfügungen auf einem Blatt, oder ob sie auf mehreren Bogen oder Blättern stehen. Es können mehrere Personen ihre letztwilligen Verfügungen nacheinander auf dasselbe Blatt Papier schreiben, ohne daß ein gemeinschaftliches Testament hergestellt wird; andererseits kann ein gemeinschaftliches Testament aus mehreren Bogen oder Blättern bestehen. Es kommt auch nicht wesentlich auf den Inhalt der Verfügungen, auf die Einheitlichkeit oder Gemeinschaftlichkeit des Errichtungsaktes oder auf die Absicht der Verfügenden an. In Einzeltestamenten können Verfügungen enthalten sein, die im Verhältnisse gegenseitiger Abhängigkeit zueinander stehen; ein gemeinschaftliches Testament kann auf Verfügungen beschränkt werden, die in keinem innern Zusammenhange stehen. Einzeltestamente mehrerer Testatoren können sich im Wortlaute decken; auch kann in einem Einzeltestamente Bezug genommen werden auf das Einzeltestament einer anderen Person. Die Errichtungsakte können — abgesehen von dem Erfordernisse der einheitlichen Urkunde für das gemeinschaftliche Testament — bei Einzeltestamenten mehrerer Personen die gleichen sein wie bei einem gemeinschaftlichen Testament. Von der Absicht der Verfügenden oder gar von der Art der Aufbewahrung der Testamente hängt es nicht ab, ob letztwillige Verfügungen als gemeinschaftliches Testament aufzufassen sind, oder als Einzeltestamente. Haben die Verfügenden die Form des gemeinschaftlichen Testaments gewählt, so kommt nichts darauf an, ob sie Einzeltestamente errichten wollten. Haben sie die Form der Einzeltestamente gewählt, so ist es bedeutungslos, ob sie ein gemeinschaftliches Testament im Sinne der §§ 2265 flg. herzustellen beabsichtigten. Gemeinschaftliche Testamente, die von Nicht-Eheleuten errichtet werden, sind unwirksam. Testamente von Eheleuten fallen nur dann unter die Vorschriften der §§ 2266 flg., wenn sie die Form des gemeinschaftlichen Testaments haben. Aus der Niederschrift der Verfügungen muß sich ergeben, ob ein gemeinschaftliches Testament in Frage steht, oder ob Einzeltestamente vorliegen. Sind die Verfügungen mehrerer Testatoren in einer Urkunde enthalten, so ist das Testament ein gemein-

*) S. aber jetzt § 28 Abs. 2 TestGes. v. 31. 7. 38.

schaftliches. Bei dem eigenhändigen Testament kann gemäß § 2267 die einheitliche Urkunde dadurch hergestellt werden, daß einer der Ehegatten das Testament in der in § 2231 Nr. 2 bezeichneten Weise niederschreibt und unterschreibt und der andere Ehegatte beifügt, das Testament solle auch als sein Testament gelten. In einem solchen Falle sind die letztwilligen Verfügungen in der Niederschrift des ersten Ehegatten enthalten. Diese bildet kraft der Beitrittserklärung des zweiten Gatten die Testamentsurkunde für beide Ehegatten. Die letztwilligen Verfügungen der Eheleute M. sind nach den Feststellungen des Berufungsgerichts sowohl in einem von dem Ehemann als auch in einem von der Ehefrau nach der Vorschrift des § 2231 Nr. 2 hergestellten Testamentsexemplar niedergelegt. Jedes Exemplar stellt sich als selbständiges Testament, keine der Erklärungen als Beitrittserklärung dar. Demnach liegt kein gemeinschaftliches Testament, sondern es liegen Einzeltestamente vor, auf welche die Vorschriften der §§ 2265 flg. nicht anwendbar sind, und deren Rechtswirksamkeit — von den Mitunterschriften abgesehen — auch dann nicht zu beanstanden wäre, wenn Eduard M. und Eleonore M. keine Ehegatten gewesen wären." . . .

RGZ. 76, 94

Beweislast, wenn Nichtigkeit eines äußerlich ordnungsmäßigen Testaments behauptet wird. Was bedeuten die Worte: „wer Geschriebenes nicht zu lesen vermag" in Abs. 2 des § 2238 BGB.*)?

IV. Zivilsenat. Urt. v. 30. März 1911.

I. Landgericht Frankenthal. II. Oberlandesgericht Zweibrücken.

Aus den Gründen:

„Es ist nicht rechtsirrig, wenn der Berufungsrichter demjenigen die Beweislast auferlegt, welcher gegenüber einem äußerlich ordnungsmäßigen Testamente die Nichtigkeit des Errichtungsaktes wegen außergewöhnlicher, regelmäßig nicht zu vermutender Mängel behauptet und hieraus für sich Rechte ableitet. Die Kläger müssen deshalb im Streitfall unterliegen, wenn ihnen der Nachweis mißlungen ist, daß der Erblasser bei Uebergabe der seinen letzten Willen enthaltenden Schrift an den Notar „Geschriebenes nicht zu lesen vermocht habe" (§ 2238 Abs. 2 BGB.). Der Berufungsrichter hält diesen Nachweis in Würdigung der hierüber gepflogenen Erhebungen nicht für erbracht, und die Revision bescheidet sich, daß sie gegen das Ergebnis der Beweiswürdigung in dieser Instanz an sich nicht ankämpfen kann. Sie meint aber, der Berufungsrichter hätte sich

*) Jetzt § 11 Abs. 4 des TestGes. v. 31. 7. 38.

nicht auf die Prüfung beschränken dürfen, ob der in seiner Sehkraft stark geschwächte Erblasser bei der Testamentserrichtung im allgemeinen noch imstande gewesen sei, Geschriebenes zu lesen. Es wäre vielmehr zu untersuchen gewesen, ob er gerade die konkrete, von ihm übergebene, wie zugegeben wird, nicht leicht leserliche Testamentschrift zu lesen vermocht hätte.

Allein abgesehen davon, daß der Berufungsrichter diese Möglichkeit nicht als ausgeschlossen bezeichnet, kann den Ausführungen der Revision grundsätzlich nicht zugestimmt werden. Schon die Fassung des Gesetzes steht ihnen entgegen. Der aus § 1922 des I. Entwurfs wörtlich und unbeanstandet übernommene § 2238 Abs. 2 spricht ohne Beifügung des bestimmten oder unbestimmten Artikels von „Geschriebenem" schlechthin und deutet schon hiermit an, daß nur ein abstraktes Lesevermögen verlangt wird. Lesen können heißt den Sinn des Geschriebenen erfassen können. Aus dem Zwecke des Gesetzes ergibt sich weiter, daß der in der Form des § 2238 testierende Erblasser „wenigstens in der Lage sein muß, unzweifelhafte Kunde vom Inhalte der Schrift zu haben". So Motive zu § 1922 des I. Entwurfs Bd. 5 S. 277. Hieraus folgt, daß der Erblasser auch der Sprache mächtig sein muß, *in der das von ihm übergebene* Schriftstück abgefaßt ist. Um das in dieser Sprache Geschriebene lesen zu können, müssen ihm endlich auch die ihr eigentümlichen Schriftzeichen so weit geläufig sein, daß er sie zu Wörtern und Sätzen zusammenfassen und auf diesem Wege sich mit dem Sinn des Geschriebenen geistig vertraut machen kann. Ein Mehreres aber wird vom Gesetze nicht verlangt. Unzweifelhaft ist dem Erblasser volle Freiheit gewährt, auch ein von ihm nicht verfaßtes und nicht gelesenes Schriftstück auf dem Wege des § 2238 zum Träger einer wirksamen letztwilligen Verfügung zu machen, obwohl sich der Gesetzgeber bewußt war, daß ein sorgloser Erblasser hierbei der Gefahr der Fälschung ausgesetzt sein könne (Motive Bd. 5 S. 275). Diese Gefahr wurde aber dann nicht für dringend erachtet, wenn für den Erblasser wenigstens die Möglichkeit besteht, sich über den Inhalt des übergebenen Schriftstücks zu vergewissern, und diese Möglichkeit wird immer als vorhanden angenommen, wenn er nur im allgemeinen Geschriebenes dieser Art zu lesen vermag. Wollte man weiter gehen und die Wirksamkeit letztwilliger Verfügungen von der größeren oder geringeren Leserlichkeit des betreffenden Schriftstücks oder von der größeren oder geringeren Lesegewandtheit des Erblassers abhängen lassen, so würde damit, entgegen dem Wortlaut und dem Zwecke des Gesetzes, die Rechtssicherheit gerade auf einem Gebiet in Frage gestellt werden, wo sie vom Gesetze mit besonders fest umgrenzten Kautelen umgeben ist."

RGZ. 92, 27

Kann die mündliche Erklärung, daß die übergebene Schrift den letzten Willen enthalte, durch mündliche Genehmigung des Protokolls erfolgen? Kann die Genehmigung des Protokolls ohne ausdrückliche Feststellung als mündlich erfolgt und als so erfolgt beurkundet angesehen werden?

BGB. §§ 2238, 2241*).

III. Zivilsenat. Urt. v. 11. Januar 1918.

I. Landgericht I Berlin. II. Kammergericht daselbst.

Die Kläger fordern Schadensersatz, weil das von den Eheleuten J. und W. Sch. am 5. November 1910 in ihrer Wohnung vor dem Beklagten als Notar durch Uebergabe einer Schrift errichtete, alle früheren letztwilligen Bestimmungen aufhebende Testament ungültig sei. Die Eheleute Sch. sind am 7. Juli 1912 und 7. Juni 1915 verstorben. Das Nachlaßgericht hat einen Erbschein gemäß dem Testamente vom 5. November 1910 als einem ungültigen abgelehnt, weil die mündliche Erklärung der Erblasser, daß die übergebene Schrift ihren letzten Willen enthalte, im Protokolle fehle, und hat am 15. Januar 1916 einen Erbschein erteilt auf Grund des von den Eheleuten Sch. am 11. Mai 1894 gemeinschaftlich errichteten, in gerichtlichem Verwahrsam verbliebenen Testaments. Hiernach erhalten die Kläger weniger aus der Erbschaft, als sie nach dem Testamente vom 5. November 1910 erhalten würden. Die bezifferte Differenz beanspruchen sie vom Beklagten, da er bei Errichtung des Testaments die ihm obliegende Amtspflicht durch Nichtwahrung der gesetzlichen Testamentsform fahrlässig verletzt habe.

Das vom Beklagten über die Testamentserrichtung aufgenommene Protokoll stellt fest, daß sich der Beklagte in die Wohnung der Eheleute Sch. auf deren Ersuchen begeben hatte, daß diese ihm persönlich bekannten Eheleute dort vor ihm als Notar erschienen, und daß zu dieser Verhandlung zwei durchweg beiwohnende Zeugen zugezogen wurden. Sodann fährt es fort:

„Die Eheleute Sch. überreichten anliegenden, mit einem Privatsiegel versehenen Umschlag mit der Aufschrift »Unser Testament. J. L. Sch. W. Sch. geb. Sch.«. Dieses Protokoll ist vorgelesen, von den Erschienenen genehmigt und von ihnen, den Zeugen und dem Notar eigenhändig unterschrieben worden." Hierauf folgen die Unterschriften der Eheleute Sch., der Zeugen und des Beklagten.

Das Landgericht erklärte den Klaganspruch dem Grunde nach für gerechtfertigt; die Berufung des Beklagten wurde zurückgewiesen. Die Instanzen nehmen übereinstimmend an, die mündliche Erklärung

*) Jetzt §§ 11, 13 des TestGes. v. 31. 7. 38.

der Eheleute Sch., daß die übergebene Schrift ihren letzten Willen enthalte, fehle im Protokolle; darum sei das Testament nichtig. Die Revision des Beklagten hatte Erfolg.

Gründe:

„Der Beklagte führt zur Begründung der Revision insbesondere folgendes an. Es werde bei der streitigen Testamentserrichtung so zugegangen sein wie gewöhnlich, daß nämlich der amtierende Richter oder Notar beim Empfange der übergebenen Schrift fragt »Ist dieses Ihr Testament?« und der Erblasser auf diese Frage mit »Ja« antwortet; jedenfalls sei die Genehmigung des vorgelesenen, die Uebergabe des mit einem Privatsiegel versehenen Umschlags mit der unterschriebenen Aufschrift „Unser Testament" enthaltenden Protokolls eine mündliche Erklärung der Eheleute Sch., und zwar die mündliche Erklärung, daß dies ihr letzter Wille sei. Demgegenüber betont der klägerische Prozeßbevollmächtigte, es handle sich um eine unzweideutig vorgeschriebene feierliche Erklärung. Mit dem Wortlaute des Protokolls sei es vereinbar, daß die Eheleute Sch. kein Wort geredet haben; wenn sie sich aber mündlich erklärt hätten, so sei dies jedenfalls nicht beurkundet.

Der Berufungsrichter meint, in der Genehmigung der Ueberreichung des Umschlags mit der Aufschrift „Unser Testament" sei die Erklärung, daß der Umschlag den letzten Willen enthalte, nicht zu finden. Das Gesetz verlange nun einmal die ausdrückliche Aufnahme einer solchen Erklärung in das Protokoll. Dem kann nicht beigepflichtet werden. Daß in der Genehmigung des eine Erklärung enthaltenden Protokolls diese Erklärung selbst liegen kann, hat der IV. Zivilsenat des Reichsgerichts in betreff der Erklärung des Erblassers, daß er nicht schreiben könne, und daß er der deutschen Sprache nicht mächtig sei (§§ 2242 Abs. 2, 2244 Abs. 1 BGB.), in ständiger Rechtsprechung anerkannt (RGZ. Bd. 56 S. 368/369, Bd. 69 S. 83, Bd. 75 S. 374 flg.). . .

Im vorliegenden Falle handelt es sich nicht um die mündliche Erklärung des letzten Willens, sondern um die mündliche Erklärung, daß die übergebene Schrift den letzten Willen enthalte. Für keine dieser mündlichen Erklärungen ist eine sakramentale feierliche Form vorgeschrieben (Motive zum Entw. eines BGB. Bd. 5 S. 272; RGZ. Bd. 85 S. 124/126). Die Eheleute Sch. hatten ihren letzten Willen schriftlich niedergelegt, das Schriftstück in einen Umschlag getan, den Umschlag versieglt und mit der von ihnen unterschriebenen Aufschrift „Unser Testament" versehen; darauf hatten sie den Beklagten als Notar in ihre Wohnung rufen lassen und ihm in Gegenwart der beiden zugezogenen Zeugen dieses so überschriebene Schriftstück überreicht. Dies alles geht aus dem vorgelesenen, genehmigten und unterzeichneten Protokolle hervor. Aus dem Protokoll erhellt weiter, daß die dem Notar persönlich bekannten Erblasser nicht stumm und nicht am Sprechen verhindert waren; diesfalls wäre die Form des § 2243 gewahrt worden. Daraus ergibt sich als im höchsten Grade unwahrscheinlich, daß die Erblasser bei Ueberreichung des durch ihre eigenhändige Unterschrift unter der Aufschrift „Unser Testament" als ihr Testament endgültig bestätigten (Motive a. a. O. S. 273; RGZ. Bd. 86 S. 387) Umschlags völlig geschwiegen haben. Als mündliche Erklärung, dieser Umschlag enthalte ihren letzten Willen, genügte eben wegen der Aufschrift und im Rahmen des von den Erblassern zum Zwecke der Testamentserrichtung herbeigeführten notariellen Aktes das die Ueberreichung begleitende Wort „Hier" oder die Antwort „Ja" auf die Frage des Notars, ob dies ihr letzter Wille sei. Der Sprache mächtige Personen bedienen sich, wie schon im gesellschaftlichen Verkehr, so mehr noch im Rechtsverkehr unwillkürlich zunächst der Sprache als des natürlich gegebenen, sich von selbst aufdrängenden Mittels um Ausdrucke der Meinung und des Willens. Sich bei diesem hochwichtigen Rechtsakte vor dem von ihnen herbeigerufenen Notar und vor den zugezogenen Zeugen auf die Ueberreichung des Umschlags als auf ein genügendes Zeichen dessen, daß dies ihr letzter Wille sei, zu beschränken, konnte für die Erblasser ein Anlaß gar nicht vorliegen.

Jedoch kann dahin stehen, ob aus dem Wortlaute des Protokolls und aus den mit der Testamentserrichtung in innerem Zusammenhange stehenden Umständen (RGZ. Bd. 86 S. 309) zu folgern ist, daß die Erblasser schon vor der Vorlesung und Genehmigung des Protokolls mündlich erklärt haben, der Umschlag enthalte ihren letzten Willen. Denn jedenfalls ist durch das Protokoll genügend festgestellt, daß die Erblasser das vorgelesene, die Ueberreichung des Umschlags als ihres Testaments beurkundende Protokoll durch irgendeine mündliche Erklärung genehmigt haben. Es muß nach der Erfahrung des Lebens als schlechthin ausgeschlossen erachtet werden, daß die Erblasser, falls sie je schon allein die Ueberreichung des Umschlags wegen der Aufschrift für eine genügende Hindeutung auf den Inhalt des Umschlags als ihres letzten Willens erachtet und darum bei Beginn des Aktes, bei der Ueberreichung geschwiegen hatten, nun auch bei Beendigung des Aktes völlig schwiegen und die von ihnen jetzt verlangte und laut des Protokolls auch wirklich abgegebene bestimmte Willenserklärung der Protokollgenehmigung nur in stummer Gebärden- oder Zeichensprache abgaben. Nach der Erfahrung des Lebens und nach dem gewöhnlichen Laufe der Dinge ist sicher, daß die Erblasser zum wenigsten ihre Protokollgenehmigung mit dem Munde (RGZ. Bd. 31 S. 227) erklärt haben. Falls sie — was der klägerische Prozeßbevollmächtigte nach dem Protokolle für möglich hält — während des ganzen Aktes schwiegen, dann hatte wegen dieses ungewöhnlichen und befremdenden Verhaltens dem Notar das Bedenken aufsteigen müssen, ob sie nicht am Sprechen verhindert seien. Das Protokoll ergibt aber, daß die tatsächlich nicht stummen und nicht am Sprechen verhinderten, als dem Notar persönlich bekannt bezeichneten Erblasser zu einem solchen Bedenken keinen Anlaß gegeben haben. Also ist durch das Protokoll genügend festgestellt, daß die Erblasser zum wenigsten die im Protokoll als von ihnen abgegeben ausdrücklich beurkundete Willenserklärung, nämlich die Protokollgenehmigung, in der natürlichen, regelmäßigen Weise, nämlich mündlich abgaben. . . .

Das Testament der Eheleute Sch. vom 5. November 1910 ist darum ein rechtsgültiges."

RGZ. 97, 295

1. Grenzen der Rechtskraftwirkung eines Urteils gegenüber demjenigen, dem der Streit verkündet worden ist.

2. Welche Grundsätze sind bei Prüfung der Frage anzuwenden, ob im Einzelfalle die für die Errichtung von Testamenten gegebenen Formvorschriften beobachtet sind?

3. Unter welchen Voraussetzungen ist die gemäß § 2244 Abs. 2 BGB.*) dem Testament als Anlage beigefügte Uebersetzung als Teil des Protokolls anzusehen?

ZPO. §§ 74, 68; BGB. § 2244 Abs. 2 und 3*); Reichsgesetz über die Angelegenheiten der freiwilligen Gerichtsbarkeit § 176 Abs. 2.

III. Zivilsenat. Urt. v. 16. Dezember 1919.

I. Landgericht Memel. II. Oberlandesgericht Königsberg.

In dem gerichtlich aufgenommenen Testamente vom 6. April 1911 hatten die W.'schen Eheleute sich gegenseitig zu Erben eingesetzt und die Kläger zu Erben des zuletzt Versterbenden berufen. Da beide Erblasser erklärt hatten, daß sie nur der litauischen Sprache mächtig seien, war mit ihnen unter Zuziehung des litauischen Dolmetschers R. verhandelt worden. Das Protokoll schließt mit den Worten:

„Diese Verhandlung ist den Testatoren in deutscher Sprache und von dem litauischen Dolmetscher auch in der beigefügten Uebersetzung laut vorgelesen, von ihnen genehmigt und wie folgt, eigenhändig unterschrieben worden",

worauf die Unterschriften der beiden Erblasser, des Richters, des Gerichtsschreibers und des Dolmetschers folgen. . Die litauische

*) Jetzt § 18 Abs. 2 bzw. § 18 Abs. 2 und 3 des TestGes. v. 31. 7. 38.

Uebersetzung trägt am Schlusse den Vermerk: „Für die richtige Uebersetzung R. Dolmetscher". Nach dem Tode der Ehefrau W. schloß ihr Ehemann eine zweite Ehe. Er starb im Februar 1915. Seine Witwe klagte in einem Vorprozesse gegen die jetzigen Kläger auf Feststellung der Nichtigkeit des Testaments vom 6. April 1911. Die damaligen Beklagten verkündeten dem preußischen Staate und dem Assessor P., der das Testament aufgenommen hatte, den Streit, ohne daß diese in den Prozeß eintraten. Das Landgericht gab dem Antrage der Klägerin statt, weil es in dem Protokolle die in § 2244 Abs. 3 BGB. vorgeschriebene Feststellung vermißte, daß der Dolmetscher die litauische Uebersetzung angefertigt oder beglaubigt habe. Dieses Urteil ist rechtskräftig geworden. Die damaligen Beklagten erhoben nunmehr mit der Behauptung, daß sie als Testamentserben mehr erhalten haben würden, wie als gesetzliche Miterben, gegen den preußischen Staat Klage mit dem Antrage, dessen Verpflichtung festzustellen, ihnen den Schaden zu ersetzen, der ihnen bei der Auseinandersetzung wegen des Nachlasses der W.'schen Eheleute aus der Nichtigkeit des Testaments vom 6. April 1911 erwächst. Das Landgericht und das Oberlandesgericht erachteten das Klagebegehren für begründet. Auf *die Revision des früheren Gerichtsassessors P.*, dem der Beklagte den Streit verkündet hatte, wurde die Klage abgewiesen aus folgenden

Gründen:

„Infolge der Streitverkündung im Vorprozesse müssen der Beklagte und der Nebenintervenient die Nichtigkeit des Testaments vom 6. April 1911 auch gegen sich gelten lassen (§ 74 Abs. 2 und 3, § 68 ZPO.). Insoweit ist das Urteil des Vorprozesses auch für den vorliegenden Rechtsstreit maßgebend. Dagegen ist in jenem Urteile die für die damalige Entscheidung völlig belanglose Frage eines etwaigen Verschuldens des Testamentsrichters, von deren Bejahung die Schadensersatzpflicht des Beklagten abhängt (§ 839 BGB., § 1 preuß. Staatshaftungsgesetzes vom 1. August 1909), überhaupt nicht berührt. In bezug auf sie hat der Richter daher nunmehr gänzlich freie Hand. Er hat somit sämtliche Voraussetzungen der dem Nebenintervenienten zur Last gelegten Fahrlässigkeit selbständig zu prüfen und festzustellen und muß diese Fahrlässigkeit verneinen, wenn er die Ueberzeugung gewinnt, der Nebenintervenient habe der Vorschrift des § 2244 Abs. 3 BGB. entsprechend in dem Protokolle mit hinreichender Deutlichkeit zum Ausdrucke gebracht, daß der Dolmetscher die litauische Uebersetzung angefertigt oder beglaubigt habe. Einer solchen Feststellung würde das Vorprozeßurteil nicht etwa deshalb entgegenstehen, weil es die Ungültigkeit des Testaments mit der entgegengesetzten Annahme begründet (vgl. Urteil des erkennenden

Senats vom 28. November 1905 in III 169/05). Denn die Streitverkündung bezweckt lediglich, dem Streitverkündeten in dem demnächstigen Prozesse zwischen ihm und einer der Hauptparteien den Einwand, der frühere Rechtsstreit sei unrichtig entschieden, sowie alle Ausführungen, die in dem letzteren bereits gemacht sind oder wenigstens hätten gemacht werden können, insoweit abzuschneiden, als sie sich gegen das im Vorprozeßurteile festgestellte Rechtsverhältnis oder die dort ausgesprochenen Rechtsfolgen wenden. In dem Feststellungsprozesse wollten nun die damaligen Parteien die zwischen ihnen streitig gewordene Frage, ob das Testament vom 6. April 1911 wirksam sei oder nicht, zum Austrage bringen, und nur über diesen Streitpunkt ist in ihm rechtskräftig entschieden worden. Die Nichtigkeit des Testaments bildet jedoch nur einen Teil des Tatbestands, aus dem die Schadensersatzpflicht des Beklagten hergeleitet wird. Auf denjenigen Teil dieses Tatbestands aber, der nicht Gegenstand des Feststellungsprozesses gewesen ist, — und dazu gehört die Frage eines für die Nichtigkeit des Testaments ursächlichen richterlichen Verschuldens in ihrem ganzen Umfang, — erstreckt sich die durch die Streitverkündung erweiterte Rechtskraftwirkung des Vorprozeßurteils nicht.

Unzweifelhaft handelt es sich in § 2244 Abs. 2 und 3 BGB. um zwingendes Recht, um wesentliche Formvorschriften, von deren Beobachtung die Rechtswirksamkeit eines Testaments abhängt. Deshalb darf aber die Entscheidung der Frage, ob sie im Einzelfalle beobachtet sind, nicht etwa in formalistischem Sinne getroffen werden. Jedem starren Formalismus ist vielmehr, wie überall im Rechtsleben, so auch hier mit Nachdruck entgegenzutreten. Es würde ebensosehr den Bedürfnissen des Verkehrs und den Zwecken der Testamentserrichtung wie dem Geiste des Gesetzes selbst widersprechen. Das Rechtsempfinden des Volkes verlangt, daß allein der Wille des Erblassers dafür maßgebend ist, was nach seinem Tode mit dem Nachlasse geschehen soll. Die Testamentserrichtung soll daher, soweit das im Rahmen menschlicher Einrichtungen überhaupt möglich ist, volle Gewähr dafür schaffen, daß der Wille des Testators richtig ermittelt und richtig niedergeschrieben wird. Die Formerfordernisse der Testamentsaufnahme sind vom Gesetze mithin nicht um ihrer selbst willen, sondern zur Sicherung des letzten Willens des Erblassers, also in dessen Interesse und in dem der Bedachten aufgestellt worden. Deshalb dürfen sie nicht zu Fallstricken werden, welche die Absichten des Gesetzgebers vereiteln und den letzten Willen des Erblassers um seine Wirksamkeit bringen. Dieser muß vielmehr immer, soweit es mit dem Wortlaute der Formvorschriften irgend vereinbar ist, zur Anerkennung gebracht werden. Man wird also bei Prüfung der Frage, ob sie eingehalten sind, keinen zu strengen Maßstab anlegen dürfen. Es wird insbesondere nicht nur an der bisherigen Rechtsprechung des Reichsgerichts, nach der die notwendigen Protokollfeststellungen nicht mit den Worten des Gesetzes zu erfolgen brauchen und zur Aufhellung etwaiger Zweifel und Unklarheiten auch Vorgänge und Tatsachen, die mit der Testamentsaufnahme in innerem Zusammenhange stehen, mit herangezogen werden können (vgl. RGZ. Bd. 86 S. 385), festzuhalten, sondern es werden auch überhaupt die Anforderungen an die Form dieser Feststellungen so gering als möglich zu bemessen sein, und das um so mehr, als die Niederschrift von Testamenten häufig unter erschwerenden Umständen, z. B. zur Nachtzeit in spärlich erleuchtetem Krankenzimmer bei hochgradiger Schwäche des Erblassers, geschehen muß.

Die Tatsachen nun, welche der Richter nach § 2244 Abs. 3 BGB. zu beurkunden hat, sollen die sichere Feststellung ermöglichen, daß dem nur einer fremden Sprache mächtigen Erblasser seine letztwilligen Anordnungen so, wie der Richter sie deutsch hat niederschreiben lassen, auch in seiner Muttersprache zur Kenntnis gebracht sind. Sie sollen die Gewißheit gewähren, daß nicht eine beliebige, sondern gerade die von dem vereideten Dolmetscher angefertigte oder wenigstens beglaubigte Uebersetzung dem Erblasser vorgelesen ist und dessen Genehmigung gefunden hat. Hinsichtlich dieser Feststellung unterscheidet sich aber der vorliegende Fall wesentlich von dem in dem Urteile des IV. Zivilsenats vom 11. März 1915 (Jur. Wochenschr. 1915 S. 582 Nr. 16) behandelten. Hier schloß das Protokoll mit den Worten:

> „Dies Protokoll ist dem Testator deutsch, die litauische Uebertragung vom Dolmetscher litauisch vorgelesen, von ihm genehmigt und wie folgt eigenhändig unterschrieben worden",

während es in dem Testamente vom 6. April 1911 heißt, „die Verhandlung sei den Testatoren . . . von dem litauischen Dolmetscher in der beigefügten Uebersetzung vorgelesen." Der Nebenintervenient hat also, was in dem anderen Testamente nicht geschehen ist, in dem Protokoll auf die ihm beigefügte Uebersetzung ausdrücklich Bezug genommen. Das rechtfertigt die von der Revision vertretene Auffassung, daß er sie infolgedessen für einen Bestandteil des gerichtlichen Protokolls gehalten und geglaubt habe, die Richtigkeit des Dolmetschervermerks auf ihr mit zu beurkunden und sonach zu bezeugen, daß der Dolmetscher die Uebersetzung angefertigt oder beglaubigt habe. Das Oberlandesgericht meint freilich, einer solchen Auffassung stehe § 176 Abs. 2 FrGG entgegen, der eine Anlage als Protokollteil nur dann gelten läßt, wenn auf sie in der protokollierten Erklärung der Beteiligten zwecks deren Ergänzung verwiesen wird.

Dem ist jedoch entgegenzuhalten, daß § 176 Abs. 2 a. a. O. die Frage, ob und wann eine Anlage Protokollbestandteil ist, erschöpfend weder regeln will noch regelt. Sie ist vielmehr immer nur nach Lage des Einzelfalls zu entscheiden. In dieser Beziehung kommt hinsichtlich der Testamente fremdsprachiger Personen folgendes in Betracht: Die Erblasser erklären und genehmigen tatsächlich nur den Inhalt der ihnen allein verständlichen fremdsprachigen Urkunde als ihren letzten Willen. Diese Urkunde muß dem deutschen Protokoll als Anlage beigefügt werden und kann und soll unter Umständen zur Erläuterung eines möglicherweise nicht völlig klaren oder mehrdeutigen deutschen Ausdrucks oder Satzes dienen. Deshalb bildet sie ihrer Bedeutung, ihrer Zweckbestimmung und der Natur der Sache nach einen wesentlichen Bestandteil des Testamentsprotokolls. Das Berufungsgericht hat aber bei Erörterung der Frage, ob die von ihm vermißte Feststellung in dem letzteren enthalten sei, nicht nur dies, sondern auch verschiedene andere mit der Testamentserrichtung in untrennbarem Zusammenhange stehende Umstände nicht beachtet. So ergibt das Protokoll, daß der Richter den Dolmetscher von dem Gerichtssitze nach dem Wohnorte der Erblasser mitgenommen hat. Die Mitnahme erfolgte selbstverständlich, damit er die nach § 2244 Abs. 2 BGB. erforderliche litauische Uebersetzung anfertige oder beglaubige und den Testatoren zur Genehmigung vorlese. In dem Protokoll ist denn auch, worauf schon der Berufungsrichter hinweist, die Erklärung der W.'schen Eheleute, nur der litauischen Sprache mächtig zu sein, und ferner erwähnt, daß deshalb mit ihnen unter Zuziehung des Dolmetschers verhandelt worden sei. Um die Bedeutung dieses Satzes recht zu würdigen, muß man sich die Vorgänge bei der Testamentserrichtung klar vergegenwärtigen. Der Richter kann sich mit den Erblassern litauisch nicht verständigen. Er erfährt erst durch den litauischen Dolmetscher, was sie hinsichtlich ihres Nachlasses verordnen wollen. Nur nach dessen Angaben läßt er ihren litauisch erklärten letzten Willen deutsch niederschreiben. Nimmt man nun noch hinzu, daß andere Personen als die Erblasser, der Richter, der Gerichtsschreiber und der Dolmetscher in dem Protokoll als anwesend nicht aufgeführt sind, so erscheint es ausgeschlossen, daß nicht der dazu berufene und zu diesem Zwecke mitgereiste Dolmetscher, sondern ein nicht genannter Dritter das deutsche Testament in das Litauische zurückübertragen und die Richtigkeit der Uebersetzung beglaubigt hat. Alles das hätte neben oder vielmehr im Zusammenhange mit dem Schlußsatze des Protokolls berücksichtigt werden müssen.

Hätte das Oberlandesgericht dies unter Zugrundelegung der vorstehenden Rechtsausführungen getan, so wäre es möglicherweise zu dem Ergebnis gelangt, daß dem Protokolle mit hinreichender Deutlichkeit die richterliche Bestätigung der Anfertigung oder Beglaubigung der litauischen Uebersetzung durch den Dolmetscher zu entnehmen sei. Ob die geschilderten Umstände indessen zu einer solchen Feststellung nötigen, kann dahingestellt bleiben, denn sie sind jedenfalls derart, daß der Nebenintervenient nach Lage des Falles mit gutem Grunde und ohne Verletzung der ihm durch sein Amt und die Wichtigkeit seiner Aufgabe gebotenen Sorgfalt des Glaubens sein konnte, er hätte dem § 2244 Abs. 3 BGB. nach jeder Richtung hin genügt. Ist danach eine Fahrlässigkeit des Testamentsrichters nicht anzuerkennen, so fehlt es dem Klaganspruch an der erforderlichen rechtlichen Grundlage."

RGZ. 108, 397

1. Mängel einer öffentlichen Urkunde.

2. Ueber die Erfordernisse eines durch Uebergabe einer Schrift errichteten öffentlichen Testamentes nach §§ 2238, 2242, 2243 BGB.*), insbesondere über den Begriff der Mündlichkeit der Erklärung?

IV. Zivilsenat. Urt. v. 25. September 1924.

I. Landgericht Arnsberg. II. Oberlandesgericht Hamm.

Der am 15. Dezember 1921 auf seinem Gute A. gestorbene Gutsbesitzer Josef Sch. hat ein laut notariellem Protokoll vom 9. Dezember 1921 durch Uebergabe einer offenen Schrift errichtetes Testament hinterlassen. In diesem hat er die damals seinem Haushalt vorstehende Beklagte, eine Seitenverwandte, als Alleinerbin eingesetzt. Alleinige gesetzliche Erbin würde eine andere, nähere Seitenverwandte sein. Diese hat alle Ansprüche, die ihr als Erbin auf den Nachlaß zustehen, an den Kläger in notarieller Urkunde abgetreten. Der Kläger macht geltend, daß das Testament wegen Verstoßes gegen die §§ 2238 flg. BGB. nichtig sei. Das Landgericht gab der hierauf gegründeten Klage statt; das Oberlandesgericht wies sie ab.

Die Revision des Klägers hatte keinen Erfolg.

Aus den Gründen:

Die Revision wirft dem Berufungsurteil, in dem die Formgültigkeit des Testaments bejaht ist, vor, daß es 1. die §§ 415, 419 ZPO., 2. die §§ 2238, 2243 BGB. und 3. den § 2242 BGB. verletze.

1. Das über die Testamentserrichtung aufgenommene, von „A. bei F., den 9. Dezember 1921" datierte Protokoll hat den folgenden Wortlaut:

---

*) Jetzt §§ 11, 16, 17 des TestGes. v. 31. 7. 38.

„Auf Ersuchen hatte ich, der Notar P. W. zu F., mich nach A. in die Wohnung des Gutsbesitzers Josef Sch. begeben, um mir eine Verfügung von Todes wegen übergeben zu lassen. Es wurden von mir zu der Verhandlung als Zeugen zugezogen: 1. Fräulein Th. L. in A., 2. der praktische Arzt Dr. med. P. E. in F. In der vorbezeichneten Wohnung traf ich an: den Gutsbesitzer Josef Sch. in A., mir von Person bekannt.

Derselbe übergab hierauf mir, dem Notar, eine offene Schrift und erklärte mündlich, daß diese Schrift seinen letzten Willen enthalte. Ich, der Notar, habe die Schrift angenommen und stelle die erfolgte Uebergabe hiermit fest. Herr Sch. erklärte ferner, daß er nicht schreiben könne.

Vorstehendes Protokoll wurde den Erschienenen vorgelesen, von dem Erblasser genehmigt und von den Zeugen eigenhändig unterschrieben."

Darauf folgten die Unterschriften der beiden Zeugen und des Notars.

Diese notarielle Urkunde begründet nach den §§ 415, 418 ZPO. vollen Beweis der darin beurkundeten, die Formerfordernisse der §§ 2238 flg. BGB. erfüllenden Vorgänge; es fragt sich daher nur, ob der Kläger den in § 415 Abs. 2, § 418 Abs. 2 ZPO. zugelassenen Gegenbeweis geführt hat, daß ein Vorgang unrichtig beurkundet sei. Die Revision will diesen Satz um deswillen nicht gelten lassen, weil die notarielle Urkunde an einem inneren Mangel leide, der den in § 419 ZPO. angeführten äußeren Mängeln gleichzustellen sei. Der § 419 betrifft die Beeinträchtigung der Beweiskraft einer Urkunde durch Durchstreichungen, Radierungen, Einschaltungen oder sonstige äußere Mängel. Er setzt für solche Fälle die durch die Ausnahmebestimmungen der §§ 415—418 eingeschränkte allgemeine Vorschrift des § 286 Abs. 1 ZPO., die Regel der freien Beweiswürdigung, wieder in Kraft. Es kann dahingestellt bleiben, ob es innere Mängel, denen dieselbe Bedeutung wie jenen äußeren Mängeln zukommt, überhaupt gibt. Das, was die Revision als inneren Mangel angesehen wissen will, kommt jedenfalls nur als eine Beweisanzeige für unrichtige Beurkundung in Betracht. Die Revision weist nämlich darauf hin, daß der Notar zunächst in einem Protokollentwurf seine Ueberzeugung davon niedergeschrieben habe, daß der Erblasser am Sprechen verhindert sei, dann aber, als sich die Verwendung dieses (auf die Testamentsform des § 2243 BGB. abgestellten) Protokollentwurfs als unmöglich herausgestellt habe, weil der rechtsseitig gelähmte Erblasser auch mit der linken Hand nicht habe schreiben können, in dem endgültigen Protokoll die Fähigkeit des Erblassers, zur Uebergabe der Testamentsschrift eine mündliche Erklärung abzugeben, also das Gegenteil des vorher Niedergeschriebenen bezeugt habe. Diese Umstände haben im Berufungsurteil unter dem zutreffenden Gesichtspunkt ihrer etwaigen Geeignetheit zur Erbringung eines Gegenbeweises gegen die vorliegende Urkunde eine rechtlich einwandfreie Beurteilung gefunden.

2. Im Gegensatz zum Landgericht, das für erwiesen erachtet hat, daß der Erblasser zur Zeit der Testamentserrichtung nicht mehr habe sprechen können, sieht das Berufungsgericht diesen Beweis, auf Grund einer abweichenden Würdigung der im zweiten Rechtszug ergänzten Beweisaufnahme, nicht als geführt an. Es geht dabei mit Recht davon aus, daß die Umstände, unter denen die bei der Testamentserrichtung übergebene Schrift zustande gekommen ist, für die hier in Rede stehende Frage der Wahrung der Testamentsform des § 2238 BGB. nicht unmittelbar rechtserheblich, aber wegen des zeitlichen Zusammenhangs der Aufsetzung jener Schrift mit der Testamentsaufnahme allerdings als eine Beweisanzeige von Bedeutung sind. Für die von der Revision gewollte Nachprüfung, ob der Erblasser in der Schrift alles habe zum Ausdruck bringen können, was er letztwillig zu bestimmen beabsichtigt habe, ist nach dem Gesetze kein Raum. Wenn ein Erblasser, der Geschriebenes zu lesen vermag (§ 2238 Abs. 2), zur Testamentsverhandlung eine Schrift mit der mündlichen Erklärung übergibt, daß sie seinen letzten Willen enthalte, so gilt das in der Schrift Enthaltene ebenso *als maßgebender und mithin* auch vollständiger Ausdruck des letzten Willens, wie wenn es bei der Testamentserrichtung mündlich erklärt worden wäre (§ 2238 Abs. 1). Daß der Erblasser überhaupt lesenskundig war und auch zur Zeit der Testamentserrichtung trotz seiner teilweisen Lähmung noch Geschriebenes zu lesen vermochte, ist . . . nicht zu bezweifeln. . . .

Hinsichtlich des Sprechvermögens stellt das Berufungsgericht fest: Bei der Aufsetzung des letzten Willens durch den Notar habe der Erblasser sich infolge des wenige Stunden vorher erlittenen Schlaganfalls nicht in zusammenhängender Rede äußern können. Die Verständigung mit ihm sei hierbei darauf beschränkt gewesen, daß er ihm vorgelegte Fragen mit Ja oder Nein oder durch Kopfnicken oder Kopfschütteln oder durch sein Mienenspiel oder durch Ja oder Nein in Verbindung mit Kopfnicken oder Kopfschütteln oder Mienenspiel beantwortet habe. Nur auf diese Weise habe sein in den vier Bestimmungen der Testamentsschrift niedergelegter Wille ermittelt werden können. Der Notar, der der Meinung gewesen sei, daß der Erblasser den Satz: „Das ist mein Testament" oder einen ähnlichen Satz bei der Testamentshandlung entweder sprechen, oder, wenn er daran verhindert sei, schreiben müsse, habe zunächst den zweiten Weg für sicherer gehalten, um einer späteren Anfechtung des Testaments vorzubeugen. Als die Bemühungen des Erblassers, einen solchen Satz mit der linken Hand zu Papier zu bringen, vergeblich gewesen seien, habe der Notar ihm die Worte „Das ist mein Testament" einzeln vorgesprochen und der Erblasser habe sie nachgesprochen. Er habe hierbei Laute, und zwar Vokale und Konsonanten, herausgebracht, die allerdings die Worte, die er habe aussprechen wollen, nicht mit solcher Deutlichkeit zur Darstellung gebracht hätten, wie dies einem Menschen möglich sei, der sich im ungestörten Besitze seines Sprechorgans befinde. Seine Laute seien aber verständlich gewesen und von dem Testamentszeugen Dr. E. und dem Notar verstanden worden. Eine Aeußerung, die die Testamentszeugin L. gleich nach der Uebergabeerklärung gemacht habe, lege die Annahme nahe, daß auch sie die Laute des Sch. verstanden, in ihnen die nachzusprechenden Worte wiedererkannt und mit Rücksicht hierauf das Protokoll unterschrieben habe. Die nach der Uebergabeerklärung an den Erblasser gerichtete Frage, ob er nicht schreiben könne, habe er mit „Nein", die spätere Frage, ob das Protokoll richtig sei, mit „Ja" beantwortet. Er möge zur weiteren Verdeutlichung das Nein mit einem Kopfschütteln, das Ja mit einem Kopfnicken begleitet haben. Selbst wenn seine Worte „Ja" und „Nein", so wird im Anschluß hieran erwogen, nur deshalb, weil er sie mit einem Kopfnicken und Kopfschütteln begleitete, als Ja und Nein erkannt worden sein sollten, würde dies der Annahme, daß er mündliche Erklärungen abgegeben habe, nicht entgegenstehen. Durch bloße Gebärden, durch bloße Zeichen könne allerdings das Mündlichkeitsgebot des § 2238 BGB. nicht erfüllt werden. Sch. habe aber seinen Willen zum mindesten durch Laute in Verbindung mit Gebärden und Zeichen zum Ausdruck gebracht, und zwar durch differenzierte Laute.

Die Revision nimmt den zuletzt wiedergegebenen Satz zum Ausgangspunkt für ihren Angriff, daß das Berufungsgericht den Begriff der mündlichen Erklärung im Sinne des § 2238 BGB. verkannt habe. Jener Satz enthält aber nur eine Hilfserwägung von der mit Rücksicht auf die vorher wiedergegebene Beweisannahmen des Berufungsgerichts ganz abgesehen werden kann. Dies zeigt die folgende Betrachtung:

Die in § 2238 vorgesehene mündliche Erklärung des Erblassers, daß die von ihm übergebene Schrift seinen letzten Willen enthalte, erfordert eine durch Sprechen, also durch lautliche Wortbildung abgegebene Erklärung. Das erhellt schon aus dieser Vorschrift selbst und wird durch den § 2243 bestätigt, der für eine am Sprechen verhinderte Person eine besondere Form der Testamentserrichtung aufstellt. Das Aussprechen gerade der im Gesetz gebrauchten Worte oder überhaupt eines Satzes ist aber nicht erforderlich. Die mündliche Erklärung kann vielmehr auch in der Weise geschehen, daß der Erblasser die Frage des Testamentsbeamten, ob die übergebene

Schrift seinen letzten Willen enthalte, mit „Ja" beantwortet (vgl. RG. bei Gruchot Bd. 50 S. 119 und 1013, Bd. 65 S. 99; RGZ. Bd. 63 S. 87). Das ist die einfachste, aber nicht die einzige Art, auf die die mündliche Erklärung des Erblassers durch das Mittel von Rede und Gegenrede, Frage und Antwort zwischen dem mit der Aufnahme des Testaments betrauten Beamten und dem Erblasser zustande kommen kann. Das Mittel von Rede und Gegenrede kann auch in der Weise angewendet werden, daß der Testamentsbeamte dem Erblasser etwa erklärt, wenn er wolle, daß die Schrift als sein Testament gelten solle, so müsse er ihm die Worte „Das ist mein Testament" nachsprechen, und daß der Erblasser darauf die vier ihm einzeln vorgesprochenen Worte einzeln nachspricht. Die Selbständigkeit der vom Erblasser abzugebenden mündlichen Erklärung wird durch ein derartiges, von dem Notar im vorliegenden Falle eingeschlagenes Verfahren nicht beeinträchtigt. Auch durch das Nachsprechen der Worte wird, wie durch die Antwort „Ja" auf eine entsprechende Frage, ein auf eigenem Willensentschluß beruhendes Bekenntnis zum Inhalt der Schrift als letztem Willen kundgegeben. Die nachgesprochenen Worte müssen allerdings als Worte des bestimmten Inhalts von dem Notar und den beiden gemäß §§ 2233, 2239 BGB zugezogenen Zeugen haben verstanden werden können. Es würde nicht genügen, daß der Notar und der eine Testamentszeuge, Dr. E., die sich schon vor Beginn der förmlichen Testamentsverhandlung längere Zeit mit dem Erblasser bei der Ermittelung seines letzten Willens und der Aufsetzung der von ihm später als Testament übergebenen Schrift beschäftigt und dabei die Art seiner Lautbildung kennengelernt hatten, seine Laute als die in Rede stehenden Worte verstanden haben. Vielmehr müssen diese Laute so beschaffen gewesen sein, daß sie auch von der erst seit Beginn der förmlichen Verhandlung anwesenden Testamentszeugin L. bei gehöriger Aufmerksamkeit als die Worte „Das ist mein Testament" verstanden werden konnten. Das folgt aus der Aufgabe der Testamentszeugen, die Vorgänge bei der Testamentserrichtung zu überwachen, also auch darüber zu wachen, daß eine als mündlich abgegeben beurkundete Erklärung auch wirklich mündlich abgegeben ist (vgl. Mot. zu dem den §§ 2233, 2239 des Gesetzes entsprechenden § 1915 des 1. Entwurfs, Bd. 5 S. 263 und RG. a. a. O. sowie bei Gruchot Bd. 50 S. 117). Nach der tatsächlichen Feststellung des Berufungsgerichts hat der Erblasser nicht nur irgendwelche „differenzierten Laute", sondern durch Selbst- und Mitlaute (Vokale und Konsonanten) Worte hervorgebracht, die als solche verständlich gewesen und von dem Notar und Dr. E. verstanden worden sind. Daß auch die Zeugin L. die Worte verstanden habe, wird im Berufungsurteil zwar nicht festgestellt, aber doch als naheliegend angesehen. Es wird nicht als erwiesen angesehen, daß diese Zeugin die Worte nicht habe verstehen können. Diese Annahmen des Tatrichters sind für das Revisionsgericht maßgebend. Ihnen zufolge ist dem Kläger der von ihm gegen das notarielle Protokoll angetretene Beweis, daß der Erblasser die darin beurkundete mündliche Erklärung nicht abgegeben habe, mißlungen. Es kommt hierbei gar nicht darauf an, ob etwa auch in dem „Ja", mit dem der Erblasser laut der Feststellung des Berufungsgerichts die Frage nach der Richtigkeit des Protokolls beantwortet hat, neben der von § 2242 erforderten Genehmigung des Protokolls zugleich die Uebergabeerklärung des § 2238 gefunden werden könnte (vgl. einerseits das Urteil des III. Zivilsenats RGZ. Bd. 92 S. 27 = JW. 1918 S. 386 Nr. 7, anderseits die Urteile des IV. Zivilsenats RGZ. Bd. 85 S. 121, JW. 1920 S. 641 Nr. 7, Gruchot Bd. 65 S. 99 sowie Herzfelder, JW. 1918 S. 368 zu Nr. 7, 1920 S. 641 zu Nr. 7).

Die Revision erhebt in diesem Zusammenhang auch die Rüge der Verletzung des § 2243 BGB. Sie vertritt die Meinung: nachdem sich herausgestellt habe, daß der Notar in dem oben (unter Nr. 1) erwähnten Protokollentwurf seine Ueberzeugung von der Verhinderung des Erblassers am Sprechen kundgegeben habe, habe das Berufungsgericht die Möglichkeit einer anderen Testamentsform als derjenigen des § 2243 überhaupt nicht mehr erwägen dürfen. Hierfür wird die Bem. 1 zu § 2243 im Komm. v. RGR. angeführt, daß darüber, wer am Sprechen verhindert sei, lediglich die pflichtmäßige, nach freier Prüfung gewonnene Ueberzeugung des beurkundenden Beamten entscheide. Diese Bemerkung trifft zu, paßt aber nicht hierher. Würde der Notar das Testament in der Form des § 2243 aufgenommen und demgemäß im Protokoll seine Ueberzeugung davon festgestellt haben, daß der Erblasser am Sprechen verhindert sei, so hätte das Testament nicht mit der Behauptung angefochten werden können, daß der Erblasser habe sprechen können. Das Testament hätte höchstens durch den gemäß § 418 Abs. 2 ZPO. zulässigen Beweis entkräftet werden können, daß der Notar jene Ueberzeugung nicht gehabt habe. Darum handelt es sich hier aber nicht. Folgt man dem vom Berufungsgericht festgestellten Sachverhalt, so hatte sich der Notar, beeinflußt von der unzutreffenden Rechtsansicht, daß die Testamentsform des § 2238 das Aussprechen eines Satzes erfordere, auf Grund seiner Erfahrungen bei der Aufsetzung der den letzten Willen enthaltenden Schrift zunächst die Ueberzeugung gebildet, daß der Erblasser in jenem Sinne am Sprechen verhindert sei. Er hat später aber die Erfahrung gemacht, daß der Erblasser die ihm vorgesprochenen Worte des mehrerwähnten Satzes doch hat herausbringen können. Seine zunächst gewonnene, in dem unvollendet gebliebenen Protokollentwurf niedergelegte Ueberzeugung war dadurch bedeutungslos geworden.

3. Die Revisionsrüge einer Verletzung des § 2242 BGB. knüpft sich an die vom Berufungsgericht auf Grund der Beweisaufnahme getroffene Feststellung, daß die Vorlesung des Protokolls in zwei Abschnitten stattgefunden hat, von denen der erste nur die einleitenden Angaben (in der obigen Wiedergabe den ersten Absatz), der zweite den Rest des Protokolls umfaßte, und daß erst zwischen der Vorlesung des ersten und des zweiten Teils die Uebergabe der Testamentsschrift und die dazu vom Erblasser abgegebene mündliche Erklärung (sowie seine die Schreibfähigkeit verneinende Erklärung) erfolgt und im Protokoll festgestellt sind. Die Revision macht geltend, daß danach das Protokoll im Sinne des § 2242, nämlich ein den Erfordernissen des § 2241 entsprechendes Protokoll, nach der Errichtung des Testaments nicht vorgelesen worden sei, deshalb vom Erblasser auch gar nicht habe genehmigt werden können. Daran ist richtig, daß nach dem Vorgange, den der § 2238 als Errichtung des Testaments bezeichnet, nämlich nach der Uebergabe der Schrift und der dazu gehörigen mündlichen Erklärung des Erblassers, nur eine solche Vorlesung stattgefunden hat, welche für sich allein dem Gesetz nicht genügen würde. Wie sich aus dem Zusammenhang des § 2242 Abs. 1 mit dem § 2241 ergibt, muß sich die Vorlesung auf alle nach dem § 2241 Nr. 1—3 wesentlichen Bestandteile des Protokolls erstrecken, also nicht nur auf die Angaben über den nach § 2238 erforderlichen Errichtungsvorgang, sondern auch auf die Angaben über Ort und Tag der Verhandlung und auf die Bezeichnung des Erblassers und der bei der Verhandlung mitwirkenden Personen (RGZ. Bd. 50 S. 215; JW. 1911 S. 804 Nr. 5). Im vorliegenden Fall aber ist nach dem Errichtungsvorgang der den Ort und dem Tag der Verhandlung und die Bezeichnung des Erblassers und der mitwirkenden Personen enthaltende erste Teil des Protokolls nicht mehr vorgelesen worden. Das ist indessen unschädlich, da jener erste Teil bereits vorher vorgelesen worden war. Eine solche Gliederung der Vorlesung in zwei Abschnitte, die zusammen das Protokoll mit allen seinen nach § 2241 wesentlichen Bestandteilen umfassen, widerspricht unter den gegebenen Umständen weder dem Wortlaute noch dem Sinne des Gesetzes. Die Vorlesung ist dazu bestimmt, dem Erblasser und den Zeugen verständlich zu machen, was als bereits geschehen beurkundet werden soll, und muß sie in den Stand setzen, sich davon zu überzeugen, daß die Beurkundung mit dem unmittelbar vorher Geschehenen vollkommen übereinstimmt (RGZ. Bd. 62 S. 5, Bd. 85 S. 127). Dieser Zweck der Vorlesung wird auch dann erreicht, wenn so verfahren wird, wie es hier geschehen ist. Denn sowohl der einleitende Vorgang, daß sich der Notar an dem bestimmten Tage an den bestimmten Ort begeben hat, um sich von dem namhaft gemachten Erblasser eine Verfügung von Todes wegen übergeben zu lassen,

daß er den Erblasser dort angetroffen und die benannten beiden Personen als Zeugen zugezogen hat, als auch der eigentliche Errichtungsvorgang kommt klar und leicht verständlich zu Gehör, wenn beides nacheinander, getrennt durch den Errichtungsvorgang selbst, aus dem in fortschreitender Vollendung begriffenen Protokoll vorgelesen wird. Die Genehmigung des ganzen Protokolls ist, gemäß der Feststellung des Berufungsgerichts, dadurch erfolgt, daß der Erblasser die nach der Vorlesung auch des zweiten Teils des Protokolls an ihn gerichtete Frage nach der Richtigkeit des Protokolls bejaht hat. Ob dieses „Ja" für sich allein oder nur infolge seiner etwaigen Verbindung mit einem Kopfnicken verständlich gewesen ist, ist unerheblich. Denn für diese Erklärung ist im Gesetz, § 2242 Abs. 1, Mündlichkeit ebensowenig vorgeschrieben, wie in dem § 2242 Abs. 2 für die Verneinung der Schreibfähigkeit. Beide Erklärungen hätten daher auch stillschweigend durch bloßes Kopfnicken oder Kopfschütteln erfolgen können und konnten demgemäß erst recht durch einen auf Ja oder Nein hindeutenden Laut in Verbindung mit einer solchen Kopfbewegung erfolgen (vgl. gegen die abweichende beiläufige Bemerkung in RGZ. Bd. 92 S. 29 Komm. v. RGR., 5. Aufl. Erl. 1 und 4a zu § 2242 BGB.; Planck, BGB. 3. Aufl., § 2242, Erl. 2b). Die notarielle Beurkundung, daß „das vorstehende Protokoll" den Erschienenen vorgelesen und von dem Erblasser genehmigt worden sei, ist demnach durch die vom Berufungsgericht angenommenen Ergebnisse der Beweisaufnahme nicht nur nicht widerlegt, sondern bestätigt. . . .

RGZ. 110, 166

Unter welchen Voraussetzungen ist ein eigenhändiges Testament gültig, wenn sich die Unterschrift des Erblassers nur auf dem die letztwillige Verfügung enthaltenden Umschlage befindet?

BGB. § 2231 Nr. 2*).

IV. Zivilsenat. Urt. v. 7. Februar 1925.

I. Landgericht Verden. II. Oberlandesgericht Celle.

Die Kläger sind die Geschwister, die Beklagte ist die Witwe des 1922 kinderlos gestorbenen Stellmachermeisters R. Die Beklagte will auf Grund des eigenhändigen Testaments ihres Mannes vom 9. August 1914 seine alleinige Erbin geworden sein. Die Kläger machen geltend, daß das Testament formungültig sei und daß sie neben der Beklagten die gesetzlichen Erben geworden seien. Das

*) Jetzt § 21 des TestGes. v. 31. 7. 38.

Landgericht wies die hierauf gegründete Klage ab, das Oberlandesgericht gab ihr statt.

Die Revision der Beklagten hatte keinen Erfolg.

Aus den Gründen:

Das mit „Mein Testament" überschriebene Blatt, auf dem der im Eingang des Textes sich selbst benennende Erblasser in eigenhändiger Niederschrift seine Frau als seine alleinige Erbin eingesetzt hat, schließt mit dem Datum „B. den 9. August 1914"; die Unterschrift fehlt. Dagegen trägt der Umschlag, in dem dieses Blatt von der Witwe dem Nachlaßgericht zum Zweck der Testamentseröffnung verschlossen übergeben wurde, unter dem eigenhändigen Vermerke „Hierin befindet sich mein Testament" die Unterschrift des Erblassers. Das Berufungsgericht unterstellt, was die Beklagte behauptet, daß der Erblasser selbst das Blatt in den Umschlag gesteckt und diesen verschlossen habe. Gleichwohl mißbilligt es die Auffassung, zu der das Landgericht auf Grund seiner Beweisaufnahme über die Entstehung des Testaments aus einem von einem Dritten gefertigten Entwurf und über den letzten Willen des Erblassers gelangt war, die Auffassung nämlich, daß der Vermerk auf dem Umschlag sich als eine Fortsetzung des eigentlichen Testaments darstelle und daß daher die Urkunde als unterschriftlich vollzogen anzusehen sei. Das Berufungsgericht führt aus:

Nach dem Gesetz sei die eigenhändige Unterschrift des Erblassers Formerfordernis des Testaments. Wenn es auch nicht nötig sei, daß sich die Unterschrift dem Texte des Testaments unmittelbar anschließe, so sei doch immer zu verlangen, daß sie zu ihm in einer derartigen räumlichen Beziehung stehe, daß sie den Text decke. Sei dies der Urkunde nicht zu entnehmen, so fehle es an der Unterschrift und das Testament sei nichtig, selbst wenn feststehe, daß der Erblasser eine letztwillige Verfügung habe errichten wollen und daß er die von ihm gefertigte Namensschrift als seine Unterschrift gewollt habe. Die mit der Unterschrift versehene Aufschrift auf dem Umschlag „Hierin befindet sich mein Testament" habe keine selbständige Bedeutung. Sie weise auf den Inhalt des Umschlags hin, knüpfe aber nach ihrer äußeren Erscheinung an den Inhalt nicht an. Es könne dies der Urkunde, als welche Text und Umschlag zusammen verstanden werde, nicht entnommen werden. Das Testament sei deshalb wegen Formmangels nichtig.

Die Revision rügt Verletzung des § 2231 Nr. 2 BGB. Unter Bezugnahme auf die Entscheidung des Senats RGZ. Bd. 61 S. 7 macht sie geltend: Es sei zu prüfen gewesen, ob der Vermerk auf dem Umschlag selbständige Natur habe oder ob er als Fortsetzung des im Umschlag eingeschlossenen Testaments oder wenigstens als mit diesem in innigem Zusammenhange stehend zu betrachten sei. Dies verkenne das Berufungsgericht, indem es verlange, daß die Beziehung zwischen Text und Unterschrift aus der Urkunde müsse entnommen werden können. Allerdings müsse die Beziehung bestehen; sie könne sich aber auch aus besonderen Umständen ergeben, wie sie in diesem Falle behauptet, unter Beweis gestellt und teilweise schon bewiesen seien.

Die Rüge ist unbegründet. Soweit § 2231 Nr. 2 BGB. für das eigenhändige Testament die Unterschrift des Erblassers vorschreibt, weicht er von der für die Fälle gesetzlicher Schriftform im allgemeinen geltenden Vorschrift des § 126 Abs. 1 BGB. nur darin ab, daß er die Ersetzung der eigenhändigen Namensunterschrift durch ein beglaubigtes Handzeichen nicht zuläßt. Nach der einen wie nach der anderen Vorschrift gilt, daß die Unterschrift den Inhalt der Erklärung der äußeren Erscheinung nach decken, sie räumlich abschließen muß (Mot. Bd. 1 S. 185; RGZ. Bd. 52 S. 280, Bd. 57 S. 67). Auch die von der Revision angezogene Entscheidung RGZ. Bd. 61 S. 7 steht ausgesprochenermaßen (S. 9) auf demselben Standpunkt. Sie nimmt von ihm aus zu der Frage Stellung, ob ein eigenhändiges Testament gültig sei, wenn die Unterschrift des Erblassers, wie hier, nur auf einem verschlossenen, das Testament enthaltenden Umschlage steht. Auf außerhalb der Urkunde, nämlich des Umschlags mit seiner Einlage, gegebene Umstände und auf den Willen des Erblassers kommt es für diese Frage nur dann an, wenn solchen Umständen entnommen werden kann, daß der Erblasser n i c h t den Willen hatte, mit der Testamentserrichtung fortzufahren, als er den Umschlag mit der Aufschrift versah. Dann folgt schon aus dem Fehlen des Testierwillens die Nichtigkeit des Testaments (Warn. 1908 S. 382). Dagegen ersetzt das durch Umstände außerhalb der Urkunde nachweisbare Vorhandensein des Willens des Erblassers, durch die Unterschrift auf dem Umschlage die in der Einlage enthaltene letztwillige Verfügung zu vollziehen, nicht die Erfüllung des Formerfordernisses, daß die Unterschrift die Verfügung der äußeren Erscheinung nach decken muß. Eine solche Deckung kann nur dann angenommen werden, wenn sich die Aufschrift auf dem Umschlage nach ihrem urkundlichen Inhalt als eine Fortsetzung des eingeschlossenen Schriftstückes und damit als Abschluß der Testamentserrichtung darstellt. Daß der Fall hier so liege, hat das Berufungsgericht ohne Rechtsirrtum verneint. Es sieht in dem unterschriebenen Vermerk auf dem Umschlage nur den Hinweis darauf ausgesprochen, wo sich das Testament des Unterzeichners des Vermerks befinde, und stellt damit die selbständige Bedeutung des Vermerks fest.

RGZ. 111, 261

Welche Bedeutung hat die nachträglich vorgenommene Aenderung der Summenzahl eines Geldvermächtnisses in einem eigenhändigen Testament?

BGB. §§ 2231 Nr. 2, 2255*).

IV. Zivilsenat. Urt. v. 11. Juli 1925.

I. Landgericht Bremen. II. Oberlandesgericht Hamburg.

Der am 13. Oktober 1923 in B. als Privatmann ledig gestorbene N. hat ein von ihm zu der Zeit, als er noch der Hauptteilhaber einer Handelsgesellschaft war, unter Angabe des Ortes B. und des Tages, nämlich des 24. April 1913, mit Tinte eigenhändig geschriebenes und unterschriebenes Testament hinterlassen. In diesem hat er für verschiedene Personen, darunter für die Klägerin, Vermächtnisse ausgesetzt. Der die Klägerin betreffende Absatz des Testaments lautet: „Fräulein Th. bekommt 30 000 M. Das Geld bleibt im Geschäft stehen, sie bekommt also nur die Zinsen." Die Ziffern 30 hat der Erblasser mit Tintenstift ausgestrichen und daneben an den Rand ebenfalls mit Tintenstift die Ziffern 60 gesetzt. Die beiden Beklagten, die von der Klägerin als Erben in Anspruch genommen werden, behaupten, daß diese Aenderung erst einige Jahre nach der Unterzeichnung des ursprünglichen Testaments vorgenommen worden sei, während die Klägerin bestreitet, daß die Aenderung aus der Zeit nach der Abgabe der Unterschrift herrühre. Die Klägerin vertrat zunächst den Standpunkt, daß sie einen Anspruch auf die Zinsen eines Kapitals von 60 000 M. erlangt habe, das auf 15 000 Goldmark aufzuwerten sei. Auf dieser Grundlage stellte sie verschiedene Klaganträge. Landgericht und Oberlandesgericht haben die Klage abgewiesen.

Mit der Revision machte die Klägerin den aufzuwertenden Vermächtnisanspruch nur noch auf der Grundlage des Testaments vom 24. April 1913 in seiner ursprünglichen Fassung geltend. Die Revision hatte Erfolg.

Aus den Gründen:

1. Das Berufungsgericht geht von den folgenden Feststellungen und Erwägungen aus: Der Erblasser habe das Testament vom 24. April 1913 an diesem Tage mit Tinte in einem Zuge geschrieben, datiert und unterschrieben. Die Streichung eines in dem Testament enthaltenen Vermächnisses von 200 000 M., die der Erblasser in einer Randschrift damit begründet habe, daß der Bedachte in Frankreich (nämlich während des Weltkrieges) gefallen sei, könne erst nach

*) Jetzt §§ 21, 33 des TestGes. v. 31. 7. 38.

dem 1. August 1914 vorgenommen worden sein. Diese Streichung, durch die 200 000M. und die Zinsen davon frei geworden seien, gebe die Erklärung dafür, warum das für die Klägerin ausgesetzte Vermächtnis erhöht worden sei. . . .

Gemäß dieser Sachwürdigung, die mit der Revision nicht angreifbar ist und mit ihr nicht angegriffen wird, ist anzunehmen, daß der Erblasser die Aenderung der Tausendzahl in der die Klägerin betreffenden Vermächtnisanordnung erst nach der Datierung und Unterzeichnung des Testaments vorgenommen hat. Den Vorinstanzen ist hiernach unbedenklich darin beizutreten, daß eine Erhöhung des Vermächtnisses auf den Zinsgenuß eines Kapitals von 60 000 M. nicht zustande gekommen ist. Eine solche Erhöhung erforderte als eine neue letztwillige Verfügung, daß die Formen des § 2231 Nr. 2 BGB. von neuem gewahrt wurden, was beim Fehlen einer neuen Orts- und Zeitangabe und einer nochmaligen Unterzeichnung nicht geschehen ist (RGZ. Bd. 71 S. 302; Warn. 1917 S. 401, 1919 S. 106).

2. Es bleibt zu prüfen, ob, was die Revision angenommen wissen will, ein Vermächtnisanspruch der Klägerin auf der Grundlage des Testaments in seiner ursprünglichen Fassung begründet ist. Beide Vorinstanzen haben dies verneint, weil das Vermächtnis des Zinsgenusses an einem Kapital von 30 000 M. durch die an der Testamentsurkunde vorgenommene Veränderung gemäß § 2255 BGB. widerrufen worden sei. Dabei ist folgendes erwogen:

a) Schon das Landgericht hat sich mit Recht die Frage vorgelegt, ob die Sache nicht so anzunehmen sei: der Erblasser habe gewollt, daß die Verfügung über den Zinsgenuß an einem Kapital von 30 000 M. bestehen bleiben und zu ihr eine Verfügung über den Zinsgenuß an weiteren 30 000 M. hinzukommen sollte; die äußere Veränderung (60 000 statt 30 000 + 30 000) sei nur eine Zusammenfassung des alten Vermächtnisses mit dem neuen und diese Zusammenfassung sei, soweit sie das alte Vermächtnis betreffe, eine bloße Fassungsänderung, durch die kein Widerruf der Verfügung erfolge.

Das Landgericht hat die von ihm aufgeworfene Frage mit der Begründung verneint: Die Mark sei nichts anderes als ein Wertmesser. 30 000 M. stellten einen bestimmten Wert dar und dieser bestimmte Wert sei ein Begriff; 60 000 M. stellten einen anderen Wert dar, einen anderen Begriff. Wenn der Erblasser den ursprünglichen Begriff durchstreiche und einen anderen Begriff einsetze, so wolle er den alten Begriff aufheben.

Diese Auffassung würde, so führt demgegenüber das Berufungsgericht aus, gewiß dann nicht zutreffen, wenn es sich zur Zeit der ursprünglichen Verfügung und ihrer Abänderung um gleichbleibende Währungs- und Wirtschaftsverhältnisse gehandelt hätte. Am 24. April

1913 sei indessen ein Goldmarkvermächtnis ausgesetzt worden, während es sich 1915 oder 1916 (zur Zeit der Vornahme der Aenderung) für den Erblasser sachlich nur um ein in Papiermark auszuzahlendes Vermächtnis habe handeln können. In der Aenderung offenbare sich daher keine bloße summenmäßige Verschiedenheit der beiden Vermächtnisse, die Aenderung drücke vielmehr gegenüber dem ursprünglich gewollten Inhalte des Testaments eine gegenständliche Verschiedenheit aus. Die Rechtsprechung sei heute zu der Erkenntnis gelangt, daß der währungsrechtliche Grundsatz „Mark gleich Mark" nicht aufrechtzuerhalten sei, und diese Erkenntnis, die lediglich deklaratorische Bedeutung haben könne, sei auch für weiter zurückliegende Rechtsverhältnisse, die heute zu beurteilen seien, maßgebend. Danach komme es aber auf den wirtschaftlichen Wert des Geldes an, wenn gegenständlich ein Goldmarkvermächtnis aus dem Jahre 1913 mit einem Papiermarkvermächtnis aus dem Jahre 1915 oder 1916 verglichen werden solle. Gegenständlich sei 1913 ein vollwertiges Goldmarkvermächtnis ausgesetzt worden, während die 1915 oder 1916 getroffene Vermächtnisanordnung weder einen Goldmarkanspruch habe begründen können noch bei gleichem Nennwerte der vermachten Summe einen gleichen inneren Wert, eine gleiche Kaufkraft, dargestellt habe. Daher sei mit der Durchstreichung der Ziffer 30 der zur Zeit der Testamentserrichtung gewollte Inhalt der Verfügung gegenständlich abgeändert worden. Es sei an ihre Stelle eine andersartige Verfügung getreten, die mit der alten Verfügung nicht vereinbar gewesen sei und die unter den obwaltenden Umständen weder vom währungsrechtlichen noch vom wirtschaftlichen Standpunkt auch nur zum Teil als mit der alten Verfügung identisch angesehen werden könne.

Die in dieser Ausführung des Berufungsgerichts an der Auffassung des Landgerichts geübte Kritik ist lediglich zu billigen. Der eigenen Auffassung des Berufungsgerichts aber ist entgegenzuhalten, daß die Uebertragung der in einer späteren Zeit gewonnenen Erkenntnis von der unrichtig gewordenen Anwendung des Währungsbegriffs „Mark gleich Mark" in eine frühere Zeit, insbesondere in eine so frühe Zeit, wie das Jahr 1915 oder 1916, jedenfalls dann nicht angängig ist, wenn es nicht auf die objektive Sachlage, sondern auf die Absicht des eine Willenserklärung Abgebenden, hier gemäß § 2253 Abs. 1, § 2255 BGB. auf die Absicht des Erblassers ankommt, durch eine an der Testamentsurkunde vorgenommene Veränderung das Testament oder eine einzelne in ihm enthaltene Verfügung aufzuheben. Ein Erblasser, der im Jahre 1915 oder 1916 ein von ihm im Jahre 1913 ausgesetztes Vermächtnis des Zinsgenusses von 30 000 M. in ein Vermächtnis des Zinsgenusses von 60 000 M. abändern wollte, hat nach der aus dem damaligen Wirtschafts- und Rechtsleben zu schöpfenden Erfahrung keine andere Absicht gehabt als die, die Marksumme des Vermächtnisses zu erhöhen. Die Absicht, an die Stelle eines bisherigen Goldmarkvermächtnisses ein davon dem Gegenstande nach verschiedenes Papiermarkvermächtnis zu setzen, könnte ihm nur unter besonderen Umständen unterstellt werden, wie sie von den Beklagten gar nicht behauptet, noch weniger vom Berufungsgericht festgestellt sind. Dieses spricht im Gegenteil in anderem (oben unter Nr. 1 erörterten) Zusammenhange lediglich von einer vom Erblasser beabsichtigten „Erhöhung" des Vermächtnisses der Klägerin, die sich dadurch erkläre, daß durch den Tod eines anderen im Testament eingesetzten Vermächtnisnehmers 200 000 M. frei geworden seien. Weder die vom Landgericht noch die vom Berufungsgericht gegebene Begründung ist danach geeignet, der naheliegenden Erwägung den Boden zu entziehen, daß der Erblasser, als er in der Zahl 30 000 die Ziffern 30 ausstrich und die Ziffern 60 an den Rand setzte, nicht das bisherige Vermächtnis aufheben, sondern es bestehen lassen und durch ein gleichartiges Vermächtnis von gleicher Höhe ergänzen wollte.

b) Das Berufungsgericht führt ferner aus: Die Behandlung dieser Testamentsangelegenheit durch den Erblasser rechtfertige den Schluß, daß er ein neues Testament habe errichten wollen und dies versäumt habe. Dem gebildeten Erblasser hätten Zweifel darüber aufkommen müssen, ob er, der sein Testament eigenhändig geschrieben und unterschrieben habe, mit seinen Korrekturen im Testament gültige Verfügungen habe schaffen können. Es dürfe deshalb angenommen werden, daß er die alte Verfügung zugunsten der Klägerin habe beseitigen wollen, und daß er die neue Verfügung am Rande als einen Entwurf betrachtet habe, dem er noch Testamentsform habe geben wollen, aber aus irgendwelchen Gründen nicht gegeben habe.

Auch diese Ausführung ist rechtlich zu beanstanden. Sie läßt die rechtliche Möglichkeit außer Betracht, daß auch solche Korrekturen in einem Testament, welche zur Vorbereitung eines neuen Testaments dienen sollen, sehr wohl mit der Absicht vereinbar sind, das alte Testament vorerst, nämlich bis zur Errichtung des neuen Testaments, bestehen zu lassen (RGZ. Bd. 71 S. 301; RGRKomm. § 2255 Anm. 2).

Dazu kommt, daß nicht jede Veränderung, die an der Testamentsurkunde in der Absicht vorgenommen wird, das Testament oder eine einzelne in ihm enthaltene Verfügung aufzuheben, ein gültiger Widerruf durch schlüssige Handlung ist. Der § 2255 BGB. erfordert vielmehr die Vornahme einer solchen Handlung, durch welche der Wille, eine schriftliche Willenserklärung aufzuheben, ausgedrückt zu werden pflegt. Das Gesetz gibt damit, wenn es sich auch selbst näherer Bestimmungen enthält und statt dessen auf die allgemeinen Gepflogenheiten verweist, eine Formvorschrift, deren Wahrung der freien Beurteilung des Revisionsgerichts unterliegt (RGZ. Bd. 69 S. 414). Die vorgeschriebene Form ist im vorliegenden Falle nicht gewahrt. Würde der Erblasser, wie er es bei den den gefallenen Vermächtnisnehmer betreffenden beiden Absätzen des Testaments getan hat, auch den die Klägerin betreffenden Absatz des Testaments durchgestrichen haben, so würde an einer den Verkehrsgewohnheiten entsprechenden Erscheinungsform des Aufhebungswillens nicht gezweifelt werden können. Auch dann, wenn er sich darauf beschränkt hätte, in der Zahl 30 000 die Ziffern 30 auszustreichen, und nur die Ziffern 000 hätte stehen lassen, mag, was hier dahingestellt bleiben kann, eine solche Erscheinungsform angenommen werden können. Die Durchstreichung der Ziffern 30 in Verbindung mit der Beischreibung der Ziffern 60 kann dagegen im Hinblick auf die durch diese Beischreibung nahegelegten, unter a und b besprochenen Möglichkeiten eines abweichenden Willens, nämlich des Willens, das Vermächtnis mit Bezug auf die 30 000 M. überhaupt oder wenigstens vorerst (bis zur Errichtung eines neuen Testaments) bestehen zu lassen, nicht in solchem Sinne gewertet werden. Hieraus ergibt sich, daß die in dem Testament vom 24. April 1913 zugunsten der Klägerin getroffene Vermächtnisanordnung in ihrer ursprünglichen Fassung gültig ist.

RGZ. 115, 111

1. Ist ein eigenhändiges Testament in seiner Gesamtheit gültig, wenn der Erblasser mit einem früheren, wegen fehlender Eigenhändigkeit der Ortsangabe nichtigen, Testament einen „Nachtrag" in solche unmittelbare räumliche Verbindung gebracht hat, daß die formgerechte Datierung und die neue Unterschrift das Ganze äußerlich decken?

2. Wird die Gültigkeit eines eigenhändigen Testaments dadurch beeinträchtigt, daß es im Eingang und am Schluß verschiedene Zeitangaben enthält?

BGB. § 2231 Nr. 2*).

IV. Zivilsenat. Urt. v. 13. Dezember 1926.

I. Landgericht Halle a. S. II. Oberlandesgericht Naumburg a. S.

Die Klägerin ist eine Schwester, die Beklagte die Witwe des im Jahre 1911 verstorbenen Fabrikbesitzers Samuel P. aus Halle a./S.

*) Jetzt § 21 des TestGes. v. 31. 7. 38.

Dieser hat ein privatschriftliches Testament hinterlassen. Das Testament ist auf einem Geschäftsbriefblatt errichtet. Es trägt hinter dem Datum „Halle a./S., den 29. Decbr. 1906" die Ueberschrift „Mein letzter Wille" und beginnt mit Angaben über die Höhe und Zusammensetzung des Vermögens. Daran schließen sich die Einsetzung der Beklagten zur alleinigen Erbin, die Aussetzung eines Nadelgeldes von jährlich 10 000 M. für die Tochter Else K. geb. P. und die Bestimmung, daß die Klägerin, solange sie lebe, monatlich 100 M. erhalte sowie zwei weitere Vermächtnisverordnungen. Dann folgt die Unterschrift „Samuel P." Diese Niederschrift füllt 1½ Seite des Blattes. Unmittelbar dahinter steht auf der zweiten Seite die mit „Nachtrag:" überschriebene Bestimmung: Falls der Schwiegersohn Otto K. in die Fabrik des Erblassers als sein Nachfolger eintreten sollte (dieser Fall ist nicht eingetreten), solle das Einkommen zur einen Hälfte der Frau des Erblassers, zur anderen Hälfte seinen Kindern Otto und Else K. gehören. Darunter befindet sich das Datum „Halle a/S. den 2. Januar 1907" und neben diesem Datum wiederum die Unterschrift „Samuel P". Alles dies hat der Erblasser eigenhändig geschrieben mit Ausnahme eines Teiles des ersten Datums. Dieses Datum ist in der Weise hergestellt, daß der Erblasser in einen Vordruck „Halle a/S., den . . . . 19 . . ." den Monatstag „29. Decbr" und die dritte und vierte Ziffer der Jahreszahl „06" mit eigener Hand eingefügt hat.

Die Klägerin fordert auf Grund des Testaments für die Zeit vom 1. Januar 1924 die Zahlung von 100 Goldmark monatlich. Landgericht und Oberlandesgericht haben die Klage abgewiesen, weil das Testament vom 29. Dezember 1906 formungültig sei. Die Revision der Klägerin hatte Erfolg.

Aus den Gründen:

. . . Dem Berufungsgericht ist darin beizutreten, daß das Testament vom 29. Dezember 1906 als solches, also für sich allein (ohne den Nachtrag) betrachtet, den Formerfordernissen des § 2231 Nr. 2 BGB. nicht genügt, weil die Ortsangabe in dem Datum „Halle a/S., den 29. Decbr 1906" nicht von der Hand des Erblassers herrührt, auch aus dem Texte des Testaments über den Ort seiner Errichtung nichts zu entnehmen ist. Es fragt sich aber, ob die am 29. Dezember 1906 niedergeschriebenen Bestimmungen nicht durch den formgerecht vollzogenen Nachtrag Gültigkeit erlangt haben. Das Berufungsgericht verneint dies mit folgender Begründung: Der Erblasser sei bei der Niederschrift des Nachtrags von der Annahme ausgegangen, daß das Testament vom 29. Dezember 1906 gültig sei. Weil er an dieser Gültigkeit nicht gezweifelt habe, habe er bei der Niederschrift des Nachtrags nicht den Willen gehabt, die vorhergehenden Bestimmungen zu wiederholen, sie zum Gegenstand und Bestandteil seiner neuen Willenserklärung zu machen. Das Testament vom 29. Dezember 1906 sei ein abgeschlossenes Ganzes für sich gewesen. Der Nachtrag habe die Erklärung eines neuen Entschlusses enthalten, der aber nur einen beschränkten Teil der früheren Willenserklärung erfaßt habe. Das gehe aus dem Inhalte des Nachtrags klar hervor und daran könne auch die Wahl des Wortes „Nachtrag" nichts ändern. Denn dieses Wort bedeute hier nur, daß der Erblasser etwas nachzutragen habe, nicht aber, daß er die Bestimmungen des Testaments noch einmal wiederholen, sie zum Bestandteil seiner neuen Willenserklärung machen wolle. Dies treffe auch bei Berücksichtigung dessen zu, daß der Nachtrag sich räumlich unmittelbar dem Testamente vom 29. Dezember 1906 anschließe und zeitlich kurz nach diesem am 2. Januar 1907 niedergeschrieben worden sei. Diese rein äußerlichen Umstände könnten das Fehlen des Willens des Erblassers nicht ersetzen.

Diese Ausführung ist nicht rechtlich zwingend. Der vorliegende Fall berührt sich mit dem im Urteil des erkennenden Senats vom 9. Juli 1925 (RGZ. Bd. 111 S. 247) entschiedenen Falle, wird auch von den im Urteil vom 2. Januar 1919 (*WarnRspr. 1919 Nr. 70*) angestellten Erwägungen getroffen. Der § 2231 Nr. 2 BGB. schreibt für das privatschriftliche Testament eine vom Erblasser unter Angabe des Ortes und Tages eigenhändig geschriebene und unterschriebene Erklärung vor. Er erfordert aber keine Einheit der Errichtungshandlung und deshalb auch nicht, daß die Erklärung von vornherein in der Absicht geschrieben sei, ein Testament, und zwar gerade dieses Testament zu errichten. Auch ein Schriftstück, das der Erblasser früher zu einem anderen Zwecke oder, was hier in Betracht kommt, als ein früheres Testament niedergeschrieben hatte, kann von ihm dazu benutzt werden, um es durch eigenhändige Zusätze ergänzenden oder berichtigenden Inhalts mit neuer Orts- und Zeitangabe und neuer Unterschrift so zu vollenden, daß es sein nunmehr gewolltes Testament werde. Ob das frühere Testament gültig oder wegen Testierunfähigkeit des Erblassers zur Zeit seiner Errichtung oder wegen eines Formverstoßes, wie hier wegen fehlender Eigenhändigkeit der Ortsangabe, nichtig war, macht dabei keinen Unterschied. Einem irrigen Glauben des Erblassers an die Gültigkeit des früheren Testaments kommt darum nicht die ihm vom Berufungsgericht zugeschriebene entscheidende Bedeutung zu. Daß die zweite Niederschrift zusammen mit der ersten das nunmehr geltende Testament sein soll, muß sich aus der Urkunde selbst ergeben. Hier hat die Zusammenfassung der beiden vier Tage auseinander liegenden Niederschriften zu e i n e m Testament nicht nur dadurch ihren Ausdruck gefunden, daß der Erblasser die ihm erforderlich erscheinende Ergänzung auf dasselbe Blatt unmittelbar hinter die erste Niederschrift gesetzt hat, sondern auch dadurch, daß er durch die Bezeichnung der neuen Niederschrift als „Nachtrag" auf die früheren Anordnungen hingewiesen hat. Wird einer schriftlichen Willenserklärung ein „Nachtrag" hinzugefügt, so wird damit nach dem gewöhnlichen Sinne des Wortes eine Bezugnahme auf die frühere Erklärung ausgesprochen, die durch den Nachtrag ergänzt oder geändert wird. Dafür, daß der vorliegende „Nachtrag", der — allerdings nur unter einer nicht eingetretenen Bedingung — die vom Erblasser gewollte erbrechtliche Stellung der beiden Hauptbeteiligten, seiner Frau und seiner Tochter, erheblich beeinflußte, nicht diese zurückbezügliche, sondern eine davon abweichende selbständige Bedeutung haben sollte, ist vom Berufungsgericht nichts angeführt; es besteht auch sonst dafür kein Anhalt. Es erscheint daher als die nächstliegende und darum gebotene Auffassung, daß der Erblasser, als er diesen Nachtrag mit der früheren Niederschrift in eine solche unmittelbare räumliche Verbindung setzte, daß die neue formgerechte Datierung und die neue Unterschrift das Ganze äußerlich deckten, zum Ausdruck brachte, die so zusammengefaßten Erklärungen seien sein nunmehr bestehender „letzter Wille".

Gemäß dieser Auffassung stellt sich das vorliegende Testament als ein solches mit zwei Zeitangaben dar, von denen die eine am Eingang, die andere am Schluß steht. Das ist unschädlich; das jüngere, am Schluß stehende Datum bezeichnet die Zeit des endgültigen Abschlusses der Testamentserrichtung und damit die Zeit der Testamentserrichtung im gesetzlichen Sinne (KGJ. Bd. 37 A S. 119, Bd. 52 S. 79).

Der Vermächtnisanspruch der Klägerin ist hiernach an sich begründet. Die Frage, in welcher Höhe die für sie in der alten deutschen Mark ausgesetzte Rente auf Grund ergänzender Testamentsauslegung oder an Hand des § 242 BGB. (RGZ. Bd. 108 S. 85, WarnRspr. 1923/24 Nr. 3, 1926 Nr. 6) aufzuwerten ist, muß zunächst vom Tatrichter geprüft werden. . . .

RGZ. 150, 315

Sind bei der Eröffnung eines gemeinschaftlichen Testaments oder Erbvertrags die Verfügungen des überlebenden Teils, soweit sie sich von denen des Verstorbenen nicht sondern lassen, ausnahmslos zu verkünden? BGB. § 2273 Satz 1, § 2300*).

IV. Zivilsenat. Beschl. v. 5. März 1936.

*) Jetzt §§ 44, 45 d. TestGes. v. 31. 7. 1938.

I. Amtsgericht Düsseldorf. II. Landgericht daselbst.

Die Frage ist bejaht worden aus folgenden, den Sachverhalt ergebenden

Gründen:

Der Rentner W. und seine Ehefrau haben am 3. September 1934 vor dem Notar P. einen Erbvertrag geschlossen. Unter I hoben sie ihre bisherigen Verfügungen von Todes wegen auf. Unter II setzten sie sich gegenseitig zum alleinigen Erben ein. Absatz III beginnt mit den Worten: „Wir bestimmen ferner" und enthält eine Erbeinsetzung für den Fall des Ablebens des Ueberlebenden mit der Maßgabe, daß der Eingesetzte Alleinerbe des Letztversterbenden sein soll. Absatz IV lautet: „Unsere vorstehenden Verfügungen sind vertragsmäßige; einseitiger Rücktritt ist ausgeschlossen".

Der Ehemann ist am 28. März 1935 gestorben. Der Notar überreichte den Erbvertrag, der in seiner Verwahrung geblieben war, dem Nachlaßgericht zur Eröffnung mit dem Antrag, die Eröffnung auf die Bestimmungen unter I und II zu beschränken. Nachdem der Rechtspfleger des Nachlaßgerichts ihm mitgeteilt hatte, daß beabsichtigt sei, den Erbvertrag im vollen Umfang zu eröffnen, und nachdem eine Erinnerung des Notars gegen diese Verfügung durch Beschluß des Amtsgerichts zurückgewiesen worden war, erhob der Notar namens der Witwe Beschwerde, die vom Landgericht zurückgewiesen wurde. Die von der Witwe eingelegte weitere Beschwerde hat das Kammergericht mit folgender Begründung dem Reichsgericht zur Entscheidung vorgelegt:

Nach der Vorschrift des § 2273 Satz 1 BGB., die nach § 2300 auf Erbverträge entsprechende Anwendung zu finden habe, seien die Verfügungen des überlebenden Ehegatten, soweit sie sich sondern lassen, weder zu verkünden noch sonst zur Kenntnis der Beteiligten zu bringen. Bisher habe das Kammergericht in Uebereinstimmung mit dem früheren Bayerischen Obersten Landesgericht die Ansicht vertreten, daß die Verkündung eines gemäß § 2269 BGB. errichteten gemeinschaftlichen Testaments nach dem Tode des einen Ehegatten auf die Verfügungen zu beschränken sei, die von diesem Ehegatten für den eingetretenen Fall, daß er zuerst versterben sollte, getroffen worden sind, und daß die in untrennbarem Zusammenhang mit den Verfügungen des überlebenden Ehegatten stehenden Verfügungen des Erstverstorbenen, die er für den Fall seines Ueberlebens getroffen habe, als gegenstandslos geworden nicht zu verkünden seien. Diese Auffassung, die im vorliegenden Fall dazu führen würde, die Bestimmungen unter III des Erbvertrags von der Verkündung auszuschließen, habe indessen im Schrifttum beachtlichen Widerspruch gefunden. Das Kammergericht wolle in der Beurteilung der Trennbarkeit der beiderseitigen Verfügungen von seiner früheren Rechtsprechung abgehen, die sich darauf gründe, daß die vom erstverstorbenen Ehegatten für den Fall seines Ueberlebens getroffenen Anordnungen durch seinen Tod erledigt seien. Die frühere Rechtsprechung habe folgenden Gesichtspunkt nicht beachtet: Die von dem erstverstorbenen Ehegatten für den Fall seines Ueberlebens getroffene Bestimmung, also die Einsetzung eines Dritten als Erben für den Fall, daß der an erster Stelle berufene andere Ehegatte vor ihm versterbe, erledige sich nicht schon dadurch, daß er zuerst versterbe. Vielmehr greife in diesem Fall die Auslegungsregel des § 2097 BGB. ein, wonach im Zweifel die Berufung eines Ersatzerben für den Fall, daß der zunächst Berufene nicht Erbe sein könne (Fall des Nichtüberlebens), auch dann gelte, wenn der zunächst Berufene nicht Erbe sein wolle (Fall der Ausschlagung durch den Ueberlebenden). Dem Fall, daß der zunächst Berufene infolge seines vorherigen Todes nicht Erbe sein könne, sei es im Sinne des § 2097 BGB. gleichzustellen, wenn er gemäß §§ 2339, 2344 BGB. wegen Erbunwürdigkeit als Erbe ausscheide. Angesichts dieser Möglichkeiten seien aber die fraglichen Bestimmungen des erstverstorbenen Ehegatten durch seinen Tod noch nicht gegenstandslos geworden. Nur die Möglichkeit, daß der zunächst berufene überlebende Ehegatte nicht Erbe sein könne, sei weggefallen; die anderen Bedingungen seien noch in der Schwebe. Von dieser veränderten Rechtsauffassung aus würde das Kammergericht zur Zurückweisung der weiteren Beschwerde gelangen. Es sehe sich aber an dieser Entscheidung durch die Rechtsprechung des Bayerischen Obersten Landesgerichts, insbesondere durch die Beschlüsse RJA. Bd. 1 S. 45, Bd. 6 S. 178 = KGJ. Bd. 20 D S. 13, Bd. 31 A S. 366 gehindert, so daß die Vorlegung der Sache an das Reichsgericht erforderlich werde.

Die Voraussetzungen einer Abgabe der Sache an das Reichsgericht nach § 28 Abs. 2 FGG. sind gegeben. Die Zulässigkeit der Beschwerde hat das Kammergericht zutreffend bejaht.

Der bisherigen Rechtsprechung des Kammergerichts (KGJ. Bd. 24 A S. 183, Bd. 34 A S. 102, Bd. 35 A S. 109; JW. 1931 S. 1373 Nr. 7) und des früheren Bayerischen Obersten Landesgerichts (siehe die vorstehend angeführten Beschlüsse) haben sich insbesondere angeschlossen: Planck Komm. z. BGB. Anm. 3 b, Staudinger Komm. z. BGB. Anm. I, Leonhard Erbrecht Anm. II C 2 zu § 2273 BGB., Strohal Deutsches Erbrecht § 48 Anm. 18, während Dernburg Erbrecht § 89 unter IV Anm. 11 unter 2, Paul Meyer Erbrecht § 62 unter 3 Anm. 6, Kretzschmar Erbrecht § 48 unter VIII Anm. 59 und RGRKomm. z. BGB. Anm. 1 zu § 2273 den abweichenden Standpunkt vertreten, daß sich die Verkündungspflicht des Richters auf alle von dem erstverstorbenen Ehegatten herrührenden oder mitherrührenden Verfügungen erstreckt, einerlei, ob der Richter sie für noch wirksam oder für gegenstandslos geworden ansieht, und daß demgemäß die vom Erstverstorbenen für den Fall seines Ueberlebens getroffenen Verfügungen selbst dann zu verkünden sind, wenn sie zugleich nicht sonderungsfähige Verfügungen des Ueberlebenden enthalten.

Der letzten Auffassung ist beizutreten. Ihr steht die deutliche Fassung des § 2273 Satz 1 BGB. zur Seite. Wie schon im Beschluß des Senats RGZ. Bd. 137 S. 222 (229) ausgeführt, hat sich die Eröffnung und Verkündung des gemeinschaftlichen Testaments allerdings auf die Verfügungen des erstverstorbenen Ehegatten zu beschränken. Diese sind aber im ganzen Umfang zu verkünden, woraus folgt, daß es nicht darauf ankommen kann, ob sie als gültig oder ungültig anzusehen sind oder deshalb nicht mehr wirksam werden können, weil sie sich auf den nicht eingetretenen Fall beziehen, daß der verfügende Ehegatte den anderen überleben sollte. Um die vollständige Verkündung der Verfügungen des erstverstorbenen Ehegatten zu ermöglichen, sind etwaige Verfügungen des Ueberlebenden, die sich nicht absondern lassen, mit zu verkünden. Das drückt das Gesetz vollkommen deutlich durch die Worte aus, daß die Verfügungen des überlebenden Ehegatten nur, soweit sie sich sondern lassen, von der Verkündung auszunehmen und auch sonst nicht zur Kenntnis der Beteiligten zu bringen sind. Man würde den Sinn der Worte umkehren, wenn man sie dahin deuten wollte, daß gewisse Verfügungen des erstverstorbenen Ehegatten von der Verkündung deshalb auszunehmen seien, weil sie sich von denen des Ueberlebenden nicht sondern lassen.

Auch die Rücksicht auf Sinn und Zweck des § 2273 BGB. kann zu keiner anderen Beurteilung führen. Die Gesetzesmaterialien geben nach dieser Hinsicht keinen Aufschluß (vgl. Prot. d. Komm. f. d. Zweite Lesung des Entw. e. BGB. Bd. 5 S. 424, 459). Doch kann es nicht zweifelhaft sein, daß der Gesetzgeber mit der Vorschrift, die insbesondere von den bisherigen preußischen Bestimmungen abweicht (RGZ. Bd. 137 S. 229), dem Interesse des überlebenden Ehegatten an der Geheimhaltung seiner eigenen letztwilligen Verfügungen Rechnung tragen wollte. Das kann indessen nicht, wie Planck a. a. O. meint, dahin führen, die Vorschrift des § 2273 Satz 1, soweit sie eine Verkündung ausschließt, in erweiternder Auslegung „auf die gemeinschaftlichen Verfügungen im ganzen" anzuwenden. Es lassen sich keine sachlichen Gründe dafür anführen, daß das Interesse des überlebenden Ehegatten an der Geheimhaltung seiner Verfügungen in weiterem Maße berücksichtigt wird, als es die deutliche Vorschrift des § 2273 Satz 1 zuläßt. Denn die sonstigen Beteiligten haben ein entgegenstehendes berechtigtes Interesse daran, vom vollständigen Testamentsinhalt, soweit es sich um gemeinschaftliche Verfügungen der Eheleute handelt, alsbald nach dem Tode des einen Ehegatten Kenntnis zu erhalten. Sind andere gesetzliche Erben neben dem überlebenden Ehegatten vorhanden, so werden sie sich durch die Einsetzung dieses Ehegatten zum Alleinerben häufig vor die Frage gestellt sehen, ob sie das sie von der Erbfolge ausschließende Testament anfechten sollen. Sind sie pflichtteilsberechtigt, so müssen sie sich darüber schlüssig werden, ob sie den Pflichtteil nach dem verstorbenen Erblasser fordern sollen. Für ihre Entschließung ist es in beiden Fällen von erheblichem Wert, zu erfahren, ob sie etwa als Erben des letztversterbenden Ehegatten eingesetzt sind. Ist das der Fall, so werden sie häufig geneigt sein, von der Anfechtung das Testaments oder der Forderung des Pflichtteils abzusehen. Ein Bedürfnis, ihnen von sämtlichen Verfügungen des verstorbenen Ehegatten Kenntnis zu geben, ist insbesondere auch unter dem Gesichtspunkt anzuerkennen, daß sich hinter der Anordnung, nach dem Tode des Ueberlebenden solle ein Dritter Erbe sein, sehr wohl eine für den Nachlaßrichter nicht erkennbare Einsetzung des Dritten als Nacherben verbergen kann. Die Vorschrift des § 2269 BGB. stellt nur *eine gesetzliche Vermutung* auf, schließt es also nicht aus, daß die sich der gegenseitigen Erbeinsetzung anschließende Bestimmung, nach dem Tode des Ueberlebenden solle der beiderseitige Nachlaß an einen Dritten fallen, dahin auszulegen ist, daß der Dritte Nacherbe hinsichtlich des Nachlasses des erstverstorbenen Ehegatten sein solle. Ob eine solche Auslegung geboten ist, können die Beteiligten nur prüfen, wenn ihnen die gemeinschaftlichen Verfügungen beider Ehegatten im ganzen Umfang bekanntgegeben werden. Daß sie ein berechtigtes Interesse daran haben, zu erfahren, ob sie Nacherben sind, bedarf im Hinblick auf die ihnen als Nacherben dem Vorerben gegenüber schon bei dessen Lebzeiten zustehenden Rechte keiner weiteren Begründung.

Hiernach läßt sich eine erweiternde Auslegung des § 2273 Satz 1 BGB. im gedachten Sinne nicht rechtfertigen. Da diese Vorschrift nach § 2300 BGB. auf den Erbvertrag entsprechende Anwendung findet, sind daher bei der Eröffnung sowohl eines gemeinschaftlichen Testaments als auch eines Erbvertrags alle Verfügungen des erstverstorbenen Teils zu verkünden, gleichviel ob sie als gültig oder ungültig oder durch den Tod dieses Teils als gegenstandslos geworden anzusehen sind, und es sind nicht absonderungsfähige Verfügungen des Ueberlebenden mit zu verkünden. Es kommt daher auf den vom Kammergericht als entscheidend angesehenen, an sich zutreffenden Gesichtspunkt nicht weiter an, daß die Einsetzung eines Dritten als Erben des letztversterbenden Ehegatten nach § 2097 BGB. im Zweifel auch die Einsetzung des Dritten als Ersatzerben für den Fall enthält, daß der als Erbe eingesetzte Ehegatte nicht Erbe sein wolle, d. h. die Erbschaft ausschlage, und daß deshalb die Erbeinsetzung des Dritten von seiten des Erstverstorbenen so lange nicht gegenstandslos ist, als der Ueberlebende die Erbschaft noch ausschlagen kann. Die Notwendigkeit, den vorliegenden Erbvertrag in seinem ganzen Umfang zu verkünden, ergibt sich nach obigen Ausführungen daraus, daß in ihm keine sonderungsfähigen Verfügungen der Beschwerdeführerin, sondern nur untrennbar zusammenhängende Verfügungen beider Ehegatten enthalten sind.

RGZ. 161, 378

1. Kann bei der Errichtung eines öffentlichen Testaments durch mündliche Erklärung, wenn die Urkundsperson dabei einen vorher fertiggestellten Testamentsentwurf benutzt, die mündliche Erklärung des letzten Willens durch den Erblasser mit der Verlesung und Genehmigung der Testamentsniederschrift in einen Verhandlungsvorgang zusammengefaßt werden?

2. Muß bei einer solchen Testamentserrichtung in der Niederschrift ausdrücklich festgestellt werden, daß der letzte Wille mündlich erklärt worden ist?

BGB. §§ 2238, 2241*).

IV. Zivilsenat. Urt. v. 16. Oktober 1939.

I. Landgericht Königsberg. II. Oberlandesgericht daselbst.

Am 13. Juli 1937 verstarb in K. der Landwirt Hermann P.; er hatte am 25. März 1937 im Krankenhaus ein Testament in notarischer Form durch mündliche Erklärung errichtet, das von dem amtlich bestellten Vertreter des Streithelfers der Beklagten aufgenommen wurde und in dem der Erblasser den Kläger P. (seinen Bruder), die Beklagte K. (eine Enkelin seiner Stiefschwester) und die Beklagte B. (seine Haushälterin) als Erben zu je 1/3 eingesetzt und weiter der Beklagten B. eine Lebensversicherungssumme vorausvermacht hat. In der Testamentsniederschrift ist zunächst gesagt, daß der Notarvertreter im Krankenhause die zur Errichtung zugezogenen Zeugen sowie den Erblasser antraf, der erklärte, ein Testament errichten zu wollen, und durch eine bekannte Person vorgestellt wurde. Alsdann heißt es: „Nach näherer Besprechung der Einzelheiten gab der Besitzer Hermann P. seinen letzten Willen, wie folgt, kund". Es folgen die einzelnen letztwilligen Bestimmungen, die Angabe des Nachlaßwertes sowie der Schlußvermerk über die

*) Jetzt §§ 11, 13 des TestGes. v. 31. 7. 38.

Verlesung, Genehmigung und Unterzeichnung der Niederschrift nebst den Unterschriften des Erblassers, der Zeugen und des Notarvertreters.

Der Kläger, der den Erblasser bei gesetzlicher Erbfolge zu $^{3}/_{4}$ beerben würde, macht geltend, das Testament sei nichtig, und hat zur Begründung u. a vorgetragen, die Formvorschriften seien insofern nicht gewahrt, als die bereits vorher fertiggestellte Testamentsurkunde entgegen ihrem Inhalte nach Zuziehung der Zeugen nur durch Einfügung der Namen der Zeugen und des Nachlaßwerts ergänzt und sodann vorgelesen worden sei, ohne daß der Erblasser dazu etwas gesagt habe. Er hat mit der Klage die Feststellung begehrt, daß das Testament ungültig sei. Den Beklagten hat sich der Urkundsnotar als Streithelfer angeschlossen. Das Landgericht hat die Klage abgewiesen. das Oberlandesgericht hat auf Berufung des Klägers nach dem Klageantrag erkannt. Die Revision der Beklagten und des Streithelfers führte zur Aufhebung des Berufungsurteils und zur Zurückweisung der Berufung.

Gründe:

Das Berufungsgericht hält das Testament für nichtig, weil bei seiner Errichtung die gesetzlichen Formvorschriften nicht beachtet worden seien. Wie es auf Grund eingehender Würdigung des Ergebnisses der umfangreichen Beweisaufnahme feststellt, sind die Vorgänge bei der Testamentserrichtung in der notarischen Niederschrift insofern unrichtig wiedergegeben, als der Notarvertreter bei seiner Ankunft im Krankenhause die Testamentszeugen keineswegs schon vorfand, auch der Erblasser nicht in ihrer Gegenwart erklärte, ein Testament errichten zu wollen, und vor der „Kundgabe" des letzten Willens dessen Einzelheiten mit ihm nicht besprochen wurden. Vielmehr verhandelte der Notarvertreter zunächst mit dem Erblasser allein; nach Zuziehung der Zeugen und Einfügung ihrer Namen in den bereits fertig vorliegenden Entwurf der Testamentsurkunde las er diesen dem Erblasser nur Satz für Satz vor und vergewisserte sich nach jedem Absatz und schließlich nochmals am Schlusse durch die Frage, ob das so richtig sei, des Einverständnisses des Erblassers, das dieser teilweise durch Worte, teilweise durch Gebärden zu erkennen gab. Alsdann unterzeichnete der Erblasser, lediglich an Arm und Hand unterstützt, die Niederschrift mit seinem Namen.

Im Anschluß an die bisherige Rechtsprechung des erkennenden Senats (vgl. insbes. RGZ. Bd. 85 S. 120 flg.), die auch der herrschenden Ansicht in der Rechtslehre entspricht, legt das Berufungsgericht dar, das Gesetz unterscheide ausdrücklich zwischen der mündlichen Erklärung des letzten Willens des Erblassers gegenüber der Urkundsperson (§ 2238 Abs. 1 BGB.), die allerdings auch durch bloße Bejahung der von der Urkundsperson an Hand eines vorbereiteten Testamentsentwurfs gestellten Fragen geschehen könne, und der Vorlesung und Genehmigung der von der Urkundsperson hierüber aufgenommenen Niederschrift (§ 2242 Abs. 1 BGB.). Beide Erfordernisse seien bei der Errichtung eines öffentlichen Testaments durch mündliche Erklärung klar voneinander zu trennen; sie bei dem Errichtungsakt zu einem einheitlichen Vorgange zusammenzuziehen, sei unzulässig. Daß hier in Gegenwart der Testamentszeugen, die nach § 2239 BGB. während der ganzen Verhandlung zugegen sein müßten, nur die Testamentsurkunde vorgelesen und von dem Erblasser bestätigt worden sei, habe den gesetzlichen Formerfordernissen nicht entsprochen.

Der Revision ist zuzugeben, daß diese Rechtsauffassung mit den heutigen Anschauungen über die Bedeutung der Formvorschriften nicht mehr im Einklange steht. Wenn, wie hier, bei der Testamentsaufnahme zulässigerweise ein vorher fertiggestellter Entwurf benutzt und dem Erblasser zur Feststellung seines Willens Satz für Satz vorgelesen wird und wenn dann der Erblasser auf die jedesmalige Frage der Urkundsperson in einer die Form der mündlichen Erklärung erfüllenden Weise sein uneingeschränktes Einverständnis äußert, also nicht bloß bestätigt, daß die Niederschrift sachlich seinen letzten Willen richtig wiedergibt, sondern auch der Fassung überall zustimmt, wäre es ein übertriebenes Hängen am Wortlaut des Gesetzes, wollte man verlangen, daß der Entwurf noch einmal abgeschrieben oder auch nur noch ein zweites Mal vorgelesen und nochmals die Genehmigung des Erblassers eingeholt werde. Das Gesetz fordert keineswegs, daß der Erblasser seinen Willen zweimal erklärt, sondern nur, daß er außer der mündlichen Erklärung der letztwilligen Bestimmungen auch die Richtigkeit der Niederschrift nach deren Vorlesung anerkennt. Das kann aber, wenn bereits ein fertiger Entwurf vorliegt, recht wohl in e i n e r Aeußerung zugleich mit der Erklärung des letzten Willens selbst durch Bejahung entsprechender, mit Bezug auf die vorgelesenen Sätze des Entwurfs gestellter Fragen geschehen. Der alleinige oder doch hauptsächliche Zweck der Formvorschriften für die Testamentserrichtung, die Sicherung einer zuverlässigen Wiedergabe des Willens des Erblassers, wird bei einem solchen Verfahren ausreichend gewährleistet. Es wird sich freilich, namentlich bei umfangreichen Testamenten empfehlen, daß die Niederschrift auch dann, wenn sie vom Erblasser nach Inhalt und Form durchweg gebilligt wird, zum Schluß noch einmal im Zusammenhange vorgelesen und die Zustimmung des Erblassers zum Ganzen eingeholt wird; unbedingt notwendig ist das aber nicht, wenn nur sonst das Einverständnis des Erblassers mit Inhalt und Form der Niederschrift zweifelsfrei festgestellt ist. Soweit in der erwähnten reichtsgerichtlichen Rechtsprechung die gegenteilige Meinung ausgesprochen ist, kann daran nicht festgehalten werden.

Voraussetzung für die Gültigkeit der Testamentserrichtung in einem Falle wie dem vorliegenden ist natürlich, daß die Billigung des von der Urkundsperson vorgelesenen Testamentsentwurfs durch den Erblasser den Erfordernissen sowohl der mündlichen Erklärung des letzten Willens wie der Vorlesung und Genehmigung der Niederschrift genügt. Welche Anforderungen insbesondere an die mündliche Erklärung des letzten Willens durch den Erblasser zu stellen und ob sie hier beachtet worden sind, brauchte das Berufungsgericht von seinem Rechtsstandpunkt aus nicht zu erörtern. Der von ihm festgestellte Sachverhalt ermöglicht jedoch den Schluß, daß bei der Testamentserrichtung auch insoweit die Form als gewahrt anzusehen ist. Wesentlich ist hierbei, daß der Inhalt der Testamentsniederschrift den dafür gegebenen Vorschriften entspricht. Nach § 2241 Ziff. 3 BGB. muß das Protokoll die nach § 2238 erforderlichen Erklärungen des Erblassers enthalten. Eine ausdrückliche Feststellung, daß der Erblasser den aufgenommenen letzten Willen „mündlich erklärt" hat, ist jedoch nicht erforderlich, da der Gebrauch bestimmter Worte in der Niederschrift nicht vorgeschrieben ist und ein rechtsgeschäftlicher Wille, der nicht schriftlich erklärt wird, in aller Regel mündlich kundgegeben zu werden pflegt. Deshalb ist die Angabe in der Niederschrift, daß der Erblasser dem Notar seinen letzten Willen „erklärte" oder „kundgab", ohne weiteres im Sinn einer mündlichen Erklärung zu verstehen, besonders wenn, wie hier ,noch festgestellt ist, daß es „nach näherer Besprechung der Einzelheiten" geschah (Nadler-Fechner Nachlaßwesen 2. Aufl. S. 125; Kammergericht in OLG. Bd. 10 S. 309).

Da es sich bei der notarischen Niederschrift um eine öffentliche Urkunde im Sinne des § 415 ZPO. handelt, durch die der volle Beweis der darin beurkundeten ordnungsmäßigen Testamentserrichtung begründet wird, muß demgegenüber der Kläger, wenn er die Nichteinhaltung der Formvorschriften behauptet, den nach § 415 Abs. 2 zugelassenen Nachweis der Unrichtigkeit führen. Es kommt somit darauf an, ob durch das vom Berufungsgericht festgestellte Beweisergebnis dargetan ist, daß entgegen dem Inhalte der Niederschrift der Erblasser seinen letzten Willen dem Notar nicht mündlich erklärt hat. An einem solchen Nachweise fehlt es.

Daß die mündliche Erklärung des letzten Willens auch in Form von Frage und Antwort zwischen der Urkundsperson und dem Erblasser geschehen und dabei eine bereits vorbereitete Niederschrift benutzt werden kann, ist anerkannt. Es genügt also, wenn der Notar den fertigen Entwurf in seinen einzelnen Bestimmungen dem Erblasser vorliest und dieser die jedesmalige Frage, ob das richtig sei, zustimmend beantwortet. Nach fester bisheriger Rechtsprechung erfordert aber der Begriff der „mündlichen Erklärung" im § 2238 BGB., daß der Erblasser den letzten Willen durch gesprochene, den mitwirkenden Personen verständliche Worte kundgibt; bloße Zeichen oder Gebärden, wie Kopfnicken oder -schütteln, reichen dazu nicht aus. Danach würde hier eine mündliche Erklärung nicht vorliegen, soweit der Erblasser die Fragen des Notars nach der Richtigkeit des Vorgelesenen nur durch Gebärden beantwortet hat. Gegen diese enge Auslegung des Begriffs der mündlichen Erklärung können, wie nicht verkannt werden soll, Bedenken in der Richtung erhoben werden, ob nicht das Erfordernis der mündlichen Erklärung als Form der Testamentserrichtung vom Gesetzgeber möglicherweise nur als Gegensatz zu der Testamentserrichtung durch Uebergabe einer Schrift gemeint ist und deshalb eine „mündliche" Erklärung in diesem Sinn unter Umständen auch dann angenommen werden muß, wenn der Erblasser seine Zustimmung zu dem ihm vorgelesenen Entwurf nicht mit einem vernehmlichen „Ja", sondern aus irgendeinem Grunde nur durch Kopfnicken oder eine sonstige Gebärde in einer für die mitwirkenden Personen klaren, unmißverständlichen Weise zu erkennen gegeben hat — ausgenommen selbstverständlich der Fall, daß er stumm oder sonst am Sprechen verhindert war, also der Sondertatbestand des § 2243 BGB. vorlag. Ob diese Bedenken ein Abgehen von dem bisher eingenommenen Standpunkte rechtfertigen, braucht jedoch nicht entschieden zu werden, weil hier der dem Kläger obliegende Beweis, daß eine mündliche Erklärung im Sinne des § 2238 BGB. nicht stattgefunden hätte, in keinem Falle geführt ist. Auch wenn man im Einklange mit der bisherigen Rechtsprechung zu der mündlichen Erklärung den Gebrauch von Worten für notwendig erachtet, würde es doch genügen, daß der Erblasser nach vollständiger Verlesung der einzelnen Bestimmungen des Testamentsentwurfs auf die Frage des Notars nach der Richtigkeit des Vorgelesenen sein Einverständnis mit Worten zu erkennen gegeben hat, auch wenn er dazwischen nur durch Gebärden, etwa durch Kopfnicken, zugestimmt hätte; denn durch die Bestätigung am Schlusse werden Form und Inhalt der ganzen Verhandlung gedeckt. Nach den Feststellungen des Berufungsgerichts hat die Beweisaufnahme ergeben, daß der Erblasser die Fragen des Notarvertreters nach der Richtigkeit der einzelnen vorgelesenen Sätze und am Schlusse teilweise durch Worte, teilweise durch Gebärden bejaht hat. Nicht geklärt ist danach, ob er sich am Schlusse mit Worten oder durch Gebärden geäußert hat. Die Beweiskraft der Testamentsurkunde, in der eine ordnungsmäßige

Erklärung des letzten Willens ausreichend beurkundet ist, wird hiernach durch das Beweisergebnis keinesfalls erschüttert.

Da auch die sonstigen Angriffe des Klägers gegen den Bestand des Testaments nach den insoweit rechtlich bedenkenfreien Ausführungen des Berufungsgerichts hinfällig sind, ist das streitige Testament als gültig anzusehen und das Feststellungsverlangen des Klägers demgemäß unbegründet.

RGZ. 171, 27

Liegt ein gültiges Nottestament vor, wenn der Bürgermeister in unrichtiger Beurteilung der Sachlage das vorzeitige Ableben des Erblassers besorgt oder zwar für seine Person keine derartige Besorgnis hat, sachlich aber eine solche gerechtfertigt ist?

Gesetz über die Errichtung von Testamenten und Erbverträgen vom 31. Juli 1938 (RGBl. I S. 973) — TestG. — § 23.

VII. Zivilsenat. Beschl. v. 6. März 1943.

I. Landgericht St. Pölten. II. Oberlandesgericht Wien.

Die am 17. März 1941 im Alter von 84 Jahren verstorbene Wirtschaftsbesitzerin R. hatte am 4. März 1941 vor dem zuständigen Bürgermeister ein Nottestament errichtet, worin sie die Beklagen zu ihren alleinigen Erben einsetzte. Sie hatte bei einem Sturz 4 Tage vorher einen Beinbruch erlitten und war daher bei Errichtung des Testaments bettlägerig. Die Kläger, die auf Grund eines älteren Testaments Erbrechte behaupten, begehren die Feststellung, daß das Nottestament ungültig und rechtsunwirksam sei, unter anderem deshalb, weil die Voraussetzungen für die Errichtung eines Nottestaments nach § 23 TestG. nicht vorgelegen hätten.

Das Landgericht hat die Klage abgewiesen. Das Oberlandesgericht hat nach dem Klagebegehren erkannt.

Die Revision der Beklagten führte zur Aufhebung des Urteils und zur Zurückverweisung der Sache an das Berufungsgericht.

Aus den Gründen:

Das Berufungsgericht hat die Zeugenvernehmung des Bürgermeisters, der das Testament der R. vom 4. März 1941 beurkundet hat, wiederholt und stellt auf Grund dieser Vernehmung fest, der Bürgermeister habe bei der Testamentserrichtung nicht die Besorgnis gehabt, daß die Erblasserin früher sterben werde, als die Errichtung eines Testaments vor einem Richter oder vor einem Notar möglich sein werde. Der Bürgermeister habe also, so erklärt das Berufungsgericht, ein Nottestament aufgenommen, obwohl hierzu die gesetzliche Voraussetzung, die nach dem Testamentsgesetz seine Gültigkeit bedinge, nicht gegeben gewesen sei; daher sei das Nottestament ungültig und rechtsunwirksam. Wenn der Bürgermeister trotzdem in der Niederschrift über die Testamentserrichtung das Bestehen einer solchen Besorgnis beurkundet habe, so sei diese Beurkundung nicht ausschlaggebend; denn er habe damit etwas beurkundet, was nicht nur sachlich, sondern auch von seinem Standpunkt aus falsch gewesen sei.

Die Revision bekämpft die Ansicht des Berufungsgerichts, ein vor dem Bürgermeister errichtetes Nottestament sei unwirksam, wenn der beurkundende Bürgermeister selbst nicht die Besorgnis eines vorzeitigen Ablebens des Erblassers gehabt habe, als rechtlich unrichtig; sie macht geltend, es müsse jedenfalls genügen, wenn „objektiv" eine solche Besorgnis vorgelegen habe. Dem ist beizutreten. § 23 Abs. 1 TestG. besagt, daß das Testament vor dem Bürgermeister der Gemeinde, in der der Erblasser sich aufhält, errichtet werden kann, wenn zu besorgen ist, daß der Erblasser früher versterben werde, als die Errichtung eines Testaments vor einem Richter oder vor einem Notar möglich ist. Absatz 2 enthält im ersten Satz zunächst die Vorschrift, daß diese Besorgnis in der Niederschrift des Testaments festgestellt werden soll; im zweiten Satze heißt es dann weiter: „Der Gültigkeit des Testaments steht nicht entgegen, daß die Besorgnis nicht begründet war." Die Hinzufügung dieser letzten Vorschrift im Gesetz beruhte auf der Erwägung, daß die Einführung des Nottestaments für den Bürgermeister eine schwierige Aufgabe mit sich gebracht habe. Der Bürgermeister, der doch meist nur über landwirtschaftliche Kenntnisse verfügt, soll bei Unfällen, bei plötzlichen Erkrankungen usw. die selbst für den geschulten Arzt nicht immer leichte Feststellung treffen, ob der Richter oder Notar den Verletzten oder Erkrankten noch am Leben finden werde, eine Aufgabe, die noch dadurch erschwert wird, daß der Bürgermeister sich in der Regel auch gar nicht mit Sicherheit vergewissern kann, bis wann der Richter oder Notar eintreffen kann. Dazu kam für den Gesetzgeber der Gedanke an die Schwierigkeit einer nachträglichen Feststellung, ob im Zeitpunkte der Errichtung des Nottestaments der Gesundheitszustand des Erblassers derart gewesen war, daß er unter Berücksichtigung der Frist, innerhalb deren auf das Eintreffen des Richters oder Notars gerechnet werden konnte, die Besorgnis rechtfertigte, der Erblasser werde das Eintreffen nicht mehr erleben. Diesem Uebelstand sollte durch den zweiten Satz des Abs. 2 abgeholfen werden; es sollte die Gültigkeit des Testaments nicht mit der Behauptung bekämpft, nicht Beweis dafür angetreten werden können, daß die Besorgnis vorzeitigen Ablebens nicht begründet war, sofern sie nur bei Errichtung des Testaments bei derjenigen Person, die das Testament zu beurkunden hatte, also bei dem Bürgermeister, bestand. Das Schrifttum geht darüber hinaus. Es vertritt überwiegend die Anschauung, daß es einzig und allein auf das Vorhandensein der Besorgnis bei dem Bürgermeister ankomme, und zwar auch in verneinender Richtung, so daß das Nottestament stets nichtig sein soll, wenn der Bürgermeister keine Besorgnis hatte, mag auch sachlich ein noch so gefahrdrohender Zustand bestanden haben (RGRKomm. z. BGB. 9. Aufl. Bem. 8 zu § 23 TestG.; Planck BGB. Bem. 2 zu § 2249; Enneccerus-Kipp Erbrecht § 16 Note 3; Vogels Testamentsgesetz Bem. 10 zu § 23; Leopold Testamentsrecht S. 53). Im Gesetz ist dieser Grundsatz nicht ausgesprochen. Insbesondere folgt dieser Umkehrungsschluß auch nicht aus dem zweiten Satze des § 23 Abs. 2 TestG. Damit wollte der Gesetzgeber der mangelnden Erfahrung eines Landbürgermeisters Rechnung tragen und das von diesem, wenn auch in irrtümlicher Annahme einer unmittelbar drohenden Lebensgefahr errichtete Testament gegen eine Anfechtung schützen. Es würde aber dem gesunden Volksempfinden und dem Grundgedanken des Testamentsgesetzes offenbar widersprechen, wenn ein von einem Bürgermeister aufgenommenes Nottestament deshalb für ungültig erklärt werden müßte, weil der Bürgermeister für seine Person eine unmittelbar drohende Gefahr nicht besorgte, während sachlich eine Lage gegeben war, die das Ableben des Erblassers vor dem Eintreffen des Richters oder Notars besorgen ließ, und diese Besorgnis vielleicht darüber hinaus sich sogar als begründet erwies, indem der Erblasser bald nach Errichtung des Testaments verstarb. Die Voraussetzungen für die Errichtung eines Testaments sind daher als gegeben anzusehen, wenn der Bürgermeister in falscher Beurteilung der Sachlage das vorzeitige Ableben des Erblassers besorgt, andererseits auch dann, wenn er für seine Person eine solche Besorgnis nicht hat, trotzdem aber die Errichtung des Testaments beurkundet und sachlich eine solche Besorgnis gerechtfertigt ist. Wenn der im Schrifttum (Vogels S. 173, Leopold S. 53) angeführte Fall vorliegt, wenn also der Bürgermeister weiß, daß keine Lebensgefahr für den Erblasser besteht, dann fehlt es nicht nur an der Besorgnis des Bürgermeisters, sondern auch an einer sachlichen Gefahrenlage und damit an jeder Voraussetzung für das Einschreiten des Bürgermeisters als Urkundsperson.

Das Berufungsgericht hat auf Grund der Zeugenaussage des Bürgermeisters festgestellt, daß dieser das Ableben der Erblasserin in kurzer Zeit nicht befürchtet habe. Allerdings nimmt das Berufungsgericht auch an, daß weder die Erblasserin noch jemand in ihrer Umgebung diese Befürchtung gehabt habe. Damit ist aber noch nicht festgestellt, daß eine Gefahrlage in dem dargelegten sachlichen Sinne nicht gegeben war. Um beurteilen zu können, ob dieser Fall vorlag oder nicht, bedarf es der Feststellung einerseits, wann nach dem gewöhnlichen Laufe der Dinge das Eintreffen eines Richters oder Notars erwartet werden konnte, und andererseits, ob die Gefahr bestand, daß die Erblasserin schon in wenigen Tagen sterben oder doch in einen Zustand der Testierunfähigkeit verfallen werde. Ueber diese Frage kann ohne Gutachten eines ärztlichen Sachverständigen nicht entschieden werden. Das Berufungsgericht hat zu dem Gutachten des Sachverständigen überhaupt nicht Stellung genommen. Es bedarf aber jedenfalls einer näheren Erklärung, welchen Zeitraum der Sachverständige unter dem Ausdruck „bald" versteht, und einer Ergänzung, ob zumindest der Verlust der Testierfähigkeit in wenigen Tagen zu besorgen war. Zur Ergänzung in den bezeichneten Richtungen ist daher unter Aufhebung des angefochtenen Urteils die Rechtssache an das Berufungsgericht zurückzuverweisen.

RGZ. 171, 289

Ueber die Voraussetzungen eines Nottestaments nach § 24 Abs. 2 TestG., insbesondere über die Frage, ob wirkliche Todesgefahr ohne die Kenntnis ihres Bestehens für die Gültigkeit eines solchen Testaments genügt.

Gesetz über die Errichtung von Testamenten und Erbverträgen vom 31. Juli 1938 (RGBl. I S. 973). — TestG. — § 24.

VII. Zivilsenat. Urt. v. 18. August 1943.

I. Landgericht Graz. II. Oberlandesgericht daselbst.

Der ledige Landwirt F. G. errichtete am 30. Oktober 1941 gegen 11 Uhr vormittags, vor seiner um 13 Uhr vorgenommenen Ueberführung in ein Krankenhaus und seinem um 19½ Uhr eingetretenen Tod, eine letzte Anordnung in der Weise, daß er vor drei Zeugen einen von einem dieser Zeugen vorbereiteten Testamentsentwurf nach Verlesung eigenhändig unterschrieb und von den drei Zeugen unterschreiben ließ. In dieser Anordnung setzte er die Klägerin als Alleinerbin ein und schloß ausdrücklich den Beklagten, den Sohn eines verstorbenen Bruders, von der Erbfolge aus. Die Streitteile gaben im Abhandlungsverfahren widersprechende Erberklärungen ab. Das Abhandlungsgericht wies die Klägerin auf den Rechtsweg.

Die Klägerin behauptet, es liege ein gültiges Nottestament nach § 24 Abs. 2 TestG. vor.

Das Landgericht hat die Klage abgewiesen; das Oberlandesgericht hat ihr stattgegeben. Die Revision des Beklagten blieb ohne Erfolg.

Aus den Gründen:

Das Reichsgericht hat in seiner Entscheidung vom 6. März 1943 (RGZ. Bd. 171 S. 27 [29] abweichend von den Meinungen in den Erläuterungsbüchern ausgesprochen: „Es würde dem gesunden Volksempfinden und dem Grundgedanken des Testamentsgesetzes widersprechen, wenn ein von einem Bürgermeister aufgenommenes Nottestament deshalb für ungültig erklärt werden müßte, weil der Bürgermeister für seine Person eine unmittelbar drohende Gefahr nicht besorgte, während sachlich eine Lage gegeben war, die das Ableben des Erblassers vor dem Eintreffen des Richters oder Notars besorgen ließ, und diese Besorgnis vielleicht darüber hinaus sich sogar als begründet erwies, indem der Erblasser bald nach der Errichtung des Testaments verstarb." Während es sich bei dieser Entscheidung um ein Nottestament vor dem Bürgermeister nach § 23 TestG. handelte, kommt im gegebenen Falle nur ein Nottestament nach § 24 Abs. 2 und 3 TestG. in Frage. Während für das Nottestament vor dem Bürgermeister die bloße Besorgnis genügt, daß der Erblasser früher sterben werde, als die Errichtung eines Testaments vor einem Richter oder Notar möglich ist, stellt § 24 Abs. 2 TestG. strengere Erfordernisse auf, und zwar eine wirkliche und so nahe Todesgefahr (also nicht bloß Besorgnis), daß auch die Errichtung eines Nottestaments vor dem Bürgermeister nach § 23 TestG. nicht mehr möglich ist. Daraus und insbesondere durch die ausdrückliche Anführung des Beispiels eines Unfalls im Gebirge ergibt sich die Absicht des Gesetzgebers, die Zulässigkeit des Nottestaments nach § 24 Abs. 2 TestG. schärfstens auf eine außerordentliche Lage zu beschränken. Dennoch muß aus dem Wortlaute der Bestimmung geschlossen werden, daß sie nur ein einziges Erfordernis aufstellt, nämlich eine wirkliche und so nahe Todesgefahr, daß die Errichtung eines Nottestaments vor dem Bürgermeister nicht mehr möglich ist, und daß es — trotz des angeführten Beispiels vom Unfall im Gebirge — auf den Ort der Testamentserrichtung nicht ankommt. Auch in einer Stadt können also die Voraussetzungen für die Errichtung eines solchen Nottestaments eintreten. Es braucht sich ferner nicht bloß um Unfälle oder eine sonstige durch außergewöhnliche Ereignisse herbeigeführte nahe Todesgefahr zu handeln, sondern es kann auch im Verlauf einer länger dauernden Krankheit ein Zustand eintreten, in dem eine solche nahe Todesgefahr besteht. Diese Voraussetzung muß im Zeitpunkte der Errichtung des Testaments gegeben sein. Mehr verlangt das Gesetz nicht. Es kommt deshalb weder auf die frühere noch auf eine spätere Möglichkeit der Errichtung eines gewöhnlichen Testaments oder eines Nottestaments vor dem Bürgermeister an. War im Zeitpunkte der Testamentserrichtung die Voraussetzung gegeben, so bleibt das Testament bestehen. Die Schwierigkeit, und zwar die durch das Gesetz gewollte Schwierigkeit, liegt vielmehr in der Notwendigkeit des eindeutigen Beweises der besonders gearteten Todesgefahr, eine Schwierigkeit, die immer größer wird, je länger es bis zum Eintritte des Todes dauert; und die dann besonders groß wird, wenn eine, wenn auch nur vorübergehende Besserung im Zustande des Testamentserrichters eintritt. Trotz der klaren Absicht des Gesetzgebers, dieses Nottestament auf den äußersten Nostandsfall zu beschränken, ist also einerseits anzunehmen, daß dieser auch unter gewöhnlichen Verhältnissen, mithin auch im Verlauf einer länger dauernden Erkrankung, wie im gegebenen Fall, eintreten kann; andererseits ist wieder darauf hinzuweisen, daß es wegen der Schwierigkeiten des Nachweises der vom Gesetze geforderten Voraussetzungen notwendig ist, bei der Errichtung eines solchen Nottestaments äußerst vorsichtig zu sein und vor allem zu trachten, eine Wiederholung durch Errichtung eines ordentlichen Testaments herbeizuführen, wenn es die nachfolgenden Verhältnisse zulassen.

Daß im gegebenen Falle zum Zeitpunkte der Errichtung des Testaments für den Erblasser wirkliche Todesgefahr bestand, der Tod also sogleich und somit auch in der Zeit vor dem Eintreffen einer Urkundsperson eintreten konnte, haben die Gerichte unangefochten festgestellt. Es konnte also auch dann, wenn im Zeitpunkte der Errichtung des Testaments — nur auf diesen Zeitpunkt kommt es nach den vorangehenden Ausführungen an — statt der Errichtung eines Nottestaments nach einer Urkundsperson geschickt worden wäre, der Tod oder wenigstens die Testierunfähigkeit eintreten und infolgedessen die Errichtung eines ordentlichen Testaments oder eines Testaments vor dem Bürgermeister nicht mehr möglich sein. Da der erkennende Senat dies in der vorangestellten Entscheidung für genügend angesehen hat und nach den vorausgehenden Erwägungen keinen Grund hat, von dieser Ansicht abzugehen, ist im gegebenen Falle das vom Erblasser errichtete Testament als rechtsgültiges Nottestament nach § 24 Abs. 2 TestG. anzusehen.

Pflichtteil

RGZ. 59, 341

Wann beginnt für den Pflichtteilsberechtigten, der als Nacherbe eingesetzt ist, und dessen Erbteil die Hälfte des gesetzlichen Erbteils übersteigt, die Ausschlagungsfrist?

IV. Zivilsenat. Urt. v. 5. Januar 1905.

I. Landgericht Frankenthal. II. Oberlandesgericht Zweibrücken.

Im Februar 1903 starb die Frau E. K., geborene Z., in N., die Mutter der Klägerin. Frau E. K. hatte mit ihrem Ehemanne, dem Rentner H. K. in N., am 4. Juli 1901 einen notariellen Erbvertrag abgeschlossen, in dem sich die Eheleute gegenseitig zu Alleinerben eingesetzt und ferner bestimmt hatten, daß nach dem Tode des Ueberlebenden der beiderseitige Nachlaß zu gleichen Teilen an die gemeinschaftlichen Kinder fallen sollte, und daß der überlebende Ehegatte Vorerbe, und die gemeinschaftlichen Kinder Nacherben sein sollten. Am 28. Februar 1903 wurde der Erbvertrag in Gegenwart des Ehemannes und Bevollmächtigten der Klägerin eröffnet und verkündet. Am 7. Mai 1903 übergaben die Klägerin und ihr Ehemann dem Amtsgericht in N. eine schriftliche, beglaubigte Erklärung des Inhalts, daß Ehefrau Z. als gesetzliche Erbin der verstorbenen Ehefrau K. die Erbeinsetzung vom 4. Juli 1901 ausschlage und ihren gesetzlichen Pflichtteil begehre, sowie daß sie, falls die Ausschlagungsfrist als versäumt erachtet werden sollte, die durch Unterlassung rechtzeitiger Ausschlagung bewirkte Annahme der Erbschaft wegen Irrtums und arglistiger Täuschung anfechte. Da H. K. die Auszahlung des Pflichtteils verweigerte, erhob die Klägerin Klage. Ihr schließlicher Antrag ging dahin,

> festzustellen, daß der Beklagte verpflichtet sei, an sie ihren Pflichtteil an dem Nachlasse ihrer Mutter zu bezahlen, zu diesem Zwecke ein Verzeichnis dieses Nachlasses unter Zuziehung der Klägerin durch einen Notar errichten zu lassen und zur Feststellung des Pflichtteils mit ihr zu schreiten.

Der Beklagte bekämpfte die Klage mit der Ausführung, daß Klägerin die durch § 2306 BGB. bestimmte Frist zur Ausschlagung unbenutzt habe verstreichen lassen und daher jetzt den Pflichtteilsanspruch nicht mehr erheben könne. Beide Vorinstanzen erachteten die Ausschlagungsfrist als nicht versäumt und sprachen die Klage zu. Die Revision des Beklagten ist zurückgewiesen worden aus folgenden

Gründen:

„In Uebereinstimmung mit den beiden Vorinstanzen ist anzunehmen, daß die Klägerin als pflichtteilsberechtigte Nacherbin die Erbschaft nach ihrer Mutter rechtzeitig ausgeschlagen hat; denn für den als Nacherben eingesetzten Pflichtteilsberechtigten beginnt die Ausschlagungsfrist nicht vor dem Eintritte der Nacherbfolge, und die Klägerin hat die Erbschaft vor dem Eintritte der Nacherbfolge ausgeschlagen.

Ist ein als Erbe berufener Pflichtteilsberechtigter durch die Einsetzung eines Nacherben, die Ernennung eines Testamentsvollstreckers oder eine Teilungsanordnung beschränkt, so gilt die Beschränkung als nicht angeordnet, wenn der ihm hinterlassene Erbteil die Hälfte des gesetzlichen Erbteils nicht übersteigt. Ist dagegen der hinterlassene Erbteil größer, so kann der Pflichtteilsberechtigte den Pflichtteil verlangen, wenn er den Erbteil ausschlägt. Dies bestimmt der § 2306 Abs. 1 BGB. Die Klägerin ist zwar nicht als Erbin, sondern als Nacherbin berufen; aber einer Beschränkung der Erbeinsetzung steht es, wie § 2306 Abs. 2 BGB. bestimmt, gleich, wenn der Pflichtteilsberechtigte als Nacherbe eingesetzt ist.

Der erste Entwurf des Bürgerlichen Gesetzbuchs (§ 1981) hatte die Einsetzung als Nacherbe in einem und demselben Satze neben der Einsetzung als Vorerbe unter dem Gesichtspunkte einer Beschränkung der Erbeinsetzung behandelt, wie aus der Fassung des § 1981 Abs. 1:

„Ist der Pflichtteilsberechtigte als Erbe durch Einsetzung eines Vorerben oder Nacherben . . . beschränkt . . . so kann er" usw.,

hervorgeht. An dieser Fassung nahm man bei der zweiten Lesung des Entwurfs Anstoß, weil es unrichtig sei, zu sagen, daß jemand als Erbe beschränkt sei, wenn er jetzt überhaupt noch nicht Erbe sei, sondern vielleicht erst nach dreißig Jahren Erbe werde. Dem hervorgehobenen Bedenken wurde Rechnung getragen, und die Gesetzesstelle schon bei der zweiten Lesung so gefaßt, wie der § 2306 BGB. lautet.

Protokolle der 2. Lesung Bd. 5 S. 515 und § 2172 des zweiten Entwurfs.

Steht hiernach die Einsetzung eines Pflichtteilsberechtigten als Nacherben einer Beschränkung der Erbeinsetzung im Sinne des § 2306 Abs. 1 BGB. gleich, so gilt für den pflichtteilsberechtigten Nacherben auch der Satz, daß er, falls der hinterlassene Erbteil die Hälfte des gesetzlichen Erbteils übersteigt, den Pflichtteil verlangen kann, wenn er den Erbteil ausschlägt. Der § 2306 Abs. 1 BGB. bestimmt aber ferner, daß die Ausschlagungsfrist erst beginnt, wenn der Beschränkte von der Beschränkung Kenntnis erlangt.

Es fragt sich nun, welche Bedeutung dieser Bestimmung über den Beginn der Ausschlagungsfrist zukommt. Der Wortlaut ist klar. Bevor der Beschränkte von der Beschränkung Kenntnis erlangt, soll die Frist nicht beginnen. Erst mit dem Zeitpunkt, in dem er die Kenntnis erlangt, ist der Beginn der Frist möglich. Schon der Gebrauch des Wörtchens „erst" deutet an, daß es sich hier um eine Hinausschiebung eines sonst früher eintretenden Anfangspunktes handelt, und nicht um eine Bestimmung in dem Sinne, daß als Anfang der Frist stets und unter allen Umständen der Zeitpunkt der Erlangung der Kenntnis von der Beschränkung gelten solle. Wäre letzteres, wie Beklagter meint, beabsichtigt, so hätte es viel näher gelegen, die Bestimmung unter Weglassung des Wörtchens „erst" einfach dahin zu fassen: „Die Ausschlagungsfrist beginnt, wenn er von der Beschränkung Kenntnis erlangt." In der Tat bedeutet die Bestimmung eine zugunsten der in Rede stehenden Beschränkten angeordnete Hinausschiebung des Fristbeginns gegenüber den allgemeinen Bestimmungen über den Beginn der Ausschlagungsfrist. Die Bestimmung gibt lediglich dem ganz selbstverständlichen Schutzbedürfnisse gesetzgeberischen Ausdruck, daß ein so beschränkter Erbe, der von der Beschränkung der Erbeinsetzung nichts erfährt und darum die Ausschlagungsfrist versäumt, doch nicht, was sonst nach der Regel des § 1943 BGB. unausbleiblich wäre, wie ein Erbe angesehen werden kann, der die ihm angefallene Erbschaft angenommen hat. Vor dieser Folge soll der Erbe geschützt werden. Darum hat die genannte Bestimmung die Eigenschaft einer Ausnahmebestimmung, und dies darf bei Ermittlung ihrer Tragweite nicht außer acht gelassen werden.

Was die allgemeinen Vorschriften betrifft, denen gegenüber die hier fragliche Bestimmung eine Ausnahme darstellt, so beginnt nach § 1944 Abs. 2 BGB. für den Erben die Ausschlagungsfrist mit dem Zeitpunkt, in welchem er von dem Anfall der Erbschaft und dem Grunde der Berufung Kenntnis erlangt, jedoch, wenn er durch Verfügung von Todes wegen berufen ist, nicht vor der Verkündung der Verfügung. Dem Nacherben fällt nach § 2139 BGB. die Erbschaft erst an, wenn der Vorerbe aufhört, Erbe zu sein, und der Vorerbe hört auf, Erbe zu sein, wenn der Fall der Nacherbfolge eingetreten ist. Die Kenntnis von dem Anfall der Erbschaft an den Nacherben kann natürlich nicht früher entstehen, als die Tatsache des Erbanfalls selbst. Mithin kann für den Nacherben die Ausschlagungsfrist nicht früher beginnen, als der Fall der Nacherbfolge eingetreten ist. An dieser Fristberechnung wird dadurch nichts geändert, daß der § 2142 Abs. 1 BGB. dem Nacherben das Recht einräumt, die Erbschaft auszuschlagen, sobald der Erbfall,

d. h. der Anfall der Erbschaft an den Vorerben, eingetreten ist. Während es in seinem, des Nacherben, Belieben steht, von diesem Rechte Gebrauch zu machen, ist er gezwungen, die Ausschlagungsfrist zu wahren, widrigenfalls er die aus der Fristversäumung sich ergebenden Nachteile auf sich nehmen muß.

Nach diesen allgemeinen Vorschriften beginnt also für den als Nacherben eingesetzten Pflichtteilsberechtigten die Ausschlagungsfrist frühestens mit dem Eintritte des Falls der Nacherbfolge. Dem gegenüber bezweckt die Bestimmung im § 2306, daß die Frist erst mit Erlangung der Kenntnis von der Beschränkung beginnen soll, nicht eine Schmälerung, sondern eine Erweiterung der Rechte des Nacherben. Für den Nacherben bleibt es bei der Regel, daß die Frist mit dem Zeitpunkte beginnt, in dem er von dem Anfall der Erbschaft an ihn Kenntnis erlangt. Dies kann, wie gesagt, erst nach dem Eintritte des Falls der Nacherbfolge geschehen. Fällt aber die Erlangung der Kenntnis von der Beschränkung der Erbeinsetzung in einen späteren Zeitpunkt als die Erlangung der Kenntnis von dem Erbschaftsanfall, so beginnt ausnahmsweise die Ausschlagungsfrist erst in dem späteren Zeitpunkte. Der Nacherbe erfährt also, ebenso wie der Erbe, gegenüber den allgemeinen Vorschriften über die Ausschlagungsfrist eine Besserung seiner rechtlichen Stellung hinsichtlich des Beginnes der Ausschlagungsfrist.

Eine Nötigung des pflichtteilsberechtigten Nacherben, sich über die Ausschlagung der Nacherbschaft früher, als dies nach den allgemeinen Bestimmungen erforderlich, schlüssig zu machen, würde dahin führen, daß der pflichtteilsberechtigte Nacherbe ungünstiger gestellt wäre, als der nicht pflichtteilsberechtigte Nacherbe, was der Gesetzgeber nicht gewollt haben kann. Allerdings erheischt die Rücksicht auf den Vorerben, daß die Frage, ob der Nacherbe den Pflichtteilsanspruch erheben werde, nicht zu lange in der Schwebe bleibe; allein dieser Rücksicht tragen die Vorschriften über die Verjährung des Pflichtteilsanspruchs Rechnung, insbesondere die Bestimmung im § 2332 Abs. 3 BGB., wonach die Verjährung nicht dadurch gehemmt wird, daß der Pflichtteilsanspruch erst nach der Ausschlagung der Erbschaft geltend gemacht werden kann.

Endlich spricht auch, wie das Berufungsgericht mit Recht hervorhebt, die Entstehungsgeschichte des § 2306 BGB. für die dargelegte Auffassung. Bei der zweiten Lesung des Entwurfs war zu § 1981 der Antrag gestellt worden, eine Vorschrift dahin aufzunehmen, der Vorerbe sei berechtigt, dem Pflichtteilsberechtigten zur Ausschlagung eine Frist zu bestimmen; erfolge die Ausschlagung nicht innerhalb der Frist, so sei der Pflichtteilsanspruch ausgeschlossen, auch wenn der Pflichtteilsberechtigte die Erbschaft später ausschlage.

Dieser Antrag war mit dem Hinweis darauf begründet worden, es sei mißlich, daß dem Nacherben keine zeitliche Schranke für die Ausschlagung gesetzt sei, der Vorerbe mithin niemals wissen könne, ob es zur Nacherbschaft kommen, oder der Berufene die Nacherbschaft ausschlagen und den Pflichtteil verlangen werde. Allein der Antrag wurde abgelehnt. Die Mehrheit erachtete es für nicht ratsam — namentlich im Hinblick auf den häufig vorkommenden Fall, daß die Kinder als Nacherben nach dem überlebenden Ehegatten berufen würden —, durch Befristung des Ausschlagungsrechts die Nacherben geradezu zu drängen, von ihrem Ausschlagungsrechte Gebrauch zu machen.

Vgl. Protokolle der 2. Lesung Bd. 5 S. 514 bis 516.

Die im § 2332 Abss. 1 und 3 BGB. enthaltenen Bestimmungen über die Verjährung des Pflichtteilsanspruchs sind freilich auch geeignet, die Nacherben zu drängen, vor Vollendung der dreijährigen Verjährung die Nacherbschaft auszuschlagen; allein diese Bestimmungen waren bereits im ersten Entwurfe (§ 1999 Abss. 1 u. 3) enthalten, mithin der zweiten Kommission bekannt. Dennoch lehnte sie eine besondere Befristung des Ausschlagungsrechts ab." . .

RGZ. 62, 109

Pflichtteil der Eltern des Erblassers und Voraus des Ehegatten; Auskunftspflicht. Aufnahme eines amtlichen Verzeichnisses nach Veräußerung von Nachlaßgegenständen.

BGB. §§ 2311, 2314.

IV. Zivilsenat. Urt. v. 30. November 1905.

I. Landgericht II Berlin. II. Kammergericht daselbst.

Der Erblasser hatte durch letztwillige Verfügung seine Ehefrau, die Beklagte, als Erbin eingesetzt, seiner Mutter, der Klägerin, den Pflichtteil hinterlassen. Die Klägerin verlangte von der Beklagten Auskunft über den Bestand des Nachlasses, Aufnahme eines amtlichen Verzeichnisses der Nachlaßgegenstände und Auszahlung des ihr zukommenden Pflichtteils. Durch Teilurteil des Landgerichts wurde die Beklagte verurteilt, ein vollständiges Verzeichnis des Nachlasses unter Ermittelung des Wertes der Nachlaßgegenstände durch die zuständige Behörde oder durch einen zuständigen Beamten oder Notar aufnehmen zu lassen und der Klägerin vorzulegen. Das Kammergericht wies die Berufung der Beklagten zurück.

Die Revision wurde zurückgewiesen.

Aus den G r ü n d e n :

„Der Berufungsrichter hat zur Begründung seiner Entscheidung ausgeführt: Die dem Erben nach § 2314 BGB. obliegende Auskunftspflicht erstrecke sich auf die Nachlaßgegenstände, die zum Voraus gehörten; dem Pflichtteilsberechtigten wäre es sonst unmöglich, eine Kontrolle dahin auszuüben, ob die nicht verzeichneten Gegenstände überhaupt unter den Voraus fielen. Da die Beklagte sich noch in der Berufungsinstanz geweigert habe, die von ihr zum Voraus gezählten Gegenstände anzugeben, so entsprächen die Verzeichnisse jedenfalls in dieser Hinsicht nicht dem Erfordernisse des § 2314 und des § 260. Die Klägerin habe ferner ein Recht, die amtliche Aufnahme des Inventars zu verlangen, gleichviel, ob die Beklagte der Auskunftspflicht bereits durch ein privates Verzeichnis zu genügen versucht habe. Davon, daß die Ausübung dieses Rechts nur den Zweck hätte, der Beklagten Schaden zuzufügen, könne nach Lage der Sache keine Rede sein.

Die Revision macht geltend, der Inventaranspruch sei lediglich zur Durchführung des Pflichtteilsrechts gegeben; der Voraus komme aber nach § 2311 bei der Berechnung des Pflichtteils nicht in Ansatz; daher habe die Klägerin keinen Anspruch auf ein Verzeichnis der zum Voraus gehörenden Gegenstände. Der Angriff geht fehl.

Die Parteien und die Gerichte der ersten und der zweiten Instanz haben die Frage außer Betracht gelassen, ob der Pflichtteil der Klägerin nach der Vorschrift des § 2311 Abs. 1 Satz 2 zu berechnen ist, obgleich nach § 1932 dem überlebenden Ehegatten der Voraus nur dann gebührt, wenn der Ehegatte neben Verwandten der zweiten Ordnung oder neben Großeltern gesetzlicher Erbe ist, die Beklagte aber nicht gesetzliche, sondern durch letztwillige Verfügung eingesetzte Erbin ist (vgl. I. Entw. § 1987, Kommissions-Prot. 5 S. 518). Einer Entscheidung durch das Revisionsgericht bedarf diese Frage nicht, da auch unter der Annahme, daß § 2311 Abs. 1 Satz 2 zur Anwendung zu kommen hat, das Berufungsurteil aufrechtzuerhalten ist.

Mit Recht hat das Berufungsgericht angenommen, daß die dem Erben nach § 2314 obliegende Auskunftspflicht sich auf den gesamten Nachlaß erstreckt. Zu dem Nachlasse gehören auch die Gegenstände, die dem überlebenden Ehegatten nach § 1932 als Voraus gebühren. Allerdings hat unter den in § 2311 bestimmten Voraussetzungen bei Berechnung des Pflichtteils der Eltern des Erblassers der Voraus außer Ansatz zu bleiben, so daß die Aufnahme dieser Gegenstände in das Verzeichnis nicht erforderlich erscheinen möchte. Allein im einzelnen Falle kann es zweifelhaft sein, ob ein Gegenstand zum Voraus gehört. Solange unter den Beteiligten nicht feststeht, daß ein Gegenstand zum Voraus gehört und bei der Berechnung des

Pflichtteils außer Ansatz zu lassen ist, bleibt der Erbe verpflichtet, ihn in das Nachlaßverzeichnis einzustellen. Nur dann, wenn das Verzeichnis alle Nachlaßgegenstände umfaßt, über deren Zugehörigkeit zum Voraus die Beteiligten nicht einig sind, ist eine sichere Grundlage zur Berechnung des Pflichtteils gegeben. Nach den Feststellungen des Berufungsgerichts besteht keine Uebereinstimmung der Parteien darüber, welche Nachlaßgegenstände als zum Voraus gehörig bei der Berechnung des Pflichtteils außer Ansatz zu lassen seien; es war daher gerechtfertigt, daß der Berufungsrichter die Beklagte verurteilte, ein vollständiges Verzeichnis des Nachlasses herstellen zu lassen.

Ohne Grund beschwert sich die Beklagte weiter darüber, daß sie verurteilt wurde, ein a m t l i c h e s Verzeichnis aufnehmen zu lassen. Die Revision behauptet, es sei jetzt absolut unmöglich, daß eine Behörde das Verzeichnis des vor Jahren vorhandenen, jetzt aber zum größten Teile zerstreuten Nachlasses aufnehme. Eine tatsächliche Feststellung im Sinne dieser Behauptung ist in dem Berufungsurteile nicht enthalten. Zwar hatte die Beklagte schon in der Berufungsinstanz aufgestellt, die Fahrhabe sei in alle Winde zerstreut, deshalb sei die amtliche Aufnahme des Verzeichnisses nicht mehr möglich. Demgegenüber hatte aber die Klägerin geltend gemacht, die vorhandenen Belege über die verkauften Gegenstände könnten immer noch eine Grundlage für die Aufstellung des Verzeichnisses und die Berechnung der Werte abgeben. Das Berufungsgericht hat stillschweigend die Auffassung der Klägerin gebilligt. Das ist nicht zu beanstanden. Es ist anzunehmen, daß die Beklagte mit Unterstützung eines Beamten der Klägerin ein brauchbares Verzeichnis wird vorlegen können. Daß das Verlangen der Klägerin nach Vorlegung eines amtlichen Verzeichnisses nur den Zweck hätte, der Beklagten Schaden zuzufügen, hat der Berufungsrichter ausdrücklich verneint. Auch in dieser Hinsicht gibt die Begründung des Berufungsurteils zu rechtlichen Bedenken keinen Anlaß." . . .

RGZ. 66, 30

Beginnt die Verjährung des Pflichtteilsanspruchs schlechthin mit erlangter Kenntnis von der beeinträchtigenden Verfügung oder erst mit deren amtlicher Verkündung?

BGB. §§ 2332, 1944 Abs. 2.

IV. Z i v i l s e n a t. Urt. v. 18. April 1907.

I. Landgericht Stendal. II. Oberlandesgericht Naumburg a. S.

Aus den G r ü n d e n :

„Der Berufungsrichter weist die vom Beklagten geltend gemachte Verjährungseinrede um deswillen zurück, weil mangels einer Verkündung des den Kläger beeinträchtigenden Erbvertrages die in § 2332 BGB. geordnete dreijährige Verjährung seines Pflichtteilsanspruchs überhaupt noch nicht zu laufen begonnen habe. Denn unter „Kenntnis erlangen" im Sinne dieser Gesetzesstelle könne in entsprechender Anwendung des § 1944 Abs. 2 nur eine durch amtliche Verkündung der betreffenden Verfügung gemäß §§ 2260, 2300 vermittelte Kenntnisnahme verstanden werden. Daß der Wortlaut des § 2332 dieser Gesetzesauslegung nicht zur Seite steht, wird auch vom Berufungsrichter nicht verkannt. Die in der Literatur vereinzelt aufgestellte Meinung, der Gesetzgeber habe in § 1944 Abs. 2 für das Gebiet des Erbrechts einen allgemeinen, auch auf andere Fälle des gesetzlichen Fristenlaufes anwendbaren Grundsatz aufstellen wollen, läßt sich weder aus den gesetzgeberischen Vorarbeiten noch aus Zweck und Inhalt des Gesetzes genügend begründen. Es ist zuzugeben, daß damit ein objektiver, leicht und sicher zu bestimmender Anfangstermin für die kurze Verjährung des Pflichtteilsanspruchs gewonnen wäre, ein Gesichtspunkt, dem der Gesetzgeber sonst in zahlreichen, den Beginn der Verjährungsfrist regelnden Einzelbestimmungen Rechnung getragen hat. Es mag ferner sein, daß der die Verjährung vorschützende Erbe sich in der Mehrzahl der Fälle damit begnügen kann, dem klagenden Pflichtteilsberechtigten den Tag der amtlichen Verkündung der Verfügung nachzuweisen. Diesen Regelfall hat ersichtlich die Begründung des I. Entwurfs zu § 1999 Bd. 5 S. 426 im Auge, wenn es dort heißt, daß nicht auf die Verkündung der verletzenden Verfügung allein gesehen werden dürfe, da es immerhin möglich bleibe, daß auch von der verkündeten Verfügung der Pflichtteilsberechtigte Kenntnis nicht erlangt habe. Allein es ist zu erwägen, daß das Bürgerliche Gesetzbuch auch auf dem Gebiete des Erbrechts Ausschlußfristen kennt, die von dem Zeitpunkte der erlangten Kenntnis ab laufen, ohne daß zwischen der Art der Kenntnisnahme unterschieden wird (z. B. §§ 1954, 2082, 2340). Auch eigentliche Verjährungsfristen sind schlechthin auf den Zeitpunkt der erlangten Kenntnis abgestellt (§ 852). Nach der äußeren Anlage des Gesetzes muß es ferner bedenklich erscheinen, in einer singulären, dem Abschnitte über Annahme und Ausschlagung der Erbschaft angehörigen, dem § 1944 nur in Form eines Zwischensatzes einverleibten Vorschrift den Ausspruch eines auch nur auf erbrechtlichem Gebiete allgemeine Geltung beanspruchenden Grundsatzes zu erblicken. Schon hiernach können die obigen Bedenken nicht als durchschlagend erachtet werden, um im Streitfalle eine ausdehnende Auslegung der formalen Vorschrift des § 1944 zu rechtfertigen. Hierzu kommt, daß diese Vorschrift ihre gute Bedeutung hat, wenn es sich um die auch für Beziehungen zu den Nachlaßgläubigern wichtige Frage des Erbewerdens handelt, daß aber kein Grund ersichtlich ist, den pflichtteilsberechtigten nahen Familienangehörigen des Erblassers die Berufung auf eine Formvorschrift auch dann zu gestatten, wenn sie bereits zur Zeit des Erbfalles von der Sachlage voll unterrichtet, sogar — wie im Streitfalle behauptet ist — im Besitze einer Ausfertigung der sie beeinträchtigenden Verfügung gewesen sind.

Das Berufungsurteil mußte deshalb aufgehoben, und die Sache zur Prüfung derjenigen Behauptungen an die Vorinstanz zurückverwiesen werden, die der Beklagte bezüglich der Kenntnis des Klägers von dem streitigen Erbvertrage aufgestellt hat."

RGZ. 69, 389

Hat ein Abkömmling, der auf Ergänzung des Pflichtteils klagt, sich die Hinzurechnung und Anrechnung eines Geschenks gefallen zu lassen, das ihm oder seinem Vorfahren länger als zehn Jahre vor dem Erbfall gemacht worden ist?

BGB. §§ 2325, 2327.

IV. Zivilsenat. Urt. v. 2. November 1908.

I. Landgericht Halberstadt. II. Oberlandesgericht Naumburg a. S.

Die beiden Beklagten sind die Söhne und Erben des am 18. Juli 1905 verstorbenen Generalleutnants v. T. Die Klägerin ist als einzige Tochter eines dritten verstorbenen Sohnes Enkelin des Erblassers und auf den Pflichtteil gesetzt. Sie erhob mit Rücksicht auf beträchtliche Schenkungen, die in den Jahren 1902—1905 vom Erblasser den Beklagten zugewendet worden waren, gegen diese den Pflichtteilsergänzungsanspruch. Der Berufungsrichter will ihr hierauf gewisse Schenkungen anrechnen, die ihr Vater in den Jahren 1854 bis 1859 vom Erblasser erhalten hat. Soweit sie sich gegen diese Anrechnungspflicht wendet, ist ihre Revision zurückgewiesen aus folgenden

Gründen:

„Der Berufungsrichter erachtet zwar den von der Klägerin geltend gemachten Pflichtteilsergänzungsanspruch hinsichtlich derjenigen Schenkungen für begründet, welche die verklagten Söhne und Erben des Erblassers mit zusammen 57 000 M. in den Jahren 1902 bis 1905 vom Erblasser gewährt erhalten haben. Er will aber — die Eidesleistung des Zweitbeklagten vorausgesetzt — gemäß § 2327

BGB. dem Nachlaß auch diejenigen 7806,60 M. hinzurechnen, welche der Erblasser dem Vater der Klägerin in den Jahren 1854—1859 in Form der Schuldenbezahlung geschenkt habe. Zugleich will er diesen Betrag der Klägerin auf die Ergänzung anrechnen. Die Revision vertritt die Meinung, diese weit länger als 10 Jahre zurückliegende Schenkung hätte gemäß § 2325 Abs. 3 BGB. unberücksichtigt bleiben müssen. Es ist zuzugeben, daß die Fassung des § 2327 Abs. 1, wonach ein dem Pflichtteilsberechtigten selbst (oder seinem Vorfahren) gemachtes Geschenk „in gleicher Weise" wie das dem Dritten gemachte Geschenk dem Nachlasse hinzuzurechnen ist, dem Zweifel Raum gibt, ob mit der unverkennbaren Bezugnahme auf die Regel des § 2325 auch die in Abs. 3 derselben Gesetzesstelle getroffene Ausnahmebestimmung für die Fälle des § 2327 übernommen ist. Es ist ferner zuzugeben, daß § 2325 unter den mit einer Schenkung bedachten Dritten auch Pflichtteilsberechtigte versteht, wie namentlich die Erwähnung des Ehegatten am Schlusse des § 2325 außer Zweifel stellt. Endlich kann es, wie mehrfach in der Literatur hervorgehoben worden ist, in der Tat befremden, daß von zwei zu verschiedenen Zeiten beschenkten Pflichtteilsberechtigten der eine abgewiesen werden muß, wenn er vom andern Einwerfung einer weiter als zehn Jahre zurückliegenden Schenkung fordert, daß sich dagegen der andere die Hinzurechnung und Anrechnung eben dieser alten Schenkung gefallen zu lassen hat, wenn er seinerseits den Pflichtteilsergänzungsanspruch gegen denjenigen Teil erhebt, der erst innerhalb der letzten zehn Jahre vom Erblasser beschenkt worden ist. Allein der Wortlaut des § 2327 Abs. 1 spricht jedenfalls für die Annahme, der Gesetzgeber habe den Pflichtteilsergänzungskläger auch dann, wenn er seinen Anspruch gegen einen anderen Pflichtteilsberechtigten richtet, grundsätzlich für verpflichtet erklären wollen, alle, gleichviel wann, ihm selbst (oder seinem Vorfahren) gemachten Geschenke dem Nachlaß hinzurechnen zu lassen. Wenn es dort weiter heißt, diese Hinzurechnung habe „in gleicher Weise" zu geschehen, wie wenn es sich um das einem Dritten gemachte Geschenk handle, so ist nicht darüber ob, sondern wie die Hinzurechnung zu geschehen habe, Bestimmung getroffen. Offensichtlich nimmt das Gesetz dabei nur auf diejenigen Vorschriften Bezug, die an anderer Stelle von der Art und Weise dieser Hinzurechnung handeln. Solche Vorschriften sind aber lediglich im Abs. 2 des § 2325 bezüglich des für den Wertansatz maßgebenden Zeitpunktes erteilt. Dagegen ist nicht erkennbar, daß auch die Hinzurechnungspflicht selbst hätte eingeschränkt und, wie im Falle des dritten Absatzes, ganz verneint werden sollen, wen der die Ergänzung verlangende Pflichtteilsberechtigte selbst vor länger als zehn Jahren beschenkt worden ist. Nimmt man hinzu, daß bei den Beratungen der zweiten

Kommission (Protokolle Bd. 6 S. 104/105) ein Antrag, dem Pflichtteilsergänzungskläger bezüglich der selbstempfangenen, weit zurückliegenden Schenkungen ebenso günstig zu stellen wie den Dritten, unter Hinweis auf die außerordentliche Natur des Rechtsmittels abgelehnt worden ist, so kann eine ausdehnende, auch den Abs. 3 des § 2325 mit herübernehmende Auslegung des § 2327 nicht als dem Willen des Gesetzgebers entsprechend erachtet werden; vielmehr ist mit dem Berufungsrichter anzunehmen, daß bei Anwendung des § 2327 die in § 2325 gesetzte zeitliche Schranke außer Betracht zu bleiben hat. . . ."

RGZ. 72, 379

1. Finden, wenn zu dem Nachlasse des zur Hinterlassung des Pflichtteils verpflichteten Erblassers ein Erbteil an einem anderen Nachlasse gehört, die §§ 2313, 2314 BGB. auch hinsichtlich dieses anderen Nachlasses Anwendung?

2. Fällt die Verbindlichkeit zur Zahlung einer Leibrente unter § 2313 BGB.?

3. Bis wann kann der Anspruch auf amtliche Aufnahme und Schätzung des Nachlasses erhoben werden?

IV. Zivilsenat. Urt. v. 10. Jaunar 1910.

I. Landgericht III Berlin. II. Kammergericht daselbst.

Aus den Gründen:

. . . „Behufs Entscheidung der zwischen den Parteien bestehenden Streitfragen bedarf es des Eingehens darauf, welche Rechte die Klägerinnen als Pflichtteilsberechtigte am Nachlaß des R. R. hinsichtlich des Nachlasses des J. R. haben. Da dieser bereits am 6. September 1903 vor seinem am 20. Dezember 1903 verstorbenen Sohne R. R. verstorben ist, so gehört zu dem Nachlaß des R. R. der diesem bereits bei Lebzeiten angefallene und nunmehr auf die Beklagten zu 1 und 2 als Erbeserben übergegangene Anteil an dem Nachlaß des J. R. Die genannten Beklagten bilden mithin eine Erbengemeinschaft bezüglich des R. R.'schen Nachlasses, nehmen aber als Erbeserben auch an der Erbengemeinschaft teil, die zwischen den J. R.'schen Erben besteht, und müssen deshalb zur Verwirklichung ihres Miterbrechts sowohl untereinander, als mit den Miterben des J. R. sich auseinandersetzen.

Anders ist die Stellung der Klägerinnen als Pflichtteilsberechtigter. Sie brauchen grundsätzlich — wenngleich im einzelnen Falle dies zweckmäßig sein kann — die Auseinandersetzung, wodurch ihre

Rechte nicht berührt werden, nicht abzuwarten, haben vielmehr nach §§ 2303, 2311 BGB. einen Anspruch darauf, daß die zum Nachlaß des R. R. gehörigen Gegenstände nach ihrem Werte zur Zeit des Erbfalls, das ist des Todes des R. R., geschätzt werden, und der danach zu berechnende Pflichtteil ihnen ausgezahlt wird. Das gleiche Recht haben sie, da der Nachlaß des R. R. dessen Anteil an der zwischen den Erben des J. R. bestehenden Erbengemeinschaft als einem Bestandteil des Nachlasses mitumfaßt, auch hinsichtlich der zum Nachlaß des J. R. gehörigen Gegenstände. Unrichtig ist daher der Standpunkt, den anscheinend die Beklagten einnehmen, und der zum Teil auch in der Revisionsbegründung vertreten wird, daß die Klägerinnen, was den Erbanspruch des R. R. an den Nachlaß des J. R. betrifft, den Pflichtteil nur von den Beträgen beanspruchen können, die bei der Erbauseinandersetzung über den Nachlaß des J. R. von dessen Testamentsvollstreckern dem Nachlaß des R. R. zugewiesen werden.

Allerdings können die für das Pflichtteilsrecht der Klägerinnen geltenden Grundsätze nicht ohne jede Aenderung auf den Anteil des R. R. am Nachlaß seines Vaters übertragen werden. Die Klägerinnen stehen als Pflichtteilsberechtigte am Nachlaß des R. R. nicht in einem unmittelbaren Rechtsverhältnis zu den Erben des J. R. Sie können deshalb nicht unmittelbar von diesen Erben oder den den Nachlaß des J. R. vertretenden Testamentsvollstreckern verlangen, daß das Verzeichnis des Nachlasses gemäß § 2314 BGB. durch die zuständige Behörde aufgenommen werde, und daß sie bei der Aufnahme des Verzeichnisses zugezogen werden; sie sind vielmehr darauf angewiesen, daß die Erben des R. R. in ihrem, der Klägerinnen, Interesse die zur Feststellung des J. R.'schen Nachlasses erforderlichen Schritte tun und die zur Schätzung erforderlichen Nachrichten, insbesondere das Verzeichnis des Nachlasses, ihnen mitteilen. Die Klägerinnen sind ferner bei Ausübung dieser Rechte an die Anordnungen des J. R. gebunden. Durch das Pflichtteilsrecht der Klägerinnen, das nur gegenüber R. R., nicht gegenüber J. R. besteht, ist dieser nicht gehindert, seinen Erben (soweit deren Pflichtteilsrechte nicht verletzt werden) Beschränkungen aufzuerlegen und ihnen die Aufnahme eines amtlichen Verzeichnisses zu verbieten. Abgesehen von diesen Unterschieden gilt aber für die Ermittelung des Pflichtteils das gleiche, ob nun der Nachlaß des R. R. oder der des J. R. in Frage steht. Für die Klägerinnen als Pflichtteilsberechtigte handelt es sich dabei wesentlich um einen Anspruch auf Schätzung.

Ein Anspruch darauf, daß zur Erleichterung der Schätzung die Erbteilung und die zu diesem Zwecke erforderliche Verwertung des Nachlasses vorgenommen werde, kann von den Klägerinnen nicht erhoben werden, wobei für den vorliegenden Fall unerörtert bleiben kann, ob ein solcher Anspruch dann begründet sein würde, wenn nach der besonderen Sachlage ohne Erbteilung und Verwertung des Nachlasses eine Schätzung nicht wohl möglich ist. Was dagegen die Verzeichnung und Schätzung anlangt, so sind die hierüber in den §§ 2313 und 2314 BGB. gegebenen Vorschriften, insbesondere die Grundsätze des § 2313 über die Feststellung des Wertes bei Rechten oder Verbindlichkeiten, die von einer aufschiebenden oder auflösenden Bedingung abhängen, desgleichen bei ungewissen oder unsichern Rechten und bei zweifelhaften Verbindlichkeiten, auch auf den Nachlaß des J. R. anzuwenden.

Es fragt sich aber, ob diese Grundsätze, nach denen eine spätere Ausgleichung zu erfolgen hat, auch Anwendung finden können auf den vorliegenden Fall, in dem der Nachlaß des J. R. zugunsten seiner Witwe mit einer auf ihre Lebenszeit zu gewährenden Rente belastet ist. Diese Frage kann übrigens, wie nebenbei bemerkt sein mag, nur vorkommen bei der Berechnung des Anteils des R. R. an dem Nachlaß seines Vaters, da hinsichtlich des Nachlasses des R. R. der Pflichtteil unter Zugrundelegung der gesetzlichen Erbfolge zu berechnen ist (vgl. § 2316 BGB.). Für die Entscheidung der Frage *kommt wesentlich in Betracht,* daß bei einer derartigen Belastung die Ungewißheit nur die Dauer des Rentenbezugs, nicht das Recht des Rentenbezugs betrifft. Die Ungewißheit ist somit nur eine tatsächliche, die dadurch gehoben werden kann, daß der Wert der Rente nach versicherungstechnischen Grundsätzen durch Schätzung ermittelt wird (vgl. Motive Bd. 5 S. 408). Eine solche Schätzung entspricht dem allgemeinen Grundsatz des Pflichtteilrechts, daß der Wert des Nachlasses zur Zeit des Erbfalles entscheidend ist, ohne daß der Pflichtteilsberechtigte an der späteren Vermehrung oder Minderung des Nachlasses teilnimmt (§ 2303 BGB.). Die Klägerinnen brauchen sich nicht gefallen zu lassen, daß zur Deckung der an die Witwe des J. R. zu entrichtenden Rente beliebige Kapitalien zurückbehalten werden. Es ist ihnen auch nicht zuzumuten, daß sie mit dem von diesen Kapitalien ihnen gebührenden Pflichtteilsbetrage erst zur Hebung kommen, nachdem sich durch den Tod des Rentenberechtigten oder in sonstiger Weise das Rentenrecht erledigt hat. Der Wert der Rente ist vielmehr nach der vermutlichen Lebenszeit des Berechtigten zu berechnen, wobei die Lebensdauer individuell (nach den zur Zeit der Schätzung bekannten Gesundheits- und Lebensverhältnissen des Rentenberechtigten) zu schätzen ist, und nur aushilfsweise, wenn die besondere Lage des Falles keine andere Schätzung erfordert, dürfen die in §§ 18, 19 des Erbschaftssteuergesetzes vom 3. Juni 1906 enthaltenen allgemeinen Schätzungsvorschriften herangezogen werden. Die Beklagten können hierbei ein jedes Risiko vermeiden, wenn der Wert so hoch berechnet wird, daß der Betrag zur Versicherung der von den Beklagten zu zahlenden Leibrente ausreicht. Der hiernach ermittelte Wert ist zur Berechnung des Pflichtteils von dem Betrage der zurückbehaltenen Kapitalien in Abzug zu bringen.

Gegen diesen Grundsatz hat der Berufungsrichter verstoßen, wenn er die zurückbehaltenen Kapitalien deshalb außer Ansatz läßt, weil von den Klägerinnen keine Aufklärung darüber gegeben sei, ob der Anspruch, den sie dieserhalb erheben, als ein aufschiebend bedingter oder als ein aufschiebend befristeter anzusehen sei. Die Revision der Klägerinnen erscheint hiernach insofern begründet, als nicht ohne weiteres die aus dem Nachlaß des J. R. zurückbehaltenen Kapitalien unberücksichtigt bleiben durften. Die Klägerinnen können nicht darauf verwiesen werden, daß bei der amtlichen Aufnahme des Nachlaßverzeichnisses zugleich eine Schätzung stattfindet. Sie sind berechtigt, die Feststellung bereits in dem gegenwärtigen Prozesse zu verlangen; und es hat der Berufungsrichter, soweit die Parteianführungen einer Ergänzung durch nähere Angaben oder durch Beweisantritt bedürfen, durch Ausübung des Fragerechts hierauf hinzuwirken.

Desgleichen beschweren sich die Beklagten darüber mit Recht, daß statt einer endgültigen Entscheidung nur eine Abweisung zur Zeit ausgesprochen ist. Im einzelnen bestehen die zurückbehaltenen Kapitalien nach den Anführungen der Beklagten in vier Posten. Zur Deckung der an die Witwe des J. R. zu zahlenden Rente von 18 000 M. jährlich ist als der auf R. R. entfallende dritte Teil der Betrag von 160 977 M. zurückbehalten. Die übrigen Posten bestehen in 60 233,33 M., als dem dritten Teil einer Grundschuld von 180 700 M., die inzwischen infolge Subhastation der verpfändeten Ziegelei vollständig ausgefallen sein soll, sowie in 526,67 M. und 10 000 M., die durch notwendige Nachlaßausgaben verbraucht sein sollen. Es ist nicht verständlich, wie bezüglich dieser drei letzten Posten der Entscheidungsgrund des Vorderrichters, es sei nicht aufgeklärt, ob es sich um einen aufschiebend befristeten oder um einen aufschiebend bedingten Anspruch handle, zutreffen soll. Ist es richtig, daß die Grundschuld ausgefallen ist und schon zur Zeit des Todes des R. R. wertlos war, so kann diese Post bei Berechnung des Pflichtteils der Klägerinnen nicht mit in Ansatz kommen. Im anderen Falle ist der Betrag des Pflichtteils (falls nicht sonstige Gründe entgegenstehen) entsprechend zu erhöhen. Was die beiden anderen Posten von 526,67 M. und 10 000 M. anlangt, so können hierauf nur Nachlaßschulden, die schon beim Tode des Erblassers vorhanden waren oder später entstanden sind (vgl. Urteil des Reichsgerichts vom 21. Dezember 1905 in der Juristischen Wochenschrift für 1906 S. 114 Nr. 13), nicht andere Ausgaben verrechnet werden. . . .

Mit Recht hat das Berufungsgericht die Auffassung der Beklagten abgelehnt, daß die Klägerinnen jetzt nach so langer Zeit die amtliche Aufnahme und Schätzung des Nachlasses gemäß § 2314 BGB. nicht mehr verlangen könnten. Der Pflichtteilsberechtigte ist nicht, sobald ihm ein privates Verzeichnis des Nachlasses von den Erben mitgeteilt ist, verpflichtet, sich darüber zu erklären, ob er die amtliche Aufnahme verlangt, und aus seinem Stillschweigen kann nicht ohne weiteres gefolgert werden, daß er mit dem Privatverzeichnis sich begnügen und auf die weiteren nach § 2314 BGB. ihm zustehenden Rechte verzichten wolle. Das Recht auf amtliche Aufnahme und Schätzung des Nachlasses bildet die wichtigste Grundlage für die Berechnung des Pflichtteils und bleibt für den Pflichtteilsberechtigten auch dann noch von größtem Werte, wenn seit dem Erbfall bereits längere Zeit verstrichen ist, und erhebliche Veränderungen in dem Bestande des Nachlasses vorgekommen sind. Ist auch für die Berechnung des Pflichtteils der Wert des Nachlasses zur Zeit des Erbfalls maßgebend, so ist doch auch eine spätere Verzeichnung und Schätzung immer noch von Bedeutung, da hieraus rückwärts auf den Zustand des Nachlasses zur Zeit des Erbfalls mit mehr oder weniger Sicherheit geschlossen werden kann.

Der Verzeichnung und Schätzung unterliegen alle diejenigen Gegenstände, die noch im Nachlaß vorhanden sind, auch die an Stelle der veräußerten Sachen zum Nachlaß gekommenen Sachen und Rechte. Der Umstand, daß der größte Teil des Nachlasses veräußert oder bereits unter die Erben verteilt ist, kann zur Folge haben, daß der Pflichtteilsberechtigte nur noch ein sehr geringes Interesse an der amtlichen Aufnahme des Nachlasses hat. Das berechtigt aber nicht, den Anspruch darauf ihm zu entziehen. Darüber, ob die amtliche Aufnahme in seinem Interesse ist, hat der Pflichtteilsberechtigte allein zu befinden. Nur unter ganz besonderen Umständen würde die Geltendmachung des Anspruchs ihm als Schikane ausgelegt werden können, und danach die Ausübung des Rechts gemäß § 226 BGB. unzulässig sein. Die gleichen Grundsätze greifen Platz für die Verzeichnung und Schätzung der zum Nachlaß des J. R. gehörigen Gegenstände. Wie bereits bei Erörterung des Zahlungsanspruchs ausgeführt ist, erstreckt sich das Recht des Pflichtteilsberechtigten, wenn der Nachlaß des zur Hinterlassung des Pflichtteils verpflichteten Erblassers den Erbteil dieses Erblassers an einem anderen Nachlaß in sich aufgenommen hat, auf die sämtlichen zu dem anderen Nachlaß gehörigen Gegenstände, wenn auch der Pflichtteilsberechtigte dieses Recht nur dadurch durchsetzen kann, daß er sich an die an dem anderen Nachlaß als Erbeserben beteiligten Personen hält, die kraft der in dieser Eigenschaft ihnen zustehenden Befugnisse (vgl. § 2215 Abs. 4 BGB.) die Verzeichnung und Schätzung herbeizuführen haben." . . .

RGZ. 73, 369

Ist auch der auf Ergänzung des Pflichtteils (§ 2325 BGB.) belangte Erbe zur Auskunft über die in den letzten zehn Jahren vom Erblasser empfangenen Geschenke nach § 2314 BGB. verpflichtet?

BGB. §§ 2314, 2325, 2327, 2329.

IV. Zivilsenat. Urt. v. 7. März 1910.

I. Landgericht II Berlin. II. Kammergericht daselbst.

Der Beklagte ist Erbe, die Kläger sind pflichtteilsberechtigt auf den Nachlaß der am 22. Juli 1907 verstorbenen Rentnerin D., der Mutter der Parteien. Der Beklagte legte gemäß einem gegen ihn ergangenen Anerkenntnisurteile den Klägern ein Nachlaßverzeichnis vor, das nur 245,40 M. Vermögen und 662,35 M. Schulden aufwies. Die Kläger behaupteten, die Erblasserin habe dem Beklagten beträchtliche Schenkungen gemacht. Sie forderten hierüber zur Vorbereitung des deshalb zu erhebenden Pflichtteilsergänzungsanspruchs vom Beklagten eine Auskunft und erwirkten ein Teilurteil des Landgerichts, wodurch der Beklagte verurteilt wurde, in Ergänzung zu dem von ihm vorgelegten Inventar ein Verzeichnis über die ihm von der Erblasserin geschenkten Vermögensstücke, insbesondere über die auf ihn übertragenen hypothekarischen und sonstigen Forderungen zu geben, dieses Vermögen mit allen gezogenen und noch zu ziehenden Früchten bei Berechnung des auf die Kläger entfallenden Pflichtteils dem Nachlaß hinzuzurechnen und mit zur Teilung zubringen, sowie das Verzeichnis selbst eidlich zu erhärten. Auf Berufung des Beklagten wies dagegen das Kammergericht die Kläger durch Teilurteil mit ihrem Antrag auf Vorlegung eines Verzeichnisses über die geschenkten Vermögensstücke und auf eidliche Erhärtung dieses Verzeichnisses ab. Auf die Revision der Kläger wurde das Berufungsurteil insoweit aufgehoben, als die Kläger mit ihrem Antrag auf Vorlegung eines Verzeichnisses über die von der Erblasserin dem Beklagten geschenkten Vermögensstücke abgewiesen wurden, und das landgerichtliche Urteil mit der Maßgabe wiederhergestellt, daß in das Verzeichnis nur die innerhalb der letzten zehn Jahre vor dem 22. Juli 1907 empfangenen Geschenke aufzunehmen sind.

Gründe:

„Das Gesetz steht auf dem Standpunkte, daß auch der Pflichtteilsergänzungsanspruch der §§ 2325 flg. BGB. grundsätzlich nichts anderes ist, als der Pflichtteilsanspruch. Dies ergibt schon die terminologische Bezeichnung „Ergänzung des Pflichtteils", wobei der ordentliche, aber unvollständige Pflichtteil zuzüglich des ergänzten Betrags doch immer nur als vervollständigter, als ganzer Pflichtteil gedacht ist. Daraus folgt, daß der Pflichtteilsergänzungsanspruch grundsätzlich allen Bestimmungen unterliegt, die für den ordentlichen Pflichtteilsanspruch gegeben sind. So erklärt sich auch, daß § 2010 des ersten Entwurfs, der die entsprechende Anwendung dieser Vorschriften noch ausdrücklich anordnete, bei den Beratungen der zweiten Kommission „unter Billigung des Inhalts" schließlich als selbstverständlich gestrichen worden ist (Protokolle Bd. 5 S. 589, Bd. 6 S. 104/105). Der Berufungsrichter war deshalb nicht berechtigt, die Anwendbarkeit des § 2314 BGB. auf den Pflichtteilsergänzungsanspruch mangels einer besonderen gesetzlichen Bestimmung zu verneinen. An einer solchen besonderen Bestimmung fehlt es z. B. auch hinsichtlich der Tragung der Pflichtteilslast, der Verjährung, der Entziehung des Pflichtteils, und gleichwohl ist an der entsprechenden Anwendbarkeit dieser Vorschriften auf den Pflichtteilsergänzungsanspruch nicht zu zweifeln.

Allerdings sind dem Grenzen gezogen, soweit sie sich aus der besonderen Natur des Ergänzungsverlangens ergeben. So werden sich die besonderen Verpflichtungen, die das Gesetz dem Erben gegenüber dem Pflichtteilsberechtigten auferlegt, im Falle des außerordentlichen Pflichtteilsergänzungsanspruchs (§ 2329) nicht ohne weiteres auch auf den Beschenkten übertragen lassen. Dem Berufungsrichter kann aber nicht zugegeben werden, daß von entsprechender Anwendung des § 2314 schon deshalb nicht die Rede sein dürfe, weil es sich bei Schenkungen nicht um den Bestand des Nachlasses handle. Zwar gehören die vom Erblasser bei Lebzeiten verschenkten Gegenstände nicht mehr zu dem wirklich vorhandenen, greifbaren Bestande seines Nachlasses im Sinne von § 2311 BGB. Wohl aber sind sie gemäß §§ 2325, 2327 BGB. dem Nachlasse „hinzuzurechnen". Der Ermittelung des Ergänzungspflichtteils hat mithin gleichfalls ein Bestand zugrunde zu liegen, der deshalb nicht weniger maßgebender Nachlaßbestand ist, weil er, ähnlich wie beim gewöhnlichen Pflichtteil, in den Fällen der §§ 2315, 2316 BGB. oder bei der Ausgleichungspflicht der gesetzlichen Erben (§ 2055), ganz oder zum Teil nur rechnungsmäßig festzustellen ist. Auch Erwägungen allgemeiner Natur können nicht dazu führen, die in § 2314 dem Erben auferlegte Auskunftspflicht auf den eigentlichen Pflichtteilsanspruch im

Gegensatz zum Ergänzungsanspruch zu beschränken. Der Grundsatz, daß dem Kläger der Nachweis aller zur Begründung und Bezifferung seines Anspruchs erforderlichen Tatsachen obliegt, ist schon im Regelfall des § 2314 nicht durchgeführt und überall da preisgegeben, wo das Gesetz dem Beklagten die Verpflichtung auferlegt hat, auch seinerseits durch Erteilung von Auskunft, Rechnungslegung, Vorlegung eines Vermögensverzeichnisses, Leistung des Offenbarungseides zur Verschaffung der Klagunterlagen mitzuwirken. Auch die prozessuale Verfolgung seiner Rechte ist dem Kläger in Fällen dieser Art durch § 254 ZPO. erleichtert. Daß das Auskunftsverlangen gerade im Gebiete des Erbrechts keinen unbilligen Gewissenszwang enthalte, ist Bd. 58 S. 93 der Entsch. in Zivils., daß es andererseits nicht in Schikane ausarten dürfe, in Bd. 62 S. 111 vom Reichsgericht anerkannt worden. Es kommt hinzu, daß die Auskunftspflicht des Beklagten, die selbstverständlich nicht weiter geht, als sein Wissen reicht, zunächst in der Vorlegung eines Verzeichnisses nach § 260 Abs. 1 BGB. sich erschöpft, und daß er nur unter den besonderen, jetzt noch nicht zu übersehenden Voraussetzungen des Abs. 2 zur Eidesleistung angehalten werden kann. Auf der anderen Seite würde der durch pflichtwidrige Schenkungen benachteiligte Pflichtteilsberechtigte, obgleich er als naher Angehöriger des Erblassers durch unentziehbare Ansprüche auf den Nachlaß besonders begünstigt ist, häufig rechtlos ausgehen, wenn ihm das Auskunftsrecht aus § 2314 bezüglich jener Schenkungen zu versagen wäre.

Aus diesen Gründen mußte das angefochtene, nur über die Auskunftspflicht sich verhaltende Teilurteil aufgehoben und in der Sache selbst insoweit auf Zurückweisung der Berufung — wiewohl unter Einschaltung der aus § 2325 Abs. 3 sich ergebenden Zeitgrenze — erkannt werden. Dagegen ist die Eidespflicht des Beklagten aus § 260 Abs. 2 zurzeit nicht näher begründet. Insoweit war deshalb die Revision zurückzuweisen."

RGZ. 77, 282

1. Ist der Erbe, der nach § 2056 BGB. nicht zur Herauszahlung ausgleichungspflichtiger Zuwendungen verpflichtet ist, auch von Zahlung des Pflichtteils befreit, wenn bloß rechnungsmäßig ein in solchen Zuwendungen bestehender Nachlaß vorhanden ist?

2. Kann der Erbe, wenn er außerdem noch Schenkungen empfangen hat, mit dem Pflichtteilsergänzungsanspruch auch zur Herausgabe von ausgleichungspflichtigen Zuwendungen genötigt werden?

BGB. §§ 2056, 2303, 2311, 2316 Abs. 1, 2325 flg.

IV. Zivilsenat. Urt. v. 9. November 1911.

I. Landgericht Landsberg a. W. II. Kammergericht Berlin.

Dem Kläger als Enkel steht unstreitig gegen den Beklagten als Sohn und alleinigen Erben des im Jahre 1906 verstorbenen Rentners B. der Anspruch auf ein Viertel des großväterlichen Nachlasses als Pflichtteil zu. Der Kläger klagte als Betrag dieses Pflichtteils 9000 M. gegen den Beklagten ein, wurde aber hiermit vom Landgericht abgewiesen. In zweiter Instanz legte der Beklagte ein den Bestand von 287,90 M. ausweisendes Nachlaßverzeichnis vor. Der Kläger hielt auch jetzt noch die Behauptung aufrecht, der Beklagte habe von seinem Vater 24 000 M. als Ausstattung, fernere 3000, 9000 und 6000 M. aber als Geschenk gewährt erhalten. Das Berufungsgericht ließ auf sich beruhen, ob die 24 000 M. als Ausstattung gewährt seien, ließ auch die Schenkung von 3000 M. außer Betracht, sah dagegen die Schenkung von 9000 M. als erwiesen an, und erkannte bezüglich der Schenkung von 6000 M. auf einen Eid des Beklagten. Demgemäß ist der Beklagte unbedingt zur Zahlung von 2250 M., für den Fall der Eidesverweigerung zur Zahlung von ferneren 1500 M. verurteilt; in Höhe von 5250 M. ist die Berufung zurückgewiesen worden. Die Revision des Klägers wurde zurückgewiesen aus folgenden

Gründen:

„Der Berufungsrichter stellt zunächst fest, daß der vorhanden gewesene geringe Nachlaß durch die Begräbniskosten mehr als verbraucht ist. . . . Er untersucht weiter, ob sich bei der nach § 2316 Abs. 1 BGB. bloß rechnungsmäßig, unter Berücksichtigung der Ausgleichungspflicht vorzunehmenden Ermittelung des Nachlaßbestandes ein Pflichtteil des Klägers ergebe. Er unterstellt hierbei, daß der Beklagte die streitigen 24 000 M. in der Tat, wie der Kläger behauptet, vom Erblasser als Ausstattung erhalten habe. Allein gemäß § 2056 BGB. sei er nicht zur Herauszahlung verpflichtet; ein von jeder Herauszahlungspflicht befreiter Erbe könne auch nicht mit dem Pflichtteilsanspruche belangt werden, wenn die zur Ausgleichung zu bringende Zuwendung das einzige (rechnungsmäßige) Aktivum des Nachlasses bilde. Diese Gesetzesanwendung wird dem Gedanken des § 2316 Abs. 1 durchaus gerecht. Bereits der Grundsatz des § 2303 BGB., wonach der Pflichtteil in der Hälfte des Wertes des gesetzlichen Erbteils besteht, zwingt dazu, zum Zwecke der Pflichtteilsberechnung festzustellen, wie sich für die Zeit des Erbfalls (§ 2311 BGB.) rechtlich und wirtschaftlich die Lage des Pflichtteilsberechtigten gestaltet hätte, wenn er gesetzlicher Erbe geworden wäre. Für den Fall, daß mehrere Abkömmlinge vorhanden sind, bestimmt § 2316 Abs. 1 weiter, daß diese bloß hypothetische Berechnung des gesetzlichen Erbteils auch unter Berücksichtigung der Ausgleichungspflicht zu erfolgen hat. Damit ist auf die Vorschriften der §§ 2056 flg. BGB. Bezug genommen. Hierzu gehört aber auch der wichtige Grundsatz des § 2056, wonach ein Miterbe, der durch die ausgleichungspflichtige Zuwendung mehr erhalten hat, als ihm bei der Auseinandersetzung zukommen würde, keinesfalls zur Herauszahlung des Mehrbetrags verpflichtet ist. Es ist kein Grund erfindlich, warum der Erbe dieser Begünstigung verlustig gehen sollte, wenn er einem andern Abkömmling nicht als Miterben, sondern als Pflichtteilsberechtigten gegenübersteht. Jedenfalls hätte es einer ausdrücklichen Bestimmung bedurft, wenn dies der Wille des Gesetzes gewesen wäre.

Nun hat freilich der Kläger nicht bloß den Pflichtteilsanspruch, sondern zugleich den Pflichtteilsergänzungsanspruch aus §§ 2325 flg. BGB. erhoben. Der Berufungsrichter nimmt auch wenigstens für den Fall der Eidesverweigerung an, daß der Beklagte 15 000 M. vom Erblasser geschenkt erhalten hat, und daß dem Kläger hiervon ein Viertel herauszuzahlen sei. Daß die als Ausstattung gewährten 24 000 M. auch als Schenkung in Betracht kämen, wird ausdrücklich verneint. Die Revision verlangt, daß gleichwohl diese 24 000 M., sei es auch als Ausgleichungspost, neben den eigentlichen Schenkungen von 15 000 M., für die Ermittelung der Pflichtteilsergänzung der Berechnung zugrunde gelegt würden, so daß dem Kläger ein Viertel des Gesamtbetrags von 24 000 + 15 000 M. = 39 000 M., mindestens aber die eingeklagten 9000 M. zuzubilligen gewesen wären. Allein mit Unrecht. Ist ein effektiver Nachlaß nicht vorhanden, besteht vielmehr der Nachlaß nur aus verschenkten Gegenständen, die nach § 2325 „dem Nachlasse hinzuzurechnen sind", z. B. wenn der Erblasser auf dem Totenbette sein ganzes Vermögen verschenkt hatte, so ist klar, daß der Pflichtergänzungsanspruch nur diese Geschenke ergreift, und zwar zu demjenigen Bruchteile, welcher sich als Hälfte des gesetzlichen Erbteils des Klägers ergibt, im Streitfall also zu einem Viertel. Das Ergebnis kann aber kein anderes sein, wenn zwar außer den Geschenken noch ein rechnungsmäßiger, nämlich in ausgleichungspflichtigen Zuwendungen bestehender Nachlaß vorhanden ist, wenn sich aber dieser Nachlaß dem Pflichtteilsberechtigten gegenüber in nichts auflöst, weil ihm der Erbe nach § 2056 nicht zur Herausgabe verpflichtet ist. Es bleiben also lediglich die nach §§ 2325 flg. herauszugebenden Geschenke als einziger mit dem Pflichtteilsergänzungsanspruche greifbarer Nachlaßbestand übrig. Der Berufungsrichter hebt mit Recht hervor, daß die dem Miterben durch § 2056 gewährleistete Befreiung von jeder Herausgabepflicht vereitelt werden würde, wenn er als mit dem Pflichtteilsergänzungsanspruche Belangter nun dennoch zur Herausgabe der empfangenen Ausstattung usw. genötigt werden könnte. Der Umstand, daß der Beklagte zugleich Erbe und Beschenkter ist, kann seine Lage nicht verschlechtern. Denn als Beschenkter kann er überhaupt nur auf Herausgabe des Geschenks (§ 2329) und nicht auf Herausgabe von ausgleichungspflichtigen Zuwendungen belangt werden. Er haftet auch nur, soweit er durch Geschenke, nicht auch soweit er durch derartige Zuwendungen bereichert ist. Noch weniger kann dem Pflichtteilsberechtigten gestattet sein, mit Hilfe der §§ 2325, 2329 sich an dem Erben oder dem Beschenkten für den Ausfall zu erholen, den er vermöge der Vorschriften der §§ 2316, 2056 an seinem Pflichtteil erleidet. Der Kläger ist hiernach nicht beschwert, wenn die ihm gebührende Pflichtteilsergänzung lediglich unter Zugrundelegung der eigentlichen Geschenke im Betrage von 15 000 M. berechnet ist."

RGZ. 80, 135

Pflichtteilsergänzungsanspruch gegen einen Miterben in der Eigenschaft als Beschenkten. Beweislast. Wertansatz der Schenkung, wenn sie im Erlaß einer Geldschuld bestanden hat.

BGB. §§ 2329, 2325, 2303, 397.

IV. Zivilsenat. Urt v. 30. Oktober 1912.

I. Landgericht I Berlin. II. Kammergericht daselbst.

Die im Jahre 1910 verstorbene verw. S., die Mutter der Parteien, hat durch Testament vom Jahre 1908 die Parteien und ein drittes Kind, Ludwig S., mit der Maßgabe zu Erben eingesetzt, daß Ludwig S. und die Klägerin nur den Pflichtteil erhalten sollten. Durch Vertrag vom 16. Juli 1906 hatte der Beklagte an seine Mutter, die Erblasserin, 600 000 M. Aktien verkauft, wogegen sich die Mutter zu einer Anzahl von Gegenleistungen verpflichtet hatte, über deren Bewertung die Parteien streiten. Die Klägerin behauptet, dieser Vertrag enthalte eine verschleierte Schenkung zugunsten des Beklagten, der ihr deshalb zur Ergänzung des Pflichtteils in Höhe von 144 886 M. verpflichtet sei. Ihrem Klagantrag entsprechend hat das Landgericht den Beklagten zur Zahlung dieses Betrages verurteilt. Seine Berufung wurde zurückgewiesen, seine Revision hatte Erfolg.

Aus den Gründen:

„Steht hiernach fest, daß die Erblasserin dem Beklagten am 16. Juli 1906 in verschleierter Form eine Schenkung von mindestens

695 000 M. gemacht hat, so ergibt § 2325 BGB., daß die Klägerin zu dem Verlangen auf Ergänzung ihres Pflichtteils um $^1/_6$ des Schenkungsbetrages berechtigt ist. Dabei macht es keinen Unterschied, ob die Klägerin im mütterlichen Testamente zur Erbin in Höhe der Pflichtteilsquote ($^1/_6$ des Nachlasses) berufen, oder ob sie entsprechend der Vermutung des § 2304 BGB. nur Gläubigerin des Nachlasses mit dem Anspruch auf Herauszahlung von $^1/_6$ seines Wertes geworden ist. Denn unter dem Pflichtteilsberechtigten der §§ 2325, 2329 BGB. wird ein abstrakt Berechtigter, d. h. eine Person verstanden, die zu dem Kreise der in § 2303 genannten nahen Angehörigen gehört. Wohl aber ist von Bedeutung, ob der Beklagte nach der Regel des § 2325 verb. mit § 2303 Abs. 1 BGB. als Erbe, oder ob er gemäß § 2329 in seiner Eigenschaft als Beschenkter für Ergänzung des Pflichtteils aufzukommen hat. Als Erbe hätte er darauf Anspruch, seinem aus § 780 ZPO. gestellten Antrage gemäß nur unter Vorbehalt der beschränkten Haftung verurteilt zu werden. Der Berufungsrichter glaubt darüber hinweggehen zu können, weil der Beklagte als Beschenkter jedenfalls persönlich in Höhe seiner Bereicherung hafte; es habe deshalb keinerlei praktische Bedeutung, ob er daneben noch als Erbe mit dem vorhandenen Nachlasse zu haften habe.

Nun ist zwar so viel richtig, daß es dem Beklagten im Endergebnis nichts nützen kann, wenn er nachweist, daß er nach den Grundsätzen von der beschränkten Erbenhaftung, oder weil er zum Schutze des eigenen Pflichtteils die Ergänzung verweigern darf (§ 2328), als Erbe zur Ergänzung des Pflichtteils nicht verpflichtet ist. Denn genau in dem Umfange, in welchem er von der Haftung mit dem Nachlasse frei wird, tritt nach § 2329 Abs. 1 BGB. seine persönliche Haftung als Beschenkter in Kraft. Allein einmal ist es für den Schuldner wirtschaftlich nicht gleichgültig, ob er für die Erfüllung einer Verbindlichkeit von vornherein mit seinem ganzen Vermögen einzutreten hat, oder ob er den Gläubiger mit Hilfe der in § 1975 flg. BGB. ihm vorbehaltenen Rechtsbehelfe zunächst auf den Nachlaß verweisen darf. Jedenfalls aber legt § 2329 BGB. dem Pflichtteilsberechtigten, der von dem Beschenkten Herausgabe des Geschenks nach Bereicherungsgrundsätzen fordert, den Nachweis auf, daß und inwieweit der Erbe zur Ergänzung des Pflichtteils nicht verpflichtet ist. An dieser Beweislast des Plichtteilsberechtigten wird dadurch nichts geändert, daß die Person des Erben und des Beschenkten im gegebenen Falle identisch ist. Es wäre eine unzulässige Umkehrung der gesetzlichen Beweisregel, zu sagen: die schließliche persönliche Haftung des Beschenkten stehe schon fest und es komme deshalb nichts darauf an, ob er überdies als Erbe verpflichtet sei.

Zwar bemerkt der Berufungsrichter, die Parteien seien über die Unzulänglichkeit des mütterlichen Nachlasses zurzeit einig. Wäre damit die Ueberschuldung des Nachlasses festgestellt, so stände zugleich fest, daß der Beklagte als Erbe zur Pflichtteilsergänzung nicht verpflichtet wäre."

(Diese Feststellung ist, wie ferner ausgeführt wird, zu vermissen, das Berufungsurteil ist deshalb aufgehoben worden. Es heißt dann weiter:)

„Die sonst erhobenen Revisionsangriffe sind nicht begründet. Der Berufungsrichter legt das Testament ohne erkennbaren Rechtsirrtum dahin aus, daß der Beklagte alleiniger Erbe seiner Mutter geworden sei. Sollte aber auch bei anderweiter Prüfung angenommen werden, die Klägerin und Ludwig S. seien zu je $^1/_6$, der Beklagte zu $^4/_6$ Erben, so wäre die Klägerin auch als Erbin nicht verhindert, den Pflichtteilsergänzungsanspruch gegenüber einem Miterben zu erheben. Soweit dieser Miterbe hierfür nach § 2329 BGB. in der Eigenschaft als Beschenkter persönlich haftet, handelt es sich um ein Rechtsverhältnis, das mit der unter den Beteiligten bestehenden Erbengemeinschaft grundsätzlich nichts gemein hat und eine selbständige Verfolgung des Anspruchs zuläßt. Nur dann, wenn der Beklagte als Erbe haftbar gemacht würde, handelte es sich um eine Nachlaßverbindlichkeit und es käme in Frage, ob sie gemäß § 2046 Abs. 1 BGB. nur im Wege des Auseinandersetzungsverfahrens auszugleichen wäre. Auch dafür ist dem Gesetze nichts zu entnehmen, daß der Pflichtteilsberechtigte zunächst den ordentlichen Pflichtteilsanspruch erheben müsse und dann erst Ergänzung des Pflichtteils fordern dürfe. Häufig, so z. B. wenn der Erblasser auf dem Totenbette sein ganzes Vermögen verschenkt hatte, oder wenn der Nachlaß überschuldet ist, wird der ordentliche Pflichtteilsanspruch von vornherein nicht in Frage kommen.

Die Revision rügt endlich, daß der Berufungsrichter bei Ermittelung des Wertes der Schenkung die Grundsätze des § 2325 BGB. verletzt habe. Bezüglich der von der Erblasserin dem Beklagten erlassenen Schuld von 630 000 M. hätte nicht der Wert zur Zeit der Schenkung, sondern derjenige zur Zeit des Erbfalls zugrunde gelegt werden müssen. Nun ist zwar richtig, daß eine erlassene Schuld oder die ihr gegenüberstehende Forderung nach der Ausdrucksweise des Bürgerlichen Gesetzbuchs (§§ 90 bis 92) nicht Sache ist, also auch nicht verbrauchbare Sache im Sinne von § 2325 Abs. 2 sein kann. Allein dies wird vom Berufungsrichter nicht verkannt. Er stellt nur rechtlich und wirtschaftlich den Erlaß einer Gelddarlehensforderung der Hingabe baren Geldes gleich und hält deshalb die a. a. O. für verbrauchbare Sachen erteilte Vorschrift für entsprechend anwendbar. Diese Auffassung ist nicht rechtsirrig. Erwägt man ferner, daß nach § 397 BGB. der Erlaßvertrag zwischen Gläubiger und Schuldner das Schuldverhältnis sofort zum gänzlichen Erlöschen bringt, so ist von da ab und für den späteren Zeitpunkt des Erbfalls überhaupt nichts mehr vorhanden, woran die Wertsermittelung anknüpfen könnte. Ein Fortbestehen der Forderung bis zum Erbfall oder ein Wiederaufleben zu diesem Zeitpunkte könnte nur auf Grund einer Fiktion angenommen werden, für die das Gesetz keinen Anhalt bietet. Es zeigt sich mithin, daß beim schenkungsweisen Schulderlaß ein anderer Zeitpunkt als der des Erlasses und damit des gänzlichen Unterganges der Forderung der Natur der Sache nach gar nicht in Frage kommen kann. Der Berufungsrichter hat hiernach mit Recht einen Wert der Schenkung im Betrage von 695 000 M. zugrunde gelegt und angenommen, daß der Beklagte noch zur Zeit der Klagezustellung um diesen Betrag bereichert war. Immerhin hängt die Frage, ob der Beklagte als persönlicher Schuldner mit dieser Bereicherung hafte, davon ab, daß er als Erbe zur Ergänzung des Pflichtteils nicht verpflichtet ist. Hierüber wird anderweit zu verhandeln und zu entscheiden sein."

RGZ. 81, 204

Kommt die Vorschrift des § 2325 Abs. 3 BGB., wonach über zehn Jahre zurückliegende Schenkungen unberücksichtigt bleiben, auch dem Beschenkten zugute?

BGB. §§ 2325, 2329.

IV. Zivilsenat. Urt. v. 16. Januar 1913.

I. Landgericht Duisburg. II. Oberlandesgericht Düsseldorf.

Die Frage wurde bejaht aus folgenden

Gründen:

„Beide Vorderrichter haben die erhobene Pflichtteilsergänzungsklage auf Grund von § 2325 Abs. 3 BGB. abgewiesen, weil unstreitig zur Zeit des Erbfalls bereits mehr als zehn Jahre seit der Leistung des verschenkten Gegenstandes verstrichen waren. Die Revision versucht vergeblich auszuführen, daß sich die angezogene Gesetzesvorschrift auf den gegen den Erben erhobenen Pflichtteilsergänzungsanspruch beschränke, daß sie aber gegenüber dem aus § 2329 BGB. belangten Beschenkten — darum handelt sich's im Streitfalle — keine Anwendung zu finden habe.

Bereits in dem Bd. 58 S. 124 Entsch. des RG.'s in Zivils. abgedruckten Senatsurteil ist dargelegt, daß der gegen den Beschenkten erhobene Anspruch nach wie vor Ergänzungsanspruch bleibt und lediglich nach Art und Umfang, nicht aber seinem Grunde nach eine

Aenderung erleidet. Dies ergibt sich schon äußerlich aus der Stellung, die dem § 2329 BGB. inmitten des von Pflichtteil und von der Pflichtteilsergänzung handelnden Abschnitts zugewiesen ist, wie denn auch der folgende § 2330 unterschiedslos auf die vorangegangenen Vorschriften der §§ 2325 bis 2329 Bezug nimmt. Auch sachlich steht § 2329 mit den von der Ergänzungspflicht des Erben handelnden §§ 2325 bis 2328 im engsten Zusammenhang, indem er den Beschenkten nur aushilfsweise, „soweit der Erbe nicht verpflichtet ist" und nur „wegen des fehlenden Betrags" haften läßt. Darüber, ob und inwieweit der Erbe verpflichtet ist und nach welchen Grundsätzen der fehlende Betrag zu ermitteln sei, gibt § 2329 selbst überhaupt keinen Aufschluß. Wenn der Gesetzgeber bei dieser Ermittelung die länger als zehn Jahre vor dem Erbfall zurückliegenden Schenkungen dem Erben gegenüber ausgeschieden wissen will, so muß dies auch dem Beschenkten zugute gehen, der erst an zweiter Stelle und häufig nur für einen Teil der an sich dem Erben obliegenden Pflichtteilsergänzung aufzukommen hat. Dafür, daß der Beschenkte strengeren Bestimmungen zu unterstellen wäre, als der Erbe, bietet das Gesetz keinen Anhalt. Es begünstigt im Gegenteile den Beschenkten, insofern es ihn nur nach Bereicherungsgrundsätzen haften läßt, in § 2329 Abs. 2 ihm ein Ablösungsrecht einräumt und in § 2332 Abs. 2 ihn bei Regelung des Laufes der Verjährungsfrist bevorzugt. Endlich ist aus der Entstehungsgeschichte des Gesetzes hervorzuheben, daß die Identität des gegen den Erben und des gegen den Beschenkten erhobenen Anspruchs in § 2104 des ersten Entwurfs besonders deutlich zum Ausdruck gebracht war. Danach sollte der Beschenkte dem Pflichtteilsberechtigten „wegen dessen Anspruchs auf den außerordentlichen Pflichtteil" verpflichtet sein. Daß der Anspruch gegen den Beschenkten nur zur Durchführung des Anspruchs auf Erhöhung des ordentlichen Pflichtteils dienen sollte, wurde auch bei den Kommissionsberatungen anerkannt (Prot. Bd. 5 S. 593); gewissen Bedenken gegenüber wurde ausdrücklich betont, daß sie durch die beschlossene, dem jetzigen § 2325 Abs. 3 entsprechende zeitliche Beschränkung genügend abgeschwächt seien (Prot. Bd. 5 S. 595 verb. mit S. 582/583 und § 2298 der Reichstagsvorlage).

Die Revision glaubt die Anwendbarkeit des § 2325 Abs. 3 BGB. deshalb verneinen zu dürfen, weil § 2329 dem Beschenkten die Herausgabe des Geschenks nach den Vorschriften über die Herausgabe der ungerechtfertigten Bereicherung auferlegt. Für die Frage der Bereicherung aber sei gleichgültig, wann das empfangene Geschenk seinem Vermögen zugeflossen sei. Allein die im Gesetz auch sonst häufig wiederkehrende Verweisung auf Bereicherungsgrundsätze (so z. B. §§ 323, 327, 682, 684, 852, 951, 977, 993, 1455,

1973, 2021, 2196, 2287 BGB.) dient überall nicht dazu, die Tatbestände zu bestimmen, wodurch eine Herausgabepflicht erzeugt wird. Auch der recht eigentlich von der Bereicherung handelnde § 818 tut dies nicht, der Gegenstand der Herausgabepflicht (das Erlangte, das Geleistete) wird vielmehr durch §§ 812 bis 817 BGB. bestimmt. Die Bezugnahme auf Bereicherungsgrundsätze dient nur dazu, den Umfang einer als bereits vorhanden angenommenen Herausgabepflicht zu begrenzen. Und zwar regelmäßig in der Absicht, den Herausgabepflichtigen damit günstiger zu stellen, als sonst dem strengen Rechte entsprechen würde. § 2329 BGB. besagt mithin nicht mehr, als daß der Beschenkte, wenn und soweit er herausgabepflichtig ist, nur die noch vorhandene Bereicherung herauszugeben habe. Dagegen, daß er auch weiter als zehn Jahre vor dem Erbfalle zurückliegende Schenkungen herauszugeben habe, ist er bereits durch § 2325 Abs. 3 BGB. sichergestellt."

RGZ. 83, 253

Ist bei Berechnung des Pflichtteils der Wert eines zum Nachlasse gehörigen Nacherbrechts sogleich abzuschätzen oder einstweilen außer Ansatz zu lassen? Ungewisse und unsichere Rechte.

BGB. § 2313.

IV. Zivilsenat. Urt. v. 6. November 1913.

I. Landgericht Zabern. II. Oberlandesgericht Colmar.

Die Beklagte zu 1 ist Tochter und Vertragserbin des im Jahre 1910 zu M. verstorbenen Rentners Adolf St. Der Beklagten zu 3, der Witwe des Erblassers, steht am Nachlasse der lebenslängliche Nießbrauch zu. Zugleich ist sie zum Testamentsvollstrecker ernannt. Die Klägerin, ebenfalls eine Tochter des Erblassers, ist auf seinen Nachlaß pflichtteilsberechtigt. Adolf St. war von seinem vor ihm verstorbenen Bruder Edmund St. nach seiner jetzt noch lebenden Witwe als Nacherbe eingesetzt worden. Klägerin verlangt, daß bei Berechnung ihres Pflichtteils auch der Wert dieser Nacherbschaft mit zugrunde gelegt werde und beantragte demgemäß, die Beklagte zu 1 zur Zahlung von 22747,93 M. nebst Zinsen, die Beklagten zu 2 und 3 aber zur Duldung der Zwangsvollstreckung zu verurteilen. Das Landgericht erklärte den Klaganspruch dem Grunde nach insofern für berechtigt, als bei der Berechnung des Pflichtteils der Klägerin das Recht auf die Nacherbschaft des Edmund St. sofort zu berücksichtigen ist. Die Berufung der Beklagten wurde vom Oberlandesgerichte zurückgewiesen. Auf die Revision der Beklagten wurde das Berufungsurteil aufgehoben.

Gründe:

„Unzweifelhaft ist das streitige Nacherbrecht am Edmund St.'schen Nachlasse ein zum Nachlasse Adolf St.'s, des eingesetzten Nacherben, gehöriges „Recht". Es ist, obgleich der Fall der Nacherbfolge — der Tod der Witwe Edmund St. — zurzeit noch nicht eingetreten ist, gemäß § 2108 Abs. 2 BGB. auf die Adolf St.'schen Erben übergegangen und ist deshalb grundsätzlich (§ 2311) bei Ermittelung des Bestandes und des Wertes des Adolf St.'schen Nachlasses zum Zwecke der Pflichteilsberechnung mit in Betracht zu ziehen. Es genügt darauf hinzuweisen, daß die durch die Nacherbeinsetzung und den Eintritt des (ersten) Erbfalls geschaffene, vielfach als Anwartschaft bezeichnete Rechtslage des Nacherben vom Gesetze selbst als Recht bezeichnet wird (§ 2108 Abs. 2 BGB.), daß sie dem Nacherben sogleich nach dem Tode des Erblassers gegenüber dem Vorerben eine Reihe wichtiger Befugnisse verleiht (§ 2114, 2116 — 2218, 2221 — 2123, 2128), wie ihm denn sogleich auch Pflichten gegenüber dem Vorerben auferlegt sind (§ 2120).

Es kann sich deshalb nur fragen, ob das Nacherbrecht auf Grund der Sondervorschrift des § 2313 BGB. bei Feststellung des Wertes des Nachlasses zunächst außer Ansatz zu lassen ist. Dem Berufungsrichter ist darin beizustimmen, daß das streitige Recht weder von einer aufschiebenden, noch von einer auflösenden Bedingung abhängig ist. Es ist insbesondere nicht deshalb auflösend bedingt, weil die Möglichkeit besteht, daß der Nacherbe oder daß seine Erben jetzt oder nach Eintritt der Nacherbfolge von dem Ausschlagungsrechte Gebrauch machen (§ 2142 BGB.). Denn das Gesetz hat in § 2313 rechtsgeschäftliche und nicht sog. gesetzliche Bedingungen im Auge, an welche das Entstehen und das Erlöschen von Rechten geknüpft ist. Das Nacherbrecht kann endlich auch nicht als ein ungewisses und deshalb den aufschiebend bedingten Rechten gleichzustellendes Recht im Sinne von § 2313 Abs. 2 BGB. bezeichnet werden, da an seinem gegenwärtigen rechtlichen Bestande und an der Person des Berechtigten kein Zweifel ist.

Wohl aber ist ein Nacherbrecht der hier streitigen Art grundsätzlich den unsicheren Rechten im Sinne der soeben angezogenen Gesetzesstelle zuzuzählen und deshalb bei Berechnung des Pflichtteils zunächst außer Ansatz zu lassen. Augenscheinlich hat das Gesetz hierbei Rechte im Auge, deren wirtschaftliche oder tatsächliche Verwertung zweifelhaft ist (Warneyer 1913 Nr. 251). Dies ergibt insbesondere der Schlußsatz des § 2313 BGB., wo die ungewissen Rechte als der bloßen Feststellung bedürftig, die unsicheren Rechte dagegen als zu verfolgende, d. h. zum Zwecke der Rechtsverwirklichung geltend zu machende bezeichnet werden. Prüft man das Nacherbrecht unter diesem Gesichtspunkte, so liegt in der Natur der Sache, daß es grundsätzlich immer unsicher, d. h. daß grundsätzlich immer zweifelhaft ist, ob und in welchem Umfange dem Nacherben, wenn er bei Eintritt des Falles der Nacherbfolge die volle Herrschaft über die Erbschaft erlangt, daraus wirtschaftliche Vermögenswerte zufließen werden. Diese Unsicherheit ist ausnahmslos gegeben, wenn der Vorerbe gemäß § 2136 BGB. von den dort angegebenen Beschränkungen und Verpflichtungen befreit ist, eine Möglichkeit die auch im Streitfalle besteht, da der Berufungsrichter über den näheren Inhalt des streitigen Nacherbrechts keinerlei Feststellungen getroffen hat. Aber auch dem nicht befreiten Vorerben steht als Herrn des Nachlasses, zumal eines nicht in Grundstücken, Hypothekenforderungen usw. oder Wertpapieren bestehenden Nachlasses eine so weitgehende Verfügungsmacht hierüber zu, daß die Möglichkeit einer Verminderung oder sogar völligen Aufzehrung der Nachlaßaktiven kaum jemals ganz von der Hand zu weisen ist, sei es daß sich der Vorerbe fahrlässig, vielleicht weil er auch in eignen Angelegenheiten nachlässig ist (§ 2131 BGB.), sei es daß er sich sogar arglistig über die Pflicht hinwegsetzt, den Nachlaß ordnungsmäßig zu verwalten. Die dem Nacherben hiergegen gewährten Schutzrechte können leicht versagen, mit den aus §§ 2134, 2138 flg. herzuleitenden Schadensersatzansprüchen gegen den Vorerben oder dessen Erben wird ihm praktisch häufig nicht gedient sein. Hierzu kommt aber, daß auch abgesehen von jedem Verschulden des Vorerben beinahe jeder größere Nachlaß der Gefahr mehr oder weniger beträchtlicher Wertverringerungen ausgesetzt ist, namentlich dann, wenn der Eintritt der Nacherbfolge erst nach Ablauf geraumer Zeit in Aussicht steht oder wenn es sich dabei um Werte handelt, die von den Schwankungen der allgemeinen wirtschaftlichen Verhältnisse besonders beeinflußt werden.

Bei dieser in der Natur der Sache liegenden wirtschaftlichen Unsicherheit des Nacherbrechts ist eine auch nur einigermaßen zuverlässige Schätzung regelmäßig ausgeschlossen. Sie wird nur dann ausnahmsweise als möglich anzuerkennen sein, wenn es sich um einfache leicht übersehbare Verhältnisse, um besonders stetige Nachlaßwerte handelt und wenn zugleich der Eintritt des Nacherbfolgefalles in nicht zu ferner Zukunft zu erwarten ist. In allen diesen Beziehungen hat der Berufungsrichter jede Prüfung unterlassen. Da immerhin die Möglichkeit besteht, auf Grund solcher Prüfung im gegebenen Falle dennoch die Unsicherheit des streitigen Nacherbrechts zu verneinen, deshalb jetzt schon eine ausreichend zuverlässige Wertschätzung vorzunehmen und den gefundenen Wert bei Berechnung des Pflichtteils jetzt schon mit zugrunde zu legen, so war das Reichsgericht nicht in der Lage, in der Sache selbst zugunsten der Beklagten zu entscheiden. Keinesfalls kann sich die Klägerin darauf berufen, daß ihr nach § 2332 BGB. die kurze Verjährung des Pflichtteilsanspruchs drohe und deshalb, entgegen der Vorschrift des § 2313, auch von den unsicheren Rechten den entsprechenden Wertsanteil beanspruchen. Abgesehen davon, ob die Verjährung in solchen Fällen überhaupt in Lauf gekommen ist, so kann dem Verjährungseinwande jederzeit durch Erhebung der Feststellungsklage vorgebeugt werden."

RGZ. 84, 204

Geltendmachung von Ansprüchen des pflichteilsberechtigten Alleinerben auf Auskunft und auf Herausgabe von Geschenken.

BGB. §§ 2329, 2027, 2028, 2314, 260.

IV. Zivilsenat. Urt. v. 19. Februar 1914.

I. Landgericht II Berlin. II. Kammergericht daselbst.

Der Kläger ist, wie er behauptet, auf Grund eines von seiner Mutter und ihrem zweiten Ehemann errichteten gemeinschaftlichen Testaments Erbe seines am 3. Februar 1912 verstorbenen Stiefvaters und hat infolge Annahme an Kindesstatt durch seinen Stiefvater das Pflichtteilsrecht. Er macht geltend, der Erblasser habe sein gesamtes Vermögen, abgesehen von dem Mobiliar, seiner Nichte, der Beklagten R., und seiner Hausdame, der Beklagten M., geschenkt. In der ersten Instanz beantragte er, die beiden Beklagten zu verurteilen, 1. Auskunft über die Schenkungen zu erteilen, die sie seit dem 2. Februar 1902 von dem Erblasser erhalten hätten, 2. diese Schenkungen, deren genaue Angabe vorbehalten bleibe, an ihn herauszugeben. Das Landgericht wies die Klage ab.

In der Berufungsinstanz verlangte der Kläger von der Beklagten M. Auskunft nach § 2027 und nach § 2028 BGB., behauptete auch, es müßten außer dem Mobiliar, das ihm inzwischen herausgegeben worden sei, noch Wertpapiere in dem Nachlasse vorhanden gewesen sein. Den zweiten Klagantrag stellte er dahin, die Beklagten seien zu verurteilen, die Schenkungen herauszugeben, und zwar die Beklagte R. mindestens 50 000 M. in bar oder in den geschenkten Wertpapieren, die Beklagte M. 11 000 M. Pfandbriefe der M.-Hypothekenbank oder 11 000 M. in bar. Die Beklagte M. gab an, sie habe am 14. April 1906 5000 M. Pfandbriefe der M.-Hypothekenbank und am 22. Dezember 1908 6000 M. Pfandbriefe gleicher Art erhalten, aber nicht als Geschenk, sondern als Vergütung für Dienstleistungen. Die Beklagte R., die nach der Aufstellung des Klägers mindestens 100 000 M. in Wertpapieren erhalten haben sollte, bestritt nicht, Wertpapiere schenkweise erhalten zu haben, gab jedoch über die Höhe der Schenkung keine Erklärung ab. Der Kläger selbst führte an, er habe im Jahre 1901 einen Teil des von seiner Mutter herrührenden Mobiliars von dem Erblasser schenkweise erhalten.

In der Berufungsverhandlung wurde an den Kläger die Frage gerichtet, wie er den Pflichtteil im Verhältnis zu dem vorhandenen Nachlasse berechnen wolle. Der Kläger erklärte, er berechne unter Einrechnung der Schenkungen einen Nachlaßbestand von 122 000 M., wovon der Pflichtteil 61 000 M. betrage.

Das Kammergericht wies die Berufung zurück, weil der Klaganspruch unschlüssig erhoben sei und die rechtlichen Voraussetzungen des § 2329 BGB. verkenne, ferner weil er gegenüber den Vorschriften des § 2329 Abs. 3 und des § 2327 unsubstantüert sei und die Substantiierung, die der Kläger zu geben versuche, unvollständig und widerspruchsvoll sei, endlich weil der Kläger ganz willkürlich von der Erstbeklagten die Hälfte der angeblichen Schenkung von 100 000 M., von der Zweitbeklagten die ganze angebliche Schenkung von 11 000 M. herausverlange und mit der Behauptung, er stelle seine Ansprüche in erster Reihe als Erbe, vollends seine Ansprüche als Erbe und Pflichtteilsberechtigter miteinander verwirre. Das Berufungsurteil wurde aufgehoben.

Aus den Gründen:

. . . „Durch die Frage, wie der Kläger den Pflichtteil im Verhältnis zu dem vorhandenen Nachlasse berechnen wolle, ist das Berufungsgericht der ihm durch § 139 ZPO. gestellten Aufgabe nicht gerecht geworden.

Der Berufungsrichter hat selbst betont, daß der Kläger seine Ansprüche auf seine Eigenschaft als Erbe und auf seine Eigenschaft als Pflichtteilsberechtigter stützt. Aus dem Vorbringen des Klägers konnte auch ersehen werden, daß das Ziel der Klage dahin ging, die Gegenstände, die zu dem Vermögen des Erblassers gehörten oder gehört hatten, aber durch Schenkung in das Vermögen der Beklagten gelangt waren, dem Kläger zu verschaffen. War dies der Klagegrund und das Ziel der Klage, so war es augenscheinlich, daß die Klaganträge einer Erweiterung bedurften, indem sie auf Nachlaßgegenstände auszudehnen waren. Auf Klarstellung der Anträge wäre um so mehr hinzuwirken gewesen, als in der zweiten Instanz Auskunfterteilung nach § 2027 und nach § 2028 BGB. verlangt und geltend gemacht worden war, es seien bei Eintritt des Erbfalls außer dem Mobiliar noch Dessauer Gasaktien und Bargeld im Nachlasse vorhanden gewesen.

Bei richtiger Stellung der Anträge war es ganz sachgemäß, daß der Kläger Auskunft über den Bestand der Erbschaft und den Verbleib der Erbschaftsgegenstände (§ 2027) sowie darüber verlangte, welche erbschaftlichen Geschäfte die Beklagte M. geführt habe (§ 2028). Zur Ermittelung der Schenkungen, die der Erblasser den beiden Beklagten gemacht haben soll, ließ sich allerdings mit Hilfe der dem Erben durch die §§ 2027, 2028 gewährten Rechtsbehelfe nicht gelangen. Wären die auf § 2027 und § 2028 gestützten Anträge des Klägers dahin zu verstehen, es solle auf Grund dieser Gesetzesbestimmungen Auskunft darüber erteilt werden, welche Schenkungen der Erblasser gemacht habe, so wäre ein solches Auskunftsverlangen als rechtlich unbegründet, aber nicht als unsubstantiiert oder widerspruchsvoll abzuweisen gewesen. Dem Kammergericht ist beizutreten in der am Schlusse des Berufungsurteils begründeten Annahme, daß ein pflichtteilsberechtigter Alleinerbe nicht etwa unter entsprechender Anwendung der §§ 2027, 2028 oder des § 2314 für berechtigt erachtet werden kann, im Falle des § 2329 von den Beschenkten Auskunft über die Schenkungen zu fordern (vgl. Entsch. des RG. in Zivils. Bd. 73 S. 371). Auch ist nicht zu beanstanden, daß das Kammergericht angenommen hat, Auskunft über die Schenkungen könne der Kläger nicht nach § 260 BGB. verlangen, weil die Herausgabe eines Inbegriffs von Gegenständen nicht in Frage stehe.

Die Geltendmachung des dem Erben zustehenden Rechtes auf Auskunft über den Bestand der Erbschaft und den Verbleib der Erbschaftsgegenstände war für den Kläger aber auch, wenn sich der Herausgabeanspruch nicht auf die Nachlaßgegenstände erstreckte, insofern von Bedeutung, als, wie der Berufungsrichter selbst nicht verkennt, der Kläger zur Berechnung dessen, was ihm als Pflichtteilsberechtigten gemäß § 2329 gebührte, den Bestand des Nachlasses darzulegen hatte.

Der Kläger hat ferner für den Fall, daß keine der Beklagten zu irgendwelcher Auskunft verpflichtet sei, die Herausgabe von Geschenken im Werte von 50 000 M. und von 11 000 M. verlangt. Auch insoweit war der Anspruch nicht als unsubstantiiert oder unschlüssig oder widerspruchsvoll zurückzuweisen. Die tatsächlichen Angaben des Klägers gingen dahin, im Nachlasse seien vorhanden gewesen das Mobiliar im Werte von 500 M., 12 000 M. Dessauer Gasaktien und 1000 M. Bargeld. Aus dem Berufungsurteil ist nicht zu ersehen, daß die Beklagten eingewendet haben, es sei mehr im Nachlasse vorhanden gewesen. Ueber den Wert des Mobiliars wurde gestritten; Kläger hat hierzu Beweis erboten. Der Berufungsrichter nahm an, es müsse der Bestand des Nachlasses feststehen, es sei dies eine Voraussetzung des § 2329. Wenn damit gesagt werden sollte, es müsse der Bestand des Nachlasses vor Erhebung der Klage aus § 2329 feststehen, so ist das rechtsirrig; es genügt, wenn in dem Prozesse gegen die Beschenkten der Bestand des Nachlasses festgestellt wird. Wenn nun die Beklagten vor dem Berufungsgerichte nicht geltend gemacht haben, daß im Nachlasse mehr vorhanden gewesen sei, als der Kläger angab, so stand kein Hindernis im Wege, den von dem Kläger angegebenen Wert des Nachlasses — nach Festsetzung des Wertes des Mobiliars — der Berechnung des Bereicherungsanspruchs zugrunde zu legen. Die tatsächlichen Angaben des Klägers waren ausreichend. War es weiter richtig, was der Kläger behauptete und zu beweisen hatte, daß die Beklagten von dem Erblasser in den letzten zehn Jahren vor dem Erbfalle Schenkungen in Höhe von 100 000 M. und 11 000 M. erhalten hatten, so mußte der Bereicherungsanspruch begründet erscheinen. Ergab sich, daß der Kläger den Anspruch zu hoch bemessen hatte oder daß eine der Beklagten nach § 2329 Abs. 3 nicht haftete, so mußte es insoweit zu einer Abweisung kommen. Aber das berechtigte nicht, von vornherein, ohne Beweise zu erheben, den Anspruch des Klägers als unsubstantiiert oder unschlüssig zurückzuweisen. Ebensowenig kann aus § 2327 ein Grund zu einer solchen Abweisung entnommen werden. Wenn der Kläger zugegeben hat, im Jahre 1901 aus dem Vermögen des Erblassers ein Geschenk erhalten zu haben, aber unterlassen hat, über den Wert eine Angabe zu machen, so wäre nach § 139 ZPO. zur Stellung einer Frage Anlaß gegeben gewesen." . . .

RGZ. 92, 1

Kann das Recht zur Entziehung des Pflichtteils bei Lebzeiten des Erblassers Gegenstand einer Feststellungsklage sein?

BGB. §§ 2333 flg., 1611 Abs. 2, 1621 Abs. 2, 1513 Abs. 1, 2294. ZPO. § 256.

IV. Zivilsenat. Urt. v. 10. Januar 1918.

I. Landgericht Duisburg. II. Oberlandesgericht Düsseldorf.

Der Kläger ist der Sohn des Beklagten. Er erhob gegen ihn einen Unterhaltsanspruch. Der Beklagte machte u. a. geltend, daß der Kläger sich ihm gegenüber einer Verfehlung schuldig gemacht habe, die ihn berechtige, dem Kläger den Pflichtteil zu entziehen, und daß der Kläger deshalb nach § 1611 Abs. 2 BGB. nur den notdürftigen Unterhalt verlangen könne. Im Wege der Widerklage beantragte er, festzustellen, daß er berechtigt sei, dem Kläger den gesetzlichen Pflichtteil zu entziehen. Er stützte die Widerklage sowohl auf § 256 als auf § 280 ZPO.

Das Landgericht wies durch Teil- und Versäumnisurteil die Klage ab. Durch Endurteil vom 8. Juli 1914 erkannte es nach dem Antrage der Widerklage. Auf die Berufung des Klägers wies das

Oberlandesgericht die Widerklage ab. Die Revision des Beklagten führte zur Aufhebung des Berufungsurteils und Zurückverweisung der Sache in die Vorinstanz.

Aus den Gründen:

„Voraussetzung sowohl der Klage aus § 256 als derjenigen aus § 280 ZPO. ist, wie das Berufungsgericht zutreffend annimmt, daß die Klagen die Feststellung eines bestehenden Rechtsverhältnisses zum Gegenstande haben. Das Berufungsgericht hält diese Voraussetzung nicht für gegeben und begründet das, wie folgt: Mit der Widerklage begehre der Beklagte ihrem eigentlichen Inhalte nach den richterlichen Ausspruch, daß eine etwaige letztwillige Verfügung seinerseits, die dahin gehe, daß dem Kläger der Pflichtteil entzogen werde, Rechtsgültigkeit habe. Die Gültigkeit oder Ungültigkeit eines Testamentes könne aber nicht schon zu Lebzeiten des Erblassers im Klagewege festgestellt werden. Es komme weiter in Betracht, daß eine Feststellungsklage aus § 256 ZPO. nicht gegeben sei, wenn lediglich die Feststellung einer Rechtsfrage gefordert werde. Die von dem Beklagten etwa beabsichtigte Errichtung einer letztwilligen Verfügung, wodurch dem Kläger der Pflichtteil entzogen werde, äußere ihre Wirkung erst nach dem Tode des Beklagten, habe also nur für die künftige Entstehung von Rechtsverhältnissen Bedeutung. Daraus ergebe sich, daß die Widerklage, welche auf die richterliche Anerkennung der Gültigkeit einer letztwilligen Verfügung des Beklagten abziele, durch welche dem Kläger der Pflichtteil entzogen werde, tatsächlich die Feststellung einer Rechtsfrage zum Gegenstande habe. Endlich sei nach dem Grundsatze viventis hereditas non datur (§ 1922 BGB.) die Zulässigkeit einer Klage auf Feststellung eines erbrechtlichen Verhältnisses bezüglich des Nachlasses eines noch Lebenden begrifflich ausgeschlossen. Darauf sei aber die Widerklage gerichtet.

Diese Begründung beruht auf Rechtsirrtum. Wie die Revision mit Recht ausführt, ist es unrichtig, wenn das Berufungsgericht die Frage, ob der Beklagte berechtigt ist, dem Kläger den Pflichtteil zu entziehen, mit der anderen, ob ein den Kläger von der Erbschaft ausschließendes Testament rechtsgültig sei, gleichstellt. Das Berufungsgericht macht den Fehler, daß es die Begriffe des Pflichtteilsrechts und des Pflichtteilsanspruchs nicht auseinander hält. Das Pflichtteilsrecht ist die Quelle, aus welcher der Pflichtteilsanspruch unter gewissen Voraussetzungen gegen die Erben entstehen kann. Notwendiges Erfordernis der Entstehung des Pflichtteilsanspruchs ist insbesondere der Tod des Erblassers (§§ 2303, 2317 BGB.). Nur auf den Pflichtteilsanspruch paßt also die Erwägung, die das Berufungsgericht aus dem Urteile des Reichsgerichts vom 17. Juni 1901 (RGZ. Bd. 49 S. 372) anführt, daß begrifflich die Zulässigkeit einer Klage auf Feststellung eines erbrechtlichen Verhältnisses bezüglich des Nachlasses eines noch Lebenden ausgeschlossen sei.

Dagegen äußert das Pflichtteilsrecht schon zu Lebzeiten des Erblassers rechtliche Wirkungen. Es ist ein Recht, durch welches seine Testierfreiheit zugunsten seiner Abkömmlinge, Eltern und seines Ehegatten eingeschränkt wird. Demgemäß bestimmte § 1975 des Entwurfs I eines Bürgerlichen Gesetzbuchs: „Der Erblasser hat jedem seiner Abkömmlinge usw. so viel zu hinterlassen, daß der Wert des Hinterlassenen die Hälfte des Wertes des gesetzlichen Erbteils erreicht." Die Vorschrift ist zwar von der Kommission für die zweite Lesung des Entwurfs in der Fassung (jetzt § 2303), nicht aber sachlich geändert worden (Prot. Bd. 5 S. 498). Es hat also noch heute dasjenige Bedeutung, was über die Natur des Pflichtteilsrechts in den Motiven ausgeführt ist. Es heißt dort (Bd. 5 S. 387 Abs. 2): Es sei davon ausgegangen, daß eine Rechtspflicht des Erblassers bestehe, die ihm gewährte Testierfreiheit nicht zu mißbrauchen, und daß die Pflichtteilsberechtigung die Kehrseite dieser Rechtspflicht sei. . . . Diese Rechtspflicht des Erblassers sei aber nicht als eine unter Lebenden schon begründete obligatorische Verpflichtung anzusehen, bei deren Nichterfüllung die Folgen einträten, welche der Entwurf für den Fall der Nichterfüllung obligatorischer Verpflichtungen bestimme. Der Eintritt der Wirkungen und damit die Entstehung eines gegenwärtigen Rechtes für den Pflichtteilsberechtigten knüpften sich lediglich an die objektive Nichterfüllung der vorgeschriebenen Rechtspflicht.

Hiernach wird also ausdrücklich eine bei Lebzeiten des Erblassers gegenüber den pflichtteilsberechtigten Personen bestehende Rechtspflicht und eine entsprechende Berechtigung der letzteren anerkannt. Dieses Pflichtteilsrecht beruht auf der Verwandschaft oder der Eheschließung und entsteht ersterenfalls regelmäßig mit der Geburt, letzterenfalls mit der Heirat.

Solche bereits zu Lebzeiten des Erblassers eintretende Vorwirkungen erbrechtlicher Verhältnisse sind in unserem Rechte nichts Ungewöhnliches. Nach § 2346 BGB. können durch Vertrag mit dem Erblasser Verwandte sowie der Ehegatte des Erblassers auf ihr gesetzliches Erbrecht und Pflichtteilsberechtigte auf ihr Pflichtteilsrecht verzichten. Nach § 312 Abs. 2 können die künftigen gesetzlichen Erben über den gesetzlichen Erbteil oder den Pflichtteil eines von ihnen am Nachlaß eines noch lebenden Dritten Verträge schließen. Nach § 1822 Nr. 1 und § 1643 sind Rechtsgeschäfte möglich, durch die ein Minderjähriger zu einer Verfügung über seinen künftigen gesetzlichen Erbteil oder seinen künftigen Pflichtteil verpflichtet wird. Nach § 2281 kann der Erblasser selbst einen Erbvertrag anfechten wegen Uebergehung eines zur Zeit der Anfechtung vorhandenen Pflichtteilsberechtigten. Unter Umständen kann endlich das Pflichtteilsrecht nach §§ 2325 flg. sogar eine allerdings nur mittelbare Beschränkung der Verfügungsfreiheit des Erblassers unter Lebenden herbeiführen. Auch die Rechtsprechung bietet Belege für die Berücksichtigung solcher bei Lebzeiten des Erblassers eintretender Vorwirkungen des Erbrechts. So ist z. B. im Urteile des Reichsgerichts vom 13. Oktober 1904, IV. 172/04, bei Lebzeiten des Erblassers eine Feststellungsklage des Vertragserben dahin zugelassen worden, daß eine u. a. wegen Uebergehung eines Pflichtteilsberechtigten erklärte Anfechtung des Erbvertrags seitens des Erblassers unwirksam sei. Ferner ist im Urteile vom 20. März 1907 (RGZ. Bd. 65 S. 364) die Bestellung einer Kautionshypothek für einen künftigen Erbteil seitens des Erblassers selbst für wirksam erachtet worden.

Nach alledem unterliegt die Annahme keinem Bedenken, daß auch das Pflichtteilsrecht schon zu Lebzeiten des Erblassers rechtliche Beziehungen zwischen diesem und den an seinem dereinstigen Nachlasse pflichtteilsberechtigten Personen begründet.

Eine Ausnahme von der dem Erblasser nach dem Gesagten kraft des Pflichtteilsrechts obliegenden Hinterlassungspflicht bestimmen nun die §§ 2333 flg. BGB. Durch das Vorliegen der dort angeführten Pflichtteilsentziehungsgründe wird aber, wie das Berufungsgericht im Anschluß an die Motive (Bd. 5 S. 430 Abs. 2) richtig sagt, jene Hinterlassungspflicht nicht von selbst aufgehoben, vielmehr ist damit nur die Voraussetzung gegeben für eine Anordnung des Erblassers, durch welche er in wirksamer Weise das Recht des Pflichtteilsberechtigten auf Hinterlassung des Pflichtteils verneint und sich gegenüber dem Pflichtteilsberechtigten die volle und unbeschränkte Testierfreiheit verschafft. Es fragt sich, ob eine auf Feststellung dieses Rechtes gerichtete Klage die Feststellung eines gegenwärtigen Rechtsverhältnisses zum Gegenstande hat. Daß dieses vom Gesetze selbst wiederholt als „Recht zur Entziehung des Pflichtteils" bezeichnete Recht (§§ 2335 Abs. 2, 2337) ein gegenwärtiges und nicht etwa ein vom Tode des Erblassers abhängiges zukünftiges Recht ist, ergibt sich schon aus den vorstehenden Erörterungen. Es setzt voraus, daß die in den §§ 2333 und 2334 vorgesehenen Entziehungsgründe bei Lebzeiten des Erblassers eingetreten sind. Die Entziehung muß durch Errichtung einer letztwilligen Verfügung erfolgen; der Grund der Entziehung muß zur Zeit der Errichtung bestehen und in der Verfügung angegeben werden (§ 2336). Die Ausübung des Rechtes zur Entziehung des Pflichtteils muß also notwendig zu Lebzeiten durch ein vom Erblasser selbst vorzunehmendes Rechtsgeschäft bewirkt werden. Das Recht kann auch noch zu Lebzeiten des Erblassers durch Verzeihung und im Falle des § 2333 Nr. 5 durch Abkehr des Abkömmlings von dem ehrlosen oder unsittlichen Lebenswandel erlöschen (§§ 2337, 2336 Abs. 4).

Eine Bestätigung für die Richtigkeit dieser Auffassung ist auch gerade aus dem § 1611 Abs. 2 BGB. ebenso wie aus der entsprechenden Vorschrift im § 1621 Abs. 2 zu entnehmen. Denn nach diesen Vorschriften soll das Recht zur Entziehung des Pflichtteils rechtlichen Einfluß ausüben auf Ansprüche unter Lebenden. Allerdings ist dies im Gesetze nicht mit ausdrücklichen Worten ausgesprochen. Denn § 1611 Abs. 2 sagt nicht: Der gleichen Beschränkung unterliegt der Unterhaltsanspruch der Abkömmlinge . . . , wenn der Unterhaltspflichtige berechtigt ist, ihnen den Pflichtteil zu entziehen, sondern: „wenn sie sich einer Verfehlung schuldig machen, die den Unterhaltspflichtigen berechtigt, ihnen den Pflichtteil zu entziehen". Aus diesem Wortlaute könnte man den Schluß ziehen, daß — wie auch der Kläger geltend gemacht hat — jene in den §§ 1611 Abs. 2, 1621 Abs. 2 bestimmten Wirkungen nicht als Folgen des Rechtes zur Entziehung des Pflichtteils gedacht seien, sondern daß lediglich — zur Vermeidung einer Wiederholung der einzelnen Pflichtteilsentziehungsgründe — ein Tatbestandselement des Rechtes zur Entziehung des Pflichtteils auch zum Tatbestandsmerkmal für die Fälle der §§ 1611 Abs. 2, 1621 Abs. 2 habe gemacht werden sollen. Allein das ist nicht der Sinn des Gesetzes. Was zunächst den § 1611 angeht, so ergibt sich das Gegenteil schon aus den Motiven (Bd. 4 S. 701). Dementsprechend war auch im § 1490 des I. Entwurfs gesagt, daß die Unterhaltsbeschränkung dann eintreten solle, wenn der Berechtigte sich gegen den Verpflichteten so betragen habe, daß dieser ihm in Gemäßheit der §§ 2001, 2003, 2004 des Entwurfs den Pflichtteil zu entziehen berechtigt sein würde. Von diesen Paragraphen enthielten die beiden ersten die Pflichtteilsentziehungsgründe, der letzte aber die Vorschrift, daß, wenn der Erblasser die nach den §§ 2001 und 2003 zur Entziehung des Pflichtteils berechtigenden Handlungen verziehen hat, die Entziehung unwirksam sei, auch wenn sie vor der Verzeihung erfolgt sei (jetzt § 2337 BGB.). Der § 1490 Entw. I hat zwar in der Fassung, nicht aber inhaltlich eine Aenderung erfahren (Prot. der 2. Kommission Bd. 4 S. 494 mit 483, Bd. 6 S. 297). Demgemäß herrscht auch kein Streit darüber, daß der Unterhaltspflichtige zur Verweigerung des standesmäßigen Unterhalts nicht mehr berechtigt ist, wenn er die Verfehlungen des Unterhaltsberechtigten verziehen hat. Ebenso hat das Reichsgericht wiederholt ausgesprochen, daß das Recht der Eltern, gemäß § 1621 Abs. 2 BGB. die Leistung der Aussteuer zu verweigern, nicht mehr besteht, wenn sich die Tochter zur Zeit der Heirat von dem ehrlosen oder unsittlichen Lebenswandel dauernd abgewendet hat (RGZ. Bd. 77 S. 162, Warneyer 1916 Nr. 6). Daraus ergibt sich, daß der volle Tatbestand des Rechtes zur Entziehung des Pflichtteils gegeben sein muß, wenn sich die Unterhaltspflicht gegenüber dem Unterhaltsberechtigten auf den notdürftigen Unterhalt beschränken und wenn die Aussteuerpflicht gegenüber der Tochter in Wegfall kommen soll. Das ist ein weiterer Beweisgrund dafür, daß es nicht richtig sein kann, wenn das Berufungsgericht meint, daß Gegenstand der Widerklage ein erbrechtliches Verhältnis bezüglich des Nachlasses eines noch Lebenden sei. Denn, wie die Revision zutreffend sagt, würde ein Anspruch unter Lebenden, wie es der Unterhalts- und der Aussteueranspruch sind, nicht von einem künftigen erbrechtlichen Verhältnis abhängig gemacht werden können, das bei Lebzeiten des Erblassers noch keiner Entscheidung fähig wäre.

Was die Natur dieses Rechtes auf Entziehung des Pflichtteils anlangt, so begründet es allerdings nicht, wie das Landgericht im Urteil vom 8. Juli 1914 annimmt, einen „Anspruch". Denn ein Anspruch im materiellrechtlichen Sinne, d. i. das Recht, von einem anderen ein Tun oder Unterlassen zu verlangen (§ 194 BGB.), liegt nicht vor, wenn der Berechtigte den Rechtserfolg durch eigene Handlung herbeizuführen vermag. Es handelt sich vielmehr um ein Recht, das in der neueren Rechtssprache in Unterscheidung von den Ansprüchen als Recht des rechtlichen Könnens bezeichnet wird. Als solche kommen namentlich Kündigungs-, Rücktritts-, Anfechtungs- und sonstige Aufhebungsrechte in Betracht. Solche Rechte des rechtlichen Könnens erscheinen in der Regel als Bestandteile eines bereits bestehenden Rechtsverhältnisses und sind dazu bestimmt, dieses zu einer weiteren Entwickelung zu bringen. Dies gilt auch von dem Rechte zur Entziehung des Pflichtteils, das dem Erblasser die Befugnis gewährt, ein bereits bestehendes Rechtsverhältnis, kraft dessen er verpflichtet ist, gewissen ihm nahe stehenden Personen einen Teil seines Vermögens zu hinterlassen, zum Erlöschen zu bringen.

Feststellbar ist nun aber nicht allein ein selbständiges Rechtsverhältnis im ganzen, sondern sind auch die einzelnen Berechtigungen, die nur Ausflüsse jenes weitergehenden Rechtsverhältnisses sind (Jur. Wochenschr. 1909 S. 497 Nr. 21). Jedes subjektive Recht schafft rechtliche Beziehungen zwischen zwei Personen oder zwischen einer Person und einer Sache, begründet also ein Rechtsverhältnis. Nicht erforderlich ist es, daß das Rechtsverhältnis einen Leistungsanspruch gegen den Beklagten zu begründen oder auch nur vorzubereiten geeignet ist (RGZ. Bd. 74 S. 294). Insbesondere ist in der Rechtsprechung und in der Literatur anerkannt, daß auch die Rechte, eine Rechtsänderung demnächst zu vollziehen, also die sog. Rechte des rechtlichen Könnens, Gegenstand einer Feststellungsklage sein können, wenn auch in solchen Fällen wegen der Möglichkeit, die Willenserklärung, welche die Rechtsänderung herbeiführt, alsbald abzugeben, in der Regel das Interesse an der alsbaldigen Feststellung fehlen wird. So hat das Reichsgericht für das Kündigungsrecht im Urteile vom 14. Oktober 1902 (Jur. Wochenschr. 1902 S. 605 Nr. 7) entschieden, während es im Urteile vom 19. Oktober 1910 (RGZ. Bd. 74 S. 292) die Geltendmachung des Leistungsverweigerungsrechts nach § 478 BGB. im Wege der Feststellungsklage für zulässig erklärt hat.

Der Umstand, daß die Wirkungen einer auf Grund des in Rede stehenden Kannrechts errichteten letztwilligen Verfügung erst nach dem Tode des Verfügenden eintreten, steht der Annahme nicht entgegen, daß jenes Recht selbst ein gegenwärtiges Rechtsverhältnis begründet.

Hiernach ist die Frage, ob ein Rechtsverhältnis im Sinne der §§ 256 und 280 ZPO. den Gegenstand der Widerklage bildet, zu bejahen." . . . (Es wird ferner dargelegt, daß die Widerklage nach § 33 ZPO. zulässig war und daß das Berufungsgericht das rechtliche Interesse an der alsbaldigen Feststellung nach den Umständen des vorliegenden Falles zu Unrecht verneint hat. In letzterer Beziehung wird weiter ausgeführt:) „Zweifelhaft kann es sein, ob und inwieweit ein im gegenwärtigen Rechtsstreit ergehendes Urteil für und gegen die Erben des Beklagten Rechtskraftwirkung haben würde. Die Frage kann aber dahingestellt bleiben. Denn wenn auch das Urteil keine unmittelbare Bindung für das Verhältnis zwischen dem Kläger und den Erben des Beklagten und für das über den Pflichtteilsanspruch demnächst etwa entscheidende Gericht begründet, so kann doch schon die Erwartung, daß ein Dritter, insbesondere eine Behörde, sich ohne Zwang der Rechtskraft des Urteils beugen wird, das Interesse an alsbaldiger Feststellung des Rechtsverhältnisses begründen (Warneyer 1915 Nr. 184). . . . Damit sind sämtliche Voraussetzungen des § 256 ZPO. gegeben, und es braucht nicht mehr untersucht zu werden, ob die Widerklage auch auf § 280 ZPO. gestützt werden könnte." . . .

RGZ. 93, 193

Verhältnis des § 2309 zu den §§ 2303, 2305 bis 2307 BGB. Ist ein zwischen dem nichtpflichtteilsberechtigten näheren Abkömmling und dem Erben ergangenes rechtskräftiges Urteil oder ein zwischen diesen über den Pflichtteil geschlossener Vergleich von Einfluß auf das Pflichtteilsrecht des entfernteren Abkömmlings?

IV. Zivilsenat. Urt. v. 6. Juni 1918.

I. Landgericht Landsberg a. W. II. Kammergericht Berlin.

Der am 15. Januar 1905 verstorbene Rittergutsbesitzer B. hatte in seinem Testamente vom 4. September 1901 seine Ehefrau, seine

Tochter Helene und seinen Sohn Fritz, den Beklagten, zu Erben eingesetzt. Seinen Sohn Georg hatte er für abgefunden erklärt und seiner Tochter Johanna verheirateten St. den Pflichtteil auf Grund des § 2333 Nr. 3 BGB. entzogen. Diese focht die Pflichtteilsentziehung an, traf dann aber mit ihrer Mutter und dem Beklagten ein Abkommen, worin sich die Mutter verpflichtete, ihr auf Lebenszeit eine Rente von 1600 M. jährlich und ein Kapital von 1500 M. zu zahlen; nach dem — inzwischen erfolgten — Tode der Mutter sollte die Verpflichtung zur Zahlung der Rente auf den Beklagten übergehen, der auch die Sicherstellung der Rente übernahm. Dagegen verzichtete Johanna St. auf den Pflichtteil nach ihrem Vater und auf alle Ansprüche auf den Nachlaß ihrer Mutter.

Mit der Klage begehrte die Klägerin, eine Tochter der Johanna St., die Feststellung, daß der Beklagte ihr den Pflichtteil aus dem Nachlaß ihres Großvaters zu zahlen habe, und Verurteilung zur Auskunfterteilung über diesen Nachlaß. In den Vorinstanzen wurde die Klage abgewiesen. Die Revision hatte Erfolg.

Gründe:

„Die Annahme des Berufungsgerichts, daß schon durch das von der Mutter der Klägerin mit dem Beklagten getroffene Abkommen das Pflichtteilsrecht der Klägerin beseitigt sei, ist rechtlich unhaltbar. Die Frage, ob der Klägerin als dem entfernteren Abkömmling ein selbständiger Pflichtteilsanspruch zusteht, ist nach § 2309 BGB. in Verb. mit § 2303 und den diesen ergänzenden §§ 2305 bis 2307 zu beantworten. Nach den Grundsätzen der §§ 2303, 2305 bis 2307 steht auch dem entfernteren Abkömmling ein selbständiger Pflichtteilsanspruch zu unter der doppelten Voraussetzung, daß er ohne die letztwillige Verfügung als nächster gesetzlicher Erbe berufen und daß er von der Erbschaft durch die letztwillige Verfügung ausgeschlossen oder nur nach Maßgabe der §§ 2305 bis 2307 unter den dort angegebenen Bedingungen bedacht worden ist. Hinzu tritt nach den Bestimmungen der §§ 2333, 2345, 2346 die weitere negative Voraussetzung, daß der Pflichtteilsanspruch nicht durch rechtmäßige Entziehung, Verzicht gegenüber dem Erblasser oder Anfechtung wegen Unwürdigkeit zur Zeit des Erbfalls in Wegfall gekommen ist oder in diesem Zeitpunkt als weggefallen gilt. Die erste dieser Voraussetzungen ist nach den hier in Betracht kommenden Bestimmungen der §§ 1924 Abs. 2, 2346, 1953, 2344, 1938 gegeben, wenn der nähere Abkömmling zur Zeit des Erbfalls nicht mehr lebt oder so angesehen wird, als ob er zu diesem Zeitpunkte nicht mehr lebte, wenn er also entweder durch Vertrag mit dem Erblasser ausgeschlagen hatte oder für erbunwürdig erklärt oder endlich, wenn er von der Erbfolge durch letztwillige Verfügung ausgeschlossen war (RGZ. Bd. 61 S. 16). Da nun gerade die Ausschließung des näheren Abkömmlings von der Erbfolge nach § 2303 die Wirkung hat, daß schon dem näheren Abkömmling der Pflichtteilsanspruch erwächst, sofern er ihn nicht nach den Bestimmungen der §§ 2333, 2345, 2346 zur Zeit des Erbfalls eingebüßt hat, und da das gleiche gilt, wenn die Voraussetzungen der Pflichtteilsberechtigung nach den §§ 2305 bis 2307 schon in der Person des näheren Abkömmlings eintraten, so bestimmt der § 2309, um eine Vervielfältigung der Pflichtteilslast zu vermeiden, einschränkend, daß in allen hiernach eintretenden Fällen einer Pflichtteilsberechtigung des näheren Abkömmlings die nach den obigen Grundsätzen sich ergebende Pflichtteilsberechtigung des entfernteren Abkömmlings entfallen soll, und ordnet weiter an, daß das gleiche gelten soll, wenn der nähere Abkömmling das ihm Hinterlassene annimmt.

Die Bedingungen, unter denen nach vorstehendem der Klägerin, als dem entfernteren Abkömmling, ein selbständiges Pflichtteilsrecht zusteht, sind auf der Grundlage der bisherigen Feststellungen gegeben.

Durch die erschöpfende Erbeneinsetzung war die Mutter der Klägerin von der gesetzlichen Erbfolge ausgeschlossen und damit zugleich die Ausschließung der Klägerin von der auf sie übergegangenen gesetzlichen Erbfolge ausgesprochen. Der Einschränkungsfall des § 2309 ist nicht gegeben. Denn der Mutter der Klägerin war gemäß §§ 2333, 2336 auch der Pflichtteil entzogen. Sie konnte also ihrerseits den Pflichtteil nicht verlangen. Sie hätte ihn nur dann verlangen können, wenn die Entziehung unrechtmäßig gewesen wäre. Daß dies der Fall war, ist in dem gegenwärtigen Rechtsstreite von keiner Seite geltend gemacht. Zur Begründung ihres selbständigen Pflichtteilsanspruchs genügt die von der Klägerin in der Klage aufgestellte Behauptung, daß ihrer Mutter der Pflichtteil gemäß §§ 2333, 2336 entzogen sei. Ihre Beweispflicht dafür, daß ein rechtmäßiger Grund zur Entziehung vorgelegen hat (§ 2336 Abs. 3), kommt so lange nicht in Frage, als der Beklagte das Vorliegen eines rechtmäßigen Grundes nicht bestritten hat.

Ohne Bedeutung für das Pflichtteilsrecht der Klägerin ist der Umstand, daß ihre Mutter in dem notariellen Abkommen mit dem Beklagten diesem gegenüber auf Geltendmachung eines Pflichtteilsanspruchs verzichtet oder sich hinsichtlich dieses Anspruchs durch die ihr von dem Beklagten gewährten und versprochenen Leistungen für abgefunden erklärt hat. Hatte die Mutter selbst kein Pflichtteilsrecht, so stand ihr auch eine Verfügung über den der Klägerin gerade dadurch erwachsenen selbständigen Pflichteilsanspruch nicht zu. Sie konnte ihn also durch jene Rechtshandlungen weder beseitigen noch beeinträchtigen.

Diese Möglichkeit eröffnet das Gesetz in § 2309 dem nicht pflichtteilsberechtigten näheren Abkömmling nur für den Fall, daß er das „Hinterlassene", d. h. das ihm vom Erblasser letztwillig Zugewendete annimmt. Eine analoge Anwendung dieser Bestimmung, die sich damit rechtfertigt, daß dort die Zuwendung auf dem Willen des Erblassers beruht, verbietet sich im Hinblick auf den oben gekennzeichneten Charakter des § 2309 als einer die Regel des § 2303 einschränkenden Rechtsnorm. Dem Falle, daß der nähere Abkömmling den Pflichtteil „verlangen kann", ist der Fall nicht ohne weiteres gleichzustellen, daß er ihn „fordert und erhält". Zwar ergibt sich als leitender Gedanke des § 2309 aus der Begründung des Gesetzes, „es solle demselben Stamme nicht zweimal ein Pflichtteil gewährt werden" (Mot. Bd. 5 S. 401, Prot. Bd. 5 S. 512). Allein damit soll und kann nicht gesagt sein, daß die Auszahlung des Pflichtteils an jedes auch unberechtigte Stammesmitglied von der Pflichtteilslast befreit, vielmehr nur, daß die Pflichtteilslast nicht vervielfältigt werden soll. Andernfalls könnte sich der verpflichtete Erbe auch von der Pflichtteilslast befreien, wenn er an den vorhergehenden Abkömmling zahlte, obwohl dieser schlechthin ausgeschlagen, dem Erblasser gegenüber verzichtet hätte, für erbunwürdig erklärt wäre, oder wenn er etwa an einen Abkömmling der Klägerin zahlte.

Wenn der Revisionsbeklagte darauf hinweist, daß ebenso wie ein in dem Rechtsstreite zwischen dem näheren Abkömmling und dem Erben ergangenes rechtskräftiges Urteil, so auch die freiwillige Anerkennung oder die vergleichsweise Abgeltung des Pflichtteilsanspruchs gegenüber dem näheren Abkömmling den entfernteren Abkömmling binden müsse, so beruht die dieser Schlußfolgerung zugrunde liegende Voraussetzung wiederum auf der rechtsirrigen Verkennung der Selbständigkeit des Anspruchs der Klägerin. Denn die zwischen dem entfernteren und dem näheren Abkömmling streitige Frage über die Berechtigung zum Empfange des Pflichtteils kann in einem Rechtsstreite zwischen einem dieser Prätendenten und dem Erben nicht mit Wirkung gegen den anderen Prätendenten rechtskräftig zur Entscheidung gebracht werden. Der dadurch dem Erben erwachsenden Gefahr einer Doppelzahlung kann dieser mit den Rechtsbehelfen des § 372 BGB. und das § 75 ZPO. wirksam begegnen. Das Ergebnis, zu welchem die vorliegende Entscheidung führt, erscheint daher auch nicht unbillig, während die umgekehrte Entscheidung zu dem unannehmbaren Ergebnis führen müßte, daß der Erbe die Absicht des Erblassers, der seinem Kinde den Pflichtteil zur Strafe entzieht, ihn aber seinem Enkel erhalten will, ohne Zuziehung des letzteren durchkreuzen und sich von seiner Pflichtteilslast durch Verständigung mit einem nicht berechtigten, ihm willfährigen Abkömmling ganz oder zum Teil befreien könnte.

Hiernach erscheint die Folgerung unabweisbar, daß die Klägerin auf der Grundlage der bisherigen Feststellungen den vollen Pflicht-

teil verlangen kann und sich auch nicht das entsprechend dem notariellen Abkommen an ihre Mutter Geleistete anrechnen zu lassen braucht." . . .

RGZ. 94, 262

Welche Tragweite hat die Vorschrift, daß eine aus dem Gesamtgut erfolgende Zuwendung an einen Abkömmling, der nur von einem der Ehegatten abstammt, als von diesem Ehegatten gemacht gilt?

BGB. §§ 2331, 2054.

IV. Zivilsenat. Urt. v. 16. Dezember 1918.

I. Landgericht Stargard i. P. II. Oberlandesgericht Stettin.

Die in kinderloser Ehe und in allgemeiner Gütergemeinschaft lebenden Eheleute Albert und Anna P. in Marsdorf haben am 5. Mai 1905 ein gemeinschaftliches Testament errichtet und darin als Erben sich gegenseitig und als Nacherben die Beklagten eingesetzt, welche Kinder der Ehefrau P. aus deren erster Ehe sind. Die Ehefrau P. ist am 30. November 1911, der Ehemann am 19. August 1912 gestorben. Beim Ableben des letzteren war seine Mutter noch am Leben und machte Ansprüche auf den Pflichtteil geltend; die Erben behaupteten aber, daß der Nachlaß überschuldet sei und deshalb ein Pflichtteil der Mutter nicht in Frage komme. Auf Grund Abtretung seitens der Mutter des Albert P. macht nunmehr die Klägerin den Anspruch auf den Pflichtteil geltend. Das Landgericht hat die Klage abgewiesen. Auf die Berufung der Klägerin hat das Oberlandesgericht ein Teilurteil erlassen, durch das unter anderem in Höhe von 4503,03 M. die Berufung der Klägerin zurückgewiesen wurde. Die von der Klägerin eingelegte Revision hatte zum Teil Erfolg, nämlich soweit in Höhe von 3750 M. die Berufung zurückgewiesen worden war.

Gründe:

„Den hauptsächlichsten Streitpunkt bildet die Frage, ob für die Berechnung des Pflichtteils der Mutter des Albert P. ein Betrag von 15 000 M. dem Nachlasse des Genannten hinzuzurechnen sei oder nicht. Mit diesem Betrage hat es folgende Bewandtnis:

Auch schon in der früheren Ehe der Ehefrau P., aus welcher die Beklagten stammen, hatte Gütergemeinschaft bestanden. Vor Eingehung der zweiten Ehe hatte sich die Genannte mit ihren Kindern in der Weise auseinandergesetzt, daß sie den Bauernhof übernahm und jedes der Kinder 1500 M. zugewiesen bekam, so daß die Kinder kraft Totteilung wegen ihrer Ansprüche an den väterlichen und den mütterlichen Nachlaß abgefunden waren. Als jedoch später der von der Mutter in die Gütergemeinschaft der zweiten Ehe eingebrachte Bauernhof zu einem Preise verkauft wurde, der viel höher als der bei der Teilung mit den Kindern zugrunde gelegte Wert, und ein Reinerlös von 15 000 M. verblieb, beschlossen die Eheleute P., den ersteheliehen Kindern einen Ausgleich für das ihnen bei der Teilung entgangene Vermögen zu verschaffen. Sie bestimmten deshalb in ihrem gemeinschaftlichen Testament — worin sie sich gegenseitig zu Erben und die genannten Kinder zu Nacherben einsetzten —, daß die Kinder für den Fall des Vorablebens der Ehefrau nicht erst beim Eintritte des Nacherbfalls, dem Ableben des Ehemanns, bedacht sein, sondern daß sie schon bei Erreichung der Volljährigkeit je 7500 M. und zwar als Vermächtnis erhalten sollten, wobei aber ausdrücklich bestimmt wurde, daß durch dieses Vermächtnis nur der Nachlaß der Ehefrau P. beschwert sein und daß es nur dann wirksam sein sollte, wenn der Betrag dieses Nachlasses dafür ausreichend sei. Schon bald nach der Errichtung des Testaments verkauften die Eheleute P. auch denjenigen Bauernhof, den der Ehemann in die Gütergemeinschaft eingebracht hatte, und hierbei wurde vom Kaufgeld ein hypothekarisch gesicherter Betrag von 15 000 M. den beiden Kindern erster Ehe zu gleichen Teilen zugewiesen. Daß neben dieser Zuwendung auch der Vermächtnisanordnung noch eine Bedeutung zukäme, wird von den Beklagten nicht geltend gemacht.

Die Klägerin behauptet, daß auch die bezeichneten 15 000 M. vom Pflichtteilsrecht ergriffen würden; sie spricht sich nicht bestimmt darüber aus, ob der ordentliche Pflichtteilsanspruch oder der Pflichtteilsergänzungsanspruch geltend gemacht werde, aber nach Lage der Sache kann nur der letztere in Frage kommen, da jedenfalls durch die Zuweisung an die Kinder die 15 000 M. aus dem Vermögen der Eltern ausgeschieden sind und deshalb jetzt keinen Bestandteil des Nachlasses bilden können. Auch das Berufungsgericht faßt das Klagebegehren in diesem Sinne auf; es sagt hierzu: Auch wenn man der Klägerin darin beitrete, daß die Zuwendung der 15 000 M. aus dem Kaufgeld eine Schenkung darstelle, sei der Klaganspruch unbegründet; denn der § 2325 BGB., der den Pflichtteilsberechtigten berechtige, die Hinzurechnung eines vom Erblasser verschenkten Gegenstandes zum Nachlasse zu verlangen, werde durch § 2331 erheblich eingeschränkt, indem dieser bestimme, daß eine aus dem Gesamtgute der allgemeinen Gütergemeinschaft gemachte Zuwendung im allgmeinen als von jedem Ehegatten zur Hälfte gemacht gelte, wenn sie jedoch an einen Abkömmling erfolge, der nur von einem der Ehegatten abstamme, als von diesem Ehegatten gemacht gelte. Letzterer Fall sei hier gegeben, denn die Kinder, denen die 15 000 M. aus dem

Gesamtgute zugewendet seien, stammten nur von der Ehefrau P. ab: die Rechtsvorgängerin der Klägerin sei aber nur am Nachlasse des Ehemanns pflichtteilsberechtigt. Hiernach seien die 15 000 M. dem Nachlasse nicht hinzuzurechnen.

Diese Erwägung des Berufungsgerichts wäre dann nicht zu beanstanden, wenn feststände, daß von der fraglichen Zuwendung an die Beklagten nicht der Anteil des Ehemannes am gütergemeinschaftlichen Vermögen betroffen worden wäre, sondern nur der Anteil ihrer Mutter, in dem Sinne, wie es die Eheleute bei der oben erwähnten Vermächtnisanordnung als in ihrer Absicht liegend bezeichnet hatten.

Aber das Berufungsgericht geht auf eine Prüfung nach dieser Richtung nicht ein, und aus seinen Ausführungen muß entnommen werden, daß es den § 2331 ganz uneingeschränkt auslegen und auch dann für anwendbar halten will, wenn etwa von den Eheleuten das ganze Gesamtgut an nicht gemeinschaftliche Kinder eines von ihnen verschenkt worden ist. Es ist zuzugeben, daß der Wortlaut der Vorschrift diese Auslegung gestatten würde, aber bei näherer Betrachtung ergibt sich, daß sie nicht so gemeint sein kann. Sie muß vielmehr *mit einer Einschränkung, nämlich* dahin *verstanden werden, daß die* Zuwendung an die nicht gemeinschaftlichen Kinder eines Eheteils (oder an eine Person, von der nur er abstammt) nur insoweit als von dem letzteren gemacht gilt, als die auf ihn treffende Hälfte des Gesamtguts reicht.

Allerdings kann genau genommen, solange die Gütergemeinschaft besteht, nicht von einer auf einen Ehegatten treffenden Hälfte des gemeinschaftlichen Vermögens gesprochen werden, da das Vermögen solange eine völlig einheitliche Masse bildet. In der Rechtsprechung zum preußischen Allgemeinen Landrecht hatte man sich auch auf diesen folgerichtigen Standpunkt gestellt und demgemäß ausdrücklich sogar die Anschauung abgelehnt, daß bei Ausstattung eines gemeinschaftlichen Kindes aus dem Gesamtgute die Zuwendung als von jedem Elternteile zur Hälfte gemacht angesehen werden könnte, weil jede Annahme einer Quotenteilung der zur gemeinschaftlichen Masse gehörigen Reche und Pflichten als begriffswidrig ausgeschlossen sei (preuß. Obertribunal Bd. 74 S. 66; RGZ. Bd. 23 S. 290 unten). Diese strenge Folgerung aus dem Begriffe der Gütergemeinschaft hat jedoch das Bürgerliche Gesetzbuch absichtlich fallen lassen, indem es die früher als begriffswidrig abgelehnte Quotenteilung für Zuwendungen an gemeinschaftliche Kinder ausdrücklich vorgeschrieben hat (§§ 2054, 2331, vgl. auch § 1465). Nun ist allerdings mit der Vorschrift, daß gegebenenfalls eine einzelne Zuwendung als in zwei Hälften, nach ihrer Herkunft von den zwei Elternteilen, zerlegt zu gelten habe, nicht auch schon gesagt, daß die gemeinschaftliche Masse selbst als in gewissem Sinne in zwei Hälften zerfallend zu denken sei. Aber letzteres ist offenbar der gemeinsame Gedanke, welcher den einzelnen in den §§ 2054, 2331 enthaltenen Vorschriften zugrunde liegt. Dieser Gedanke kommt erst dann zu seinem vollständigen Ausdrucke, wenn man die bezeichneten Paragraphen dahin ergänzt: die Zuwendung gilt als von diesem Ehegatten „aus seinem (gedachten) Anteil am gemeinschaftlichen Vermögen" gemacht.

Die Notwendigkeit einer solchen Ergänzung ergibt sich zwingend aus dem Zwecke der Vorschrift. Dieser geht unverkennbar dahin, zu verhindern, daß die Vereinigung des gesamten Vermögens in der gütergemeinschaftlichen Masse die Möglichkeit biete zu einer die Erbteile (§ 2054) oder die Pflichtteilsrechte (§ 2331) der Verwandten eines der Eheleute beeinträchtigenden Verschiebung des Vermögens von einer Seite auf die andere. Diesem Zwecke dient die Vorschrift in völlig sachgemäßer Weise, wenn man sie in der oben bezeichneten Weise eingeschränkt auffaßt; ihre Wirkung würde aber geradezu in das Gegenteil verkehrt werden, wenn man sie in der uneingeschränkten Weise, wie das Berufungsgericht will, anwenden würde. Es ist auch schlechterdings kein Grund ersichtlich, der es rechtfertigen könnte, einer Schenkung, die der Erblasser an ein Stiefkind gemacht hat, eine bevorzugte Stellung gegenüber Pflichtteilsberechtigten einzuräumen als jeder anderen von ihm gemachten Schenkung.

Die Fassung des § 2331, der von Zuwendung, nicht von Schenkung spricht, könnte Anlaß zu dem Zweifel geben, daß hier etwa nur der eigentliche Pflichtteilsanspruch, nicht der Pflichtteilsergänzungsanspruch behandelt werden sollte. Aber aus der Entstehungsgeschichte ergibt sich deutlich, daß die Vorschrift für beide Fälle gelten soll. Denn im Entwurf I war der Inhalt des jetzigen § 2331 auf zwei Paragraphen verteilt: § 1991 für den eigentlichen Pflichtteil, § 2017 für den außerordentlichen Pflichtteil (jetzt Pflichtteilsergänzungsanspruch). Erst nachdem in der Kommission für die zweite Lesung beide Paragraphen inhaltlich gebilligt worden waren (Prot. Bd. 5 S. 525, 596), wurden sie nachträglich zum jetzigen § 2331 zusammengezogen, wobei dann der allgemeinere Ausdruck Zuwendung auch für die im § 2325 erwähnten Schenkungen verwendet wurde.

Da nach dem oben Gesagten bei richtiger Auslegung des § 2331 die dem Ehemann P. zustehende Hälfte am gemeinschaftlichen Vermögen, die allein für den Klaganspruch in Betracht kommt, von jener Vorschrift überhaupt nicht getroffen wird, so besteht kein Anlaß zu einem Eingehen auf die Frage, ob mit dem „gilt" im bezeichneten Paragraphen eine zwingende, Parteivereinbarungen ausschließende Regelung getroffen werden sollte, und zwar um so weniger, als sich aus der oben erwähnten Vermächtnisanordnung folgern läßt, daß die Eheleute P. ebenso wie mit dem Vermächtnis, auch mit der Schenkung an die Beklagten den Anteil des Mannes am Gesamtgute nicht belastet wissen wollten, also insoweit nichts anderes anordnen wollten, als was auch der § 2331 nach der oben besprochenen Auslegung vorschreibt.

Wohl aber bietet die Streitlage Anlaß, eine andere Frage aufzuwerfen, nämlich die Frage des Zeitpunkts, für welchen zu prüfen ist, ob sich die Zuwendung an nicht gemeinschaftliche Kinder innerhalb des ihrem Elternteile zustehenden Hälfteanteils am gütergemeinschaftlichen Vermögen hält. Bisher ist im Prozeß auf den Stand dieses Vermögens nicht näher eingegangen worden. Jedoch ergibt sich aus den Prozeßakten im Zusammenhalte mit den Testamentsakten, daß, wenigstens nach den Behauptungen der Beklagten über den vorhandenen Nachlaß, eine erhebliche Vermögensminderung seit der fraglichen Schenkung eingetreten sein muß, so daß man je nach dem der Prüfung zugrunde zu legenden Zeitpunkte zu verschiedenen Ergebnissen gelangen könnte. Nun würde zwar manches dafür sprechen, jener Prüfung den Zeitpunkt der Schenkung zugrunde zu legen (vgl. Jur. Wochenschr. 1916 S. 1117 Nr. 7); aber für die jetzige, etwas anders liegende Frage muß doch ein anderer Zeitpunkt, nämlich der der Beendigung der Gütergemeinschaft, als der maßgebende angesehen werden (vgl. Jur. Wochenschr. 1911 S. 996 Nr. 43). Denn bis zu diesem Zeitpunkte besteht die Möglichkeit einer Aenderung — sei es Mehrung oder Minderung — der gütergemeinschaftlichen Masse, so daß vorerst der Begriff der Hälfte dieser Masse eines greifbaren, als Unterlage einer Berechnung verwertbaren Inhalts entbehrt. Mit der Beendigung der Gütergemeinschaft ergibt sich dann die erforderliche feste Unterlage für die Prüfung, wieviel von dem Gesamtgut als Anteil auf jeden Ehegatten entfällt und ob und inwieweit auch solches Vermögen verschenkt worden ist, das ohne die Schenkung auf den mit dem Beschenkten nicht verwandten Eheteil entfallen wäre. Die Frage, welche Wirkungen das auf die Pflichtteilsrechte der Erben des letzteren hat, kann allerdings noch nicht im Augenblicke der Endigung der Gütergemeinschaft, sondern erst dann beantwortet werden, wenn diese Pflichtteilsrechte entstehen, also beim Ableben des betreffenden Ehegatten. Aber das bietet keine Besonderheit, da auch bei der gewöhnlichen, nach § 2325 zu behandelnden Schenkung auf solche Weise verfahren werden muß." . . .

RGZ. 98, 330

Setzt § 312 Abs. 2 BGB. voraus, daß die künftigen gesetzlichen Erben demnächst auch tatsächlich zur gesetzlichen Erbfolge berufen werden? Ist der Verzicht auf den Pflichtteil zu Lebzeiten des Erblassers einem von ihm durch Testament berufenen Verwandten gegenüber wirksam?

BGB. §§ 312, 1924 flg., 2346, 2552.

IV. Zivilsenat. Urt. v. 26. Februar 1920.

Die Entscheidung ist abgedruckt unter „Bürgerliches Recht, Schuldrecht".

RGZ. 113, 45

1. Wann beginnt für einen gemäß § 2306 BGB. beschränkten oder beschwerten Pflichtteilserben die Ausschlagungsfrist insbesondere dann, wenn bei der Berechnung des Pflichtteils Anrechnungs- oder Ausgleichungspflichten in Betracht kommen?

2. Können Vorerben und Nacherben gleichzeitig mit dem Pflichtteilsanspruch belangt werden?

BGB. §§ 2306, 2315, 2316, 2100, 2139.

IV. Zivilsenat. Urt. v. 18. Februar 1926.

I. Landgericht III Berlin. II. Kammergericht daselbst.

Der Kläger und die Beklagten zu 1—5 sind die Kinder, die Beklagten zu 6—13 die Kindeskinder der Eheleute K. Diese Eheleute, von denen der Mann im Jahre 1915, die Frau am 27. November 1923 gestorben ist, haben ein gemeinschaftliches Testament vom 29. Mai 1913 hinterlassen, das nach dem Tode der Frau Anfang Dezember 1923 eröffnet wurde. In dem Testament haben die Eheleute sich gegenseitig als Erben eingesetzt und auf den Nachlaß des Letztlebenden von ihnen in näher geregelter Weise ihre Kinder und deren Abkömmlinge berufen. Der Kläger behauptet, durch das Testament in dem ihm am Nachlasse seiner Mutter zustehenden Pflichtteil verletzt zu sein. Nachdem er im Juni 1924 die Erbschaft ausgeschlagen hatte, hat er die Beklagten als Gesamtschuldner auf Zahlung eines Teilbetrags von 2000 GM. in Anspruch genommen. Beide Vorinstanzen haben die Klage abgewiesen. Die Revision des Klägers hatte Erfolg.

Aus den Gründen:

In ihrem gemeinschaftlichen Testamente vom 29. Mai 1913 haben die Eheleute K. sich gegenseitig als Vollerben eingesetzt und gemäß § 2269 Abs. 1 BGB. die Erbfolge nach dem letztlebenden von ihnen geregelt, und zwar nach der rechtlich nicht zu beanstandenden Auslegung des Testaments durch das Berufungsgericht in der Weise, daß ihre 6 Kinder Vorerben (der zuletzt verstorbenen Ehefrau) zu gleichen Teilen und die Abkömmlinge der Kinder Nacherben sein sollten. Die als Erben ihrer Mutter berufenen pflichtteilsberechtigten Kinder sind demnach durch die Einsetzung von Nacherben beschränkt, außerdem aber auch durch die Ernennung von Testamentsvollstreckern und durch Teilungsanordnungen. Eine Teilungsanordnung liegt nicht nur in der Bestimmung, daß ein zum Nachlaß gehöriges Grundstück erst 10 Jahre nach dem Tode der Erblasserin verkauft werden und bis dahin von der Erbteilung ausgeschlossen sein soll, sondern vor allem auch in der Bestimmung, daß die Kinder bei der Erbauseinandersetzung gewisse Zuwendungen unter Lebenden zur Ausgleichung bringen sollen.

Bei solchem Inhalte des Testaments hängt die Rechtsstellung des Klägers als eines pflichtteilsberechtigten Sohnes davon ab, ob der im Testament hinterlassene Erbteil a) die Hälfte des gesetzlichen Erbteils nicht übersteigt oder b) größer ist als die Hälfte des gesetzlichen Erbteils. Im Falle a gelten die Beschränkungen nach § 2306 Abs. 1 Satz 1 BGB. als nicht angeordnet; der Kläger hat seinen Erbteil, wenn er ihn nicht in wirksamer Weise ausgeschlagen hat, unbelastet und er kann, sofern der Erbteil noch geringer ist als die Hälfte des gesetzlichen Erbteils, von den Miterben nach § 2305 den Fehlbetrag verlangen. Im Falle b kann der Kläger nach § 2306 Abs. 1 Satz 2 von den Erben den (vollen) Pflichtteil verlangen, wenn er seinen Erbteil in wirksamer Weise ausgeschlagen hat.

Der Kläger stellt sich in erster Reihe auf den Standpunkt, daß die von ihm im Juni 1924 erklärte Erbschaftsausschlagung rechtswirksam und sein Anspruch aus § 2306 Abs. 1 Satz 2 begründet sei. Das Berufungsgericht hat diesem Klagegrunde die Anerkennung versagt, weil der Kläger die sechswöchige Ausschlagungsfrist nicht gewahrt habe und die von ihm erklärte Erbschaftsausschlagung deshalb unwirksam sei. Die Annahme, daß die Ausschlagungserklärung verspätet sei, ist folgendermaßen begründet: Die Ausschlagungsfrist habe begonnen, als der Kläger von der durch die Einsetzung von Nacherben und die Ernennung von Testamentsvollstreckern erfolgten Beschränkung seines Erbteils Kenntnis erlangt habe (§ 2306 Abs. 1 Satz 2), frühestens aber mit der Testamentsverkündung (§ 1944 Abs. 2 Satz 2). Das Testament sei Anfang Dezember 1923 verkündet worden und damals hätten der Kläger und seine Geschwister auch die Beschränkungen kennengelernt. Wenn der Kläger der Meinung sei, er habe die Kenntnis, die das Gesetz im Auge habe, frühestens Ende Mai 1924 durch eine Besprechung erlangt, die zwischen den Erben und den Testamentsvollstreckern stattgefunden habe, nachdem er von November 1923 bis Mitte Mai 1924 schwer krank gewesen und erst Ende

Mai von einem Kuraufenthalt an der Riviera zurückgekehrt sei, so sei diese Meinung irrig. Denn die Kenntnis beziehe sich nach den §§ 1944, 2306 nur auf den Anfall und den Grund der Berufung sowie auf die Tatsache der Beschränkung, nicht auf die wirtschaftlichen Folgen der letztwilligen Anordnungen. Der Kläger wolle vor dem Mai 1924 nicht haben übersehen können, ob es vorteilhafter für ihn sei, anzunehmen oder auszuschlagen. Dieser Zweifel habe aber mit der Kenntnis im Sinne der §§ 1944, 2306 nichts zu tun. Auch die Krankheit des Klägers habe den Beginn und den Lauf der Ausschlagungsfrist nicht aufgehalten; denn sie habe ihm weder die Kenntnis der Beschränkung noch die Ausschlagung unmöglich gemacht (vgl. § 1944 Abs. 2 Satz 3).

Diese Ausführung ist (auch abgesehen davon, daß in ihr nur die Beschränkung des Klägers durch Nacherbfolge und Testamentsvollstreckung, nicht auch die durch Teilungsanordnungen in Betracht gezogen ist) durch Rechtsirrtum beeinflußt. Hält man sich streng an den Wortlaut der §§ 1944, 2306, so beginnt die Ausschlagungsfrist gegen den durch die Einsetzung eines Nacherben, die Ernennung eines Testamentsvollstreckers oder eine Teilungsanordnung beschänkten (oder mit einem Vermächtnis oder einer Auflage beschwerten) Pflichtteilserben allerdings zu laufen, sobald die seine Erbeinsetzung und seine Beschränkung (oder Beschwerung) enthaltende Verfügung von Todes wegen verkündet worden ist und er von dem Erbanfall und dem Grunde der Berufung sowie von der Beschränkung (oder Beschwerung) Kenntnis erlangt hat. Daraus, daß ihm der § 2306 zwei verschiedenartige Rechtsbehelfe an die Hand gibt, je nachdem der ihm hinterlassene Erbteil die Hälfte des gesetzlichen Erbteils übersteigt oder nicht, und ihn dabei vor die Wahl zwischen der Ausschlagung der Erbschaft und dem endgültigen Erbschaftserwerb stellt, ergibt sich aber als weiteres Erfordernis für den Beginn der Ausschlagungsfrist die Kenntnis des Pflichtteilserben davon, ob der ihm hinterlassene Erbteil die Hälfte des gesetzlichen Erbteils übersteigt. Vorher kann er keine sachgemäße Entscheidung treffen. Denn schlägt er aus und es stellt sich nachträglich heraus, daß der ihm hinterlassene Erbteil der Hälfte des gesetzlichen Erbteils gleichkommt, so erhält er gar nichts. Stellt sich nachträglich heraus, daß der ihm hinterlassene Erbteil die Hälfte des gesetzlichen Erbteils nicht erreicht, so hat er zwar den Anspruch auf den Pflichtteilsrest aus § 2305; aber insoweit, als der ausgeschlagene Erbteil den Pflichtteil deckt, erhält er auch in diesem Falle nichts (RGZ. Bd. 93 S. 9). Das dargelegte Erfordernis führt zunächst dazu, daß, wenn der Pflichtteilsberechtigte zwar als Miterbe, aber mit ungenauem Ausdruck auf eine Summe oder einzelne Gegenstände eingesetzt ist (§ 2087 BGB.; Warn. 1913 Nr. 240; KGJ. Bd. 52 S. 65), die Frist erst beginnt, wenn er das Wertverhältnis der Zuwendung zum ganzen Nachlaß und damit den auf ihn entfallenden Bruchteil der Erbschaft zu übersehen vermag (Komm. v. RGR. BGB. § 2306 Anm. 5). Ist der Pflichtteilserbe unmittelbar auf einen Bruchteil eingesetzt, so ist mit der Kenntnis dieses Bruchteils in der Regel auch die Kenntnis davon gegeben, ob der hinterlassene Erbteil die Hälfte des gesetzlichen Erbteils übersteigt; auf die Kenntnis vom Bestande des Nachlasses kommt es dann nicht an. Von dieser Regel ist aber für die Fälle eine Ausnahme zu machen, in denen bei der Berechnung des Pflichtteils Anrechnungs- oder Ausgleichungspflichten zu berücksichtigen sind. Während nämlich für den Regelfall des § 2303 Abs. 1 Satz 2, daß der Pflichtteil der Hälfte des gesetzlichen Erbteils gleichkommt, die in § 2306 Abs. 1 gebrauchten Ausdrücke des hinterlassenen Erbteils und der Hälfte des gesetzlichen Erbteils auf die Erbschaftsquote und nicht auf das Quantum zu beziehen sind (RGZ. Bd. 93 S. 8; Seuff. Arch. Bd. 74 Nr. 107; JW. 1925 S. 359 Nr. 12), trifft dies dann nicht zu, wenn der Pflichtteil, weil eine Anrechnung gemäß § 2315 oder eine Ausgleichung gemäß § 2316 oder beides stattzufinden hat, größer oder geringer ist als die Hälfte des gesetzlichen Erbteils. In diesen Fällen ist das Verhältnis des rechnerischen Betrags des Pflichtteils zu dem (ohne Abzug der Beschränkungen oder Beschwerungen des § 2316 zu berechnenden) Betrage des hinterlassenen Erbteils dafür maßgebend, ob der Pflichtteilserbe zur Wahrung seines Pflichtteilsrechts nach § 2306 ausschlagen muß oder nicht. Das ist in RGZ. Bd. 93 S. 3 flg. aus dem Zusammenhang und der Entstehungsgeschichte des Gesetzes mit eingehender Begründung dargelegt. An der dort entwickelten Auffassung ist auch gegenüber dem Widerspruch von M a e n n e r (Recht 1919 Sp. 369) festzuhalten. Sie hat auch im Schrifttum Zustimmung gefunden (Komm. v. RGZ. § 2306 Anm. 2; K i p p, Erbrecht 1923 § 132 I 3; P r i n g s h e i m, JW. 1925 S. 359 Anm. zu 12). K i p p knüpft daran (a. a. O. Anm. 6) die Schlußfolgerung, daß die Ausschlagungsfrist erst dann beginnt, wenn der Pflichtteilserbe weiß, wie sich der Pflichtteil stellt. Dem ist, wie der Senat schon in seinem Urteile vom 12. Januar 1925 IV 480/24 zu erkennen gegeben hat, in dem Sinne beizutreten, daß der Pflichtteilserbe wissen muß, ob sein Erbteil den ihm bei Berücksichtigung der gesetzlichen Anrechnungs- und Ausgleichungspflichten zukommenden Pflichtttteilsbetrag übersteigt.

Unter diesem rechtlichen Gesichtspunkt hat das Berufungsgericht den Beginn der Ausschlagungsfrist gegen den Kläger nicht geprüft. Die Annahme, daß der Kläger die Ausschlagungsfrist versäumt habe, und die daraus hergeleitete Ablehnung der Anwendung des § 2306 Abs. 1 Satz 2 entbehren danach einer rechtlich zutreffenden Begründung. Der Mangel wäre unschädlich, wenn die erste Voraussetzung für die Anwendung jener Vorschrift, daß der dem Kläger hinterlassene Erbteil größer ist als der ihm zukommende Pflichtteilsbetrag, nicht gegeben wäre. Das Berufungsgericht hat aber eine solche negative Feststellung nicht, vielmehr bei der Prüfung der Anwendbarkeit des § 2305 Abs. 1 Satz 1 die entgegengesetzte positive Feststellung getroffen . . .

Es fragt sich noch, ob die Vorentscheidung, wenngleich die gegenüber sämtlichen Beklagten aus der Sache selbst entnommenen Klagabweisungsgründe in bezug auf den Klagegrund aus § 2306 Abs. 1 Satz 2 BGB. rechtlich unzureichend sind, gemäß § 563 ZPO. gegenüber einem Teile der Beklagten deshalb aufrechtzuerhalten ist, weil diese nicht die richtigen Beklagten sind. Die Prüfung, welche Personen die richtigen Beklagten sind, wird nicht dadurch entbehrlich, daß die Beklagten vor dem Berufungsgericht erklärt haben, ihre Passivlegitimation nicht bestreiten zu wollen. Denn ein Mangel der Passivlegitimation ist als ein Mangel der Klagebegründung von Amts wegen zu berücksichtigen (RGZ. Bd. 60 S. 181). Der Pflichtteilsanspruch aus § 2306 Abs. 1 Satz 2 richtet sich, wie der aus § 2303, trotz des Vorhandenseins von verwaltenden Testamentsvollstreckern gegen die Erben (§ 2213 Abs. 1 Satz 3). Bis zum Eintritte des Nacherbfalls sind die Vorerben wahre Erben (§§ 2100, 2139). Nur sie, nicht auch gleichzeitig die Nacherben, können mit dem Pflichtteilsanspruch belangt werden. Wer danach passiv legitimiert ist, ist noch ungeklärt. Es ist unstreitig, daß gleich dem Kläger auch seine Geschwister, die Beklagten zu 1—5, im Anschluß an die Ende Mai 1924 stattgehabte Besprechung im Juni 1924 die Erbschaft ausgeschlagen haben. Das Berufungsgericht erklärt auch diese Ausschlagung für verspätet. Da es aber mit Bezug auf den Beginn der Ausschlagungsfrist von einer unrichtigen Rechtsauffassung ausgegangen ist, bedarf auch dieser Punkt erneuter Erörterung. Der Kläger, der diese Beklagten trotz ihrer Ausschlagungserklärung als Erben in Anspruch nimmt, müßte darlegen, daß die Erklärung verspätet, nämlich länger als 6 Wochen nach der Kenntnis von den für den Beginn der Ausschlagungsfrist erheblichen Umständen abgegeben sei. An einer solchen Darlegung fehlt es bisher. Sollte die Ausschlagungserklärung der Beklagten zu 1—5 in der Tat verspätet, sie mithin Erben geblieben sein, so würden nur sie die richtigen Beklagten sein. Die Klage gegen die anderen Beklagten müßte dann wegen Mangels ihrer Sachbefugnis abgewiesen werden. Sollte dagegen die Rechtzeitigkeit der Ausschlagungserklärung der Beklagten zu 1—5 anzunehmen sein, so würden sie gemäß § 1953 ihre Erbeneigenschaft verloren haben, und die Klage gegen sie müßte wegen Fehlens ihrer Sachbefugnis abgewiesen werden. In diesem Falle würden die Beklagten zu 6—13 die richtigen Beklagten sein. Denn dies sind die

Abkömmlinge der Kinder der Erblasser; und die Abkömmlinge sind in § 4 des Testaments für den Fall des Vorversterbens eines Kindes, also für den Fall, daß ein Kind nicht Erbe sein kann, und demgemäß nach der Auslegungsregel des § 2097 auch für den Fall, daß ein Kind nicht Erbe sein will, als Ersatzerben berufen. Ihre Eigenschaft als Ersatzerben folgt auch aus der Auslegungsregel des § 2102 Abs. 1, daß die Einsetzung als Nacherbe im Zweifel auch die Einsetzung als Ersatzerbe enthält.

Da somit zurzeit nur feststeht, daß eine der beiden Gruppen der Beklagten zu Unrecht verklagt ist, aber nicht, welche der beiden Gruppen dies ist, so ist die aus § 563 ZPO. aufgeworfene Frage zu verneinen.

RGZ. 113, 234

1. Wann liegt eine den Pflichtteilsberechtigten beeinträchtigende Verfügung im Sinne des § 2269 Abs. 1 BGB. vor

2. Ist eine Erbeinsetzung auf einen dem Pflichtteil entsprechenden Bruchteil der Erbschaft oder eine Vermächtnisanordnung in Höhe des Pflichtteilsbetrags anzunehmen, wenn Eltern ein Kind für den Fall, daß es die von ihnen mit Bezug auf seinen Erbteil getroffene Regelung nicht anerkennen würde, auf den Pflichtteil „beschränken", oder liegt in einer solchen Bestimmung nur die Verweisung auf den gesetzlichen Pflichtteilsanspruch?

3. Kann eine gemäß § 208 BGB. die Verjährung unterbrechende Anerkennung des Pflichtteilsanspruchs darin gefunden werden, daß der Erbe auf Verlangen des Pflichtteilsberechtigten diesem gemäß § 2314 BGB. über den Bestand des Nachlasses Auskunft erteilt oder gemäß § 1994 BGB. dem Nachlaßgericht ein Inventar einreicht und in dem einen oder dem anderen Falle dem weiteren Verlangen des Pflichtteilsberechtigten auf Leistung des Offenbarungseides entspricht?

4. Zur Auslegung gemeinschaftlicher Testamente im Sinne des § 2269 Abs. 1 BGB. oder der Anordnung von Vor- und Nacherbfolge.

IV. Zivilsenat. Urt. v. 12. April 1926.

I. Landgericht I Berlin. II. Kammergericht daselbst.

Die Parteien sind die Kinder des am 7. April 1920 verstorbenen Pastors a. D. J. und seiner am 15. Juli 1917 verstorbenen Ehefrau. Diese haben in ihrem zum gerichtlichen Protokoll vom 11. Februar 1911 verschlossen übergebenen „gegenseitigen Testament" vom 1. Februar 1911 bestimmt:

„Wir setzen uns gegenseitig und unsere beiden Kinder . . . . dergestalt zu Erben ein, daß der Ueberlebende von uns beiden die uneingeschränkte Verfügung über die Substanz des gesamten Nachlasses und alleinige Nutzung desselben haben und von jeder Beschränkung, Verpflichtung oder Rechenschaft, zu welcher der Vorerbe dem Nacherben gegenüber nach dem Bürgerlichen Gesetzbuch verpflichtet ist, befreit sein soll, soweit es das Gesetz gestattet.

Was nach dem Tode des Letztlebenden von uns und von unserem Vermögen übrig sein wird, sollen unsere beiden Kinder sich gleichmäßig teilen . . . ."

In einem privatschriftlichen gemeinschaftlichen Nachtrag zu diesem Testament vom 5. Mai 1917 haben die beiden Erblasser ferner angeordnet, daß für den auf den Sohn (den Kläger) entfallenden Teil des Nachlasses der Sohn nur Vorerbe und seine Kinder Nacherben sein sollten, und daß der Sohn, falls er ihre testamentarischen Anordnungen anfechte, nur seinen gesetzlichen Pflichtteil erhalten solle, wodurch sich die Erbportion der Tochter (der Beklagten) entsprechend vergrößere. Nach dem Tode der Ehefrau J. wurde am 13. August 1917 das Testament vom 1./11. Februar 1911 und am 10. September 1917 der Testamentsnachtrag vom 5. Mai 1917 eröffnet. Von den letztwilligen Verfügungen hat der Kläger noch vor dem Tode seines Vaters Kenntnis erhalten. Nachdem sein Vater gestorben war, hat er auch diesen Todesfall alsbald erfahren. In einer notariell beglaubigten Urkunde vom 5. Mai 1920 erklärte er gegenüber dem Nachlaßgericht, daß er die Erbschaft aus dem gemeinsamen Testament seiner Eltern als eingesetzter Erbe ausschlage, sie aber als gesetzlicher Erbe annehme. Vom Nachlaßgericht wurde diese Erklärung der Beklagten mitgeteilt. Nachdem die Beklagte auf Betreiben des Klägers dem Nachlaßgericht am 17. November 1921 ein Nachlaßverzeichnis überreicht, dieses auf Verlangen des Klägers am 28. März 1922 mit dem Offenbarungseid bekräftigt und es zu Protokoll des Nachlaßgerichts vom 31. Oktober 1922, sowie durch Eingaben an das Nachlaßgericht vom 16. November und 2. Dezember 1922 ergänzt hatte, reichte der Kläger am 19. April 1923 beim Amtsgericht Berlin-Mitte die vorliegende Klage ein, mit der er eine bestimmte Summe als Teilbetrag seines Pflichtteils forderte. Der Rechtsstreit wurde, nachdem der Klagantrag auf Ersatz des Geldentwertungsschadens erweitert worden war, an das Landgericht verwiesen. Dieses wies die Klage auf Grund der von der Beklagten erhobenen Verjährungseinrede ab. Die Berufung des Klägers wurde zurückgewiesen. Seine Revision hatte Erfolg.

Aus den G r ü n d e n :

Nach § 2332 BGB., auf Grund dessen das Kammergericht gleich dem Landgerichte der Verjährungseinrede der Beklagten stattgegeben hat, verjährt der Pflichtteilsanspruch in drei Jahren von dem Zeitpunkt an, in welchem der Pflichtteilsberechtigte von dem Eintritte des Erbfalls und von der ihn beeinträchtigenden Verfügung Kenntnis erlangt. Die Bestimmung hat in OLG. Bd. 18 S. 367 = Seuff. Arch. Bd. 64 Nr. 35) im Anschluß an die Wortfassung des § 1999 Abs. 1 Satz 2 des 1. Entwurfs die Auslegung gefunden, daß sie eine den Pflichtteilsberechtigten in seinem Pflichtteilsrecht beeinträchtigende Verfügung voraussetze. Diese Auffassung, der zufolge die kurze dreijährige Verjährung nur bei einem Teile der Pflichtteilsansprüche, nämlich nur dann eingreifen würde, wenn der Erblasser nach dem Inhalte der den Pflichtteilsanspruch auslösenden letztwilligen Verfügung dem Pflichtteilsberechtigten sogar noch den Pflichtteilsbetrag ganz oder teilweise zu nehmen versucht hat, findet in der Entstehungsgeschichte des Gesetzes keinen genügenden Anhalt. Sie ist unvereinbar mit dem Wortlaute des geltenden Gesetzes und seinem Zwecke, die Frage, ob Pflichtteilsansprüche erhoben werden und deshalb Verschiebungen in der Verteilung des Nachlasses zu erwarten sind, nicht zu lange in der Schwebe zu lassen. Die in § 2303 BGB. für pflichtteilsberechtigt erklärten Abkömmlinge und der Ehegatte des Erblassers werden in ihrer Rechtsstellung (§§ 1924, 1931 BGB.) durch eine letztwillige Verfügung stets dann beeinträchtigt, *wenn die Verfügung einen nach* §§ 2303, 2305, 2306 Abs. 1 Satz 2 Abs. 2 oder § 2307 BGB. einen Pflichtteilsanspruch begründenden Inhalt hat, mag dieser kraft Gesetzes bestehende Pflichtteilsanspruch auch in der Verfügung ausdrücklich anerkannt sein. Die kurze Verjährung trifft allerdings nur den gesetzlichen Pflichtteilsanspruch, nicht den Erbauseinandersetzungs- oder Vermächtnisanspruch desjenigen, welcher auf einen dem Pflichtteil entsprechenden Bruchteil der Erbschaft als Erbe oder auf den Pflichtteilsbetrag als Vermächtnisnehmer eingesetzt ist. Eine testamentarische Zuwendung des Pflichtteils in dem einen oder dem anderen Sinn ist aber im Berufungsurteil verneint mit der durch allgemeine Erwägungen (Planck BGB. 3. Aufl. § 2304 Anm. 2) und den besonderen Inhalt der vorliegenden Testamente gestützten, rechtlich nicht zu beanstandenden Begründung: Indem die Erblasser den Kläger für den Fall, daß er die von ihnen mit Bezug auf seinen Erbteil getroffene Regelung nicht anerkennen würde, auf den Pflichtteil beschränkten, hätten sie ihn lediglich auf den gesetzlichen Pflichtteilsanspruch verweisen und ihm nicht noch die bessere Rechtsstellung verschaffen wollen, die der Pflichtteilsberechtigte (z. B. hinsichtlich der Verjährungsfrist) erlange, wenn er in den Kreis der testamentarisch Bedachten eintrete. Die schon hiernach gerechtfertigte Annahme, daß der Kläger den Pflichtteilsbetrag nur kraft Gesetzes, nicht kraft testamentarischer Anordnung fordern könne, wird außerdem durch die folgende, ebenfalls rechtlich einwandfreie Ausführung des Berufungsgerichts getragen:

Selbst wenn eine testamentarische, als Erbeinsetzung oder Vermächtnis zu behandelnde Pflichtteilszuwendung vorläge, würde der Kläger die sich daraus für ihn ergebende Rechtsstellung durch seine Ausschlagungserklärung vom 5. Mai 1920 verloren haben. Rein wörtlich könne die Erklärung nicht genommen werden, da der Kläger durch sie die Stellung eines „gesetzlichen Erben" auf keinen Fall habe erlangen können. Ihrem Sinne nach sei sie dahin zu verstehen, daß der Kläger keinerlei Ansprüche mehr aus dem Testament, sondern nur noch Ansprüche aus dem Gesetz herleiten wollte. Zwar habe die Erklärung, soweit sie als Ausschlagung eines Vermächtnisses wirksam sein sollte, nach § 2180 Abs. 2 BGB. nicht dem Nachlaßgericht, sondern dem Beschwerten gegenüber abgegeben werden müssen. Diesem Erfordernis sei aber genügt, da die Erklärung vom Nachlaßgericht dem mutmaßlichen Willen des Klägers entsprechend der Beklagten mitgeteilt worden sei.

Nach alledem ist es rechtlich zu billigen, daß das Berufungsgericht angenommen hat, für den vorliegenden Pflichtteilsanspruch gelte nicht die ordentliche dreißigjährige Verjährung, sondern die dreijährige Verjährung des § 2332 BGB. Diese vor dem 19. April 1920, also länger als drei Jahre vor der Einreichung der Klage beim Amtsgericht (§ 496 Abs. 3 ZPO.) begonnene Verjährung wäre bereits abgelaufen, wenn, was das Berufungsgericht allein erörtert hat, nur eine Unterbrechung der Verjährung durch Klagerhebung (§ 209 BGB.) in Betracht käme. Die Revision macht aber geltend, daß die Verjährung durch Anerkenntnis gemäß § 208 BGB. unterbrochen sei, weil die Beklagte einen an sich bestehenden Anspruch des Klägers auf Pflichtteil nie bestritten, auf sein Verlangen sogar ein Inventar gelegt und eidlich bekräftigt habe. Die Beklagte widerspricht der Zulassung dieser Replik, da sie in den Vorinstanzen nicht vorgebracht sei. Daran ist richtig, daß der Kläger, soweit ersichtlich, den rechtlichen Gesichtspunkt des § 208 BGB. in den Vorinstanzen nicht hervorgekehrt hat. Aber es reicht aus, daß er, wie die Klageschrift und der Tatbestand des Berufungsurteils ergeben, die wesentlichen Tatsachen in den Vorinstanzen vorgetragen hat. Diese Tatsachen daraufhin zu würdigen, ob und inwieweit sie rechtlich geeignet seien, das Einrederecht der Verjährung aufzuheben, war Sache des Gerichts.

Nach der feststehenden Rechtsprechung des Reichsgerichts erfordert die Annahme eines die Verjährung unterbrechenden Anerkenntnisses keine rechtsgeschäftliche Willenserklärung; es genügt jedes Verhalten dem Gläubiger gegenüber, aus dem sich das Bewußtsein des Verpflichteten von dem Bestehen des Anspruchs unzweideutig ergibt. Auch ein Anerkenntnis, das den Anspruch bloß in seinem Grunde zum Gegenstande hat, ist zur Unterbrechung der Verjährung für den ganzen Anspruch geeignet, sofern es nur nicht auf einen begrenzten Teil des Anspruchs beschränkt worden ist, sondern eine allgemeine Richtung auf das Bestehen des Anspruchs genommen hat (RGZ. Bd. 63 S. 382, Bd. 73 S. 131; Warn. 1908 Nr. 192, 1910 Nr. 416). Nach diesen Grundsätzen kann auch in dem Verhalten eines Erben, der auf Verlangen des Pflichtteilsberechtigten diesem gemäß §§ 2314, 260 BGB. durch Vorlegung eines Verzeichnisses über den Bestand des Nachlasses Auskunft erteilt oder gemäß § 1994 mit § 1967 Abs. 2 BGB. dem Nachlaßgericht ein Inventar einreicht und in dem einen oder anderen Falle dem weiteren Verlangen des Pflichtteilsberechtigten auf Leistung des Offenbarungseids gemäß § 260 Abs. 2 oder § 2006 BGB. entspricht, eine Anerkennung des Pflichtteilsanspruchs dem Grunde nach gefunden werden. Es kommt dann weiter in Frage, wie weit diese Anerkennung reicht, ob sie sich auf den Pflichtteilsanspruch im ganzen bezieht oder ob sie, bei etwaiger Unvollständigkeit des aufgestellten Verzeichnisses, nur den Anspruch auf denjenigen Pflichtteilsbetrag deckt, welcher sich aus dem (sei es ursprünglichen oder vor oder nach der Eidesleistung ergänzten) Verzeichnis entnehmen läßt. Die im Kommentar von Reichsgerichtsräten (§ 2332 Anm. 1 a. E.) im Anschluß an das, übrigens einen landrechtlichen Fall betreffende, Urteil des Reichsgerichts vom 22. April 1907 IV 474/06 ausgesprochene Meinung, daß die Klage aus § 2314 BGB. auf Auskunftserteilung die Verjährung des Pflichtteilsanspruchs nicht unterbreche, steht der Annahme einer Unterbrechung für den vorliegenden Fall nicht entgegen. Denn hier handelt es sich nicht um eine Unterbrechung durch Klage des Pflichtteilsberechtigten, sondern durch das in dem Verhalten des Gegners liegende Anerkenntnis. Zu jener Meinung braucht deshalb hier keine Stellung genommen zu werden.

Die Frage, wie bei der dargelegten Rechtslage über den gegebenen Fall zu entscheiden ist, macht noch tatsächliche Feststellungen und Erwägungen erforderlich, die dem mit der Sache von neuem zu befassenden Berufungsgerichte überlassen werden müssen. . . .

Für die anderweite Verhandlung sei ferner auf die folgenden Unklarheiten des bisherigen Streitstandes hingewiesen: Es fehlt an einer Erklärung des Klägers darüber, ob sich der eingeklagte Pflichtteilsanspruch nur auf den Nachlaß seines zuletzt verstorbenen Vaters oder auch auf den Nachlaß seiner vorverstorbenen Mutter bezieht. Auch in den Urteilen des Landgerichts und des Kammergerichts ist die Frage nicht berührt. Unter den Gegenständen, die der Kläger bei der Berechnung des Pflichtteils berücksichtigt sehen will, befinden sich auch solche, die (wie die Kleidungsstücke und Schmucksachen seiner Mutter) sicherlich zum Nachlasse der Mutter gehört haben. Trotzdem könnte die aufgeworfene Frage unbedenklich im ersten Sinne beantwortet werden, wenn die von den Eltern der

Parteien hinterlassenen gemeinschaftlichen Testamente gemäß § 2269 BGB. dahin auszulegen sein würden, daß die Eheleute sich gegenseitig als Vollerben und ihre beiden Kinder als Erben des letztlebenden von ihnen eingesetzt haben. In der Klageschrift und im Tatbestande des landgerichtlichen Urteils ist aber angenommen, daß die Eheleute sich gegenseitig als befreite Vorerben und die Kinder als Nacherben (nämlich des zuerst verstorbenen, Ersatzerben des überlebenden Ehegatten) eingesetzt haben. Das Berufungsgericht hat auch zu dieser Auslegungsfrage keine Stellung genommen. Sie ist allein aus dem Wortlaute des im Tatbestande dieses Urteils wörtlich mitgeteilten einzelnen Paragraphen des Testaments vom 1./11. Februar 1911 nicht zu entscheiden. Immerhin legen die Bestimmungen, daß der überlebende Ehegatte „die uneingeschränkte Verfügung über die Substanz des gesamten Nachlasses" haben und daß bei seinem Tode das, was vom beiderseitigen („unserem") Vermögen übrig wäre, an die beiden Kinder fallen sollte, die Anwendung des § 2269 nahe. Die Bestimmung, daß der überlebende Ehegatte von jeder „Beschränkung, Verpflichtung oder Rechenschaft", zu welcher der Vorerbe dem Nacherben gegenüber verpflichtet wäre, so weit wie möglich befreit sein sollte, steht jener Anwendung nicht entscheidend entgegen, da nicht nur der befreite Vorerbe (§§ 2136, 2137 BGB.), sondern auch und in noch weiterem Maße der Vollerbe von den gedachten Beschränkungen und Verpflichtungen frei ist. Es wird darauf ankommen, ob die sämtlichen letztwilligen Anordnungen zusammen betrachtet und etwaige zu ihrer Auslegung heranzuziehende sonstige Umstände erkennen lassen, daß die Eheleute das beiderseitige Vermögen als eine Einheit angesehen und daher sowohl eine verschiedene Rechtsstellung des überlebenden Ehegatten zu den beiden ursprünglichen Teilen dieses gesamten Vermögens während seiner Lebensdauer, als auch die Möglichkeit einer Trennung der beiden Vermögensmassen bei seinem Tode haben ausschließen wollen (Planck BGB. 3. Aufl. § 2269 Anm. II 1 c; RGZ. Bd. 79 S. 277, RGU. IV 70/24 vom 13. November 1924). . . .

RGZ. 115, 27

1. Wird die Verjährung des Pflichtteilsanspruchs durch die Klage des Pflichtteilsberechtigten auf Erteilung von Auskunft aus § 2314 BGB. unterbrochen?

2. Läuft die kurze Verjährungsfrist des § 2332 Abs. 1 BGB., solange der Pflichtteilsberechtigte die ihn beeinträchtigende Verfügung für ungültig hält?

BGB. §§ 209, 2314, 2332.

IV. Zivilsenat. Urt. v. 25. Oktober 1926.

I. Landgericht Glogau. II. Oberlandesgericht Breslau.

Der am 7. März 1917 verstorbene Töpfermeister Sch. hinterließ vier Söhne, darunter den Kläger, und eine Tochter, die Beklagte. In einem eigenhändigen Testament vom 1. Februar 1908 setzte er die Beklagte als alleinige Erbin ein; bezüglich des Klägers heißt es im Testament: „Mein Sohn Bernhard ist auch einer, dem das vierte Gebot, sollst Vater und Mutter ehren, fernlag, will ihn aber mit einem Pflichtteil von . . . (Lücke) bedenken". Bei der gerichtlichen Testamentseröffnung am 23. Mai 1921 war der Kläger zugegen; er bestritt zu Protokoll, daß Unterschrift, Ort und Datum vom Erblasser eigenhändig geschrieben seien. In einem Vorprozeß verlangte er, die Ungültigkeit des Testaments behauptend, als gesetzlicher Erbe von der Beklagten Auskunft über den Bestand der Erbschaft (§ 2027 BGB.); hilfsweise stützte er den Anspruch auf sein Pflichtteilsrecht (§ 2314). Das Landgericht erachtete das Testament für gültig und den Klagegrund des § 2314 für gegeben, sofern der Kläger schwöre, er habe im Jahre 1917 den Inhalt des Testaments nicht gekannt. Nachdem der Kläger diesen Eid geleistet hatte, wurde die Beklagte durch Läuterungsurteil vom 21. September 1923 zur Auskunfterteilung verurteilt. Auf Zwangsmaßregeln hin erhielt der Kläger von ihr im April 1924 ein Nachlaßverzeichnis.

Mit der vorliegenden, im Dezember 1924 erhobenen Klage verlangt der Kläger von der Beklagten Leistung des Offenbarungseids dahin, daß sie den Bestand des Nachlasses in dem vorgelegten Verzeichnis so vollständig angegeben habe, als sie dazu imstande sei, sowie als Pflichtteil den Betrag von 8500 RM. Das Landgericht erachtete die Einrede der Verjährung für durchgreifend und wies die Klage ab. Das Berufungsgericht bestätigte diese Entscheidung. Die Revision des Klägers hatte Erfolg.

Aus den Gründen:

. . . Das Berufungsgericht folgt der zu § 2332 BGB. im Komm. v. RGR. Anm. 1 a. E. und von Staudinger-Herzfelder Anm. 3 vertretenen Meinung, daß durch die Klage auf Auskunfterteilung aus § 2314 BGB. die Verjährung des Pflichtteilsanspruchs nicht unterbrochen wird. Das im ersteren Kommentar angezogene Urteil des Senats vom 22. April 1907 IV 474/06, das die Frage nach preußischem Landrecht entscheidet, bemerkt nebenher, daß die Entscheidung nach dem Bürgerlichen Gesetzbuch ebenso ausfallen müßte. An dieser Auffassung hält der Senat auch nach erneuter Prüfung fest. Auszugehen ist von dem Grundsatz des § 194 BGB., daß der Verjährung der gegebene Anspruch unterliegt. Dem entspricht die Vorschrift des § 209 BGB., die dahin geht, daß die Erhebung der Klage die Verjährung dann unterbricht, wenn die Klage auf Befriedigung oder auf Feststellung des Anspruchs gerichtet ist. Nach allgemeiner Meinung tritt daher die Unterbrechung nur insoweit ein, als Rechtshängigkeit entsteht, d. h. als der Anspruch geltend gemacht wird. Soweit der Anspruch nicht rechtshängig wird und über ihn auch nicht entschieden werden kann, läuft die Verjährung weiter. Daher beschränkt sich die Unterbrechung bei Geltendmachung eines Teils des Anspruchs nur auf diesen Teil; sie erstreckt sich nicht auf die Hauptforderung, wenn nur Zinsen eingeklagt werden.

Der Anspruch auf Auskunfterteilung aus § 2314 BGB. deckt sich nun noch nicht mit dem Pflichtteilsanspruch selbst, wenn er ihn auch voraussetzt. Das Verlangen auf Auskunftserteilung ist zwar ein Ausfluß des Pflichtteilsrechts; sein Wesen erschöpft sich aber darin, daß es vorbereitend der demnächstigen Geltendmachung des Pflichtteilsanspruchs dienen soll (RGZ. Bd. 50 S. 225). Daraus folgt, daß durch die Klage auf Auskunfterteilung der Pflichtteilsanspruch selbst noch nicht rechtshängig wird, und daß demnach die Unterbrechung der Verjährung dieses Anspruchs nicht sowohl durch die vorbereitende Klage auf Auskunfterteilung, als vielmehr erst durch die Klage auf Leistung oder auf Feststellung des Pflichtteilsanspruchs herbeigeführt wird. Den praktischen Bedürfnissen ist durch die Vorschrift des § 254 ZPO. hinreichend Rechnung getragen. Sie bietet dem Pflichtteilsberechtigten die Möglichkeit, mit der Klage auf Auskunfterteilung zugleich den Anspruch auf den Pflichtteil selbst — unter Vorbehalt der Angabe des zu fordernden Betrages — anhängig zu machen und sich auf diese Weise dagegen zu sichern, daß der Pflichtteilsanspruch vor Beendigung des Streites über die Auskunftspflicht verjährt.

Dagegen sind die Bedenken begründet, welche die Revision gegen die Auffassung des Berufungsgerichts erhebt, daß die Zweifel des Klägers an der Gültigkeit des Testaments nicht geeignet seien, den Beginn der kurzen Verjährung nach § 2332 Abs. 1 BGB. zu beeinflussen. Nach dieser Vorschrift läuft die Frist von dem Zeitpunkt an, in dem der Pflichtteilsberechtigte vom Eintritt des Erbfalls und von der ihn beeinträchtigenden Verfügung Kenntnis erlangt. Vielfach wird die Meinung vertreten, es genüge Kenntnis schlechthin und es komme nicht darauf an, ob der Pflichtteilsberechtigte die ihn beeinträchtigende Wirkung der Verfügung erfaßt habe. Diese Auslegung haftet indessen zu eng am Wortlaut des Gesetzes. Wie bereits in dem Urteil des Senats RGZ. Bd. 70 S. 360 dargelegt, ist es zwar nicht erforderlich, daß der Pflichtteilsberechtigte die ihn beeinträchtigende Verfügung in allen Einzelheiten selbst geprüft und danach ihre juristische Natur zutreffend bestimmt hat. Wesentlich ist aber, daß er richtig erkannt hat, er sei durch die Verfügung von der Erbfolge ausgeschlossen. Wenn der Pflichteilsberechtigte nicht weiß, ob die Unterschrift des Erblassers unter dem ihn von der gesetzlichen Erbfolge ausschließenden Testament echt ist, und wenn er deshalb das Testament für ungültig ansieht, so hat er noch nicht die nach § 2332 Abs. 1 BGB. erforderliche Kenntnis von der ihn beeinträchtigenden Verfügung erlangt. Er kennt die Verfügung zwar, aber nicht in ihrer ihn beeinträchtigenden Wirkung. Die fragliche Kenntnis setzt zwar nicht die volle Ueberzeugung von der Gültigkeit voraus; sie erfordert aber zuverlässiges Erfahren der in Betracht kommenden Umstände und liegt jedenfalls dann nicht vor, wenn der Pflichtteilsberechtigte Zweifel an der Echtheit der Verfügung hat, die nach Lage der Verhältnisse berechtigt erscheinen.

Diese Auffassung steht im Einklang mit den die Fristen der §§ 2082 und 2306 BGB. betreffenden Entscheidungen des Senats, WarnRspr. 1914 Nr. 26, Gruch. Bd. 59 S. 431 und RGZ. Bd. 107 S. 192. Die Gesetzesmaterialien stehen nicht entgegen. Nach den Motiven (Bd. 5 S. 426) ist die Fassung: „Kenntnis der erlittenen Verletzung" vermieden und die in § 2332 BGB. übergegangene Fassung auf Grund der Erwägung gewählt worden, daß weder die Möglichkeit einer unrichtigen (rechtlichen) Auffassung der Verfügung (z. B. ob sie eine Erbeinsetzung oder ein Vermächtnis enthalte) noch die Unkenntnis des Pflichtteilsberechtigten vom Bestande der Nachlaßmasse eine besondere Berücksichtigung erfordere (vgl. RGZ. Bd. 104 S. 195). Keiner der beiden Fälle steht hier in Frage.

Hiernach wirft die Revision nicht ohne Grund die Frage auf, ob der Kläger, der gleich nach der Verkündung und Vorlegung des Testaments die Echtheit der Unterschrift bestritten und im Vorprozeß die Ungültigkeit des Testaments geltend gemacht hat, nicht erst durch die Beweiserhebung im Vorprozeß, frühestens also durch das Gutachten des Schreibsachverständigen vom 12. April 1922 zuverlässige Kenntnis von der Gültigkeit des Testaments und damit erst die die dreijährige Verjährungsfrist des § 2332 in Lauf setzende „Kenntnis der ihn beeinträchtigenden Verfügung" erlangt hat. Ist die Frage zu bejahen, so war im Zeitpunkt der Erhebung der vorliegenden Klage die Verjährung seines Pflichtteilsanspruchs noch nicht eingetreten. Hierzu, insbesondere zu der Frage, ob der Kläger nach der besonderen Lage des Falles berechtigte Zweifel an der Echtheit des Testaments haben konnte, hat das Berufungsgericht noch keine Stellung genommen.

RGZ. 128, 187

Inwieweit ist für den Anspruch auf Ergänzung des Pflichtteils nach § 2325 BGB. der Umstand zu berücksichtigen, daß der Erblasser einen Lebensversicherungsvertrag zugunsten eines Dritten abgeschlossen hat?

VII. Zivilsenat. Urt. v. 25. März 1930.

I. Landgericht Magdeburg. II. Oberlandesgericht Naumburg a. S.

Die Klägerin ist die Witwe zweiter Ehe, die Beklagte die ersteheliche Tochter des am 31. März 1928 verstorbenen Mühlenbesitzers Wilhelm M. Dieser hatte im Februar und April 1925 zwei Lebensversicherungsverträge mit der A.-Lebensversicherungsbank abgeschlossen über zusammen 100 000 GM., zahlbar am 1. September 1949 an den Versicherten, bei seinem früheren Ableben an die Klägerin. Die Versicherungssumme ist nach seinem Tode nach gewissen Abzügen auf gemeinsamen Antrag der Parteien in Höhe von 83 295,20 RM. bei einer Bank in M. hinterlegt worden.

Mit der Klage verlangt die Klägerin Verurteilung der Beklagten zur Einwilligung, daß die hinterlegte Summe an sie (Klägerin) ausgezahlt werde. Die Beklagte hat den Klaganspruch in Höhe von 20 823,80 RM. anerkannt und ist dementsprechend durch Anerkenntnisteilurteil verurteilt worden. Im übrigen begehrt sie unter verschiedenen rechtlichen Gesichtspunkten widerklagend die Verurteilung der Klägerin zur Einwilligung in die Auszahlung der restlichen 62 471,40 RM. an sie (Beklagte). Das Landgericht verurteilte die Beklagte zur Einwilligung in die Auszahlung auch des Restes der hinterlegten Summe und wies die Widerklage ab. Mit der Berufung beantragte die Beklagte nur noch, die Klägerin zu verurteilen, darein zu willigen, daß aus der hinterlegten Streitmasse ein Teilbetrag von 6100 RM. an sie (Beklagte) ausgezahlt werde; in gleicher Höhe bat sie um Abweisung der Klage. Das Oberlandesgericht wies die Berufung zurück. Die Revision der Beklagten führte zur Aufhebung und Zurückverweisung.

Gründe:

(Nach Billigung verschiedener Ausführungen des Berufungsurteils wird fortgefahren):

Dagegen ist das Urteil insoweit nicht frei von Rechtsirrtum, als es das von der Beklagten geltend gemachte Pflichtteils-Ergänzungsrecht nach § 2325 BGB. völlig verneint, auf Grund dessen diese die 6100 RM. als Teilbetrag ihres Anspruchs aus der hinterlegten Streitmasse gleichfalls fordert. Dieses Pflichtteils-Ergänzungsrecht ist zwar nicht in Ansehung der gesamten Versicherungssumme begründet, wohl aber in Ansehung der von dem Verstorbenen gezahlten Prämien.

Wenn § 2325 BGB. eine Schenkung des Erblassers voraussetzt, so kann damit nach dem Sprachgebrauch des Bürgerlichen Gesetzbuchs nur eine solche nach § 516 Abs. 1 gemeint sein, dagegen nicht allgemein schon jede unentgeltliche Zuwendung. Erfordernis ist daher sowohl, daß der Zuwendende und der Zuwendungsempfänger über die Unentgeltlichkeit der Zuwendung einig sind, als auch, daß der letztere aus dem Vermögen des ersteren bereichert wird.

Schließt jemand unter Bezeichnung eines Dritten als Bezugsberechtigten einen Lebensversicherungsvertrag ab, so will er ihm damit — falls der Dritte dafür kein Entgelt gewährt — eine unentgeltliche Zuwendung machen, indem die Versicherungssumme nach seinem Tode dem Dritten ohne Aufwendungen von dessen Seite ausgezahlt werden soll. Gemäß §§ 328, 330, 331 BGB. handelt es sich dabei um einen Vertrag zugunsten eines Dritten, aus dem dieser unmittelbar das Recht erwerben soll, die Leistung zu fordern, und zwar tritt dieser Erwerb im Zweifel erst mit dem Tode des Versicherungsnehmers ein. Die für die Schenkung erforderliche Einigung über die Unentgeltlichkeit der Zuwendung liegt darin, daß der Versicherungsnehmer mit dem Abschluß des Vertrags zugunsten des Dritten zugleich *diesem das Angebot macht, er solle nach dem Tode des Versicherungsnehmers* die ihm aus dem Vertrag zugedachten unentgeltlichen Vorteile ziehen, daß dem Dritten dieses Angebot mit seiner Kenntnisnahme von der Bezugsberechtigung zugeht, gleichviel wie es im einzelnen Falle zu seiner Kenntnis kommt, und daß er dann entsprechend dem Willen des Versicherungsnehmers die Versicherungssumme nach dessen Tode in Anspruch nimmt. Eine Annahmeerklärung des Bezugsberechtigten gegenüber dem Versicherungsnehmer selbst oder gegenüber seinen Erben wird dagegen nach allgemeiner Lebenserfahrung vom Versicherungsnehmer nicht erwartet und ist daher für das Zustandekommen der Einigung nicht zu verlangen (§ 151 BGB.). Da den Gegenstand der Zuwendung der Anspruch auf die Versicherungssumme bildet und dieser Anspruch vom Bezugsberechtigten, wie schon erwähnt, mit dem Tode des Versicherungsnehmers unmittelbar gegen den Versicherten erworben wird, so ist damit die dem Dritten zugedachte Leistung bereits bewirkt und dadurch nach § 518 Abs. 2 BGB. ein etwa vorhandener Formmangel des Schenkungsversprechens geheilt. Es kann also dahingestellt bleiben, ob das Erfordernis des § 518 Abs. 1 BGB. auch für Lebensversicherungsverträge gilt, die zugunsten eines Dritten in Schenkungsabsicht geschlossen werden. Dem Ausgeführten steht auch nicht entgegen, daß gemäß § 333 BGB. das Recht auf die Versicherungssumme als nicht erworben gilt, wenn der Bezugsberechtigte aus irgendeinem Grunde die Entgegennahme der Versicherungssumme ablehnen würde. Ebensowenig, daß der Versicherungsnehmer im Zweifel — nämlich dann, wenn die Versicherung nicht nachweislich unwiderruflich zugunsten des Dritten genommen und deshalb eine Verfügung des Versicherungsnehmers über den Anspruch auf die Versicherungssumme nur noch mit Zustimmung des Dritten zulässig ist (RGZ. Bd. 71 S. 324) — zu Lebzeiten über den Anspruch anderweit verfügen darf, insbesondere ihn abtreten oder verpfänden oder das Bezugsrecht widerrufen kann. Denn im Falle der Widerruflichkeit des Bezugsrechts besteht für den Dritten bis zum Tode des Versicherungsnehmers nur eine Hoffnung oder Anwartschaft, und das Schenkungsangebot des zudem bedingten und befristeten Anspruchs auf die Versicherungssumme muß schon als mit jenen Beschränkungen gemacht angesehen werden und kann auch nur so angenommen werden, wie es sich zur Zeit des Todes des Versicherungsnehmers darstellt.

Das weitere Erfordernis der Schenkung, daß durch die Zuwendung die Bereicherung des Bezugsberechtigten aus dem Vermögen des Versicherungsnehmers erfolgen muß, ist aber nicht hinsichtlich der Versicherungssumme als solcher, sondern nur in Ansehung der gezahlten Prämien erfüllt. Der Versicherungsnehmer will allerdings dem Bezugsberechtigten durch seine Aufwendungen an Prämienzahlungen die Versicherungssumme verschaffen, und so bildet den Gegenstand der Schenkung der Anspruch des Versicherungsnehmers auf die Gegenleistung des Versicherers aus dem Versicherungsvertrag, also auf Zahlung der Versicherungssumme. Aber diese selbst hat gemäß §§ 330, 331 BGB. niemals zum Vermögen des Versicherungsnehmers gehört; sie fällt mit dessen Tode dem Bezugsberechtigten unmittelbar aus dem Vermögen des Versicherers zu (RGZ. Bd. 51 S. 403; Bd. 61 S. 217 u. a.). Dagegen ist infolge der Zahlung der Prämienbeträge aus Mitteln des Versicherungsnehmers der Bezugsberechtigte, wenn es zur Auszahlung der Versicherungssumme an ihn kommt, um die aufgewendeten Prämienbeträge mittelbar aus dem Vermögen des Versicherungsnehmers bereichert, und zwar um den gesamten Betrag der gezahlten Prämien, nicht nur um das Deckungskapital des Versicherers, weil der Anspruch auf die Gegenleistung des letzteren den Gegenstand der Schenkung bildet. Freilich ist die Bereicherung nach oben begrenzt durch den Betrag der Versicherungssumme. Der Umstand, daß den Prämienzahlungen im Verhältnis zum Versicherer die Bedeutung der Erfüllung eines gegenseitigen entgeltlichen Vertrags zukommt, steht ihrer gleichzeitigen Eigenschaft als einer unentgeltlichen Zuwendung im Verhältnis zum Bezugsberechtigten nicht entgegen. Die Berücksichtigung nur der gezahlten Prämienbeträge für den Pflichtteils-Ergänzungsanspruch, nicht dagegen der Versicherungssumme, entspricht auch dem § 2325 BGB. insofern, als danach der Pflichtteilsberechtigte nur so gestellt werden soll, wie wenn die aus dem Vermögen des Erblassers herausgegangenen Werte noch zum Nachlaß gehörten. Anderseits steht die hier vertretene Ansicht, daß wenigstens die gezahlten Prämienbeträge aus dem Vermögen des Versicherungsnehmers mittelbar in das des Bezugsberechtigten geflossen sind, im Einklang mit der schon erwähnten Entscheidung RGZ. Bd. 61 S. 217; sie wird auch dem dringenden Bedürfnis gerecht, zu verhindern, daß durch den Abschluß von Lebensversicherungsverträgen auf hohe Versicherungssummen und demgemäß mit entsprechend hohen Prämien zugunsten Dritter die Rechte der Pflichtteilsberechtigten willkürlich geschmälert werden könnten.

RGZ. 129, 239

1. Wann liegt in der letztwilligen Zuwendung des Pflichtteils die Anordnung eines Vermächtnisses und nicht bloß eine ausdrückliche Anerkennung des kraft Gesetzes bestehenden Pflichtteilsanspruchs?

2. Hat ein auf den doppelten Pflichtteilsbetrag eingesetzter Vermächtnisnehmer ein klagbares Recht auf Auskunft über den Bestand des Nachlasses durch Vorlegung und nötigenfalls eidliche Bekräftigung eines Bestandsverzeichnisses?

3. Ueber das Verhältnis der Inventarpflicht des Erben zu der ihm gegenüber einem Pflichtteilsberechtigten und unter Umständen auch gegenüber einem Vermächtnisnehmer obliegenden Auskunftspflicht?

4. . . .

BGB. §§ 260, 2001, 2304, 2307, 2314.

IV. Zivilsenat. Urt. v. 23. Juni 1930.

I. Landgericht III Berlin. II. Kammergericht daselbst.

Die Klägerin ist die Witwe, die Erstbeklagte ist die Mutter, die drei anderen Beklagten sind die Geschwister des am 3. März 1927 gestorbenen Landrichters Dr. F. Dieser hat in einem eigenhändigen Testament vom 14. Dezember 1926 nur die folgenden Bestimmungen getroffen:

Ich setze meine Frau . . . . auf den Pflichtteil im juristisch technischen Sinne des § 2304 BGB.

Außerdem hinterlasse ich meiner Ehefrau ein Vermächtnis in Höhe des Betrages ihres gesetzlichen Pflichtteils.

Diese letztwilligen Zuwendungen entfallen selbstverständlich, falls ich zur Zeit meines Todes von meiner Frau geschieden bin.

Gesetzliche Erben des Verstorbenen sind die Beklagten geworden. Ihnen wurde auf Antrag der Klägerin durch Beschluß des Nachlaßgerichts eine Frist von einem Monat zur Errichtung eines Inventars über den Nachlaß bestimmt. Innerhalb der Frist reichte ein Notar ein von ihm am 30. Mai 1927 aufgenommenes Inventar dem Nachlaßgericht ein.

Im Prozeß beantragte sodann die Klägerin, daß die Beklagten als Gesamtschuldner verurteilt werden sollten, das Bestandsverzeichnis, das durch das Inventar aufgestellt worden sei, mit dem Offenbarungseide zu beschwören. Die Vorinstanzen gaben der Klage statt. Die Revision der Beklagten wurde zurückgewiesen.

Gründe:

Die Vorinstanzen gehen mit der Klägerin davon aus, daß diese als „Pflichtteilsberechtigte" den Anspruch auf Auskunftserteilung nach § 2314 BGB. habe. Eine unmittelbare Anwendung des § 2314 ist indessen zu verneinen.

Die Zuwendung des Pflichtteils ist nach der Auslegungsregel des § 2304 BGB. im Zweifel nicht als Erbeinsetzung anzusehen. Daß diese Auslegung hier Platz greifen soll, ist vom Erblasser ausdrücklich bestimmt. Es fragt sich aber noch, ob in der Zuwendung des Pflichtteils entweder die Anordnung eines Vermächtnisses (§ 1939 BGB.) oder nur eine ausdrückliche Anerkennung des kraft Gesetzes bestehenden Pflichtteilsanspruchs (§§ 2303, 2317 BGB.) zu finden ist. Das ist eine vom Gesetz offen gelassene Auslegungsfrage, deren Entscheidung davon abhängt, ob der Erblasser dem Pflichtteilsberechtigten nicht nur nach dem Wortlaut, sondern auch nach dem Sinne seiner Verfügung etwas zuwenden oder ihn lediglich von allem ausschließen wollte, worauf er keinen unentziehbaren gesetzlichen Anspruch habe (RGZ. Bd. 113 S. 237; RGRKomm. 6. Aufl. § 2304 Anm. 1; Planck 3. Aufl. § 2304 Anm. 2). Hier hat die Klägerin nicht nur den ihr gebührenden Pflichtteil, sondern auch noch ein Vermächtnis in Höhe des gleichen Betrags zugewendet erhalten. Danach ist nicht der zweite, sondern der erste der beiden Fälle gegeben: der Erblasser hat die Klägerin auf den doppelten Pflichtteilsbetrag (gleich dem vollen Werte ihres gesetzlichen Erbteils, mithin nach § 1931 Abs. 1 Satz 1 BGB. gleich dem halben Werte des Nachlasses) als Vermächtnisnehmerin eingesetzt. Die Klägerin hat das Vermächtnis angenommen. Das Recht auf den Pflichtteil steht ihr daher nach § 2307 BGB. nicht mehr zu.

Als Vermächtnisnehmerin ist die Klägerin Nachlaßgläubigerin. In dieser Eigenschaft hatte sie die von ihr ausgeübten Rechte aus den §§ 1994, 2006 BGB. Die Möglichkeit, die mit dem Vermächtnis beschwerten Erben zur Leistung des Offenbarungseides auf das von ihnen errichtete Inventar im Prozeßwege anzuhalten, ist durch diese Vorschriften nicht eröffnet. Daß die Beklagten in dem Verfahren vor dem Nachlaßgericht die Eidesleistung verweigert haben oder in den zur Eidesleistung bestimmten Terminen unentschuldigt ausgeblieben sind, hatte vielmehr nur die Rechtsfolge der unbeschränkten Erbenhaftung. Ein klagbares Recht auf Auskunft über den Bestand des Nachlasses, die gemäß § 260 Abs. 1 BGB. durch Vorlegung eines Bestandsverzeichnisses zu erteilen und unter den Voraussetzungen des § 260 Abs. 2, 3 mit dem Offenbarungseid zu bekräftigen wäre, hat die Klägerin aus § 2314 BGB. nicht. Ein solches Recht hat aber als ihr mitvermacht zu gelten, weil die Klägerin ihren sich auf die Hälfte des Wertes des Nachlasses richtenden Vermächtnisanspruch nur dann in zweckentsprechender Weise geltend machen kann, wenn sie vom Bestande des Nachlasses zuverlässige Kenntnis erhält (ROLG. Bd. 26 S. 340, Bd. 42 S. 136; RGR-Komm. § 2174 Anm. 1; Staudinger 9. Aufl. § 2174 Anm. IV 1, § 2314 Anm. 1).

Der Geltendmachung des seiner Natur nach nur vorbereitenden Anspruchs auf Auskunftserteilung oder auf eidliche Bekräftigung der erteilten Auskunft können die Tatsachen nicht entgegengehalten werden, daß schon der Hauptanspruch auf Zahlung in einem einen Teilbetrag betreffenden, rechtskräftig entschiedenen Vorprozeß und zu einem weiteren Betrag in einem noch schwebenden Prozeß erhoben worden ist. Die Revision kommt auf diesen Einwand der Beklagten nicht zurück. Ihre Angriffe beziehen sich auf die folgenden Streitpunkte:

1. Es fragt sich, ob die Klägerin in Verfolgung des ihr (zwar nicht aus § 2314 BGB., wohl aber nach dem Inhalt der Vermächtnisanordnung) zustehenden, gemäß § 260 BGB. zu verwirklichenden Anspruchs auf Auskunftserteilung von den Beklagten die eidliche Bekräftigung des Nachlaßverzeichnisses (Inventars) verlangen kann, das diese auf den von ihr aus § 1994 BGB. gestellten Antrag und die ihm entsprechende Fristbestimmung dem Nachlaßgericht eingereicht haben. Diese Frage ist mit dem Berufungsgericht zu bejahen. Der „Bestand" des Nachlasses, über den der Klägerin als einer auf den doppelten Pflichtteilsbetrag eingesetzten Vermächtnisnehmerin, wie nach § 2314 BGB. einem Pflichtteilsberechtigten, durch Vorlegung eines Bestandsverzeichnisses Auskunft zu erteilen ist, ergibt sich aus der Vergleichung der Aktiven und Passiven des Nachlasses. Das Verzeichnis hat deshalb nicht nur die Nachlaßgegenstände, sondern auch die Nachlaßverbindlichkeiten aufzuführen. Nur dann erfüllt es seine Zweckbestimmung, den Berechtigten über die Höhe seines Zahlungsanspruchs zu unterrichten. Für das Anwendungsgebiet des § 2314 kann dafür auf den Zusammenhang dieser Vorschrift mit den §§ 2311 und 2313 BGB. hingewiesen werden (RGRKomm. § 2314 Anm. 1,

Staudinger § 2314 Anm. 3). Derselbe Inhalt ist für ein nach den §§ 1993 flg. zu errichtendes Inventar in § 2001 Abs. 1 BGB. vorgeschrieben. Würde die Klägerin, nachdem sie die Errichtung eines Inventars erwirkt hat, auf die Auskunftserteilung über den Bestand des Nachlasses durch die Vorlegung eines Bestandsverzeichnisses Klage erhoben haben, so hätten die Beklagten sie auf das nach § 2010 BGB. beim Nachlaßgericht für sie offenliegende Inventar verweisen können, von dem ihr durch das Nachlaßgericht gemäß § 34 FGG. Abschrift erteilt werden konnte und erteilt worden ist (vgl. zu § 2314 Staudinger Anm. 4 Abs. 3). Unter Umständen hätte sie auch befürchten müssen, daß ihr § 226 BGB. entgegengehalten würde, wie denn die Beklagten im zweiten Rechtszug tatsächlich geltend gemacht haben, daß die Klägerin durch das Inventar und die Erörterung der dagegen erhobenen Anstände im Zahlungsprozeß sämtliche Auskünfte schon erhalten habe, die sie verlangen könne. Die Klägerin ist hiernach berechtigt, das von den Beklagten auf ihr Betreiben beim Nachlaßgericht eingereichte Inventar als eine ihr persönlich erteilte Auskunft gelten zu lassen und es zur Grundlage für den ihr unter den Voraussetzungen des § 260 Abs. 2, 3 BGB. zustehenden Anspruch auf Leistung des Offenbarungseides zu nehmen. Eine vorherige Klage auf Vorlegung eines Nachlaßbestandsverzeichnisses würde, wie das Berufungsgericht mit Recht angenommen hat, eine nicht im Sinne des Gesetzes liegende zwecklose Weiterung sein. . . .

RGZ. 135, 231

1. Was ist im Sinne des § 2332 Abs. 1 BGB. unter der den Pflichtteilsberechtigten beeinträchtigenden Verfügung zu verstehen, wenn es sich um einen Anspruch auf Vervollständigung des Pflichtteils aus § 2316 Abs. 2 oder um einen Pflichtteilsergänzungsanspruch aus den §§ 2325, 2326 BGB. handelt?

2. Beginnt die kurze Verjährungsfrist des § 2332 Abs. 1 BGB. erst mit der Kenntnis des Pflichtteilsberechtigten von der Beeinträchtigung seines Pflichtteilsrechts?

IV. Zivilsenat. Urt. v. 22. Februar 1932.

I. Landgericht II Berlin. II. Kammergericht daselbst.

Der Kläger ist eines der beiden Kinder aus der ersten Ehe, die Beklagte ist das einzige Kind aus der zweiten Ehe des am 27. April 1924 verstorbenen Baumeisters G. Dieser hat mehrere Verfügungen von Todes wegen hinterlassen. Durch Rechtsgeschäft unter Lebenden, nämlich durch einen notariellen Ueberlassungsvertrag vom 18. November 1923 und gleichzeitige Auflassung, hatte er seine in der Umgegend von Berlin gelegenen Landgüter auf die Beklagte übertragen.

Der Kläger macht geltend, daß der Ueberlassungsvertrag eine ausgleichungspflichtige Ausstattung oder eine Schenkung enthalte. Als pflichtteilsberechtigter Erbe erhebt er gegen die Beklagte als Miterbin in erster Linie den Anspruch aus § 2316 Abs. 2 BGB. auf Vervollständigung, in zweiter Linie den Anspruch aus §§ 2325, 2326 BGB. auf Ergänzung des Pflichtteils. Er ist in allen drei Rechtszügen unterlegen.

Gründe:

Das Berufungsgericht sieht von einer „näheren Erörterung des Klaganspruchs selbst" ab, weil dem Anspruch zunächst die Einrede der Verjährung aus § 2332 BGB. und ferner der Umstand entgegenstehe, daß laut einer notariellen Urkunde vom 7. Juli 1924 im Anschluß an die von den Testamentsvollstreckern in Ansehung der Hauptbestandteile des Nachlasses bewirkte Auseinandersetzung die Erben als Vertragschließende erklärt haben, sie seien darüber einig, daß alles, was einer von ihnen aus dem Vermögen des Erblassers oder dem Nachlaß übereignet erhalten habe, ihm eigentümlich verbleibe, so daß irgendwelche Ausgleichungs- oder ähnliche Ansprüche nicht in Frage kämen.

Nach § 2332 Abs. 1 BGB. verjährt der Pflichtteilsanspruch, auch in den hier in Rede stehenden Richtungen auf Vervollständigung (§ 2316 Abs. 2 BGB.) oder Ergänzung des Pflichtteils (§§ 2325, 2326 das.), in drei Jahren von dem Zeitpunkt an, in dem der Pflichtteilsberechtigte von dem Eintritt des Erbfalls und von der ihn beeinträchtigenden Verfügung Kenntnis erlangt. Als den Kläger beeinträchtigende Verfügungen kommen, soweit es sich um den in erster Linie geltend gemachten Anspruch aus § 2316 Abs. 2 BGB. handelt, die Verfügungen von Todes wegen in Betracht, durch die der Kläger zwar auf den seinem gesetzlichen Erbteil entsprechenden Bruchteil von einem Drittel als Miterbe eingesetzt worden ist, durch die ihm aber — nach seinen Behauptungen über den Wert des reinen Nachlasses einerseits und den Wert der durch den Ueberlassungsvertrag vom 18. November 1923 der Beklagten gewährten „Ausstattung" anderseits — weniger als die Hälfte desjenigen zugewendet worden sein soll, was auf seinen gesetzlichen Erbteil unter Berücksichtigung der Ausgleichungspflicht (§§ 2050 flg. BGB.) bei der Teilung des Nachlasses entfallen würde. Für den hilfsweise geltend gemachten Pflichtteilsergänzungsanspruch, den der Kläger gegen die Beklagte als Miterbin aus den §§ 2325, 2326 (nicht gegen sie als Beschenkte aus §§ 2329, 2332 Abs. 2 BGB.) erhebt, kommt als beeinträchtigende

Verfügung die in dem Ueberlassungsvertrag etwa liegende Schenkung in Betracht.

Das Berufungsgericht, das als beeinträchtigende Verfügung unzutreffenderweise nur den Ueberlassungsvertrag in Betracht zieht stellt fest, daß der Kläger von dieser Verfügung wie vom Eintritt des Erbfalls spätestens bei der Auseinandersetzung im Juli 1924 Kenntnis erlangt habe. Es ist aber nicht zu bezweifeln, vom Kläger auch nicht bestritten worden, daß er, der an der notariellen Verhandlung vom 7. Juli 1924 nicht nur als Miterbe, sondern auch als Mittestamentsvollstrecker beteiligt war und als solcher Erklärungen über den Inhalt der Verfügungen von Todes wegen abgegeben hat spätestens damals auch den Inhalt dieser Verfügungen gekannt hat. Die Klage ist erst mit der Zustellung der Klageschrift vom 19. April 1930 erhoben worden. Die dreijährige Verjährungsfrist ist daher abgelaufen, wenn mit dem Berufungsgericht anzunehmen ist, daß, um die Frist in Lauf zu setzen, neben der Kenntnis vom Eintritt des Erbfalls die Kenntnis vom Inhalt der beeinträchtigenden Verfügungen genügt.

Der Kläger vertritt, wie in den beiden vorigen Rechtszügen, so auch mit der Revision die Meinung, daß die Verjährungsfrist erst begonnen habe, als er (im November 1927 aus Anlaß von Verkaufsverhandlungen der Beklagten mit der Stadt Berlin) erfahren habe, daß die der Beklagten durch den Vertrag vom 18. November 1923 überlassenen Güter schon damals sowie zur Zeit des Erbfalls mehr als das Sechsfache des der Ueberlassung zugrundegelegten Wertes von 1 500 000 GM. wert gewesen seien; erst damit habe er die Kenntnis von dem, worauf es ankomme, nämlich von der Beeinträchtigung durch die Verfügung des Erblassers erlangt. Daß der Kläger, so wird noch von der Revision ausgeführt, etwa die Richtigkeit des Uebernahmepreises angezweifelt habe, sei nicht festgestellt; ebensowenig daß für ihn irgendwelche Möglichkeit bestanden habe, gleichwohl eine ihn beeinträchtigende Tragweite der Verfügungen zu erkennen. Ein Klagerecht habe sich für ihn erst von dem Zeitpunkt ab ergeben, in dem er die Beeinträchtigung, äußerstenfalls die Möglichkeit einer solchen erkannt habe.

Diese Auffassung ist als mit dem Inhalt des Gesetzes unvereinbar abzulehnen. Der § 2332 Abs. 1 verlangt zum Beginn der auf drei Jahre abgekürzten Verjährung des Pflichtteilsanspruchs neben der Kenntnis vom Eintritt des Erbfalls, also vom Tode des Erblassers, nur die Kenntnis des Pflichtteilsberechtigten von der ihn beeinträchtigenden, nämlich, wie in RGZ. Bd. 113 S. 236 flg. dargelegt, der den Pflichtteilsanspruch begründenden Verfügung. In den Motiven zum Entwurf des Bürgerlichen Gesetzbuchs (Bd. 5 S. 425) wird zu § 1999 darauf hingewiesen, daß das gemeine Recht und die ihm folgenden Landesrechte die querela inofficiosi testamenti in fünf Jahren verjähren lassen, während das Sächsische Bürgerliche Gesetzbuch (§ 2616) und das Oesterreichische Bürgerliche Gesetzbuch (§ 1487) für die Verjährung des Pflichtteilsanspruchs eine dreijährige, das Preußische Allgemeine Landrecht (II 2 § 440) eine nur zweijährige Frist und einige Rechte beschränkten Geltungsgebiets sowie das ältere Lübische Recht sogar noch kürzere Fristen bestimmen. Im Anschluß daran heißt es: „Der Entwurf hat sich für die dreijährige Frist entschieden mit Rücksicht darauf, daß die Feststellung des Nachlaßwertes immerhin geraume Zeit in Anspruch nehmen kann, daß aber andererseits diese Frist ausreichend erscheint und im Interesse der Verpflichteten nicht wünschenswert ist, allzu lange im Zweifel zu lassen, ob und welche Ansprüche erhoben werden, daß ferner nach längerer Zeit die Schwierigkeiten der Feststellung des Nachlasses sich mehren." Dann wird ausgeführt (S. 425/426): Für den Beginn der Verjährung sei eine besondere Vorschrift erforderlich, weil die Verjährung im allgemeinen mit dem Zeitpunkt beginne, in dem die Befriedigung des Anspruchs rechtlich verlangt werden könne. *Dieser Zeitpunkt sei hier der Zeitpunkt der Entstehung des Pflicht*teilsanspruchs, also nach § 1922 Abs. 1 (des Entwurfs = § 2317 Abs. 1 BGB.) der Zeitpunkt des Erbfalls. Nach den allgemeinen Verjährungsvorschriften werde für die Regel keine Rücksicht auf das subjektive Hindernis genommen, das in der Unkenntnis des Berechtigten von der Entstehung seines Anspruchs liege. Von dieser Regel müsse in Ansehung des Pflichtteilsanspruchs eine Ausnahme vorgeschrieben werden. Der Pflichtteilsberechtigte würde zu hart getroffen werden, wenn der Anspruch verjähren könne, ohne daß er von der ihn verletzenden Verfügung Kenntnis habe. Deshalb werde die wirkliche Kenntnis von der beeinträchtigenden Verfügung verlangt und nicht auf die Verkündung dieser Verfügung (wenn es sich um eine solche von Todes wegen handelt) allein gesehen, da es immerhin möglich bleibe, daß der Pflichtteilsberechtigte auch von der verkündeten Verfügung keine Kenntnis erlangt habe. Von diesem Ausgangspunkt aus lasse sich auch vertreten, daß Kenntnis der erlittenen Verletzung zu erfordern sei. Der Einfachheit wegen und weil die Kenntnis der beeinträchtigenden Verfügung in der überwiegenden Mehrzahl der Fälle ausreichend erscheine, um die Verletzung zu erkennen, werde „von dem Erfordernisse der Kenntnis der Verletzung abgesehen". Die Möglichkeit einer unrichtigen Auffassung der Verfügung sei zwar nicht zu leugnen; sie liege aber doch zu fern, um eine besondere Berücksichtigung im Interesse des Pflichtteilsberechtigten zu verdienen. Beziehe sich die Unkenntnis des

Pflichtteilsberechtigten auf den Bestand der Nachlaßmasse, so gewähre ihm deshalb der Entwurf keinen besonderen Schutz.

Diese Ausführung in den Motiven, der bei den späteren Beratungen nicht entgegengetreten worden ist (vgl. Prot. der Komm. für die 2. Lesung Bd. 5 S. 551 unter VI), ergibt, daß man zwar erwogen hat, die dreijährige Verjährungsfrist erst mit der Kenntnis des Pflichtteilsberechtigten von der erlittenen Verletzung oder anders ausgedrückt: von der Beeinträchtigung durch die Verfügung des Erblassers beginnen zu lassen, daß man aber bewußt von der Aufstellung dieses Erfordernisses für den Beginn der Verjährung Abstand genommen hat. Der Gesetzgeber hat sich auf den Standpunkt gestellt, daß es, wenn dem Pflichtteilsberechtigten der Erbfall und die ihn beeinträchtigende Verfügung bekannt geworden sind, seine Sache ist, sich rechtzeitig innerhalb der Verjährungsfrist über alle für die Pflichtteilsfrage in Betracht kommenden Verhältnisse, insbesondere auch über den Bestand und den Wert der Nachlaßmasse zu unterrichten. Hierbei sind unter der „Nachlaßmasse" nicht nur der reine Nachlaß zu verstehen, sondern auch die Vorempfänge, die ihm bei der Bestimmung des Pflichtteils eines Abkömmlings nach § 2316 BGB. hinzuzurechnen sind. Kommt die Anwendung der §§ 2325, 2326 BGB. *in Frage, so gilt* entsprechend, daß es dem Pflichtteilsberechtigten überlassen ist, innerhalb der Verjährungsfrist zu ermitteln, ob die ihm ihrem Inhalt nach bekannt gewordene, vom Erblasser durch Rechtsgeschäft unter Lebenden getroffene Verfügung eine Schenkung enthält und welchen Wert das Geschenkte in dem nach § 2325 Abs. 2 maßgebenden Zeitpunkt hatte. Für alle diese sowie für die sonst zur Aufklärung der Pflichtteilsfrage dienenden Erkundungen hat der Gesetzgeber eine Frist von drei Jahren für erforderlich, aber auch für ausreichend erachtet. Er ist darauf bedacht gewesen, die Frist so zu bemessen und ihren Beginn so zu bestimmen, daß die Frage, ob Pflichtteilsansprüche erhoben werden und deshalb Verschiebungen in der Verteilung des Nachlasses zu erwarten sind, nicht zu lange in der Schwebe bleibe. Diese auf baldige Schaffung eines klaren und endgültigen Rechtsstandes gerichtete Regelung der Verjährung wird in der großen Mehrzahl der Fälle den beiderseitigen Belangen gerecht. In einzelnen Fällen mag sie den Pflichtteilsberechtigten vor eine innerhalb der Verjährungsfrist schwer erfüllbare Aufgabe stellen. Das kann aber nicht dazu führen, mit der Revision entgegen dem Wortlaut des Gesetzes, wenn nicht die Kenntnis von der Beeinträchtigung des Pflichtteilsrechts, so doch wenigstens die (nicht nur von der Kenntnis der beeinträchtigenden Verfügung abhängige) subjektive Möglichkeit der Kenntnis von der Beeinträchtigung zu erfordern. Uebrigens kann der Revision auch nicht zugegeben werden, daß es dem Kläger nicht möglich gewesen sein sollte, die etwaige

Beeinträchtigung seines Pflichtteilsrechts innerhalb dreier Jahre seit Anfang Juli 1924 zu erkennen. Im Gegenteil, die dazu vom Kläger für erforderlich gehaltene Feststellung, welchen Wert die vom Erblasser durch den Vertrag vom 18. November 1923 der Beklagten überlassenen Grundstücke zur Zeit der Ueberlassung (§ 2055 Abs. 2 mit § 2316 Abs. 2 BGB.) oder zur Zeit des Erbfalls (§ 2325 Abs. 2 Satz 2 BGB.) hatten, wäre innerhalb jenes Zeitraums leichter gewesen als in späterer Zeit. Verließ sich der Kläger darauf, daß die Grundstücke keinen höheren als den bei der Ueberlassung zugrundegelegten Wert hatten, so tat er dies auf seine eigene Gefahr.

Die im Vorstehenden entwickelte Rechtsauffassung hat in der bisherigen Rechtsprechung des Reichsgerichts schon insofern Anerkennung gefunden, als in RGZ. Bd. 104 S. 197 flg. ausgesprochen ist, daß es für den Beginn der Verjährung des Pflichtteilsanspruchs (damals handelte es sich um einen Anspruch aus § 2305 BGB.) auf die Kenntnis vom Nachlaßbestande nicht ankomme. Aus der Entscheidung RGZ. Bd. 115 S. 27 ist nichts Gegenteiliges zu entnehmen. Dort ist dargelegt, daß der Pflichtteilsberechtigte, wenn er nicht wisse, ob die Unterschrift des Erblassers unter dem ihn von der gesetzlichen Erbfolge ausschließenden Testament echt sei, und wenn er deshalb das Testament für ungültig ansehe, noch nicht die nach § 2332 Abs. 1 BGB. erforderliche Kenntnis von der ihn beeinträchtigenden Verfügung erlangt habe. Daran schließt sich der Satz (a. a. O. S. 30): „Er kennt die Verfügung zwar, aber nicht in ihrer ihn beeinträchtigenden Wirkung." Dieser Satz darf nicht, unter Loslösung aus seinem Zusammenhange, für sich allein betrachtet werden. Es wird dort nicht mehr ausgesprochen, als daß die Kenntnis des Pflichtteilsberechtigten von der ihn beeinträchtigenden Verfügung seine Kenntnis von der (den Pflichtteilsanspruch erst begründenden) Rechtswirksamkeit der Verfügung voraussetzt, und zwar wird unter dieser Kenntnis nicht die volle Ueberzeugung von der Rechtswirksamkeit, sondern zuverlässiges Erfahren der hierfür in Betracht kommenden Umstände verstanden. Daran ist festzuhalten; der vorliegende Fall wird aber davon nicht berührt.

Nach alledem ist es rechtlich zu billigen, daß das Berufungsgericht die Verjährungseinrede für durchgreifend hält. Es kann deshalb auf sich beruhen, ob dem Klaganspruch auch — womit das Berufungsgericht die Bestätigung der Klagabweisung in zweiter Linie begründet hat — die Einigung der Miterben vom 7. Juli 1924 über die Erledigung aller Ansprüche entgegensteht oder ob die negative Anerkennung des Klägers durch Anfechtung aus § 119 BGB. oder durch Veränderung der Geschäftsgrundlage oder durch Zurückforderung aus § 812 BGB. hinfällig geworden ist.

RGZ. 140, 75

Fehlt die für den Beginn der kurzen Verjährungsfrist des § 2332 Abs. 1 BGB. erforderliche Kenntnis von der beeinträchtigenden Verfügung auch dann, wenn berechtigte Zweifel an der Wirksamkeit der Verfügung nur auf rechtlicher Beurteilung ihres Inhalts beruhen?

IV. Zivilsenat. Urt. v. 2. März 1933.

I. Landgericht Ulm. II. Oberlandesgericht Stuttgart.

Die Frage wurde bejaht aus folgenden

Gründen:

Das Berufungsgericht entnimmt dem Testament der Mutter H., daß ihrem Sohn Adolf ein gesetzlicher Pflichtteilsanspruch zukomme. Diesen macht der Kläger als Testamentsvollstrecker des Nachlasses des Adolf H. gegen die Beklagten, Geschwister des Verstorbenen, geltend. Sie haben ihm gegenüber die Einrede der Verjährung erhoben. Das Berufungsgericht führt dazu aus: Dem Bevollmächtigten des pflichtteilsberechtigten Sohnes Adolf H. war eine Ausfertigung des Testaments der Mutter am 9. März 1926 erteilt worden. Die Klage ist erst vom 7. August 1930 datiert. Durch seinen Rechtsbeistand war Adolf H. dahin belehrt worden, die Anordnung der Mutter sei wegen ihres Widerspruchs zu den als korrespektiv angesehenen Bestimmungen der früher errichteten gemeinschaftlichen Testamente der Eltern H. ungültig. Die Nachlaßbehörde hatte aus den gleichen Gründen den Erbschein nach der Mutter auf alle sechs Geschwister ausgestellt. Sämtliche Instanzen der freiwilligen Gerichtsbarkeit waren derselben Auffassung gewesen. Ebenso hatte ein in einem Vorprozeß erlassenes Urteil des Landgerichts in Ulm vom 26. Juni 1927 entschieden. Erst das dazu ergangene Berufungsurteil des Oberlandesgerichts in Stuttgart vom 16. Mai 1928 erklärte die Beschränkung des Adolf H. auf den Pflichtteil für rechtsgültig. Die Revision gegen dieses Urteil wurde vom Reichsgericht zurückgewiesen. Das Berufungsgericht stellt daher fest, daß Adolf H. bis zum Erlaß des oberlandesgerichtlichen Urteils vom 16. Mai 1928 die Rechtswirksamkeit der Anordnung der Mutter nicht gekannt, sondern sich bis dahin als Miterben betrachtet hat, und zieht daraus den Schluß, daß die Verjährungsfrist des § 2332 BGB. erst von diesem Zeitpunkt ab laufe. Es stützt sich auf die Entscheidungen des Reichsgerichts in RGZ. Bd. 115 S. 27 (30) und Bd. 135 S. 231 (236).

Die Revision weist demgegenüber darauf hin, daß es sich im vorliegenden Rechtsstreit nur um eine unrichtige rechtliche Auffassung handle. Ein Unterschied im Sachverhalt ist allerdings nicht zu verkennen. Im Fall RGZ. Bd. 115 bestanden berechtigte Zweifel an der Echtheit der Unterschrift, also Zweifel, ob eine letztwillige Anordnung überhaupt vorhanden war. Im vorliegenden Fall waren solche Zweifel auf tatsächlichem Gebiet nicht vorhanden. Zweifel erhoben sich nur, ob die als echt und formgültig erkannte Verfügung der Mutter ihres Inhalts wegen wirksam, ob sie etwa als unzulässiger Widerruf der gemeinschaftlichen Testamente beider Eltern zu werten war (§ 2271 Abs. 2 BGB.). Die Zweifel lagen hier also nur auf rechtlichem Gebiet, berührten aber ebenfalls die Wirksamkeit der Anordnung, nicht etwa nur ihre Auslegung. Die Entscheidung hängt danach von der Frage ab, wieweit sich die in § 2332 vorausgesetzte Kenntnis von der Wirksamkeit der Verfügung erstrecken muß, ob nur auf den Tatsachenbereich oder ob sie die richtige rechtliche Würdigung mitumfassen muß. Das letztere erscheint nötig. Solange der Pflichtteilsberechtigte nicht weiß, daß die Verfügung rechtswirksam ist, er sogar auf Grund des Erbscheins von dem Gegenteil überzeugt sein muß, fehlt ihm dasjenige Maß an Kenntnis von der Wirksamkeit der Verfügung, auf Grund dessen ein Handeln von ihm verlangt werden kann. Ein solches Maß aber muß der Bestimmung des § 2332 BGB. zugrundegelegt werden. Ob Rechtsirrtum oder Tatsachenunkenntnis dieses Maß von Wissen nicht gewinnen ließ, bedeutet für die Lage des Pflichtteilsberechtigten keinen Unterschied. Von einer Schuld macht § 2332 BGB. den Beginn der Verjährung nicht abhängig.

In den Motiven zum Entwurf des Bürgerlichen Gesetzbuchs Bd. 5 S. 425, 426 wird zwar ausdrücklich auf einen Tatbestand hingewiesen, bei dem ein Rechtsirrtum den Beginn der Frist nicht hindern soll. Das Beispiel bezieht sich aber nur auf einen Rechtsirrtum bei Auslegung der Verfügung, nicht auf einen Rechtsirrtum über deren Wirksamkeit. Die Hervorhebung der Unbeachtlichkeit eines solchen Rechtsirrtums bei § 2332 BGB. kann nicht dazu führen, die Voraussetzungen für den Beginn der Frist hier anders zu beurteilen als in den Fällen der §§ 852, 2082 BGB., bei denen die Motive auf die Unbeachtlichkeit von Rechtsirrtum nicht hinweisen (Bd. 2 S. 742, Bd. 5 S. 58). Für die in § 852 BGB. vorausgesetzte Kenntnis geht die Rechtsprechung dahin, daß Rechtsirrtum dann nicht schadet, wenn er das dort vorausgesetzte Maß der Kenntnis, derjenigen von der Person des Schädigers, beeinträchtigt (RGZ. Bd. 76 S. 61 [63]; RGUrt. vom 13. Mai 1912 VI 381/11). Ebenso ist für die in § 2082 BGB. erforderte Kenntnis in RGZ. Bd. 107 S. 192 anerkannt, daß sie so lange fehlt, als der Pflichtteilsberechtigte die letztwillige Verfügung für ungültig hält. Rechtsirrtum schadet also in allen diesen Fällen nicht, wenn er das erforderte Maß von Kenntnis zu gewinnen verhindert hat. . . .

RGZ. 168, 39

Unter welchen Voraussetzungen können Handlungen des Abkömmlings, die zeitlich nach der Testamentserrichtung liegen, bei der Pflichtteilsentziehung gemäß § 2333 Nr. 1 bis 5 BGB. berücksichtigt werden?

BGB. §§ 2333, 2336.

VII. Zivilsenat. Urt. v. 11. November 1941.

I. Landgericht Berlin. II. Kammergericht daselbst.

Die Klägerin ist das einzige Kind des am 8. März 1938 verstorbenen Dr. phil. K. R. und seiner ersten Ehefrau H., die im Jahre 1914 in Geisteskrankheit verfallen, deswegen im Jahre 1921 von ihm geschieden worden und inzwischen verstorben ist. Im Jahre 1921 ging R. eine zweite Ehe mit der Beklagten ein, die kinderlos blieb. Bis zum 30. April 1925 gehörte die Klägerin dem Haushalt ihres Vaters an. Im Jahre 1923 hatte sie ihren jetzigen Ehemann H. P. kennengelernt, zu dem sie in der Folgezeit in nähere Beziehungen trat, obwohl er damals verheiratet war. Im Jahre 1924 erhob P. Klage auf Scheidung seiner Ehe. Seine damalige Ehefrau stellte mit Widerklage den gleichen Antrag und begründete ihn damit, daß P. mehrfach Ehebruch begangen habe. In diesem Rechtsstreit wurden die Parteien des gegenwärtigen Prozesses in der Sitzung vom 1. Dezember 1924 als Zeugen darüber vernommen, ob sie mit P. Geschlechtsverkehr gehabt hätten. Die Klägerin hat — wie gleichfalls die Beklagte — diese Frage damals verneint und auch den Austausch von Zärtlichkeiten mit P. in Abrede gestellt. Dessen Klage wurde durch rechtskräftiges Urteil des Landgerichts vom 26. Januar 1925 abgewiesen, die Ehe aber auf die Widerklage der Ehefrau P. aus Alleinschuld des Ehemannes geschieden, nachdem dieser zugegeben hatte, mit anderen Frauen geschlechtlich verkehrt zu haben. Am 30. April 1925 verließ die Klägerin heimlich den Haushalt ihrer Eltern, und am 13. Juni des gleichen Jahres ging sie mit P. die Ehe ein, aus der inzwischen drei Kinder hervorgegangen sind.

Am 28. Mai 1925 errichteten der Erblasser K. R. und seine Frau, die Beklagte, ein gemeinschaftliches eigenhändiges Testament, in dem sie sich gegenseitig zu alleinigen Erben einsetzten. In diesem Testament bestimmte der Erblasser ferner, daß die Klägerin wegen der in einem dem Testamente beigefügten Schriftstück (Brief des Erblassers an die Klägerin) vom 15. Mai 1925 bezeichneten Handlungen und Angriffe gegen seine Person und seinen Namen, wegen Nichtunterstützung ihrer kranken Mutter und wegen Schmähung seiner Frau zweiter Ehe von jeder Erbfolge, auch vom Pflichtteil ausgeschlossen bleibe. Der Erblasser begründete diese Maßnahme weiter damit, daß die Klägerin ihn und seine Ehefrau durch wissentlichen Ehebruch mit nachfolgendem Falscheid betrogen und beschimpft habe.

Im Jahre 1926 erhob die Klägerin beim Landgericht gegen ihren Vater Klage auf Zahlung von 10 000 RM. zur Beschaffung einer Aussteuer. Mit dieser Klage wurde sie am 28. März 1927 rechtskräftig abgewiesen. Das Landgericht führte aus, daß der Erblasser der Klägerin mit Recht die Gewährung einer Aussteuer verweigert habe, weil sie einen ehrlosen und unsittlichen Lebenswandel geführt habe. Das Landgericht Berlin hat sodann im Januar 1939 der Klägerin das Armenrecht lediglich für eine Klage gegen ihre Stiefmutter auf Feststellung ihres Pflichtteilsrechts bewilligt und ihr anheimgestellt, sich etwaige Ansprüche vorzubehalten. Daraufhin hat die Klägerin Klage erhoben mit dem Antrage, festzustellen, daß sie nach ihrem verstorbenen Vater pflichtteilsberechtigt sei.

Beide Vordergerichte haben dieser Klage stattgegeben. Die Revision blieb erfolglos.

Aus den Gründen:

Einen Grund zur Pflichtteilsentziehung im Sinne des § 2333 BGB. sieht das Berufungsgericht nicht als gegeben an. Dazu hat es erwogen: Nach § 2336 Abs. 2 BGB. müsse der Grund der Entziehung zur Zeit der Errichtung des Testaments bestehen und darin angegeben werden. Die vom Erblasser in seinem an die Klägerin gerichteten Schreiben vom 15. Mai 1925 (Anlage zum Testament vom 28. Mai 1925) bezeichneten Handlungen und Angriffe gegen seine Person und seinen Namen, die unterlassene Unterstützung der kranken Mutter der Klägerin, die Schmähung seiner zweiten Frau und wissentlicher Ehebruch mit nachfolgendem Falscheide vermöchten die Pflichtteilsenziehung nicht zu rechtfertigen. Weder hierin noch in den darauf bezüglichen Ausführungen des Berufungsurteils im einzelnen tritt ein Rechtsfehler zutage.

Die Voraussetzungen, unter denen der Erblasser einem Abkömmling den Pflichtteil entziehen darf (§ 2333 BGB.), sind nach strengem Maßstabe zu beurteilen. Dies gilt insbesondere von den einzelnen dort vorgesehenen Fällen. Eine ausdehnende Anwendung des Entziehungsrechts auf andere Tatbestände als die im § 2333 Nr. 1 bis 5 bezeichneten ist grundsätzlich ausgeschlossen. Bösliche Verletzung der Unterhaltspflicht gegenüber der Mutter ist, wie der Vorderrichter zutreffend hervorhebt, kein gesetzmäßiger Grund, da nach § 2333 Nr. 4 BGB. nur die Verletzung der gesetzlichen Unterhaltspflicht gegenüber dem Erblasser selbst zur Entziehung des Pflichtteils führen kann. Uebrigens hat die Beklagte zur Begründung des Bestehens einer Unterhaltspflicht der Klägerin gegenüber ihrer Mutter und einer Verletzung dieser Pflicht nichts Schlüssiges vorgebracht. Wenn die Klägerin durch ihre Ableugnung ehewidriger Beziehungen zu ihrem späteren Ehemann H. P. in dessen Scheidungsstreit einen Meineid geleistet haben sollte, so müßte dieses von ihr begangene Verbrechen als Pflichtteilsentziehungsgrund ausscheiden, weil es nicht gegenüber dem Erblasser oder seiner Ehegattin begangen war (§ 2333 Nr. 3).

Auch im übrigen ist die von der Revision erhobene Rüge einer Verletzung des § 2333 Nr. 3 BGB. unbegründet. Diese Vorschrift setzt voraus, daß der Abkömmling sich eines Verbrechens oder eines schweren vorsätzlichen Vergehens gegen den Erblasser oder dessen Ehefrau schuldig gemacht hat. Eine solche Verfehlung müßte sich nach § 2336 Abs. 2 BGB. aus der letztwilligen Verfügung, hier derjenigen des Erblassers vom 28. Mai 1925, selbst ergeben und schon zu dieser Zeit begangen gewesen sein. Nach dem von der Revision erwähnten Vorbringen der Beklagten könnte sie nur in schweren, ehrverletzenden, gegen den Erblasser selbst oder gegen seine Ehefrau, die Beklagte, gerichteten Aeußerungen bestanden haben, die zeitlich nach der Testamentserrichtung vom 28. Mai 1925 in einem Schriftsatz vom 18. November 1926 (im Rechtsstreite wegen der Aussteuer) und in einer Strafanzeige vom 24. Juni 1927 getan worden sind, an welchen Stellen die Klägerin u. a. angegeben hat, der Erblasser habe den Fahrer K. zur Abgabe falscher eidesstattlicher Versicherungen veranlaßt, ferner, die Beklagte habe ihrem Manne H. P. geraten, bei der Leistung eines Offenbarungseides eine wertvolle Uhr zu verschweigen, und endlich habe der Erblasser sie (die Klägerin) veranlaßt, bei ihrer Vernehmung als Zeugin im Scheidungsstreit des P. ehebrecherische Beziehungen zu ihm wahrheitswidrig unter Eid zu leugnen. Diese Behauptungen enthielten allerdings schwere Anschuldigungen gegenüber dem Erblasser und seiner Frau und müßten, falls wider besseres Wissen erhoben, wie der Vorderrichter zutreffend annimmt, als schwere, vorsätzliche Vergehen im Sinne des § 2333 Nr. 3 angesehen werden. Indessen können sie als Gründe für die Entziehung des Pflichtteils nicht berücksichtigt werden, weil sie zur Zeit der Testamentserrichtung nicht bestanden haben und deshalb auch im Testament als solche nicht angegeben werden konnten. Nach der ausdrücklichen Vorschrift des § 2336 Abs. 2 BGB. mußten sie, wie der Vorderrichter ebenfalls richtig erwogen hat, bei der Berücksichtigung ausscheiden. Auch im Rahmen des Entziehungsgrundes des § 2333 Nr. 5 war die Beachtung des bezeichneten Verhaltens der Klägerin nicht möglich. Der hier bestimmte Pflichtteilsentziehungsgrund setzt, wie sich schon aus dem Gebrauche des Ausdrucks „Lebenswandel" ergibt, ein dauerndes, von einzelnen, nicht auf einem festgewurzelten Hange beruhenden Handlungen zu unterscheidendes Verhalten voraus (RGRKomm. z. BGB. Bem. 1 zu § 2333 Nr. 5), das schon zur Zeit der Testamentserrichtung von dem pflichtteilsberechtigten Abkömmling wider den Willen des Erblassers betätigt worden und von diesem in der letztwilligen Verfügung angegeben sein muß (§ 2336 Abs. 2). Erfordert die Angabe des Grundes auch nicht notwendig eine nähere Darlegung der einzelnen Tatumstände, so muß sich doch mit aller Deutlichkeit erkennen lassen, auf welchen der verschiedenen Entziehungsgründe der Erblasser seine Verfügung, die einen schweren Eingriff in die durch das Familienband begründete Rechtsstellung des Abkömmlings enthält, stützen wollte (vgl. RGZ. Bd. 95 S. 24). Muß danach, jedenfalls für § 2333 Nr. 5 BGB., der Gebrauch der Worte des Gesetzes zur letztwilligen Entziehung des Pflichtteils genügen, so muß es doch anderseits als unzulässig erscheinen, Einzelhandlungen des Pflichtteilsberechtigten, die dieser erst nach der Errichtung des die Pflichtteilsentziehung enthaltenden Testaments begangen hat und die vom Erblasser bei seiner Verfügung nicht bezeichnet, ja nicht einmal ins Auge gefaßt sein konnten, bei der Prüfung der Frage mitzuwürdigen, ob sich das Gesamtverhalten des Pflichtteilsberechtigten etwa als ehrloser oder unsittlicher Lebenswandel im Sinne des § 2333 Nr. 5 BGB. darstellt. Vielmehr ist diese Prüfung auf den Tatbestand zu beschränken, der schon zur Zeit der Testamentserrichtung abgeschlossen vorlag und dem Erblasser den Anlaß zur Pflichtteilsentziehung gegeben hat, zumal dann, wenn es sich um nachträglich begangene Einzelhandlungen von solcher Art handelt, die, für sich betrachtet, die Anwendung eines der anderen Entziehungsgründe des § 2333 BGB. hätten bilden können, wie es hier der Fall ist. Eine derartige Einbeziehung nachträglich begangener Einzelverfehlungen des Abkömmlings verbietet sich schon deshalb, weil in keiner Weise ermessen werden kann, aus welchen Gründen der Erblasser es unterlassen hat, seine letztwillige Verfügung nachträglich entsprechend zu ergänzen, nachdem die späteren Verfehlungen des Abkömmlings zu seiner Kenntnis gekommen sind, insbesondere ob dies nicht etwa deshalb geschehen ist, weil der Erblasser gewillt war, wegen dieser späteren Einzelhandlungen Nachsicht zu üben. Dies muß in besonderem Maße dann gelten, wenn sich der Abkömmling zur Zeit des Erbfalls von dem ehrlosen oder unsittlichen Lebenswandel, den er zur Zeit der Testamentserrichtung gegen den Willen des Erblassers geführt hatte, dauernd abgewendet hatte, wenn also ein Sachverhalt vorliegt, der die auf § 2333 Nr. 5 BGB. gestützte Pflichtteilsentziehung nach § 2336 Abs. 4 (vgl. auch § 2338 Abs. 2 Satz 2 BGB.) unwirksam gemacht hat — ein Fall, wo ausnahmsweise das Gesetz die Berücksichtigung von Handlungen des Abkömmlings zuläßt, die zeitlich nach der Testamentserrichtung gemäß

§ 2336 Abs. 1 BGB. liegen. Dieser Sachverhalt ist hier gegeben. Denn die Klägerin, deren unsittlicher Lebenswandel auf dem Gebiete geschlechtlicher Verirrungen gelegen hatte, die viele Jahre vor dem Ableben des Erblassers zurücklagen, hatte sich — wie der Vorderrichter feststellt— seit ihrer Eheschließung mit ihrem früheren Geliebten H. P. (13. Juni 1925) von solch verurteilenswertem Lebenswandel dauernd abgewendet. Angesichts dieser tatsächlichen Würdigung, die von der Revision, wie sie anerkennt, nicht mit rechtlichen Erwägungen angegriffen werden kann, ist die rechtliche Folgerung des Berufungsgerichts nicht zu beanstanden, der Makel der Ehrlosigkeit und Unsittlichkeit sei dem Verhältnis durch die Schließung der Ehe, aus der drei Kinder hervorgegangen sind, genommen worden. Bei dieser Sach- und Rechtslage vermag die Revision auch mit dem Hinweise keinen Erfolg zu erzielen, daß der Erblasser in der Anlage zum Testament (Brief vom 15. Mai 1925) über die sittliche Wertung der Persönlichkeit seiner Tochter ein geradezu erschütterndes, aber zutreffendes Urteil gefällt habe.

Nach alledem ist die Revision zurückzuweisen, ohne daß es darauf ankommen kann, ob der als Anlage zum Testament verwendete Brief vom 15. Mai 1925 — was nicht festgestellt ist — die ordentliche Testamentsform einhält und ob, sofern dies nicht der Fall ist, dic Bezugnahme auf eine derartige Anlage im Testament als eine zur Pflichtteilsentziehung geeignete letztwillige Verfügung im Sinne des § 2336 Abs. 1 BGB. gelten kann.

Erbunwürdigkeit, Erbverzicht, Erbschein, Erbschaftskauf

RGZ. 54, 343

Darf der Schuldner gegenüber dem Erben seines Gläubigers Zahlung bis zur Vorlegung eines Erbscheins verweigern?

III. Zivilsenat. Urt. v. 1. Mai 1903.

I. Landgericht I Berlin. II. Kammergericht daselbst.

Aus den Gründen:

„Die Klägerinnen, welche durch Testament ihrer am 24. Dezember 1901 zu Berlin verstorbenen Schwester B. v. d. L. zu deren Erbinnen eingesetzt sind, verlangten unter Vorlegung des Testaments und der Eröffnungsverhandlung die Aushändigung eines von ihrer Erblasserin bei der Beklagten, der Deutschen Bank, angelegten Depots. Die Beklagte verweigerte diese Aushändigung bis zur Beibringung eines Erbscheins, weil sie nach § 2367 BGB. nur an einen durch Erbschein Legitimierten mit absolut befreiender Wirkung zahlen könne. Sie ist jedoch in beiden Vorinstanzen zur Aushändigung verurteilt, und die von ihr jetzt eingelegte Revision ist unbegründet. Daß ein formgültiges Testament vorliegt, und die Klägerinnen darin als Erbinnen berufen sind, bestreitet die Beklagte nicht; sie vermeint nur, daß seit Einführung des Bürgerlichen Gesetzbuchs den Erbschaftsschuldnern, damit sie des Vorteils der absolut befreienden Wirkung der Zahlung gemäß § 2367 BGB. teilhaft würden, das Recht zustehe, die Zahlung zu verweigern, bis sich die Erben durch Vorlegung eines Erbscheins legitimierten. Diese Meinung ist rechtsirrig. Ein Satz, daß der Nachweis des Erbrechts den Schuldnern gegenüber nur durch einen Erbschein geführt werden könne, wäre etwas so Außerordentliches, insbesondere auch dem preußischen Recht, an welches die Bestimmungen über den Erbschein sich angelehnt haben, so Widersprechendes, daß er einer ausdrücklichen Festsetzung bedurft haben würde. Ein solcher Satz ist aber im Bürgerlichen Gesetzbuch nirgends ausgesprochen und aus der Bestimmung des § 2367 über die Wirkung des Erbscheins unmöglich zu folgern. Dazu aber kommt, daß sich aus der Entstehungsgeschichte der bezüglichen §§ 2366, 2367, insbesondere den Protokollen der II. Kommission Bd. 5 S. 686, 687, wie das Berufungsgericht eingehend dargelegt hat, klar ergibt, daß ein solches Recht des Schuldners, die Vorlegung eines Erbscheins verlangen zu können, nicht gewollt ist. Ein solches Recht würde auch, wie schon die zweite Kommission erwog, in vielen Fällen zu einer geradezu unerträglichen Belästigung der Erben, zu unnützen Kosten und Verzögerung der Nachlaßregulierung führen." . .

RGZ. 61, 273

Kann in dem Falle, daß von dem Landgericht, in Abänderung eines ablehnenden Beschlusses des Nachlaßgerichts, die Erteilung eines Erbscheins angeordnet, und demgemäß der Erbschein von dem Nachlaßgericht erteilt worden ist, der wirkliche Erbe nur die Einziehung oder Kraftloserklärung des Erbscheins bei dem Nachlaßgericht beantragen und die Herausgabe des Erbscheins an das Nachlaßgericht verlangen, oder ist auch die weitere Beschwerde gegen den Beschluß des Landgerichts zulässig, mit dem Antrag, die Einziehung oder Kraftloserklärung des Erbscheins anzuordnen?

BGB. §§ 2361, 2362. FrGG. §§ 19, 20, 27.

IV. Zivilsenat. Beschl. v. 21. September 1905.

I. Amtsgericht Weimar. II. Landgericht daselbst.

Die am 31. Oktober 1904 verstorbene Witwe Bl. hatte am 28. August 1866 mit ihrem Ehemann, dem Landwirt Bl., ein gemeinschaftliches Testament errichtet, in welchem die Ehegatten gegenseitig sich selbst, und sodann ihre Geschwister und Geschwisterkinder zu Erben eingesetzt hatten, und zwar mit folgenden Worten:

> „Der zuletzt Ueberlebende von uns beiden soll das gesamte nachgelassene Vermögen des von uns beiden zuerst Versterbenden erb- und eigentümlich erhalten, er soll aber verpflichtet sein, dieses Vermögen bei seinem Tode den Geschwistern, bezüglich Geschwisterkindern des zuerst Versterbenden unverkürzt zu hinterlassen."

Nach dem Tode des Landwirts Bl. errichtete die Witwe am 19. Juni 1903 ein ferneres Testament, erklärte in diesem ihre früheren Verfügungen für ungültig und ernannte zur alleinigen Erbin ihrer „sämtlichen Hinterlassenschaft" eine Nichte, Emilie B. Letztere nahm die Erbschaft an und beantragte bei dem Nachlaßgericht, dem Amtsgericht in Weimar, die Ausstellung eines Erbscheines, wobei sie indes erklärte, daß sie denjenigen Teil des Nachlasses, der sich als von dem Landwirt Bl. ererbtes Vermögen darstelle, an dessen Nacherben herauszugeben habe, und zwar auf Grund des Testaments vom 28. August 1866, während sie zufolge des Testaments vom 19. Juni 1903 alleinige Erbin hinsichtlich des gesamten übrigen Nachlasses der Witwe Bl. sei. Das Amtsgericht war jedoch der Ansicht, daß die Witwe Bl. durch das Testament vom 28. August 1866 nicht bloß verpflichtet worden sei, das Vermögen ihres vor ihr verstorbenen Mannes dessen Seitenverwandten zu hinterlassen, sondern daß dieses Testament sie auch in Ansehung der von ihr selbst damals verfügten Erbeseinsetzung gebunden habe, deshalb aber ihr späteres Testament vom 19. Juni 1903 ungültig sei. Aus diesem Grunde wurde vom Amtsgericht der Antrag der Emilie B. auf Erteilung eines Erbscheins durch Beschluß vom 25. Januar 1905 abgelehnt. Hiergegen legte die Emilie B. Beschwerde ein. Vom Landgericht in Weimar wurde durch Beschluß vom 17. April 1905 der Beschwerde stattgegeben, und das Amtsgericht angewiesen, die Erteilung des beantragten Erbscheins aus den in dem angefochtenen Beschluß angegebenen Gründen nicht länger zu verweigern. Darauf erteilte das Amtsgericht unter dem 11. Mai 1905 einen Erbschein in nachstehender Fassung:

> „Als alleinige Erbin der am 31. Oktober 1904 in Weimar verstorbenen Witwe . . . Bl. geb. L. hat sich auf Grund des am 19. Juni 1903 errichteten Testaments die ledige . . . Emilie B. in Weimar ausgewiesen, jedoch nicht hinsichtlich desjenigen Vermögens, welches der Erblasserin von ihrem verstorbenen Ehemann, dem Rentner . . . Bl., durch das gemeinschaftliche Testament vom 28. August 1866 als Vorerbin zugewendet worden ist, und hinsichtlich dessen die in dem ebengenannten Testamente zugunsten von

Seitenverwandten des Ehemannes Bl. angeordnete Nacherbschaft besteht."

Nunmehr legte der Drechsler Alfred E., Sohn einer vorverstorbenen Schwester der weiland Witwe Bl., welcher selbst Erbrechte an deren Nachlaß in Anspruch nimmt, gegen den Beschluß des Landgerichts vom 17. April 1905 Beschwerde ein und erklärte zugleich, er wolle auch gegen den Erbschein vom 11. Mai 1905, falls solche überhaupt zulässig sei, Beschwerde erheben. Sollte die Zulässigkeit des Rechtsmittels gegen die Erteilung des Erbscheins nicht anerkannt werden, so beantrage er, denselben von Amts wegen einzuziehen und anderweite Ermittlungen anzustellen. Der Beschwerde haben sich alsdann die anderen Beschwerdeführer angeschlossen, zum Teil in der Form, daß sie erklärten, gegen den Beschluß des Landgerichts Protest zu erheben.

Das zur Entscheidung berufene Oberlandesgericht in Jena erachtete die Beschwerde für zulässig, sah sich aber gehindert, in ihre sachliche Prüfung einzutreten, da in einem gleichartigen Falle das Oberlandesgericht in Darmstadt durch Beschluß vom 13. Juli 1904 (Zentralbl. für freiw. Gerichtsbark. 5. Jahrg. S. 317) die Beschwerde für unzulässig erklärt habe. Im Hinblick hierauf legte das Oberlandesgericht Jena mittels Beschlusses vom 22. Juli 1905 die weitere Beschwerde gemäß § 28 Abs. 2 FrGG. dem Reichsgericht vor.

Die Beschwerde wurde für zulässig erklärt, in der Sache aber als unbegründet zurückgewiesen, aus folgenden

Gründen:

„Der Rechtsauffassung des Oberlandesgerichts Jena ist beizutreten. Eine Beschwerde ist in Fällen der vorliegenden Art für zulässig erachtet von dem Oberlandesgericht in Jena durch Beschluß vom 14. Mai 1902 (Rechtspr. der OLG. Bd. 5 S. 353) und dem Kammergericht in Berlin durch Beschluß vom 14. November 1904 (Rechtspr. Bd. 9 S. 436); das Bayerische Oberste Landesgericht hat in seinem Beschluß vom 5. August 1901 (Sammlung seiner Entsch. in Zivils. Bd. 2 S. 543) zwar eine Entscheidung hierüber nicht getroffen, sich aber in einer Weise ausgesprochen, welche die Annahme rechtfertigt, daß auch dieser oberste Gerichtshof geneigt sei, die Zulässigkeit einer Beschwerde anzuerkennen. Schlechthin dagegen ist eine solche Beschwerde für unzulässig erklärt worden von dem Oberlandesgericht in Darmstadt durch den obenerwähnten Beschluß. Die für letztere Ansicht angegebenen Gründe sind indes nicht zutreffend.

Um einen tatsächlich erteilten unrichtigen Erbschein wieder zu beseitigen, sind im Bürgerlichen Gesetzbuch zwei Wege vorgesehen: dem Nachlaßgericht ist, im § 2361, zur Pflicht gemacht, den erteilten

Erbschein, falls sich ergibt, daß derselbe unrichtig ist, einzuziehen, oder, wenn derselbe nicht sofort erlangt werden kann, durch Beschluß für kraftlos zu erklären. Diese Maßnahme hat das Nachlaßgericht von Amts wegen zu treffen. Daneben ist im § 2362 Abs. 1 dem wirklichen Erben die Befugnis erteilt, von dem Besitzer eines unrichtigen Erbscheins dessen Herausgabe an das Nachlaßgericht zu verlangen und diesen Anspruch im Klagewege zu verfolgen. Hieraus ergibt sich, daß die Anordnung der Erteilung eines Erbscheins jedenfalls dann, wenn der Erbschein tatsächlich erteilt worden ist, nicht zum Gegenstand einer Beschwerde gemacht werden kann. Die Wirkungen, die das Bürgerliche Gesetzbuch in den §§ 2365 flg. mit der Erteilung eines Erbscheins verbindet, treten, wie in dem erwähnten Beschluß des Bayerischen Obersten Landesgerichts (S. 545) hervorgehoben wird, sofort ins Leben; und es ist daher nicht angängig, die Folgen, welche mit der Erteilung, bzw. dem Besitz eines unrichtigen Erbscheins verknüpft sind, einfach dadurch zu beseitigen, daß die Anordnung der Erteilung aufgehoben, und der Antrag auf Erteilung abgelehnt wird. Es ergibt sich ferner, daß mit der Beschwerde nicht eine Abänderung des Erbscheins seinem Inhalte nach erzielt werden kann, das Beschwerdegericht mithin nicht Aenderungen an dem Inhalte des Erbscheins vornehmen, oder an die Stelle des erteilten einen anderen setzen kann. Denn zufolge §§ 2361, 2362 BGB. kann ein unrichtiger Erbschein nur dadurch beseitigt werden, daß er von dem Nachlaßgericht eingezogen, oder an dieses abgeliefert, oder durch Beschluß des Nachlaßgerichts für kraftlos erklärt wird. Dagegen fehlt jeder Grund für die Annahme, daß die Einziehung oder die Kraftloserklärung eines Erbscheins nicht auch auf dem Beschwerdewege erreicht werden kann. Gegen die Verfügung des Gerichts erster Instanz in Angelegenheiten der freiwilligen Gerichtsbarkeit steht zufolge § 20 Abs. 1 FrGG. die Beschwerde jedem zu, dessen Recht durch die Verfügung beeinträchtigt ist; und zufolge § 27 dieses Gesetzes ist gegen die Entscheidung des Beschwerdegerichts die weitere Beschwerde zulässig, wenn die Entscheidung auf einer Verletzung des Gesetzes beruht. Diese Beschwerden sind unter den bezeichneten Voraussetzungen grundsätzlich stets zulässig und nur dann ausgeschlossen, wenn besondere gesetzliche Bestimmungen ihrer Zulässigkeit im Wege stehen. Das ist, wie bemerkt, zufolge §§ 2361, 2362 BGB. hinsichtlich des Erbscheins, soweit diese Frage hier in Betracht kommt, insofern der Fall, als die Wiederaufhebung der Anordnung eines tatsächlich erteilten Erbscheins und die Aenderung seines Inhalts nicht mittels der Beschwerde erzielt werden kann. Anders dagegen verhält es sich mit der Einziehung. Die im § 2361 BGB. dem Nachlaßgericht zur Pflicht gemachten Maßnahmen können von jedem, dessen Recht durch die erfolgte Erteilung des

Erbscheins beeinträchtigt wird, beantragt, und gegen die Ablehnung eines solchen Antrags kann zufolge § 20 Abs. 1 FrGG. Beschwerde erhoben werden (vgl. Beschluß des Bayerischen Obersten Landesgerichts vom 22. November 1901, Samml. seiner Entsch. Bd. 2 S. 725). In einem Falle wie dem vorliegenden würden daher, wenn das Landgericht, wie hier geschehen ist, die Erteilung eines Erbscheins angeordnet hat, diejenigen Personen, die sich für die wirklichen Erben halten, die Einziehung des Erbscheins bei dem Nachlaßgericht beantragen und die Ablehnung eines solchen Antrags zum Gegenstand der Beschwerde und der weiteren Beschwerde machen können. Im Hinblick hierauf ist es zweifellos, daß es weit einfacher ist, die weitere Beschwerde bereits gegen einen die Anordnung der Erteilung aussprechenden Beschluß des Landgerichts zu gestatten. Es ist aber auch kein gesetzlicher Grund ersichtlich, weshalb dies nicht angängig sein, also weshalb nicht, ohne völlig zwecklos das Verfahren vor dem Nachlaßgericht und dem Landgericht zu erneuern, sofort die Entscheidung der dritten Instanz herbeigeführt werden könnte. Es ist vielmehr ein solches Verfahren für zulässig zu erachten; nur muß der Antrag der weiteren Beschwerde nicht auf Aufhebung der vom Landgericht verfügten Erteilung des Erbscheins, auch nicht auf eine Abänderung seines Inhalts, sondern darauf gerichtet werden, daß derselbe eingezogen oder für kraftlos erklärt werde. Daß nach Erteilung eines Erbscheins eine solche Beschwerde zulässig sei, ist übrigens auch während der Beratung des Entwurfs des Gesetzes über die freiwillige Gerichtsbarkeit zur Sprache gekommen und anerkannt worden (vgl. Kommissionsbericht zu § 80 des Entwurfs, Drucks. des Reichstags 1897/98 Nr. 109 S. 49).

Im vorliegenden Falle lassen sich die vom Beschwerdeführer E. gestellten Anträge dahin verstehen, daß er eine Anweisung an das Nachlaßgericht, den in Rede stehenden Erbschein einzuziehen, herbeiführen wolle; und das Verlangen der anderen Beschwerdeführer, die meist keinen besonderen Antrag gestellt haben, ist in gleicher Weise aufzufassen. Die Zulässigkeit der weiteren Beschwerde ist deshalb nicht zu beanstanden.

In der Sache selbst war dem Landgericht lediglich beizutreten. Dasselbe legt das Testament vom 28. August 1866 dahin aus, daß der überlebende Gatte nur verpflichtet worden sei, das von dem zuerst Verstorbenen ererbte Vermögen an dessen Geschwister oder Geschwisterkinder als Nacherben zu hinterlassen, daß er dagegen hinsichtlich seines eigenen Vermögens freie Hand behalten habe. Diese Auslegung läßt einen Rechtsirrtum in keiner Weise erkennen; dann aber ist die Anordnung, daß der Erbschein zu erteilen sei, gerechtfertigt." . . .

RGZ. 64, 173

Wie ist der Erbschein im Falle einer nach § 2033 BGB. erfolgten Uebertragung des Erbteils auszustellen?

IV. Zivilsenat. Beschl. v. 11. Oktober 1906.

I. Amtsgericht Posen. II. Landgericht daselbst.

Gründe:

„Der am 22. August 1903 zu Posen gestorbene Arbeiter J. P. wurde gesetzlich beerbt durch seine Ehefrau zu 1/4, durch seine vier Kinder Anton, Magdalene, Ludwig und Barbara zu je 3/20 und durch die vier Kinder seiner Tochter Katharina, welche die Erbschaft ausschlug, zu je 3/80. Seine vier erstgenannten Kinder übertrugen ihre Erbteile durch notarielle Verträge auf ihre Mutter. Am 15. August 1904 starb die Witwe des J. P.; sie wurde von ihren genannten fünf Kindern zu je 1/5 beerbt. Barbara P., jetzt verehelichte Pa., beantragte in der notariellen Urkunde vom 5. März 1906 die Erteilung eines gemeinschaftlichen Erbscheins des Inhaltes, daß der Nachlaß des J. P. zu 17/20 auf seine Witwe, zu je 3/80 auf die vier Kinder der Katharina übergegangen sei. Der instrumentierende Notar wiederholte den Antrag. Das Amtsgericht in Posen erteilte einen Erbschein dahin, daß sich als Erben des J. P. seine Ehefrau zu 1/4, seine vier Kinder Anton, Magdalene, Ludwig und Barbara zu je 3/20, und die vier Kinder seiner Tochter Katharina zu je 3/80 ausgewiesen haben. Der Notar beantragte die Einziehung dieses Erbscheins und die Ausstellung eines seinem Antrage entsprechenden Erbscheins.

Das Amtsgericht lehnte diesen Antrag durch Verfügung vom 21. April 1906 ab. Ueber die von dem Notar im Namen der Geschwister Anton, Magdalene, Ludwig und Barbara P. erhobene Beschwerde vom 27. April 1906 ist dahin entschieden, daß der Erbschein nach J. P. einzuziehen sei, weil ein Erbschein solchen Inhalts nicht beantragt worden sei, daß aber im übrigen die Beschwerde zurückzuweisen sei, weil ein Erbschein, wie er beantragt sei, nicht erteilt werden könne. Gegen diese Entscheidung des Landgerichts Posen vom 5. Mai 1906 legte der Notar im Namen der Beschwerdeführer unter dem 22. Mai 1906 die weitere Beschwerde ein mit dem Antrage: prinzipaliter unter Aufhebung desjenigen Teils des landgerichtlichen Beschlusses, durch welchen die eingelegte Beschwerde zurückgewiesen ist, dem Beschwerdeantrage vom 27. April 1906 im ganzen Umfange stattzugeben, also die antragsmäßige Erteilung eines neuen Erbscheins anzuordnen; eventuell unter Aufhebung des ganzen Beschlusses des Landgerichts anzuordnen, daß der Erbschein durch den Zusatz ergänzt werde, daß die vier Geschwister ihre Erbteile auf ihre Mutter übertragen haben.

Das Kammergericht Berlin legte die weitere Beschwerde dem Reichsgerichte zur Entscheidung vor. Es ist der Ansicht, daß der Veräußerer eines Erbteils Miterbe bleibe und als solcher im Erbschein zu bezeichnen sei, sowie daß die Uebertragung des Erbteils im Erbschein nicht erwähnt werden dürfe. Zur näheren Begründung dessen verweist das Kammergericht auf seinen Beschluß vom 12. Juli 1905 im Jahrbuch für Entscheidungen des Kammergerichts Bd. 30 A S. 301. Das Kammergericht würde hiernach die weitere Beschwerde zurückweisen; es sieht sich aber hieran gehindert bezüglich des Prinzipalantrages durch den Beschluß des Oberlandesgerichts zu Colmar vom 11. Februar 1903 (RJA. Bd. 3 S. 229; auch KGJ. Bd. 26 A S. 311) und bezüglich des Eventualantrags durch den Beschluß des Oberlandesgerichts in Dresden vom 22. Juli 1902 (Annalen des Oberlandesgerichts Dresden Bd. 24 S. 375).

Das Reichsgericht ist gemäß § 28 FrGG. zur Entscheidung über die weitere Beschwerde berufen. Das Kammergericht Berlin will bei Auslegung der über die Erteilung des Erbscheins gegebenen reichsgesetzlichen Vorschriften von den auf weitere Beschwerde ergangenen Entscheidungen des Oberlandesgerichts zu Colmar vom 11. Februar 1903 und des Oberlandesgerichts zu Dresden vom 22. Juli 1902 abweichen, indem es im Gegensatz zu der ersteren Entscheidung davon ausgeht, daß ungeachtet der erfolgten Uebertragung eines Erbteils der vom Nachlaßgericht zu erteilende Erbschein auf den Namen des ursprünglichen Miterben, nicht des Anteilserwerbers auszustellen sei, und indem es weiter im Gegensatz zu der letzteren Entscheidung annimmt, daß auch ein zusätzlicher Vermerk im Erbschein: der aufgeführte Erbe habe sein Erbteil veräußert, der Berechtigung entbehre.

Die weitere Beschwerde ist unbegründet.

Der grundlegende § 2353 BGB. bestimmt:

„Das Nachlaßgericht hat dem Erben auf Antrag ein Zeugnis über sein Erbrecht und, wenn er nur zu einem Teile der Erbschaft berufen ist, über die Größe des Erbteils zu erteilen (Erbschein)."

Der Begriff des Erben ist in § 1922 Abs. 1 BGB. gegeben, der dahin geht:

„Mit dem Tode einer Person (Erbfall) geht deren Vermögen (Erbschaft) als Ganzes auf eine oder mehrere andere Personen (Erben) über."

Diese Begriffsbestimmung des Erben ist streng technisch. Erbe ist hiernach nur derjenige, der unmittelbar mit dem Tode des Erblassers in dessen Vermögen als Ganzes sukzediert, sei es kraft Gesetzes, sei es kraft Tetaments oder Erbvertrags. Dagegen ist — hier gänzlich abgesehen vom Nacherben — derjenige nicht Erbe, der von der vorbezeichneten Person die diesem zugefallene Erbschaft von Todes wegen oder unter Lebenden im Wege der Gesamt- oder Einzelnachfolge erworben hat. Diese Begriffsbestimmung ist ersichtlich in den weiteren Bestimmungen des Bürgerlichen Gesetzbuchs überall festgehalten. Der von Todes wegen in die gesamte Rechtsstellung des in § 1922 bezeichneten Erben Eintretende heißt „Erbe des Erben" (§ 1952). Der rechtsgeschäftliche Erwerber unter Lebenden wird nach seinem Erwerbstitel als „Käufer" oder sonst, nicht als Erbe, bezeichnet, mag es sich um Gesamtnachfolge, oder um Singularsukzession handeln (§§ 2035 flg., 2372 flg. BGB.). Der Begriff des Gesamt- und Teilerben in § 2353 BGB. kann nicht anders als im Sinne des § 1922 aufgefaßt werden. Dies bestätigt des weiteren auch der Wortinhalt des § 2353 selbst. Denn dieser bezeichnet denjenigen Teilerben, dem ein Zeugnis über sein Erbrecht zu erteilen ist, als den Erben, der nur zu einem Teile der Erbschaft b e r u f e n ist. Berufen zur Erbschaft ist aber nach dem Sprachgebrauche des Bürgerlichen Gesetzbuchs immer nur der unmittelbar nach Gesetz, Testament oder Erbvertrag eintretende Gesamtrechtsnachfolger, niemals der Erbeserbe oder der rechtsgeschäftliche Erwerber (§§ 1942 flg. BGB.). Die Richtigkeit der vorentwickelten Auffassung ergeben auch die in den §§ 2354—2356 BGB. bezüglich der Erteilung des Erbscheins gegebenen Spezialbestimmungen. Sie regeln lediglich die Fälle, in denen die Erteilung des Erbscheins für den gesetzlichen Erben oder denjenigen verlangt wird, der auf Grund einer Verfügung von Todes wegen berufen ist. Nur in dieser Beziehung normieren sie auf das eingehendste die Beschaffung der für die Erteilung notwendigen Unterlagen. Dagegen fehlt es an jeder Bestimmung über diejenigen Veränderungen, die nach der durch Gesetz oder Verfügung von Todes wegen eingetretenen Erbfolge infolge Erbteilsveräußerung eintreten können. Die Bestimmung in § 2354 Abs. 1 Nr. 3 hat nur die davon verschiedenen Fälle im Auge, wenn einzelne Erben gemäß §§ 1953 flg., 2344 BGB. unter Rückbeziehung ihres Wegfalls auf den Erbfall ausgeschieden sind. Wollte man dennoch den Erbschein auch weiteren Erwerbern über diese Bestimmungen des Bürgerlichen Gesetzbuchs hinaus erteilen, so würde sich für die Rechtsanwendung eine Lücke ergeben.

Auch die Entstehungsgeschichte des Gesetzes spricht für diese Darlegung. Der Erbschein des Bürgerlichen Gesetzbuchs hat sein Vorbild in der durch das preußische Gesetz vom 12. März 1869 geschaffenen Erbbescheinigung. Diese war nach § 1 nur dem Intestaterben zu erteilen. Die Praxis lehnte ausdehnende Auslegungen ab. Insbesondere erachtete sie es für unzulässig, den Erbschein auch dem Erbeserben zu erteilen (Jahrbuch der Entscheidungen des Kammergerichts Bd. 4 [1884] S. 48, 49). Auch der erste Entwurf des Bürgerlichen Gesetzbuchs stand in § 2068 auf dem Standpunkte des Gesetzes vom 12. März 1869, und die Motive hierzu (Bd. 5 S. 565) führen dementsprechend aus, das zu erteilende Zeugnis gehe positiv dahin, daß und in welchem Umfange eine Person auf Grund der gesetzlichen Erbfolge der Erbe eines Erblassers ist. In der zweiten Lesung hat man über den ersten Entwurf hinaus die Erteilung des Erbscheins auch für den durch Verfügung von Todes wegen berufenen Erben zugelassen. An der rechtlichen Grundlage, daß der Erbschein dem unmittelbaren Erben zu erteilen ist, hat man auch bei dieser Fortbildung des Institutes festgehalten. In den Kommissionsberatungen ist ausgesprochen: der Zweck des Erbscheins sei der, daß im Interesse der Erben und derjenigen, welche mit ihm als Erben zu tun hätten, eine vorläufige amtliche Beurkundung des Rechtes des Erben auf Inhalt und Umfang, wie es mit dem Erbfall eingetreten sei, gegeben werden sollte (Protokolle der II. Kommission Bd. 5 S. 684, Guttentag'sche Ausgabe).

Das Kammergericht hält ausschlaggebend für seine Ansicht die §§ 2373, 2382, 2385 BGB., wonach im Falle der Veräußerung eines Erbteils ein dem Veräußerer durch Nacherbfolge oder infolge des Wegfalls eines Miterben anfallender Erbteil im Zweifel als nicht mitveräußert angesehen werden, und der Veräußerer den Nachlaßgläubigern verhaftet bleiben soll. Hieraus entnimmt das Kammergericht, daß das Gesetz dem Erwerber des Erbteils überhaupt nicht die volle materielle Rechtsstellung des veräußernden Miterben einräumen wollte, und daß aus diesem Grunde der Erbteilsveräußerer Erbe bleibe. Wenn man es grundsätzlich für zulässig hielte, auch dem Gesamtrechtsnachfolger des unmittelbar berufenen Erben den Erbschein zu erteilen, so würde freilich der vom Kammergericht angenommene Grund nicht durchschlagend gegen die Erteilung des Erbscheins auch für denjenigen, der von einem Miterben dessen Erbanteil gemäß § 2033 BGB. erwarb, sprechen können. Vielmehr tritt der Erwerber eines Erbteils auf Grund der dinglichen Uebereignung nach § 2033 materiell durchaus in die Rechte des veräußernden Teilerben, und es ist im Gesetze nur als Auslegungsfrage hingestellt, zu welchem quotiellen Anteile er sukzediert. Auch der Umstand allein, daß der veräußernde Miterbe neben dem Erwerber grundsätzlich für die Nachlaßverbindlichkeiten weiter haftet, würde nicht entgegenstehen. Denn auch im Falle der Nacherbfolge bleibt der Vorerbe in gewissem Maße haftbar, ohne daß dieserhalb die Eigenschaft des Nacherben als solchen in Frage gestellt würde (§§ 2144, 2145 BGB.).

Der auf Grund des § 2353 BGB. zu erteilende Erbschein ist nach den übrigen Ausführungen auch im Falle einer nach § 2033

BGB. erfolgten Uebertragung des Erbteils nicht auf den Namen des Anteilserwerbers, sondern auf den Namen des ursprünglichen Miterben auszustellen. Es ist aber auch weiterhin das Verlangen der Beschwerdeführer ungerechtfertigt: im Erbschein zu dem dieses Erbrecht bezeugenden Inhalt einen Zusatz dahin zu machen, daß der Erbe seinen Erbanteil demnächst veräußert habe. Denn der gesetzliche Inhalt des Erbscheins ist strikt dahin begrenzt, daß er das Erbrecht des berufenen Erben und etwaige Einschränkungen desselben durch die Anordnung einer Nacherbschaft und die Einsetzung von Testamentsvollstreckern zu bezeugen hat (§§ 2363, 2364 BGB.). In eben diesem eingeschränkten Umfange steht dem Erbschein die Vermutung des § 2365 und der öffentliche Glaube der §§ 2366, 2367 BGB. zur Seite. Möchte auch ein vom Nachlaßgericht bezüglich der Veräußerung des Erbteils im Erbscheine gemachter Zusatz den Erbschein nicht entkräften, so steht doch keinesfalls den Beteiligten das Recht zu, eine Ergänzung des Erbscheins zu fordern, die über den gesetzlichen Rahmen des Erbscheins hinausgeht und an dessen Rechtswirkungen nicht Teil hat.

Die weitere Beschwerde war deshalb zurückzuweisen." . . .

RGZ. 72, 209

Unterliegt ein Vertrag, in welchem eine Vertragspartei zugunsten der anderen ein nichtiges Testament als für sich bindend anerkennt, der Formvorschrift der §§ 2371, 2385 Abs. 1 BGB.?

VII. Zivilsenat. Urt. v. 23. November 1909.

I. Landgericht Erfurt. II. Oberlandesgericht Naumburg a. S.

Die Frage wurde bejaht aus folgenden

Gründen:

. . . „Abweichend von dem ersten Entwurfe des Bürgerlichen Gesetzbuchs hat die zweite Kommission mit Rücksicht auf die Vorschriften der §§ 311, 312 Abs. 2, sowie wegen der Wichtigkeit der Wirkungen dieses Geschäfts für den Erbschaftskauf die gerichtliche oder notarielle Form vorgeschlagen. Darauf beruht die Bestimmung des § 2371, welche nach § 2385 Abs. 1 entsprechende Anwendung auch auf andere Verträge findet, die auf die Veräußerung einer dem Veräußerer angefallenen oder anderweit von ihm erworbenen Erbschaft gerichtet sind.

Mit Rücksicht auf die in den erwähnten Bestimmungen zum Ausdrucke gebrachte Absicht des Gesetzgebers, durch die Formvorschriften übereilte Veräußerungen von Erbschaften zu verhüten, ist auch außergerichtlichen Vergleichen der Erbprätendenten, durch welche sie ohne Rücksicht darauf, wem von ihnen die Erbschaft ganz oder teilweise nach dem Gesetze angefallen sei, diese untereinander nach Anteilen verteilen, obschon für Vergleiche an sich Formvorschriften nicht bestehen, die Wirksamkeit versagt. Es sind solche Abkommen rechtlich als obligatorische, auf Veräußerung von Bruchteilen der Erbschaft gerichtete, und deshalb unter § 2385 Abs. 1 BGB. fallende Verträge aufgefaßt.

Urteile des IV. Zivilsenats des Reichsgerichts vom 18. Juni 1902 (Deutsch. Jur.-Ztg. 1902 S. 485) und vom 19. Oktober 1905 (Jur. Wochenschr. 1905 S. 721 Nr. 12).

Das gleiche gilt von Anerkennungsverträgen des Inhalts, wie der hier in Frage stehende ist. Wenn auch ein solcher Vertrag ein an sich nichtiges Testament nicht gültig macht, und deshalb der durch ein anderes Testament rechtswirksam Eingesetzte oder der als Intestaterbe Berufene trotzdem Erbe bleibt, so enthält der Anerkennungsvertrag dennoch eine die Anwendung der Formvorschriften erfordernde Erbschaftsveräußerung. Er hat, wie das Berufungsgericht zutreffend ausführt, die Wirkung, daß sich der Anerkennende seinem Vertragsgegner gegenüber auf die Nichtigkeit des diesen zum Erben einsetzenden Testaments nicht berufen kann. Diese Wirkung steht wirtschaftlich der Veräußerung der Erbschaft seitens des Anerkennenden gleich. Dadurch, daß der Anerkennungsvertrag den Anerkennenden verpflichtet, sein Erbrecht dem Vertragsgegner gegenüber nicht geltend zu machen, erlangt der letztere im Verhältnisse der Vertragschließenden zueinander ein Recht auf die Erbschaft; der Anerkennende entäußert sich ihrer zu seinen Gunsten. An dieser rechtlichen Beurteilung wird auch dadurch, daß zwei Erbprätendenten einen solchen Vertrag schließen, ehe feststeht, wer von ihnen wirklich Erbe ist, nichts geändert. Der Anerkennende erklärt dann, daß er auch für den Fall, daß das Erbrecht des anderen nicht besteht, diesem dennoch die Erbschaft überlasse, und damit gibt er ihm selbst an der Erbschaft etwa zustehende Rechte auf; der Vertragszweck ist, die Erbschaft als solche ganz oder zu einem Bruchteile dem anderen Teile zu übertragen.

Daß solche Anerkennungsverträge der Formvorschrift des § 2385 unterliegen, wird, soweit ersichtlich, auch in der Literatur angenommen." . . .

RGZ. 79, 240

Wird ein wirksamer Vergleich durch Erfüllung während der Fortdauer des Willensmangels wirksam?

BGB. §§ 779, 2033, 2371.

Die Entscheidung ist abgedruckt unter „Bürgerliches Recht, Schuldrecht".

RGZ. 81, 413

Regelung der Beweislast im Falle des § 2339 Abs. 1 Nr. 4 BGB., wenn der Fälscher geltend macht, er sei lediglich bestrebt gewesen, den wahren letzten Willen des Erblassers zu verwirklichen.

IV. Zivilsenat. Urt. v. 27. Februar 1913.

I. Landgericht Glatz. II. Oberlandesgericht Breslau.

Aus den Gründen:

... „Aus dem Umstande, daß den in § 2339 Abs. 1 Nr. 1 bis 4 BGB. zusammengestellten Erbunwürdigkeitsfällen, wie die Vergleichung ergibt und ein Blick auf die Vorschrift in § 2343 bestätigt, sämtlich der Gesichtspunkt einer Verfehlung gegen den Erblasser gemeinsam ist, folgt zwar, daß im Falle der Nr. 4 Erbunwürdigkeit dann nicht eintritt, wenn der Fälscher durch die Fälschung den wahren letzten Willen des Erblassers zu verwirklichen bestrebt war. Das ist in dem vom Berufungsgericht angezogenen Senatsurteil Entsch. des RG.'s in Zivils. Bd. 72 S. 207 dargetan, und daran muß festgehalten werden. Dies nötigt aber keineswegs zu der vom Berufungsgerichte vertretenen Ansicht, bei einem Streite habe der die Erbunwürdigkeit im Wege der Anfechtung des Erbschaftserwerbs geltend machende Kläger zu beweisen, daß der Erfolg, den der Fälscher herbeizuführen suchte, dem wahren letzten Willen des Erblassers nicht entsprochen habe. Im Gegenteile, die Fassung des Gesetzes läßt klar erkennen, daß der Anfechtungskläger im Falle der Nr. 4 nicht mehr darzutun hat, als daß der Beklagte in Ansehung einer Verfügung des Erblassers von Todes wegen sich einer nach den §§ 267 bis 274 StGB. strafbaren Handlung schuldig gemacht hat. Behauptet der Beklagte, er sei lediglich bestrebt gewesen, durch die Fälschung den wahren letzten Willen des Erblassers zu verwirklichen, so macht er damit einen die regelmäßige Wirkung des gesetzlichen Tatbestands ausschließenden, einen sog. rechtshindernden Umstand geltend, und es ist dann seine Sache, die Tatsachen anzuführen und nötigenfalls zu beweisen, aus denen die Richtigkeit seiner Behauptung erhellen soll. Die Sache liegt nicht anders, als wenn der Beklagte einwendet, die Voraussetzungen des § 2339 Abs. 2 seien gegeben oder (§ 2343) der Erblasser habe ihm verziehen, Fälle, in denen gar kein Zweifel darüber bestehen kann, daß die Beweislast den Beklagten trifft. Wäre im Falle der Nr. 4 die Erbunwürdigkeit von einem dem Anfechtungskläger obliegenden Beweise der bewußten Abweichung des Fälschers vom wahren letzten Willen des Erblassers abhängig, wie das Berufungsgericht meint, so würde das bei Anwendung der Vorschrift des § 2339 Abs. 1 Nr. 4 leicht dahin führen, daß bösgläubige Fälscher dem vom Gesetze gewollten Nachteil unverdient entgehen. Auch diese Erwägung spricht gegen die Richtigkeit des vom Berufungsgericht eingenommenen Standpunktes." . . .

RGZ. 137, 171

1. Muß der Verkauf eines Erbteils auch dann nach § 2371 BGB. beurkundet werden, wenn sogleich die dingliche Uebertragung in der durch § 2033 BGB. vorgeschriebenen Form erfolgt?

2. Welche Folgen treten ein, wenn die Beurkundung des Erbschaftskaufvertrags unterbleibt?

3. Zur Anwendung des § 819 Abs. 1 BGB.

BGB. §§ 140, 251, 819, 2033, 2371.

IV. Zivilsenat. Urt. v. 30. Juni 1932.

I. Landgericht Hannover. II. Oberlandesgericht Celle.

Die Klägerin ist alleinige Erbin ihres am 9. November 1929 verstorbenen Ehemannes, des Schriftstellers Dr. jur. Eduard R. Dieser und die Beklagte waren zusammen mit drei weiteren Geschwistern je zu einem Fünftel Erben ihres am 29. Dezember 1906 verstorbenen Vaters, des Rentners Eduard R. in H. geworden. Dr. R. und die Beklagte, diese vertreten durch ihren Ehemann, den Generaldirektor K., kamen dahin überein, daß die Beklagte den Erbteil des Dr. R. kaufen sollte. Am 26. Februar 1923 erklärten Dr. R. und K., dieser für sich und als Bevollmächtigter seiner Ehefrau handelnd, zu notariellem Protokoll, daß Dr. R. seinen Anteil am Nachlasse der Beklagten übereigne und bekenne, das Entgelt in voller Höhe durch Verrechnung erhalten zu haben, daß ferner durch die Uebertragung des Erbteils die Forderungen des K. an Dr. R. auf Grund von Darlehen und Vorschüssen, die er ihm auf seinen Erbteil gewährt habe, befriedigt seien, sowie daß die von Dr. R. urkundlich bewirkte Verpfändung seines Erbteils an K. mit der Uebertragung hinfällig werde. Der Wert wurde von den Vertragschließenden auf 500 000 M. angegeben. Einigkeit besteht zwischen den Parteien darüber, daß die notarielle Urkunde nicht den richtigen Gegenwert enthält. Dieser betrug nach Angabe der Klägerin 10 Millionen, nach Angabe der Beklagten 12 Millionen Mark. Der Kaufpreis ist bar bezahlt worden.

Die Klägerin ist der Meinung, daß wegen Verletzung von Formvorschriften und Verstoßes gegen die guten Sitten sowie wegen Wuchers auf seiten der Beklagten kein gültiger Kaufvertrag über den Erbteil zustande gekommen sei. Sie verlangt mit der Klage Feststellung der Nichtigkeit des Kaufvertrags, gegebenenfalls die Feststellung, daß die Uebertragung des Erbteils nichtig sei und zurückgefordert werden könne, ferner Verurteilung der Beklagten zur Zahlung von Schadensersatzbeträgen in Höhe von 10 500 RM. nebst Zinsen und von 13 350 RM. nebst Zinsen sowie zur Einwilligung in die Berichtigung des Grundbuchs von H. Bl. 282 dahin, daß die Klägerin als Anteilsberechtigte in ungeteilter Erbengemeinschaft mit den übrigen Miterben eingetragen werde.

Das Landgericht hat die Klage abgewiesen. Der Berufung der Klägerin teilweise stattgebend hat das Oberlandesgericht festgestellt, daß der zwischen der Beklagten und Dr. R. im Februar 1923 abgeschlossene Erbschaftskaufvertrag nichtig sei. Ferner hat es die Beklagte verurteilt, der Klägerin 6000 RM. mit Zinsen und 13 350 RM. mit Zinsen zu zahlen, im übrigen den Erbteil des Ehemannes der Klägerin an sie zurückzuübertragen und in die Berichtigung des Grundbuchs von H. Bl. 282 einzuwilligen dahin, daß der Anteil des Dr. R. auf die Klägerin übergegangen sei.

Die Revision der Beklagten hatte nur zum Teil Erfolg.

Gründe:

Das Berufungsgericht geht davon aus, daß die Verhandlungen zwischen dem Erblasser der Klägerin und der durch ihren Ehemann vertretenen Beklagten im Februar 1923 den Verkauf des Anteils des ersteren am Nachlasse seines Vaters an die Beklagte bezweckten. Eine Beurkundung dieses Kaufvertrags habe nach dem Willen der Vertragschließenden unterbleiben sollen und sei auch nicht erfolgt. Die notarielle Urkunde vom 26. Februar 1923 enthalte nur die dingliche Verfügung über den Anteil nach § 2033 BGB., nicht aber den schuldrechtlichen Kaufvertrag. Der Erbschaftskauf habe nach § 2371 BGB. der gerichtlichen oder notariellen Beurkundung bedurft; der nur mündlich abgeschlossene Kaufvertrag sei daher nichtig. Der Formmangel sei auch durch die formgültige Uebertragung des Anteils nicht geheilt worden. Die Nichtigkeit des Grundgeschäfts mache zwar diese Uebertragung nicht nichtig. Die Klägerin könne den Anteil aber nach den Vorschriften über die Herausgabe einer ungerechtfertigten Bereicherung zurückfordern, da die Uebertragung ohne rechtlichen Grund erfolgt sei.

Daß der Wille der Vertragschließenden auf Ueberlassung des Erbteils Dr. R.'s an die Beklagte gegen Zahlung eines Entgelts, also auf einen Verkauf des Erbteils gerichtet war, kann nach dem unstreitigen Sachverhalt nicht zweifelhaft sein. Die Revision meint aber, daß die Anwendung des § 2371 BGB. auf die Fälle beschränkt werden müsse, in denen Verpflichtungs- und Erfüllungsgeschäft auseinanderfielen, d. h. das erstere dem letzteren vorangehe. § 2371 könne nicht dahin ausgelegt werden, daß er die notarielle Form, insbesondere die Beurkundung des Kaufpreises, auch dann fordere, wenn die Parteien einen dem Leistungsaustausch vorausgehenden bindenden Vertrag gar nicht wollten; denn damit würde ein dem Gesetz sonst unbekannter Zwang ausgeübt werden, einen schuldrechtlichen Vertrag dem Leistungsaustausch vorangehen zu lassen oder mit ihm zu verbinden.

Diesen Ausführungen der Revision kann nicht beigetreten werden. Die Formvorschrift des § 2371 und die des § 2033 stehen selbständig nebeneinander. Nach § 2371 bedarf ein Vertrag, durch den der Erbe die ihm angefallene Erbschaft verkauft, der gerichtlichen oder notariellen Beurkundung. Dies gilt zufolge des § 1922 Abs. 2 BGB. auch für den Verkauf eines Erbteils. Während nun der Alleinerbe nicht in der Lage ist, den gesamten Nachlaß durch einheitlichen Akt auf den Erbschaftskäufer zu übertragen, gibt § 2033 dem Miterben die Möglichkeit, seine Verpflichtungen gegenüber dem Käufer des Erbteils in einem einheitlichen Akt mit dinglicher Wirkung zu erfüllen. Es ist selbstverständlich zulässig, das Verpflichtungsgeschäft und das Verfügungsgeschäft in einer Urkunde zu verbinden. Ob dies der Wille des Vertragschließenden war, ist eine Frage der Auslegung (vgl. WarnRspr. 1915 Nr. 264). Auch im Falle der Verbindung muß aber die einheitliche Urkunde beiden Formerfordernissen Rechnung tragen. Sie muß also sowohl die Bestimmungen des Kaufvertrags, insbesondere die Angabe des Kaufpreises, als auch die dingliche Einigung über den Uebergang des Erbteils enthalten. Die Ansicht der Revision, daß dann, wenn die Vertragschließenden sogleich die Uebertragung des Erbteils vornähmen, eine Beurkundung des zugrunde liegenden Kaufvertrags nicht erforderlich sei, findet mithin im Gesetz keine Stütze. Auch aus dessen Entstehungsgeschichte kann für diese Ansicht nichts entnommen werden. Die Gründe, die zur Aufnahme der Vorschrift des § 2371 BGB. geführt haben, waren verschiedener Art. Die Formvorschrift wurde einmal deshalb für erforderlich gehalten, weil es sich in der Regel um Gegenstände von besonderem Werte handle und ein Schutz des Verkäufers gegen Uebervorteilung geboten sei, zumal da Erbschaftskäufe oft von gewerbsmäßigen Käufern zum Zwecke der Spekulation geschlossen würden. Sodann wurde die Form auch zur Klarstellung des Rechtsverhältnisses und zur Erleichterung des Nachweises des Rechtes des Käufers gegenüber Dritten für wünschenswert gehalten (Prot. II S. 114 flg.). Daß der Schutz des Verkäufers gegen Uebervorteilung und die Klarstellung des Rechtsverhältnisses dann nicht minder geboten sind, wenn die Parteien ohne vorausgegangene Bindung sogleich zur Uebertragung des Erbteils schreiten, als wenn sie zunächst nur eine Verpflichtung zur Uebertragung des Erbteils begründen, bedarf keiner näheren Ausführung. Durch die bloße Beurkundung der Erbteilsübertragung würde der Zweck, den der

Gesetzgeber mit der Formvorschrift des § 2371 verfolgt hat, nicht oder doch nur unvollkommen erreicht werden. Es steht dieser zwingenden Vorschrift gegenüber auch nicht in der Macht der Vertragschließenden, von der Beurkundung des Kaufes überhaupt abzusehen. Das Unterbleiben dieser Beurkundung hat jedenfalls die Folge, daß es für die Uebertragung des Erbteils an einem vom Gesetz anerkannten Rechtsgrunde fehlt. Unerheblich ist es, ob die Parteien von der Beurkundung des Kaufvertrags deshalb abgesehen haben, weil sie sich zunächst noch nicht binden wollten, oder deshalb, weil sie glaubten, daß der mündlich geschlossene Kaufvertrag auch ohne Beurkundung durch formgerechte Uebertragung des Erbteils Wirksamkeit erlange. Es kann deshalb auf sich beruhen, ob die Vertragschließenden, wie die Revision für diesen Rechtszug unterstellt haben will, vor dem 26. Februar 1923 eine Bindung nicht gewollt haben oder ob sie sich bereits vorher haben binden wollen und binden zu können geglaubt haben.

Daß der Mangel der Form des § 2371 BGB. nicht durch die Uebertragung des Erbteils gemäß § 2033 das. geheilt wird, weil für eine entsprechende Anwendung des § 313 Satz 2 BGB. kein Raum ist, hat der erkennende Senat bereits in RGZ. Bd. 129 S. 123 ausgesprochen. Hieran ist festzuhalten. Die Revision meint, daß die Abgrenzung des Formerfordernisses des § 2371 nicht wohl abweichend von der Abgrenzung des Formerfordernisses in ähnlichen Fällen erfolgen könne, und sie verweist in diesem Zusammenhang auf die Vorschrift des § 15 Abs. 4 GmbHG. Dieser Hinweis geht fehl. Nach Abs. 3 das. bedarf es zur Abtretung von Geschäftsanteilen durch Gesellschafter eines in gerichtlicher oder notarieller Form geschlossenen Vertrags. Abs. 4 bestimmt, daß der gleichen Form auch eine Vereinbarung bedarf, durch welche die Verpflichtung eines Gesellschafters zur Abtretung eines Geschäftsanteils begründet wird, daß jedoch eine ohne diese Form getroffene Vereinbarung durch den nach Maßgabe des Abs. 3 geschlossenen Abtretungsvertrag gültig wird. Hier ist also ausdrücklich vorgeschrieben, daß der formlos geschlossene schuldrechtliche Vertrag durch formgerechten Abschluß des dinglichen Abtretungsvertrags gültig wird. An einer entsprechenden Vorschrift fehlt es aber für die Fälle der §§ 2033, 2371 BGB.

Die Revision macht dem Berufungsrichter sodann noch zum Vorwurf, daß er eine Prüfung unterlassen habe, ob die Parteien, weil sie sich durch die sofortige Zahlung des Kaufpreises für gesichert hielten, die dingliche Wirkung auch für den Fall der Nichtigkeit des schuldrechtlichen Geschäfts gewollt haben. War dies der Fall, so wäre nach der Meinung der Revision die Klage unbegründet. Diese Ausführungen übersehen, daß das Berufungsgericht keineswegs angenommen hat, auch die Uebertragung des Erbteils sei nichtig. Vielmehr ist in den Urteilsgründen ausdrücklich hervorgehoben, daß Dr. R. gültig über den Erbteil verfügt habe und daß die Nichtigkeit des schuldrechtlichen Grundgeschäfts diese Verfügung nicht nichtig mache. Daraus folgt aber nicht, daß die Klage unbegründet ist, sondern nur die Verpflichtung der Beklagten zur Rückgewähr des Erbteils nach den Vorschriften über die Herausgabe einer ungerechtfertigten Bereicherung. Dies ist auch der Standpunkt der Klage, wie er den im zweiten Rechtszuge gestellten Anträgen zugrunde liegt. Die von der Revision angezogenen Ausführungen bei Staudinger Anm. 3 Abs. 5 zu § 2371 BGB. nehmen auf das Urteil des erkennenden Senats vom 14. Mai 1925 (WarnRspr. 1925 Nr. 162) Bezug. Dort ist auf Grund des § 139 BGB. ausgesprochen, daß trotz Nichtigkeit des Kaufvertrags die in derselben Urkunde enthaltene Uebertragung des Erbteils gültig sei. Dies ist damit begründet worden, daß die Parteien die dingliche Wirkung der Uebertragung des Erbrechts auch für den Fall der Nichtigkeit des schuldrechtlichen Vertrags gewollt hätten, weil sie sich durch die sofortige Zahlung des Kaufpreises und die mündliche Vereinbarung für gesichert hielten. Hier liegt ein Fall des § 139 BGB. nicht vor, da die Vertragschließenden nach der Feststellung des Berufungsgerichts eine Beurkundung des schuldrechtlichen Vertrags gar nicht gewollt haben, die Urkunde vom 26. Februar 1923 vielmehr nur das dingliche Rechtsgeschäft enthalten sollte und enthielt. In der genannten Entscheidung ist dann weiter der Standpunkt des damaligen Berufungsgerichts gebilligt worden, daß die an sich gültige Erbteilsübertragung der Rückforderung nach § 812 BGB. unterliege, weil sie eines Rechtsgrundes entbehre. (Nach Zurückweisung einer Verfahrensrüge wird fortgefahren:)

Als rechtsirrig bezeichnet die Revision ferner die Ausführungen des Berufungsgerichts, mit denen es das Vorliegen der Voraussetzungen des § 140 BGB. verneint hat. Danach gilt, wenn ein nichtiges Rechtsgeschäft den Erfordernissen eines anderen Rechtsgeschäfts entspricht, dieses letztere, falls anzunehmen ist, daß dessen Geltung bei Kenntnis der Nichtigkeit gewollt sein würde. Zur Anwendung dieser Vorschrift genügt es, wenn der wirtschaftliche Erfolg, der durch das nichtige Rechtsgeschäft erzielt werden sollte, durch das andere Geschäft wenigstens so weit erreicht wird, daß anzunehmen ist, die Parteien hätten mangels Erzielung des vollen Erfolgs wenigstens die teilweise Verwirklichung ihrer Zwecke gewollt (vgl. RGZ. Bd. 110 S. 392). In Betracht gekommen wäre insoweit die Umdeutung des nichtigen Erbschaftsverkaufs in eine Abtretung der sich bei der Auseinandersetzung für Dr. R. ergebenden Ansprüche. Hierzu war zu ermitteln, ob die Vertragschließenden gegebenenfalls wenigstens eine solche Abtretung gewollt hätten. Das Berufungsgericht hat dies verneint, weil die Rechtswirkungen einer solchen

Abtretung zweifelhaft sind (vgl. einerseits RGZ. Bd. 60 S. 131 flg., anderseits u. a. RGRKomm. Anm. 1 zu § 2033 BGB.) und weil die Vertragschließenden eben wegen der Zweifelhaftigkeit der Rechtslage eine bloße Abtretung der sich bei der künftigen Erbauseinandersetzung ergebenden Ansprüche nicht vorgenommen hätten. Insoweit handelt es sich um eine tatsächliche Annahme, die keinen Rechtsirrtum erkennen läßt und daher der Nachprüfung des Revisionsgerichts entzogen ist. Zu der streitigen Frage selbst brauchte das Berufungsgericht keine Stellung zu nehmen.

Der Vorderrichter hat nach alledem rechtsirrtumsfrei angenommen, daß die Uebertragung des Erbteils an die Beklagte ohne rechtlichen Grund erfolgt ist. Sie ist daher nach Maßgabe der §§ 812 flg. BGB. zur Herausgabe des Erlangten verpflichtet. Für die Entscheidung über die von der Klägerin erhobenen Leistungsansprüche ist es insbesondere von Bedeutung, ob die Beklagte die Vorschrift des § 819 Abs. 1 BGB. gegen sich gelten lassen muß. Ist dies der Fall, so kann sie sich nicht darauf berufen, daß sie zur Rückübertragung des Erbteils infolge der inzwischen erfolgten Veräußerung an ihre Geschwister nicht mehr imstande sei, denn eine etwaige Unmöglichkeit wäre von ihr zu vertreten. Es liegt auch nicht so, daß die Unmöglichkeit der Wiedererlangung des Erbteils schon jetzt feststände. Zur Herausgabe des Erlangten gehört auch die Mitwirkung der Beklagten dazu, daß die Klägerin im Grundbuch als Miteigentümerin zu ihrem Anteil wieder eingetragen werde (vgl. RGZ. Bd. 112 S. 268; RG. in JW. 1931 S. 2723 Nr. 24).

Zur Frage der Anwendbarkeit des § 819 Abs. 1 BGB. führt das Berufungsgericht aus, daß der Ehemann der Beklagten, wie aus ihrem eigenen Vortrag hervorgehe, von Anfang an den notariellen Vertrag vom 26. Februar 1923 für nichtig gehalten habe, weil in ihm die wahre Kaufsumme verschwiegen gewesen sei. Diese Auffassung sei zwar nicht richtig, denn in der Urkunde, die nur die dingliche Uebereignung des Erbteils enthalte, habe der Kaufpreis nicht genannt zu werden brauchen. K. habe aber den Vertrag für nichtig gehalten und sei der Auffassung gewesen, daß an sich Dr. R. zur Uebereignung nicht verpflichtet sei. Er habe also gewußt, daß dieser ohne Rechtsgrund leiste. Daß dies Wissen auf einer unrichtigen Grundlage beruht habe, sei gleichgültig. Die Kenntnis ihres Ehemannes als ihres Vertreters müsse die Beklagte gegen sich gelten lassen. Den ihr obliegenden Beweis, daß auch R. beim Abschluß des Vertrags vom 26. Februar 1923 gewußt habe, daß er zur Leistung nicht verpflichtet sei, habe die Beklagte nicht erbracht. Daß K. diesen über die Nichtigkeit belehrt habe, könne durch sein Zeugnis nicht bewiesen werden, denn er sei am Ausgange des Rechtsstreits wirtschaftlich beteiligt, seine Aussage sei daher nicht beweiskräftig. Zudem spreche der

Brief des Dr. R. vom 18. April 1925 dafür, daß ihm die Erkenntnis der Nichtigkeit erst später gekommen sei.

Gegen diese Ausführungen erhebt die Revision mehrere Angriffe. Sie hält zunächst die Auffassung des Berufungsgerichts für unrichtig, daß es unerheblich sei, auf Grund welcher Tatsachen K. den Vertrag für nichtig gehalten habe. Die Kenntnis der Tatsachen, aus denen sich der Mangel des rechtlichen Grundes ergebe, genüge zwar nicht (vgl. WarnRspr. 1927 Nr. 91), sie sei aber erforderlich. Außerdem verstoße der Schluß gegen die Denkgesetze, daß K., weil er der Auffassung gewesen sei, an sich sei R. zur Uebereignung nicht verpflichtet, gewußt habe, daß dieser ohne Rechtsgrund leiste. Der Umstand, daß R. bei Beginn der notariellen Verhandlung noch nicht rechtlich gebunden gewesen sei, habe nicht ausgeschlossen, daß durch bloße Aufnahme des Kaufpreises in den notariellen Kaufvertrag der Rechtsgrund in dem Vertrage habe geschaffen werden können.

Mit diesem Angriff kann die Revision keinen Erfolg haben. Die Feststellung des Berufungsgerichts, K. habe gewußt, daß an sich R. zur Uebereignung nicht verpflichtet sei, daß er also ohne Rechtsgrund leiste, ist tatsächlicher Art. Sie findet im Vortrag der Beklagten eine ausreichende Stütze. Daß sie durch einen Rechtsirrtum beeinflußt sei, kann der Revision nicht zugegeben werden. Die Tatsache, aus welcher K. den Mangel des Rechtsgrundes herleitete, war die, daß im Vertrag vom 26. Februar 1923 der vereinbarte Kaufpreis nicht genannt war. Es läßt sich daher nicht einmal sagen, daß sich K., wie das Berufungsgericht meint, über die den Mangel des Rechtsgrundes ergebenden Tatsachen in einem Irrtum befunden habe. Der Kaufpreis brauchte zwar in dem die dingliche Uebereignung des Erbteils enthaltenden Vertrage nicht angeführt zu werden. Wäre er aber genannt worden, so hätte nichts entgegengestanden, in der Urkunde vom 26. Februar 1923 zugleich die der Form des § 2371 BGB. entsprechende Beurkundung des den Rechtsgrund bildenden schuldrechtlichen Geschäfts zu finden. Die Revision führt daher richtig aus, daß durch bloße Aufnahme des Kaufpreises in den notariellen Vertrag durch diesen der Rechtsgrund hätte geschaffen werden können. Das ist aber gerade unterblieben, und das Unterbleiben dieser Beurkundung war nach dem eigenen Vortrag der Beklagten der Grund, aus dem ihr Ehemann, und zwar mit Recht, den Vertrag für der vollen Rechtswirksamkeit entbehrend ansah.

Weiter macht die Revision geltend, die Haftung der Beklagten aus § 819 BGB. entfalle auch deshalb, weil dem Dr. R. der Mangel des rechtlichen Grundes ebenfalls bekannt gewesen sei. Das Berufungsgericht habe den Vortrag der Beklagten nur entweder ganz oder garnicht berücksichtigen dürfen. Behauptet gewesen sei nicht eine einseitige Meinung des K., sondern ein zwischen ihm und R. bestehendes Einverständnis. Wenn daher das Berufungsgericht eine Kenntnis gegen die Beklagte festgestellt habe, so habe es dieselbe Kenntnis auch bezüglich des Ehemannes der Klägerin gegen diese feststellen müssen. Es habe bei der Behandlung der Kenntnis des R. den Verfahrensgrundsatz verletzt, daß eine Behauptung nur dann gegen den Behauptenden verwertet werden dürfe, wenn sie in Uebereinstimmung mit den sonstigen Feststellungen des Berufungsgerichts stehe. Aus materiellem Rechtsirrtum habe das Berufungsgericht auch außer acht gelassen, daß die Anwendung des § 819 ferner voraussetze, daß der Empfänger glaube, der Leistende habe den Mangel des rechtlichen Grundes nicht gekannt. Die Haftung aus § 819 setze das Bewußtsein des Empfängers voraus, daß dem Leistenden der Mangel unbekannt sei.

An diesen Ausführungen ist richtig, daß der Empfänger von der strengeren Haftung nach § 819 Abs. 1 BGB. dann verschont bleiben muß, wenn er gewußt oder angenommen hat, daß der Leistende selbst den Mangel des Rechtsgrundes kennt. Beweispflichtig ist hierfür der Empfänger (vgl. Planck § 819 BGB. Anm. I b 4; RGR-Komm. § 819 Anm. 2 a; Staudinger § 819 Anm. I 1 c; Prot. II S. 711). . . . (*Die Ansicht des Berufungsgerichts, daß dieser Beweis nicht erbracht sei, wird unter Zurückverweisung der von der Revision erhobenen Verfahrensrügen gebilligt. Dann wird fortgefahren:*)

Teilweise begründet ist die Revision nur insoweit, als sie sich gegen die Höhe der der Beklagten auferlegten Zahlungspflicht richtet. Den Zahlungsanspruch hat die Klägerin zutreffend als Schadensersatzanspruch erhoben. Nach § 819 Abs. 1 BGB. haftet die Beklagte von der Uebertragung des Erbteils an, wie wenn der Anspruch auf Rückübertragung zu dieser Zeit rechtshängig geworden wäre. Es gelten daher die Vorschriften des § 292 BGB. in Verb. mit § 989 das. Danach ist die Beklagte für den Schaden verantwortlich, der dadurch entstanden ist, daß infolge ihres Verschuldens der Erbteil verschlechtert worden ist. Als von ihr verschuldete Verschlechterung (vgl. WarnRspr. 1923/24 Nr. 125) ist die unter ihrer Mitwirkung erfolgte Veräußerung der beiden Nachlaßgrundstücke Sch. Nr. 30 und Nr. 30 A anzusehen. Für den Schadensersatzanspruch gelten die Vorschriften der §§ 249 flg. BGB. Nach § 251 Abs. 1 das. kann der Gläubiger u. a. dann Entschädigung in Geld verlangen, wenn die Herstellung des früheren Zustandes nicht möglich ist. Daß die Wiederbeschaffung der beiden Grundstücke zum Nachlaß nicht möglich ist, muß bis zum Beweise des Gegenteils angenommen werden (vgl. RGZ. Bd. 31 S. 184, Bd. 47 S. 302; WarnRspr. 1912 Nr. 11). Es trifft hiernach nicht zu, daß die Klägerin, wie die Revision meint, nur die Abtretung der Hypothek verlangen könne, soweit der Kaufpreis durch Bestellung einer Hypothek gesichert worden ist. Sie kann vielmehr in vollem Umfange Entschädigung in Geld fordern. Für die Bemessung der Höhe der Entschädigung ist mangels anderweitiger Darlegungen der Parteien davon auszugehen, daß der für die Grundstücke erzielte Kaufpreis ihrem wirklichen Werte entsprach. Nicht unberücksichtigt durfte aber bleiben, daß der Kaufpreis für das Grundstück Sch. Nr. 30 A nicht in vollem Umfange bar bezahlt, sondern zum Teil gestundet und durch Hypothek gesichert worden ist. Es wäre daher zu prüfen gewesen, wie hoch der gegenwärtige Wert dieses Teiles der Kaufpreisforderung ist. Von Bedeutung ist hierfür namentlich der Zeitpunkt der Fälligkeit, die Höhe der Verzinsung sowie das Maß der durch die Hypothek gewährten Sicherheit. Die in Höhe von 6000 RM. ausgesprochene Verurteilung zum Ersatze des durch den Verkauf des Grundstücks Sch. Nr. 30 A entstandenen Schadens konnte daher nicht aufrechterhalten werden. Mit Recht rügt die Revision weiter die Uebergehung der Behauptung der Beklagten, daß sie für das Grundstück Sch. Nr. 30 nur 23 190 GM. erhalten habe. Wären die von der Beklagten in Rechnung gestellten Abzüge berechtigt, so hätte insoweit nur eine Verurteilung zur Zahlung von 11 595 RM. — nicht von 13 350 RM. — in Frage kommen können. . . .

Soweit hiernach die Beklagte zur Zahlung von 6000 RM. nebst Zinsen und weiterhin zur Zahlung von mehr als 11 595 RM. nebst Zinsen verurteilt worden ist, mußte das Urteil aufgehoben und die Sache an das Berufungsgericht zurückverwiesen werden. Im übrigen war die Revision zurückzuweisen.

RGZ. 156, 172

1. Unter welchen Voraussetzungen ist im Erbscheinsverfahren die Verbindung von Haupt- und Hilfsanträgen mit sachlich verschiedenem Inhalt zulässig?

2. Kann die gegenseitige Erbeinsetzung der Ehegatten im Sinne des § 2269 BGB. mit einer bedingten Nacherbeinsetzung der Kinder für den Fall der Wiederverheiratung des überlebenden Ehegatten verbunden werden?

BGB. §§ 2353, 2357, 2269.

IV. Zivilsenat. Beschl. v. 25. November 1937.

I. Amtsgericht Heiligenbeil. II. Landgericht Braunsberg.

Der Sachverhalt ergibt sich aus den

Gründen:

Der Beschwerdeführer hat mit seiner am 4. Juni 1937 verstorbenen Ehefrau am 1. Juli 1930 in der Form des § 2267 BGB. ein gemeinschaftliches Testament folgenden Inhalts errichtet:

Wir ernennen hierdurch zu unseren Erben

I. den Ueberlebenden von uns,

II. unsere Kinder Martha, Artur, Lydia.

Der überlebende Ehegatte soll, solange er lebt und sich nicht anderweitig verheiratet, über das gemeinsame Vermögen die freie und unbeschränkte Disposition unter Lebenden, sowie den unbeschränkten Nießbrauch und die Verwaltung bis zu seinem Tode bzw. bis zu seiner Wiederverheiratung haben, auch nicht verpflichtet sein, über die Verwaltung des Vermögens Rechnung zu legen oder sonst Rechenschaft zu geben. Im Falle der Wiederverheiratung soll jedoch der Ueberlebende gehalten sein, sich mit den Kindern nach den Regeln der gesetzlichen Erbfolge auseinanderzusetzen. Diese haben sich im übrigen mit dem zu begnügen, was beim Tode des Letztverstorbenen von uns noch vom Nachlaß vorhanden sein wird. Sollte eines der oben genannten Kinder diese Bestimmungen anfechten, so setzen wir dasjenige auf den gesetzlichen Pflichtteil.

Unser Sohn H. ist durch seinen fortgesetzten leichtsinnigen Lebenswandel nicht würdig, einen Teil unseres durch Arbeit erworbenen Vermögens zu erben, wir bestimmen hierdurch, daß er von unserem gesamten Vermögen nichts bekommt. Nur wenn er sich längere Zeit eines Erbteils würdig gezeigt hat, so wollen wir beide oder ein überlebender Ehegatte oder die zu II genannten Kinder einen Pflichtteil des Erbes überlassen.

Der Beschwerdeführer hat beim Nachlaßgerichte die Erteilung eines Erbscheins nach seiner Ehefrau dahin beantragt:

I. daß er Alleinerbe nach seiner Ehefrau geworden sei,

II. hilfsweise, daß er und die drei Kinder Martha, Artur und Lydia zu gleichen Teilen Erben geworden seien,

III. hilfsweise, nämlich für den Fall, daß das Testament nicht als wirksam angesehen werde, dahin, daß er zu $1/4$ und die vier Kinder zu je $3/16$ gesetzliche Erben geworden seien.

Das Nachlaßgericht hat die Erteilung eines Erbscheins mit der Begründung abgelehnt, daß der Beschwerdeführer nach dem Testament Vorerbe und die gemeinsamen Kinder außer dem Sohne H. Nacherben seien, daß ein derartiger Erbschein aber nicht beantragt sei. Mit der hiergegen eingelegten Beschwerde hat der Beschwerdeführer geltend gemacht, daß die Eheleute eine Vor- und Nacherbschaft nicht hätten anordnen wollen und auch nicht angeordnet hätten, daß ihr Wille vielmehr auf die Errichtung eines dem § 2269 BGB. entsprechenden Testaments gerichtet gewesen sei. Das Landgericht hat die Beschwerde zurückgewiesen und zur Begründung ausgeführt: Der Erbschein könne auf Grund des Testaments gemäß § 2357 BGB.

nur auf einen dem Inhalt des Testaments entsprechenden Antrag erteilt werden; nach dem unmißverständlichen Wortlaut des Testaments, insbesondere nach der Anordnung, daß der überlebende Ehegatte sich im Falle seiner Wiederverheiratung mit den Kindern nach den Regeln der gesetzlichen Erbfolge auseinandersetzen solle und daß sich die Kinder mit dem zu begnügen hätten, was nach dem Tode des letztverstorbenen Ehegatten noch vorhanden sei, hätten die Ehegatten sich gegenseitig als Vorerben und die Kinder mit Ausnahme des Sohnes H. als Nacherben eingesetzt; da der Beschwerdeführer keinen dem Inhalt des Testaments entsprechenden Antrag auf Erteilung eines Erbscheins gestellt habe, habe das Nachlaßgericht den Antrag mit Recht zurückgewiesen; auf die vom Beschwerdeführer gestellten Hilfsanträge sei nicht einzugehen, weil die Geltendmachung derartiger Anträge nach § 2357 BGB., wonach ein Erbschein nur auf einen bestimmten Antrag erteilt werden könne, unzulässig sei. Mit der gegen diesen Beschluß eingelegten weiteren Beschwerde wird Verletzung des § 2357 BGB. gerügt und geltend gemacht, das Landgericht habe aus dieser Bestimmung irrtümlich entnommen, daß Hilfsanträge auf Erteilung eines Erbscheins unzulässig seien; das Landgericht hätte zu den einzelnen Hilfsanträgen Stellung nehmen müssen, wenn es dem Hauptantrage nicht habe stattgeben wollen.

Das Kammergericht hat die weitere Beschwerde gemäß § 28 Abs. 2 RFGG. dem Reichsgericht zur Entscheidung vorgelegt. Zur Begründung seines Standpunktes führt es aus:

Die Auslegung, die das Landgericht in Uebereinstimmung mit dem Nachlaßgericht dem Testament dahin gegeben habe, daß die Eheleute sich gegenseitig zu Vorerben und die Kinder mit Ausnahme des H. zu Nacherben eingesetzt hätten, sei von Rechtsirrtum beeinflußt. Es sei allerdings unbedenklich, die Bestimmung, daß der überlebende Ehegatte sich im Falle der Wiederverheiratung mit den Kindern nach den Regeln der gesetzlichen Erbfolge auseinandersetzen solle, in dem Sinne zu verstehen, daß im Falle der Wiederverheiratung des überlebenden Ehegatten eine Vor- und Nacherbfolge in Ansehung der bei der gesetzlichen Erbfolge den Kindern zustehenden Erbteile, also insgesamt in Höhe von $^{3}/_{4}$ des Nachlasses, eintreten solle. Dagegen besage die Bestimmung nichts für den anderen Fall, daß der überlebende Ehegatte sich nicht wieder verheirate. Es sei rechtlich möglich und erfahrungsgemäß nicht selten, daß Eheleute in einem gemeinschaftlichen Testament sich grundsätzlich zu Vollerben einsetzen und nur unter der Bedingung der Wiederverheiratung des Ueberlebenden zu Vorerben. Es könne daher rechtlich nicht gebilligt werden, daß aus der lediglich für den Fall der Wiederverheiratung getroffenen Anordnung der Vor- und

Nacherbfolge ein Hauptbeweisgrund für die Feststellung entnommen werde, die Eheleute hätten sich auf jeden Fall nur zu Vorerben einsetzen wollen. Auch der zweite Grund, den das Landgericht für seine Auslegung in der Bestimmung des Testaments finde, daß die Kinder sich mit dem begnügen sollten, was beim Tode des Letztversterbenden vom Nachlasse übrig sein werde, trage die Entscheidung nicht. Das Landgericht habe hierbei offenbar den § 2137 BGB. im Auge. Für den Laien liege aber der Gebrauch der genannten Klausel bei einer dem § 2269 BGB. entsprechenden Regelung ebenso nahe. Um diese Klausel für seine Testamentsauslegung verwerten zu können, hätte das Landgericht daher zum mindesten feststellen müssen, daß die Eheleute den Wortlaut des § 2137 BGB. gekannt oder sonst Anlaß gehabt hätten, die Klausel nur bei der Anordnung einer Vor- und Nacherbschaft zu verwenden. Für eine solche Feststellung habe aber jeder Anhalt gefehlt. Das Kammergericht hält aus diesen Gründen die Auslegung des Testaments für das Gericht der Rechtsbeschwerde nicht für verbindlich und will das Testament in eigener tatsächlicher Würdigung seines Inhalts sowie des sonstigen Sachverhalts, wie es mit eingehender Begründung dartut, dahin auslegen, daß der Beschwerdeführer für den Regelfall alleiniger Vollerbe, dagegen unter der Bedingung seiner Wiederverheiratung zu $^{3}/_{4}$ des Nachlasses nur Vorerbe, und zwar, wie beim Fehlen entgegenstehender Umstände anzunehmen sei, befreiter Vorerbe im Sinne des § 2136 BGB. sei; Nacherben für den zweiten Fall seien die Kinder Martha, Artur und Lydia.

Zu prüfen bleibe nun, ob der Beschwerdeführer einen dieser Gestaltung der Erbfolge entsprechenden Erbschein beantragt habe. Wolle man sich darauf beschränken, jeden der beiden Anträge zu I und II für sich zu betrachten, so müsse die Frage verneint werden. Damit würde man aber dem wirklichen Sinne der Anträge nicht gerecht werden. Der Beschwerdeführer wünsche nach Maßgabe des Testaments einen Erbschein für sich als Alleinerben oder einen solchen für sich und die drei eingesetzten Kinder als Erben zu gleichen Teilen. Dann müsse aber auch die Erteilung eines Erbscheins, der beide Gestaltungen miteinander vereinige, seinen Wünschen entsprechen. Der Erbschein könnte in diesem Sinne dahin erteilt werden, daß der Beschwerdeführer ohne seine Wiederverheiratung — insoweit gemäß dem ersten Antrag — alleiniger Vollerbe und daß er vom Zeitpunkt der Wiederverheiratung ab — insoweit gemäß dem zweiten Antrage — gemeinschaftlich mit den drei Kindern Teilerbe sei, woraus sich weiter ergebe, daß er im letzteren Falle bis zur Wiederverheiratung in Höhe von $^{3}/_{4}$ die Stellung eines (befreiten) Vorerben habe. Daß er sich in seiner ersten Beschwerde gegen die

Annahme einer Vor- und Nacherbschaft verwahre, stehe dem nicht entgegen; denn damit lehne er nur die Auffassung des Nachlaßgerichts ab, daß er hinsichtlich des gesamten Nachlasses auf jeden Fall nur Vorerbe sei, womit sich allerdings seine Erbscheinsanträge nicht vertragen würden. Es sei aber angesichts dieser Anträge nicht anzunehmen, daß er auch zu den drei Vierteln, für die nach dem zweiten Antrage die drei Kinder alsbald als Erben ausgewiesen werden sollten, bis zu einer etwaigen Wiederverheiratung nicht wenigstens als Vorerbe gelten wolle. Zum mindesten liege die Deutung der Anträge zu I und II dahin, daß der Erbschein notfalls der vorher dargelegten Rechtslage entsprechen solle, so nahe, daß die Anträge nicht hätten abgelehnt werden dürfen, ohne daß dem Antragsteller Gelegenheit geboten gewesen war, eine insoweit etwa doch noch anzunehmende Unklarheit über seine Wünsche durch eine andere Fassung seiner Anträge zu beseitigen. Schon jetzt würde man, um das Verlangen des Beschwerdeführers so verstehen zu können, wie es der wirklichen Rechtslage entspräche, die Anträge zu I und II nur zusammengefaßt zu lesen brauchen: Der Erbschein möge dahin erteilt werden, daß der Antragsteller Alleinerbe seiner Ehefrau geworden sei, und daß gegebenenfalls, nämlich unter der aufschiebenden Bedingung seiner Wiederverheiratung, Erben geworden seien er selbst und die genannten drei Kinder zu gleichen Teilen.

Das Kammergericht würde aus diesen Gründen die Sache unter Aufhebung der Vorbeschlüsse zur anderweitigen Erörterung und Entscheidung an das Nachlaßgericht zurückverweisen, sieht sich aber hieran durch den Beschluß des Oberlandesgerichts Dresden vom 1. Dezember 1925 (JFG. Bd. 3 S. 155) gehindert, bei dessen Gesetzesauslegung das Rechtsmittel ohne weiteres zurückgewiesen werden müßte. Nach diesem Beschlusse solle es nicht zulässig sein, Anträge auf Erteilung eines Erbscheins mit sachlich verschiedenem Inhalt derart miteinander zu verbinden, daß der eine als Hauptantrag und die anderen als Hilfsanträge gestellt würden. Diese Rechtsansicht, die vor allem damit begründet werde, daß die Vorschrift des § 2357 Abs. 2 BGB. eine bestimmte Bezeichnung des Inhalts des gewünschten Erbscheins erfordere, könne jedoch nicht als zutreffend anerkannt werden. Richtig sei, daß der Antragsteller nach § 2357 Abs. 2 BGB. angeben müsse, welche Personen in dem Erbschein als Erben aufgeführt werden sollen und mit welchen Erbteilen. Es genüge deshalb nicht, daß etwa der Antrag lediglich dahin gestellt werde, daß ein Erbschein nach der gesetzlichen Erbfolge oder daß er gemäß einem — verschiedener Auslegung fähigen — Testament erteilt werde. Das Erfordernis der Bestimmtheit des Erbscheinsantrages schließe aber nicht aus, daß der Antragsteller dem Nachlaßgericht gleichzeitig mehrere bestimmte Anträge zur Entscheidung unterbreite, mindestens dann nicht, wenn er selbst die Reihenfolge angebe, in der die gestellten Anträge auf ihre Begründetheit geprüft werden sollen. Er erkläre damit nur im voraus, daß er die Ablehnung seines Hauptantrages hinnehmen wolle, für diesen Fall aber alsbald die Prüfung eines weiteren Antrags erbitte. Dem stehe § 2357 Abs. 2 BGB. nicht entgegen. Dem Erfordernis der Angabe der Erben und der Erbteile genüge der Antragsteller auch dann, wenn er diese Angaben für jeden der von ihm gestellten mehreren Anträge gesondert mache. Daß das Erfordernis der Bestimmtheit eines Antrags die Möglichkeit der Verbindung eines Haupt- und eines Hilfsantrags nicht ausschließe, sei übrigens im Zivilprozeß, für den § 253 Abs. 2 Nr. 2 ZPO. einen bestimmten Klagantrag ausdrücklich vorschreibe, allgemein anerkannt. Auch Zweckmäßigkeitserwägungen sprächen für die vom Kammergericht vertretene Ansicht. Das Oberlandesgericht Dresden meine zwar in dieser Beziehung, daß eine größere Gewähr für die Richtigkeit des Erbscheins gegeben sei, wenn zunächst der Hauptantrag, nachdem er vom Nachlaßgericht abgelehnt worden sei, im Beschwerdewege verfolgt und nicht alsbald nach dem Hilfsantrag ein Erbschein erteilt werde, der dann möglicherweise auf eine Beschwerde hin der Einziehung verfalle. Der Antragsteller könne jedoch nicht genötigt werden, gegen die Ablehnung seines Hauptantrags Beschwerde einzulegen; er sei vielmehr in der Lage, alsbald nach der Ablehnung einen anderen Antrag bei dem Nachlaßgericht anzubringen. Das sei aber, wenn er von vornherein nicht die Absicht habe, das Beschwerdegericht anzurufen, gegenüber der Verbindung eines Haupt- und eines Hilfsantrags nur ein zweckloser, mit Mehrkosten verbundener Umweg. Andererseits werde der Antragsteller, wenn er sich bei der Ablehnung seines in erster Linie verfolgten Antrags nicht beruhigen wolle, regelmäßig keinen Hilfsantrag stellen, da ihm an der Erteilung eines Erbscheins, den er selbst alsbald wieder einziehen lassen wolle, nur selten etwas gelegen sein werde. Jedenfalls müsse die Beurteilung der Zweckmäßigkeit seines Vorgehens ihm allein überlassen bleiben.

Die Voraussetzungen, unter denen das Reichsgericht nach § 28 Abs. 2 RFGG. zur Entscheidung über die weitere Beschwerde berufen ist, sind auf Grund dieser Darlegungen des Kammergerichts als gegeben anzusehen. Nach der vom Oberlandesgericht Dresden vertretenen Rechtsansicht müßte die weitere Beschwerde ohne ein sachliches Eingehen auf den Inhalt des Erbscheinsantrages zurückgewiesen werden, weil es nach dieser Ansicht schon an einem wirksamen Erbscheinsantrage fehlen würde.

Die Ansicht des Oberlandesgerichts Dresden ist im Schrifttum gebilligt worden von P l a n c k Bem. 6; S t a u d i n g e r Bem. II und

RGRKomm. Bem. 3, je zu § 2353 BGB.; Kipp Erbrecht § 62 Anm. 2 bezeichnet sie als „sehr streng". Schlegelberger Gesetze über die Angelegenheiten der Freiwilligen Gerichtsbarkeit 5. Aufl. Bem. 3 zu § 84 RFGG. erklärt es in Uebereinstimmung mit dem Kammergericht für unbedenklich, wenn der Antragsteller einen bestimmten Antrag und daneben einen bestimmten Hilfsantrag stelle, und zwar nicht etwa in dem Sinne, daß das Nachlaßgericht nach Belieben die Auswahl treffen solle, sondern so, daß über den Hilfsantrag erst befunden werde, wenn der Hauptantrag für unbegründet angesehen werde. Dem schließt sich der Senat an. Dem Erfordernis der Bestimmtheit im Sinne des § 2357 Abs. 2 BGB. ist genügt, wenn jeder der Anträge für sich das mit ihm beanspruchte Erbrecht bestimmt bezeichnet. Dem Gesetz ist aber kein Hindernis zu entnehmen, einen bestimmten Hauptantrag und einen bestimmten Hilfsantrag in der Weise miteinander zu verbinden, daß zunächst über den Hauptantrag und nur für den Fall, daß dieser für unbegründet angesehen werden sollte, über den Hilfsantrag befunden werden soll. Das Nachlaßgericht ist an die Reihenfolge gebunden, in der ihm die Anträge unterbreitet werden. Es trifft daher nicht zu, daß es in einem solchen Falle, wie das Oberlandesgericht Dresden annimmt, dem Nachlaßgericht anheimgestellt würde, welchen Inhalt es dem Erbschein geben will. Hält das Nachlaßgericht den Hauptantrag für begründet, so gilt der Hilfsantrag als nicht gestellt. Andererseits kann es dem Hilfsantrage nur stattgeben, nachdem es den Hauptantrag zurückgewiesen hat. Gegenüber der Erwägung des Oberlandesgerichts Dresden, daß eine größere Gewähr für die Richtigkeit des Erbscheins gegeben sei, wenn bei streitiger Testamentsauslegung die Nachprüfung der Auslegung zunächst auch den Beschwerdegerichten unterbreitet werde, weist das Kammergericht mit Recht darauf hin, daß der Antragsteller nicht genötigt werden könne, Beschwerde einzulegen, daß er vielmehr in der Lage sei, alsbald nach der Ablehnung einen anderen Antrag beim Nachlaßgericht anzubringen. Die vom Oberlandesgericht Dresden angestellte Erwägung wird daher in allen den Fällen versagen, wo der Antragsteller von vornherein entschlossen ist, sich mit der Ablehnung des von ihm an erster Stelle beantragten Erbscheins abzufinden. Um solche Fälle wird es sich regelmäßig handeln, wenn der Antragsteller bei zweifelhafter Testamentsauslegung oder bei sonstigen Zweifeln über den Umfang seines Erbrechts mit seinem Hauptantrag einen Hilfsantrag verbindet. Dann ist aber, wie das Kammergericht ebenfalls zutreffend hervorhebt, die Nötigung des Antragstellers, sich zunächst auf die Anbringung seines Hauptantrags zu beschränken und erst nach dessen Ablehnung den Hilfsantrag zu stellen, ein zweckloser, mit Zeitverlust und Mehrkosten verbundener Umweg.

Die Verbindung von Haupt- und Hilfsanträgen mit sachlich verschiedenem Inhalt ist hiernach im Erbscheinsverfahren unter der doppelten Voraussetzung für zulässig zu erachten, daß jeder der Anträge für sich das mit ihm beanspruchte Erbrecht bestimmt bezeichnet und daß die Reihenfolge, in der die Anträge zu prüfen und zu bescheiden sind, dem Nachlaßgerichte vom Antragsteller bestimmt vorgeschrieben wird. Die hier vorliegenden Anträge enthalten jeder für sich die bestimmte Bezeichnung des mit ihm beanspruchten Erbrechts. Auch ist die Reihenfolge, worin der Beschwerdeführer sie beschieden haben will, in der Weise bestimmt vorgeschrieben, daß ein Antrag als Hauptantrag, die beiden anderen nur als Hilfsanträge, und zwar der letzte nur für den Fall, daß wegen Ungültigkeit des Testaments die gesetzliche Erbfolge eintreten sollte, gestellt sind. Keiner der Anträge rechtfertigt aber, wie weiter unten noch auszuführen ist, die Erteilung eines Erbscheins des in ihm angegebenen Inhalts. In einem solchen Falle darf nach der im Schrifttum und in der Rechtsprechung einhellig vertretenen, auch vom Senat für zutreffend erachteten Ansicht nicht ein Erbschein anderen als des beantragten Inhalts erteilt werden; vielmehr ist die Erteilung des Erbscheins zu verweigern (Planck Bem. 5 zu § 2359; Staudinger Bem. I vorl. Abs. zu den §§ 2358—2360; Kipp Erbrecht § 62 Anm. 40; RGRKomm. Bem. 2 zu § 2359; Schlegelberger a. a. O. Bem. 3 zu § 84 RFGG., je mit Angaben über die Rechtsprechung).

Hier liegt es nach der zutreffenden Annahme sowohl des Nachlaßgerichts als auch des Landgerichts und des Kammergerichts in seinem Vorlegungsbeschlusse so, daß das gemeinschaftliche Testament vom 1. Juli 1930 jedenfalls die Anordnung einer Nacherbfolge für den Fall der Wiederverheiratung des überlebenden Ehegatten enthält. Zweifel können nur darüber bestehen, ob der überlebende Ehegatte ohne seine Wiederverheiratung bis zu seinem Tode alleiniger Vollerbe des zuerst verstorbenen Ehegatten und die Kinder Martha, Artur und Lydia für den gesamten Nachlaß beider Ehegatten Erben des zuletzt versterbenden Ehegatten sind (entsprechend der Auslegungsregel des § 2269 Abs. 1 BGB.) oder ob der überlebende Ehegatte auch ohne seine Wiederverheiratung nur Vorerbe des zuerst verstorbenen Ehegatten und die Kinder Nacherben dieses Ehegatten (sowie zugleich Ersatzerben des überlebenden Ehegatten) sind. Das Kammergericht will das Testament in dem ersten Sinne auslegen, also dahin, daß die Erbeinsetzung im Sinne des § 2269 BGB. mit einer bedingten Nacherbeinsetzung der Kinder für den Fall der Wiederverheiratung des überlebenden Ehegatten verbunden ist. Eine solche Gestaltung ist in Uebereinstimmung mit der in der Rechtsprechung und im Schrifttum vorherrschenden Auffassung als rechtlich möglich anzusehen (KG. in KGJ. Bd. 42 S. 114; ROLG. Bd. 39 S. 17; Recht 1930 Nr. 322; JFG. Bd. 13 S. 155; OLG. Stuttgart in JFG. Bd. 6 S. 162; Planck Bem. II 3 zu § 2269; Kipp Erbrecht § 27 unter II 1 letzter Absatz; RGRKomm. Bem. 2 Abs. 1 a. E. zu § 2269). Das Oberlandesgericht Naumburg in Naumb. AnwKZ. 1920 S. 53 und Rode in Leipz. Zeitschr. 1924 Sp. 716 flg. vertreten eine andere Auffassung. Sie nehmen an, daß eine Erbeinsetzung nach § 2269 BGB. nicht mit einer bedingten Nacherbeinsetzung der Kinder für den Fall der Wiederverheiratung des überlebenden Ehegatten zu vereinbaren sei. Das Oberlandesgericht Naumburg geht hierbei davon aus, daß der überlebende Ehegatte, wenn er als Vollerbe anzusehen sei, in der Lage wäre, die Rechte der bedingt als Nacherben eingesetzten Kinder durch Verfügungen unter Lebenden zu vereiteln. Aus diesem Grunde glaubt es, auch die gegenseitige Erbeinsetzung der Ehegatten lediglich als Anordnung einer Vorerbschaft auffassen zu können. Es trifft jedoch nicht zu, daß der überlebende Ehegatte, auch wenn er als Vollerbe anzusehen ist, in der Lage wäre, durch Verfügungen unter Lebenden die Rechte der bedingt als Nacherben eingesetzten Kinder zu vereiteln. Die Schutzvorschriften der §§ 2113 flg. BGB. gelten vielmehr auch zugunsten des nur bedingt eingesetzten Nacherben. Rode a. a. O. ist der Ansicht, daß die Verbindung einer Erbeinsetzung nach § 2269 BGB. mit einer bedingten Nacherbeinsetzung der Kinder begrifflich ein Widerspruch in sich selbst sei, weil selbst der befreite Vorerbe im Gegensatz zum Vollerben in der Verfügung über den Nachlaß beschränkt sei und Freiheit und Beschränkung sich gegenseitig ausschlössen. Er glaubt daher, daß im Interesse der Aufrechterhaltung des Testaments eine Anordnung der hier vorliegenden Art nur als eine bedingte Vermächtnisanordnung zugunsten der Kinder aufgefaßt werden könne. Ihm kann jedoch nicht zugegeben werden, daß der von ihm angenommene begriffliche Widerspruch vorläge. Die Einsetzung des überlebenden Ehegatten zum Vollerben behält auch neben der Anordnung einer bedingten Nacherbschaft ihre Bedeutung und ihren Sinn, nämlich für den Fall, daß der überlebende Ehegatte keine neue Ehe eingeht, die Bedingung also ausfällt. In diesem Falle haben die Kinder beim Tode des überlebenden Ehegatten nur Anspruch auf dasjenige, was von dem beiderseitigen Vermögen der Ehegatten in diesem Zeitpunkt noch vorhanden ist. Insofern sind sie also dann ungünstiger gestellt, als sie — selbst bei Annahme einer Befreiung des Vorerben in dem nach § 2136 BGB. zugelassenen Umfang — im Falle des Eintritts der Nacherbfolge gestellt gewesen wären. Die Bedeutung der Erbeinsetzung des überlebenden Ehegatten zum Vollerben tritt mithin bei seinem Tode zutage, falls er keine neue Ehe eingegangen war. Aber auch wenn das Testament mit dem Kammergericht in dem angegebenen Sinne auszulegen ist, kann ein Erbschein auf Grund der vorliegenden Anträge im Gegensatz zur Ansicht des Kammergerichts nicht erteilt werden. Mit dem Hauptantrage will der Beschwerdeführer als der alleinige und unbeschränkte Erbe seiner Ehefrau ausgewiesen sein. Diesem Antrage kann nicht stattgegeben werden, weil die Kinder Martha, Artur und Lydia für den Fall der Wiederverheiratung des Beschwerdeführers zu 3/4 als Nacherben berufen sind. Zu prüfen ist sonach weiter, ob ein Erbschein des in dem ersten Hilfsantrag angegebenen Inhalts erteilt werden kann. Auch das ist zu verneinen. Mit diesem Antrage wird ein Erbschein dahin begehrt, daß der Beschwerdeführer und die drei Kinder Martha, Artur und Lydia auf Grund des Testaments zu gleichen Teilen Erben der verstorbenen Ehefrau des Beschwerdeführers geworden seien. Dieser Antrag steht mit dem Testament insofern in Widerspruch, als die Kinder keinesfalls unmittelbar Erben ihrer Mutter geworden sind, sondern — vom Boden der dem Testament vom Kammergericht gegebenen, dem Beschwerdeführer günstigen Auslegung aus — nur als Nacherben für den Fall der Wiederverheiratung ihres Vaters in Betracht kämen und nur als solche gemäß § 2363 BGB. im Erbschein anzugeben wären. Schließlich kann auch dem zweiten Hilfsantrage nicht entsprochen werden, mit dem die Erteilung eines Erbscheins auf Grund der gesetzlichen Erbfolge begehrt wird. Sowohl das Nachlaßgericht als auch das Landgericht gehen von der Rechtsgültigkeit des Testaments aus. Es ist auch nichts dafür ersichtlich, daß das Testament etwa ungültig wäre. Die Erbfolge richtet sich daher nach dem Testament, nicht nach dem Gesetz.

Das Kammergericht will, wie oben näher dargetan, die Erteilung des von ihm in Aussicht genommenen Erbscheins damit rechtfertigen, daß die Anträge zu I und II nicht für sich zu betrachten, sondern zusammengefaßt zu lesen seien. Dem kann von dem oben aufgestellten Grundsatz aus, daß jeder Antrag für sich das mit ihm beanspruchte Erbrecht bestimmt bezeichnen muß, nicht beigetreten werden. Die Ansicht des Kammergerichts würde dahin führen, daß die Bestimmung des Inhalts des Erbscheins dem Nachlaßgericht anheimgestellt würde. Dem Antragsteller wäre, wenn dem Kammergericht gefolgt würde, die Möglichkeit gegeben, dem Nachlaßgericht mehrere Erbscheinsanträge sachlich verschiedenen Inhalts mit der Erklärung zu unterbreiten, daß dieses gegebenenfalls prüfen möge, ob und inwieweit der Erbschein zum Teil nach dem einen und zum Teil nach dem anderen Antrag erteilt werden könne. Eine solche Antragstellung wäre mit dem Erfordernis der Bestimmtheit des Erbscheinsantrages, an dem an sich auch das Kammergericht festhalten will, nicht zu vereinen. Ist, wie oben ausgeführt, die Erteilung eines Erbscheins mit anderem als dem beantragten Inhalt nicht zulässig, so kann es auch nicht darauf ankommen, ob Grund für die Annahme besteht, daß der Antragsteller auch die Erteilung eines Erbscheins anderen als des aus seinem Antrage sich ergebenden Inhalts billigen und sich mit ihm zufrieden geben würde. Wohl aber ist bei einer solchen Sachlage das Gericht verpflichtet, dem Antragsteller Gelegenheit zu einer Aenderung seines Antrags zu geben, bevor es diesen zurückweist. Sowohl nach dem Inhalt des Erbscheinsantrages als auch vor allem nach dem der ersten Beschwerde konnte damit gerechnet werden, daß der Antragsteller an seinen jetzt vorliegenden Anträgen nach Hinweis auf die ihnen entgegenstehenden Bedenken nicht festhalten, sondern sie der vorstehend dargelegten Rechtslage entsprechend ändern werde. Aus diesem Grunde ist es geboten, den angefochtenen Beschluß und — auf die erste Beschwerde hin — zugleich den des Amtsgerichts aufzuheben und die Sache zu erneuter Erörterung und Entscheidung an das Amtsgericht zurückzuverweisen.

Sachregister

(Die Ziffern bedeuten die Seitenzahlen dieses Bandes)

A

E

O

P

V

FSC
www.fsc.org
MIX
Papier | Fördert
gute Waldnutzung
FSC® C083411

Kolibri 360 GmbH
Ferdinand-Jühlke-Straße 7
99095 Erfurt, Deutschland
produktsicherheit@kolibri360.de